电子电路实用手册
——识读、制作、应用

DIANZI DIANLU
SHIYONG SHOUCE
SHIDU ZHIZUO YINGYONG

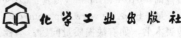

张 宪　张大鹏　主编

化学工业出版社
·北 京·

图书在版编目（CIP）数据

电子电路实用手册——识读、制作、应用/张宪，张大鹏主编. —北京：化学工业出版社，2012.6
ISBN 978-7-122-13892-7

Ⅰ. 电… Ⅱ. ①张…②张… Ⅲ. 电子电路-技术手册 Ⅳ. TN710-62

中国版本图书馆 CIP 数据核字（2012）第 058477 号

责任编辑：宋 辉　　文字编辑：云 雷
责任校对：吴 静　　装帧设计：韩 飞

出版发行：化学工业出版社（北京市东城区青年湖南街 13 号 邮政编码 100011）
印 装：大厂聚鑫印刷有限责任公司
787mm×1092mm 1/16 印张 22 字数 578 千字 2012 年 8 月北京第 1 版第 1 次印刷

购书咨询：010-64518888（传真：010-64519686） 售后服务：010-64518899
网 址：http：//www. cip. com. cn
凡购买本书，如有缺损质量问题，本社销售中心负责调换。

定 价：69.00 元

《电子电路实用手册》编写人员

主　　编　张　宪　张大鹏

副 主 编　郭振武　沈　虹　宋丽薇　李敏堂

编写人员（按照汉语拼音排序）

陈　影　付兰芳　韩凯鸽　李纪红

李志勇　刘卜源　余　妍　赵建辉

主　　审　张秀华　付少波

前言

FOREWORD

进入21世纪，电子技术的发展日新月异，现代电子设备的性能和结构发生了巨大变化，令人目不暇接。电子技术的广泛应用，给工农业的生产、国防事业、科技和人民的生活带来了革命性的变革。为推广现代电子技术，普及电子科学知识，我们编写了本书，以供从事电子制作与电子装置维修的技术人员参考，使他们尽快理解现代电子设备与电子装置的构成原理、了解各种电子元器件与零部件在电子电路中的应用情况，学会使用元器件和制作简单电子电路的一些基本方法。通过本书的学习，广大电子爱好者将学会识读电子电路图、学会简单易行的电子制作，学会正确地选用和检测电子器件，轻松进入电子科学技术的大门，激发对电子电路的探索兴趣，掌握进一步深入研究所必备的基础知识，并把它应用到生产和实际生活中去。

本书从广大电子爱好者的实际需要出发，在内容上力求简洁实用、图文并茂，通俗易懂，以达到举一反三、融会贯通的目的。在编写安排上力争做到由浅入深，循序渐进，所编内容具有实用性和可操作性，理论联系实际。

书中主要介绍了电子电路识图基本知识、电子电路制作基础知识、元器件的选用、电路板制作与元器件安装、报警电路、门铃电路、振荡电路、电源电路、晶闸管应用电路、照明与彩灯控制电路、开关与检测电路、集成稳压电源应用电路、传感器应用电路、555定时器应用电路、家用电器应用电路、光电子应用电路、电子电路设计与制作等内容。全书结构合理、内容详尽，实用性强。

本书适合具有高中以上文化程度的电子爱好者阅读，也可以供从事电子设备与电子装置维修的技术人员参考。

由于编者的水平有限，加之电子电路的发展十分迅速，书中可能存有不当之处，所列电路仅供制作和使用时参考。我们衷心希望广大从事电子技术的读者对本书的疏漏和不足提出批评指正。

编　者

目录

Contents

目录

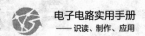

目录

目录

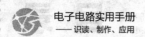

第一章 电子电路识图基础知识

第一节 电子电路识图的基本概念

一、电子电路识图的作用和意义

电路图又称作电路原理图，是一种反映无线电和电子设备中各元器件的电气连接情况的图纸。电子电路图是电子产品和电子设备的“语言”。它是用特定的方式和图形文字符号描述的，可以帮助人们去尽快地熟悉设备的构造、工作原理，了解各种元器件、仪表的连接以及安装。通过对电路图的分析和研究，我们可以了解电子设备的电路结构和工作原理。因此，怎样看懂电路图是学习电子技术的一项重要内容，是进行电子制作或修理的前提，也是无线电和电子技术爱好者必须掌握的基础。

电子电路的识图，也称读图，是一件很重要的工作。若要对一台电子设备进行电路分析、维护，甚至加以改进等，则首先应该读懂它的电路原理图。对于电子设备的使用者来说，当然主要的要求是掌握设备的使用操作规程。但是，如果能够进一步懂得设备的原理，就能更加正确、充分、灵活地使用。另外，具备了电子电路的识图能力，有助于我们迅速熟悉各种新型的电子仪器设备。因此，识读电子电路图是一名从事电子技术工作的人员，尤其是初学者的基本功。

识图的过程是综合运用已经学过的知识，分析问题和解决问题的过程，因此，在学习识图方法之前，首先必须熟悉掌握电子技术的基本内容。但是，即使初步掌握了电子技术的基础知识，一开始接触具体设备的电路图时，仍然会感到错综复杂，不知从何下手。实际上，识读电子电路图还是有一定规律可循的。

二、电子电路图的构成

电子电路图的表现形式具有多样性，这往往会使电子爱好者在学习、理解复杂电子电路工作原理时感到困难，更谈不上去设计各种电子电路，因此首先要了解电子电路图的一般构成及特点。

电子电路图一般由电原理图、方框图和装配（安装）图构成，具体构成如图 1-1 所示。

- 电子电路图
  - 电原理图
    - 整机电原理图
    - 单元电原理图
    - 等效图
  - 方框图
    - 整机电路方框图
    - 系统电路方框图
    - 集成电路内电路方框图
  - 装配图
    - 整机工装图
    - 印制线路图
      - 图纸表示法
      - 线路板直标法

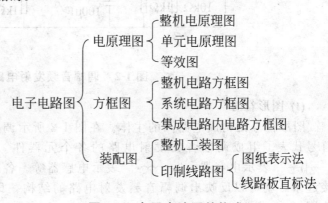

图 1-1 电子电路图的构成

1. 电原理图

重要提示

电原理图是用来表示电子产品工作的原理图。在这种图上用符号代表各种电子元件。它给出了产品的电路结构、各单元电路的具体形式和单元电路之间的连接方式；给出了每个元器件的具体参数（如型号、标称值和其他一些重要参数），为检测和更换元器件提供依据；给出许多工作点的电压、电流参数等，为快速查找和检修电路故障提供方便。除此以外，还提供了一些与识图有关的提示、信息。有了这种电路图，就可以研究电路的来龙去脉，也就是电流怎样在机器的元件和导线里流动，从而分析机器的工作原理。

单元电原理图是电子产品整机电原理图中的一部分，并不单独成一张图。在一些书刊中，为了给分析某一单元电路的工作原理带来方便，将单元电路单独画成一张图纸。下面通过图 1-2 所示调幅音频发射电路图的例子，作进一步的说明。调幅音频发射电路其发射频率可在 500～1600kHz 之间调整，C_1、C_2、L_1、VT_2 组成调幅振荡器电路，振荡频率可以通过调整 C_1 的电容量来调整。音频信号经过 VT_1 及其外围元件组成的放大电路放大后，再经过 RP_1、C_3 耦合到 VT_2 基极，与 VT_2 振荡器产生的载波叠加在一起后通过发射天线将音频信号发射出去。发射天线可以用一根 1m 左右的金属导线代替，元器件参数见图 1-2。

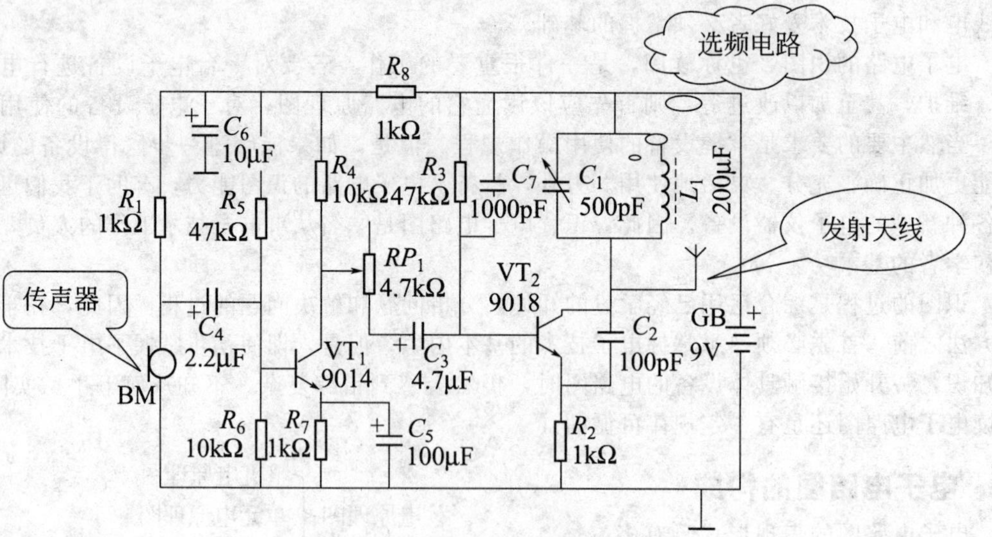

图 1-2　调幅音频发射电路图

(1) 图形符号

图形符号是构成电路图的主体。在图 1-2 所示调幅音频发射电路图中，各种图形符号代表了组成调幅音频发射电路的各个元器件。例如，“—▭—”表示电阻器，“—||—”表示电容器，“⌒⌒⌒”表示电感器等。各个元器件图形符号之间用连线连接起来，就可以反映出调幅音频发射电路的结构，即构成了调幅音频发射电路的电路图。

重要提示

实际电路图非常直观，电路中的元器件可能有几十个，甚至几百个，如果电路中各种电子元器件都能用不同的图形符号简单明了地表示，电子电路图就会大大简化。事实上，国家对各种电子元器件都给出了各自的标准图形符号，而且有统一的规定，如图1-3所示就是几种常见电子元器件的电路图形符号。

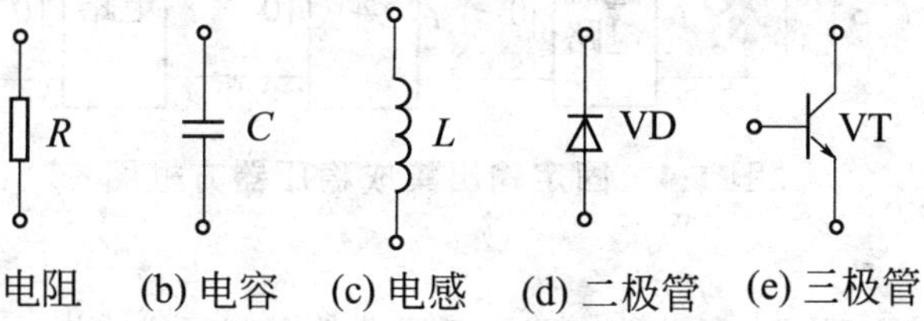

图1-3　几种常见电子元器件的电路符号

(2) 文字符号

文字符号是构成电路图的重要组成部分。为了进一步强调图形符号的性质，同时也为了分析、理解和阐述电路图的方便，在各个元器件的图形符号旁，标注有该元器件的文字符号。例如在图1-2所示调幅音频发射电路图中，文字符号“*R*”表示电阻器，“*C*”表示电容器，“*L*”表示电感器，“VT”表示晶体管等。在一张电路图中，相同的元器件往往会有许多个，这也需要用文字符号将它们加以区别，一般是在该元器件文字符号的后面加上序号。例如在图1-2中，电阻器分别以“R_1”、“R_2”等表示；电容器分别以“C_1”、“C_2”、“C_3”等表示；晶体管有两个，分别标注为“VT_1”、“VT_2”。

(3) 注释性字符

注释性字符用来说明元器件的数值大小或者具体型号，通常标注在图形和文字符号旁。它也是构成电路图的重要组成部分。例如图1-2所示调幅音频发射电路图中，通过注释性字符即可以知道：电阻器R_1的阻值为1kΩ，R_2的阻值为1kΩ；电容器C_1的电容值为500pF，C_2的电容值为100pF，C_3的电容值为4.7μF；晶体管VT_1、VT_2的型号分别为9014、9018等。注释性字符还用于电路图中其他需要说明的场合。由此可见，注释性字符是分析电路工作原理，特别是定量地分析研究电路工作状态所不可缺少的。

2. 方框图

方框图是表示该设备是由哪些单元功能电路所组成的图。它也能表示这些单元功能是怎样有机地组合起来，以完成它的整机功能的。

重要提示

方框图仅仅表示整个机器的大致结构，即包括了哪些部分。每一部分用一个方框表示，有文字或符号说明，各方框之间用线条连起来，表示各部分之间的关系。方框图只能说明机器的轮廓以及类型，大致工作原理，看不出电路的具体连接方法，也看不出元件的型号数值。

方框电路图一般是在讲解某个电子电路的工作原理时，介绍电子电路的概况时采用的。

按运用的程序来说，一般是先有方框图，再进一步设计出原理电路图。如果有必要时再画出安装电路图，以便于具体安装。

图 1-4 所示是固定输出集成稳压器的方框图。它给出了电路的主要单元电路名称和各单元电路之间的连接关系，表示整机的信号处理过程。这样，就能对整机的工作过程有大致了解。

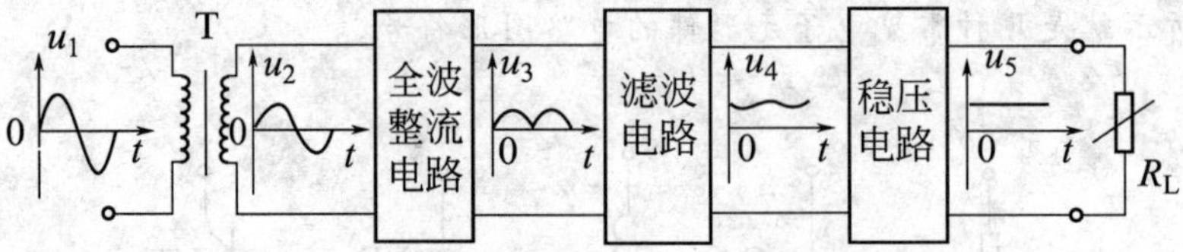

图 1-4　固定输出集成稳压器方框图

3. 装配图

装配图是表示电原理图中各功能电路、各元器件在实际线路板上分布的具体位置以及各元器件引脚之间连线走向的图形，如图 1-5 所示。

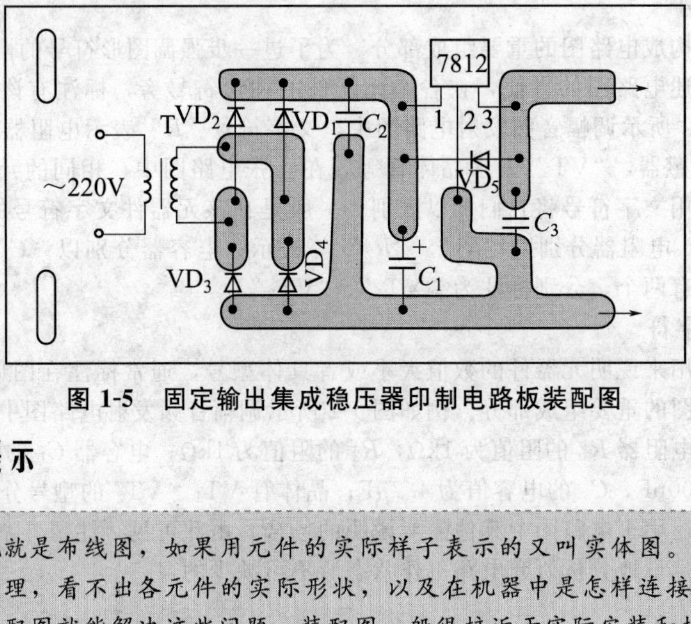

图 1-5　固定输出集成稳压器印制电路板装配图

重要提示

装配图也就是布线图，如果用元件的实际样子表示的又叫实体图。原理图只说明电路的工作原理，看不出各元件的实际形状，以及在机器中是怎样连接的，位置在什么地方，而装配图就能解决这些问题。装配图一般很接近于实际安装和接线情况。

如果采用印制电路板，装配图就要用实物图或符号画出每个元件在印制板的什么位置，焊在哪些接线孔上。有了装配图就能很方便地知道各元件的位置，顺利地装好电子设备。

装配图有图纸表示法和线路板直标法两种。图纸表示法用一张图纸（称为印制线路图）表示各元器件的分布和它们之间的连接情况，这也是传统的表示方式。线路板直标法则在铜箔线路板上直接标注元器件编号。这种表示方式的应用越来越广泛，特别是进口设备中大都采用这种方式。

图纸表示法和线路板直标法在实际运用中各有利弊。对于前者，若要在印制线路图纸上找出某一只需要的元器件则较方便，但找到后还需用印制线路图上该器件编号与铜箔线路板去对照，才能发现所要找的实际元器件，有二次寻找、对照的过程，工作量较大。而对于后者，在线路板上找到某编号的元器件后就能一次找到实物，但标注的编号或参数常被密布的实际元器件所遮挡，不易观察完整。

第二节 识读电子电路图的方法与步骤

前面讲了电子电路图的基础知识，就是为了让读者对电子电路图产生较深刻的印象。只有这样读者看到“电子电路图”中的元件符号，才能较快而准确地找出实际的元件，然后把这些元件按线路图规定的位置进行一步一步地焊接，组成一台完整的电子设备。分析电路图，应遵循从整体到局部、从输入到输出、化整为零、聚零为整的思路和方法。用整机原理指导具体电路分析、用具体电路分析诠释整机工作原理。

一、电路元件与符号的对照及连接

了解各种电子元件的符号以后，就可以对照电路图把这些元件装成电子设备了。通常首先把每个电子元件符号旁边摆一个它所对应的元件，为了方便起见，把每个元件符号和所对应的元件都编上号，回过头来再对照看电路图。比如看到四点间连接着一些线条而且中间打着“·”（圆点），凡是几条线交叉在一起中间用“·”圆点画上后就表示这几条线的金属部分要连接在一起。具体地说，就是要把四个元件的引出线用导线焊在一起。再看图中有两点连线中间交叉地方没有打“·”圆点，所以这就表示两点连线应互相绝缘。这就是介绍的不连接符号“+”表示的意思。

另外，经常从电路图中还可以看到很多“⊥”符号，这个符号叫接地符号。意思是说凡是画有“⊥”符号的元件都要用一条导线把它们连起来，这个接地不是说连起来以后接大地，而是表明这些接地点是在一个电位上（一般称零电位点）。只要用一条导线把画“⊥”符号的元件连起来就行了。

综上所述，看电路图就是要看哪个元件和哪个元件连接在一起，连接完了，就算会看电路图了。下面以一个最简单的电路为例进行说明。

大家都用过手电筒，当按下按钮开关的时候，小灯泡就亮了，这是什么道理呢？我们把手电筒的电路图画出来分析一下就会明白了。

图 1-6(a) 是最简单的手电筒照明电路，图中的电子元器件都是用与其外形相似的图形符号来表示的，这种电路图称为实际电路图。

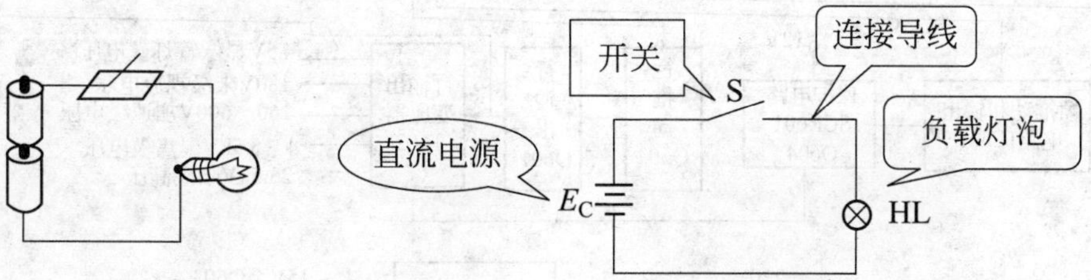

(a) 实际电路图　　(b) 电路原理图

图 1-6　手电筒电路

图 1-6(b) 画出了一些符号，它们代表小灯泡 HL、电池 E_C 和按钮开关 S，手电筒外壳

相当于导线，可以用连接线代表。把小灯泡、电池和按钮开关等符号连接起来，这就是一个手电筒的电路图。当按下按钮开关时，电路便接通，电流就按照从电池正极经过开关、灯泡，回到负极的方向流动，同时小灯泡发亮，松开开关，电路中断，电路内没有电流流动，小灯泡就不亮了。图 1-6 说明了手电筒的工作原理，表示了电筒的安装接线方法，也说明了电路图的用途。由于它表示了电路的来龙去脉，说明了电流的流动情况，所以叫它“电路图”。

重要提示

从图 1-6(b) 可以看到小灯泡、电池、开关等仅仅是一些符号。为什么要用符号来代表实物呢？这是为了画图简单，分析方便，尤其是在复杂的电路图中，如都画出实物图，不仅很费事，也没有必要。而用符号来代表实物不但画起来方便，而且看起来也觉得清楚明显，一句话：简单扼要，说明问题。什么符号代表一种什么实物都是有一个统一规定的，也是电子技术的共同“语言”。

二、识读方框图

电子电路的特点是其组成元件（如电阻、电容、晶体管等）的数量很多，而种类又比较少，往往不容易看懂图纸，不了解设计意图。因此比较复杂的电子设备都要绘制一张方框图，由方框图先了解电路的组成概貌，再与其电路图结合起来，就比较容易读懂电子电路图。

方框图是粗略反映电子设备整机线路的图形。因此在识读时，首先要理解各功能电路的基本作用，然后再搞清信号的走向。如果单元为集成电路，则还需了解各引脚的作用。

图 1-7 所示为某彩色电视机的方框图，由图可看出，该彩色电视机由预选器、调谐器、图像中放、伴音处理、解码、扫描、伴音功放、末级视放、帧输出、行激励、行输出、显像管等部分组成。该方框图有三个特点：一是方框图中所代表的内容都是以文字符号来注解的，而且各方框外都不标项目代号；二是方框可以多层排列，布局匀称；三是方框图中信号流向是自左往右，而反馈信号是自右往左的。

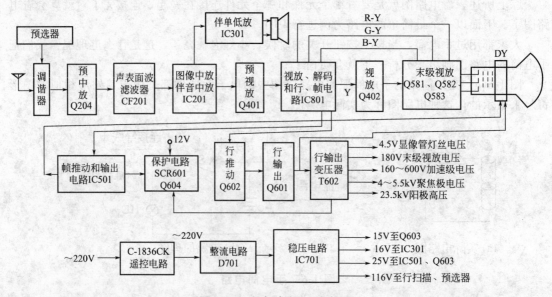

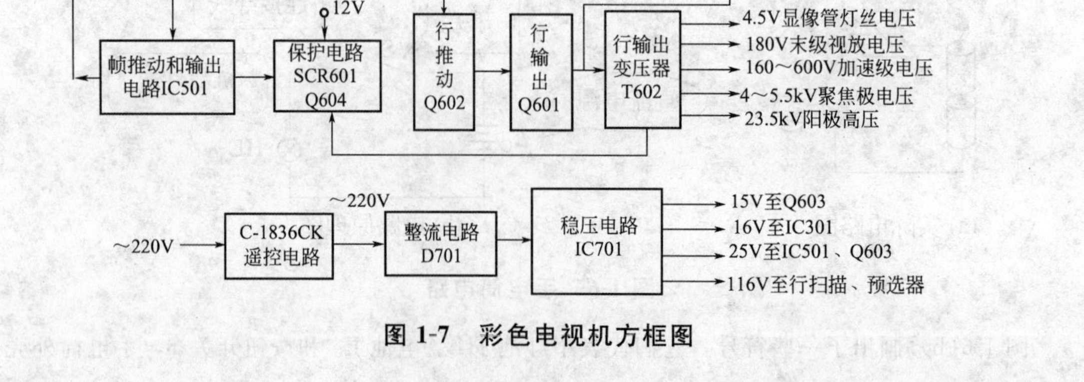

图 1-7 彩色电视机方框图

三、识读电路原理图

重要提示

将实际电路中的各个电子元器件都用其电路符号来表示，这样画出来的电路图称为实际电路的电路符号图，亦称为电路原理图。电路原理图是用电子元器件及其相互连线的符号所表示的，它是最常用的，也是最重要的电子电路表示方式。

电子设备的电路图是表示其工作原理和电子元器件连接关系的简图，在很多场合下电路图就可以作为完整的电气技术文件，而其他图样却无这种作用。

1. 识读电路原理图的原则

识读电原理图时，首先要弄清信号传输流程，找出信号通道。其次，抓住以晶体管元件或集成块为主的单元功能电路。在识读时可掌握“分离头尾、找出电源、割整为块、各个突破”的原则。

① 分离头尾　是指分离出输入、输出电路。如收录机放音通道的头是录放磁头，一般画在电原理图的左侧中间或下方；它的尾是放大器及扬声器电路，一般位于图的右侧。信号传输方向多为从左至右。

② 找出电源　是指寻找出交-直流变换电路，如电子产品的整流电路或稳压电路。它一般画在图纸的右侧下方。从电源电路输出端沿电源供给线路查看，便可搞清楚产品（整机）有几条电源电压供给线路，供给哪些单元电路。

③ 割整为块　是指将产品（整机）电路解体分块。如收录机的放音通道可以分解成输入、前置、功率放大等各单元电路。

④ 各个突破　是指对解体的单元电路进行仔细分析，搞清楚直流、交流信号传输过程及电路中各元器件的作用。

2. 识读单元电路

重要提示

识读单元电路图时，首先要将电路归类，掌握电路的结构特点。例如，分析电视机场扫描电路时，应当分清其振荡级是间歇式振荡器、多谐式振荡器还是其他类型的振荡器，其输出级是单管输出电路还是互补型对称式OTL电路。如果是较典型的简单电路，可以根据原理图直接判断归类；如果是复杂的电路，则应化繁为简，删减附属部件或电路，保留主体部分，简化成原理电路的形式。对于那些电路结构比较特殊或者一时难以判断的电路，则应细致、耐心地把电路简化为等效电路。对模拟电路来说，应当分析电路的等效直流电路和等效交流电路；对于脉冲电路，则要分析电路的等效暂态（过渡过程）电路。

在单元电路中，晶体管和集成电路是关键性元器件，而对于电阻、电感、电容、二极管等元器件，则要根据具体情况具体分析，可以根据工作频率、电路中的位置、元器件参数来判断它们到底是关键性元器件还是辅助性元器件。在简化电路时，关键性元器件不能省略，而非主体的部件应当尽量省略，以显示出电路的基本骨架。

四、识读系统电路图

系统电路是相对于整机电路而言的，它由几个单元电路组成。系统电路图的识读步骤及方法如下。

① 确定系统范围　拿到电路图后先要统观全局，将整个电路浏览一遍。然后，把电路分解为几部分，一般是按系统电路分成几块，每个方块完成不同的系统功能。

从单元电路出发划分框图结构时，应当尽量详细一些，在分析过程中也可根据需要再合并。一般情况下，各方块可以1个（或2个）器件为中心，再加上周围的一些元件，有时没有器件而只有电阻、电感、电容、二极管等元件，也可以根据实际情况来划分方块。

各个相邻、相关的方块之间，要用带箭头的连线连接起来，箭头方向表示信号的流动方向。框图中已明确的单元电路需标上电路名称，信号流动方向和信号波形也要标好。对于暂时不能确定的单元电路，先打个问号，在此框图基础上再作进一步分析。另外，在画带箭头的连线时，连接各级之间的反馈电路也要画好，因为不论正反馈还是负反馈，它们对电路性能都有重要影响。

重要提示

画好框图后，要注意各方块之间的连接点，这些点是有关方块的结合点、联络点，往往也是关键点。另外，还要熟悉各方块输入、输出信号的变换过程。

② 确定电路结构　首先要明确框图内各单元电路或系统电路的类型。完成某种信号变换功能的单元电路可能有多种电路形式，要将分解出来的单元电路与典型的单元电路进行对照，确定电路类型。在将单元电路归类时，要遵照先易后难的原则，结构熟悉的电路先对号，复杂的电路后对号。此外，各方块交界处的元件要分清归属，暂时不能确认归属的元件应划入疑难单元电路的范围，待分析完毕后再确定。

将各单元电路归类后，应明确各单元电路输入端、输出端的信号频率、幅度、波形的特点及变换规律，还要熟悉主要元器件的功能、作用以及技术参数。

③ 解决疑难电路　在看图时经常会碰到一些不容易看懂的电路，难以确定电路框图的界限、电路结构、电路关键点、电路功能及信号变换等。对于这些疑难电路，可以采用多种方法互相配合来解决。

碰到疑难电路时，首先假设它的功能，然后试探性地分析其功能是否符合电性能的逻辑关系。如果不能自圆其说，则说明设想是错误的。其次，要细心观察疑难电路与周围电路的关系，充分利用外围电路的功能和信号变换过程，采取外围包抄、由外向里、由已知向未知的识读方法。另外，也可从内部寻找突破口。因为疑难电路中也会有比较熟悉的电路和网络，利用其中的已知环节作为内部入口，通过已知环节打开突破口，这样内外结合就比较容易攻克难点。

重要提示

识读电路图时，还要充分利用一些已知信息。在许多电路图上，标明了三极管、集成电路引脚的电压或电阻，标出了某些关键点的信号波形、幅度、频率，还标注了许多中文、外文字符。仔细分析这些数值、波形，对识读电路图也有一定的帮助。

五、对照电路图安装应注意问题

初学电子技术的读者，由于对电路图不熟悉，对电子元件不熟悉，在对照电路图安装时经常发生一些差错，所以要注意下面几个主要问题。

① 注意极性　应该做到元件对号入座，初学者有时会产生电子元件和它的符号对不上号。比如二极管的符号，左边一个三角形右边一个长粗线，三角形一边的引线代表正极，长粗线一边的引线代表负极，所以连接二极管时，由于触丝代表二极管的正极，应当按线路接在二极管正极符号一边。如果把二极管的正极与负极接错，这样这个线路图就整个接错了。另外像三极管的E、B和C三个电极，电解电容的正负极；输出、输入变压器的初、次级引线等，也经常会发生接错的现象。因此，这些问题一定要特别注意。

② 注意结点　应该避免把不该连接的地方连在一起。电路图中有结点的地方连在一起，而无结点的线路是不应该连接的（即导线金属部分不能连在一起）。

③ 注意焊接　注意区别焊完和未焊接头，严格按照电路一步一步往下进行。用过一个元件的一根引线后，本来应该用这个元件的另外一根引线去接别的元件，但由于不仔细，又用已经接过的那根引线去接别的元件了。所以每个元件用过哪个头，没用过哪个头，都应当心中有数不能搞错。有时可在装配图中做记号，以示区别。

④ 注意检查　最后应该进行检查。电路焊好后，要仔细检查各部分连线是否有差错。

第三节　电子电路识图要求

一、结合电子技术基础理论识图

无论是电视机、录音机，还是半导体收音机和各种电子控制线路的设计，都离不开电子技术基础理论。因此，要搞清电子线路的电气原理，必须具备电子技术基础知识。例如，交流电经整流后变成直流电，其原理就是利用晶体二极管具有单向导电特性而设计的。通常用4只或2只整流二极管组合起来，分别进行导通、截止的切换，以实现交-直变换的目的。

二、结合电子元器件的结构和工作原理识图

在电子线路中有各种电子元器件。例如，在直流电源线路中，常用的有各种半导体器件、电阻、电容器件等。因此，在识读线路图时，首先应该了解这些电子器件的性能、基本工作原理以及在整个线路中的地位和作用。否则，无法读懂线路图。

三、结合典型线路图识图

所谓典型线路，就是常见的基本线路，对于一张复杂的线路图，细分起来不外乎是由若干典型线路组成的。因此，熟悉各种典型线路图，它不仅在识图时能帮助我们分清主次环节，抓住主要矛盾，而且可尽快地理解整机的工作原理。

重要提示

很多常见的典型电路，例如放大器、振荡器、电压跟随器、电压比较器、有源滤波器等，往往具有特定的电路结构，掌握常见的典型电路的结构特点，对于看图识图会有很大的帮助。

(1) 放大电路的结构特点　放大电路的结构特点是具有一个输入端和一个输出端，在

输入端与输出端之间是晶体管或集成运放等放大器件，如图 1-8(a) 和 (b) 所示。有些放大器具有负反馈。如果输出信号是由晶体管发射极引出，则是射极跟随器电路。如图 1-8(c) 所示。

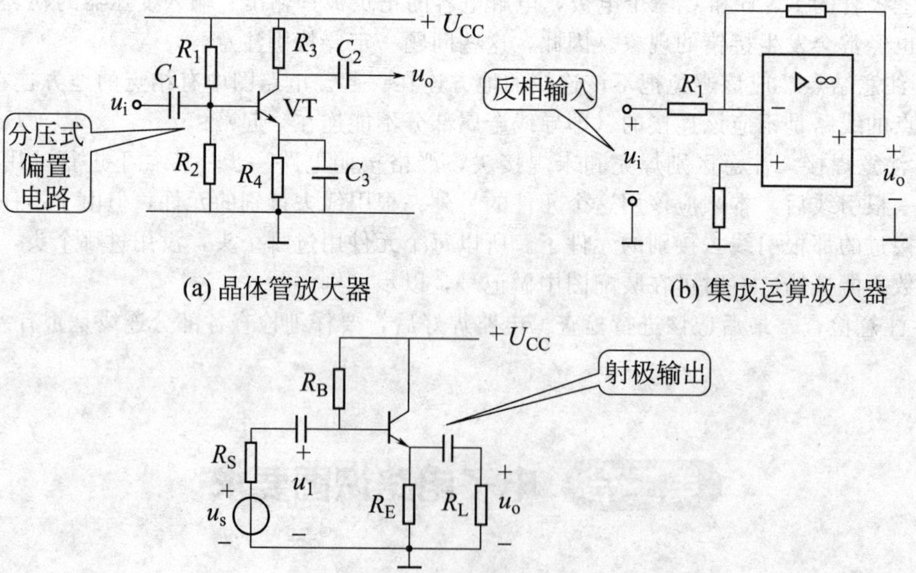

(a) 晶体管放大器 (b) 集成运算放大器

(c) 射极跟随器

图 1-8 放大电路的结构

特别注意

注意：集成运放的电路符号如图 1-9 所示。图 1-9(a) 为国标符号，图 1-9(b) 为常用符号，在本书中通用。

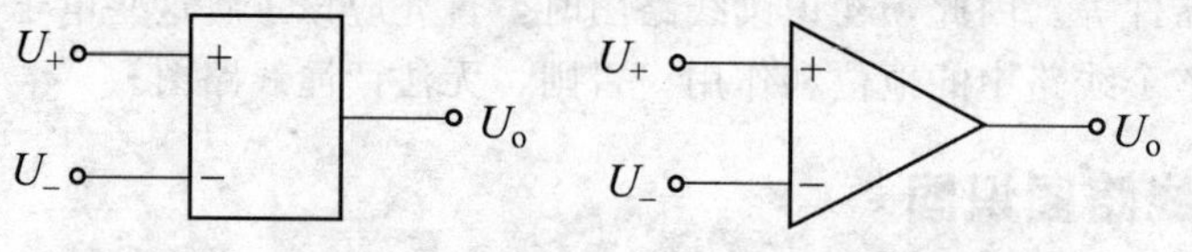

(a) 国标符号 (b) 常用符号

图 1-9 集成运放的电路符号

(2) 振荡电路的结构特点 振荡电路的结构特点是没有对外的电路输入端，晶体管或集成运放的输出端与输入端之间接有一个具有选频功能的正反馈网络，将输出信号的一部分正反馈到输入端以形成振荡。图 1-10(a) 所示为晶体管振荡器，晶体管 VT 的集电极输出信号，由变压器 T 倒相后正反馈到其基极，T 的初级线圈 L_1 与 C_2 组成选频回路，决定电路的振荡频率，图 1-10(b) 所示为集成运放振荡器，在集成运放 IC 的输出端与同相输入端之间，接有 R_1、C_1、R_2、C_2 组成的桥式选频反馈回路，IC 输出信号的一部分经桥式选频回路反馈到其输入端，振荡频率由组成选频回路的 R_1、C_1、R_2、C_2 的值决定。

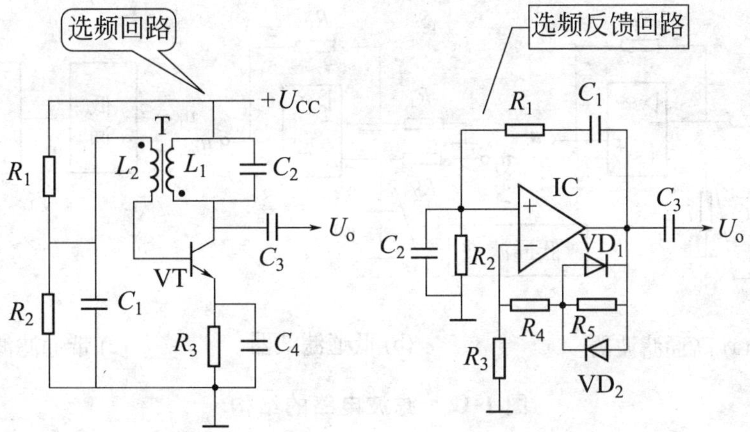

(a) 晶体管振荡器　　(b) 集成运放振荡器

图 1-10　振荡电路的结构

(3) 差动放大器和电压比较器的结构特点　差动放大器和电压比较器这两个单元电路的结构特点类似，都具有两个输入端和一个输出端，如图 1-11 所示。所不同的是：差动放大器电路中，集成运放的输出端与反相输入端之间接有一反馈电阻 R_F，使运放工作于线性放大状态，输出信号是两个输入信号差值，见图 1-11(a)。电压比较器电路中，集成运放的输出端与输入端之间则没有反馈电阻，使运放工作于开关状态（A＝∞），输出信号为"U_{OM}"或"$-U_{OM}$"，见图 1-11(b)。

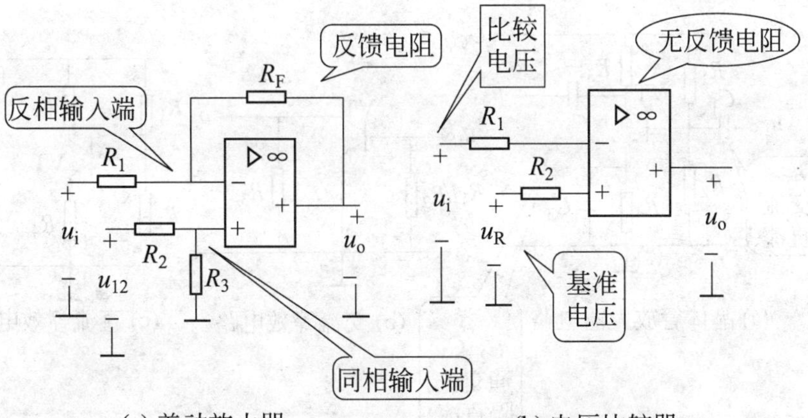

(a) 差动放大器　　(b) 电压比较器

图 1-11　差动放大器和电压比较器的结构

(4) 滤波电路的结构特点　滤波电路的结构特点是含有电容器或电感器等具有频率函数的元件，有源滤波器还含有晶体管或集成运放等有源器件，在有源器件的输出端与输入端之间接有反馈元件。有源滤波器通常使用电容器作为滤波元件，如图 1-12 所示。高通滤波器电路中电容器接在信号通路［图 1-12(a)］；低通滤波器电路中电容器接在旁路或负反馈回路［图 1-12(b)］；将低通滤波电路和高通滤波电路串联，并使低通滤波电路的截止频率大于高通滤波电路的截止频率，则构成带通滤波电路［图 1-12(c)］。

四、结合线路图的绘制特点识图

在电子线路图的设计中，通常是以功能原理程序进行的，因此完成同一功能的元器件往

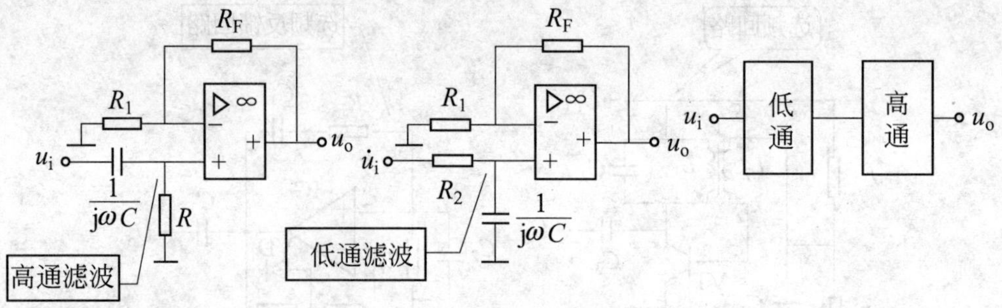

(a) 高通滤波器　　(b) 低通滤波器　　(c) 带通滤波器

图 1-12　滤波电路的结构

往聚集在一起，而交流信号在不同功能的放大电路中又往往用电容器耦合等。掌握了这些特点，对识读线路图会带来许多方便。

放大器、振荡器等单元电路都包括交流回路和直流回路，并且互相交织在一起，有些元器件只在一个回路中起作用，有些元器件在两个回路中都起作用。通常可以分别绘制出其交流等效电路和直流等效电路进行分析。

(1) 交流等效电路　交流回路是单元电路处理交流信号的通路。对于交流信号而言，电路图中的耦合电容和旁路电容都视为短路；电源对交流的阻抗很小，且电源两端并接有大容量的滤波电容，也视为短路，这样便可绘出其交流等效电路。例如，图 1-13(a) 所示晶体管放大器电路，按照上述方法绘出的交流等效电路如图 1-13(b) 所示。

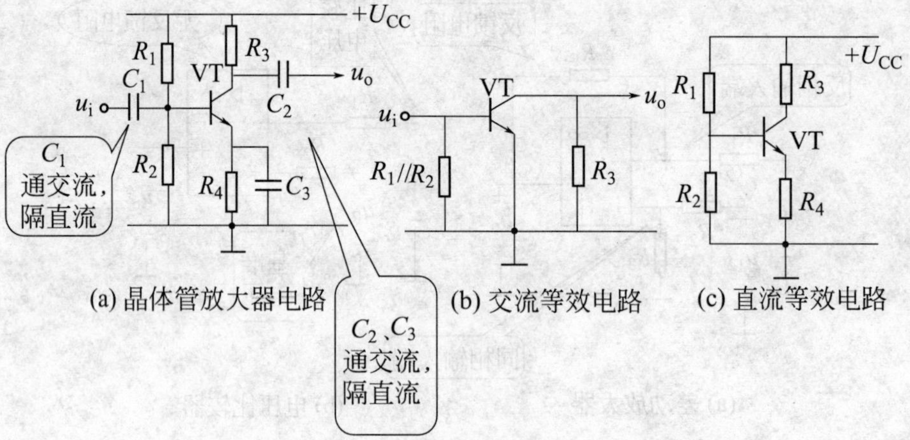

(a) 晶体管放大器电路　　(b) 交流等效电路　　(c) 直流等效电路

图 1-13　晶体管放大器及其等效电路

(2) 直流等效电路　直流回路为单元电路提供正常工作所必需的电源。对于直流信号而言，电路图中所有电容均视为开路，可方便地绘出其直流等效电路。图 1-13(a) 所示晶体管放大器电路的直流等效电路如图 1-13(c) 所示。直流回路为晶体管 VT 提供直流工作电源并确定合适的静态工作点。

第二章 电子电路制作基础知识

第一节 电子电路的制作方法

制作一个电子电路系统时，首先必须明确系统的制作任务，根据任务进行方案选择，然后对方案中的各部分进行单元的制作、参数计算和器件选择，最后将各部分连接在一起，画出一个符合制作要求的完整的系统电路图。

一、明确系统的制作任务要求

对电子电路系统的制作任务进行具体分析，充分了解系统的性能、指标、内容及要求，以便明确系统应完成的任务。

二、方案选择

这一步的工作要求是把系统要完成的任务分配给若干个单元电路，并画出一个能表示各单元功能的整机原理框图。

重要提示

方案选择的重要任务是根据掌握的知识和资料，针对系统提出的任务、要求和条件，完成系统的功能制作。在这个过程中要敢于探索，勇于创新，力争做到制作方案合理、可靠、经济、功能齐全、技术先进。并且对方案要不断进行可行性和优缺点的分析，最后设计出一个完整框图。框图必须正确反映系统应完成的任务和各组成部分的功能，清楚表示系统的基本组成和相互关系。

三、单元电路的制作、参数计算和器件选择

根据系统的指标和功能框图，明确各部分任务，进行各单元电路的制作、参数计算和器件选择。

1. 单元电路制作

单元电路是整机的一部分，只有把各单元电路制作好才能提高整体制作水平。

重要提示

每个单元电路制作前都需明确本单元电路的任务，详细拟定出单元电路的性能指

标，与前后级之间的关系，分析电路的组成形式。具体制作时，可以模仿成熟的先进的电路，也可以进行创新或改进，但都必须保证性能要求。而且，不仅单元电路本身要制作合理，各单元电路间也要互相配合，注意各部分的输入信号、输出信号和控制信号的关系。

2. 参数计算

为保证单元电路达到功能指标要求，就需要用电子技术知识对参数进行计算。例如，放大电路中各电阻值、放大倍数的计算；振荡器中电阻、电容、振荡频率等参数的计算。只有很好地理解电路的工作原理，正确利用计算公式，计算的参数才能满足制作要求。

重要提示

参数计算时，同一个电路可能有几组数据，注意选择一组能完成电路制作要求的功能、在实践中能真正可行的参数。

计算电路参数时应注意的问题见表 2-1。

表 2-1　计算电路参数时应注意的问题

序号	注意的问题
1	元器件的工作电流、电压、频率和功耗等参数应能满足电路指标的要求
2	元器件的极限参数必须留有足够充裕量，一般应大于额定值的 1.5 倍
3	电阻和电容的参数应选计算值附近的标称值

3. 器件选择

(1) 阻容元件的选择

电阻和电容种类很多，正确选择电阻和电容是很重要的。不同的电路对电阻和电容性能要求也不同，有些电路对电容的漏电要求很严，还有些电路对电阻、电容的性能和容量要求很高。

重要提示

例如滤波电路中常用大容量（100～3000μF）铝电解电容，为滤掉高频通常还需并联小容量（0.01～0.1μF）瓷片电容。制作时要根据电路的要求选择性能和参数合适的阻容元件，并要注意功耗、容量、频率和耐压范围是否满足要求。

(2) 分立元件的选择

分立元件包括二极管、晶体三极管、场效应管、光电二（三）极管、晶闸管等。根据其用途分别进行选择。

重要提示

选择的器件种类不同，注意事项也不同。例如选择晶体三极管时，首先注意是选择NPN型管还是PNP型管，是高频管还是低频管，是大功率管还是小功率管，并注意管子的参数P_{CM}、I_{CM}、BV_{CEO}、I_{CBO}、β、f_T和f_β是否满足电路制作指标的要求，高频工作时，要求$f_T=(5\sim10)f$，f为工作频率。

(3) 集成电路的选择

由于集成电路可以实现很多单元电路甚至整机电路的功能，所以选用集成电路来制作单元电路和总体电路既方便又灵活，它不仅使系统体积缩小，而且性能可靠，便于调试及运用，在制作电路时颇受欢迎。

集成电路有模拟集成电路和数字集成电路。国内外已生成出大量集成电路，其器件的型号、原理、功能、特征可查阅有关手册。

重要提示

选择的集成电路不仅要在功能和特性上实现制作方案，而且要满足功耗、电压、速度、价格等多方面的要求。

四、电路图的绘制

为详细表示制作的整机电路及各单元电路的连接关系，制作时需绘制完整电路图。

电路图通常是在系统框图、单元电路设计、参数计算和器件选择的基础上绘制的，它是组装、调试和维修的依据。绘制电路图时要注意以下几点。

① 布局合理、排列均匀、图面清晰、便于看图、有利于对图的理解和阅读。

有时一个总电路由几部分组成，绘图时应尽量把总电路画在一张图纸上。如果电路比较复杂，需绘制几张图，则应把主电路画在同一张图纸上，而把一些比较独立或次要的部分画在另外的图纸上，并在图的断口两端做上标记，标出信号从一张图到另一张图的引出点和引入点，以此说明各图纸在电路连线之间的关系。

重要提示

有时为了强调并便于看清各单元电路的功能关系，每一个功能单元电路的元件应集中布置在一起，并尽可能按工作顺序排列。

② 注意信号的流向，一般从输入端或信号源画起，由左至右或由上至下按信号的流向依次画出各单元电路，而反馈通路的信号流向则与此相反。

③ 图形符号要标准，图中应加适当的标注。图形符号表示器件的项目或概念。电路图中的中、大规模集成电路器件，一般用方框表示，在方框中标出它的型号，在方框的边线两侧标出每根线的功能名称和引脚号。除中、大规模器件外，其余元器件符号应当标准化。

④ 连接线应为直线，并且交叉和折弯应最少。通常连接可以水平布置或垂直布置，一般不画斜线，互相连通的交叉处用圆点（结点）表示，根据需要，可以在连接线上加注信号名或其他标记，表示其功能或其去向。有的连线可用符号表示，例如器件的电源一般标电源

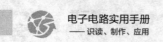

电压的数值，地线用符号（⊥）表示。

制作的电路是否能满足制作要求，还必须通过组装、调试进行验证。

第二节 电子电路的组装

电子电路设计好后，便可进行组装。

电子技术基础制作中组装电路通常采用焊接和实验箱上插接两种方式。焊接组装可提高焊接技术，但器件可重复利用率低。在实验箱上组装，元器件便于插接且电路便于调试，并可提高器件重复利用率。在实验箱上用插接方式组装电路的方法见表 2-2。

表 2-2 在实验箱上用插接方式组装电路的方法

插接内容	插接方式
集成电路的装插	插接集成电路时首先应认清方向，不要倒插，所有集成电路的插入方向保持一致，注意引脚不能弯曲
元器件的装插	根据电路图的各部分功能确定元器件在实验箱的插接板上的位置，并按信号的流向将元器件顺序地连接，以易于调试
导线的选用和连接	导线直径应和插接板的插孔直径相一致，过粗会损坏插孔，过细则与插孔接触不良 为检查电路的方便，要根据不同用途，导线可以选用不同颜色。一般习惯是正电源用红线，负电源用蓝线，地线用黑线，信号线用其他颜色的线等 连接用的导线要求紧贴在插接板上，避免接触不良。连接不允许跨在集成电路上，一般从集成电路周围通过，尽量做到横平竖直，这样便于查线和更换器件，但高频电路部分的连线应尽量短

组装电路时注意，电路之间要共地。正确的组装方法和合理的布局，不仅使电路整齐美观，而且能提高电路工作的可靠性，便于检查和排除故障。

第三节 电子电路的调试

电子电路的调试在电子工程技术中占有重要地位，这是把理论付诸实践的过程，是对设计和检修的电路能否正常工作，是否达到性能指标的检查和测量。实践表明，一个电子装置，即使按照设计的电路参数进行安装，往往也难于达到预期的效果。这是因为人们在制作时，不可能周密地考虑各种复杂的客观因素（如元件值的误差，器件参数的分散性，分布参数的影响等），必须通过安装后的测试和调整，来发现和纠正设计方案的不足和安装的不合理，然后采取措施加以改进，使装置达到预定的技术指标。因此，掌握调试电子电路的技能，对于每个从事电子技术及其有关领域工作的人员来说，是重要的。

调试过程

调试过程是利用符合指标要求的各种仪器，例如万用表、稳压电源、示波器、信号发生器、扫频仪、逻辑分析仪等各种测量仪器，对安装好的电路进行调整和测量，是判断性能好坏，各种指标是否符合设计要求的最后一关。因而调整和测试必须遵守一定的测试方法并按一定的步骤进行。

一般测试方法和步骤如下。

一、调试前的直观检查

电路安装完毕，通常不宜急于通电，先要认真检查一下。检查内容包括以下几个。

1. 连线是否正确

先认真检查电路连线是否正确，包括错线（连线一端正确，另一端错误）、少线（安装时漏掉的线）和多线（连线的两端在电路图上都是不存在的）。多线一般是因接线时看错引脚，或者改接线时忘记去掉原来的旧线造成的，在调试中时常发生，而查线时又不易发现，调试时往往会给人造成错觉，以为问题是由元器件造成的。如 TTL 两个门电路的输出端无意中接在一起，引起电平不高不低，人们很容易认为是元器件坏了。为了避免做出错误判断，通常采用两种查线方法。

查线方法

① 按照电路图检查安装的线路。这种方法的特点是，根据电路图连线，按一定顺序逐一对应检查安装好的线路。由此，可比较容易查出错线和少线。

② 按照实际线路来对照电路原理进行查线。这是一种以元件为中心进行查线的方法。把每个元件（包括器件）引脚的连线一次查清，检查每个引脚的去处在电路图上是否存在，这种方法不但可以查出错线和少线，还容易查出多线。

不论用什么方法查线，为了防止出错，对于已查过的线通常应在电路图上做出标记，并且还要检查每个元件的引脚的使用端数是否与图纸相符。最好用指针式万用表“R×1”挡，或数字式万用表“Ω”挡的蜂鸣器来测量，而且直接测量元、器件引脚，这样可以同时发现接触不良的地方。

2. 元、器件安装情况

检查元、器件引脚之间有无短路；连接处有无接触不良；二极管、三极管、集成电路和电解电容极性等是否连接有误。

3. 电源与信号源连线是否正确

检查直流电源极性是否正确，信号线是否连接正确。

4. 电源端对地（⊥）是否存在短路

在通电前，断开一根电源线，用万用表检查电源端对地（⊥）是否存在短路。检查直流稳压电源对地是否短路。

若电路经过上述检查，并确认无误后，就可转入调试。

二、调试方法

调试包括测试和调整两个方面。所谓电子电路的调试，是以达到电路制作指标为目的而进行的一系列的“测量→判断→调整→再测量”的反复进行过程。

为了使调试顺利进行，电路图上应当标明各点的电位值，相应的波形图以及其他主要数据。

调试方法通常采用先分调后联调（总调）。对于已定型的产品和需要相互配合才能运行的产品也可采用一次性调试。按照上述调试电路原则，具体调试步骤如下。

1. 通电观察

把经过准确测量的电源电压接入电路。

电源接通之后不要急于测量数据和观察结果，首先要观察有无异常现象，包括有无冒烟，是否闻到有异常气味，手摸元器件是否发烫，电源是否有短路现象等。如果出现异常，应立即切断电源，待排除故障后才能再通电。然后测量电路总电源电压和各器件引脚的电源电压，以保证元器件正常工作。

通过通电观察，认为电路初步工作正常，就可转入正常调试。

重要提示

在这里，需要指出的是，一般调试中使用的稳压电源是一台仪器，它不仅有一个“+”端，一个“−”端，还有一个“地”接在机壳上，当电源与实验板连接时，为了能形成一个完整的屏蔽系统，实验板的“地”一般要与电源的“地”连起来，而实验板上用的电源可能是正电压，也可能是负电压，还可能正、负电压都有，所以电源是“正”端接“地”还是负端接“地”，使用时应先考虑清楚。如果要求电路浮地，则电源的“+”与“−”端都不与机壳相连。

另外，应注意一般电源在开与关的瞬间往往会出现瞬态电压上冲的现象，集成电路最怕过电压的冲击，所以一定要养成先开启电源，后接电路的习惯，在实验中途也不要随意将电源关掉。

2. 分块调试

调试包括测试和调整两个方面。测试是在安装后对电路的参数及工作状态进行测量，调整是指在测试的基础上对电路的参数进行修正，使之满足设计和维修要求。为了使测试顺利进行，设计的电路图上应标出各点的电位值、相应的波形以及其他数据。

调试方法有两种：

一种方法是整个电路安装完毕，实行一次性调试。这种方法适用于简单电路或定型产品。

另一种是采用边安装边调试的方法。也就是把复杂的电路按原理图上的功能分成块进行安装调试，调试时可以循着信号的流程，逐级调整各单元电路，使其参数基本符合制作指标。这种调试方法的核心是，把组成电路的各功能块（或基本单元电路）先调试好，并在此基础上逐步扩大调试范围，最后完成整机调式，这种方法称为分块调试。

采用这种方法的优点是能及时发现问题和解决问题，因此是常用的方法，对于新设计的电路更是如此。对于包括模拟电路、数字电路和微机系统的电子装置更应采用这种方法进行调试。因为只有把三部分分开调试后，分别达到制作指标，并经过信号及电平转换电路后才能实现整机联调。否则，由于各电路要求的输入、输出电压和波形不符合要求，盲目进行联调，就可能造成大量的器件损坏。分块调试包括静态调试和动态调试。

(1) 静态调试

交流、直流并存是电子电路工作的一个重要特点。一般情况下，直流为交流服务，直流是电路工作的基础。因此，电子电路的调试有静态调试和动态调试之分。静态调试一般是指在没有外加信号的条件下所进行的直流测试电路各点的电位和调整过程。例如，通过静态测试模拟电路的静态工作点、数字电路的各输入端和输出端的高、低电平值及逻辑关系等，测出的数据与设计值相比较，若超出允许范围，可以及时发现已经损坏的元器件，判断电路工作情况，并及时调整电路参数，使电路工作状态符合制作要求。

对于运算放大器，静态检查除测量正、负电源是否接上外，主要检查在输人为零时，输出端是否接近零电位，调零电路起不起作用。当运放输出直流电位始终接近正电源电压值或负电源电压值时，说明运放处于阻塞状态，可能是外电路没有接好，也可能是运放已经损坏。如果通过调零电位器不能使输出为零，除了运放内部对称性差外，也可能运放处于振荡状态，所以电路板直流工作状态的调试，最好接上示波器进行监视。

(2) 动态调试

动态调试是在静态调试的基础上进行的。动态调试可以利用前级的输出信号作为后级的输入信号，也可用自身的信号检查功能块的各种指标是否满足设计要求，包括信号幅值、波形的形状、相位关系、频率、放大倍数、输出动态范围等。调试的方法是在电路的输入端接入适当频率和幅值的信号，并循着信号的流向逐级检测各有关点的波形、参数和性能指标。发现故障现象，应采取不同的方法缩小故障范围，最后设法排除故障。

模拟电路比较复杂，而对于数字电路来说，由于集成度比较高，一般调试工作量不太大，只要器件选择合适，直流工作状态正常，逻辑关系就不会有太大问题。一般是测试电平的转换和工作速度。

把静态和动态的测试结果与设计的指标作比较，经深入分析后对电路参数提出合理的修正。

3. 整机联调

通过调试，最后检查功能块和整机的各项指标（如信号的幅值、波形形状、相位关系、增益、输入阻抗和输出阻抗等）是否满足制作要求，如必要，再进一步对电路参数提出合理的修正。在分块调试的过程中，由于是逐步扩大调试范围，故实际上已经完成了某些局部联调工作。下面只要做好各功能块之间接口电路的调试工作，再把全部电路接通，就可以实现整机联调。整机联调只需要观察动态结果，即把各种测量仪器及系统本身显示部分提供的信息与设计指标逐一对比，找出问题，然后进一步修改电路参数，直到完全符合设计要求为止。

重要提示

调试过程中不能单凭感觉和印象，要始终借助仪器观察。使用示波器时，最好把示波器的信号输入方式置于“DC”档，它是直流耦合方式，同时可以观察被测信号的交直流成分。被测信号的频率应处在示波器能够稳定显示的范围内，如果频率太低，观察不到稳定波形时，应改变电路参数后测量。例如，观察只有几赫兹的低频信号时，通过改变电路参数，使频率提高到几百赫兹以上，能在示波器上观察到稳定的信号并可记录各点的波形形状及相互间的相位关系，测量完毕，再恢复到原来的参数继续测试其他指标。

三、系统精度及可靠性测试

系统精度是设计电路时很重要的一个指标。测量电路的精度校准元件应该由精度高于测量电路的仪器进行测试后，才能作为标准元器件接入电路校准精度。例如，测量电路中，校准精度时所用的电容不能以标称值计算，而要经过高精度的电容表测量其准确值后，才能作为校准电容。

对于正式产品，应该就以下几方面进行可靠性测试。

① 抗干扰能力。

② 电网电压及环境温度变化对装置的影响。

③ 长期运行实验的稳定性。

④ 抗机械振动的能力。

四、调试中的注意事项

调试结果是否正确，很大程度上受测量正确与否和测量精度的影响。为了保证调试的效果，必须减小测量误差，提高测量精度。为此，需注意以下几点。

① 测试之前先要熟悉各种仪器的使用方法，并仔细加以检查，避免由于仪器使用不当或出现故障而做出错误判断。调试过程中，发现器件或接线有问题需要更换或修改时，应关断电源，待更换完毕认真检查后才能重新通电。

② 正确使用测量仪器的接地端。凡是使用低端接机壳的电子仪器进行测量，仪器的接地端应和放大器的接地端连接在一起，只有使仪器和电子电路之间建立一个公共参考点，测量的结果才是正确的。否则仪器机壳引入的干扰不仅会使放大器的工作状态发生变化，而且将使测量结果出现误差。根据这一原则，调试发射极偏置电路时，若需测量 U_{CE}，不应把仪器的两端直接接在集电极和发射极上，而应分别地测出 U_C、U_E，然后将二者相减得 U_{CE}。若使用干电池供电的万用表进行测量，由于电表的两个输入端是浮动的，所以允许直接接到测量点之间。

③ 在信号比较弱的输入端，尽可能用屏蔽线连线。屏蔽线的外屏蔽层要接到公共地线上。在频率比较高时要设法隔离连接线分布电容的影响，例如用示波器测量时应该使用有探头的测量线，以减少分布电容的影响。

④ 测量电压所用仪器的输入阻抗必须远大于被测处的等效阻抗。因为，若测量仪器输入阻抗小，则在测量时会引起分流，给测量结果带来很大的误差。

⑤ 测量仪器的带宽必须大于被测电路的带宽。例如，MF-20 型万用表的工作频率为 20～20000Hz。如果放大器的 $f_H=100\text{kHz}$，我们就不能用 MF-20 来测试放大器的幅频特性。否则，测试结果就不能反映放大器的真实情况。

⑥ 要正确选择测量点。用同一台测量仪进行测量时，测量点不同，仪器内阻引进的误差大小将不同。例如，对于图 2-1 所示电路，测 C_1 点电压 U_{c_1} 时，若选择 E_2 为测量点，测得 U_{E2}，根据 $U_{C1}=U_{E2}+U_{BE2}$ 求得的结果，可能比直接测 C_1 点得到的 U_{C1} 的误差要小得多。所以出现这种情况，是因为 R_{E2} 较小，仪器内阻引进的测量误差小。

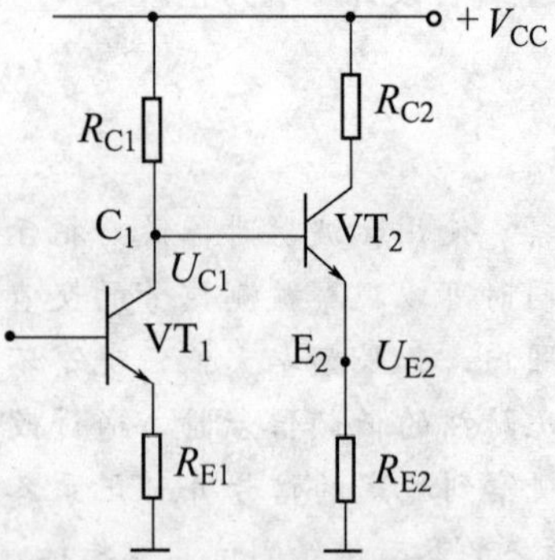

图 2-1 被测电路

⑦ 测量方法要方便可行。需要测量某电路的电流时，一般尽可能测电压而不测电流，因为测电压不必改动被测电路，测量方便。若需知道某一支路的电流值，可以通过测取该支路上电阻两端的电压，经过换算而得到。

⑧ 调试过程中，不但要认真观察和测量，还要善于记录。记录的内容包括测试条件，观察的现象，测量的数据、波形和相位关系等。必要时在记录中还要附加说明，

尤其是那些和设计不符合的现象更是记录的重点。只有有了大量可靠的测试记录，依据记录的数据才能把实际观察到的现象与理论结果加以比较，才能发现电路制作上的问题，加以改进，完善制作方案。通过收集第一手资料可以帮助自己积累实际经验，切不可低估记录的重要作用。

⑨ 安装和调试自始至终要有严谨的科学作风，不能有侥幸心理。调试时出现故障，不要手忙脚乱，马虎从事，要认真查找故障原因，仔细做出判断。切不可一遇故障解决不了就拆掉线路重新安装。因为重新安装的线路仍可能存在各种问题，如果是原理上的问题，即使重新安装也解决不了问题。应当把查找故障并分析故障原因看成一次好的学习机会，通过它来不断提高自己分析问题和解决问题的能力。

第四节 检查故障的一般方法

故障诊断

对于一个复杂的系统来说，要在大量的元器件和线路中迅速、准确地找出故障是不容易的。一般故障诊断过程，就是从故障现象出发，通过反复测试，做出分析判断，逐步找出故障的过程。首先要通过对原理图的分析，把系统分成不同功能的电路模块，通过逐一测量找出故障模块，然后对故障模块内部加以测量并找出故障，即从一个系统或模块的预期功能出发，通过实际测量，确定其功能是否正常来判断它是否存在故障，然后逐层深入，进而找出故障的原因并加以排除。

假如是原来正常运行的电子设备（或电子电路），使用一段时间出现故障，其原因可能是元器件损坏，或连线发生短路或断路，也许是使用条件的变化（如电网电压波动、过热或过冷的工作环境等）影响电子设备的正常运行。

一、故障现象和产生故障的原因

1. 常见的故障现象

① 放大电路没有输入信号，而有输出波形。

② 放大电路有输入信号，但没有输出波形，或者波形异常。

③ 串联稳压电源无电压输出，或输出电压过高且不能调整，或输出稳压性能变坏、输出电压不稳定等。

④ 振荡电路不产生振荡。

⑤ 计数器输出波形不稳，或不能正确计数。

⑥ 收音机中出现“嗡嗡”交流声、“啪啪”的汽船声和炒豆声等。

⑦ 发射机中出现频率不稳，或输出功率小甚至无输出，或反射大，作用距离小等。

以上是最常见的一些故障现象，还有很多奇怪的故障现象，在这里就不一一列举了。

2. 产生故障的原因

故障产生的原因很多，情况也很复杂，有的是一种原因引起的简单故障，有的是多种原因相互作用引起的复杂故障。因此，引起故障的原因很难简单分类。这里只能进行一些粗略的分析。

① 对于定型产品使用一段时间后出现故障，故障原因可能是元器件损坏，连线发生短路或断路（如焊点虚焊，接插件接触不良，可变电阻器、电位器、半可变电阻等接触不良，接触面表面镀层氧化等），或使用条件发生变化（如电网电压波动，过冷或过热的工作环境等）影响电子设备的正常运行。

② 对于新制作安装的电路来说，故障原因可能是：实际电路与制作的原理图不符；元件使用不当或损坏；设计制作的电路本身就存在某些严重缺点，不满足技术要求；连线发生短路或断路等。

③ 仪器使用不正确引起的故障，如示波器使用不正确而造成的波形异常或无波形，共地问题处理不当而引入的干扰等。

④ 各种干扰引起的故障。

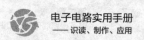

二、检查故障的一般方法

查找故障的顺序可以从输入到输出，也可以从输出到输入。查找故障的一般方法如下。

1. 直接观察法

直接观察法是指不用任何仪器，利用人的视、听、嗅、触等作为手段来发现问题，寻找和分析故障。对于自己设计的系统或非常熟悉的电路，可以采用直接观察法，它将大大缩短排除故障的时间。

直接观察包括不通电检查和通电检查。

不通电检查

不通电检查仪器的选用和使用是否正确；电源电压的数值和极性是否符合要求；电解电容的极性、二极管和三极管的引脚、集成电路的引脚有无错接、漏接、互碰等情况；布线是否合理；印制板有无断线；电阻电容有无烧焦和炸裂等。

通电检查

通电观察元、器件有无发烫、冒烟，变压器有无焦味，示波管灯丝是否亮，有无高压打火等。寻找自己设计或非常熟悉的电路时，因为对各部分的原理及性能指标、波形形状已有较透彻的了解，所以通过仪器、仪表观察到的现象（读数和波形），可以直接判断故障发生的原因及部位，从而准确、迅速地找到故障并加以排除。

直接观察此法简单，也很有效，可作初步检查时用，但对比较隐蔽的故障无能为力。

2. 用万用表检查静态工作点

电子电路的供电系统，真空管或半导体三极管、集成块的直流工作状态（包括元、器件引脚、电源电压）、线路中的电阻值等都可用万用表测定。当测得值与正常值相差较大时，经过分析可找到故障。现以图 2-2 两级放大器为例，正常工作时如图所示。静态时（$u_i=0$），$U_{b1}=1.3V$，$I_{c1}=1mA$，$U_{c1}=6.9V$，$I_{c2}=1.6mA$，$U_{e2}=5.3V$. 但实测结果 $U_{b1}=0.01V$，$U_{c1}\approx U_{ce1}=V_{CC}=12V$。考虑到正常放大工作时，硅管的 U_{BE} 约为 0.6～0.8V，现在VT_1显然处于截止状态。实测的$U_{c1} \approx V_{CC}$也证明VT_1是截止（或损坏）。VT_1为什么截止呢？这要从影响U_{b1}的R_{b12}中去寻找。进一步检查发现，R_{b12}本应为11kΩ，但安装时却用的是1.1kΩ的电阻，将R_{b12}换上正确阻值，故障即消失。

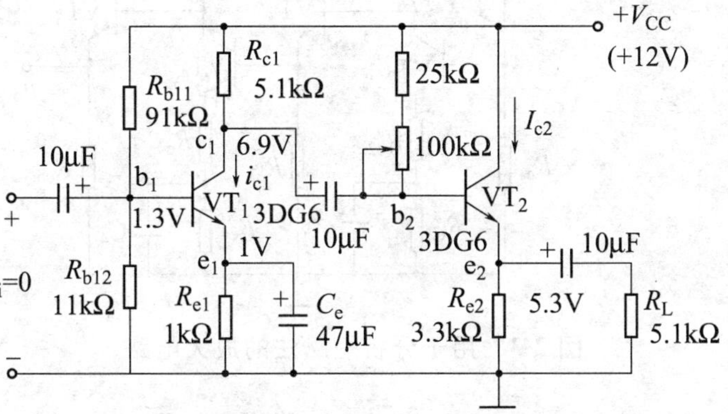

图 2-2　用万用表检查两极放大器故障的参考电路

顺便指出，静态工作点也可以用示波器“DC”输入方式测定。用示波器的优点是，内阻高，能同时看到直流工作状态和被测点上的信号波形以及可能存在原干扰信号及噪声电压等，更有利于分析故障。

3. 信号寻迹法

对于各种较复杂的电路，可在输入端接入一个一定幅值、适当频率的信号（例如，对于多级放大器，可在其输入端接入$f=1000$Hz的正弦信号），用示波器由前级到后级（或者相反），逐级观察波形及幅值的变化情况，如哪一级异常，则故障就在该级。这是深入检查电路的方法。

4. 对比法

怀疑某一电路存在问题时，可将此电路的参数与工作状态和相同的正常电路中的参数（或理论分析的电流、电压、波形等）进行一一对比，从中找出电路中的不正常情况，进而分析故障原因，判断故障点。

5. 部件替换法

有时故障比较隐蔽，不能一眼看出，如这时你手中有与故障产品同型号的产品时，可以将工作正常产品中的部件、元器件、插件板等替换有故障产品中的相应部件，以便于缩小故障范围，进一步查找故障。

6. 旁路法

当有寄生振荡现象，可以利用适当容量的电容器，选择适当的检查点，将电容临时跨接在检查点与参考接地点之间，如果振荡消失，就表明振荡是产生在此附近或前级电路中。否则就在后面，再移动检查点寻找之。

应该指出的是，旁路电容要适当，不宜过大，只要能较好地消除有害信号即可。

7. 短路法

就是采取临时性短接一部分电路来寻找故障的方法。例如图2-3所示放大电路，用万用表测量VT_2的集电极对地无电压。怀疑L_1断路，则可以将L_1两端短路，如果此时有正常的U_{c2}值，则说明故障发生在L_1上。

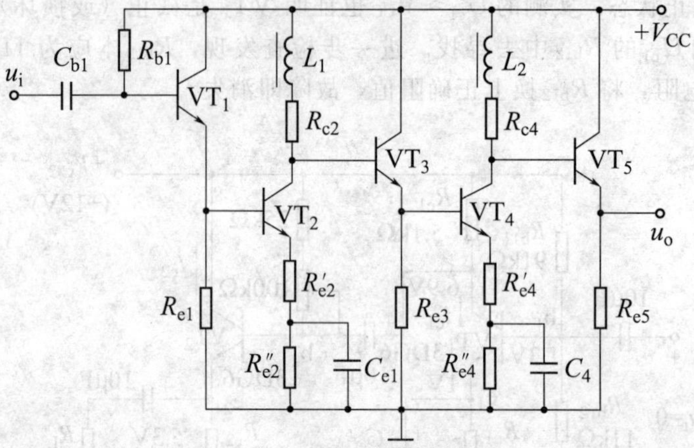

图 2-3 用于分析短路法的放大电路

8. 断路法

断路法用于检查短路故障最有效。断路法也是一种使故障怀疑点逐步缩小范围的方法。例如，某稳压电源接入一个带有故障的电路，使输出电流过大，采取依次断开电路的某一支路的办法来检查故障。如果断开该支路后，电流恢复正常，则故障就发生在此支路。

9. 暴露法

有时故障不明显，或时有时无，一时很难确定，此时可采用暴露法。检查虚焊时对电路进行敲击就是暴露法的一种。另外还可以让电路长时间工作一段时间，例如几小时，然后再来检查电路是否正常。这种情况下往往有些临界状态的元器件经不住长时间工作，就会暴露出问题来，然后对症处理。

实际调试时，寻找故障原因的方法多种多样，以上仅列举了几种常用的方法。这些方法的使用可根据设备条件、故障情况灵活掌握，对于简单的故障用一种方法即可查找出故障点，但对于较复杂的故障则需采取多种方法互相补充、互相配合，才能找出故障点。

重要提示

寻找故障的常规做法。

① 采用直接观察法，排除明显的故障。

② 再用万用表（或示波器）检查静态工作点。

③ 信号寻迹法是对各种电路普遍适用而且简单直观的方法，在动态调试中广为应用。

应当指出，对于反馈环内的故障诊断是比较困难的，在这个闭环回路中，只要有一个元器件（或功能块）出现故障，则往往整个回路中处处都存在故障现象。寻找故障的方法是先把反馈回路断开，使系统成为一个开环系统，然后再接入一适当的输入信号，利用信号寻迹法逐一寻找发生故障的元、器件（或功能块）。例如，图 2-4 是一个带有反馈的方波和锯齿波电压产生器电路，A_1 的输出信号 u_{o1} 作为 A_2 的输入信号，A_2 的输出信号 u_{o2} 作为 A_1 的输入信号，也就是说，不论 A_1 组成的过零比较器或 A_2 组成的积分器发生故障，都将导致 u_{o1}、u_{o2} 无输出波形。寻找故障的方法是，断开反馈回路中的一点（例如 B_1 点或 B_2 点），假设断开 B_2 点，并从 B_2 点与 R_7 连线端输入一适当幅值的锯齿波，用示波器观测 u_{o1} 输出波形应为方波，u_{o2} 输出波形应为锯齿波，如果 u_{o1} 没有波形或 u_{o2} 波形出现异常，则故障就发生在A_1组成的过零比较器（或A_2组成的积分器）电路上。

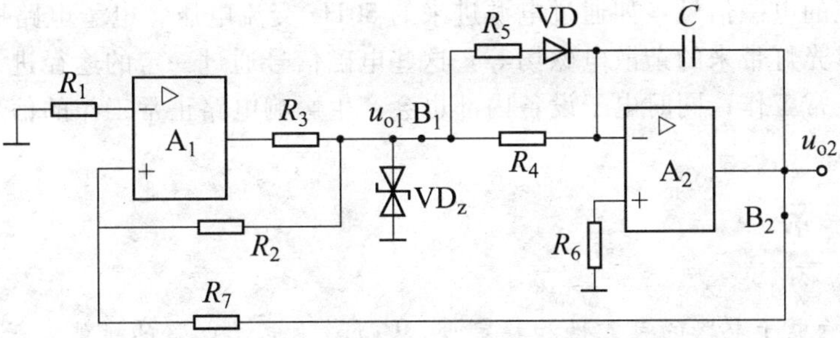

图 2-4　方波和锯齿波电压产生器电路

三、数字电路故障分析的特点

重要提示

寻找数字电路故障：

数字电路的故障寻找和排除相对比较简单，除三态电路中，它的输入与输出只有高电平和低电平两种状态。查找故障可以先进行动态测试，缩小故障的范围，再进行静态测试，查出故障的具体位置。

查找故障首先要有合适的信号源和示波器，示波器的频带一般大于 10MHz，至少大于信号频率。而且应该用双踪示波器观察输入和输出的波形、相位关系。查找故障的过程仍然可以按顺序进行测量，把输出的结果和预期的状态相比较，通过动态测试把故障缩小到最小的范围，如果信号是非周期性的，应该借助逻辑分析仪和其他辅助设备观察各处的状态。

如前所述，数字电路除三态电路外，输出不是高电平就是低电平，不允许出现不高不低的电平。对于使用＋5V 电源的 TTL 电路来说，高电平要大于 2.8V，低电平要低于 0.5V 才能满足要求。

在电路中，当某个元器件静态电平正常而动态波形有问题时，往往会认为这个元器件本身有问题而去更换它，其实有时不是这个原因。例如，一个计数器加入单脉冲信号时，测量输出电平完全正确，加入连续脉冲时输出波形出现问题（如输出波形呈台阶式）。遇到这种情况，不要急于更换器件，需要检查计数器本身的负载能力及为它提供输入信号的元器件的负载能力。把计数器的输出负载断开，检查它的工作是否正常，若工作正常，说明计数器负载能力有问题，可以更换它。如果断开负载电路仍有问题，则要检查提供给计数器的输入信号波形是否符合要求，或把输入信号通过施密特电路整形后再加到计数器输入端，检查输出波形。这种方法检查完毕若仍存在问题，则必须更换计数器。

第五节　电子电路的抗干扰技术

电子电路是在一定的环境条件下传输信息而进行工作的，它在传输信息时，要求不受外界的影响，同时不向其他设备传播不必要的电磁信号。但在实际环境中，必然存在着自然界或人为因素产生的电磁信号，如通过电源进来的50Hz交流电压、电子电路周围存在的发电机、电动机、日光灯带来的杂散电磁场等，这些电磁信号通过一定的途径进入电子设备，因而影响电路的正常工作；同时电子设备内部也会产生影响电路正常工作的信号，这些信号通称为干扰。

重要提示

干扰影响电子电路的可靠性和稳定度，从而影响电子电路的性能。干扰严重时，使电子电路无法工作。但在实际环境中，干扰是客观存在的，很难完全消除，要使电路具有抑制干扰的能力，必须在设计中，采取抗干扰的措施。

一、电路外部产生的干扰及抑制

电子电路工作时，往往在有用信号之外还存在一些令人头痛的干扰电压（或电流）。如何克服这些干扰是电子电路（设备）在制作、制造时的主要问题之一。干扰产生于干扰源。干扰源有的在电子电路（设备）外部，也有的在电子电路（设备）内部。电子电路外部产生的干扰及抑制见表2-3。

表2-3　电子电路外部产生的干扰及抑制

区分	电路外部产生的干扰及抑制
电子电路外部产生的干扰	①电弧灯、日光灯、弧光灯、辉光放电管、火花点火装置等产生的干扰 ②直流发电机及电动机，交流整流子电动机等旋转设备，以及继电器、开关等产生的干扰 ③由大功率输电线产生的工频干扰 ④无线电设备辐射的电磁波等
电子电路外部干扰的抑制	应该根据干扰的性质采取不同的有效措施，削弱（或消除）干扰 ①电子设备应当远离高压电网、电台、电视台、电机、交流接触器等干扰源 ②对于以电场或磁场形式进入放大电路的干扰，可利用屏蔽将电子电路放在金属罩里（用导电性好的材料做成罩并接地，必要时加上高导磁材料屏蔽），使干扰削弱 ③对于通过电子电路输入线引入的干扰可通过加入不同的滤波器来削弱。例如，如果信号频率较低，可在输入端加低通滤波器。如果干扰源的频率基本不变（例如50Hz干扰），可加带阻滤器等

二、电路内部产生的干扰及抑制

电路内部产生的干扰及抑制见表2-4。

表2-4　电子电路内部产生的干扰及抑制

区分	电路内部产生的干扰及抑制
电子电路设备内部产生的干扰	①交流声 ②不同信号的互相感应 ③寄生振荡 ④线绕电位器的动点、电子元件的引线和印刷电路板布线等各种金属的接点间，由于温度差而产生的热电动势等 ⑤在数字电路和高频电路中，由于传输线各部分的特性阻抗不同或与负载阻抗不匹配时，所传输的信号在终端部位发生一次或多次反射，使信号波形发生畸变或产生振荡等

续表

区分	电路内部产生的干扰及抑制
电子电路设备内部干扰的抑制	为减少设备内部产生的干扰，制作人员应注意以下几点： ①元、器件布置不可过密 ②改善电子设备的散热条件 ③分散设备稳压电源，避免通过电源内阻引进干扰 ④在配线和安装时，尽量减少不必要的电磁耦合 ⑤尽量减少公共阻抗的阻值 ⑥低频信号采用的一点接地

三、杂散电磁场干扰及其抑制

放大电路周围存在杂散电磁场时，放大电路的输入电路或某些重要元器件处于这种变动的电场和磁场中，就会感应出干扰电压。对于一个放大倍数比较高的放大器来说，只要第一级引入一点微弱的干扰电压，经过各级的放大，放大器的输出端就有一个较大的干扰电压。

图 2-5 所示为一个由静电感应造成的干扰的原理图。

干扰源和放大器的输入电路之间，存在着杂散电容 C，构成了干扰电流的回路。此干扰电流在放大器的输入电阻 R_i 上产生干扰电压。放大器输入电阻越大，或杂散电容 C 越大，干扰电压也就越大。

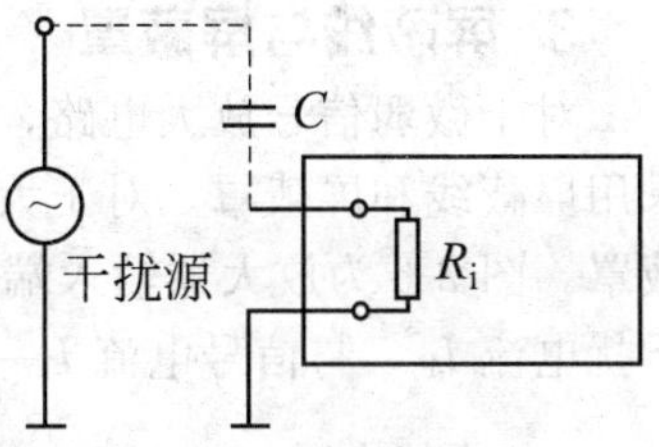

图 2-5　由静电感应造成的干扰

重要提示

放大器中的磁性材料元件(如电感线圈)，对杂散磁场的干扰是很敏感的。当干扰磁场足够强时，在输入端产生的干扰电压将妨碍放大器的正常工作。

对于杂散电磁场的干扰，可采用下列措施。

1. 合理布局

从放大器的结构布线来说，电源变压器要尽量远离放大器第一级的输入电路，特别是有些仪器中装有漏散磁场很强的铁磁稳压器，更应远离放大器。在安装变压器时要选择它们的安装位置，使之不易对放大器产生严重干扰。对有输入变压器的放大器，应特别注意将输入变压器的线圈安装得和干扰磁场垂直，以减小感应的干扰电压。

放大器的布线要合理，放大器的输入线与输出线及交流电源线要分开走线，不要平行走线。输入走线越长，越易接受干扰。

2. 屏蔽

为了减小外界的干扰，可采用屏蔽措施。屏蔽有静电屏蔽和磁屏蔽两种。屏蔽结构可以将干扰源或受干扰元件用屏蔽罩屏蔽起来，特别是多级放大器的第一级更为重要。或第一级的输入线采用具有金属套的屏蔽线，屏蔽线的外套要接地。

在抗干扰要求较高时，可把放大器的前级或整个放大器都屏蔽起来。静电屏蔽采用电导率较高的材料，如铜、铝或铁等金属。磁屏蔽用具有高磁导率的磁性材料，如坡莫合金或铁等。此外，屏蔽罩的不同形状其影响也不同，圆柱形屏蔽罩效果最好。

静电屏蔽的原理是在屏蔽罩接地后干扰电流经屏蔽罩外层短路入地。因此，屏蔽罩的妥善接地是十分重要的，否则不但不能减小干扰，反而会使干扰增大。

重要提示

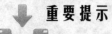

磁屏蔽的原理是利用高磁导率做成的磁屏蔽罩，其磁阻小于屏蔽罩与输入变压器间空气隙的磁阻，干扰磁场的大部分磁力线由屏蔽罩通过而不穿过空气隙进入输入变压器的铁芯，即使有小部分杂散磁场的磁力线进入铁芯，屏蔽罩中涡流产生的磁场也能将它对消掉一部分。

由此可见，屏蔽罩如能由既是高磁导率又是高电导率的材料做成时，效果最好。

3. 屏蔽线与屏蔽罩

对于微弱信号放大电路，特别是放大器输入端引线较长时，为了防止感应干扰信号，应采用屏蔽线和屏蔽罩。对于大信号的非线性电路，为了防止谐波干扰其他电路，也应采用屏蔽罩。图 2-6 为放大器输入端引线未采用屏蔽线的情况，干扰电压 U_F 在输入端引线上产生干扰电流 I_F，与信号电流 I_i一起进入放大电路，使得放大器输出信号 U_o中混进了干扰信号。

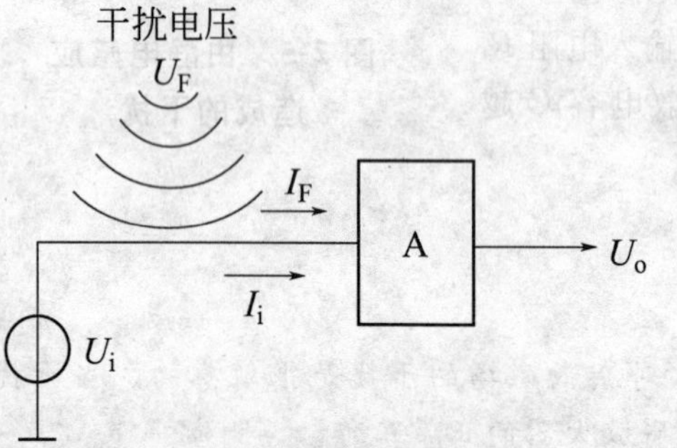

图 2-6 未采用屏蔽线

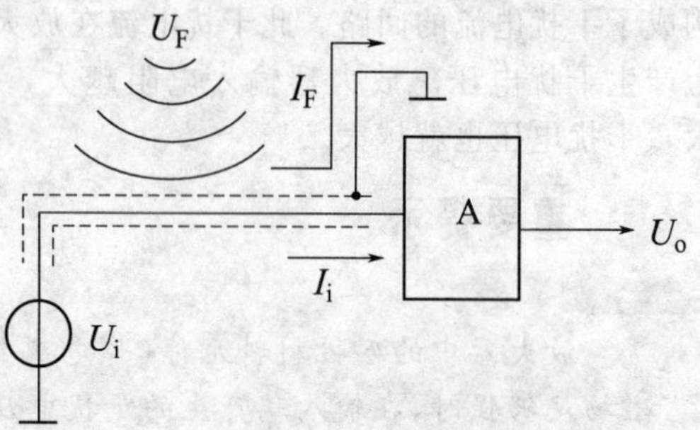

图 2-7 采用屏蔽线

(1) 采用屏蔽线 放大器输入端引线采用屏蔽线时的情况如图 2-7 所示。由于屏蔽线的外部屏蔽层接地，干扰电压 U_F 在屏蔽层产生的干扰电流 I_F 被旁路到地，不能进入放大电路，因此放大器输出信号 U_o中没有干扰信号。

为保证屏蔽效果，屏蔽线的屏蔽层应一端接地，如图 2-8 所示。如果屏蔽线的屏蔽层两端都接地，干扰信号将会在屏蔽层和地线之间形成环流，这严重破坏了屏蔽效果。

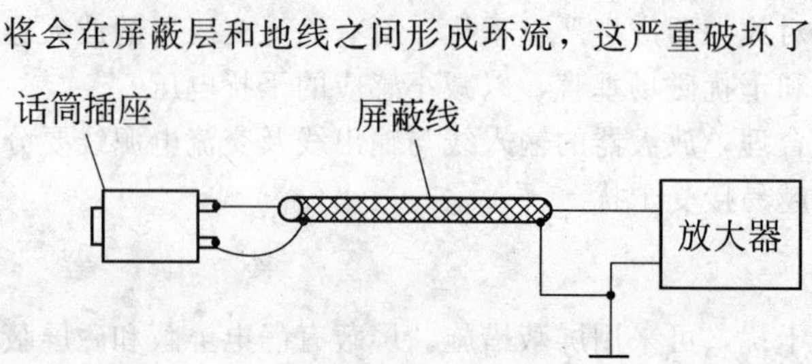

图 2-8 屏蔽层一端接地

电源线或大信号连接线常采用双绞线。双绞线也具有屏蔽功能，如图 2-9 所示，当交流电源经双绞线传输给负载时，由于其每一个双绞环节都改变了磁通方向，使得交流电流在双绞线上产生的磁通互相抵消，大大减小了对其他电路的电磁干扰。双绞线也能够抵制外界干扰。当外界干扰磁通作用于双绞线时，在每一个双绞环节产生如图 2-10 所示的干扰电流。由于在每一根导线上各段干扰电流方向相反、大小相等，互相抵消了，干扰电流便不会到达后续电路。

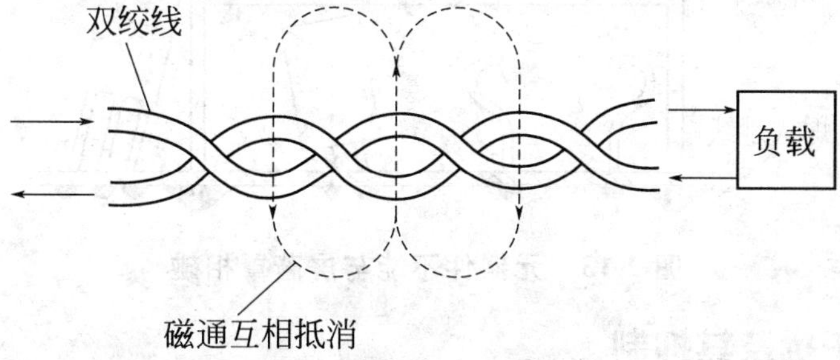

图 2-9 采用双绞线

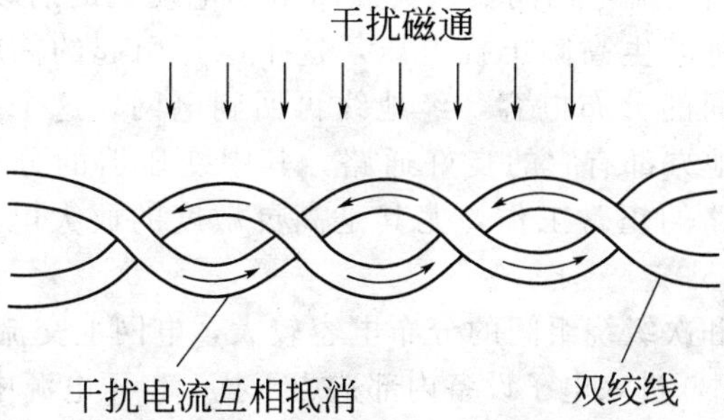

图 2-10 干扰电流互相抵消

(2) 采用屏蔽罩 屏蔽罩的作用如图 2-11 所示，它既能阻止外界杂散信号对屏蔽罩内电路的干扰，又能防止屏蔽罩内电路对外面其他电路的干扰。

电子电路制作中，屏蔽罩一般可用薄铜皮等金属材料制成将需要屏蔽的元器件等罩起来。屏蔽罩应可靠接地，如图 2-12 所示，否则将不起屏蔽作用。如果屏蔽罩内有可调元器件可在屏蔽罩的相应位置开个孔，以便调节。

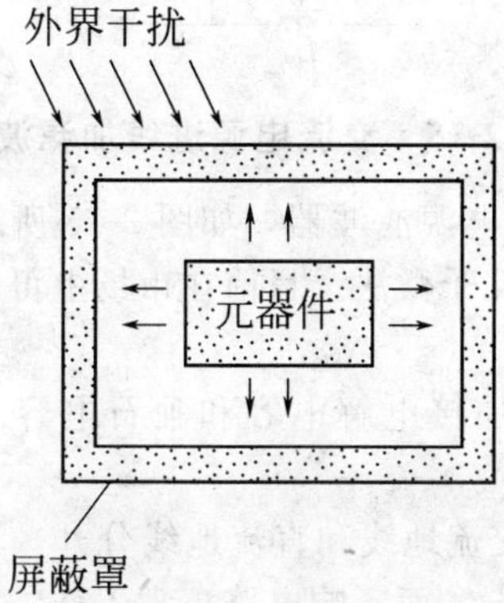

图 2-11 采用屏蔽罩

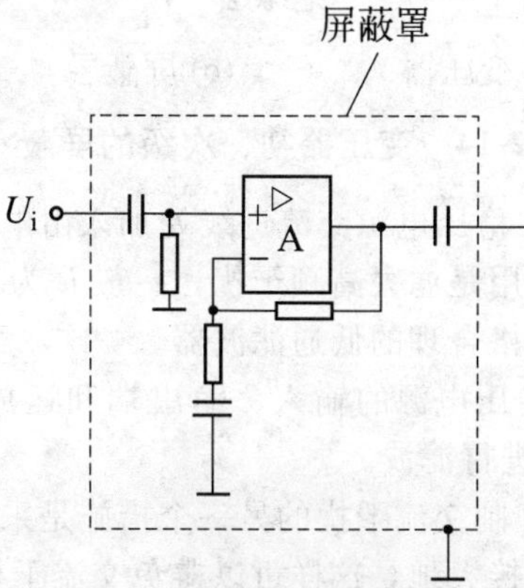

图 2-12 屏蔽罩可靠接地

制作和安装屏蔽罩时应注意，罩内、罩外的元器件均不得与屏蔽罩相触碰，如图 2-13 所示，以免造成短路。如果屏蔽罩内外空间较小，应在罩内、罩外放置绝缘纸，以保证安全。

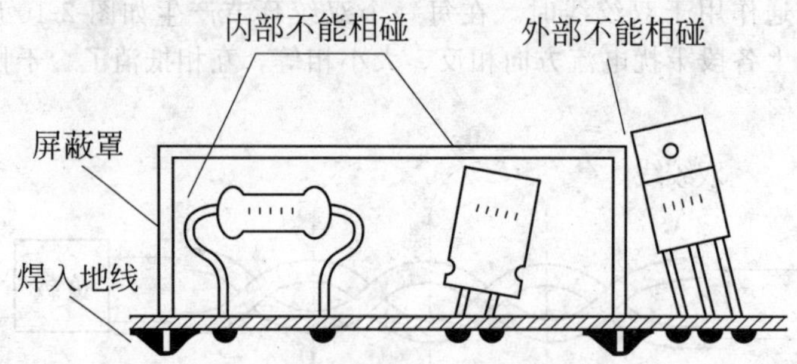

图 2-13 元器件不能与屏蔽罩相碰

四、电网高频干扰及其抑制

直流电源一般是由电网来的交流电压经变压器变压，再经整流、滤波、稳压等电路产生的直流电压提供。当交流电网的负载突变时（如电动机的启动和制动），在负载突变处交流电源线与地之间将产生高频干扰电压，这个电压引起的高频电流经过直流稳压电源、放大电路等与地之间的分布电容，经地线再回到电网。这个高频电流不仅沿导线流动，而且凡是有电容的地方都有它的良好通路，其中变压器的分布电容引起的干扰电压最大，从而影响电子电路的正常工作，尤其是高灵敏度的放大电路，因此必须采取措施加以抑制。

① 由于变压器初级和次级绕组间的分布电容较大，电网上交流电源的高频噪声就会通过它耦合到直流电源一侧，进入电子设备内部造成干扰。稳压电源中电源变压器一次侧、二次侧之间加屏蔽层，减少初级和次级绕组间的分布电容，同时屏蔽层要很好接地，如图 2-14(a) 所示。此时高频电流由变压器一次侧通过屏蔽层流入地线而不经后面的电路。加屏蔽层的方法是，在初级绕组绕完之后加一层铜箔，并在铜箔处焊一接地线。但为了防止铜箔成为短路环，必须在交接处垫上绝缘层，如图 2-14(b) 所示。

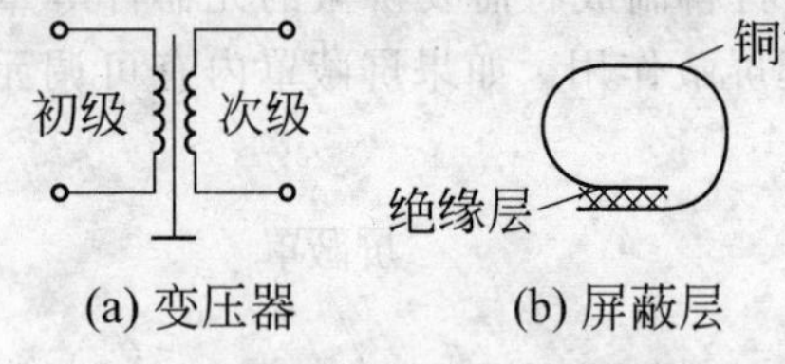

图 2-14 变压器初、次级的屏蔽

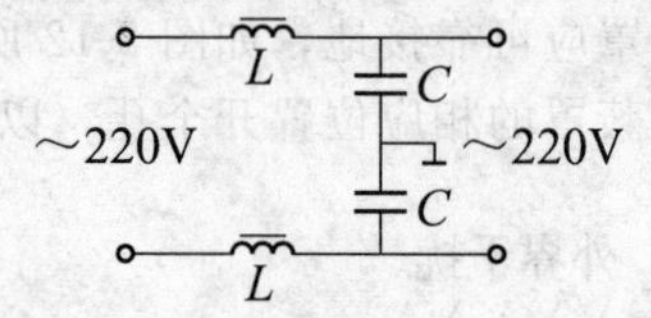

图 2-15 交流电源进线加滤波器

② 在稳压电源交流进线处加入由电感、电容组成的电源滤波器，如图 2-15 所示。此滤波器的作用是滤去高频干扰，一般 L 为几十毫亨，C 为几千微法。目前在市场上可购买到体积小、价格合理的低通滤波器。

③ 稳压电源的输入、输出端和运放的电源引脚上加接电解电容和独石电容（0.01～0.1μF）进行滤波。

④ 抑制交流干扰的另一个措施是采用“浮地”，即交流地线和直流地线分开，而且只有交流地线接大地，这样可以避免交流干扰由公共地线串入，而影响电路正常工作。

综上所述，电子电路的直流电源是用 50Hz 的交流电经整流、滤波后得到的，如滤波不良，直流电源输出电压就会有 50Hz 或 100Hz 的交流电压使放大电路的输出电压发生波动，特别是对放大电路的第一级影响很大，此时应采取措施加以解决，一般是加大电容或在稳压电路中加以解决。

五、放大电路中的自激及其消除

电子设备的自激是实践中最易发生的问题，防止自激不仅是在电路上采取措施使放大电路不要产生自激，而且在结构工艺上也应予以足够的重视，下面提供几种方法可供参考。

① 在放大电路中采用外部相位补偿电路消除自激，其方法在模拟电子技术中已有介绍，这里不再重复。

② 运算放大器应采用高质量的双列式插座，所有无源器件均接在插座附近，元器件引线应尽量短，且必须就近接地。

③ 正负直流电源分别接上高频旁路电容器，且应接在插座的对应插脚上，就近接地。

④ 印制板的地线布置要注意，总的说来地线越靠近插座越便于元件引线就近接地。地线要粗一些，但不宜大面积布地线，平行、垂直走向地线的拐角处用弧形。

第六节 电子电路的接地

一、接地目的

1. 安全接地

一般操作间中安全接地有三种方法，一种是把三孔插座的地与电源线的中线直接连接，这种接法不是绝对安全的。另一种是把地连到一座大楼的钢骨架上。最理想的是在操作间的地下深埋一块较大的金属板，用与金属板焊接的粗铜线接到操作间作信号地线。第一种地线可能会引入较大的50Hz交流信号干扰；第二种用大楼钢骨架作地线的方法，由于它的电阻大，接地不好，可能感应各种干扰电压（含50Hz交流信号）；只有第三种地线上的干扰信号才是最小的。

重要提示

> 当机壳与大地相连后，如果电子设备漏电或机壳不慎碰到高压电源线时，即使人体触摸到机壳，由于机壳电阻小，短路电流经过机壳直接流入大地，可避免人身触电危险。另外，机壳接地还可屏蔽雷击闪电的干扰。因而保护了人、机的安全。

接大地的符号如图2-16所示。

2. 工作接地

电子设备在工作和测量时，要求有公共的电位参考点。这个参考点一般是把直流电源的某一端作出公共点，叫做工作接地点。工作接地点一般是指接机壳或底板，并不一定要与大地相连接。

工作接地的符号如图2-17所示。

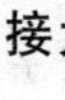

图2-16 接大地符号

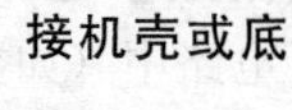

图2-17 接机壳或底板符号

二、接地方法

1. 信号地

信号地是指信号电路、逻辑电路的地。由于信号地必须通过导线连线，而任何导线又都具有一定的阻抗，流过各线的电流不同，因此，各个接地点的电位不完全相同。设计接地点的目的是为了尽量减少各电路电流流过公共地阻抗时产生的耦合干扰，还要避免地环路电流，从而避免环路电流与其他电路产生耦合干扰。信号地的连接方法有下列几种。

(1) 单点接地

单点接地如图 2-18 所示。它是把各电路的地线接在一点上，这种方法的优点是不存在环形地回路，因而也不存在地环流，各电路的接地点只与本电路的地电流和地阻抗有关。如果各电路的电流都比较小，各地线中的电压降也较小。当两个电路相距较近时采用单点接地法，由于地线较短，它们之间电位差小，所以各段地线间相互干扰也小。

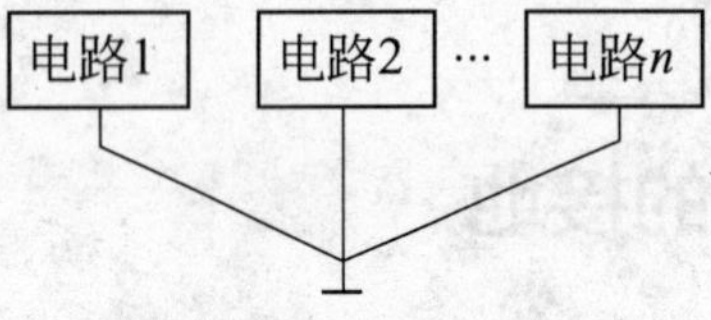

图 2-18　单点接地

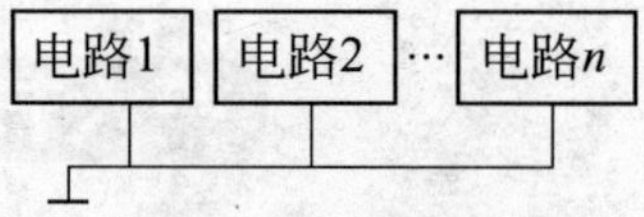

图 2-19　串联接地

(2) 串联接地

图 2-19 是串联地的示意图，接地点顺序连接在一条公共用地线上。在图示电路中共用地线电流是 n 个电路电流流过地线电路之和。电路 1 和 2 之间的地线电流是电路 2、电路 3 和电路 n 地线电流的总和。因此，每个电路的地线电位都受其他电路的影响，噪声通过公共地线互相耦合。从防止干扰的角度出发，这种接法是不合理的，但因为它接法简单，在许多地方仍被采用。例如在一块印制电路板上，各元器件或电路之间的地线一般都是串联接法，最终连到印制电路板的地线引线端上。从防止干扰和噪声的角度来看，这种接法不合理。但因其接法简单，在许多地方仍被采用。特别是在设计印刷电路板上应用比较方便。

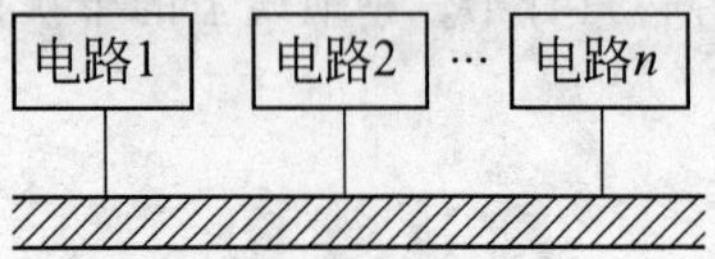

图 2-20　多点接地

(3) 多点接地

多点接地如图 2-20 所示。为了降低阻抗，地线一般用宽铜皮镀银作为接地母线。它是把所有电路的地线都连接到离它最近的接地母线上，以便降低地阻抗。这种接法在数字电路中是常用的。一般系统由多块印制电路板组成，它们之间的地线是通过装在机架上的宽铜皮镀银的接地母线连接在一起，再把接地母线的一端接到直流电源的地线上，构成工作接地点，这种方法适用于高频电路。

重要提示

不论是用哪种方法连接地线，地线尽可能宽一些。实际上，电子设备中信号地的接法不是简单地采用某种型式，而是采用以上几种方法组成的混合型式。

2. 模拟地和数字地

在一些电子电路中（如数字仪表和自动控制设备中），同时有数字信号和模拟信号，而数字电路都工作在开关状态，电流起伏波动较大，若两种信号间的耦合还采用电耦合，则在其地线间必定会产生相互干扰，造成模数转换间的不稳定。为了消除这种干扰，最好采用两套整流电路，分别供给模拟部分和数字部分，信号间采用光耦合器进行耦合，这样即可把两套电源间的地线实现电隔离。具体电路可采用图 2-21 所示电路。

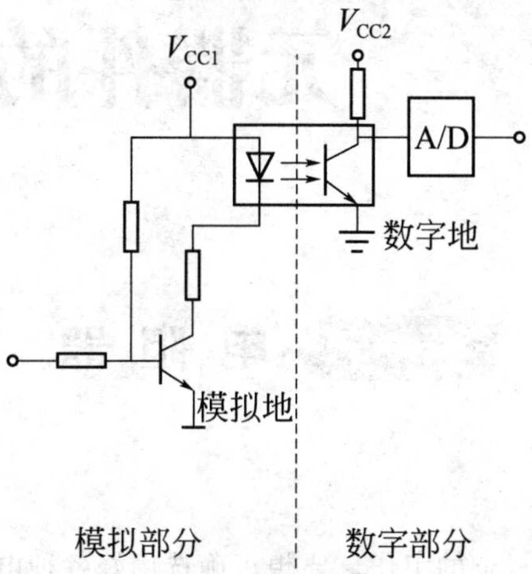

图 2-21　模拟地和数字地

3. 系统地

一般把信号电路地、功率电路地和机械地都称为系统地。为了避免大功率电路流过地线回路的电流对小信号电路产生影响，通常功率地线和机械地线必须自成一体。接到各自的地线上，然后一起连到机壳地上，如图 2-22 所示。

系统接地的另一种方法是，把信号电路地和功率地接到直流电源地线上，而机壳单独安全接地（接大地），这种接法称系统浮地（见图 2-23）。系统浮地同样能起到抑制干扰和噪声的作用。

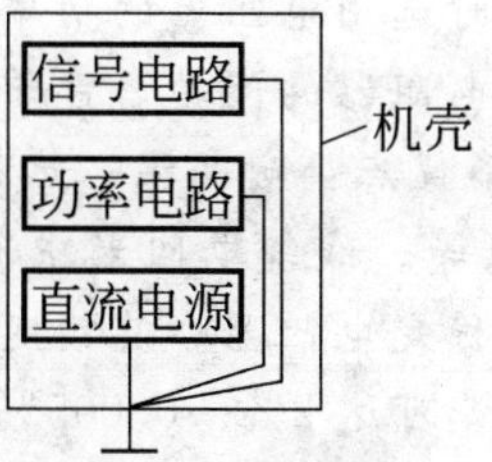

图 2-22　系统接地

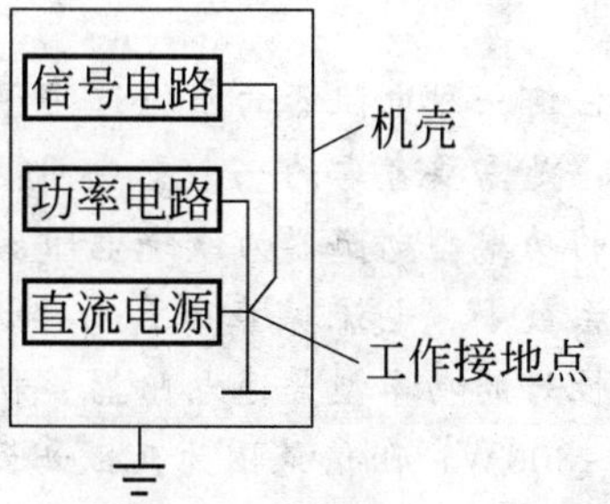

图 2-23　系统浮地

第三章 元器件的选用

第一节 电阻器

一、电阻器的选用

电阻器的选用是一项较复杂的工作。要想正确选用好各种电阻器，必须根据电阻器的基本知识、电阻器的参数、各类型电阻器的性能特点，按各种电子设备电路实际要求进行选用。

初学者往往被众多的品种弄得不知选用何种型号的电阻器。对这个问题应根据电子装置的使用条件和电路中的具体要求来选用，不要片面采用高精度的。电阻器选用必须满足的主要参数是阻值和额定功率。

在阻值方面，要优先采用标称阻值系列里的规格。所选电阻器的额定功率应比它实际承受的功率大1.5～2倍为好，以保证电阻器工作的长期可靠性。

重要提示

任何一种电阻器的阻值选用很容易得到满足，但同时选用电阻器的功率大小得到满足，是需要考虑的一个重要问题。这就提出了功率型电阻器的问题，目前见到的大多数的功率型电阻器为线绕电阻器。线绕电阻器具有许多优点：耐高温、热稳定性好、温度系数小、电流噪声小、功率大、能承受较大的负载等。线绕电阻器中有低噪声、耐热性好的功率型普通电阻器、精密电阻器和高精度高稳定电阻器。其额定功率通常为4～300W；阻值范围为几欧姆到几十千欧姆；允许偏差可达2%～0.005%。线绕电阻器的缺点：相对体积较大、分布电感和分布电容也较大，不能用于2～3MHz以上的高频电路中；线绕电阻器不宜制作高于100kΩ的阻值的电阻器。

从线绕电阻器的性能及优缺点可知，线绕电阻器是适合频率不高并需要一定功率电阻器的电路中工作。比如，常用电阻箱、固定衰减器、精密测量仪器、电子计算机和无线电定位设备中的电子电路，要选用精密线绕电阻器和高精度高稳定的线绕电阻器。

二、电阻器的串联和并联

在使用电阻器时，尤其是业余制作中，所需电阻器的阻值和功率不合适时，可以采用电阻串联和并联的方法来满足需要。其规律是，电阻串联阻值增加，即串联后的总电阻阻值

$R=R_1+R_2+R_3+\cdots$；电阻并联后阻值减小，即并联后的总电阻阻值

$$R=\frac{1}{\frac{1}{R_1}+\frac{1}{R_2}+\frac{1}{R_3}+\cdots}$$

如果把阻值相同的几只电阻串联或并联后的耐热功率等于各只电阻耐热功率的总和；若是阻值不同的几只电阻串联或并联，就要考虑每只电阻上的耐热功率是否超过了此电阻的额定功率。一般规律是：在串联电路中电阻阻值大的所分得的功率也大；在并联电路中则电阻值小的电阻分得的功率大。具体算法可根据前面讲过的功率计算方法来计算。

三、电阻器的更换和代换

电阻器一旦损坏，应找出其损坏原因后，换上同种类、同型号的新电阻器。已损坏的电阻器一般不能进行修理。但作为修理时的应急处理，若某线绕电阻器如果断线，可将断线处接好再用。

电阻器的常见故障一种是阻值变大或电阻器断路；另一种是内部或引线接触不良。这两种故障会出现电路无信号、无电压，使电路不能工作；使家用电器及其他电子设备出现杂音和信号时有、时无。更换损坏电阻器时，最好用同类型、同规格、同阻值的电阻器。如果无合适阻值和功率的电阻，可考虑代换。其方法：额定功率大的可以代替额定功率小的，精度高的可以代替精度低的，金属膜电阻器可以代换同阻值同功率的碳膜电阻器；半可调电阻器可代换固定电阻器。

四、自制电阻器

在某些场合需要较小的小电阻。这种小电阻可用电阻丝自制。倘若一时找不到电阻丝，可用细漆包线绕制。所需漆包线的长度可用分式 $R=\rho L/S$ 计算，电阻系数$\rho=0.0175$。将计算出来的漆包线用小刀刮去两头的漆皮，绕在高阻值（如 1MΩ）电阻器上，把漆包线两头焊在高阻值电阻器的两脚上即可。

另外，也可以按以下方法制作。

① 用一小块胶木板制成约 10mm 长、5mm 宽的骨架，在骨架两端各钻一小孔用于固定引线，如图 3-1 所示。

② 剪取两截直径 1mm 左右的裸铜丝，按图 3-2 所示分别穿入骨架两端的小孔并夹紧，作为电阻器的引线。

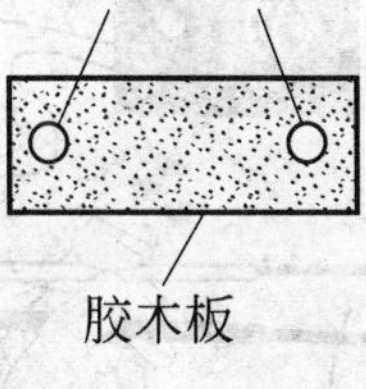

图 3-1　胶木板

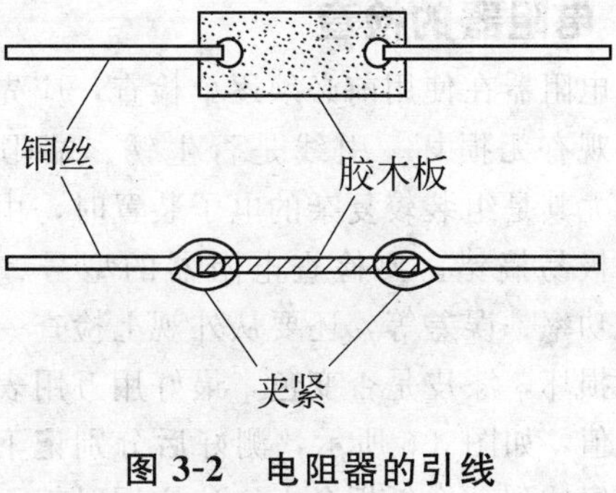

图 3-2　电阻器的引线

③ 根据所需要的电阻值截取一段电阻丝（其阻值应用万用表欧姆挡测量准确），将其对折后双股并绕在骨架上，如图 3-3 所示。采用对折后双股并绕，是为了消除电阻丝单股绕制

所形成的电感。

④ 电阻丝绕制结束后，将其两个线头分别缠绕固定在左右两端的引线上，并将其焊牢，如图 3-4 所示。

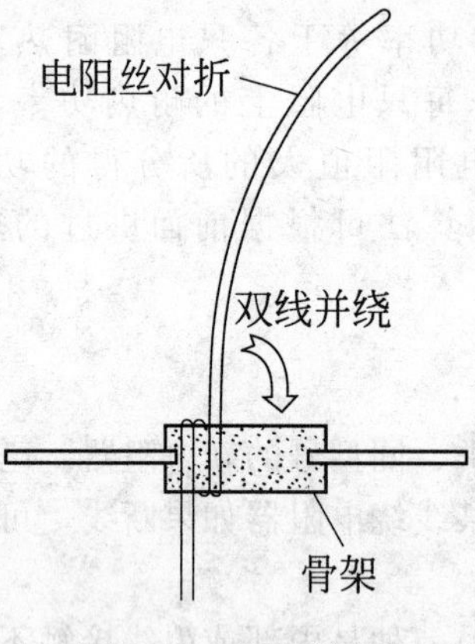

图 3-3 双股并绕

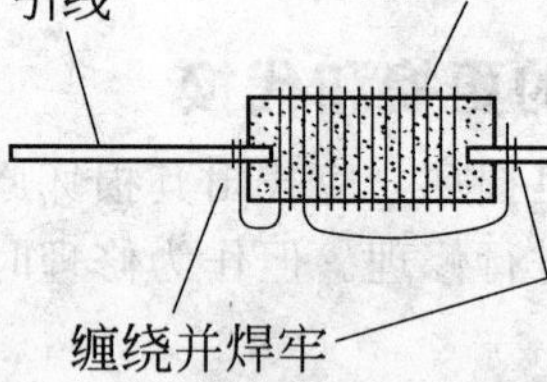

图 3-4 焊牢引线

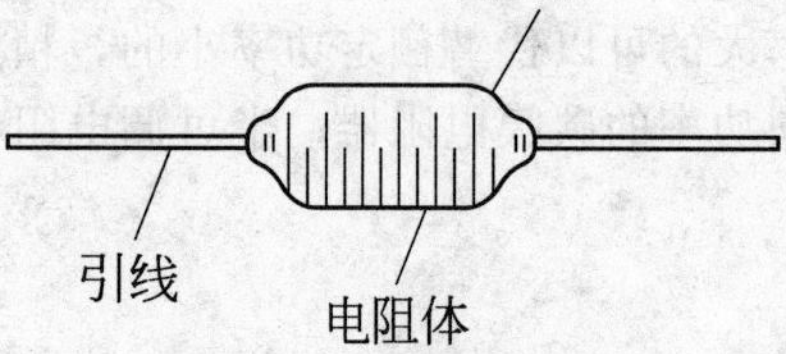

图 3-5 电阻器涂清漆

⑤ 在自制电阻器上涂上一层清漆，以提高其绝缘性能和防潮能力，电阻器便制作完成了，其外形见图 3-5。

对于数欧姆以下的特小阻值的电阻，也可采用细漆包线对折后绕制，方法同上。表 3-1 所示为几种细漆包线每米长度的电阻值，可供自制电阻器时参考。例如，直径 0.1mm 的漆包线，10cm 长度的线段电阻值约为 0.22Ω。

表 3-1 漆包线的电阻值

线径/mm	每米长度的电阻/Ω	线径/mm	每米长度的电阻/Ω
1.0	0.022	0.1	2.24
0.5	0.085	0.08	3.51
0.25	0.357	0.05	6.90

五、电阻器的检查

电阻器在使用前必须逐个检查，应先检查一下外观有无损坏、引线是否生锈、端帽是否松动。尤其是组装较复杂的电子装置时，由于电阻多，极易搞错。要检查电阻器的型号、标称阻值、功率、误差等，还要从外观上检查一下引脚是否损坏，漆皮是否变色，最好用万用表测量一下阻值，如图 3-6 所示，测好后分别记下，并把它顺序插到一个纸板盒上，这样用时就不会搞错了。测量电阻时，注意手不要同时搭在电阻器的两脚上，以免造成测量误差。

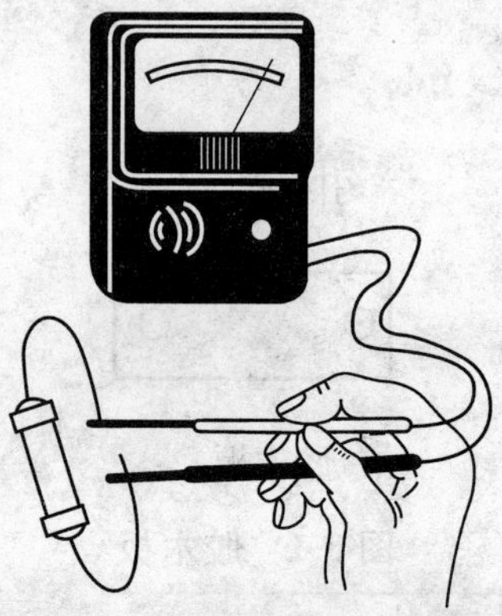

图 3-6 用万用表测量电阻的方法

第二节 电 容 器

一、电容器的选用

见表 3-2。

表 3-2 选用电容器的原则

选用原则	选用说明
型号合适	一般用于低频、旁路等场合，电气特性要求低时，可采用纸介、有机薄膜电容器；在高频电路和高压电路中，应选用云母或瓷介电容器；在电源滤波、去耦、延时等电路中，采用电解电容器
精度合理	在大多数情况下，对电容器的容量要求并不严格，例如在去耦、低频耦合电路中，但在振荡回路、延时电路、音调控制等电路中，电容器的容量应尽可能和计算值一致。在各种滤波器和各种网络中，要求精度值应小于±(0.3～0.5)%
额定电压应有余量	额定工作电压应有余量：因为电容器额定工作电压低于电路工作电压时，电容器就可能爆炸。一般来说，宜选用额定工作电压高于电路工作电压的 20%以上
不能超过额定值	通过电容器的交流电压和电流值不能超过额定值：有极性的电解电容器不宜在交流电路中使用，但可以在脉动电路中使用
因地制宜选用	气候炎热，工作温度较高的环境，设计时宜将电容器远离热源或采取通风降温措施；寒冷地区使用普通电解电容器时，其电解液易于结冰而失效，使电子装置无法工作，因而选择钽电解电容器合适。在湿度大的环境中，应选用密封型电容器

二、自制电容器

在电子制作中，有时没有合适的电容器，对于小容量的电容器自制也很方便，制作方法也很多。通常有以下方法。

① 将两根互相绝缘的导线（例如漆包线等）绞合在一起，如图 3-7 所示，便构成了一个小容量电容器，其容量约为几个皮法。电容器的容量与双线绞合的长度有关，绞合越长容量越大。

② 将一根细漆包线紧密缠绕到一根较粗的漆包线上，如图 3-8 所示，也可以制成电容器，其容量与缠绕的圈数（即包裹粗漆包线的长度）成正比。此方法可以自制几个皮法至几十皮法的电容器。

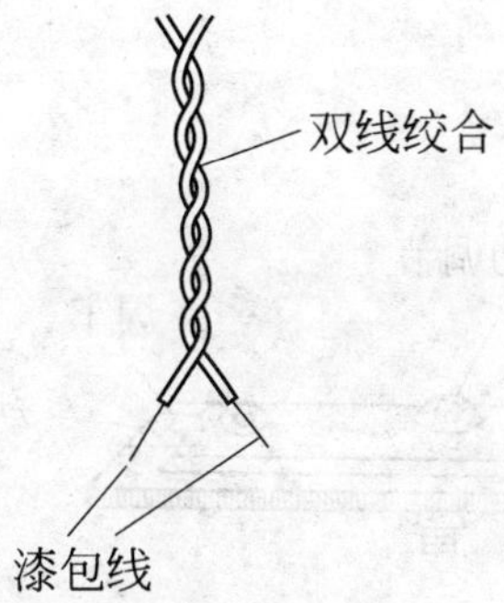

图 3-7 双线绞合

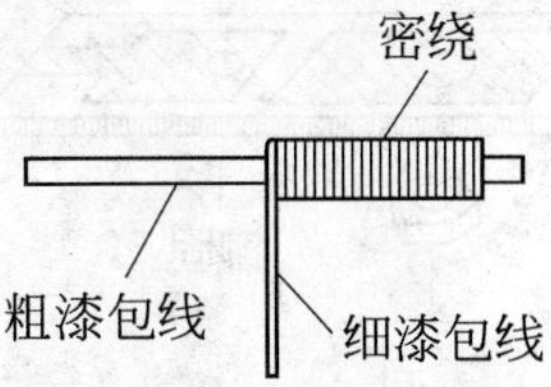

图 3-8 漆包线密绕

③ 如果先在粗漆包线上套上一个可以滑动但又不松动的套管，然后再将细漆包线缠绕在该套管上，即制成了一个微调电容器。来回移动套管在粗漆包线上的位置即可改变容量，如图 3-9 所示，当向左移动套管使其全部套在粗漆包线上时，容量最大；当向右移动套管使其只有部分套在粗漆包线上时，容量较小。

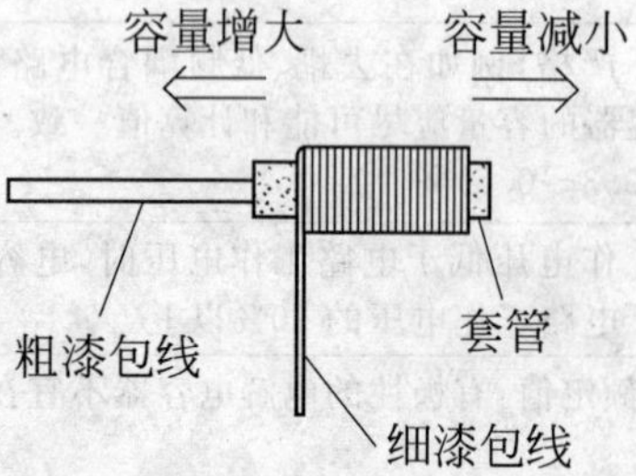

图 3-9 移动套管改变电容量

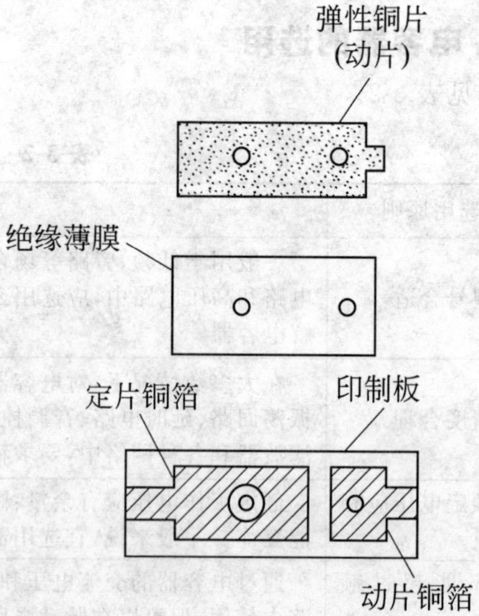

图 3-10 用弹性铜片自制微调电容

④ 用弹性铜片和敷铜板自制微调电容器。按图 3-10 所示，用一小块敷铜板刻制成包含定片和动片连接端的印制电路板；用弹性良好的薄铜片剪成图示形状的动片；用塑料绝缘薄膜剪成绝缘片，绝缘片的长宽均应稍大于动片。在印制电路板、动片、绝缘片上均应按图示位置钻出两个小孔。将绝缘片、动片依次放在印制电路板上，用空心铜铆钉穿过右侧的小孔将动片铆固在电路板上，并将动片左侧向上稍稍翘起，如图 3-11 所示。绝缘片垫在动、定片之间，应保证动、定片不会相碰。再用一枚螺钉穿过左侧的小孔后，拧紧螺帽。将动片右侧焊牢在印制电路板右侧的动片连接端上，微调电容器便做好了，其外形见图 3-12。旋动螺钉即可调节电容量，旋紧螺钉时容量最大，逐渐旋松螺钉时容量逐渐减小。

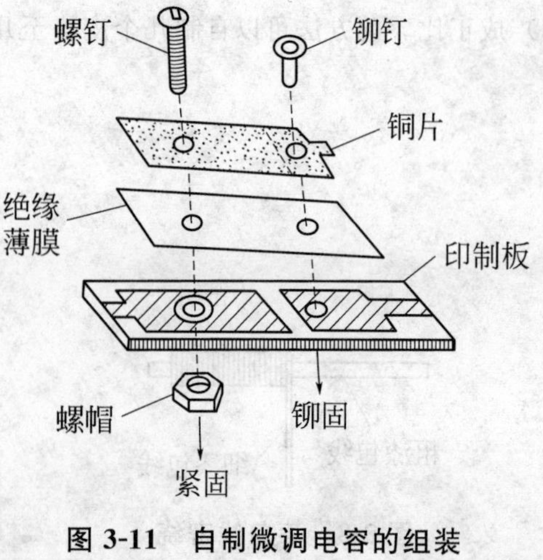

图 3-11 自制微调电容的组装

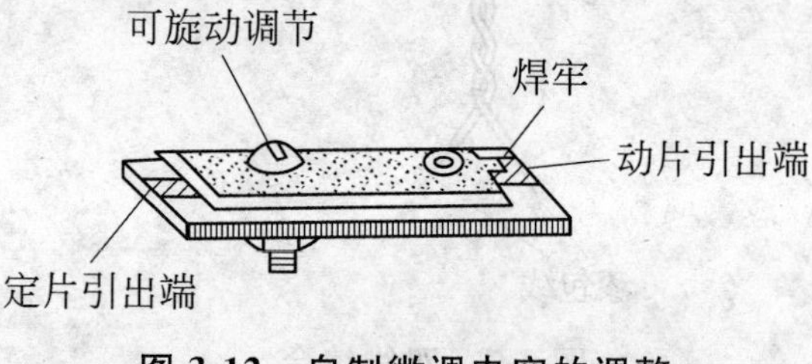

图 3-12 自制微调电容的调整

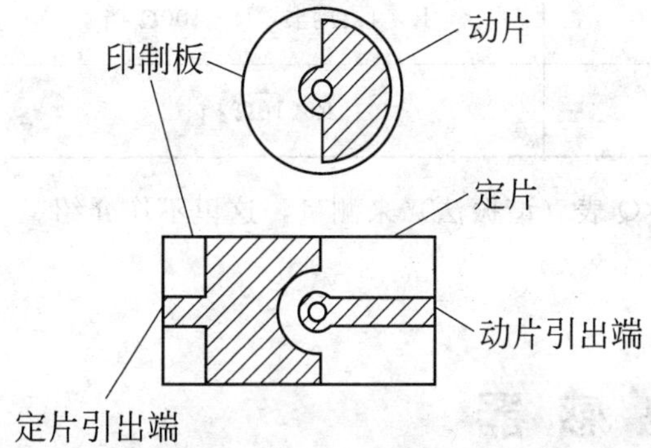

图 3-13 自制可变电容器

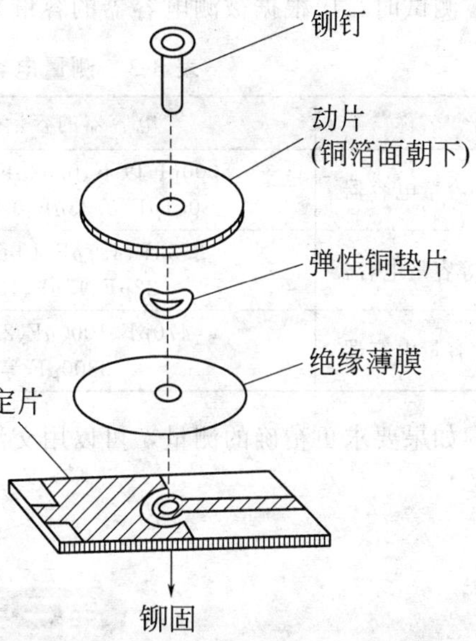

图 3-14 拨动式可变电容器的组装

⑤ 自制拨动式可变电容器。用敷铜板按图 3-13 所示分别刻制成动片和定片的印制电路板。将动片（电路板铜箔面朝下）以及弹性铜垫片、塑料绝缘薄膜片，从上往下依次放在定片电路板上，如图 3-14 所示，然后用一铜铆钉穿过中心孔将它们铆固。铆固时不可太紧也不可太松，以既不松动又可转动为好。绝缘片应保证动、定片之间不会短路。做好的可变电容器如图 3-15 所示。来回旋转拨动圆形的动片电路板即可改变电容量。当动片的铜箔面全部覆盖在定片铜箔面上时容量最大；当动片的铜箔面全部离开定片铜箔面上方时容量最小。

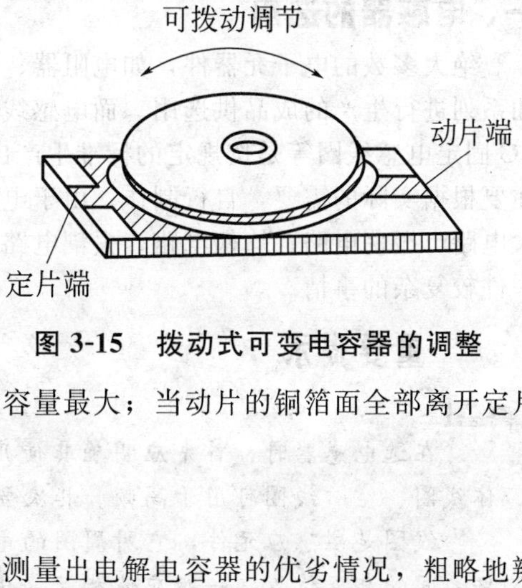

图 3-15 拨动式可变电容器的调整

三、电容器的检查

一般来说，利用万用表的欧姆挡就可以简单地测量出电解电容器的优劣情况，粗略地辨别其漏电、容量衰减或失效的情况。具体方法是：选用“R×1k”或“R×100”挡，将黑表笔接电容器的正极，红表笔接电容器的负极，若表针摆动大，且返回慢，返回位置接近∞，说明该电容器正常，且电容量大；若表针摆动大，但返回时，表针显示的Ω值较小，说明该电容漏电流较大；若表针摆动很大，接近于 0Ω，且不返回，说明该电容器已击穿；若表针不摆动，则说明该电容器已开路，失效。

重要提示

该方法也适用于辨别其他类型的电容器。但如果电容器容量较小时，应选择万用表的“R×10k”挡测量。另外，如果需要对电容器再一次测量时，必须将其放电后方能进行。

测试时，应根据被测电容器的容量来选择万用表的电阻挡，详见表 3-3。

表 3-3　测量电容器时对万用表电阻挡的选择

名称	电容器的容量范围	所选万用表欧姆挡
小容量电容器	5000pF 以下、0.02μF、0.033μF、0.1μF、0.33μF、0.47μF 等	R×10kΩ 挡
中等容量电容器	3.3μF、4.7μF、10μF、33μF、22μF、47μF、100μF	R×1kΩ 挡或 R×100Ω 挡
大容量电容器	470μF、1000μF、2200μF、3300μF 等	R×10Ω 挡

如果要求更精确的测量，可以用交流电桥和 Q 表（谐振法）来测量，这里不作介绍。

第三节　电感器

一、电感器的选用

绝大多数的电子元器件，如电阻器、电容器、扬声器等，都是生产部门根据规定的标准和系列进行生产的成品供选用。而电感线圈只有一部分如阻流圈、低频阻流圈，振荡线圈和 LC 固定电感线圈等是按规定的标准生产出来的产品，绝大多数的电感线圈是非标准件，往往要根据实际的需要，自行制作。由于电感线圈的应用极为广泛，如 LC 滤波电路、调谐放大电路、振荡电路、均衡电路、去耦电路等都会用到电感线圈。要想正确地用好线圈，还是一件较复杂的事情。

重要提示

在选电感器时，首先应明确其使用频率范围。铁芯线圈只能用于低频；一般铁氧体线圈、空心线圈可用于高频。其次要弄清线圈的电感量。

线圈是磁感应元件，它对周围的电感性元件有影响。安装时一定要注意电感性元件之间的相互位置，一般应使相互靠近的电感线圈的轴线互相垂直，必要时可在电感性元件上加屏蔽罩。

二、自制电感器

在制作电子装置时，往往要根据实际的需要自行制作电感器，其方法如下。

① 电阻器为骨架的电感器　电感器可用漆包线绕制。自制电感器可用阻值 100kΩ 以上的电阻器作为骨架，用漆包线按要求圈数绕在该电阻器上，如图 3-16 所示。线圈绕好后，将两线头分别焊牢在电阻器两端的引线上，利用电阻器的两端引线作为自制电感器的引线，如图 3-17 所示。最后在自制电感器上涂上一层绝缘漆。

② 圆棒为骨架的电感器　在高频回路、功率放大器等电路中，往往需要用到一些电感量很小的电感器，有的还要求通过较大的工作电流。这些电感器一般采用空心线圈的形式，自制方法如下：用一适当粗细的圆棒作为绕制骨架，用较粗的漆包线在骨架上密绕至规定的

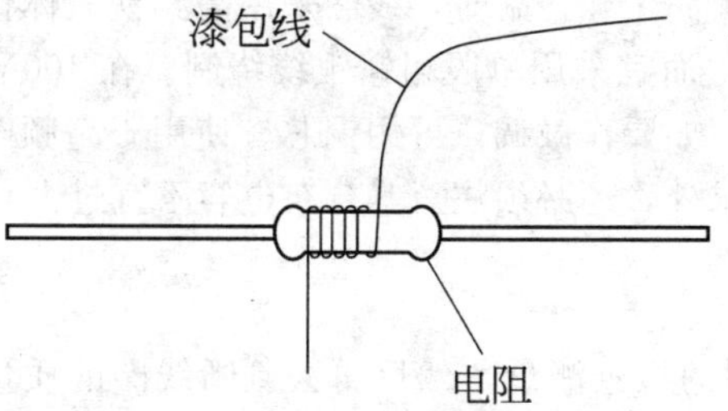

图 3-16　电阻器作为骨架

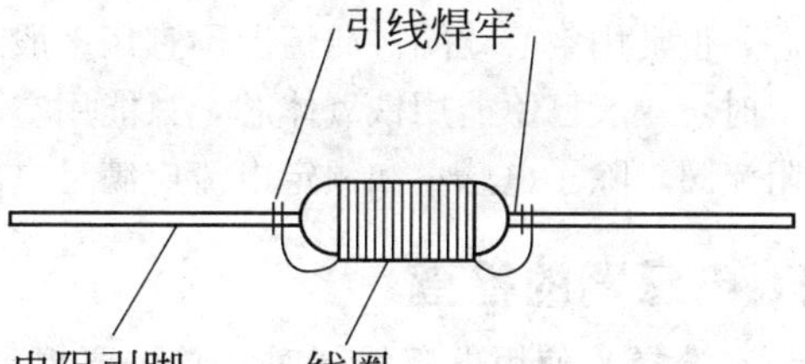

图 3-17　电感器的引线

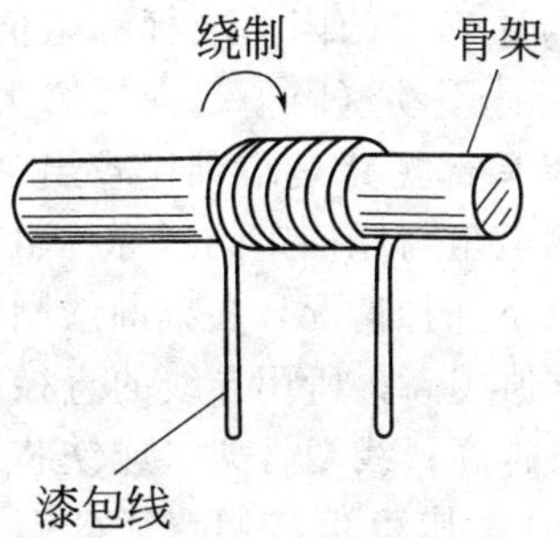

图 3-18　空心线圈的绕制

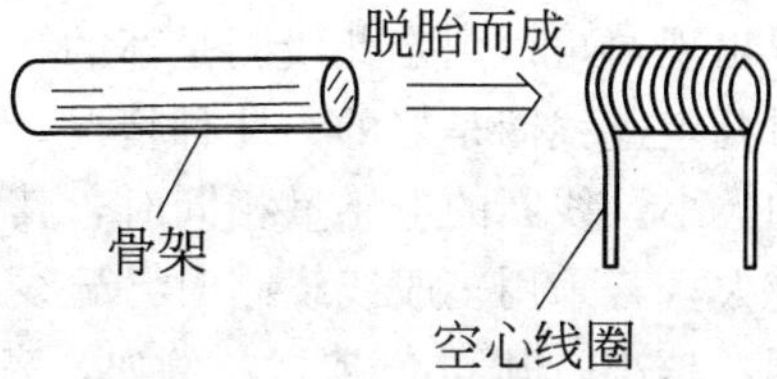

图 3-19　空心线圈的形成

圈数，如图 3-18 所示。然后抽去骨架，空心线圈便脱胎而成，如图 3-19 所示。如果要求为间绕，则将绕好的空心线圈适当拉长即可。对于已绕制好的空心线圈，可以通过改变其匝间距离的办法微调电感量。如图 3-20 所示，当拉长线圈长度时，其匝距增大，电感量减小。当压缩线圈长度时，其匝距减小，电感量增大。在高频谐振回路中，常用这种方法微调谐振频率。

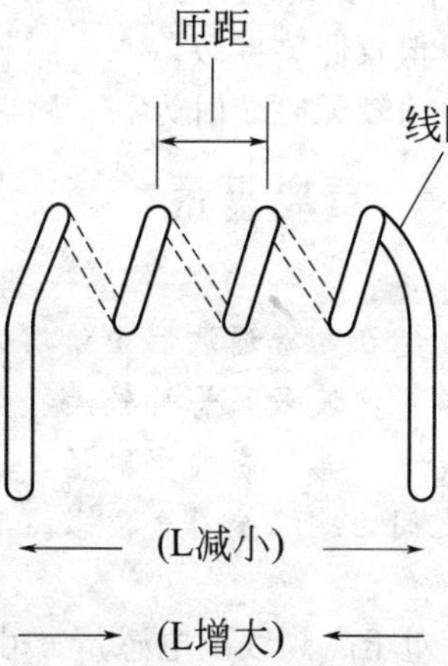

图 3-20　电感量的微调

三、绕制线圈时注意的事项

线圈在实际使用过程中，有相当数量品种的电感线圈是非标准件，都是根据需要有针对性进行绕制。自行绕制时，要注意以下几点。

① 根据电路需要，选定绕制方法　在绕制空心电感线圈时，要依据电路的要求，电感量的大小以及线圈骨架直径的大小，确定绕制方法。间绕式线圈适合在高频和超高频电路中使用，在圈数少于 3～5 圈时，可不用骨架，就能具有较好的特性，*Q* 值较高，可达 150～400，稳定性也很高。单层密绕式线圈适用于短波、中波回路中，其 *Q* 值可达到 150～250，并具有较高的稳定性。

② 确保线圈载流量和机械强度，选用适当的导线　线圈不宜用过细的导线绕制，以免增加线圈电阻，使 *Q* 值降低。同时，导线过细，其载流量和机械强度都较小，容易烧断或碰断线。所以，在确保线圈的载流量和机械强度的前提下，要选用适当的导线绕制。

③ 绕制线圈抽头应有明显标志　带有抽头的线圈应有明显的标志，这样对于安装与维修都很方便。

④ 不同频率特点的线圈，采用不同材料的磁芯　工作频率不同的线圈，有不同的特点。在音频段工作的电感线圈，通常采用硅钢片或坡莫合金为磁芯材料。低频用铁氧体作为磁芯材料，其电感量较大，可高达几亨到几十亨。在几十万赫到几兆赫之间，如中波广播段的线

圈，一般采用铁氧体芯，并用多股绝缘线绕制。频率高于几兆赫时，线圈采用高频铁氧体作为磁芯，也常用空心线圈。此情况不宜用多股绝缘线，而宜采用单股粗镀银线绕制。在 100MHz 以上时，一般已不能用铁氧体芯，只能用空心线圈；如要作微调，可用铜芯。使用于高频电路的阻流圈，除了电感量和额定电流应满足电路的要求外，还必须注意其分布电容不宜过大。

四、电感器的检查

在选择和使用电感线圈时，首先要想到对线圈的检查测量，然后再去判断线圈的质量好坏和优劣。欲准确检测电感线圈的电感量和品质因数 Q，一般均需要专门仪器，而且测试方法较为复杂。在实际工作中，一般不进行这种检测，仅进行线圈的通断检查和 Q 值的大小判断。可先利用万用表电阻挡测量线圈的直流电阻，再与原确定的阻值或标称阻值相比较，如果所测阻值比原确定阻值或标称阻值增大许多，甚至指针不动（阻值趋向无穷大），可判断线圈断线；若所测阻值极小，则判定是严重短路（如果局部短路是很难比较出来）。这两种情况出现，可以判定此线圈是坏的，不能用。如果检测电阻与原确定的或标称阻值相差不大，可判定此线圈是好的。此种情况，我们就可以根据以下几种情况，去判断线圈的质量即 Q 值的大小。线圈的电感量相同时，其直流电阻越小，Q 值越高；所用导线的直径越大，其 Q 值越大；若采用多股线绕制时，导线的股数越多，Q 值越高；线圈骨架（或铁芯）所用材料的损耗越小，其 Q 值越高。例如，高硅硅钢片做铁芯时，其 Q 值较用普通硅钢片做铁芯时高；线圈分布电容和漏磁越小，其 Q 值越高。例如，蜂房式绕法的线圈，其 Q 值较平绕时为高，比乱绕时也高；线圈无屏蔽罩，安装位置周围有五金构件时，其 Q 值较高，相反，则 Q 值较低。屏蔽罩或金属构件离线圈越近，其 Q 值降低越严重；对有磁芯的高频线圈，其 Q 值较无磁芯时为高；磁芯的损耗越小，其 Q 值也越高。

重要提示

在电源滤波器中使用的低频阻流圈，其 Q 值大小并不太重要，而电感量 L 的大小却对滤波效果影响较大。要注意，低频阻流圈在使用中，多通过较大直流，为防止磁饱和，其铁芯要求顺插，使其具有较大气隙。为防止线圈与铁芯发生击穿现象，二者之间的绝缘应符合要求。所以，在使用前还应进行线圈与铁芯之间绝缘电阻的检测。

对于高频线圈电感量 L 由于测试起来更为麻烦，一般都根据在电路中使用效果适当调整，以确定其电感量是否合适。

对于多个绕组的线圈，还要用万用表检测各绕组之间线圈是否短路；对于具有铁芯和金属屏蔽罩的线圈，要测量其绕组与铁芯或金属屏蔽罩之间是否短路。

第四节 二极管

一、二极管的选用

1. 根据具体电路选用不同类型和型号的二极管

二极管的种类繁多，同一种类的二极管又有不同型号或不同系列。在电子电路中作检波用，就要选用检波二极管，并且要注意不同型号的管子的参数和特性差异。在电路中作整流用，就要选用整流二极管，并且要注意功率的大小，电路的工作频率和工作电压。在电路中作电子调谐用，可选用变容二极管和开关二极管。选用变容二极管要特别注意零偏压结电容和电容变化范围等参数，并且根据不同的频率覆盖范围，选用不同特性的变容二极管。在电子调谐电路中选用开关管时，只要最高反向工作电压高于电子调谐器的开关电压，最大平均整流电流大于工作电流就可以；而对反向恢复时间要求并不严格。电源稳压等稳压电路就要选用稳压管，并注意稳压值的选用。另外，在一些特殊电路中，还要选用发光二极管、光电二极管、磁敏二极管等。我们在介绍各类型二极管的具体选用方法时再一一介绍。

2. 根据技术参数选用不同类型和型号的二极管

在选好二极管类型的基础上，要选好二极管的各项主要技术参数，使这些电参数和特性符合电路要求，并且要注意不同用途的二极管对哪些参数要求更严格，这些都是选用二极管的依据。比如选用整流二极管时，要特别注意最大整流电流，使用时通过二极管的电流不能超过这个数值。并且对整流二极管来说，反向电流越小，说明二极管的单向导电性能越好。

在选用开关二极管时，开关时间很重要，这主要由反向恢复时间这个参数决定。选用时，要注意此参数的对比，选用更符合要求的开关二极管。

在选用二极管的各项主要参数时，除了从有关的资料查出相应的参数值满足电路要求后，最好用万用表及其他仪器复测一次，使选用的二极管参数符合要求，并留有一定的余量。

3. 根据电子设备要求选用不同外形和尺寸的二极管

根据电路的要求和电子设备的尺寸，选好二极管的外形、尺寸大小和封装形式。

二极管的外形、大小及封装形式多种多样，外形有圆形的、方形的、片状的，大小有小型的、超小型的、大中型的；封装形式有全塑封装、金属外壳封装等。在选择时，可根据性能要求和使用条件（包括整机的尺寸）选用符合条件的二极管。

二、稳压二极管的选用

① 稳压二极管一般用在稳压电源中作为基准电压源，工作在反向击穿状态下，使用时注意正负极的接法，管子正极与电源负极相连，管子负极与电源正极相连。选用稳压管时，要根据具体电子电路来考虑，简单的并联稳压电源，输出电压就是稳压管的稳定电压。晶体管收音机的稳压电源可选用 2CW54 型的稳压管，其稳定电压达 6.5V 即可。

② 稳压管的稳压值离散性很大，即使同一厂家同一型号产品其稳定电压值也不完全一样，这一点在选用时应加注意。对要求较高的电路选用前对稳压值应进行检测。

③ 使用稳压管时应注意，二极管的反向电流不能无限增大，否则会导致二极管的过热损坏。因此，稳压管在电路中一般需串联限流电阻。在选用稳压管时，如需要稳压值较大的管子，维修现场又没有，可用几只稳压值低的管子串联使用；当需要稳压值较低的管子时而又买不到，可以用普通硅二极管正向连接代替稳压管用。比如用两只 2CZ82A 硅二极管串联，可当作一个 1.4V 的稳压管使用；但稳压管一般不得并联使用。

④ 对于 2DW7 型有三个电极的稳压管。这种稳压管是将两个稳压二极管相互对称地封装在一起，使两个稳压管的温度系数相互抵消，提高了管子的稳定性。这种三个电极的稳压管的外形很像晶体三极管，选用的时候要注意引脚的接法，一般接两端，中间悬空。

⑤ 对用于过电压保护的稳压二极管，其稳定电压的选定要依据保护电压的大小选用。其稳定电压值不能选的过大或过小，否则起不到过电压保护的作用。

⑥ 在收录机、彩色电视机的稳压电路中，可以选用1N4370型、1N746～1N986型系列稳压二极管。在电气设备和其他无线电电子设备的稳压电路中可选用硅稳压二极管，如2CW100～2CW121系列型稳压管。

重要提示

在选用稳压管时，除了要注意稳定电压、最大工作电流等参数外，还要注意选用动态电阻较小的稳压管，因动态电阻越小，稳压管性能越好。例如，2CW53（旧型号为2CW12）型稳压管的动态电阻$r_z \leqslant 500\Omega$；2CW55型管的$r_z \leqslant 10\Omega$。

三、发光二极管的选用

① 发光二极管和普通二极管一样是由一个PN结组成的，它具有单向导电的特性。可见发光二极管有砷化镓（GaAs）、磷化镓（GaP）和磷砷化镓（GaAsP）发光二极管，因它们耗电低，可直接用集成电路或双极型电路推动发光，可选用作为家用电器和其他电子设备的通断指示或数值显示。如果把发光二极管（GaP/GaAsP）的管芯制成条状，用7条形发光二极管组成七段式数码管和符号管，如图3-21所示。可选用作为数字化仪表、计算机和其他电子设备的数字显示。

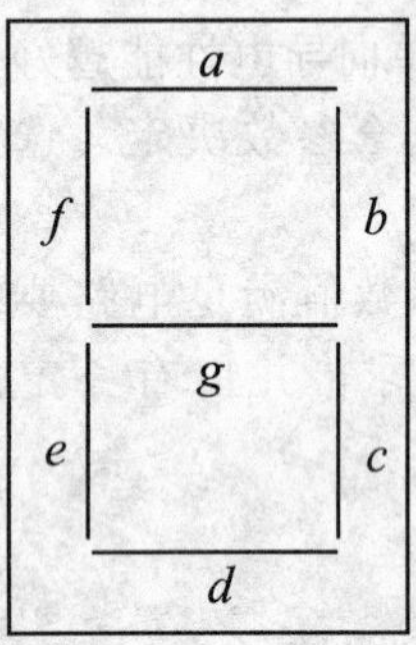

图3-21 七段式数码管

② 它具有体积小、工作电压低，亮度高、寿命长、视角大的特点。比如BSR3161型发红光的磷化镓发光管的每段工作电压只有2.5V，发光强度大于0.35mcd；BSR4103G型发光二极管发光强度大于1.5mcd；BSR6103C型管的工作电压2.5V，发光强度大于10mcd。

③ 选用发光二极管时，可根据要求选择发光二极管的颜色，通常电源指示灯可选择红色。根据安装位置，选择管子形状和尺寸。

④ 更换发光二极管时，焊接时间不宜过长、温度不宜过高，以免损坏发光二极管。其工作电压不论是交流还是直流均可。

四、光电二极管的选用

光电二极管用于一般的光电控制电路，在装置体积允许的情况下，尽量选用光照窗口面积大的管子，如2CU1、2CU2或2DUB型管子。但2CU型的暗电流随环境温度变化大，所以在稳定性要求较高的光电控制电路上就要用2DU型光电二极管。

重要提示

2DUA和2DUB型硅光电二极管的体积小，特别是2DUA型管子，外壳宽度只有(2±0.2)mm。这两种管子通过适当排列，可组成光电二极管阵列，用于光电编码器和光电输入机上作光电读出很适合。由于它们的入射光窗口很小，因此产生的光电流也小，如果要提高线路的灵敏度，就要多加几级放大电路。

五、变容二极管的选用

① 变容二极管是专门作为“压控可变电容器”的特殊二极管，它有很宽的容量变化范围和很高的Q值。变容二极管的导电特性与检波二极管相似，但结构却不同。变容二极管

为获得较大的结电容和较宽的可变范围，多用面接触型和台面型结构。

② 变容二极管适用于电视机的电子调谐电路；在调频收音机的 AFC 电路中，作为压控可变电容在振荡回路中使用。通常要求变容二极管在同一变化的电压下，其容量的变化相同。

③ 选用变容二极管时，要注意结电容和电容变化范围。变容二极管在同型号中有不同的规格，区别方法是在管壳中用不同的色点或字母表示。

④ 使用变容二极管时，要避免变容二极管的直流控制电压与振荡电路直流供电系统之间的相互影响；通常采用电感或大电阻来做两者的隔离。

⑤ 变容二极管的工作点要选择合适，即直流反偏压要选适当。一般要选用相对容量变化大的反向偏压小的变容二极管。

第五节 三极管

一、三极管的选用

选用三极管是一个很复杂的问题，它要根据电路的特点、三极管在电路中的作用、工作环境与周围元、器件的关系等多种因素进行选取，是一个综合设计问题，一般只有有经验的工程师才能很好地解决这个问题。

作为初学者，对电路工作原理不是非常精通的情况下，选取三极管可抓主要矛盾。

① 在高频放大电路、高频振荡电路中主要考虑频率参数。原则上讲，高频管可以代换低频管，但是高频管的功率一般都比较小，动态范围窄。在代换时不仅要考虑频率，还要考虑功率。设计电路选管时，对高频放大、中频放大、振荡器等电路，宜选用极间电容较小的三极管，应使管子的 f_T 为工作频率的 3～10 倍。如制作无线话筒就应选工作频率大于 600MHz 的三极管（如 9018 等）。

② 对 β 值（h_{FE}）的考虑。一般常希望 β 值选大一点，但也并不是越大越好。β 值太大，容易引起自激振荡（自生干扰信号），此外一般 β 值高的管子工作都不稳定，受温度影响大。通常，β 值选在 40～100 之间，对整个机器的电路而言，还应该从各级的配合来选择 β 值。例如，在音频放大电路中，如果前级用 β 值较高的管子，那么后级就可以用 β 值较低的管子。反之，若前极 β 值低，那么后级则用 β 值高的。对称电路，如末级乙类推挽功率放大电路及双稳态、无稳态等开关电路，需要选用 2 只三极管的 β 值和 I_{CEO} 值尽可能相同的，否则就会出现信号失真。

③ 如选择彩电的行输出管就主要考虑反向耐压及功率参数等。此时的 BV_{CEO} 应大于电源电压。

④ 如制作低频放大器主要考虑噪声和输出功率等参数。此时的穿透电流 I_{CEO} 越小，对温度的稳定性越好。硅管的稳定性比锗管为好。但硅管的饱和压降较锗管为大，在设计时应根据电路酌情考虑。

⑤ 应根据负载大小和电路工作时间长短考虑选用三极管的耗散功率。一般来讲要留有一定的余量。

二、晶体管的更换

在维修电子设备时，若遇到晶体管损坏，需要用同样规格、相同型号的三极管进行更换，或采用相近性能参数的三极管进行代用。在更换或代用晶体管时，应注意以下各项。

1. 选择三极管时注意事项

① 在确认电子设备中三极管损坏后，应选择与原来型号相同、规格及档次相同（β值相近）的三极管更换。

② 更换完毕，要检测电压、电流是否正常，静态工作点是否在正常值，管子有无过热现象等。

2. 代用三极管必须遵守的原则

若找不到相同型号三极管进行更换时，可用性能相近的三极管代用，但必须遵守以下原则。

① 极限参数高的三极管可以代替极限低的三极管，如 P_{CM}大的三极管可以代替 P_{CM}小的三极管。

② 性能好的三极管可以代替性能差的三极管，如 I_{CEO}小的三极管可以代替 I_{CEO}大的三极管。

③ 高频管和开关管可以代替普通低频三极管（其参数应能满足要求）。

④ 复合管可以代替单管。复合管通常是用两只三极管复合而成，可完成单管所实现的功能。但采用复合管代替单管时，一般都要重新调整直流偏置，选择合适的静态工作点。

第六节 集成电路

一、集成运放的选用

集成运放按其技术指标可分为通用型、高速型、高阻型、低功耗型、大功率型、高精度型等；按其内部电路可分为双极型和单极型；按每一集成片中运放的数目可分为单运放、双运放和四运放。

若没有特殊的要求，应尽量选用通用型，既可降低设备费用，又易保证货源。当一个系统中有多个运放时，应选多运放的型号，例如，CF324 和 CF14573 都是将四个运放封装在一起的集成电路。

重要提示

当工作环境常有冲击电压和电流出现时，或在实验调试阶段，应尽量选用带有过压、过流、过热保护的型号，以避免由于意外事故造成器件的损坏。

不要盲目追求指标先进。尽善尽美的运放是不存在的。例如，低功耗的运放，其转换速率必然低；场效应管做输入级的运放，其输入电阻虽然高，但失调电压也较大。

要注意在系统中各单元之间的电压配合问题。例如，若运放的输出接数字电路，则应按后者的输入逻辑电平选择供电电压及能适应供电电压的运放型号，否则它们之间应加电平转换电路。

手册中给出的性能指标是在某一特定条件下测出的，若使用条件与所规定的不一致，则将影响指标的正确性。例如，当共模输入电压较高时，失调电压和失调电流的指标将显著恶化。若补偿电容器容量比规定的大时，将要影响运放的频宽和转换速率。

二、集成电路的选用

怎样正确合理选用集成电路，对初学者来说是一个至关重要的问题。正确选用，须从以下几点进行考虑。

① 根据电路设计要求，正确选用集成电路。在业余制作条件下，凡能用分立元件的，不必采用集成电路，因为集成电路价格高。确定使用集成电路，主要从三个方面考虑，即速度、抗干扰能力和价格。

集成电路中表示开关速度的参数是“平均传输延迟时间 t_{pd}”和“最高工作频率 f_m”。t_{pd}是指脉冲信号通过门电路后上升沿时延和下降沿时延的平均值。f_m表示电路可以工作的上限频率。

在数控装置中，对器件速度的要求一般并不高，而抗干扰能力却是较突出的问题。因为生产现场往往有各种干扰，如电动机的启动及电焊机、点焊机工作时产生的干扰信号。干扰信号使数字电路发生误动作，使设备造成故障，因此必须采用抗干扰能力较强的 HTL 型集成电路。

② 选择集成电路器件，应尽量采用同一系列的，还要考虑到备件的来源，否则对制作和维修会带来不便。由于历史的原因，现市场上除了国产的品种以外，还流入了大量的国外集成电路。建议读者采用国产集成电路，因为不仅不怕缺货，而且国产元件也不亚于外国的，对业余制作电子装置的性能要求完全可以满足。

③ 集成电路的电参数之优劣与其稳定性没有直接关系。电参数好的，可靠性不一定高，电参数差的，可靠性不一定低。因此，不一定要求使用高档产品，从节约观点出发，电参数稍差的产品经过筛选，照样可以用得很好。较简单的方法是将器件放在高温（120～200℃）和低温（－40～60℃）的箱内，各存放八到十几个小时，再在温度为 40～60℃、相对湿度为 95%～98%的温湿箱内存放十几小时，然后测试它们的参数，剔除不合格的器件，这样可使集成块内的隐患及早暴露，及时剔除，从而保证了电子装置工作的稳定可靠。

④ 对青少年业余电子爱好者来说，要养成节约的好习惯，对有毛病器件也应充分利用。例如，有四个输入端的与非门，如坏了一个输入端，还可当三输入端与非门使用。甚至坏了只剩下一个输入端时，还可当作一个非门使用。

⑤ 对剩余不用的输入端，一般有悬空、并联和接高电位三种处理方法，见图 3-22。

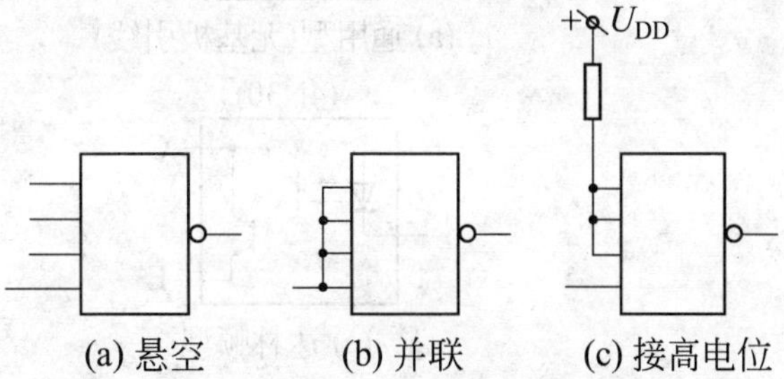

图 3-22　集成电路剩余引脚的三种处理方法

重要提示

与非门的输入端悬空时，从逻辑功能上讲，相当于接高电位，TTL 电路用万用表实测，悬空端电位正常时是 1.5V，如果低于 1V，则说明这个输入端已经损坏，不能使用。因此，悬空不会影响其他输入端的逻辑功能。但输入端悬空，对外来干扰十分敏感。把不用的输入端和使用的输入端并联，由于各个发射结并联，使得输入电容值提高，抗干扰能力下降。把不用的输入端通过电阻接高电位，这个方法对抗干扰有利，但对电源电压的稳定性要求较高，所以一般在工作速度不高，而干扰严重的场合多采用此法。

⑥ 集成电路焊接时，应使用不超过 40W 的电烙铁，并应把电烙铁的外壳作良好的接地，且焊接时间不宜过长。所用焊剂宜采用松香酒精溶液，不能使用有腐蚀性的焊剂。需要更换集成电路时，必须关机切断电源。

第七节 光电耦合器

一、光电耦合器的选用

光电耦合器又称光电隔离器，是发光二极管和光敏元件组合起来的四端器件。其输入端通常用发光二极管实现电光转换；输出端为光敏元件（光敏电阻、光电二极管、光电三极管、光电池等）实现光电转换，二者面对面地装在同一管壳内。

光电耦合器是一种以光为媒介传输信号的复合器件。通常是把发光器（可见光 LED 或红外线 LED）与受光器（光电半导体管）封装在同一管壳内。当输入端加电信号时发光器发出光线，受光器接受光照之后就产生光电流，从输出端流出，从而实现了“电-光-电”转换。光电耦合器有管式、双列直插式和光导纤维式等多种封装，其种类达几十种。光电耦合器的分类及内部电路如图 3-23 所示，列出 8 种典型产品的型号。

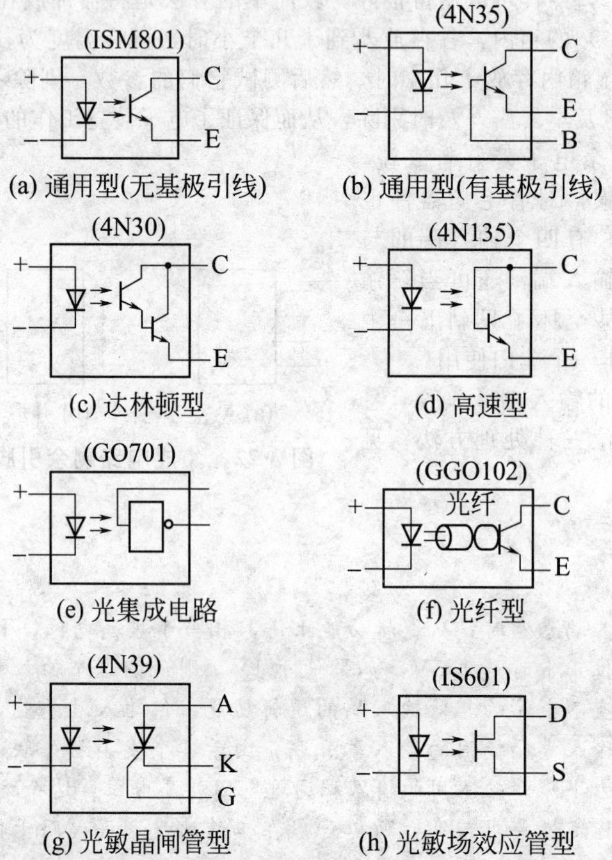

图 3-23 光电耦合器的分类及内部电路

二、自制光电耦合器

(1) 简单光电耦合器的制作 用一个发光二极管和一个光电二极管（或光电三极管），可以制成简单的光电耦合器。如图 3-24 所示，取一截内径比发光二极管和光电管直径略粗的不透明塑料管，左侧放入发光二极管，右侧放入光电管，发光二极管的发光面应正对光电管的受光面，两者相距为数毫米。再用环氧树脂等将两个管子与塑料管胶封牢固即可。由于发光二极管与光电管外形一样，应在制成的光电耦合器上标明输入端和输出端的正、负极。在选用发光二极管和光电管时应注意，它们的光谱波长应基本相同，否则影响光电耦合器的效果。

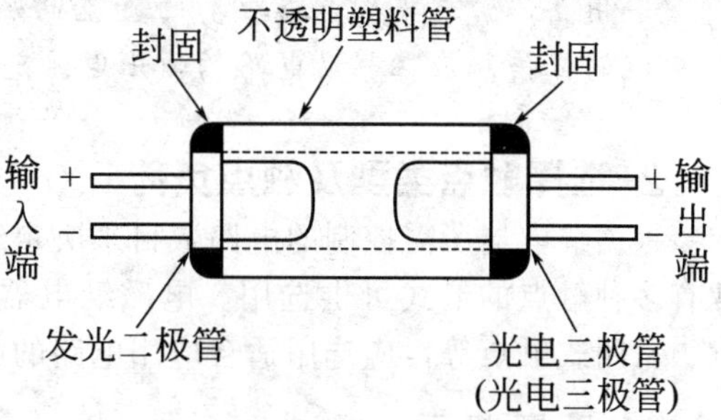

图 3-24 简单的光电耦合器

(2) 达林顿型光电耦合器的制作 自制达林顿型光电耦合器时，电路如图 3-25 所示，VD 为发光二极管，VT_1 为光电三极管，VT_2 为晶体三极管。VT_1 与 VT_2 之间采用达林顿连接形式。按图 3-26 刻制一块小印制电路板。将 VD 与 VT_1 组成简单光电耦合器焊入电路板，再将 VT_2 焊入电路板，最后罩上一个外壳即可。

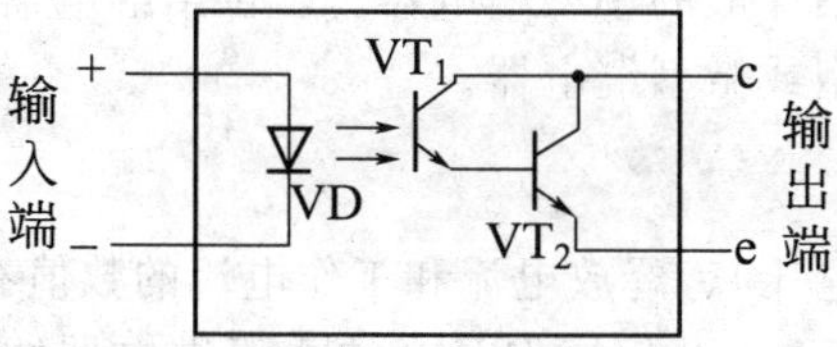

图 3-25 达林顿型光电耦合器原理

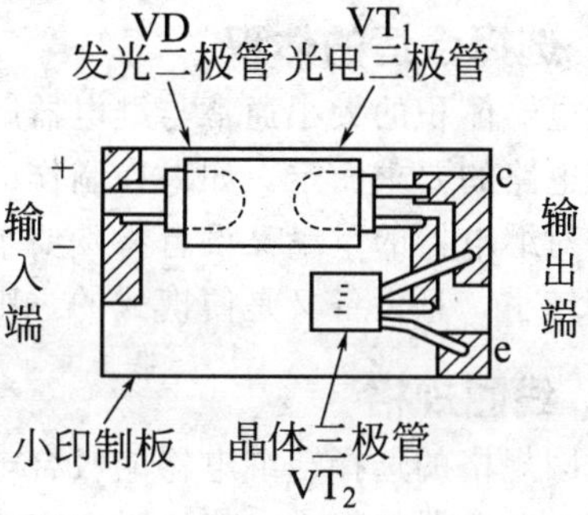

图 3-26 达林顿型光电耦合器的组装

第八节 继电器

一、电磁继电器的选用

1. 选择额定工作电压与额定工作电流

选用电磁式继电器时，首先应选择继电器线圈额定电压是交流还是直流。对于电磁式继电器线圈的额定电压值、额定电流值在使用时要给予满足，也就是说根据驱动电压与电流的大小来选择继电器的线圈额定值。如果驱动电压、电流小于继电器的额定电压、电流值，则不能保证继电器的正常工作。如大于额定电压值、电流值，就可能使继电器的线圈烧毁。

重要提示

继电器的额定工作电压一般应小于或等于其控制电路的工作电压。

用晶体管或集成电路驱动的直流电磁继电器，其线圈额定工作电流（一般为吸合电流的2倍）应在驱动电路的输出电流范围之内。

2. 选择触点类型及触点负荷

根据继电器所需控制的电路数目来决定继电器的触点组的数目。同一种型号的继电器通常有多种触点的形式可供选用。电磁继电器有单组触点、双组触点、多组触点及常开式触点、常闭式触点等，应选用适合应用电路的触点类型。

重要提示

触点负荷主要指触点所能承受的电压、电流的数值。如果电路中的电压、电流超过触点所能承受的电压、电流，在触点断开时会产生火花，这会缩短触点的寿命，甚至烧毁触点。所选继电器的触点负荷应高于其触点所控制电路的最高电压和最大电流，否则会烧毁继电器触点。

3. 选择合适的体积

继电器体积的大小通常与继电器触点负荷的大小有关，选用多大体积的继电器，还应根据应用电路的要求而定。如果在制作的装置中有足够的安装位置，供给继电器线圈的功率又较大，对继电器的重量又没有特殊要求时，则可选用一般的小型继电器。若供给继电器动作的功率较小，且设备又是便携式的，则可选用超小型或微型继电器。

4. 线圈规格

线圈规格的选择与继电器的吸合电流（或吸合电压）、释放电流和工作电流的数值有关。一般给予继电器的工作电流比吸合电流大，即为1.5～1.8倍，但又必须小于继电器线圈的额定电流，因为线圈有一定的电阻，有电流流过线圈时，会使继电器发热，温度上升，所以电流又不能太大。继电器线圈电阻与动作电压（或电流）的关系是成正比的。

二、干簧式继电器的选用

1. 选择干簧式继电器的触点形式

干簧式继电器的触点有常开型（只有1组常开触点）、常闭型（只有1组常闭触点）和转换型（常开触点和常闭触点各1组）。转换触点的结构如图3-27所示，其簧片2与簧片3用既导磁又导电的材料组成，簧片1是用不导磁的材料制成的，常态下，簧片1与簧片3是闭合状态，当线圈通电后，簧片2与簧片3闭合，簧片1与簧片3断开。选用时应根据应用电路的具体要求选择合适的触点形式。

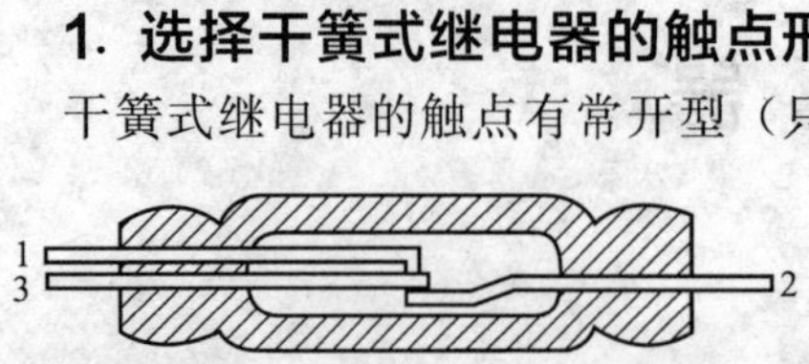

图3-27 转换触点的结构

2. 选择干簧管触点的电压形式及电流容量

根据应用电路的受控电源选择干簧管触点两端的电压与电流，确定它的触点电压（是交流电压还是直流电压，以及电压值）和触点电流（指触点闭合时，所允许通过触点的最大电流）。

三、固态继电器的选用

1. 选用固态继电器的类型

选用固态继电器时，应根据受控电路的电源类型、电源电压和电源电流来确定固态继电器的电源类型和固态继电器的负载能力。当受控电路的电源为交流电源，就应选用交流固态继电器，当受控电路的电源为直流电源，就应选用直流固态继电器。

重要提示

固态继电器的负载能力应根据受控电路的电压和电流来决定，一般情况下，继电器的输出功率应大于受控电路功率的 1 倍以上。

2. 选择固态继电器的带负载能力

应根据受控电路的电源电压和电流来选择固态继电器的输出电压和输出电流。一般交流固态继电器的输出电压为 AC20～380V，电流为 1～10A；直流固态继电器的输出电压为4～55V，电流为 0.5～10A。若受控电路的电流较小，则可选用小功率固态继电器。反之，则应选用大功率固态继电器。

重要提示

选用的继电器应有一定的功率余量，一般情况下，继电器的输出功率应大于受控电路功率的 1 倍以上。若受控电路为电感性负载，则继电器输出电压与输出电流应高于受控电路电源电压与电流的 2 倍以上。

四、自制继电器

(1) 自制干簧管式继电器

① 取一段小塑料管，其内部直径比干簧管略大，其长度与干簧管玻璃体长度相当。如图 3-28 所示，用直径 0.1mm 的漆包线在小塑料管上密绕 1500、2000 圈作为继电器线包。

② 线包绕好后，用两根较粗的导线分别焊牢在两个线头上作为线包引出线。再将干簧管插入小塑料管内，如图 3-29 所示。

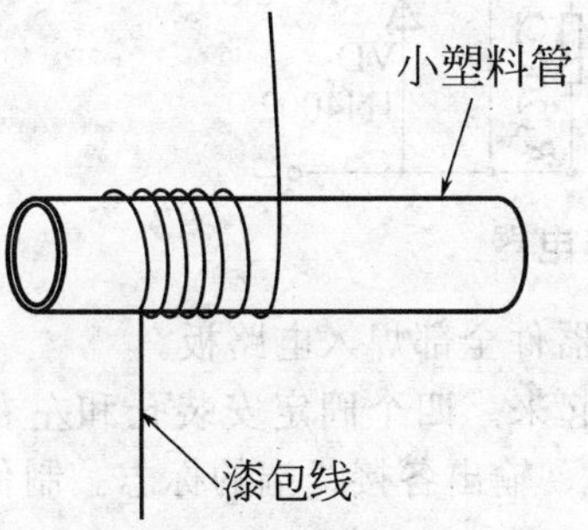

图 3-28　继电器线包的绕制

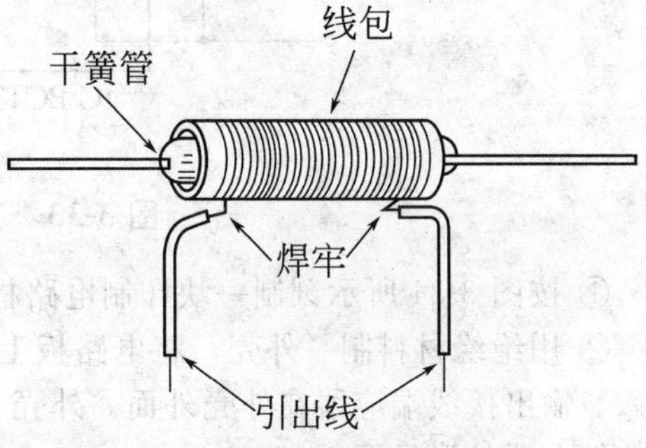

图 3-29　干簧管式继电器的制作

③ 用环氧树脂将整个线包和干簧管封固成为一个整体，如图 3-30 所示，干簧管式继电

器就制作完成了。干簧管两端的引线即为继电器接点引线。

干簧管接点具有多种形式，常用的有常开接点（继电器线包通电时闭合）、常闭接点（继电器线包通电时断开）和转换接点（平时 c 与 a 通，继电器线包通电时转换为 c 与 b 通），如图 3-31 所示。在线包内插入不同的干簧管，即可构成不同接点形式的继电器。

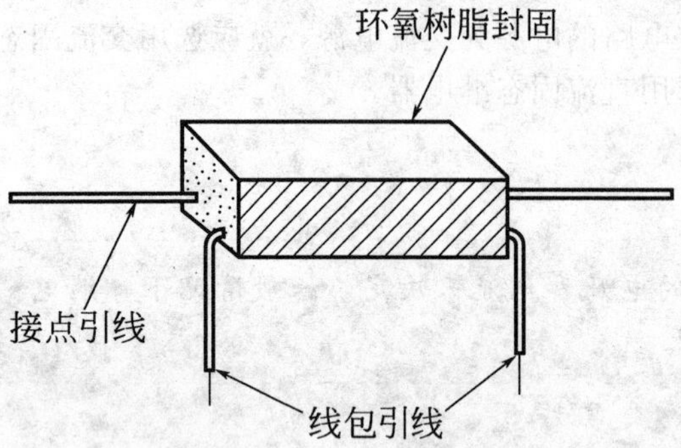

图 3-30　干簧管式继电器

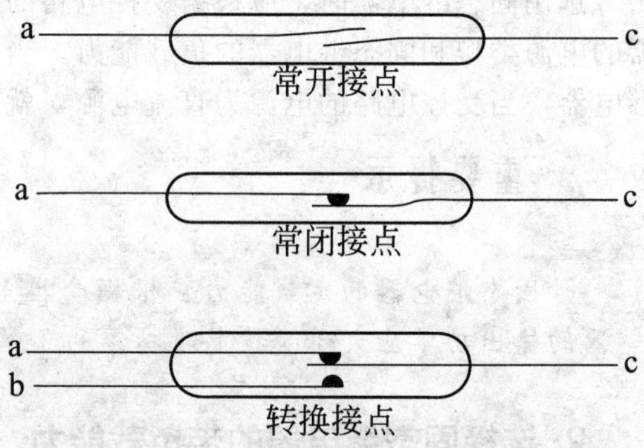

图 3-31　不同接点形式的继电器

如将若干个干簧管包绕在线包内，如图 3-32 所示，可构成多接点继电器。这若干个干簧管可以是相同的接点形式，也可以是不同的接点形式，可根据电路需要按需配制。

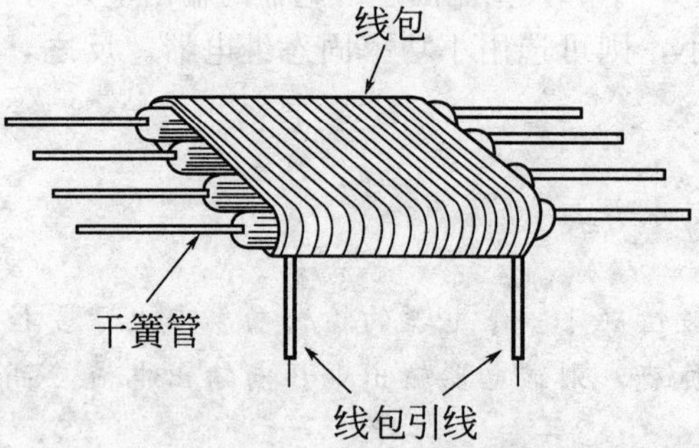

图 3-32　多接点继电器

(2) 自制固体继电器

固体继电器分为直流型和交流型两类，图 3-33 为直流型固体继电器电路图。IC 为光电耦合器。R_1 为输入端限流电阻。VT_1、VT_2 组成复合管型输出控制元件。VD_1、VD_2 分别为输入端、输出端的保护二极管。当固体继电器输入端（IN）加上直流电压时，其输出端（OUT）"+"、"−"间即导通，允许负载电流从"+"流到"−"。

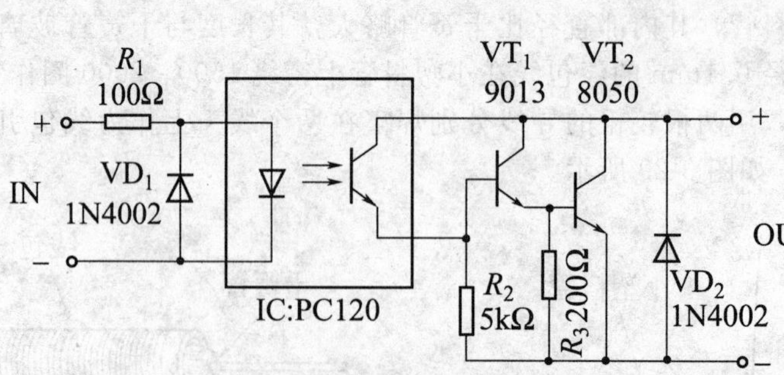

图 3-33　直流型固体继电器

① 按图 3-34 所示刻制一块印制电路板，将所有元器件全部焊入电路板。

② 用绝缘材料制一外壳，将电路板上的元器件罩起来。四个固定安装孔和左右两侧的输入、输出接线端应留在外壳外面。外壳上应标明输入、输出各接线端的标志。制作完成的固体继电器外形见图 3-35。

图 3-36 为交流型固体继电器电路图。与直流型不同的是，交流型固体继电器输出控制元件采用双向晶闸管 VS_2。桥式整流器 VD_2～VD_5 为放大管 VT_1 和光电耦合器 IC 提供直

流工作电源。当固体继电器输入端（IN）加上直流电压时，其两个输出端（OUT）之间即导通，允许交流负载电流通过。图 3-37 所示为交流型固体继电器的印制电路板。制成后应像直流型固体继电器一样罩上绝缘外壳。

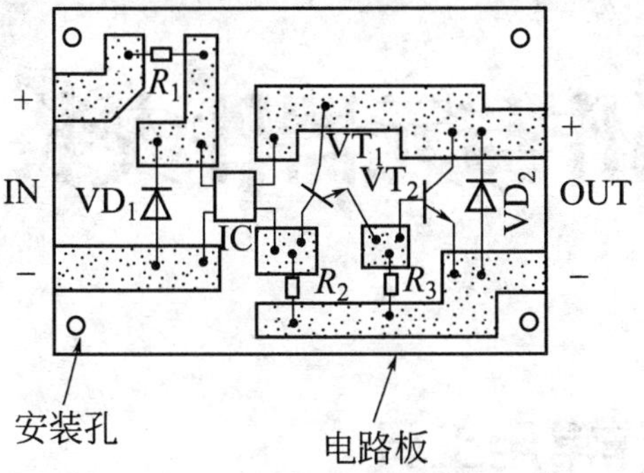

图 3-34　直流型固体继电器电路板

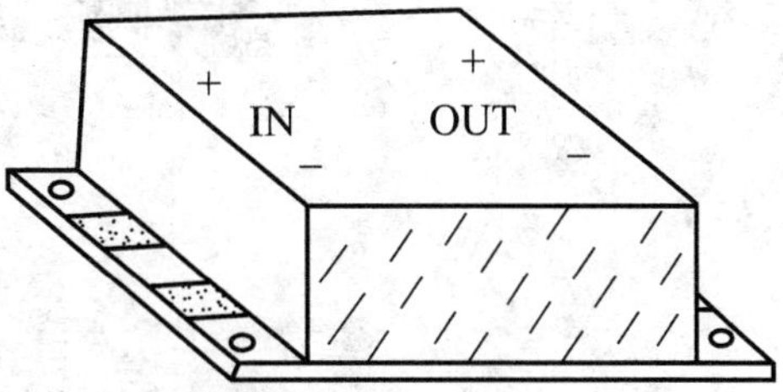

图 3-35　直流型固体继电器外形

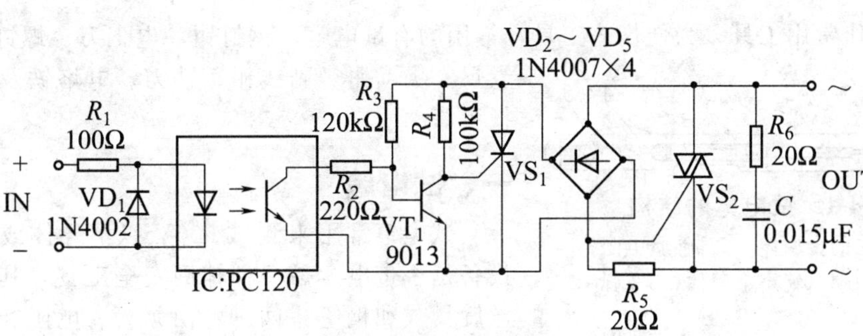

图 3-36　交流型固体继电器

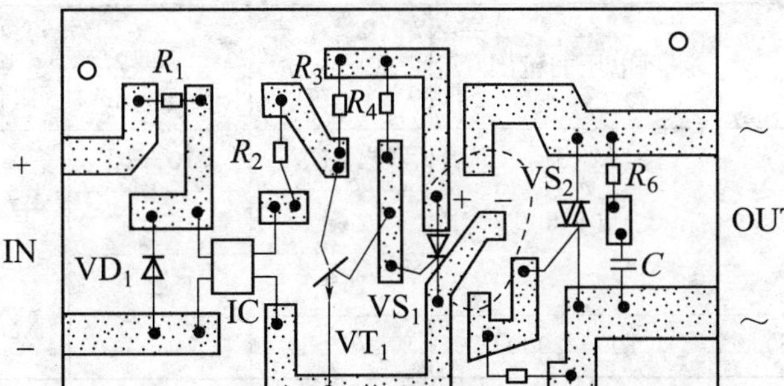

图 3-37　交流型固体继电器电路板

第四章 电路板制作与元器件安装

第一节 电子制作常用工具

电子制作常用工具多为便携式工具，常用的有试电笔、钢钉钳、电工刀、螺钉旋具、钢卷尺、尖嘴钳、剥线钳、锉刀、电烙铁及各种活动扳手等。

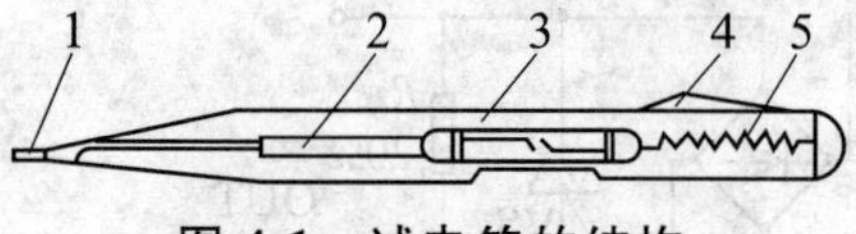

图 4-1　试电笔的结构

1—笔尖的金属体；2—碳质电阻；3—氖管；4—笔尾金属体；5—弹簧

一、试电笔

试电笔常用来测试 500V 以下导体或各种用电设备是否带电，是一种辅助安全工具，其外形有螺丝旋具式和钢笔式两种，由氖管、电阻、弹簧和笔身等部分组成。试电笔结构如图 4-1 所示。低压试电笔型号及主要规格见表 4-1。

表 4-1　低压试电笔型号及主要规格

型号	品名	测量电压的范围/V	总长/mm	炭质电阻		
				长度/mm	阻值/mΩ	功率/W
108	测电改锥	100～500	140±3	10±1	≥2	1
111	笔型测电改锥		125±3	15±1		0.5
505	测电笔		116±3	15±1		
301	测电器(矿用)	100～2000	170±1	10±1		1

当用试电笔检测用电设备是否带电时，将笔尖触及所检测的部位，用手指触及笔尾的金属体；若带电，氖管就会发出红光。

二、钢丝钳

钢丝钳是一种夹持或折断金属薄片、切断金属丝的工具。电工用钢丝钳的柄部套有绝缘套管（耐压 500V），其规格用钢丝钳全长的毫米数表示，其构造如图 4-2 所示。钢丝钳的不同部位有不同的用途：钳口用来弯绞或钳夹导线线头，齿口用来紧固或松动螺母，刃口用来剪切导线或剖削导线绝缘层；刃

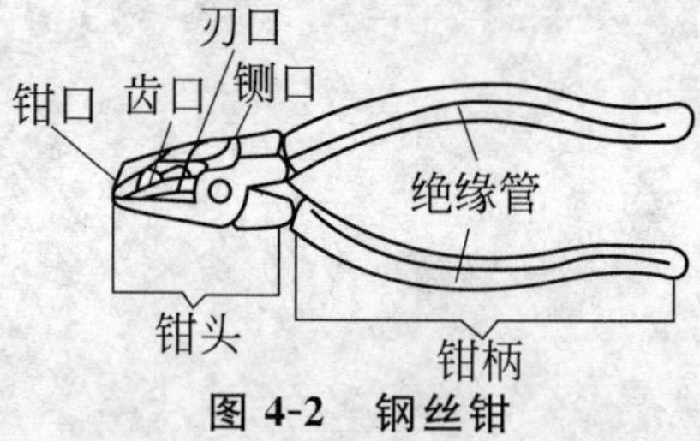

图 4-2　钢丝钳

口还可用来拔出铁钉。铡口用来铡切导线线心、钢丝和铅丝等较硬的金属。

常用的钢丝钳规格以全长为单位表示有160mm、180mm、200mm三种。

钢丝钳的基本尺寸应符合表4-2的规定。

表4-2 钢丝钳的基本尺寸

全长L/mm	钳口长/mm	钳头宽/mm	嘴顶宽/mm	嘴顶厚/mm
160±8	28±4	25	6.3	12
180±9	32±4	28	7.1	13
200±10	36±4	32	8.0	14

三、电工刀

电工刀是用来剖削电线绝缘层，切割绳索等的常用工具。使用时，刀口应朝外剖削，但不能在带电体或器材上剖削，以防触电。电工刀按刀刃形状分为A型和B型，按用途又分为一用和多用，如图4-3所示。

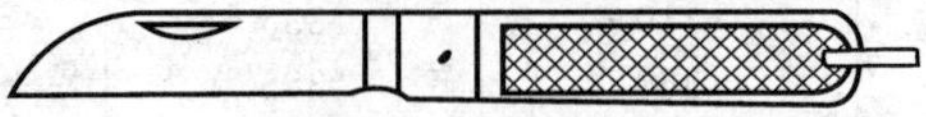

图4-3 电工刀

电工刀的规格尺寸及偏差应符合表4-3的规定。

表4-3 电工刀的规格尺寸及偏差

名称	大号		中号		小号	
	尺寸/mm	允差/mm	尺寸/mm	允差/mm	尺寸/mm	允差/mm
刀柄长度	115	±1	105	±1	95	±1
刃部厚度	0.7	±0.1	0.7	±0.1	0.6	±0.1
锯片齿距	2	±0.1	2	±0.1	2	±0.1

四、螺钉旋具

螺钉旋具俗称螺丝刀、起子、改锥等，如图4-4所示。它是用来旋紧或拧松头部带一字槽（平口）和十字槽的螺钉及木螺钉用的一种手用工具。电工应使用木柄或塑料柄的螺钉旋具，不可使用金属杆直通柄顶的螺钉旋具，以防触电。为了避免金属杆触及人体或触及邻近带电体，宜在金属杆上穿套绝缘管。

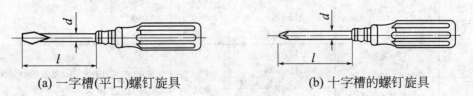

(a) 一字槽(平口)螺钉旋具　(b) 十字槽的螺钉旋具

图4-4 螺钉旋具

螺钉旋具木质的旋柄的材料一般为硬杂木，其含水率不大于16%。塑料旋柄的材料应有足够的强度。旋杆的端面应与旋杆的轴线垂直。旋柄与旋杆应装配牢固。木质旋柄不应有虫蛀、腐朽、裂纹等；塑料旋柄不应有裂纹、缩孔、气泡等。

一字槽螺钉旋具基本尺寸应符合表 4-4 的规定。

表 4-4 一字槽螺钉旋具的规格 mm

公称尺寸 (杆身长度×杆身直径)	全长		用途及说明
	塑柄	木柄	工作部分:宽度×厚度
50×3 75×3	100 125		3×0.4
75×4 100×4	140 165		4×0.55
50×5 75×5	120 145	135 160	5×0.65
100×6 100×7 150×7	190 200 250	210 220 270	6×0.8 7×1.0
150×8 200×8 250×8	260 310 360	285 335 385	8×1.1
250×9 300×9 350×9	370 420 470	400 450 500	9×1.4

十字槽螺钉旋具基本尺寸应符合表 4-5 的规定。

表 4-5 十字槽螺钉旋具的规格 mm

名 称	公称尺寸 (杆身长度×杆身直径)		全长		用途及说明
			塑柄	木柄	
十字形 (SS形)	槽号	50×4	115	135	用于直径为 2～2.5mm 的螺钉
	1#	75×4 100×4 150×4 200×4	140 165 215 265	160 185 235 285	
	2#	75×5 100×5 250×5 125×6 150×6 200×6	145 170 320 215 240 290	160 180 335 235 260 310	用于直径为 3～5mm 的螺钉
	3#	100×8 150×8 200×8 250×8	210 260 310 360	235 285 335 385	用于直径为 6～8mm 的螺钉
	4#	250×9 300×9 350×9 400×9	370 420 470 520	400 450 500 550	用于直径为 10～12mm 的螺钉

五、尖嘴钳

尖嘴钳的头部尖细而长，适用于在狭小的工作空间操作，可以用来弯扭和钳断直径为1mm以内的导线，将其弯制成所要求的形状，并可夹持、安装较小的螺钉、垫圈等。有铁柄和绝缘柄两种，电工多选用带绝缘柄的尖嘴钳，耐压500V，其外形如图4-5所示。

尖嘴钳的基本尺寸应符合表4-6的规定。

表 4-6　尖嘴钳的基本尺寸　mm

全长	钳口长	钳头宽(最大)	嘴顶宽(最大)	腮厚(最大)	嘴顶厚(最大)
125±6	32±2.5	15	2.5	8.0	2.0
140±7	40±3.2	16	2.5	8.0	2.0
160±8	50±4.0	18	3.2	9.0	2.5
180±9	63±5.0	20	4.0	10.0	3.2
200±10	80±6.3	22	5.0	11.0	4.0

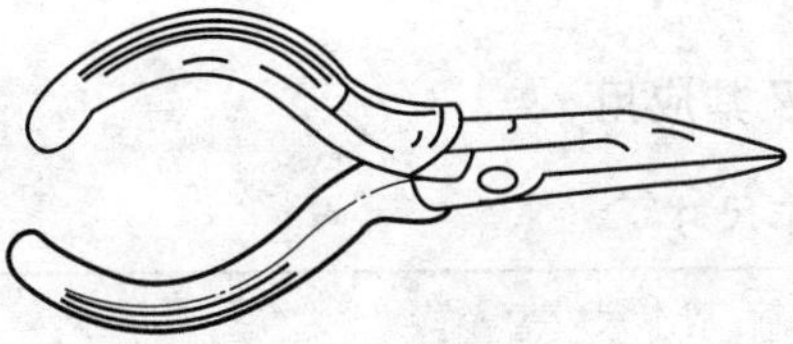

图 4-5　尖嘴钳

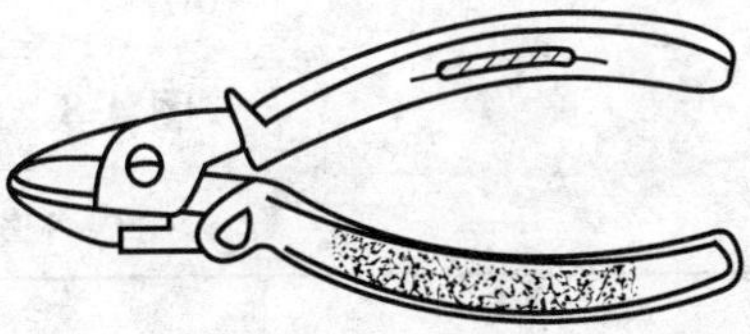

图 4-6　斜口钳

六、斜口钳

斜口钳的头部“扁斜”，因此又称作扁嘴钳，其外形如图4-6所示。斜口钳专供剪断较粗的金属丝、线材、导线及电缆等，适用于工作地位狭窄和有斜度的空间操作。常用的为耐压500V的带绝缘柄的斜口钳。

斜口钳的基本尺寸应符合表4-7的规定。

表 4-7　斜口钳的基本尺寸　mm

全长	钳口长	钳头宽(最大)	嘴顶厚(最大)
125±6	18	22	10
140±7	20	25	11
160±8	22	28	12
180±9	25	32	14
200±10	28	36	16

七、剥线钳

剥线钳是用来剥落小直径导线绝缘层的专用工具，其外形如图4-7所示。剥线钳的钳口部分设有几个不同尺寸的刃口，以剥落0.5～3mm直径的导线的绝缘层。其柄部是绝缘的，耐压为500V。

使用剥线钳时，将待剥导线的线端放入合适的刃口中，然后用力握紧钳柄，导线的绝缘层即被剥落并自动弹出（图4-7）。在使用剥线钳时，选择的刃口直径必须大于导线线心直

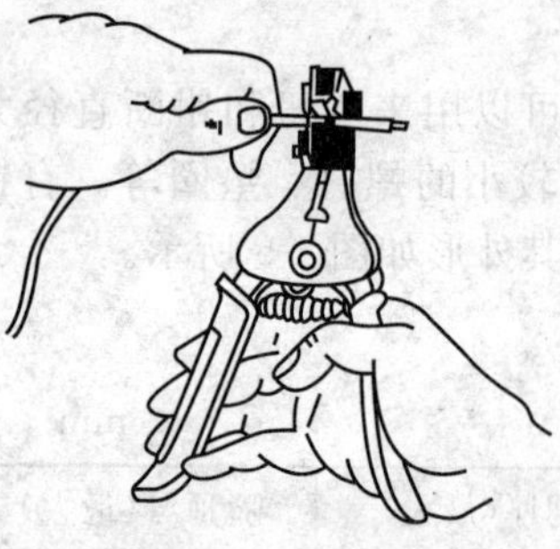

图 4-7 剥线钳

径，不允许用小刃口剥大直径的导线，以免切伤线心；不允许当钢丝钳使用，以免损坏刃口。带电操作时，要先检查柄部绝缘是否良好，以防触电。

八、活扳手

活扳手是用于紧固和松动六角或方头螺栓、螺钉、螺母的一种专用工具，其构造如图 4-8 所示。活扳手的特点是开口尺寸可以在一定的范围内任意调节，因此特别适宜螺栓规格多的场合使用。活扳手的规格以长度（mm）×最大开口宽度（mm）表示，常用的有 150×19（6in）、200×24（8in）、250×30（10in）、300×36（12in）等几种。活扳手的基本尺寸应符合表 4-8 的规定。

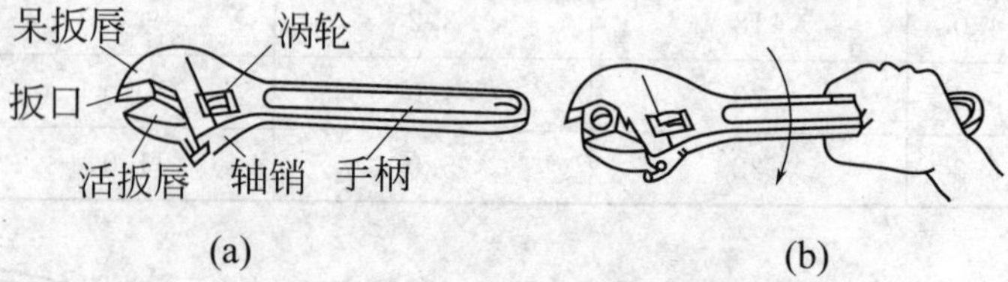

图 4-8 活扳手的构造及其应用

表 4-8 活扳手的基本尺寸

分类	基本尺寸							
长度/mm	100	150	200	250	300	375	450	600
最大开口宽度/mm	14	19	24	30	36	46	55	65
相当普通螺栓规格	M8	M12	M16	M20	M24	M30	M36	M42
试验负荷/N	410	690	1050	1500	1900	2830	3500	3900

使用时，将扳口放在螺母上，调节涡轮，使扳口将螺母轻轻咬住，按图 4-8 所示的方向施力（不可反向施力，以免损坏扳唇）。扳动较大螺母，需较大力矩时，应握在手柄端部或选择较大规格的活扳手；扳动较小螺母，需较小力矩时，为防止螺母损坏而“打滑”，应握在手柄的根部或选择较小规格的活扳手。

九、电烙铁

电烙铁是锡焊的主要工具。锡焊即通过电烙铁，利用受热熔化的焊锡，对铜、铜合金、钢和镀锌薄钢板等材料进行焊接。电烙铁主要由手柄、电热元件、烙铁头等组成。根据烙铁头的加热方式不同，可分为内热式和外热式两种。其中内热式电烙铁的热利用率高。电烙铁的规格是以消耗的电功率来表示的，通常在 20～300W 之间。电机修理中，一般选用 45W 以上的外热式电烙铁，其结构如图 4-9 所示。

电烙铁的基本型式与规格应符合表 4-9 的规定。

锡焊所用的材料是焊锡和助焊剂。焊锡是由锡、铅和锑等元素所组成的低熔点合金。助焊剂具有清除污物和抑制焊接面表面氧化的作用，是锡焊过程中不可缺少的辅助材料。电机修理中常用的助焊剂是固体松香或松香酒精液体。松香酒精液体的配方是：松香粉 25%、酒精 75%，混合后搅匀。

使用电烙铁前，对于紫铜烙铁头，先除去烙铁头的氧化层，然后用锉刀锉成 45°的尖

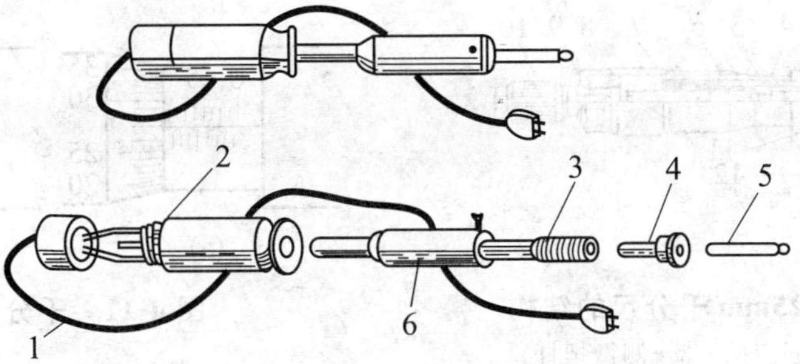

图 4-9　电烙铁的结构

1—电源线；2—木柄；3—加热器；4—传热筒；5—烙铁头；6—外壳

表 4-9　电烙铁的基本型式与规格

型式	规格/W	加热方式
内热式	20,35,50,70 100,150,200,300	电热元件插入铜头空腔内加热
外热式	30,50,75,100 150,200,300,500	铜头插入电热元件内腔加热
快热式	60,100	由变压器感应出低电压大电流进行加热

角。通电加热，当烙铁头变成紫色时，马上蘸上一层松香，再在焊锡上轻轻擦动，这时烙铁头就会沾上一层焊锡，这样就可以进行焊接了。对于已经烧死或沾不上焊锡的烙铁头，要细心地锉掉氧化层，然后再沾上一层焊锡。

重要提示

锡焊时应注意：烙铁头的温度过高，容易烧死烙铁头或加快氧化，如出现这种情况应断开电源进行冷却；烙铁头温度过低，会产生虚焊或者无法熔化焊锡，如出现这种情况应待升温后再焊。

十、千分尺

千分尺有多种类型，常用的是外径千分尺（简称千分尺，又叫百分尺或分厘卡）。在电器修理中，千分尺主要用于测量漆包线的线径，一般选用测量范围为 0～25mm 的千分尺，其结构如图 4-10 所示。

千分尺的测微原理主要是螺旋读数机构。它包括一对精密的螺纹副（测微螺杆和螺纹轴套）；一对读数套筒（固定套筒和微分筒）。当测量尺寸时，把被测零件（如漆包线）置于测量杆与固定砧之间，然后顺时针旋转测力装置。每旋转一周，测微螺杆就前进 0.5mm，被测尺寸就缩小 0.5mm；与此同时，微分筒也旋转一周，一周刻度为 50 格。所以，微分筒每前进一格，被测尺寸的缩小距离为 0.5mm÷50＝0.01mm，这就是千分尺所能读出的最小数值，故其测量精度为 0.01mm。当旋转测力装置发出棘轮打滑声时，即可停止转动。在固定套筒上读出整数值，在微分套筒上读出小数值。

固定套筒上刻有轴向中线，作为微分筒的基准线。同时，在轴向中线上下还刻有两排刻线，间距为 1mm，且上排与下排错开 0.5mm。上排刻有 0～25mm 整数尺寸字码，下排不刻数字。

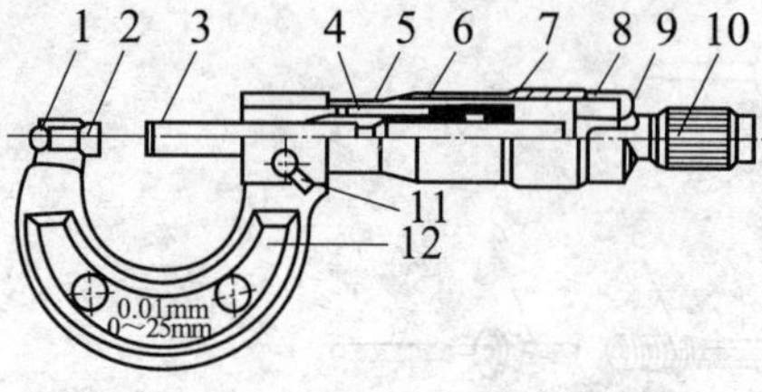

图 4-10　0～25mm 千分尺的结构

1—尺框；2—固定砧；3—测微螺杆；
4—螺纹轴套；5—固定套筒；6—微分筒；
7—调节器；8—圆锥接头；9—垫片；
10—测力装置；11—制动轴；12—绝热板

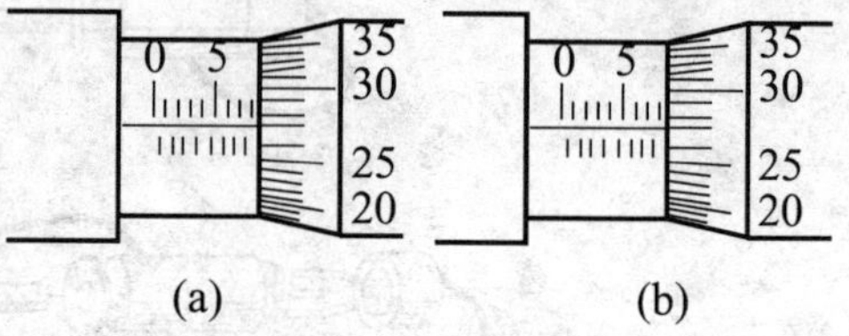

图 4-11　千分尺读数

千分尺的读数，以图 4-11(a) 为例，先在固定套筒上读出整数值为 8mm（8 个格），在微分筒上读出小数值为 27 格（27×0.01mm＝0.27mm），两者相加即为被测尺寸值（8＋0.27＝8.27mm）。

在图 4-11(b) 中，整数位仍为 8mm（8 格），固定筒的中线（基准线）正好也对准微分筒上的第 27 格，但从固定筒下排刻线就不难发现，被测尺寸值已经超过了 8.5mm，表明微分筒从 8mm 之后，又向前转了一周又 27 格，故小数部分为 0.01×（50＋27）mm＝0.77mm，被测尺寸：8＋0.77＝8.77mm。

使用千分尺测量时应注意：

测量时注意

① 擦净两个测量面，对准零位，确认没有漏光现象。

② 被测的漆包线等要平直，置于测量面内的漆包线不能有弯曲，否则将影响测量结果。

③ 测量时只准旋转测力装置，不允许直接旋转微分筒，否则会增加测量压力，使精密螺纹变形，影响测量精度，或损坏量具。

④ 注意测量时不要少读 0.5mm。千分尺的测量精度（即微分筒上每小格对应的数值）0.01mm 已标在千分尺上，注意观察。

十一、钢卷尺

钢卷尺按不同结构分为自卷式（小钢卷尺）、制动式（小钢卷尺）、摇卷盒式和摇卷架式（大型钢卷尺）等几种。钢卷尺的外形如图 4-12 所示。钢卷尺的尺寸应符合表 4-10。

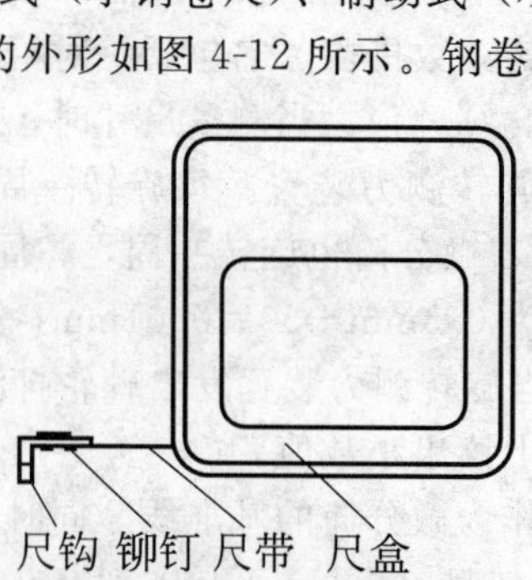

图 4-12　钢卷尺的外形

表 4-10 钢卷尺的尺寸规格 mm

型式	规格	尺带				
		宽度	宽度偏差	厚度	厚度偏差	形状
自卷式 制动式	0.5 和 0.5 的整倍数至 10	6～25	－0.3	0.14	－0.04	弧形或平形
摇卷盒式 摇卷架式	5 和 5 的整倍数	8～16		0.18～0.24		平形

注：表中的宽度和厚度系指金属材料的宽度和厚度。

第二节 电路板的制作

一、金属底板的加工

① 底板的加工 使用适当的工具，在金属底板上制作电子线路并不困难。底板最好选用铝的，这是因为它具有优良的屏蔽性能和接触特性，而且加工容易。然而，铝是不能焊接的，必须用附加导线或用螺钉固紧的焊片来接地。

各个元件在电路板上的位置应标明在介绍该电路的正文的附图上，并给出钻孔样图和印制线路板样图。在使用这些样图之前，最好把每一张钻孔样图裱贴在一张硬纸板上。这样，样图就不容易损坏。否则，图若被弄得模糊不清，就难于重复使用了。在利用样图打孔之前，应把样图紧紧地固定在电路板或底板上，对于那些不装在电路板上的电路，也应有采取的电路布局，这将对制作者有所帮助。

② 钻孔和扩孔 在金属的底板上打孔，首先应该用中心冲子定位，然后再把要钻孔的金属板在老虎钳上夹紧。在钻头开始从金属板穿出时，应该减小钻头的压力。如果使用双速或变速电钻，则在钻较大直径的孔（9.5mm 或更大一些）和钻头刚好要穿出金属板时，应改用较低的速度。在钻直径大于 6.4mm 的孔时，开始时应该用小钻头钻，然后换用较大的钻头，再用扩孔器或鼠尾形的锉刀进行扩孔。如果要打的孔太大，则使用更大的钻头和扩孔器也是无法完成的。比锉孔更简便的方法是用小钻头围绕大孔的圆周内侧尽可能靠近地打一连串小孔，然后再用凿子把中心凿下来，并把孔的边缘锉圆滑。

在有若干个同样直径的较大的孔要钻时，可以采用冲孔机。在钢板上的孔应该用可调的圆刀具进行打孔。刀具应首先在一块木头上试一试，以便确信已经调整好了。

打方孔时也可以利用上面介绍的办法，在预先划好的方形边线内侧钻许多小孔。在制作大的矩形孔时，冲孔机或方孔冲压机是很有用的。

重要提示

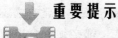

在钻孔和凿孔之后留下的毛刺和粗糙的边缘要用锉刀或刮刀清理光滑。

③ 弯曲金属底板 金属板太大以至于用钢锯还不能很方便地锯开时，可以采取如下方法：首先沿着预先划好的切割线在金属板的两面深深地刮出一条线（用划线器刻划）。然后，再把钢板夹在老虎钳上并前后多次弯曲。这样，钢板就会沿着划线处断开。在断裂之前，如

果钢板在两个方向的弯曲太大，则钢板边缘就会弯曲。这样操作之后，边缘很粗糙，要锉光滑。底板弯曲也可用同样的方法，但不要深刮的步骤。

④ 底板和电路板的连线　装制电路时，选用导线应该考虑将要流过导线的最大电流，以及导线的绝缘外皮可能承受的最高电压。对大功率电路（例如可控硅电路）和其他电路中的大功率部分可以用 16 号或 18 号绝缘导线；除另有说明者之外，其他所有的连线都用 24 号绝缘线。绝缘套管用在必须隔离绝缘的元件引线上。

所有连线都应尽可能与底板的边缘平行，而且所有的弯曲处都要弯成直角。此外，在安装时，所有的元件都要与底板边线平行。不论低频电路还是高频电路，输入端和输出端的引线应很好地分离开，以避免可能发生的不希望有的自激振荡。在高频电路的底板连线时，引线应尽可能的短。图 4-13 所示为一个元件排列得很好，走线很考究的 VCD 电路。

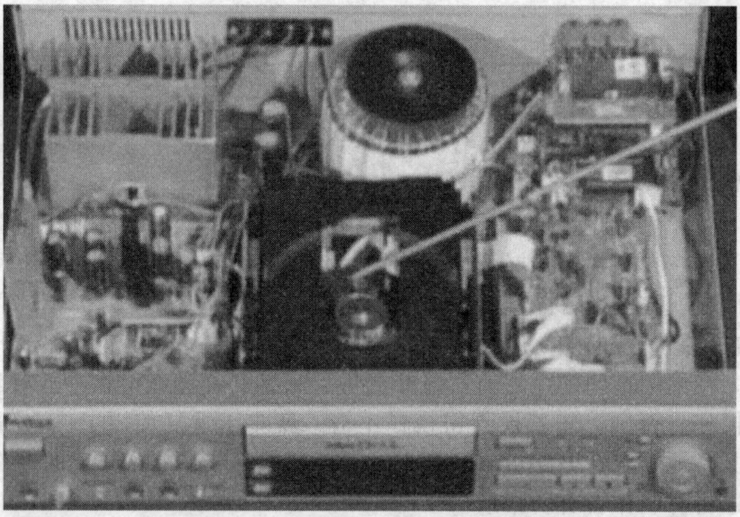

图 4-13　连线考究的 VCD 电路

通常电路板引线端都用一段约 2.5～0.64cm（1～1/4in）长的 18 号线弯成一个“U”形焊盘。U 形焊盘的引线端强迫压入端孔内并与电路板板面凸出的端点彼此完全焊在一起。焊接之后可以再调整一下引线端。经常使用的有两种印制线路板材料：一种是牌号为 XXXP 的酚醛纸基材料。一种是牌号为 G-10 的环氧玻璃型材料，由于其强度好，所以布线板广泛采用这种类型。

二、印制线路板的设计与制作

印制电路板是电子制作的基础部件，其设计是否合理，直接关系到电子制作的质量，甚至关系到电子制作的成败。印制电路板是依据电路图设计的，不同的电路对印制电路板有不同的要求，每个设计者也会有各自不同的考虑，但应遵循设计的一般原则。印制电路板的制作是将电原理图转换成印制板图，并确定加工技术要求的过程。印制电路板制作通常有人工设计制作和计算机辅助设计（CAD）制作两种方式。无论采用哪种方式，都必须符合电原理图的电气连接和电气、机械性能要求。

印制电路板制作包括：确定印制板尺寸、形状、材料、外部连接和安装方法；布设导线和元器件位置，确定印制导线的宽度、间距和焊盘的直径和孔径；制备照相底图等。下面主要介绍一些印制电路板制作的基本要求。

(1) 元器件布局的一般方法和要求

① 元器件在印制电路板上的分布应尽量均匀，密度一致。无论是单面印制电路板还是双面印制电路板，所有元器件都尽可能安装在板的同一面，以便加工、安装和维护。

② 印制电路板上元器件的排列应整齐美观，一般应做到横平竖直，并力求电路安装紧凑、密集，尽量缩短引线。如果装配工艺要求须将整个电路分成几块安装时，应使每块装配好的印制电路板成为独立功能的电路，以便单独调整、检验和维护。

③ 元器件安装的位置应避免相互影响，元器件之间不允许立体交叉和重叠排列，元器件放置的方向应与相邻印制导线交叉，电感器件要注意防电磁干扰，发热元件要放在有利于散热的位置，必要时可单独放置或装散热器，以降温和减少对邻近元器件的影响。

④ 大而笨重的元器件如变压器、扼流圈、大电容器、继电器等，可安装在主印制板之外的辅助底板上，利用附件将它们紧固，以利于加工和装配。也可将上述元件安置在印制板靠近固定端的位置上并降低重心，以提高机械强度和耐振、耐冲击能力，减小印制板的负荷和变形。

⑤ 元器件在印制板上可分为三种排列方式，即不规则排列，坐标排列及坐标格排列。三种排列方式如图 4-14 所示。

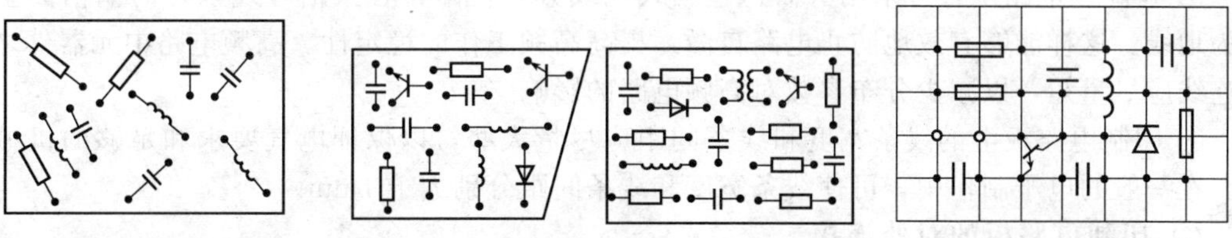

(a) 不规则排列　　(b) 坐标排列　　(c) 坐标格排列

图 4-14　元器件在印制板上的排列

不规则排列主要从电性能方面考虑，其优点是减少印制导线和元器件的接线长度，从而减少电路的分布参数，缺点是外观不整齐，不便于机械化装配，该排列方式适用于 30MHz 以上的高频电路中。

坐标排列是指元器件与印制电路板的一条边平行或垂直，其优点是排列整齐，缺点是引线可能较长，适用于 1MHz 以下的低频电路中。

坐标格排列要求元器件不仅与印制电路板的一条边平行或垂直，还要求元器件的榫接孔位于坐标格的交点上。这种方式使元器件排列整齐，便于机械化打孔及装配。

(2) 布设导线的一般方法和要求

① 公共地线应尽可能布置在印制电路板的最边缘，便于印制电路板安装以及与地相连。同时导线与印制板边缘应留有一定距离，以便进行机械加工和提高绝缘性能。

② 各级电路的地线一般应自成封闭回路，以减小级间的地线耦合和引线电感，并便于接地。若电路工作于强磁场内时，其公共地线应避免设计成封闭状，以免产生电磁感应。

③ 高频电路中的高频导线、晶体管各电极引线及信号输入、输出线应尽量做到短而直。输入端与输出端的信号线不可靠近，更不可平行，否则将有可能引起电路工作不稳定甚至自激，宜采取垂直或斜交布线。若交叉的导线较多，最好采用双面印制板，将交叉的导线布设在印制板的两面。双面印制板的布线，应避免基板两面的印制导线平行，以减小导线间的寄生耦合，最好使印制板两面的导线成垂直或斜交布置。如图 4-15 所示。

④ 为减小导线间的寄生耦合，多级电路布线时应按信号流程逐级排列，不可互相交叉混合，以免引起有害耦合和互相干扰。设计印制电路板时，尽可能将输入线与输出线的位置远离，并最好采用地线将两端隔开。输入线与电源线的距离应大于 1mm，以减小寄生耦合。

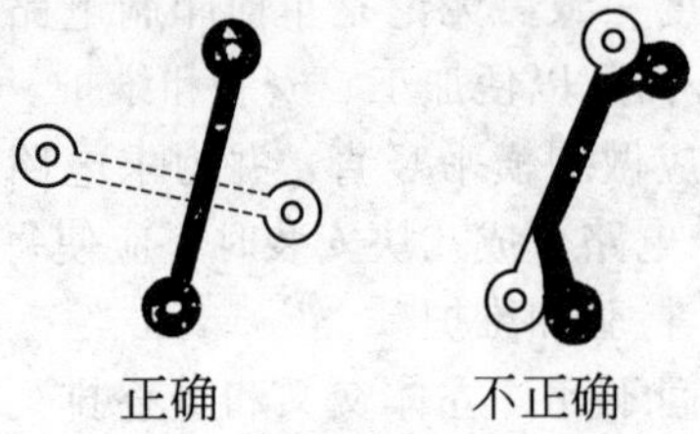

图 4-15　双面印制板的布线

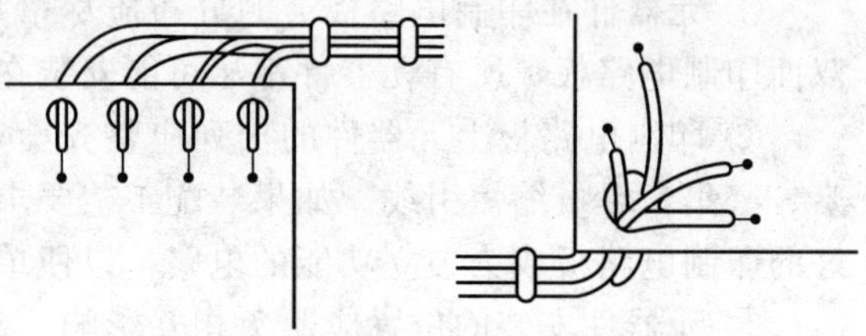

图 4-16　导线与印制板的互连

另外输入电路的印制导线应尽量短，以减小感应现象及分布参数的影响。

⑤ 电源部分印制导线应和地线紧紧布设在一起，以减小电源线耦合所引起的干扰。电感元件应注意其互相之间的互感作用。需要互感作用的两电感线圈应靠近并平行放置，它们将通过磁力线进行磁耦合。不相耦合的电感线圈、变压器等应互相远离，并使其磁路互相垂直，以避免产生有害的磁耦合。

⑥ 地线不能形成闭合回路，以免因地线环流产生噪声干扰。

⑦ 在高频电路中，可采用大面积包围式地线方式，即将各条信号线以外的铜箔面全部作为地线。这样能够有效地防止电路自激，提高高频工作的稳定性。高频电路中元器件之间的连线应尽量短，以减少分布参数对高频电路的影响。

⑧ 印制电路板上的线条宽度和线条间距应尽量大些，以保证电气要求和足够的机械强度。在一般的电子制作中，可使线条宽度和线条间距分别大于 1mm。

(3) 印制电路板的对外连接

印制电路板间的互连或印制电路板与其他部件的互连，可采用插头座、转接器或跨接导线等多种形式，下面介绍插头座互连和用导线互连方法。

① 插头座互连。印制板电路的互连，可采用簧片式和针孔式插头座连接方式进行。

② 导线互连。采用导线互连时，为加强互连导线在印制板上连接的可靠性，印制板上一般设有专用的穿线孔，导线从被焊点的背面穿入穿线孔，如图 4-16 所示。

采用屏蔽线做互连导线时，其穿线方法与一般互连导线相同，但屏蔽导线不能与其他导线一起走线，避免互相干扰。

(4) 印制导线的尺寸和图形

① 同一块印制电路板上的印制导线宽度应尽可能保持均匀一致（地线除外），印制导线的宽度主要与流过其电流大小有关，印制导线的宽度一般均应大于 0.4mm，不能过小。

② 印制导线的最小间距应不小于 0.5mm。若导线间的电压超过 300V 时，其间距不应小于 1.5mm，否则印制导线间易出现跳火、击穿现象，导致基板表面炭化或破裂。

③ 在高频电路中，导线间距大小会影响分布电容、分布电感的大小，从而影响信号损耗、电路稳定性等。

④ 印制导线的形状应简洁美观，在设计印制导线的图形时应遵循以下几点。

a. 除地线外，同一印制板上导线的宽度尽量保持一致。

b. 印制导线的走向应平直，不应出现急剧的拐弯或尖角，如图 4-17 所示。

c. 应尽量避免印制导线出现分支，如图 4-18 所示。

⑤ 印制接点是指穿线孔周围的金属部分，又称焊盘，它供元器件引线的穿孔焊接用。焊盘的形状有圆形或岛形，其形状如图 4-19 所示。

(5) 设计中的注意事项

除了以上原则必须遵循外，还应注意以下几点。

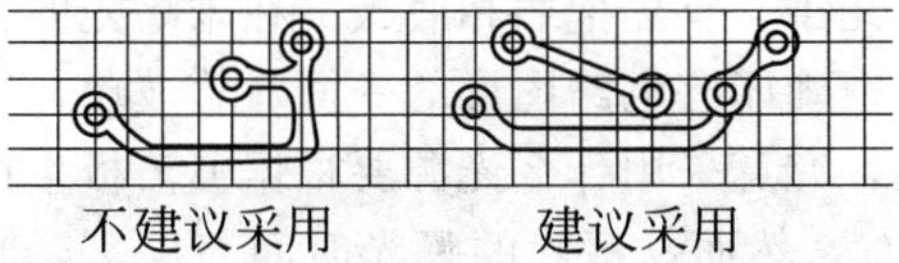

图 4-17　印制导线不应有急剧的拐弯或尖角

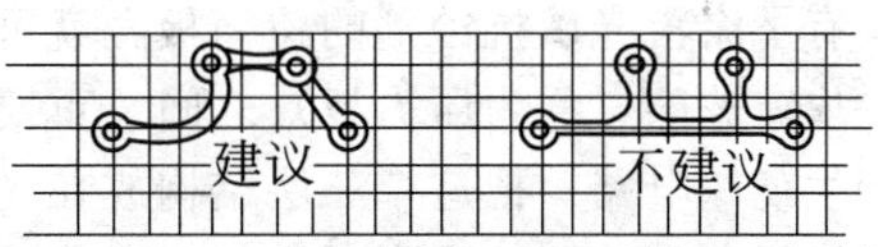

图 4-18　避免印制导线的分支

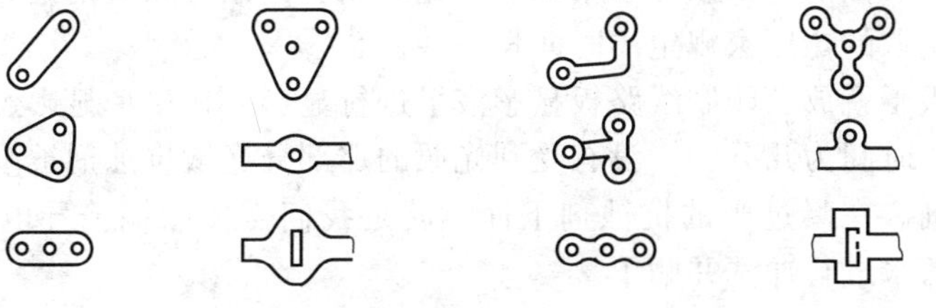
(a) 岛形焊盘　　(b) 圆形焊盘

图 4-19　焊盘的形状

① 外壳不绝缘的元器件之间应有适当距离，不可靠得太近，以免相碰造成短路。

② 在两条可能引起互相干扰而又无法远离的信号线之间，可以设置一条地线或电源线（对交流等效于地），利用地线的隔离作用提高电路工作的稳定性。

③ 电路板上各元器件应均匀、整齐地排列，同时考虑到安装、焊接、更换的方便。

④ 电位器、可变电容器、开关、插孔插座等与机外有联系的元器件的布局，应与机壳上的相应位置一致。

⑤ 机内可调元件的布局，应考虑调节的方便。例如，从侧面调节的元件（如微调电阻）应设计在电路板的边缘；微调电容等可从上面进行调节。

⑥ 设计时，应同时考虑印制电路板的安装固定问题。在考虑元器件布局时，应注意预留出安装固定电路板的螺钉孔。

(6) 印制线路板的制作

① 印制线路板的材料。制作印制线路板所用的材料由制作者自己决定。最普通和最经济的材料是 0.16cm（1/16in），28g（1 盎司）铜的印制板。这是一种厚为 0.16cm，淀积在 $930cm^2$ 上的铜为 28g 的酚醛纸板。第二种类型的印制线路板是铜面的环氧玻璃丝板 G-10。这种板子强度更好，更适合在高频电路里使用。使用时可以用钢锯把两种材料的板子锯成我们所要求的各种大小的若干标准板。

② 制作印制线路板的步骤。制作印制线路板的过程分为三步：翻印图形，加抗蚀剂和腐蚀。现将手工和照相两种制作印制线路板的方法叙述于下，但每种方法的腐蚀工艺都是一样的。

③ 手工制作法。手工方法制作单块板比较好，利用一张复写纸把本书最后所示印制线路板样图的黑线条的外形翻印到板子有铜皮的一面。图中的任何一个孔都应精确描绘。描写后就钻孔及涂覆抗蚀剂，更准确地说是把抗蚀剂涂在那些要保留下来的铜皮处。当抗蚀剂完全干时，板子腐蚀的准备工作就做好了。

④ 照相制作法。假如需要若干块图形相同的板子，那么照相法比较适用。采用这种方法时，用感光胶片翻印电路图形。制作印有电路图形的底片有两种方法：一种是样板照相的负片，这是一种极好的专用的方法，第二种方法比较节省费用，做法是把透明塑料片放在样图上，将某种不透明的涂料涂覆在要腐蚀的区域。在家可以制作光敏板，但整个过程要特别的精巧和小心。这种板要求装入不透光的箱内，并要求在弱光线下进行操作。

有了涂覆光敏抗蚀剂的覆箔板，就可以开始曝光了。首先把照相底板夹在未曝光的板子和一块窗玻璃（称为压力板）之间。重要的是要把精确印有电路图形的一面对着玻璃，以避免产生镜像电路。把这个三层结构放在光源下曝光，究竟采用什么光源要根据覆箔板生产厂家的说明书来选用。曝光时间一般取 5～10min 左右，然而，精确的曝光时间与厂家、光源和压力板所用的玻璃类型有关。某些类型的玻璃比其他一些玻璃更能吸收紫外线辐射。有时可先取一些小块片子做试验，以寻求精确的曝光时间。当没有完全把握时，通常最好是在开始时，把曝光时间取的比厂家规定的时间长一些。

曝光之后，板子就放在印制线路板显影液里进行显影。在整个显影过程中，应让板子在溶液里来回晃动，时间为几分钟。没有受到光照的那部分光敏抗蚀剂被溶解掉，留下的仅仅是曝过光的抗蚀剂。在曝过光的抗蚀剂下面，就是我们需要的铜箔导电线路。板子显影以后，要用流动的清水进行冲洗并晒干。

重要提示

制作印制线路板通常采用的腐蚀剂是氯化铁溶液。请注意：这种溶液会产生一种对人有害的气体，这种溶液对皮肤是一种刺激剂，一旦接触它就应马上把皮肤冲洗干净。因此在使用这种溶液时必须十分小心。腐蚀过程应在一个比被腐蚀的板子略大一些的浅底玻璃盘里进行，腐蚀剂仅需覆盖浅盘的底部即可。覆铜板有铜箔的一面应淹没在腐蚀剂里，并且要不停地搅拌，以使化学反应在板的整个表面均衡地进行，同时可加快腐蚀的速度。把腐蚀剂加热到 32～46℃左右，这样也可以加快腐蚀过程。请注意：溶液加热过度会冒出极多的烟雾。腐蚀的时间随着腐蚀剂的浓度及其温度的不同而异，一般在 5～15min 范围内。腐蚀结束时，应把板子放在干净的水中冲洗，用细小的铁毛刷或溶剂把留在板上的抗蚀剂刷掉。

(7) 印制线路板制作实例

现以图 4-20 所示调频无线话筒为例，具体介绍印制电路板的设计步骤和制作方法。

① 确定印制电路板的形状和尺寸，主要是根据机壳和主要元器件来确定。形状一般为长方形，也有正方形或多边形的，尺寸不宜过小。

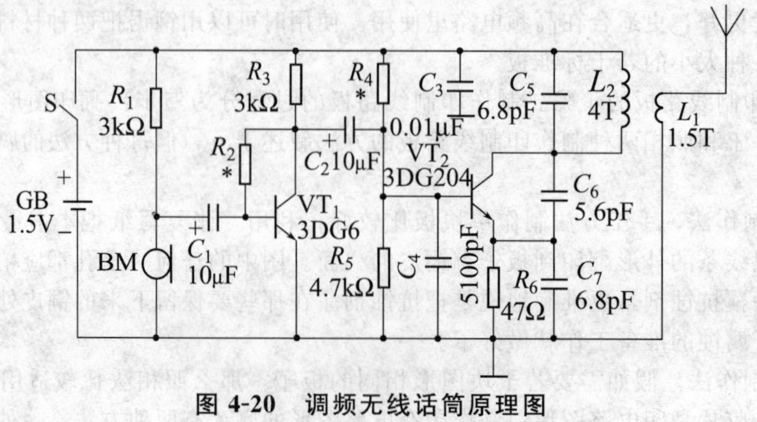

图 4-20 调频无线话筒原理图

② 初步确定各元器件的位置。调频无线话筒电路为两级，第一级（VT_1）为音频放大级，第二级（VT_2）为高频振荡兼调制级。取从左到右的信号流程方向（也可取其他方向），左半部分安排第一级，右半部分安排第二级。然后依次将各元器件在电路板上的位置初步画

下来，如图 4-21 所示。可按照电路图中的相对位置来画，同时确定电路板安装固定孔。

③ 画草图。按照电路图，画出各元器件之间的连接线，见图 4-22。线与线不能交叉，如遇交叉必须设法绕行，并适当调整有关元器件的相对位置。这一步工作最关键，有些复杂电路往往要反复几次调整元器件位置才能完成。

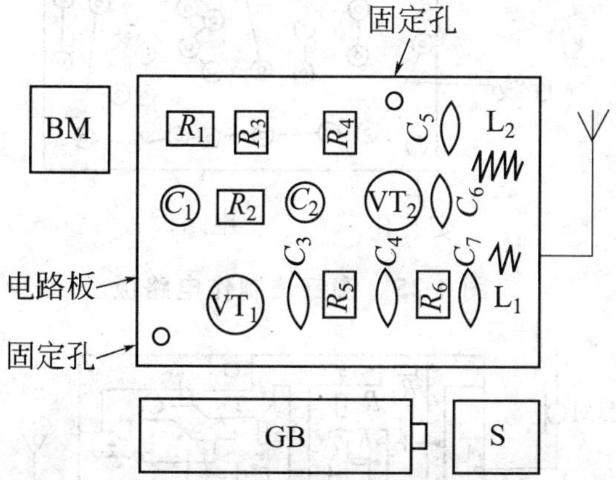

图 4-21 调频无线话筒元器件位置

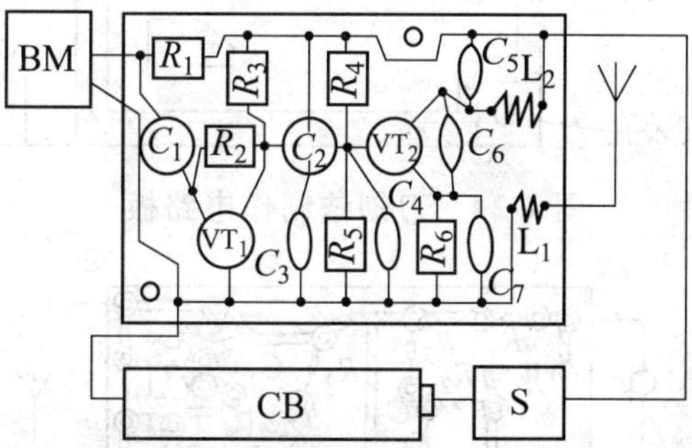

图 4-22 连线图

④ 画正式印制电路板图。在草图的基础上，将接点处扩大为焊盘，一般焊盘直径应大于 2mm，以保证焊接质量和机械强度。然后将各元器件焊盘之间的连线加粗，并适当调整变形，使线条走向和布局整齐、匀称，如图 4-23 所示。例如：C_3 上端接电源正极，下端接地（电源负极），从图 4-22 可以看到 C_3 与 C_2 互相交叉，由于 C_3 位于 C_2 下方，因此必须使电源线向下延伸，以便与 C_3 连接。

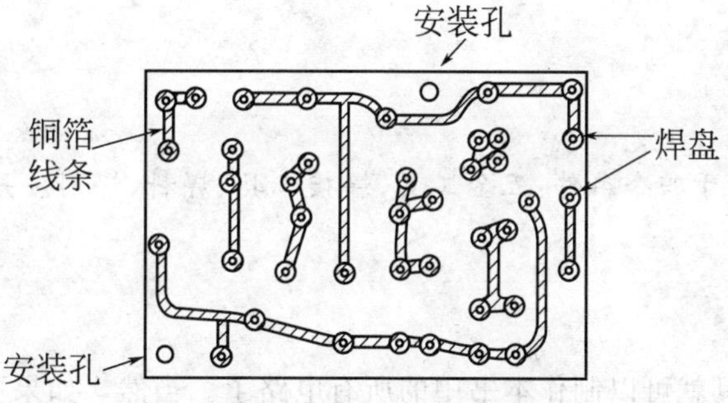

图 4-23 印制电路板图

⑤ 如果电路较简单，也可以采用刀刻法制作，即用刀将电路板上不需要的铜箔刻去，留下线条即可。采用刀刻法制作时焊盘与线条均为直线，便于刻制，如图 4-24 所示。

⑥ 简单电路还可以采用铆钉法制作，如图 4-25 所示。用空心铜铆钉铆牢在胶木板上，作为元器件引脚的焊接处。按照电路图将相关的铜铆钉之间焊上连接导线即可。

⑦ 最后对电路板进行校核。将各元器件符号绘入印制电路板中的相应位置，如图 4-26 所示（图 4-27 为刀刻法印制电路板），对照电路图进行校核无误后，印制电路板设计制作即告完成。

三、电路板的焊接工具和材料

在电子工业中，焊接技术应用极为广泛，它不需要复杂的设备及昂贵的费用，就可将多种元器件连接在一起，在某种情况下，焊接是高质量连接最易实现的方法。

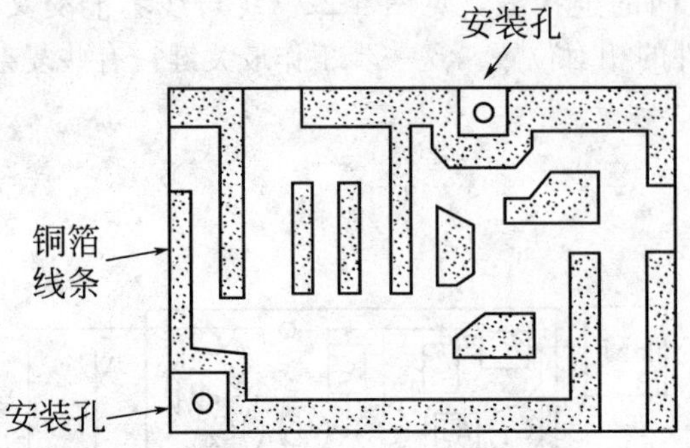

图 4-24 刀刻法制作电路板

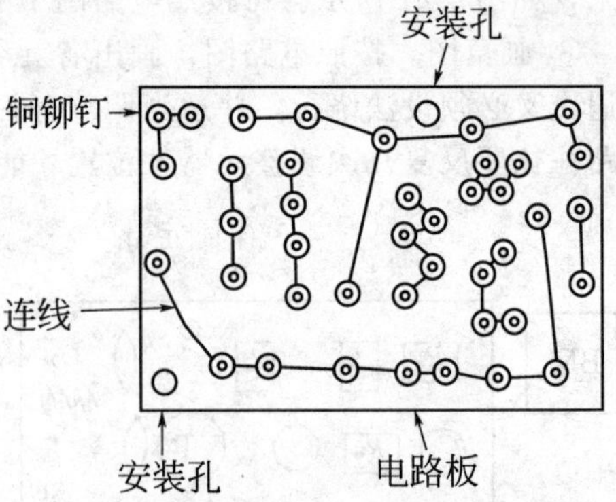

图 4-25 铆钉法制作电路板

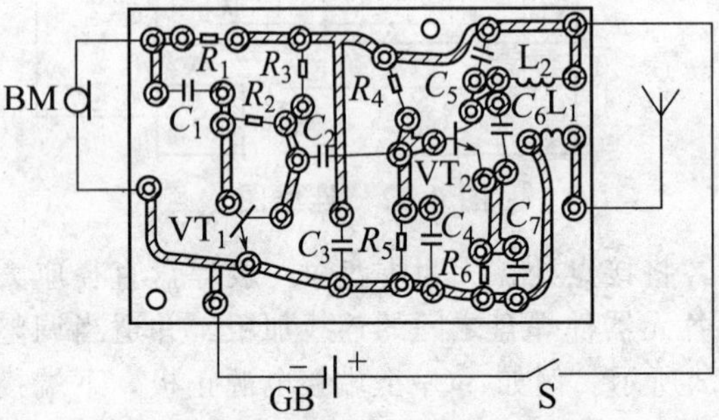

图 4-26 元器件符号绘入印制电路板

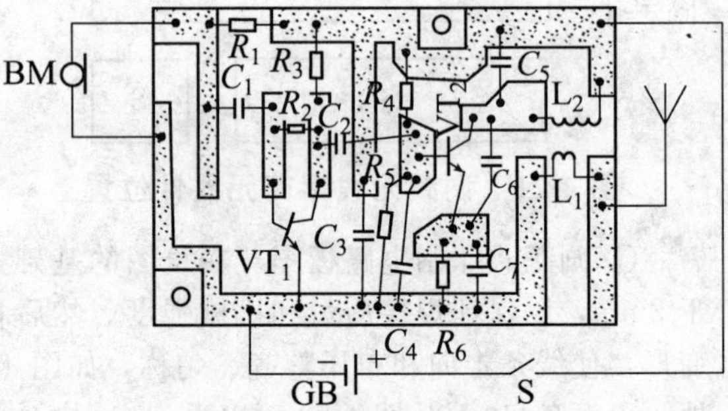

图 4-27 刀刻法印制电路板图

重要提示

焊接质量取决于四个条件：五金工具、焊接工具、焊料、焊剂。另外最关键的还有焊接技术。

(1) 五金工具

利用一些手工工具就可以制作本书中的所有电路了。当然，如果手边有更多的工具，加工和制作会变得更简单些。然而，全部加工都可以用下面列出的一套工具来完成。

使用这些工具要注意精心保养，工具才能得心应手。例如，钻头每隔一段时间就应磨一次，以便保持良好的切削角。电烙铁的使用应特别小心。电烙铁在不用时，不应长时间地加以满电压；如果不这样做，就会把电烙铁烧坏或使烙铁头氧化腐蚀。烙铁待用时，在电烙铁的电路里串联一只白炽灯，可以大大降低加到它上面的电压。烙铁头每次用完后，若不准备马上再用，则应该用钢棉擦净，然后，烙铁头应该认真地镀上一层焊锡。烙铁头凹下的地方应当用锉刀锉平锉光，并应立即镀锡。预先电镀过的烙铁头就不应该锉；可以在每次用完后用湿海绵擦一下。制作电路所需要的工具如下所列：

① 划底板用的锥子或划线器，15cm（6in）尖嘴钳，15cm（6in）斜口钳，剥线钳，15～18cm（6、7in）改锥、刀口为 0.64cm（1/4in），10～12cm（4、5in）改锥、刀口为 0.32cm（1/8in）。

② 手电钻、钻头夹大于或等于 0.64cm（1/4in），可变速的最好。定孔中心用的中心冲

手，直尺，各种规格的平锉、圆锉、半圆锉和一把大的三角锉，以及一把直径为1.27cm（1/2in）的圆锉。钻头规格见表4-11。

表4-11　钻头规格

型　号	规　格	型　号	规　格
32号	0.29cm(0.116in)	58号	0.11cm(0.042in)
50号	0.18cm(0.070in)	60号	0.10cm(0.040in)
55号	0.13cm(0.052in)		

③ 钳口为10cm（4in）的台钳，1.27cm（1/2in）和2.54cm（1in）的锥形扩孔器，十字螺钉改锥，带紧固夹的长把改锥、扳手、钢锯，带松香芯的焊料等。

(2) 焊接工具

电烙铁是焊接的主要工具，直接影响着焊接的质量。要根据不同的焊接对象选择不同功率的电烙铁。焊接集成电路一般可选用25W的，电路面积较大时可选用45W或更大功率的。焊接CMOS电路一般选用20W内热式电烙铁，而且外壳要连接良好的接地线，它的烙铁头一般都经电镀，可以直接使用。外热式电烙铁的烙铁头一般是实心紫铜制成，新烙铁头在使用前要用锉刀锉去烙铁头表面的氧化物，然后再接通电源，待烙铁头加热到颜色发紫时，再用含松香的焊锡丝摩擦烙铁头，使烙铁头挂上一层薄锡，这就是新烙铁头的上锡工作。对于旧烙铁头，随着使用时间的延长，工作面不断损耗，表面会变得凹凸不平，如果继续使用下去，会使热效率下降并产生各种焊接质量问题。这时需要把烙铁头取下，夹到台钳上用平锉锉去缺口和氧化物并修成自己所需要的形状，如图4-28所示。

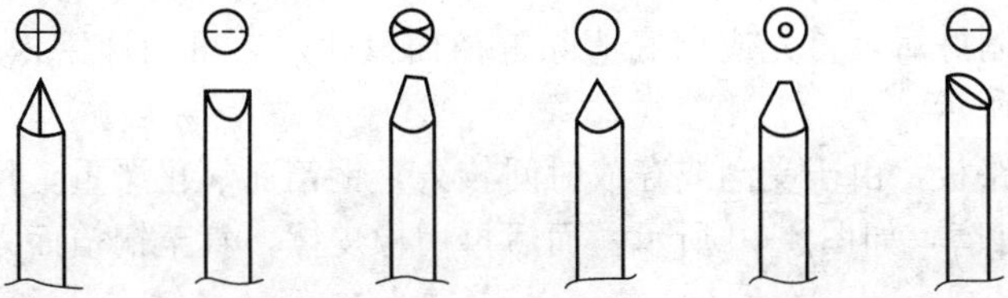

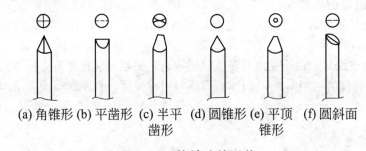

(a) 角锥形 (b) 平凿形 (c) 半平凿形 (d) 圆锥形 (e) 平顶锥形 (f) 圆斜面

图4-28　烙铁头的形状

重要提示

一般情况下，对烙铁头的形状要求并不严格，只是焊接精细易损器件时最好选用锥形。外热式烙铁头的长短是可以调整的，烙铁头越短，烙铁尖的温度就越高，反之温度越低，在操作中可根据实际需要灵活掌握。

(3) 焊料

常用的焊料是焊锡，焊锡是一种锡铅合金。在锡中加入铅后可获得锡与铅都不具有的优良特性。在良好的焊接中，合适的温度是很重要的。热量太低会出现冷焊点；热量太高又会损坏元件。因此，所有的焊接都应该用额定功率为45W或者更小一些的电烙铁，焊枪是不能用的。烙铁头应经常用砂布擦拭以保持干净。在特定的焊接作业中，焊料的选择是由其熔点决定的。锡的熔点为232℃，铅为327℃，50-50焊料（50%铅，50%锡）的熔点为218℃；60-40焊料的熔点为188℃，63-37焊料的熔点为183℃。在大多数电路的焊接中都采用 60-40 焊料，非常便于焊接。锡铅合金的特性优于锡铅本身，机械强度是锡铅本身的 2～3 倍，而且降低了表面张力和黏度，从而增大了流动性，提高了抗氧化能力。

重要提示

市面上出售的焊锡丝有两种：一种是将焊锡做成管状，管内填有松香，称松香焊锡丝，使用这种焊锡丝时可以不加助焊剂。另一种是无松香的焊锡丝，焊接时要加助焊剂。在焊接时，一般电子电路只能采用松香焊锡丝焊料；用于焊接管道和薄钢板的酸芯焊料，在焊接电子电路时不适宜使用。

(4) 焊剂

我们通常使用的有松香和松香酒精溶液。后者是用一份松香粉末和三份酒精（无水乙醇）配制而成，焊接效果比前者好。另有一种焊剂是焊油膏，在电子电路的焊接中，一般不使用它，因为它是酸性焊剂，对金属有腐蚀作用。如果确实需要它，焊接后应立即用溶剂将焊点附近清洗干净。

四、电路板的焊接

焊接一般分三个步骤：①净化印制电路板的金属表面；②元器件引脚与导线线头的处理，将被焊的金属表面加热到焊锡熔化的温度；③把焊料填充到被焊的金属表面上，将焊点焊牢。

(1) 印制电路板的处理

① 印制电路板制好后，首先应彻底清除铜箔面氧化层，可用擦字橡皮擦，这样不易损伤铜箔，如图 4-29 所示。

② 有些印制电路板，由于受潮或存放时间较久，铜箔面氧化严重，用橡皮不易擦净的，可先用细砂纸轻轻打磨，如图 4-30 所示。而后再用橡皮擦，直至铜箔面光洁如新。

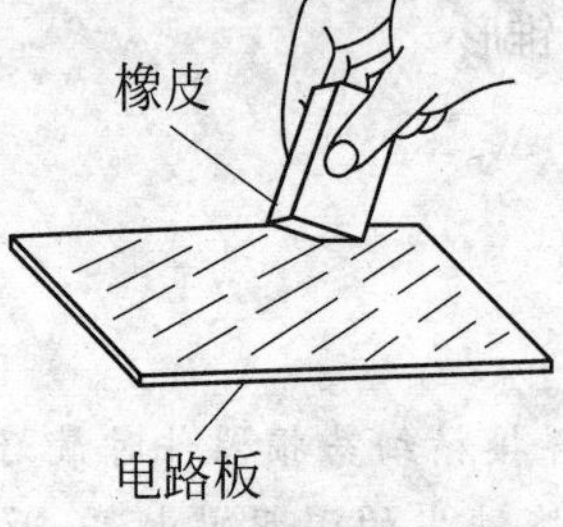

图 4-29　用橡皮清除铜箔面氧化层

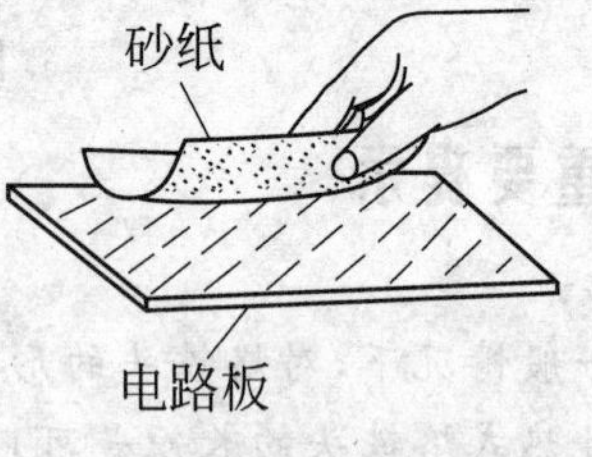

图 4-30　用细砂纸打磨铜箔

③ 清洁好的印制电路板，最好涂上一层松香水作为助焊保护层。松香水的配制方法是：将松香碾压成粉末，溶解于 2～3 倍的酒精中即可。用干净毛笔或小刷子蘸上松香水，在印制电路板的铜箔面均匀地涂刷一层，然后晾干即可。松香水涂层很容易挥发硬结，覆盖在电路板上既是保护层（保护铜箔不再氧化），又是良好的助焊剂。

(2) 元器件引脚与导线线头的处理

所有元器件的引脚和连接导线的线头，在焊入电路板之前，都必须清洁后镀上锡。有的元器件出厂时引脚已镀锡的，因长期存放而氧化了，也应重新清洁后镀锡。

清洁元器件引脚可用橡皮擦，如图 4-31 所示。对于氧化严重的元器件引脚端部，可用小刀等利器将其刮净，如图 4-32 所示。在用刀刮的过程中应注意旋转元器件引脚，务求将引脚的四周一圈全部刮净。但要注意不要伤着引脚。

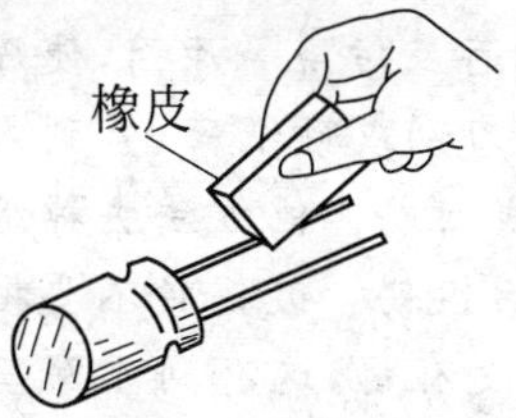

图 4-31　橡皮擦

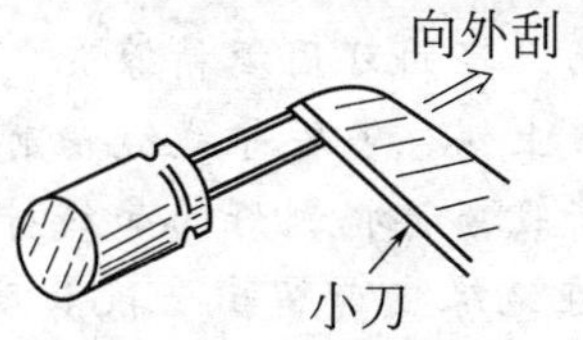

图 4-32　小刀刮

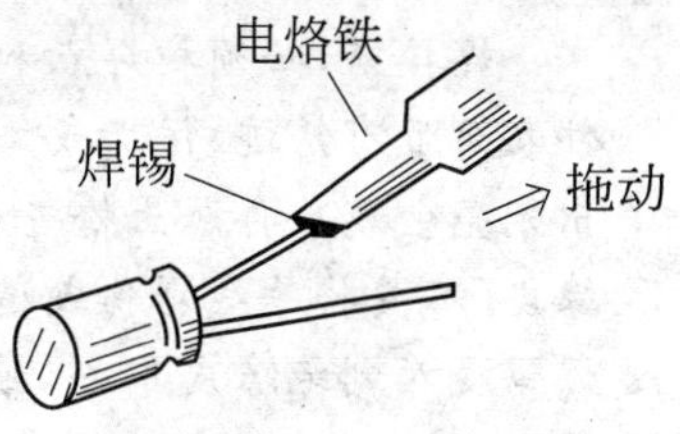

图 4-33　引脚镀锡

重要提示

清洁后的元器件引脚应及时镀上锡，以防再度氧化。如图 4-33 所示，电烙铁头部蘸锡后，在松香的助焊作用下，沿元器件引脚拖动，即可在引脚上镀上薄薄的一层焊锡。

有一些电感类元器件是用漆包线或纱包线绕制的，例如，输入、输出变压器是用漆包线绕制的；高频扼流圈是用单股纱包线或漆包线绕制的；天线输入线圈一般是用多股纱包线绕制的，也有用漆包线绕制的。漆包线是在铜丝外面涂了一层绝缘漆，纱包线则是在单股或多股漆包线外面再缠绕上一层绝缘纱。由于漆皮和纱层都是绝缘的，装机时，如果不把这类引脚线上的漆皮和纱层去掉就焊接，表面看是焊起来了，实际上是虚焊，电气上并未接通。因此，焊接前一定要把引脚线上的漆皮和纱层去除干净，方法如下。

① 去除漆皮和纱层一般常用刀刮法，即用小刀或断锯条将漆皮刮掉，边刮边旋转漆包线一周以上，将线头四周的漆皮刮除干净，如图 4-34 所示。单股纱包线也可用此法，将纱层与漆皮一起直接刮去。

② 对于多股纱包线，应先将纱层逆缠绕方向拆至所需长度后剪掉，如图 4-35 所示，然后再按图 4-34 所示的方法刮去漆皮。

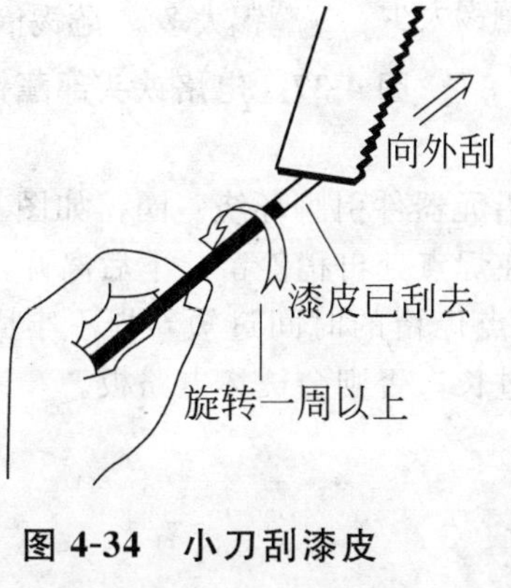

图 4-34　小刀刮漆皮

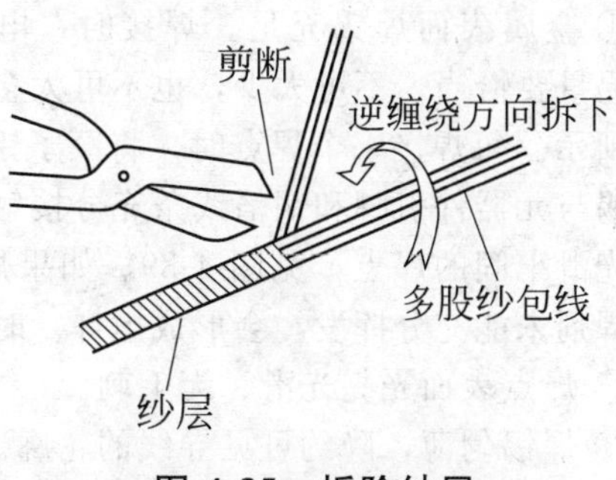

图 4-35　拆除纱层

③ 采用刀刮法或火烧法去除漆皮和纱层后，应即刻用蘸有焊锡和松香的电烙铁在线头上镀上锡备焊。镀锡方法与元件引脚镀锡方法相同。

(3) 焊接技术

对于初学者来说，首先要求焊接牢固、无虚焊，因为虚焊会给电路造成严重的隐患，给调试工作带来很多麻烦。其次是焊点的大小、形状及表面粗糙度等。

重要提示

焊接前，必须把焊点和焊件表面处理干净。由于长时间的储存及污染等原因，使焊件表面带有锈迹、污垢或氧化物。轻的可用酒精擦洗，重的要用刀刮或砂纸磨，直到露出光亮金属后再蘸上松香水，镀上锡。多股导线镀锡前要用剥线钳或其他方法去掉绝缘皮（不要将导线剥伤或造成断股），再将剥好的导线拧在一起后镀锡。镀锡时不要把焊锡浸入到绝缘皮中去，最好在绝缘皮前留出一段长度的导线没有锡，这有利于穿套管，如图 4-36 所示。

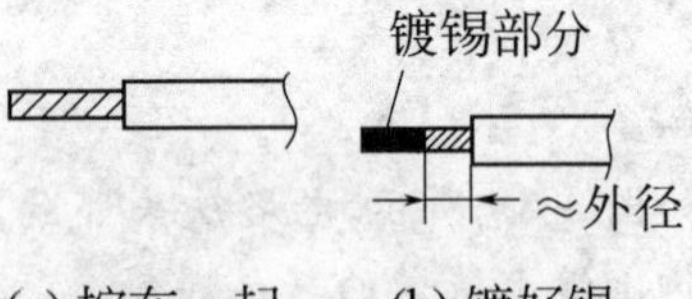

图 4-36　多股导线镀锡要求

焊接过程中，要经常用棉丝把烙铁头上的氧化物擦干净。一般左手拿焊锡丝，右手拿电烙铁。烙铁头的方向应根据焊件的位置不同而异，烙铁手柄不要握得太死，要拿稳，烙铁头不能抖动。

焊接过程是这样的：先在焊件和焊点的接触面上涂上松香水，再把烙铁头放在焊件上，原则上烙铁头应在引线的裸头一侧，待被焊金属的温度达到焊锡熔化的温度时，使焊锡丝接触焊件，当适量的焊锡熔化后，立即移开焊锡丝再移开烙铁，整个过程只需几秒钟。烙铁头停留的时间不能过长或过短，停留的时间过长，温度太高容易使元件损坏，焊点发白，甚至造成印制电路板上的铜箔脱落，烙铁头温度不够或停留时间过短，则焊锡流动性差，很容易凝固，使焊点成“豆腐渣”状。

焊锡丝的粗细各异，应根据操作要求选择合适规格，太粗的焊锡丝将过多地消耗能量，拖长操作时间。焊铁皮桶等的焊锡块因含杂质较多，不宜使用。元器件引脚镀锡时应选用松香作助焊剂。印制电路板上已涂有松香水，元器件焊入时不必再用助焊剂。焊锡膏、焊油等焊剂腐蚀性大，不宜使用。

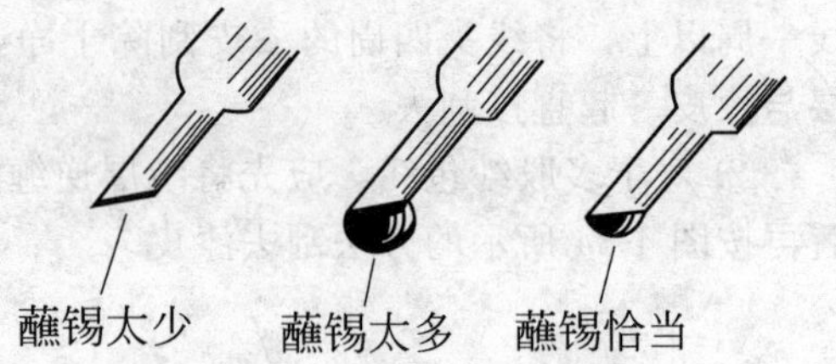

图 4-37　电烙铁头部蘸锡

焊接的标准如下。

① 金属表面焊锡充足。焊接时，电烙铁头部蘸锡量要恰当，不可太少，也不可太多，如图 4-37 所示。每焊接一个焊点时，将蘸了锡的烙铁头沿元器件引脚环绕一圈，如图 4-38 所示，使焊锡与元器件引脚和铜箔线条充分接触。烙铁头在焊点处再稍停留一下后离开，即可焊出一个光滑牢固的焊点，见图 4-39。如果烙铁头在焊点停留的时间过短，焊不牢固，而且由于助焊剂未能充分挥发，会形成虚焊。时间也不能过长，否则会烫坏电路板。

② 焊点表面光亮光滑、无毛刺。

③ 焊锡匀薄，隐约可见导线的轮廓。

④ 焊点干净，无裂纹或针孔。

在电子工程中采用焊接方法的最大优点是接好电路可以长期使用，因此电子产品一般采用焊接的方法。在大规模生产的情况下多用流水线波峰焊的方式。但用焊接方式完成实验制作就显得不太方便，特别是需要修改电路时尤为突出，因此实验和制作中经常在面包板或实验箱上完成。

常见焊接缺陷及产生原因如表 4-12 所示。

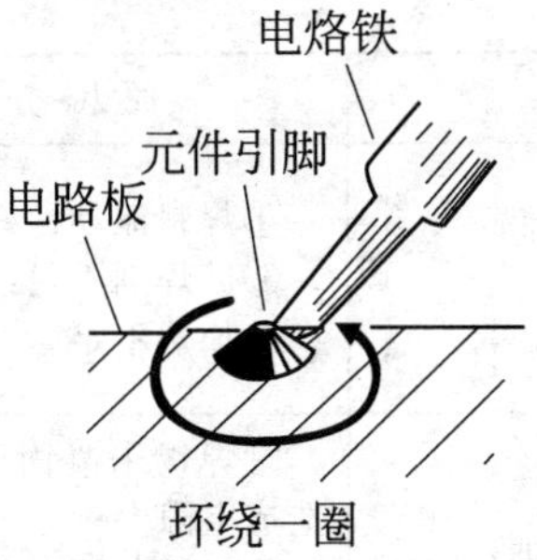

图 4-38　焊接方法

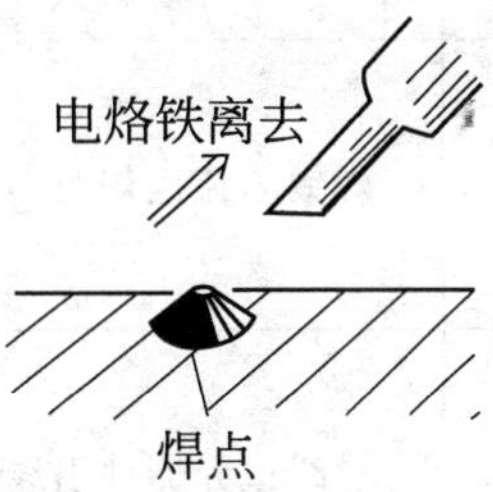

图 4-39　焊点

表 4-12　常见焊接缺陷及产生原因

焊点缺陷	外观特点	危　害	原因分析
 虚焊	焊锡与元器件引线或与铜箔之间有明显黑色界线，焊锡向界线凹陷	不能正常工作	①元器件引线未清洁好，未镀好锡或被氧化 ②印刷版未清洁好，喷涂的助焊剂质量不好
 焊料堆积	焊点结构松散，白色、无光泽	机械强度不足，可能虚焊	①焊料质量不好 ②焊接温度不够 ③焊锡未凝固时，元器件引线松动
 焊料过多	焊料面呈凸形	浪费焊料，且可能包藏缺陷	焊丝撤离过迟
 焊料过少	焊接面积小于焊盘的80%，焊料未形成平滑的过渡面	机械强度不足	①焊锡流动性差或焊丝撤离过早 ②助焊剂不足 ③焊接时间太短
 松香焊	焊缝中夹有松香渣	强度不足，导通不良，有可能时通时断	①焊剂过多或已失效 ②焊接时间不足，加热不足 ③表面氧化膜未去除
 过热	焊点发白，无金属光泽，表面较粗糙	焊盘容易剥落，强度降低	烙铁功率过大，加热时间过长
 冷焊	表面呈豆腐渣状颗粒，有时可能有裂纹	强度低，导电性不好	焊料未凝固前焊料抖动
 浸润不良	焊料与焊件交界面接触过大，不平滑	强度低，不通或时通时断	①焊件清理不干净 ②助焊剂不足或质量差 ③焊件未充分加热

续表

焊点缺陷	外观特点	危　害	原因分析
 不对称	焊锡未流满焊盘	强度不足	①焊料流动性好 ②助焊剂不足或质量差 ③加热不足
 松动	导线或元器件引线可移动	导通不良或不导通	①焊锡未凝固前引线移动造成空隙 ②引线未处理好(浸润差或不浸润)
 拉尖	出现尖端	外观不佳,容易造成桥接现象	①助焊剂过少,而加热时间过长 ②烙铁撤离角度不当
 桥接	相邻导线连接	电气短路	①焊锡过多 ②烙铁撤离角度不当
 针孔	目测或低倍放大镜可见有孔	强度不足,焊点容易腐蚀	引线与焊盘孔的间隙过大
 气泡	引线根部有喷火式焊料隆起,内部藏有空洞	暂时导通,但长时间容易引起导通不良	①引线与焊盘孔间隙大 ②引线浸润性不良 ③双面板堵通孔焊接时间长,孔内空气膨胀
 铜箔翘起	铜箔从印制板上剥离	印制板已被损坏	焊接时间太长,温度过高
 剥离	焊点从铜箔上剥落(不是铜箔与印制板剥离)	断路	焊盘上金属镀层不良

(4) 焊接时应注意的问题

① 在加焊锡之前，应把导线在接线柱或接线头绕几圈，使它们之间有良好的机械连接。应该把焊接看成是一种进行良好电气连接的方法，而不是一种机械连接。焊锡不要太多，能浸透接线头即可，每个焊点最好一次成功。

② 固定元件时，应注意保护引线以防机械损伤。焊接时必须扶稳焊件，特别是焊锡冷却过程中不能晃动焊件，否则容易造成虚焊。印制电路板上的插头一般是镀金的，千万不要再镀上焊锡，那样反而造成接触不良。

③ 在焊接晶体管、集成电路和半导体二极管时，应在靠近元件的地方用镊子夹住被焊接的引线。镊子的作用，像一条热通道或一个散热器，把有害的热量传走。假如引线不便于用镊子夹住的话，可以改用鳄鱼夹或散热器。

④ 元器件安装方向应便于观察极性、型号和数值。装在印制电路板上的元件尽可能保持同一高度，元器件引脚不必加套管，把引脚剪短些便于焊接，又可避免引脚相碰而短路。

⑤ 为了使铬铁和焊点（机械连接）处导热良好，应把少许焊料加到烙铁头镀锡的一面，并且应该使镀锡面向着焊接点。把焊料放在机械连接点处，但不要与烙铁头接触。当焊锡熔化时，焊点就真正焊好了。

⑥ 剥皮后的大功率实芯线头或多股软导线的线头（例如用作电源引线的花线）在机械连到所要焊接的接线头或接线端之前，都应该用带松香芯的焊锡对线头进行镀锡。这种镀锡步骤可以保证焊接迅速、干净，可以得到良好的热焊点。这种镀锡方法在焊大的引线端（例如焊钮子开关的端点）时也是一种切实可行的做法。而普通的连接线就没有先镀锡的必要。

⑦ 用小刀从导线一端剥去绝缘层时，小刀应该钝些为好，以便不致刮伤导线。用剥线钳时则必须利用适当的钳口以使要剥的导线不会受损伤。

第三节 元器件的安装

一、元器件引脚识别

安装之前，一定要对元器件进行测试，参数性能技术指标应满足设计要求，要准确识别各元器件的引脚，以免出错造成人为故障甚至损坏元器件。

(1) 集成电路引脚识别 双列直插式集成电路引脚图一般是顶视图，集成电路上有缺口或小孔标记，它是用来表示引脚1位置的，如图4-40所示识别引脚的方法国产器件和国外器件相同。

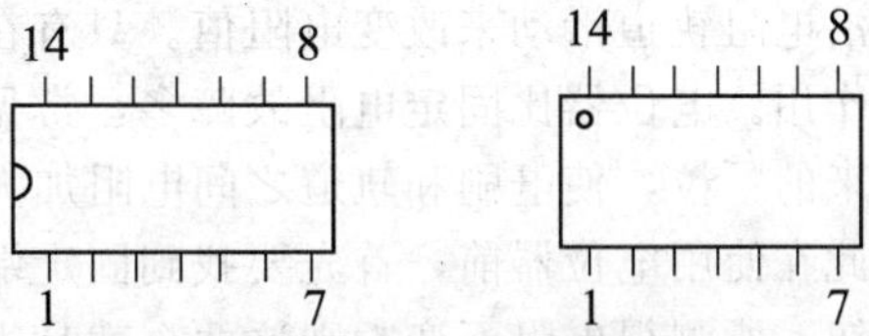

图4-40 TTL电路引脚识别图

(2) 二极管、稳压管和晶体管引脚识别 二极管、稳压管和晶体管引脚识别和引脚判别已在元器件检测部分介绍不再重复。

(3) 场效应管

① 结型场效应管和MOS管的区别。从包装上区分：由于MOS管的栅极易被击穿损坏，因此在包装上比较讲究，引脚之间都是短路的，或者用铝箔包裹着，而结型场效应管在包装上光特殊要求。

重要提示

用万用表测量：用指针式万用表“R×1k”或“R×100”挡测量G、S引脚间的电阻，阻值很大近乎不通的，则为MOS管，若为PN结的正、反向电阻值，则为结型场效应管。

② 引脚识别。对于结型场效应管，任选两脚测得正、反向电阻均相同时（一般为几十千欧），该两脚分别为D、S，剩下的一个是G极。

对于四脚结型场效应管，一个与其他三脚都不通的引脚为屏蔽极，使用中屏蔽极应接地。由于MOS管测量时容易造成损坏，最好查明型号，根据手册辨别引脚。

(4) 电容器 电容器的容量一般标在电容器上面，通常不需要测量具体数值。使用前先检查是否引线开路或内部短路，可用万用表的电阻挡测。检查电解电容时，因为容量大，可将万用表置于“R×1k”挡。当表笔在电容两端测量时，电表指针很快摆到小电阻值位置，然后又从小电阻值位置，逐渐摆动到大电阻值，并达到“∞”位置时，表明有容量且漏电小。若退不到“∞”位置，说明电容漏电。表针根本不动，说明电容开路。若检查 1μF 以下的小电容时，可用万用表“R×10”挡，表针略有动，表示有容量，如果指针位置不动，说明电容开路或漏电。测量时不要把人体电阻并入被测元件。

重要提示

使用电容时，还要注意电容的容量、耐压是否满足设计要求。如果是电解电容器，包括钽电容和铝电解电容器通常是有极性的，在电容外壳上标有正(+)极性或负(−)极性，加在电容器两端的电压不能反向。若反向电压作用在电容上，原来在正极金属箔上的氧化物(介质)会被电解，并在负极金属箔上形成氧化物，而且在这个过程中出现很大的电流，使得电解液中产生气体并聚集在电容器内，轻者导致电容器损坏，重者甚至会引起爆炸。

(5) 电阻及电位器 电阻的功率、阻值、精度满足设计要求，而且要逐一经过测试。测量电阻时，注意不要把人体电阻并入测量，特别是阻值超过 1MΩ 时，测量不当将会造成较大的误差。

电位器是一个可变电阻。它是由电阻材料制成的电阻轨道和电刷组成，电刷与轨道接触并沿电阻轨道滑动来改变电阻值。只有在它们保持良好接触的情况下，电位器才能很好地发挥作用。电位器比固定电阻故障多，常见的故障经常是：电刷与轨道之间有灰尘或者被磨损下来的颗粒，使电刷和轨道之间电阻加大，导致使用中旋转噪声增加，或电路时通时断等。因此在使用电位器前，首先要找到固定端和滑动头。用万用表电阻挡判断时，若旋转电位器旋钮，所测得电阻不变，则这两个就是固定端，另一个为滑动端。另外还要检查电位器是否接触良好，随着电位器旋转位置的改变，动端和定端之间的阻值应平稳变化，如果发现空跳或时通时断的现象，说明电位器有故障，应修理或更换。

二、元器件的安装

(1) 安装方式

元器件的规格多种多样，引脚长短不一，装机时应根据需要和允许的安装高度，将所有元器件的引脚适当剪短、剪齐，如图 4-41 所示。

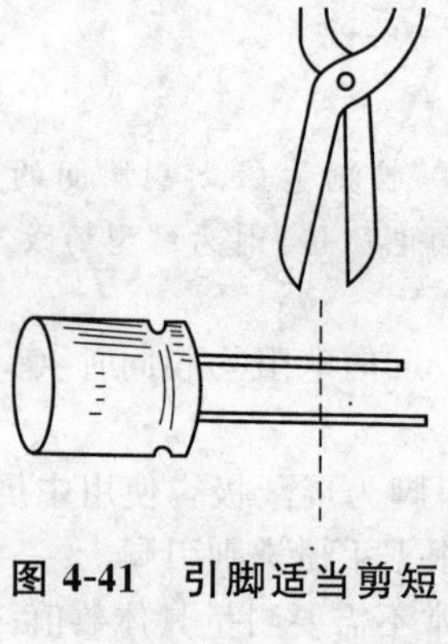

图 4-41 引脚适当剪短

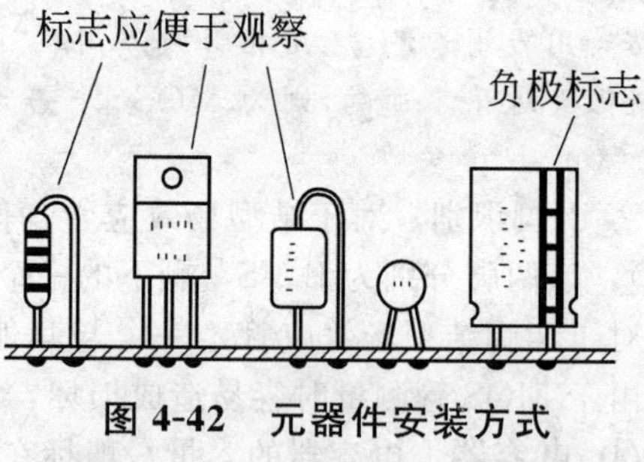

图 4-42 元器件安装方式

元器件在电路板上的安装方式主要有立式和卧式两种。立式安装如图 4-42 所示，元器件直立于电路板上，应注意将元器件的标志朝向便于观察的方向，以便校核电路和日后维修。元器件立式安装占用电路板平面面积较小，有利于缩小整机电路板面积。卧式安装如图 4-43 所示，元器件横卧于电路板上，同样应注意将元器件的标志朝向便于观察的方向。元器件卧式安装时可降低电路板上的安装高度，在电路板上部空间距离较小时很适用。根据整机的具体空间情况，有时一块电路板上的元器件往往混合采用立式安装和卧式安装方式。

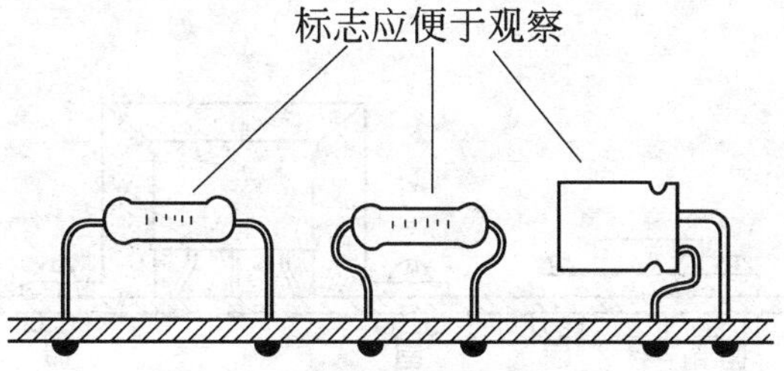

图 4-43　卧式安装

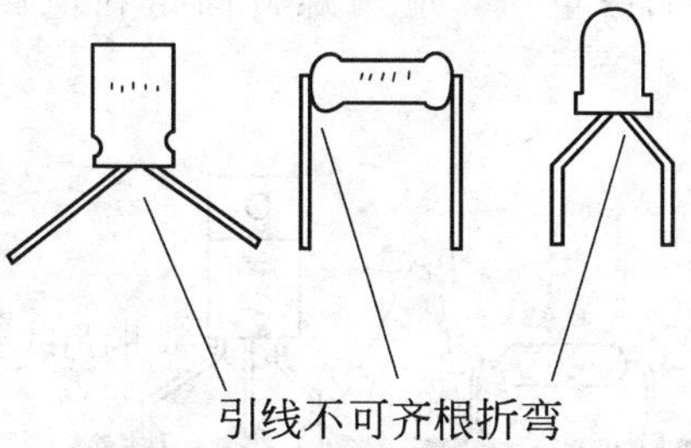

图 4-44　引线不能齐根折弯

为了方便地将元器件插到印制板上，提高插件效率，应预先将元器件的引线加工成一定的形状，有些元器件的引脚在安装焊接到电路板上时需要折转方向或弯曲。但应注意，所有元器件的引脚都不能齐根部折弯，以防引脚齐根折断，如图 4-44 所示。塑封半导体器件如齐根折弯其引脚，还可能损坏管芯。元器件引脚需要改变方向或间距时，应采用图 4-45 所示的正确的方法来折弯。图 4-45 中（a）、（b）、（c）为卧式安装的弯折成型，（d）、（e）、（f）为立式安装的成型。成型时引线弯折处离根部至少要有 2mm，弯曲半径不小于引线直径的两倍，以减小机械应力，防止引线折断或被拔出。图中（a）、（f）成型后的元件可直接贴装到印制板上；图（b）、（d）主要用于双面印制板或发热器件的成型，元件安装时与印制板保持 2～5mm 的距离；图（c）、（e）有绕环使引线较长，多用于焊接时怕热的元器件或易破

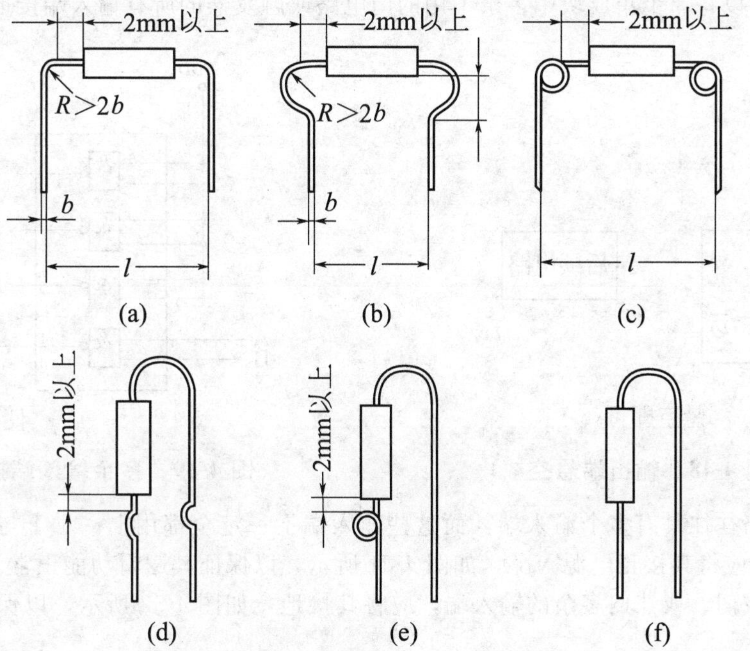

图 4-45　元器件引脚正确的折弯方法

损的玻璃壳体二极管。凡有标记的元器件，引线成型后其标称值应处于查看方便的位置。

折弯所用的工具有自动折弯机、手动折弯机、手动绕环器和圆嘴钳等。使用圆嘴钳折弯时应注意勿用力过猛，以免损坏元器件。

对于一些较简单的电路，也可以将元器件直接搭焊在电路板的铜箔面，如图 4-46 所示。采用元器件搭焊方式可以免除在电路板上钻孔，简化了制作工艺。对于金属大功率管、变压器等自身重量较重的元器件，仅仅直接依靠引脚的焊接已不足以支撑元器件自身重量，应用螺钉固定在电路板上，如图 4-47 所示，然后再将其引脚焊入电路板。

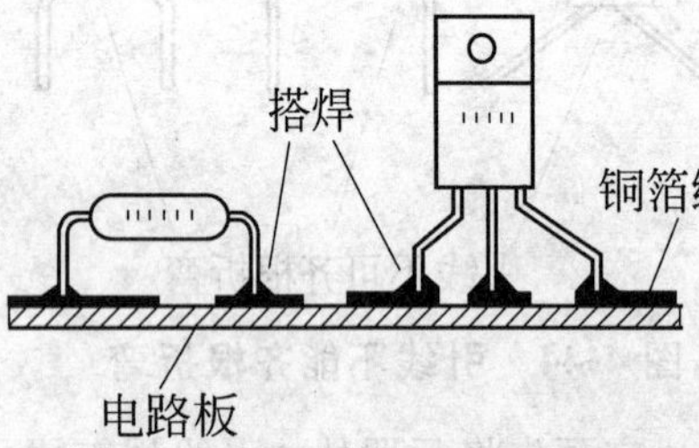

图 4-46　元器件直接搭焊

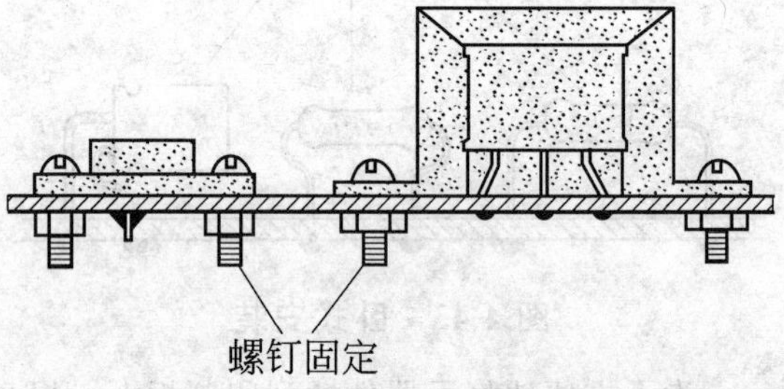

图 4-47　大元器件用螺钉固定

(2) CMOS 电路空闲引脚的处置

由于 CMOS 电路具有极高的输入阻抗，极易感应干扰电压而造成逻辑混乱，甚至损坏。因此，对于 CMOS 数字电路空闲的引脚不能简单地不管，应根据 CMOS 数字电路的种类、引脚的功能和电路的逻辑要求，分不同情况进行处置。

① 对于多余的输出端，一般将其悬空即可，如图 4-48 所示。

② CMOS 数字电路往往在一个集成块中包含有若干个互相独立的门电路或触发器。对于一个集成块中多余不用的门电路或触发器，应将其所有输入端接到系统的正电源 V_{DD}，见图 4-49。也可以将一个集成块中多余不用的门电路或触发器的所有输入端接地，见图 4-50。

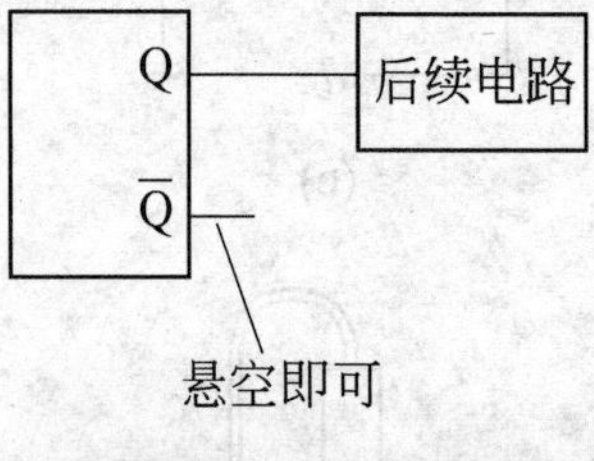

图 4-48　输出端悬空

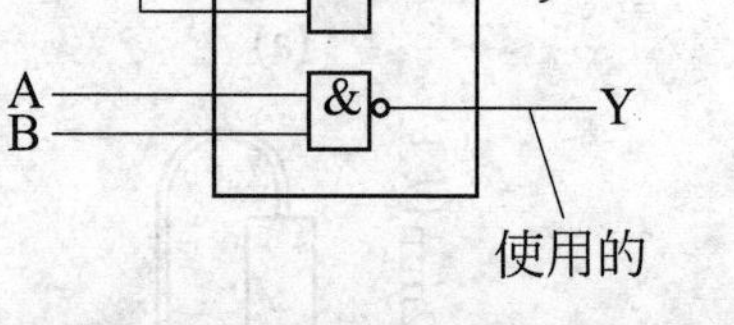

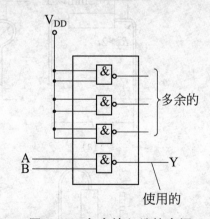

图 4-49　多余输入端接电源

③ 门电路往往具有多个输入端，而这些输入端不一定全都用上。对于与门、与非门多余的输入端，应将其接正电源 V_{DD}，如图 4-51 所示，以保证其逻辑功能正常。

④ 对于或门、或非门多余的输入端，应将其接地，如图 4-52 所示，以保证其逻辑功能正常。

⑤ 对于与门、与非门、或门、或非门多余的输入端，还可将其与使用中的输入端并接

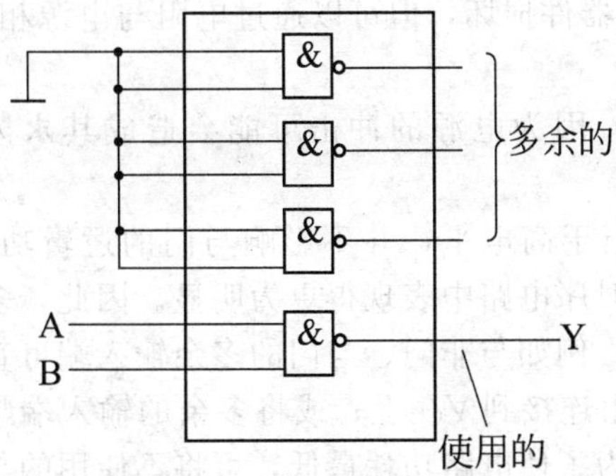

图 4-50　多余输入端接地

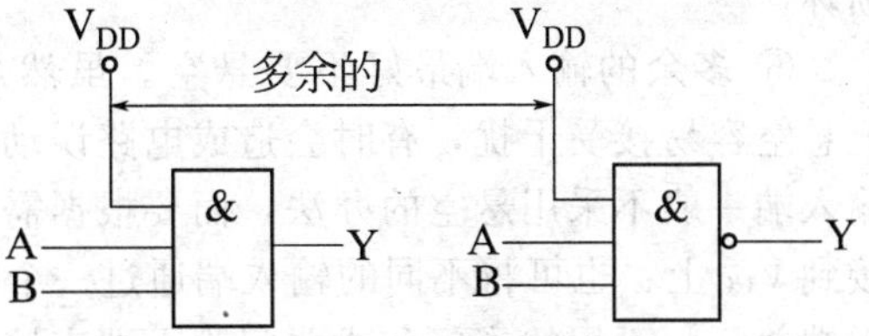

图 4-51　与非门多余输入端接正电源

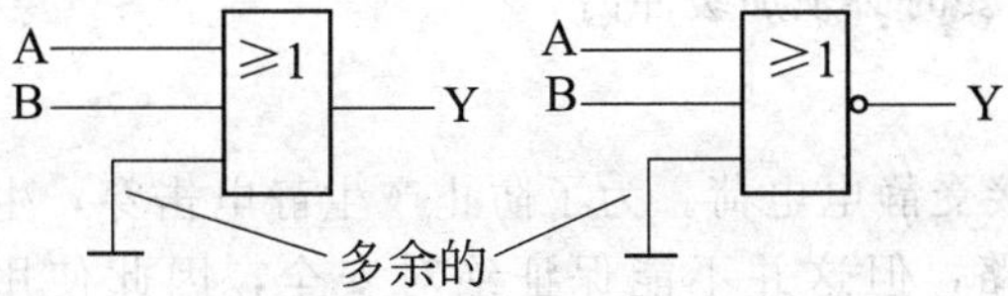

图 4-52　或非门多余输入端接地

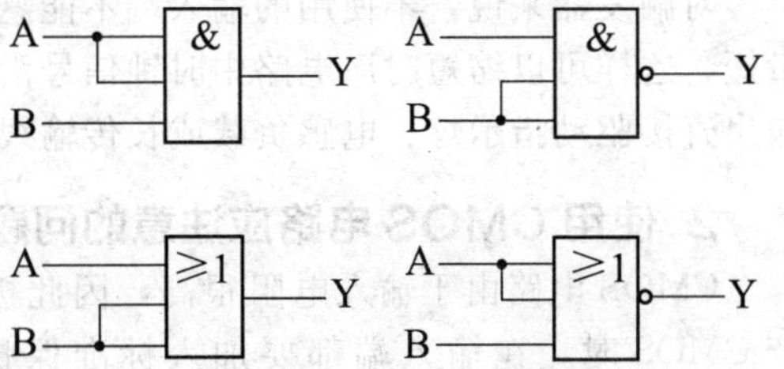

图 4-53　多余的输入端的接法

在一起，如图 4-53 所示，也能保证其正常的逻辑功能。

⑥ 对于触发器、计数器、译码器、寄存器等数字电路不用的输入端，应根据电路逻辑功能的要求，将其接系统的正电源 V_{DD} 或接地。例如，对于不用的清零端 R（“1”电平清零）或置位端 S（“1”电平置位），应将其接地，见图 4-54(a)。而对于不用的清零端 $\overline{R}$（“0”电平清零）或置位端 $\overline{S}$（“0”电平置位），则应将其接正电源 V_{DD}，见图 4-54(b)。

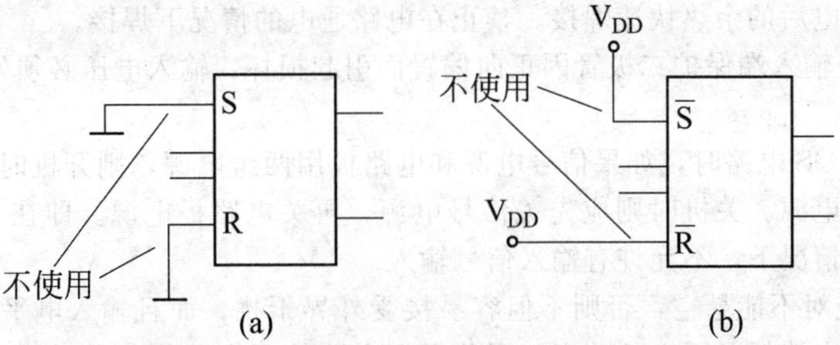

图 4-54　根据逻辑功能连接不用的输入端

三、使用 TTL 集成电路和 CMOS 电路应注意的问题

1. 使用 TTL 电路应注意的问题

① TTL 电路的电源均采用＋5V，因此电源电压不能高于＋5.5V。使用时不能将电源与地颠倒错接，否则将会因为过大电流而造成器件损坏。

② 电路的各输入端不能直接与高于＋5.5V 和低于－0.5V 的低内阻电源连接，因为低内阻电源能提供较大电流，会由于过热而烧坏器件。

③ 除输出为三态或集电极开路的电路外，输出端不允许并联使用。如果将集电极开路的门电路输出端并联使用而使电路具有线与功能时，应在公共输出端增加一个预先计算好的上拉负载电阻接到电源端。

④ 输出不允许与电源或地短路，否则可能造成器件损坏，但可以通过电阻与电源相连，提高输出高电平。

⑤ 在电源接通时，不要移动或插入集成电路，因为电源的冲击可能会造成其永久性损坏。

⑥ 多余的输入端最好不要悬空。虽然悬空相当于高电平，并不影响与门的逻辑功能，但悬空容易接受干扰，有时会造成电路误动作，在时序电路中表现得更为明显。因此，多余输入端一般不采用悬空的办法，而要根据需要处理。例如与非门、与门的多余输入端可直接接到V_{CC}上：也可将不同的输入端通过一个公用电阻连接到V_{CC}上；或将多余的输入端与使用端并联。不用的或门和或非门输入端直接接地。为了使电路功耗最低，可将不使用的与非门和或非门等器件的所有输入端接地，也可将它们的输出端连到不用的与门输入端上。

对触发器来说，不使用的输入端不能悬空，应根据逻辑功能接入电平。输入端连线应尽量短，这样可以缩短时序电路中时钟信号沿传输线传输的延迟时间。一般不允许将触发器的输出直接驱动指示灯、电感负载或长传输线，需要时必须加缓冲门。

2. 使用CMOS电路应注意的问题

CMOS电路由于输入电阻很高，因此极易接受静电电荷。为了防止产生静电击穿，生产CMOS时，在输入端都要加入标准保护电路，但这并不能保证绝对安全，因此使用CMOS电路时，必须采取以下预防措施。

① 存放CMOS集成电路时要屏蔽，一般放在金属容器中，也可以用金属箔将引脚短路。

② CMOS电路可以在很宽的电源电压范围内正常工作，但电源的上限电压（即使是瞬态电压）不得超过电路允许的极限值U_{max}，电源下限电压（即使是瞬态电压）不得低于系统速度所必须的电源电压的最低值U_{min}，更不得低于U_{SS}。

③ 焊接CMOS电路时，一般用20W内热式电烙铁，而且烙铁要有良好的接地线。也可以利用电烙铁断电后的余热快速焊接。禁止在电路通电的情况下焊接。

④ 为了防止输入端保护二极管因正向偏置而引起损坏，输入电压必须处在U_{DD}和U_{SS}之间，即$U_{SS}\leqslant U_I\leqslant U_{DD}$。

⑤ 测试CMOS电路时，如果信号电源和电路板用两组电源，则开机时应先接通电路板电源，后开信号电源。关机时则应先关信号电源，再关电路板电源。即在CMOS电路本身没有接通电源的情况下，不允许有输入信号输入。

⑥ 多余端绝对不能悬空，否则不但容易接受外界干扰，而且输入电平不定，破坏了正常的逻辑关系，也消耗了不少的功率。因此根据电路的逻辑功能，需要分别情况加以处理。例如，与门、与非门的多余输入端应接到U_{DD}或高电平；或门、或非门的多余输入端应接到U_{SS}或低电平；如果电路的工作速度不高，不需要特别考虑功耗时，也可以将多余的输入端与使用端并联。

以上所述的多余输入端，包括没有被使用的但已接通的CMOS电路的所有输入端。

⑦ 输入端连线较长时，由于分布电容和分布电感的影响，容易构成LC振荡，也可能使保护二极管损坏，因此必须在输入端串接一个10～20kΩ的电阻R，如图4-55所示。

⑧ CMOS电路装在印制电路板时，印制电路板上总有输入端，当电路从整机中拔出时，输入端必然出现悬空，所以应在各输入端上接入限流保护电阻，如图4-56所示。如果要在印制电路板上安装CMOS集成电路，则必须在与它有关的其他元器件安装之后，再装CMOS电路，避免CMOS电路输入端悬空。

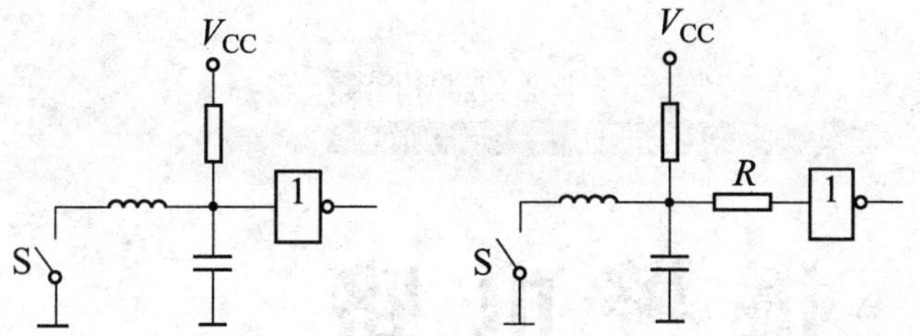

(a) 未加保护　　(b) 加入保护的方法

图 4-55　输入长线保护电路

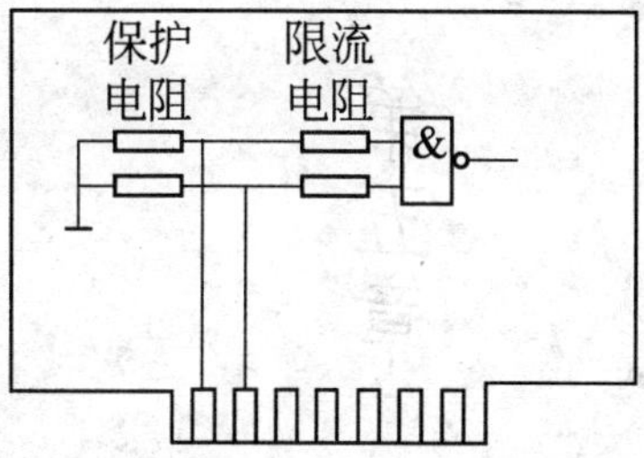

图 4-56　CMOS 输入端的保护

⑨ 插拔电路板电源插头时，应注意先切断电源，防止在插拔过程中烧坏 CMOS 电路的输入保护二极管。

⑩ CMOS 电路并联使用。在同一芯片上两个或两个以上同样器件并联使用（与门、或非门、反相器等）时，可增大输出供给电流和输出吸收电流，若容性负载增加不大时，则既增加了器件的驱动能力，也提高了速度。使用时输出端之间并联，输入端之间也必须并联。

⑪ 防止 CMOS 电路输入端噪声干扰方法。在 CMOS 电路的输入端常接有按键开关、继电器触点等机械接点，或有传感器等元件。CMOS 电路具有很高的输入阻抗，只要微小的电流就能驱动 CMOS 电路工作。当接入到 CMOS 电路输入端的电路输出阻抗高时，抗干扰能力就极差，尤其是连线较长时就更易受干扰，采取的办法是减小输入电路的输出电阻。其具体办法是：在接入的电路与 CMOS 电路输入端之间接入斯密特触发器整形电路，通常采取的办法是减小输入电路的输出电阻。其具体办法是：在接入的电路与 CMOS 电路输入端之间接入斯密特触发器整形电路，通过回差改变输出电阻。也可以加入滤波电路滤掉噪声。为了防止由于按键开关和继电器触点抖动所造成的误动作，可在接点上并联电容，或接 RS 触发器。

第五章 报警电路

第一节 防盗报警器

一、电路工作原理

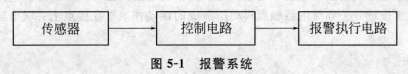

一个报警系统主要由三部分组成，如图 5-1 所示。第一部分是报警传感器部分，它可能由警报开关、磁控开关、接近开关、振动开关、温度传感器、红外传感器、微波传感器、烟雾传感器等组成。第二部分是报警系统的控制电路，这部分电路的组成有很大的差异，规模较大的集中报警系统由计算机或微电脑组成的控制器来完成。而有的小系统用几只分立元件，也能达到满意的效果。报警系统的第三部分是报警执行电路，它可能只有简单的声音信号和光信号，也可能是复杂的控制机构。

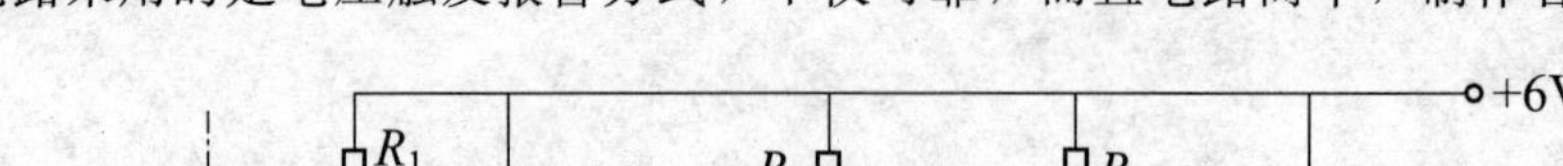

图 5-1 报警系统

由于报警电路的传感部分一般在监控现场，远离报警控制中心，它与报警控制中心的连接线是整个报警系统的薄弱环节。不论是开路报警还是短路报警连接线都容易遭到破坏。而这里介绍的电路采用的是电压触发报警方式，不仅可靠，而且电路简单，制作容易。

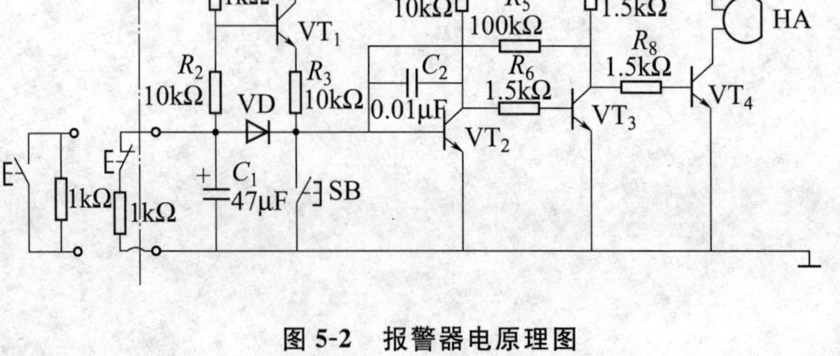

图 5-2 报警器电原理图

在图 5-2 的电原理图中，三极管 VT_1 和 VT_2 组成触发电压鉴别电路。在正常状态下电阻器 R_1、R_2 与报警开关内的负载电阻器分压，使三极管 VT_1 的基极电压大于 5.4V，二极管VD的正极小于1V，三极管 VT_2 基极电压不到0.6V。这样两只三极管都截止，三极管 VT_3 导通，它的集电极电压接近0V，三极管 VT_4 也截止，所以蜂鸣器不工作。如果报警开关内的负载电阻被切断，则二极管 VD 的正极电压升高，三极管 VT_2 导通，三极管 VT_3 截止，三极管 VT_4 导通，蜂鸣器鸣叫。实际上当报警开关内的负载电阻值增大到一定的程度时，二极管 VD 的正极电压也会升高，导致三极管 VT_2 导通，使蜂鸣器鸣叫。

如果报警开关的负载电阻被短路，那么三极管 VT_1 的基极电压下降，三极管 VT_1 导通，通过电阻器 R_3 为三极管 VT_2 提供了基极电流，三极管 VT_2 再次导通，最后蜂鸣器也会鸣叫。同样当报警开关内的负载电阻值减小到一定的程度时，三极管 VT_1 的基极电压也要下降，使蜂鸣器鸣叫。

重要提示

电路中的三极管 VT_2 和 VT_3 还构成了自锁电路，这里电阻器 R_5 的接法起了决定作用。一旦电路报警，三极管 VT_2 的基极大于0.6V，三极管 VT_3 的集电极为高电压，通过电阻器 R_5 可以维持三极管 VT_2 的基极电压，即使报警信号消失也能使它继续工作，达到自锁的目的。要解除报警状态，只有按下复位开关SB，或切断电源才能中断报警。所以自锁电路也是报警器不可缺少的组成部分。

电路中的三极管 VT_4 为驱动管，可以带动蜂鸣器，也可以带动发光二极管或小型继电器。电路中的两只电容器均为消除干扰，稳定工作而设置的。

二、元器件选择

防盗报警器所用的元器件如表5-1所列。

表5-1 防盗报警器所用元器件

代号	名称	型号规格	单位	数量
VD	二极管	1N4148	只	1
VT_1	三极管	PNP型9015塑封管	只	1
VT_2～VT_4	三极管	NPN型9014塑封管	只	3
HA	小型蜂鸣器	内部带有振荡器	只	1
SB	按钮开关		只	1
R_1	碳膜电阻	1kΩ,1/8W	只	1
R_2～R_4	碳膜电阻	10kΩ,1/8W	只	3
R_5	碳膜电阻	100kΩ,1/8W	只	1
R_6～R_8	碳膜电阻	1.5kΩ、1/8W	只	3
C_1	电解电容	47μF/10V	只	1
C_2	涤纶电容	0.01μF	只	1

图5-2中左边的两只开关和两只1kΩ、1/8W碳膜电阻器是电路的外部元件，没有列在上边。HA是一只6V小型蜂鸣器，这是一种内部带有振荡器的元件，只要接通6V直流电就会发声。另外还有45mm×30mm电路板；6V电池夹等。

三、报警开关的连接

图5-2中左边画了一个常开报警按钮开关和一个常闭报警按钮开关，这两组开关中的负

载电阻的接法是不同的。但都要使电路在正常情况下连接的负载电阻为 1kΩ。

四、制作与调试

图 5-3 是这个电路的电路板安装图，它的尺寸为 45mm×30mn。为了便于使用者自己刻制，电路板设计成直线条的。组装时应对照电原理图 5-2 中的元件数值进行安装。由于电路板上大部分电阻器的安装孔距较小，所以大部分电阻器应作立式安装。安装二极管和三极管时要认清它们的引脚，三极管 VT_1～VT_3 的放大倍数可以小一些，VT_4 的放大倍数应尽量大。小型蜂鸣器可以直接焊在电路板上，也可以通过导线连接在电路板上，注意它的正负极不能搞错。电路中的按钮开关 SB 是复位开关，要用导线连接焊在电路板上。最后焊接电源线。

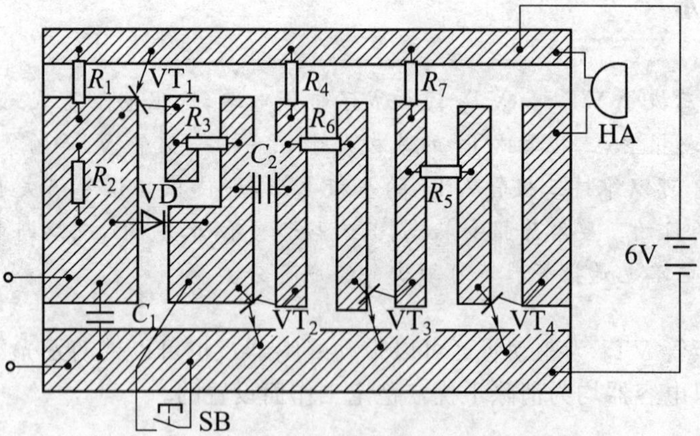

图 5-3　电路板安装图

电路焊好后检查无误就可以通电进行调试，在调试前应在电路的输入端连接一只 1kΩ 的负载电阻器。电路通电后蜂鸣器就开始鸣叫，这时需要按下复位开关 SB，蜂鸣器即可停止鸣叫。试着用导线短路一下 1kΩ 的负载电阻器，电路应报警，蜂鸣器开始鸣叫。这时即使去掉短路导线，蜂鸣器仍然鸣叫，只有按下复位开关 SB，蜂鸣器才会停止鸣叫。如果去掉 1kΩ 的负载电阻电路也会报警。实际上当负载电阻大于 2kΩ，或小于 400Ω 时电路都要报警。所以也可以用一只 4.7kΩ 的电位器来作负载电阻，调节电位器，看看实际的报警范围是多少。

第二节　高灵敏度触摸式报警器

触摸式报警器种类较多，且灵敏度较低，一般戴手套碰触时则失去触摸作用。下面介绍的高灵敏度触摸式报警器，只要在安装有触摸开关的位置轻晃一下即报警，就是戴棉手套触摸照样起作用。它可以安装在门、窗或保险柜等容易触摸部位，只要非法进入者的手碰触它，扬声器即发出响亮的报警声。

一、电路工作原理

高灵敏度触摸式报警器电路，如图 5-4 所示。

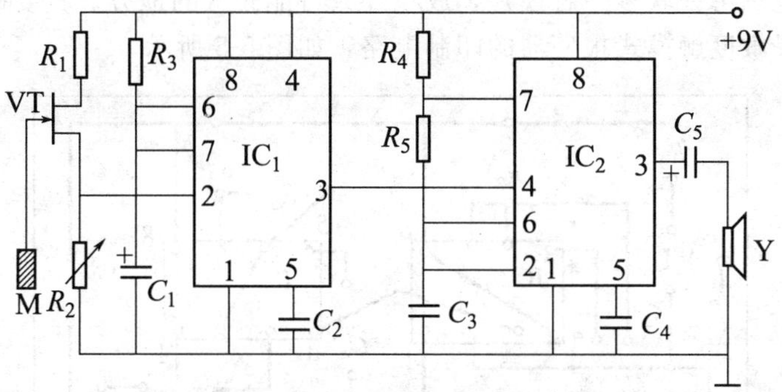

图 5-4 高灵敏度触摸式报警器电路

它是由场效应管 VT、时基电路 IC_1 组成的高灵敏度单稳状态的触摸电路，以及时基电路 IC_2 组成的无稳多谐振荡报警电路所构成。

平时无人接触感应片 M 时，场效应管 VT 漏源极之间电阻很小，使时基电路 IC_1 的②脚电位高于 Vcc/3，是高电平，则 IC_1 的③脚输出低电平，IC_2 的④脚因仍处于低电平不工作，无报警声发出。当有人用手接触或靠近 M 片时，场效应管 VT 因人体感应电压而瞬间夹断，VT 的漏源极之间电阻变得很大，IC_1 的②脚电位即低于 Vcc/3，呈低电平，则 IC_1 的③脚输出高电平，即 IC_1 的③脚输出正脉冲。此正脉冲的维持时间等于 $1.1R_3C_1$。该脉冲送至无稳多谐振荡器 IC_2 的④脚，使 IC_2 起振，其③脚输出的振荡信号驱动扬声器 Y 发声。振荡频率由 R_4、R_5 及 C_3 决定。

重要提示

调节电位器 R_2 即可改变触摸灵敏度，灵敏度不可调得过高，只要戴棉手套轻触一下报警即可。这样，不戴手套时，在触摸开关前晃一下即报警。

二、元件选择与安装

高灵敏度触摸式报警器所用的元器件如表 5-2 所列。

表 5-2 高灵敏度触摸式报警器所用元器件

代号	名称	型号规格	单位	数量
IC_1、IC_2	时基集成电路	任意 555 型	只	2
VT	场效应管	3DJ6 型	只	1
R_1	碳膜电阻	15kΩ	只	1
R_2	碳膜电阻	半可调电阻 5.1kΩ	只	1
R_3	碳膜电阻	1MΩ	只	1
R_4	碳膜电阻	100kΩ	只	1
R_5	碳膜电阻	56kΩ	只	1
C_1	电解电容	10μ/25V	只	1
C_2～C_4	电解电容	0.1μF	只	1
C_5	电解电容	100μF/25V	只	1
Y	扬声器	8Ω/0.5W	只	1
M	薄铜触摸片	面积 15mm×15mm	片	1

为加大预防范围可并联多个触摸片，放在外人可能碰触的地方。只要碰触其中任一个即可引发报警。高灵敏度触摸式报警器的印制电路，如图 5-5 所示。

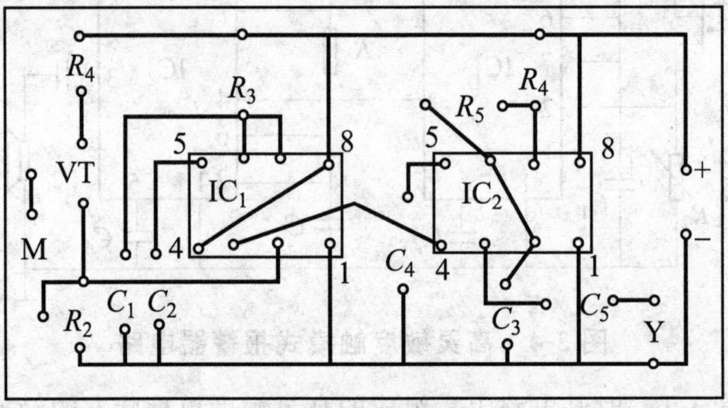

图 5-5　印制电路

高灵敏度触摸式报警器，除触摸片外，其余元件均应紧凑地装在印制电路板上，并固定在绝缘材料制作的盒体中，从盒体中引出相应接线至欲安放触摸片的位置。

第三节　实用汽车防盗报警器

现介绍一种适用于汽车司机自己制作的汽车防盗报警器，其电路简单、性能可靠，成本低廉。

一、电路工作原理

实用汽车防盗报警器电路，如图 5-6 所示，电路由防盗部分与报警部分组成。

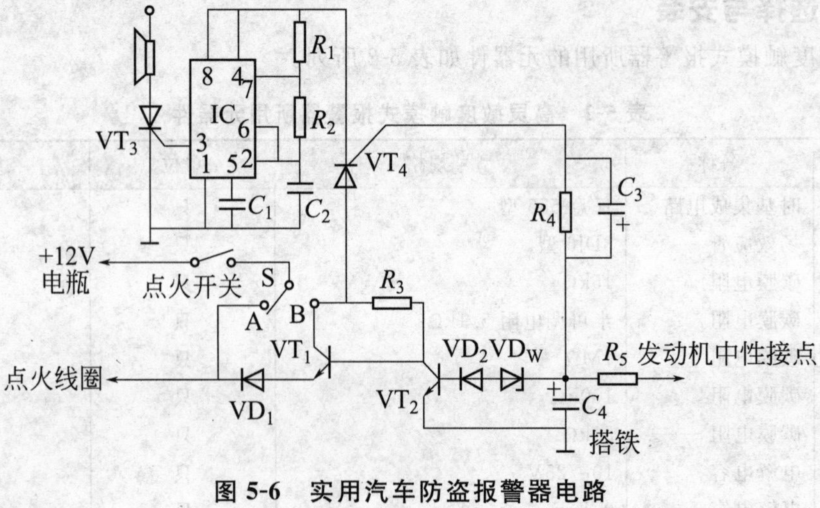

图 5-6　实用汽车防盗报警器电路

1. 防盗部分

当汽车主人离开汽车时，将防盗开关 S 置于“B”位置，使汽车进入防盗状态。当有窃贼进入驾驶室企图发动汽车将其盗走时，只要拧动点火开关，汽车电瓶的＋12V 点火电流即经点火开关、防盗开关S及电阻 R_3，使三极管 VT_1 导通，电流经二极管 VD_1 到点火线圈，把发动机启动着火。发动机工作时，其中性接点产生＋6～8V 的电压。此电压经电阻 R_5、稳压二极管 VD_W 及二极管 VD_2 加至三极管 VT_2 的基极，VT_2 导通，迫使 VT_1 截止，点火电流中断，发动机熄火。若再次启动，重复上述过程，使盗贼无法将车开走。当汽车主人欲使用车辆时，将防盗开关 S 置于“A”位置，即解除防盗警戒，汽车可正常启动行驶。

2. 报警部分

报警电路是由单向可控硅 VT_3、VT_4 及 IC 组成，报警喇叭是借助汽车喇叭发声，既清脆又响亮。时基集成电路 IC 为自激多谐振荡器，呈无稳状态。当可控硅 VT_4 被触发导通时，即接通了报警电路电源。在电源接通时，由于电容 C_2 尚来不及充电，故 IC 的②脚处于低电平，则③脚输出高电平，触发 VT_3 导通，汽车喇叭发声。当电源经电阻 R_1、R_2 向电容 C_2 充电，其充电电压达到 2/3 电源电压时，IC 的③脚又变为低电平，VT_3 在汽车喇叭自身振动膜片的作用下和控制极无触发电压而关断，喇叭停止发声。当 C_2 上的充电电压经 IC 内部的放电管放电至 1/3 电源电压时，IC 的③脚又输出高电平，触发 VT_3 导通，喇叭再次发声。电容 C_2 再次充电，如此周而复始，形成振荡，使汽车喇叭发出断续的报警响声。改变电阻 R_2 的阻值，即可改变报警声响频率。

当防盗开关 S 置于“B”位置时，盗贼一旦打开点火开关，可控硅 VT_4 的阳极即加有＋12V电压。发动机启动后，其中性接点输出的电压，经 R_4、C_3 组成的微分电路送至 VT_4 的控制极，将 VT_4 触发导通，为报警电路 IC 提供工作电源，使汽车喇叭发出报警响声。静态时，整个电路不耗电。

二、元件选择

实用汽车防盗报警器所用的元器件如表 5-3 所列。

表 5-3　实用汽车防盗报警器所用元器件

代　号	名　称	型号规格	单　位	数　量
IC	时基集成电路	任意 555 型	只	1
VT_3	单向可控硅	3A/750V,塑封型	只	1
VT_4	单向可控硅	1A/750V,塑封型	只	1
VT_1、VT_2	晶体管	NPN 型,选 3DD15	只	2
VD_1、VD_2	二极管	1N4007	只	2
VD_W	稳压二极管	2CW14	只	1
R_1、R_2	碳膜电阻	100kΩ	只	2
R_3	碳膜电阻	50Ω/1W	只	1
R_4	碳膜电阻	300kΩ	只	1
R_5	碳膜电阻	200Ω	只	1
C_1	电解电容	22μ	只	1
C_2	涤纶电容	0.01μF	只	1
C_3	电解电容	10μF	只	1
C_4	电解电容	100μF	只	1
S	拨动开关	单刀双掷	只	1

三、安装与制作

实用汽车防盗报警器印制电路，如图 5-7 所示。

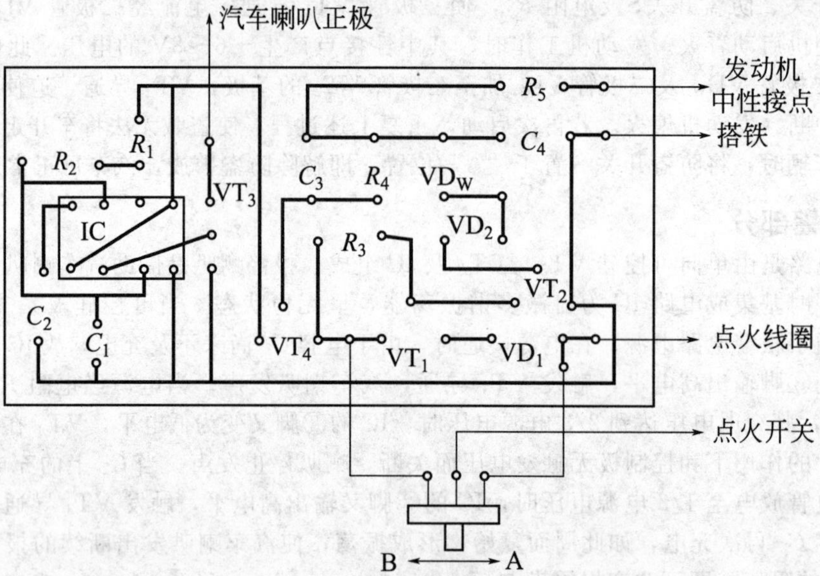

图 5-7　实用汽车防盗报警器印制电路

根据电路图应从盒体内引出相关连线，以便与汽车有关部位相连接。

与汽车连接时，先将点火开关至点火线圈间的连线断开，之后按图 5-7 的要求连接好各引线。为防止盗贼发现报警盒体，应安放在隐蔽处或锁在匣柜内，其外露连线要走隐蔽线。防盗开关 S 可通过隐蔽线隐藏在不易发现的地方，亦可借助车上不常用或不用的开关，这样盗贼更不易发现。

第四节　断线防盗报警器

一、断线防盗报警器之一

1. 电路工作原理

电路如图 5-8 所示。VT_1、VT_2 等组成单音低频振荡器。一般情况下，A_1、B 两点处于短路状态，振荡器不工作。使用时，采用细导线作短路防盗线，布于门、窗、阳台等盗贼必

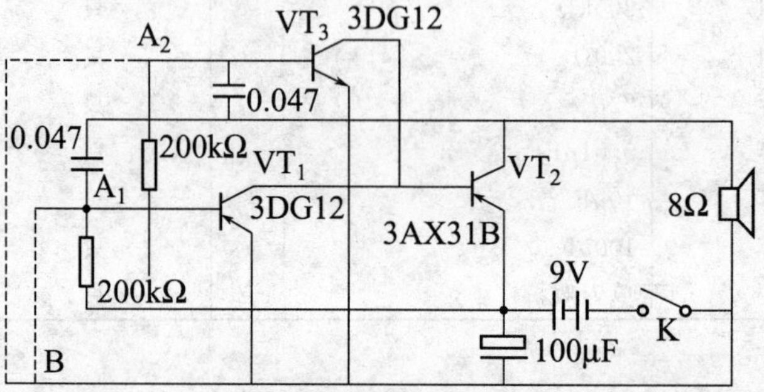

图 5-8　断线防盗报警器

经之路。一旦线被绊断，报警器立即工作，发出报警声。VT_3 并在 VT_1 上，可作第二路防盗线（A_2、B 线），根据需要可依次并联多路。

2. 元件选择

三极管要求 $\beta>50$，防盗线可采用金属箔或 $\phi0.15$mm 的漆包线。

该装置使用时，即使把绊断的线重新接好，报警器仍能不断地发出报警声。

二、断线防盗报警器之二

1. 电路工作原理

电路如图 5-9 所示。VT_1 和 VT_2 为两只 NPN 和 PNP 型三极管，两管直接耦合，利用电容器 C_1 构成正反馈回路，组成一个自激振荡器。当警戒线 AB 接通时，C_1 被 AB 短接，迫使 VT_1、VT_2 停振，扬声器 Y 无声，电路处于警戒状态。一旦 AB 警戒线被人为碰断，VT_1、VT_2 恢复振荡（由于 C_1 的正反馈作用，电路开始振荡），扬声器作为 VT_2 的集电极负载而发出振荡电流产生的报警声。

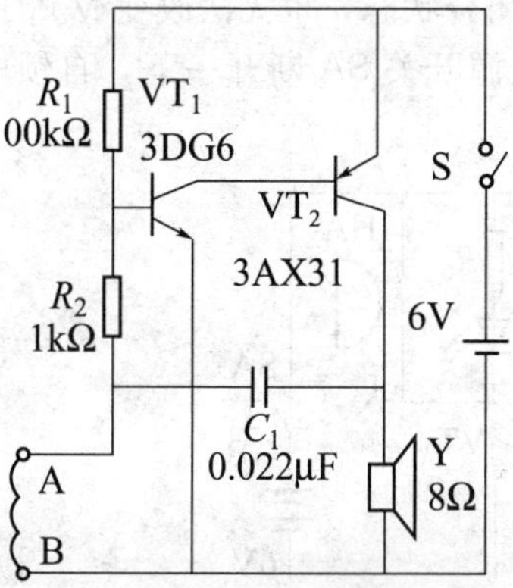

图 5-9 断线式防盗报警电路

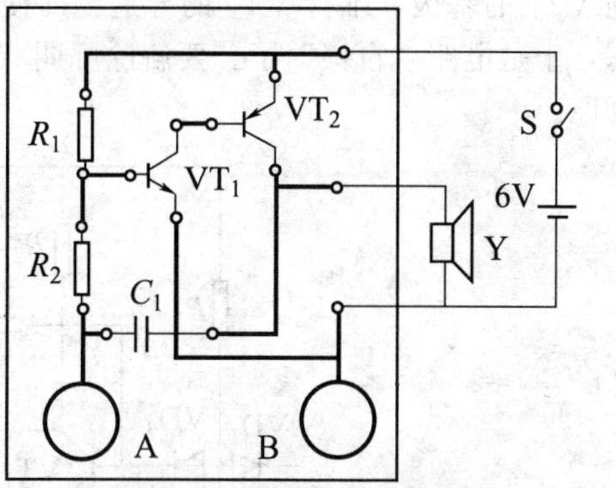

图 5-10 报警器印制板线路

2. 元器件选择与安装调试

断线防盗报警器所用的元器件如表 5-4 所列。

表 5-4 断线防盗报警器所用元器件

代 号	名 称	型号规格	单 位	数 量
VT_1	晶体三极管	NPN 型、3DG6，$\beta\geqslant80$	只	1
VT_2	晶体三极管	PNP 型、3AX31，$\beta\geqslant50$	只	1
C_1	涤纶电容	CL 型，0.022μF	只	1
R_1	金属膜电阻	RTX-0.125W-100kΩ	只	1
R_2	金属膜电阻	RTX-0.125W-1kΩ	只	1
Y	扬声器	8Ω，0.25W	只	1

图 5-10 为该电路的印制线路板。警戒线采用 $\phi0.06\sim0.15$ 细漆包线。该电路元件少，制作容易，适当调整 R_2、C_1 值可改变扬声器的音调。VT_1、VT_2漏电流尽可能小。

警戒线可置于防盗区域或防盗物品处，只要接线无误，元件合适，不需调试，即可正常工作。

第五节 呼叫自锁报警器

一、电路工作原理

医院病房呼叫系统中，病人只要按一下图 5-11 中的按钮 SB，蜂鸣器 HA 即可发出呼叫信号、VD_4 也接着发光。然后病人松手，电路进入自锁，待看护人员确认此信号后，按一下解除按钮 SA，电路恢复呼叫前状态。

图 5-11 中，未呼叫时 SB 处于常闭状态，VD_1～VD_3 有限幅和抗干扰作用。平时因 SB 闭合，VT_1 因偏置电压太小而截止，集电极电压上升，迫使 VT_2 导通、VT_3 截止，声、光信号均无。当呼叫时按动 SB，SB 断开，VT_1 得到足够大的偏置而导通，集电极电压下降，于是 VT_2 截止，VT_3 导通，发出声、光呼叫信号。同时 VT_2 的集电极高电平通过 R_3 反馈到 VT_1 的基极，维持 VT_1 的导通，即使开关 SB 恢复闭合状态，也无法改变 VT_1 的导通状态，于是电路“自锁”了。要解除呼叫状态，只能将电源开关 SA 断开一下，自锁电路才能复原。

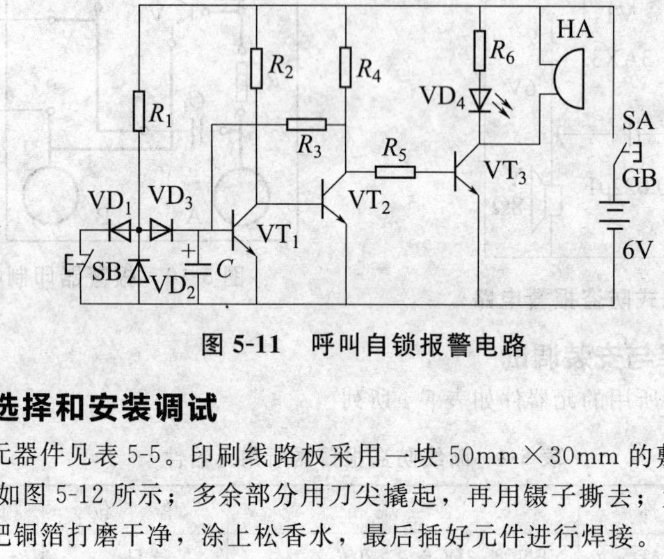

图 5-11 呼叫自锁报警电路

二、元器件选择和安装调试

电路所需元器件见表 5-5。印刷线路板采用一块 50mm×30mm 的敷铜板，可用小刀按图 5-11 刻成，如图 5-12 所示；多余部分用刀尖撬起，再用镊子撕去；元件孔孔径为 1mm；然后用细砂纸把铜箔打磨干净，涂上松香水，最后插好元件进行焊接。

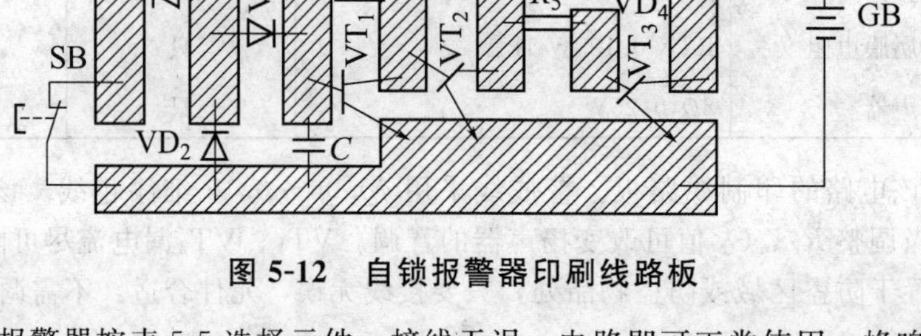

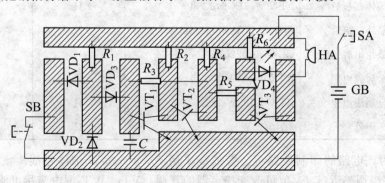

图 5-12 自锁报警器印刷线路板

呼叫自锁报警器按表 5-5 选择元件，接线无误，电路即可正常使用。蜂鸣器 HA 为有源蜂鸣器，内部已集成有放大和振荡电路，所以发声洪亮。

表 5-5　呼叫自锁报警器元件表

代号	名称	型号规格	单位	数量	备注
$VD_1 \sim VD_3$	二极管	1N4004,1A/400V	只	3	
$VT_1 \sim VT_3$	三极管	NPN 型 9014 塑封管	只	3	
VD_4	发光二极管	ϕ5,红色	只	1	
HA	蜂鸣器	ϕ10/6V,带振荡	只	1	有源蜂鸣器
R_1、R_2、	碳膜电阻	RTX-0.125W-13kΩ	只	2	
R_4、R_5	碳膜电阻	RTX-0.125W-13kΩ	只	2	
R_3	碳膜电阻	RTX-0.125W-51kΩ	只	1	
R_6	碳膜电阻	RTX-0.125W-47kΩ	只	1	
SA	开关	小型拨动开关	只	1	
SB	按钮	带常闭触点的按钮开关	只	1	

第六节　家用电子报警器

一、电路工作原理

电路如图 5-13(a) 所示。复合管 VT_1、VT_2 和 VT_3 组成接触开关，VT_4 和 VT_5 组成互补型音频振荡器，二极管 VD 用于半波整流。需要报警时应闭合电源开关 K，由于 VT_1 基极悬空，复合管 $VT_{1\sim3}$，处于截止状态，因此 VT_4、VT_5 停止振荡，喇叭 Y 无声，这时整机仅消耗变压器 B 的空载电流，耗电极微。当触碰电极 A 时，由于人体感应的微弱交流电经复合管 $VT_{1\sim3}$ 放大后使 VT_4、VT_5 起振，喇叭 Y 发出响亮的音频声。电容 C_1 具有延时作用，在 VT_3 导通时，C_1 迅速充满电，这时如果停止触碰电极 A，VT_3 则由导通变为截止，由于 C_1 贮存的电荷通过 R_2 继续向 VT_4 提供偏流，所以喇叭 Y 能发出声响，约经 5s 后才停止。电阻 R_1 能消除复合管漏电流对振荡器的影响，否则会使振荡器产生间隙振荡。

二、元件选择

家用电子报警器所用的元器件如表 5-6 所列。

表 5-6　家用电子报警器所用元器件

代号	名称	型号规格	单位	数量
$VT_1 \sim VT_4$	晶体三极管	NPN 型、3DG6,$\beta \geqslant 50$	只	4
VT_5	晶体三极管	PNP 型、3AX31,$\beta \geqslant 30$	只	1
VD	硅二极管	2CP6	只	1
B	电源变压器	要求次级有 6V 交流输出	只	1
Y	动圈扬声器	8Ω	只	1

其他元件要求见图 5-13(a)。

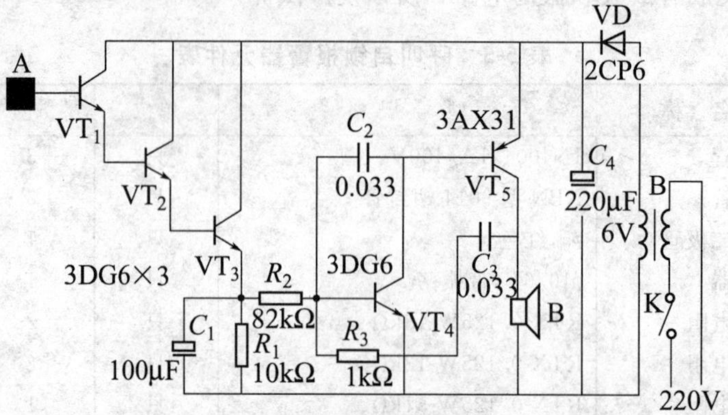

(a) 电路图

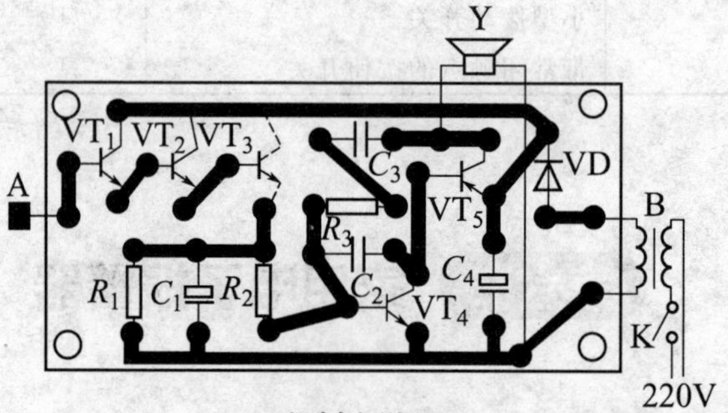

(b) 印制电路图

图 5-13　家用电子报警器电路原理与印制板图

三、安装与使用

A 为触摸电极片，安装时可用导线与弹子门锁相连，这时弹子门锁就是触摸电极。图 5-13(b) 是印制电路图。改变 C_1 可调节延时时间的长短，改变 C_3 能改变警报声的音调。全机可安装在自制的小木盆内，置于室内合适的地方。如不需要报警，可断开电源开关 K。

该装置也可装在其他防盗设施上，只要人体碰到它的触摸电报，电路就会发出警报声。

第七节 CMOS触摸报警器

一、电路工作原理

电路如图 5-14 所示。门 1、门 2 组成单稳态电路，门 3、门 4 构成自激音频振荡器，VT_1、VT_2 担任互补音频功率放大。由于 CMOS 门电路输入阻抗极高，平时二极管 VD 虽然处于反向状态，但其反向电阻仍小于门电路的输入阻抗，故单稳电路的输入端处于高电位，电阻 R_1 的上端处于低电位，音频振荡器不工作，喇叭无声。

当人体接触电极 A 时，人体感应的杂波经 VD 整流获得一个负压，等于给单稳电路输入一个负脉冲，单稳电路由稳态进入暂态，这时 R_1 上端突变为高电位，振荡器立即工作，经 VT_1、VT_2 功放后，喇叭发出响亮的报警声。约经 30s 后，单稳电路由暂态翻回稳态，喇叭停止发声。暂态时间长短由时间常数 R_1C_1 决定，增减 R_1（或 C_1）可调节暂态时间，即喇叭发声时间。调节 R_2（或 C_2）可改变喇叭发声音调。

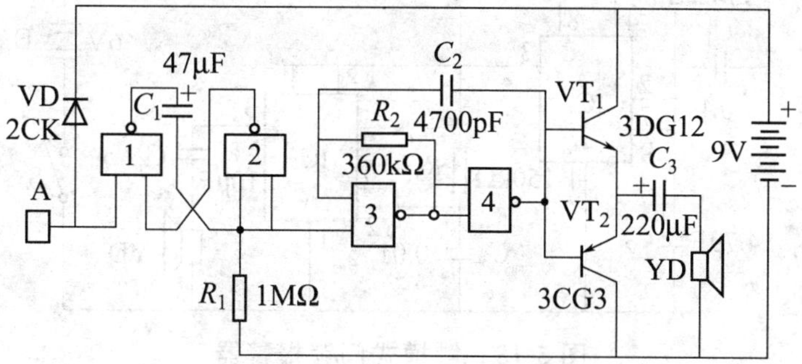

图 5-14 CMOS 触摸报警器

二、元件选择

CMOS 触摸报警器所用的元器件如表 5-7 所列。

表 5-7 CMOS 触摸报警器所用元器件

代号	名称	型号规格	单位	数量
IC 1～4	与非门集成电路	可用 CMOS 门电路	只	1
VT_1	晶体三极管	NPN 型、3DG12，$\beta \geqslant 100$	只	1
VT_2	晶体三极管	PNP 型、3CG3，$\beta \geqslant 100$	只	1
VD	开关二极管	2CK 型	只	1
YD	动圈扬声器	8Ω，2.5in	只	1

电源电压为 9V，可用 6F22 型层叠电池。报警器不发声时，全机几乎不耗电，因此不必设置电源开关。该电路灵敏度极高，即使戴着手套触碰电极片 A，喇叭也会发出响亮的报警声，并可持续 30s 左右。

第八节 触摸式门锁报警器

一、电路工作原理

电路如图 5-15 所示。IC_2 组成无稳态振荡器，它受 IC_1 第③脚控制。IC_1 组成单稳态电路，电路处于稳态时第③脚呈低电位，IC_2 不工作，喇叭无声。当有人触碰电极片 A 时，人体感应的交流电负半周触发单稳电路翻转，进入暂态，IC_1 第③脚呈高电位，IC_2 开始振荡，喇叭 YD 发出报警声。约经 20s 后，IC_1 翻回稳态，第③脚恢复低电位，IC_2 停振，喇叭停止发声。

二、元件选择及制作

电极 A 是需要报警的金属物品，如弹子门锁等。电极 A 到 IC_1 的连线要短，并对地要有良好绝缘，否则电路不能正常工作。IC_1、IC_2 分别为两块 5G1555 时基电路，阻容元件数值见图 5-15。YD 可用 2.5in 8Ω 的动圈喇叭，电源可用 6V 直流电，S 用小型乒乓开关。

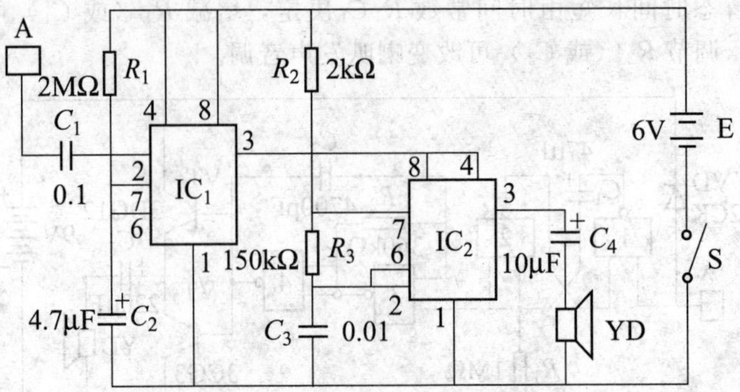

图 5-15　触摸式门锁报警器

第九节　煤气泄漏报警器

一、电路工作原理

煤气泄漏报警器电路如图 5-16 所示，它由电源电路、气敏探测电路、音响报警电路等几部分组成。

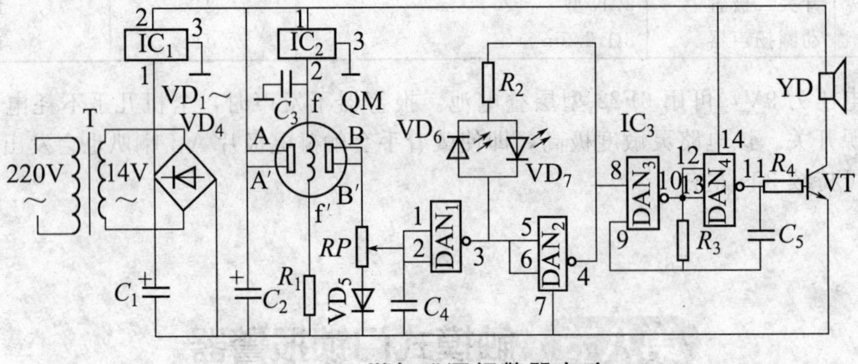

图 5-16　煤气泄漏报警器电路

变压器 T 和 IC_1、VD_1～VD_4、C_1、C_2 组成电源电路，输出 12V 稳定直流电供整机用电，IC_2 输出 5V 稳定直流电，作为气敏元件 QM 的热丝电压。在正常情况下，气敏元件 QM 不接触有害气体时，其 A-B 电极间导电率很低，呈现高阻抗，使得电位器 RP 的滑动端为低电平，与非门 DAN_1 的输入端①、②脚为低电平，输出端③脚为高电平，再经 DAN_2 反相，输出端④脚为低电平。与非门 DAN_3 和 DAN_4 组成音频振荡器，现因 DAN_3 的一个输入端⑧脚为低电平，故音频振荡器停振，扬声器 YD 无声。同时安全指示灯 VD_6（绿色）点亮发光。当室内有害气体泄漏时，气敏元件 QM 感受到一定浓度的有害气体，其内部的导电率将急剧增高而呈现低阻抗，这时 A-B 两电极间电阻很小，使得 RP 中心头呈高电平，经 DAN_1、DAN_2 两级反相器输出高电平，音频振荡器因 DAN_3 的⑧脚为高电平而起振，音频信号经 R_4 注入 VT 基极放大，扬声器 YD 就发出响亮的“嘟——”连续报警声。同时报警指示灯 VD_7（红色）点亮发光。

电位器 RP 用来调节报警起控灵敏度。为了克服环境温度变化造成测量误差，本电路在 RP 下面串联了硅二极管 VD_5，用它作温度补偿并把 B 点的最低电压限制在 0.7V 左右。

二、元器件选择

煤气泄漏报警器所用的元器件如表 5-8 所列。

表 5-8 煤气泄漏报警器所用元器件

代 号	名 称	型号规格	单 位	数 量
IC_1	集成稳压器	W7812	只	1
IC_2	集成稳压器	W78M05	只	1
IC_3	集成电路	四-2 输入与非门 CD4011	只	1
VT	晶体三极管	硅 NPN 型 9013，$\beta \geqslant 100$	只	1
$VD_1 \sim VD_5$	硅整流二极管	1N4001	只	5
VD_6、VD_7	发光二极管	ϕ5mm 圆形绿、红各一只	只	2
R_1	金属膜电阻	RJ-1/2W 型，10Ω	只	1
R_2	碳膜电阻	RTX-1/8W 型，1.2kΩ	只	1
R_3	碳膜电阻	RTX-1/8W 型，82kΩ	只	1
R_4	碳膜电阻	RTX-1/8W 型，10kΩ	只	1
RP	微调电阻器	WSW 型有机实芯 5.1kΩ	只	1
C_1	电解电容器	CD11-25V 型，220μF	只	1
C_2	电解电容器	CD11-25V 型，100μF	只	1
C_3	独石电容器	0.33μF	只	1
C_4、C_5	独石电容器	0.01μF	只	2
YD	电动扬声器	YD57-2	只	1
T	电源变压器	220V/14～16V、8V·A	只	1

QM 可采用国产 QM-N5 型气敏元件，它是良好的气电转换传感器，可对一氧化碳、煤气、石油液化气等有害气体进行检测。QM-N5 型气敏元件的外形结构见图 5-17(a)，图形符号见图 5-17(b)。它共有 6 只脚，使用时须配一只 7 脚电子管管座。其 6 脚功能为：②脚与⑥脚为热丝 f—f′，①脚与④脚为测量极 A—A′端，⑤脚与⑦脚构成测量极的另一端 B—B′。热丝额定电压 $U_f=5V$。

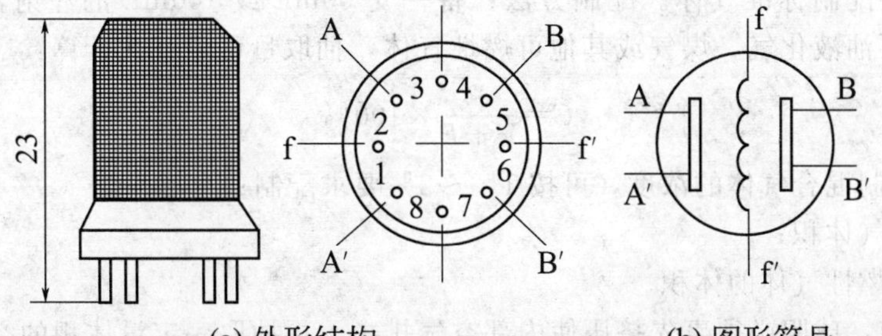

(a) 外形结构 (b) 图形符号

图 5-17 气敏元件

IC_1 和 IC_2 分别采用 W7812 和 W78M05 三端固定稳压集成块，它们的外部引脚排列如图 5-18 所示。IC_3 用四-2 输入与非门 CD4011 数字集成电路，图 5-19 是它的内部功能框图和引脚排列示意。

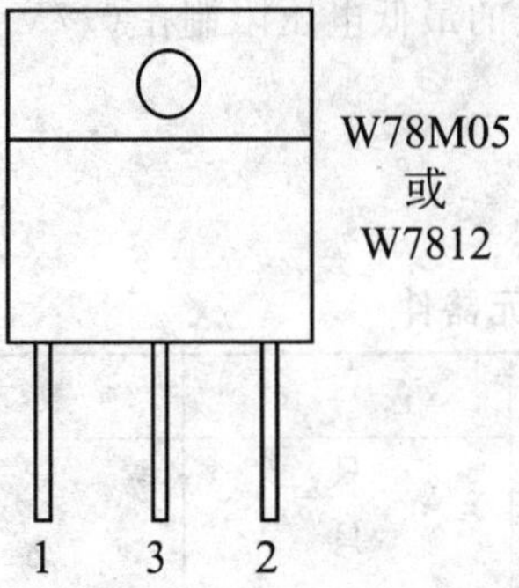

图 5-18　三端集成稳压器

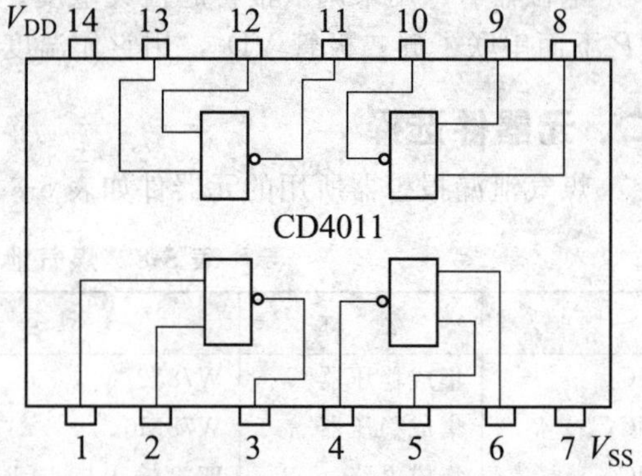

图 5-19　CD4011 集成电路

VD_1～VD_5 可用普通 1N4001 型硅整流二极管，VT 可用 9013 型硅 NPN 三极管，要求 $BU_{ceo}\geqslant$25V、$\beta\geqslant$100。VD_6 用 ϕ5mm 圆形绿色发光二极管，VD_7 用 ϕ5mm 圆形红色发光二极管。

RP 最好采用 WSW 型有机实芯微调电阻器，R_1 用 RJ-1/2W 型金属膜电阻器，其余电阻均为 RTX-1/8W 型碳膜电阻器。C_1、C_2 应用 CD11-25V 型电解电容器，C_3～C_5 可用独石电容器。

T 用 220V/14～16V、8V · A 电源变压器。YD 可用 8Ω 小型电动扬声器，如 YD57-2 型等。

三、制作和使用

重要提示

按图装好电路需要经过调试合格方能使用，调试关键是 *RP* 的阻值，由于气敏元件在刚通电使用时，在开始一段时间里，其元件阻值会急剧下降，需经 10min 左右后，阻值才逐渐增大，最终恢复到原来的稳定状态。所以，对本电路进行调试时，必须先通电预热一段时间后，方可进行调试工作。

调试时需要配制标准气体。配制方法：备一支 50mL 或 100mL 的注射器和一个球胆，用注射器抽取石油液化气、煤气或其他可燃性气体，抽取量可用下式计算：

$$C=\frac{P}{V+P}\times 100\%$$

式中　C——配制混合气体的浓度，可按 1%～2%要求配制；

V——空气体积；

P——可燃性气体的体积。

注入球胆前，球胆必须事先挤压使内部空气排净，再抽取一定量体积的空气注入，最后即可制成调试用的标准混合气体。

调试时，将球胆中的气体由橡胶管输送到气敏元件 QM-N5 的附近。然后，调节电位器 RP（中心头应从最低位置逐渐向上调节）使本装置刚好能发出报警声响即可。

安装煤气泄漏报警器，气敏元件应根据需要监视的可燃性气体的密度来确定安装位置的高低。使用一般煤气，可将气敏元件装在高处通风口处，如果是使用石油液化气，则要将气敏元件装在低处，这样可以提高报警灵敏度。煤气泄漏报警器使用了一段时间后，会发现灵敏度有所下降，不能按规定的可燃性气体浓度实现报警。其原因主要是在气敏探头的防爆网罩上，由于使用长久后网罩上积满了污垢和灰尘，从而堵住了气敏探头的通气孔，致使气敏元件不能像初期使用时那样灵敏。因此，安装时不要将气敏元件装置在油烟、灰尘较严重的地方，并且要定期清除气敏元件网罩上的油垢和灰尘。使用了一段时间后，还要进行灵敏度试验，重新用标准混合气体进行校准，以防报警器失效。

第十节 煤气熄火报警器

煤气熄火报警器用于煤气熄火自动报警。煤气炉在烧水或液状食物时往往因外溢而将炉火熄灭，如无人发现则将导致大量煤气外溢而发生危险。使用该报警器可避免煤气事故。

一、电路工作原理

煤气熄火报警器电路如图 5-20 所示。它由光控开关和音频振荡器两部分电路组成。光控开关由 VT_1、VT_2 组成，音频振荡器由 VT_3、VT_4 组成。当煤气燃烧时，置于煤气炉火焰附近的光电元件 VD 受到强烈的近红外光辐射而使其内阻下降，VT_1 的基极电压降低，VT_1、VT_2 均截止，光控开关关断，VT_3、VT_4 音频振荡器得不到电源而不工作。当煤气火焰因水外溢而熄灭时，近红外辐射消失，VD 内阻立即升高，VT_1 基极电压升高使 VT_1、VT_2 导通，这时光控开关开启，音频振荡器得到电源后产生振荡，扬声器 YD 立即发出报警。

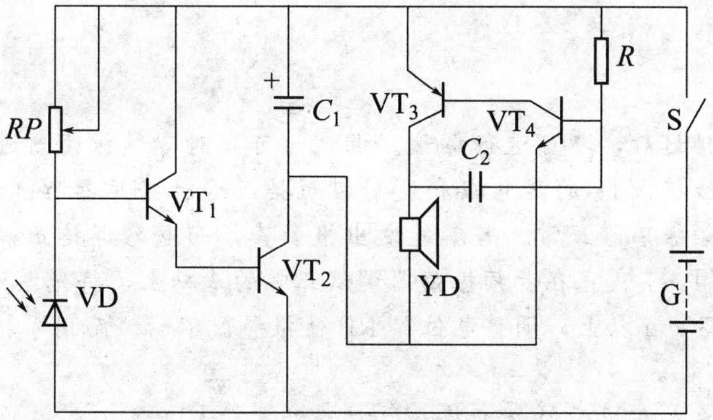

图 5-20 煤气熄火报警器电路

二、元器件选择

煤气熄火报警器所用的元器件如表 5-9 所列。

表 5-9 煤气熄火报警器所用元器件

代　号	名　称	型号规格	单　位	数　量
VT_1、VT_4	晶体三极管	3DG6 或 9011、9018	只	2
VT_2	晶体三极管	3DG130 或 9013	只	1
VT_3	晶体三极管	3AX31 或 9012	只	1
VD	光电二极管	2CU 型	只	1

续表

代 号	名 称	型号规格	单 位	数 量
R	小型碳膜电阻	0.125W,820kΩ	只	1
RP	电位器	470kΩ	只	1
C_1	电解电容器	100μF/10V	只	1
C_2	涤纶电容器	0.01μF	只	1
YD	动圈扬声器	8Ω	只	1
G	5# 电池 6 节	9V	只	1
S	钮子开关		只	1

三、制作与调试

煤气熄火报警器的印刷电路如图 5-21 所示。

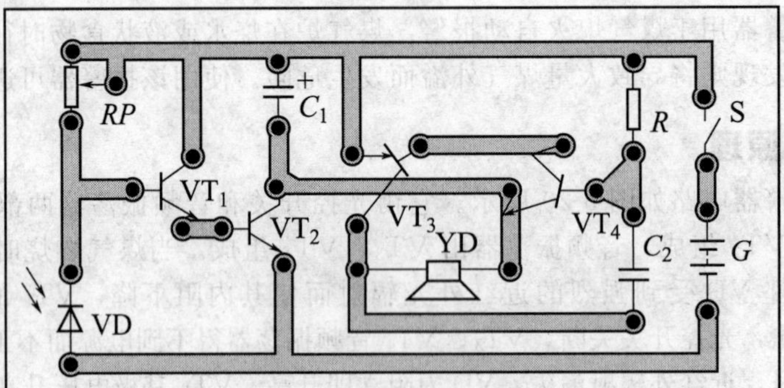

图 5-21 煤气熄火报警器印刷电路

重要提示

元件按图焊接好后，即可进行调试。调试时可先对音频振荡器进行调试，接通电路的电源，用导线将 VT_2 的集电极和发射极短接，这时扬声器 YD 应能发出"嘟嘟"报警声，说明音频振荡器正常。若不能发出报警声，而电路焊接正确时，通常是由于三极管 VT_3 或 VT_4 不良。在音频振荡器调试正常的基础上，将光电元件 VD 对准煤气炉火焰，距离在 30cm 以上，调整电位器 RP 使报警器不响。而用手挡住 VD 时扬声器就应发声。

当较长时间无人在炉旁时，可将 VD 对准炉火，VD 离开火焰的距离与调试时相同，并打开报警器的电源开关。

第六章 门铃电路

第一节 感应式自动门铃

感应式自动门铃无需在门外安装门铃按钮，而是依靠人体感应来触发门铃发声。当门外有客人到来时，感应式自动门铃会自动发出“叮咚”的声音，告知主人开门迎客。

一、电路工作原理

如图 6-1 所示为感应式自动门铃的电路图。电路由三部分组成：一是由热释电式红外探测头 IC_1（BH9402）构成的检测电路；二是由“叮咚”门铃声集成电路 IC_2（KD-253B）等构成的音频信号源电路；三是由晶体管 VT_1、VT_2 和扬声器 Y 等构成的功放电路。电源采用两节 5 号电池。由于门铃的工作特点是需要长期待机，因此本电路不设电源开关。长期不用时，取出电池即可。

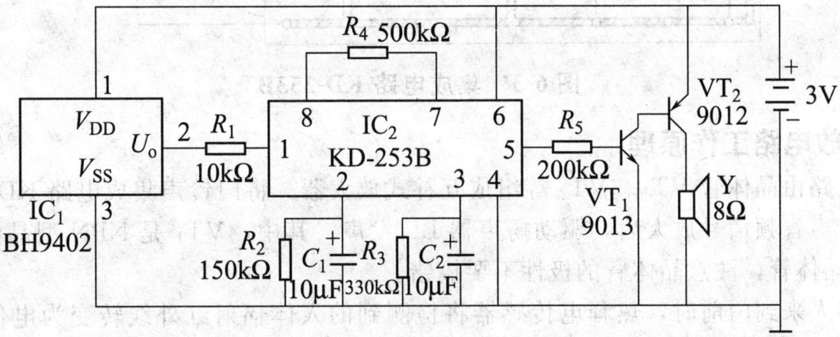

图 6-1 感应式自动门铃电路图

1. 检测电路工作原理

热释电式红外探测头是一种被动式红外检测器件，能以非接触方式检测出人体发出的红外辐射，并将其转化为电信号输出。另外，热释电式红外探测头还能够抑制人体辐射波长以外的红外光和可见光的干扰。具有可靠性高、使用简单、体积小、重量轻等特点。

热释电式红外探测头 BH9402 的内部结构如图 6-2 所示。BH9402 内部包括：热释电红外传感器、高输入阻抗运算放大器、双向鉴幅器、状态控制器、延迟时间定时器、封锁时间定时器和参考电源电路等。除热释电红外传感器外，其余主要电路均包含在一块 BISS0001 数模混合集成电路内，既缩小了体积，又提高了工作的可靠性。

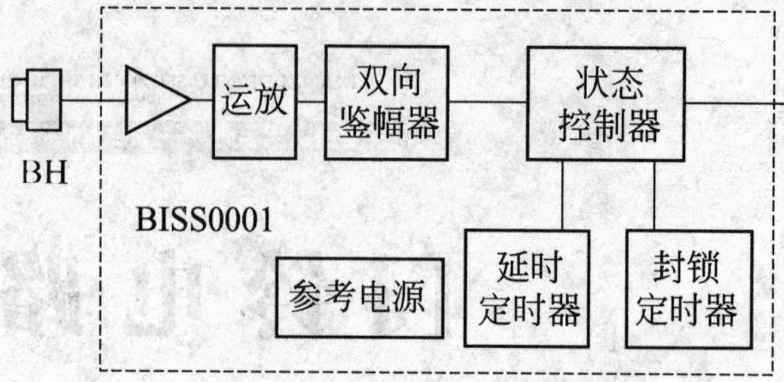

图 6-2　BH9402 的内部结构图

2. 音频信号源电路工作原理

“叮咚”门铃声集成电路 KD-253B 是专为门铃设计的 CMOS 集成电路，如图 6-3 所示，内储“叮”与“咚”的模拟声音。每触发一次，KD-253B 可发出两声带余音的“叮咚”声，且余音长短和节奏快慢均可调节，有类似于金属碰击声的声音。它还能有效地防止因日光灯、电钻等脉冲干扰造成的误触发。KD-253B 为小印制电路板软封装，其外围元件均可直接焊入该小印制电路板，因此，无需另制电路板。

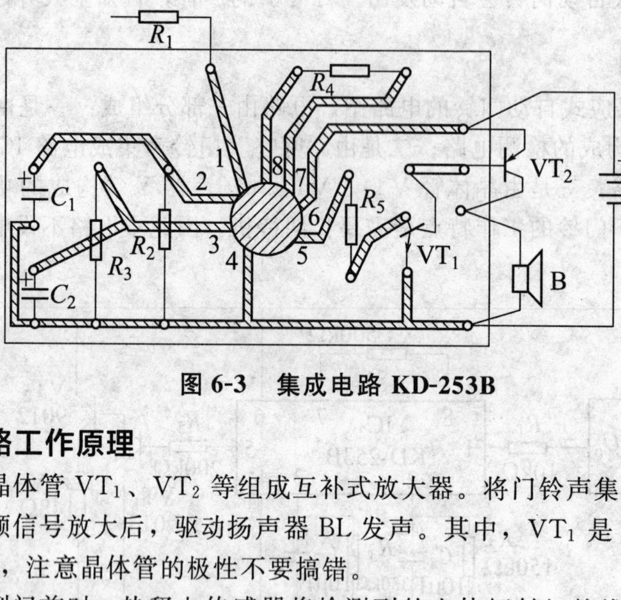

图 6-3　集成电路 KD-253B

3. 功放电路工作原理

功放电路由晶体管 VT_1、VT_2 等组成互补式放大器。将门铃声集成电路 KD-253B 发出的“叮咚”声音频信号放大后，驱动扬声器 BL 发声。其中，VT_1 是 NPN 型晶体管，VT_2 是 PNP 型晶体管，注意晶体管的极性不要搞错。

当有客人来到门前时，热释电传感器将检测到的人体辐射红外线转变为电信号，送入 BISS0001 进行两级放大、双向鉴幅等处理后，由其②脚输出高电平触发信号 U_O，去触发 KD-253B 并通过功放电路等发出“叮咚、叮咚”的门铃声。其方框图见图 6-4。

二、元器件安装

除热释电式红外探测头 IC_1、扬声器 Y 和电池盒外，其余元器件均直接焊接在 IC_2（KD-253B）的小印制电路板上。用细软导线将扬声器 Y 和电池盒接入 IC_2 小印制电路板，并将 IC_1 与 IC_2 连接好，如图 6-5 所示。

三、电路调试

整机焊接完毕并检查无误后，即可装上电池，按以下步骤进行调试，如图 6-6 所示：首先，暂时将 IC_2 的①脚与 R_1 断开，直接接到＋3V 电源上，此时扬声器应发出“叮咚”的声

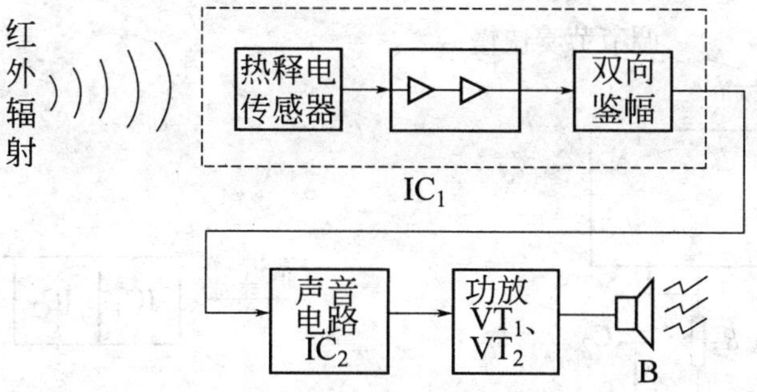

图 6-4　感应式自动门铃方框图

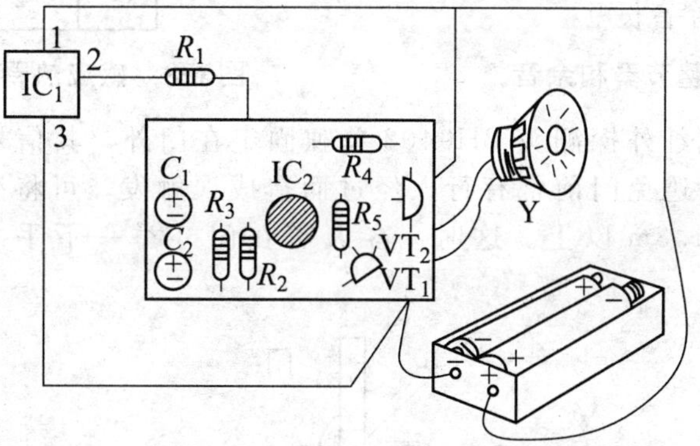

图 6-5　元器件安装示意图

音。接下来按图 6-7 所示调整 IC_2 的节奏快慢和余音长短。调节 R_4，使“叮咚”声音的节奏快慢适当；调节 R_2 和 R_3，使“叮咚”声音的余音的长短符合自己的要求。以上调整时，可先用一 1MΩ 电位器串一 200kΩ 电阻临时取代 R_4；分别用一 470kΩ 电位器串一只 100kΩ 电阻临时取代 R_2 和 R_3。调整好后，再换上同阻值的固定电阻即可。

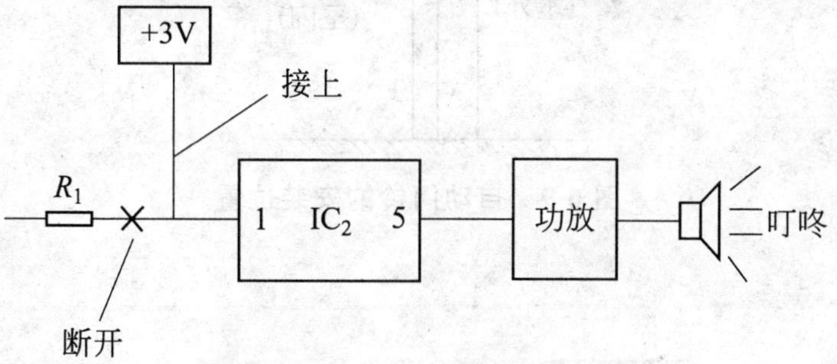

图 6-6　调试步骤

以上步骤调整好后，将 IC_2 的①脚恢复与 R_1 相连接。

这时，用手或人体的其他部位接近热释电式红外探测头 IC_1 时，门铃应发出“叮咚、叮咚”的声音：当人体部位远离 IC_1 时，门铃应停止发声，见图 6-8。至此，感应式自动门铃整机调试结束。

四、使用安装

使用安装时，可将感应式自动门铃固定于门内约 1.5m 高度的地方，在门上开一小孔，使热释电式红外探测头 BH9402 的探测面对准小孔，以便通过小孔检测门外人体的红外辐

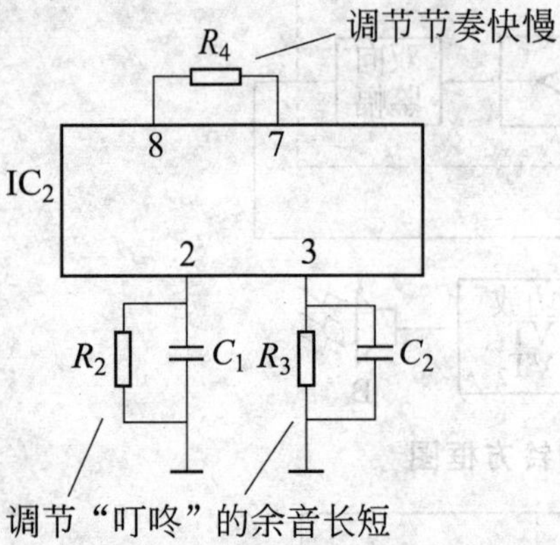

图 6-7 调整节奏和余音

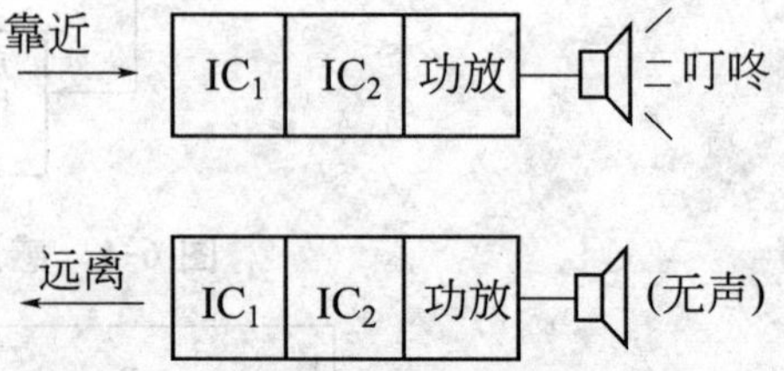

图 6-8 感应热释电式红外探测头

射。也可将热释电式红外探测头 BH9402 单独固定在门外，其信号线和电源线穿入门内与整机相连接。为避免门前常有行人经过而造成误触发，可将感应式自动门铃的安装位置提高到门内 1.8m 以上。这时，客人需在门外举一下手才能触发门铃发声。见图 6-9。

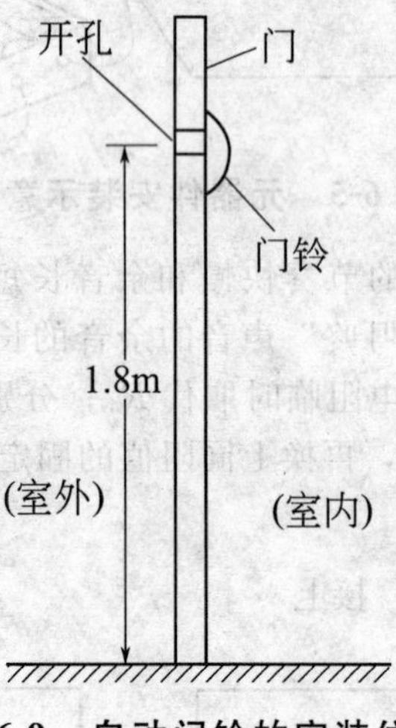

图 6-9 自动门铃的安装位置

第二节 感应式叮咚门铃

此处介绍的感应式“叮咚”门铃，只要将其悬挂在室内锁柄上，门外的人用手接近或触及锁体一下，电路即发出“叮咚”声音，且音质优美逼真动听，装制简单容易，尤其在没有专用的叮咚集成电路情况下，更适于装制叮咚门铃的需要，而且成本低、耗电小。

一、电路工作原理

感应式“叮咚”门铃的电路，如图 6-10 所示。

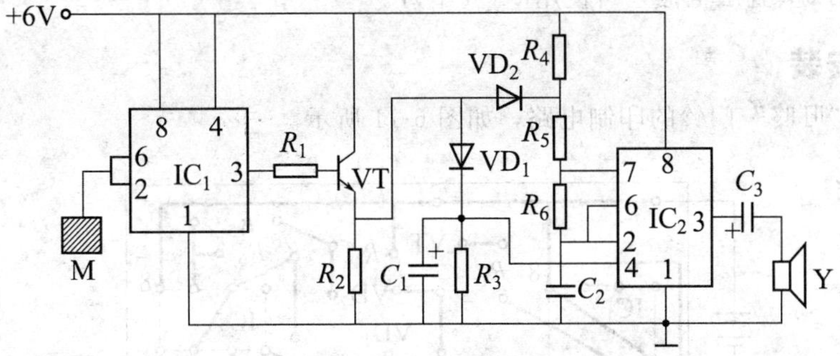

图 6-10 感应式“叮咚”门铃电路

重要提示

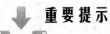

图中，IC_1 组成感应电路。由于 IC_1 的②脚与⑥脚输入阻抗很高，故有微弱的感应信号，便能使 IC_1 工作。VD_1、VD_2、C_1、R_3 与 IC_2 等组成“叮咚”门铃电路。

当人手指接近或触及感应器 M 时，其感应信号加至 IC_1 的②、⑥脚，则 IC_1 的③脚输出高电平，输出信号电压经电阻 R_1 加至三极管 VT 的基极，使 VT 导通。其发射极输出的高电平，使多谐振荡器振荡，振荡频率约 700Hz，扬声器发出“叮”的声音。与此同时，电源经二极管 VD_1 向电容 C_1 充电。当人的手指离开感应器时，IC_1 的③脚变为低电平，三极管 VT 截止，其发射极无高电平输出，C_1 便通过 R_3 放电，维持 IC_2 的振荡。但此时由于 R_4 被串入 IC_2 的电路（在 VT 导通时，VT 集电极与发射极之间电阻与 R_4 相比近似于短路），使振荡频率有所改变，约 500Hz，扬声器发出“咚”的声音。直至 C_1 电压放到不能维持 IC_2 振荡为止。因此“咚”声余音是由 C_1 的容量来决定，不能选得过大，否则“咚”声余音过长、会使“叮咚”声失调。

二、元器件选择

感应式“叮咚”门铃所用的元器件如表 6-1 所列。

表 6-1 感应式“叮咚”门铃所用元器件

代 号	名 称	型号规格	单 位	数 量
IC_1、IC_2	时基集成电路	任意 555 型	只	2
VT	晶体三极管	NPN 型，9013	只	1
R_1	碳膜电阻	3.9kΩ	只	1
R_2	碳膜电阻	51kΩ	只	1
R_3	碳膜电阻	47kΩ	只	1
R_4	碳膜电阻	30kΩ	只	1
R_5、R_6	碳膜电阻	22kΩ	只	2
C_1	电解电容	47μ/25V	只	1
C_2	涤纶电容器	0.05μF	只	1
C_3	电解电容	50μF/25V	只	1
Y	扬声器	8Ω/0.5W	只	1
VD_1、VD_2	二极管	1N4001	只	2

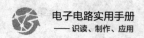

电池选用 6V 叠层电池，可使用 3～6 个月。

三、使用安装

感应式“叮咚”门铃的印制电路，如图 6-11 所示。

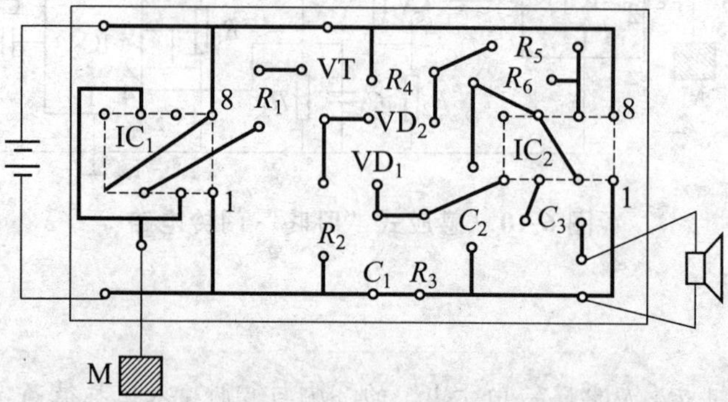

图 6-11　感应式“叮咚”门铃印制电路

重要提示

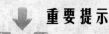

所有元器件组装在电路板上后，与电池一同固装在相应塑料盒中。之后选一段长 200mm、ϕ3mm 的胶质护套软导线，一端与电路板上 IC_1 的②、⑥脚相焊接，另一端头的导线绝缘皮剥掉，与室内锁体相连接。亦可在门外锁孔附近或外门板相应位置粘固面积为 100～150mm^2 的铜片，与室内的门铃盒中电路板相连接。这样，只要门外来人接近或触及锁孔体或铜片，即发出“叮咚”声音。由于本电路平时基本不耗电，故不必设置电源开关。

第三节　电子钟声门铃

电子钟声门铃电路如图 6-12(a) 所示。VT_1 等组成电子开关，使电路在静态时能关断振荡器。VT_2、VT_3 等组成振荡器，VT_4 等组成功率放大器。

一、电路工作原理

当无人按按钮时，电源经按钮开关 S_{1-1} 给电容 C_1 充电，使 C_1 两端电压等于电源电压。VT_1 基极无偏压而截止，振荡器被关断；电路处于静态。当按下按钮时，电源通过按钮开关 S_{1-1} 给 C_2 充满电，同时通过二极管 VD 给 C_3 充满电并开通电子开关，使振荡器起振，振荡电压通过 C_5 加到功放级输入端，与此同时，电容 C_1 经按钮开关 S_{1-2} 被接到扬声器的上端去充当功放级电源。由于 C_1 的放电作用，功放级放大的振荡信号电压幅度是由高渐低的，这样就模拟出第一声钟响。当松开按钮时，充满电的 C_2 又经按钮开关 S_{1-2} 接到扬声器的上端，再次给功放级充当电源，随之发出第二声钟响，即每按动一次按钮可先后发出两声钟响。

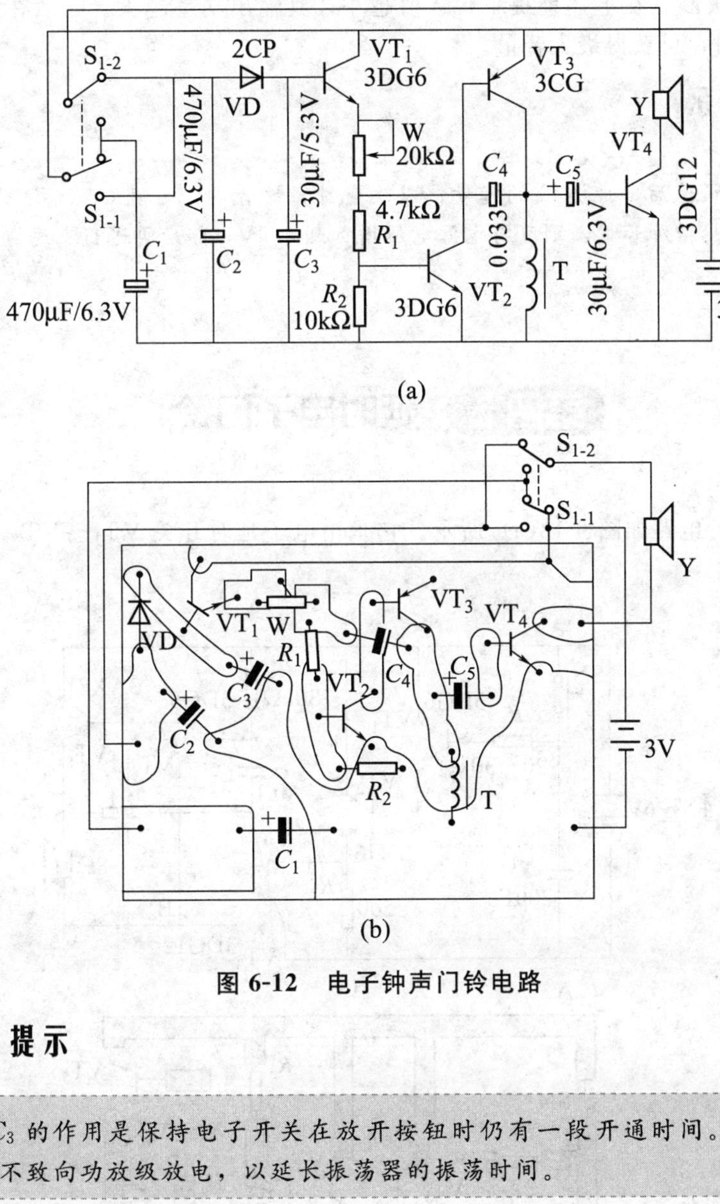

图 6-12　电子钟声门铃电路

重要提示

电容 C_3 的作用是保持电子开关在放开按钮时仍有一段开通时间。VD 起隔离作用，使 C_3 不致向功放级放电，以延长振荡器的振荡时间。

二、元件选择

元器件的数值如图 6-12(a) 所示。VT_1、VT_2 的穿透电流要尽量小，β 值要求大于 50。T 采用小型晶体管收音机的输出变压器，使用次级端。C_1、C_2 分别由三只电解电容 470μF/6.3V 并联起来使用。C_1、C_2 的容量越大，其输出功率就越大，可根据家居情况适当选择 C_1、C_2 的数值不应小于 100μF。C_1 要求漏电尽可能小。按钮开关用双刀双掷式的。扬声器采用阻抗为 8～16Ω，功率为 0.25～0.5W 的均可，其他元件无特殊要求。

三、安装与调试

图 6-12(b) 为印刷电路图。调试过程如下：先按下按钮，此时应有钟声发出。手松开按钮时应随之发出第二钟声。如无声，则可调整电位器 W，直到发声为止。若在第二钟声后有较长时间的小余音，可能是电子开关没有关断，则应调 W 使之关断。反复调整 W，以

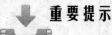

保证电子开关能关断。在上述前提下，W值越小，其输出功率越大。一般在第二钟声后有30～40s的余音时，可获得最大音量。

重要提示

完成上述调试后，再调C_4的容量，以改变钟声的音调，一般C_4在0.022～0.1μF范围内选择。若想增加音量，则可将电源电压增加到4.5V，然后再进行上述调试即可。

第四节 延时电子门铃

延时电子门铃电路如图6-13(a) 所示。它是由电子延时开关VT_1～VT_3和音频振荡器VT_4与VT_5组成。

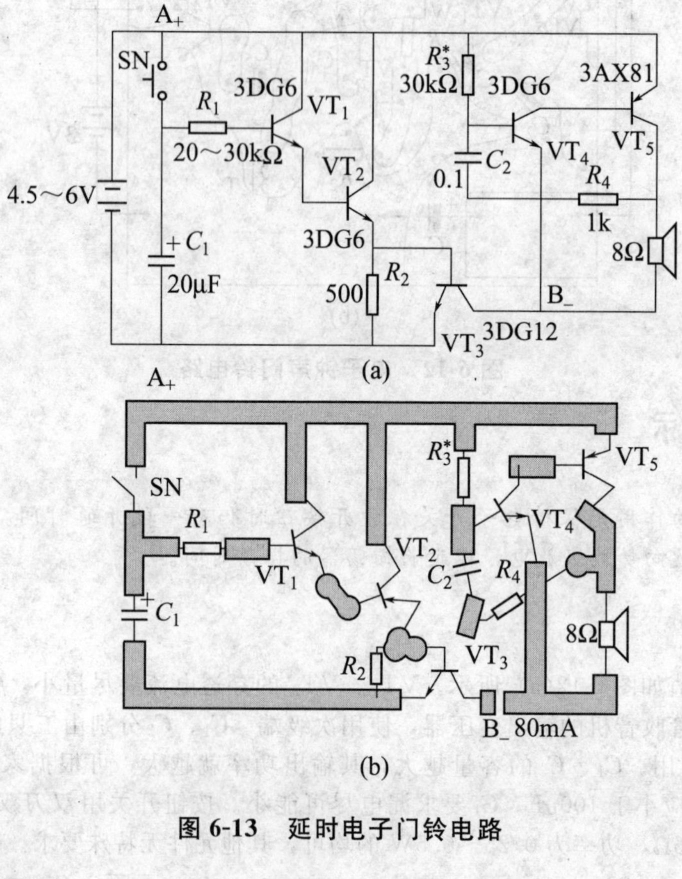

图6-13 延时电子门铃电路

一、电路工作原理

当按下按钮SN时，电路立即开始工作，喇叭发出声响，松开按钮SN后，电容C_1通过R_1放电，维持VT_1～VT_3导通，喇叭发声由大到小，经一段时间后，电路停止工作。R_1、C_1的数值决定铃声的延续时间。R_3、C_2的数值决定铃声的音调。

二、元件选择

$VT_1 \sim VT_5$要求穿透电流小，$\beta \geqslant 20$；

电阻用 1/8W 碳膜电阻；

喇叭用 2～2.5in 的。

元件安装在印制板上，如图 6-13(b) 所示。

三、使用与调试

先调音频振荡器，电路从 B 点断开，电源接至 A、B 两端，A 点接正极，B 点接负极，调 R_3 使振荡部分总电流在 80mA 左右，然后把电源接回原处，B 点缺口两端串一电流表，按下按钮 SN，观察电流等于 80mA 左右即可。最后调延时部分，改变 R_1、C_1 大小，确定延时时间。调整结束后，把 B 点缺口处焊接好，电路即可投入使用。

第五节 按键密码电子门铃

如果不想让除亲朋好友以外的人按响门铃，那么可以采用密码电子门铃，或者将普通电子门铃改装成密码电子门铃。以下介绍按键密码电子门铃，工作可靠，电路简单且容易制作。

一、电路工作原理

按键密码电子门铃电路见图 6-14。这里采用 HFC1500 系列音乐集成电路作为电子门铃的核心器件，其外围电路极其简单，无需外接振荡电阻，使用方便。

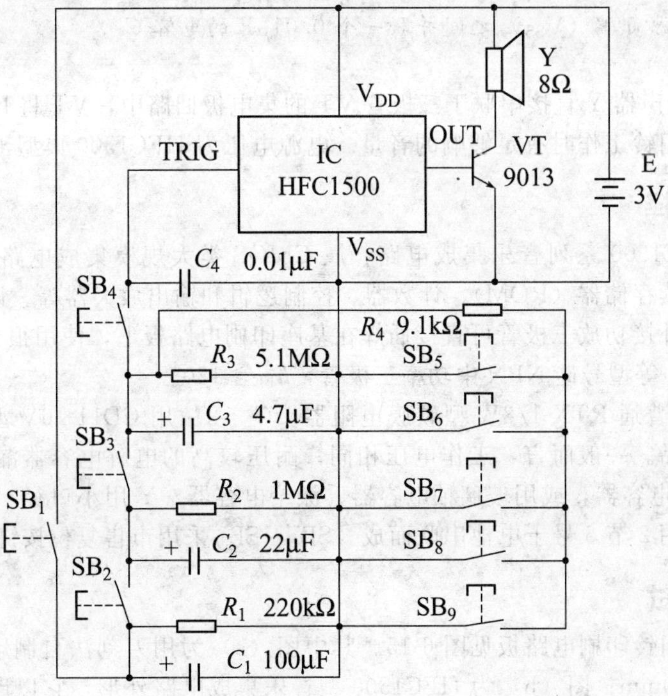

图 6-14 按键密码电子门铃电路

图中 SB_1～SB_4 为密码按键，将其混入 5 个伪键中，构成 9 键的密码键盘。因此，门铃 4 个按键在密码键盘上的可选排列有许多种，若不知道编码要按响门铃几乎是不可能的。

在已知编码的情况下，按响门铃的工作过程是：按下 SB_1，电容 C_1 立即充上 3V 电压；接着再按一下 SB_2，C_1 对 C_2 充电，C_2 充电电压约为 2.4V；再按一下 SB_3，C_2 对 C_3 充电，C_3 充电电压约为 2V；最后按一下 SB_4，于是 C_3 就向 IC 的触发输入端（TRIG）输送一个正脉冲触发电压。IC 的最低触发电压阈值约为电源电压值的一半，即约为 1.5V，所以 C_3 两端输出电压（约为 2V）能够使 IC 受触发而工作。

重要提示

R_1～R_3 的作用是分别使 C_1～C_3 以适当缓慢速度放电。如果按动 SB_1～SB_4 过程时间太长，由于电容器有较长时间放电，使 C_3 两端输出电压很低而不能触发 IC 工作。这种情况一般只是对不知密码的按铃者才会发生，从而提高了密码键盘的保密性。显然，若 R_1～R_3 阻值选取太小，将使 C_1～C_3 放电太快，密码键盘就无法正常使用，图 6-14 中的数值比较恰当。

伪键 SB_5～SB_9 互相并联，其一端接 V_{SS}，另一端串联 R_4（9.1kΩ）后与 C_3 的正端相接。由于 R_4 的阻值比 R_1～R_3 的阻值小很多，所以当按动任一个伪键时，均会使 C_3 以足够快速放电，两端电压降至 0.5V 以下，从而阻止 IC 受触发工作。因此，伪键的自动阻止功能进一步提高了密码键盘的保密性。

重要提示

为了防止家用电器等杂波感应干扰而引起电子门铃误响，在 IC 的触发输入端（TRIG）与电源负端（V_{SS}）之间并联一个 0.01μF 的电容 C_4。

阻抗 8Ω 的扬声器 Y 直接串联于三极管 VT 的集电极回路中，VT 将 IC 输出信号进行功率放大，使电子门铃工作时有足够响的音量。电源电压为 HFC1500 典型工作电压 3V。

二、元器件选择

IC 采用 HFC1500 系列音乐集成电路，属 CMOS 类大规模集成电路，内置有振荡器、音阶发生器、只读存储器（ROM）、计数器、控制逻辑和输出放大器等。该器件采用片状黑膏软封装结构，外接功放三极管可直接插焊在基座印刷电路板上，使用很方便。VT 用 9013 或 3DG12、3DK4 等型号硅 NPN 中功率三极管，$h_{FE} \geqslant 120$。

R_1～R_4 均用普通 RTX-1/8W 型碳膜电阻器。C_1～C_3 用 CD11-16V 型电解电容器，应选用漏电小的正品。一般而言，工作电压相同，耐压较高的电解电容器漏电流较小。C_4 用普通 CT1 型瓷介电容器，或用玻璃釉电容器、涤纶电容器。Y 用小口径、0.25W、8Ω 动圈式扬声器。电源用 2 节 5 号干电池串联而成。SB_1～SB_9 采用市售复位按键。

三、制作和调试

密码式电子门铃印刷电路板见图 6-15。其中图（a）为用刀刻法自制印刷电路板，外形尺寸为 40mm×30mm；图（b）为 HFC1500 型音乐集成电路外形，它以印刷电路板为基座用黑膏软封装，外形尺寸为 23mm×14mm。三极管 VT 可直接插焊在它上面。

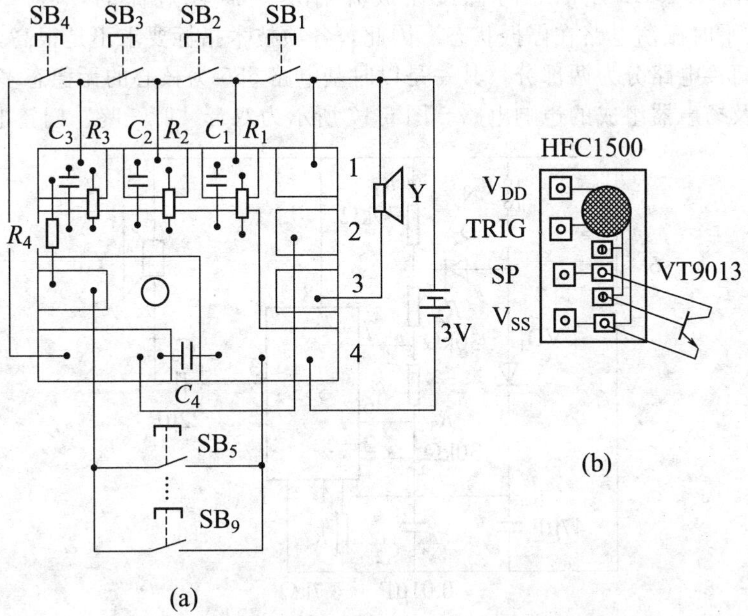

图 6-15　按键密码电子门铃印刷电路板图

密码键盘采用市售复位按键 9 只作正方形排列安装在牢固的基板上，如图 6-16 所示。如果把 SB_1～SB_4 依次编排在图 6-16 所示键盘中的 9、1、6、8 各键，那么密码就是 9168。显然，你可以随意设定 4 位不同数字作密码，然后进行按键的接线。

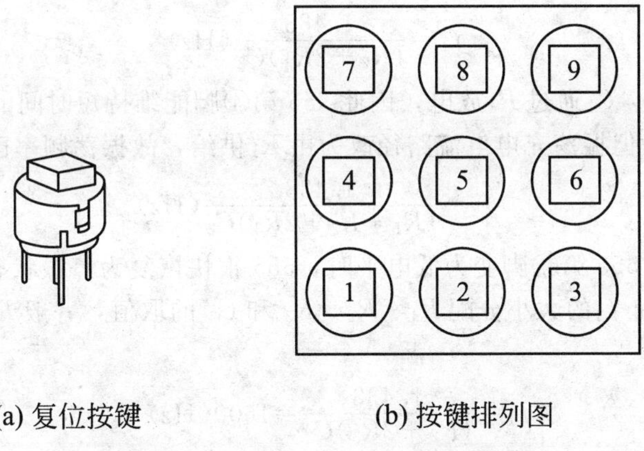

(a) 复位按键　　(b) 按键排列图

图 6-16　密码键盘按键排列示意图

使用时必须准确地按这几个数字键，电子门铃才会响。

第六节　电子双音门铃电路

一、电路工作原理

为了使门铃声音柔和，应采用多谐振荡器。该门铃在按下门铃按钮时发出“叮—”的持续音响，频率在1600Hz左右。门铃按钮放开后发一声较短促的“咚—”声，频率在1100Hz左右。平时振荡电路在停振状态。因此，各项技术指标要求不是很高，电路简单。

电子双音门铃电路分为两部分，其一是以时基电路555为核心的无稳态多谐振荡器，其二是以变压器及扬声器组成的声响电路。图6-17所示为双音“叮—咚”门铃电路原理图。

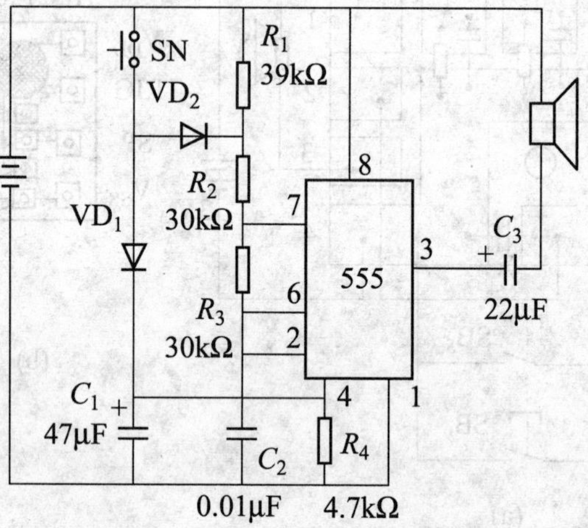

图6-17 “叮—咚”门铃电路图

555构成多谐振荡器，SN是门铃按钮开关。SN不按下时，555第④脚通过R_4接地，因而处于复位状态，555不工作，无声响。SN按下后，555第④脚通过VD_1加上高电平而起振，通过VD_2供给充电电流，振荡频率f_1可用下式求出：

$$f_1=\frac{1.433}{(R_2+2R_3)C_2}(\text{Hz})$$

开关SN刚断开，C_1通过R_4放电，因此555第④脚能维持短时间的高电平，555也就能维持短时间的振荡，但振荡充电电流路径改为由R_1供给，故振荡频率已降低为f_2。

$$f_2=\frac{1.433}{(R_1+R_2+2R_3)C_2}(\text{Hz})$$

当C_1通过R_4放电使555第④脚变为低电平时，555很快恢复为停振状态。

我们可根据f_1和f_2的大小分配R_1、R_2、R_3和C_2的取值，一般R_1、R_2、R_3的取值在10kΩ以上。

$$\begin{cases}f_1=\dfrac{1.433}{(R_2+2R_3)C_2}=1600(\text{Hz})\\ f_2=\dfrac{1.433}{(R_1+R_2+2R_3)C_2}=1100(\text{Hz})\end{cases}$$

本制作中R_1、R_2、R_3和C_2的取值如图中所标，基本满足要求，在具体制作中还可适当调整。C_1和R_4的取值影响“咚”声的延长时间，取电路中给出的参考值即可，在具体制作中也可适当调整。扬声器采用8Ω。555的最大输出能力设计值是250mA左右。对于直接驱动8Ω喇叭的情形，电源电压只能在约6V以下使用。其原因如下，若$V_{CC}=6V$，这时555最大输出电流约250mA以下，8Ω形成电压降至多为0.25×8=2V，其余压降即6V—2V=4V就要降在555内部输出级上形成发热功耗，其平均动态功耗约为

$$P_d=\frac{1}{2}\times4\times0.25=0.5\ (\text{W})$$

再加上555静态功耗20mW，这时就接近555的允许极限功耗600mW，因此，本制作中电

源电压选 6V，不能再大。

重要提示

耦合电容 C_3 的容量大小要适当，太大太小都不行。C_3 容量过大则功耗太大，同时喇叭发音会变小；C_3 容量太小，喇叭上得到的电压（电流）脉冲宽度太窄，发声变小、变尖。喇叭耦合电容通常使用 5～50μF。本制作选用 22μF。二极管 VD_1、VD_2 的选择是很容易的事。按钮 SN 选择常开按钮。

二、制作方法

门铃的电路板及喇叭、电池可利用旧的袖珍收音机外壳，按钮应用足够长的引线引出，门铃的电路板图如图 6-18 所示。

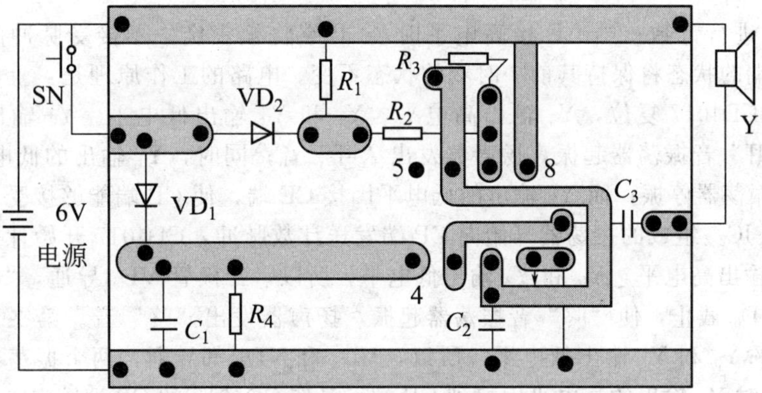

图 6-18 印制板图

第七节 叮咚门铃

该叮咚门铃电路结构简单，适合喜欢追求个性的电子爱好者实验制作。电路如图 6-19 所示。

一、电路工作原理

220V 市电经变压器 T 降压、VD_1～VD_4 整流、C_1 滤波后获得＋8V 直流电压。IC_1 为十进制计数分频器 CD4017，Y_0、Y_1、Y_2 为计数输出端，R 为高电平复位端，接通电源时，因 C_2 端电压不能突变而使 CD4017 完成上电复位。复位时 CD4017 只有 Y_0 端子输出高电平，其余输出端都为低电平。CP 为 CD4017 的计数脉冲输入端，由脉冲的上升沿触发计数。IC_{2-1}～IC_{2-6} 为一片六非门集成电路 CD4069，其中 IC_{2-3}、IC_{2-4} 和 RP_1、C_4 组成“叮”音振荡器，IC_{2-5}、IC_{2-6} 和 RP_2、C_5 组成“咚”音振荡器。IC_{2-1}、IC_{2-2} 和 R_2、R_3、C_3 组成计数脉冲发生器电路，负责向 CD4017 发送计数触发脉冲。

CD4017 的 CE 端为计数输入的使能端，当 CE 接低电平时，CD4017 的 CP 端接受脉冲

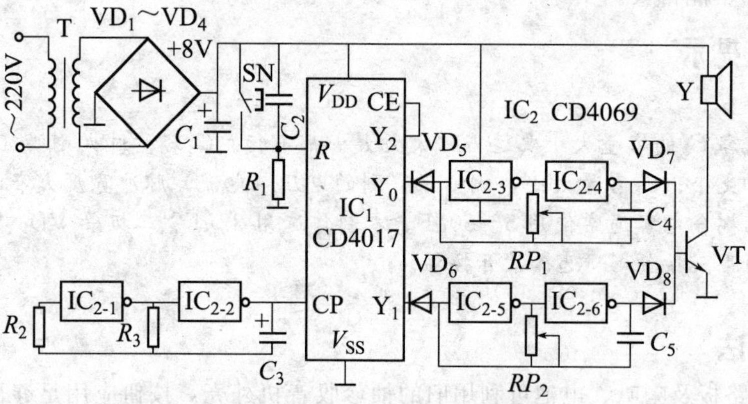

图 6-19　叮咚门铃电路原理图

上升沿的触发进行计数；当 CE 接高电平时，CP 端将被锁定，不接受脉冲的触发，此时 CD4017 输出端的状态将保持其前一时刻的状态不变。电路的工作原理是：上电后或按下门铃按钮 SN 后 CD4017 复位，Y_0 输出高电平，Y_1 和 Y_2 输出低电平。Y_0 输出的高电平使 VD_5 截止，“叮”音振荡器起振，扬声器发出“叮”音；同时，Y_1 输出的低电平使 VD_6 导通，“咚”音振荡器停振；而 Y_2 输出的低电平因接 CE 端，使 CP 端能够接受计数脉冲的触发。由 IC_{2-1}、IC_{2-2}组成的振荡器开始向 CP 端发送计数脉冲，CD4017 开始计数。第一个计数脉冲使 Y_1 输出高电平，Y_0 和 Y_2 输出低电平，所以，二极管 VD_5 导通，“叮”音振荡器停振，同时 VD_6 截止，使“咚”音振荡器起振，扬声器发出“咚”音。第二个计数脉冲使 Y_2 输出高电平 Y_0 和 Y_1 输出低电平，所以，VD_5 和 VD_6 都导通，两个振荡器停振，扬声器不发声。同时 Y_2 输出的高电平因接到 CE 端，又使 CD4017 的 CP 端锁定，不再接受计数脉冲的触发。输出端 Y_0、Y_1、Y_2 将保持在 Y_2 高电平，Y_0 和 Y_1 低电平的输出状态不变，VD_5 和 VD_6 导通，音频振荡器全部停振，扬声器不发声。SN 为门铃按钮，当有客人到来按一下 SN，则 R 端变为高电平，CD4017 在一瞬间复位，Y_0 端子输出高电平，扬声器发“叮”音；Y_1、Y_2 为低电平，Y_2 的低电平因接 CE 端，使 CP 端又恢复接受计数脉冲的触发。在计数脉冲的触发下，“咚”音振荡器起振、“叮”音振荡器停振，使扬声器发出“咚”音，然后 Y_2 输出高电平又使 CP 端再次被封锁，两个振荡器全部停振，等待 SN 的再次被来客按下。图中，RP_1 用于调准“叮”音的频率，RP_2 用于调准“咚”音的频率，R_3、C_3 决定“叮”、“咚”二音的长度，也可作适当调整。

二、元器件选择

叮咚门铃所用的元器件如表 6-2 所列。

表 6-2　叮咚门铃所用元器件

代号	名称	型号规格	单位	数量
VD_1～VD_4	晶体二极管	1N4001	只	4
VD_5～VD_8	晶体二极管	1N4148	只	4
VT	晶体三极管	NPN 型，9013	只	1
R_1、R_2	碳膜电阻	100kΩ	只	2
R_3	碳膜电阻	36kΩ	只	1
RP_1、RP_2	电位器	50kΩ	只	2

续表

代号	名称	型号规格	单位	数量
C_1	电解电容	220μF / 25V	只	1
C_2	涤纶电容器	0.01μF	只	1
C_3	电解电容	22μF/25V	只	1
C_4	涤纶电容器	0.022μF	只	1
C_5	涤纶电容器	0.1μF	只	1
Y	扬声器	8Ω/0.5W	只	1
IC_1	十进制计数分频器	CD4017	只	1
IC_2	六非门集成电路	CD4069	只	1
SN	轻触开关		只	1

第八节 简单实用的多用户对讲门铃

本电路的特点是所有用户均采用并联的形式，只需用两根电缆连接，没有复杂的编码、解码系统，大大简化了电路，并且工作可靠，适合于楼房、四合院等一门多户的场所。

一、电路工作原理

图 6-20 为门口控制电路，图 6-21 为各用户端室内电路。门口控制电路由音频放大、消侧音、多谐振荡器电路组成，当依次按下 $SB_1 \sim SB_n$ 时，振荡器电路将会分别产生一个彼此频率不同的方波信号。用户端电路中的 IC_5 组成音频解码电路，其中心频率与门口控制电路中对应的按键所产生的频率相同，当有人按某一户的门铃时，该户的终端电路检测到与其中心频率相同的振荡信号，就会输出低电平控制信号，经非门 $IC_{3\text{-}4}$ 反相，变为高电平，使 VT 导通，触发门铃电路 IC_6 发出声音，此时，该用户只需闭合开关 S，即可与来访者通话，而其他用户电路的中心频率与此振荡信号不同，故不会触发门铃电路发出声音。

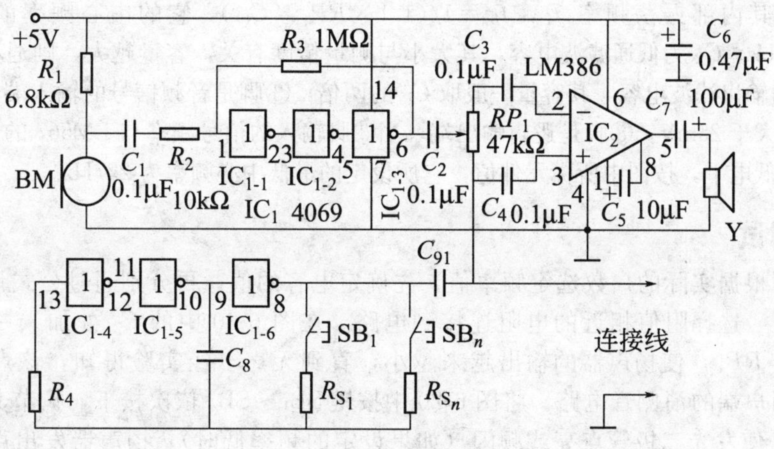

图 6-20 控制电路

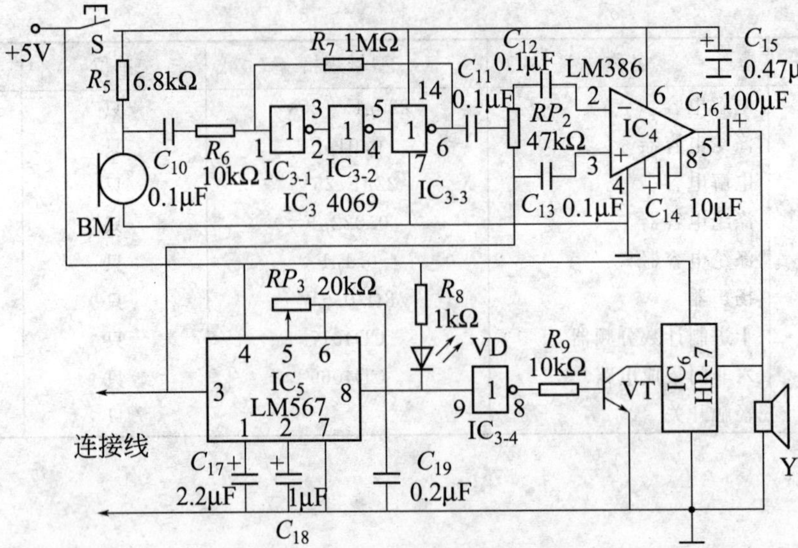

图 6-21　用户端室内电路

图 6-20 中 IC_1 的 $IC_{1\text{-}4}$、$IC_{1\text{-}5}$、$IC_{1\text{-}6}$ 三个非门组成多谐振荡器。通常情况下振荡频率 $f=1/(2.2R_{sn}\times C_8)$。其中 R_4 用于稳定振荡频率，其阻值取 R_{sn} 的 6～10 倍，可采用不同的 R_{sn} 值来获得不同的振荡频率，读者可在 500kHz 的范围内自行设定其振荡频率，也可采用 555 定时电路组成振荡器。

IC_1 中的 $IC_{1\text{-}1}$、$IC_{1\text{-}2}$、$IC_{1\text{-}3}$ 三个非门组成放大电路，常作为一般小信号的前置音频放大器使用，由于非门的相移为 180°，偶数级串联可能引起电路失稳或自激振荡，故实际电路多采用奇数级串联，其中 R_3 为负反馈电阻，用以改善电路的线性和稳定性，它的增益 $A_u=R_3/R_2$。

IC_2 组成消侧音电路。侧音是指在本方的扬声器中听到自己的声音，这种声音形成电声反馈，就会干扰正常的对讲通话。消侧音电路的工作原理是将前置放大后的音频信号分别送入正、负向输入端，调节 RP_1，使其输出信号正负抵消，进而使扬声器无声音，而用户端送来的音频信号则大部分送入了其正向输入端，经放大后推动扬声器发出声音，LM386 的①、⑧脚为增益调节端，开路时增益只能达到 20dB，若电路中出现啸叫，可在⑦脚加一只几微法的电解电容到地。

IC_5 组成音频解码电路。LM567 是一种锁相环单音频译码集成电路，它⑤、⑥脚外接的 RP_3 与 C_{19} 决定着其内部振荡频率 f_0，$f_0=1/(1.1\times RP_3\times C_{19})$，它的中心频率的调节范围为 0.01Hz～500kHz。C_{18} 为低通滤波电容，其大小与测量精度有关，容量越大，则通频带越窄，测量越精。C_{17} 为输出滤波电容，其容量一般取 C_{18} 的两倍，③脚是音频信号的输入端，要求输入的音频信号幅度大于 25mV。⑧脚是逻辑输出端，当③脚输入的信号频率与 LM567 的中心频率相同时，⑧脚输出低电平，按图中所标元件值，它所设定的最低中心频率为 227Hz。

二、安装调试

制作时可根据实际的户数选定频率值，先确定电容的值，再分别通过公式计算出各用户对应的电阻值，选择阻值相近的电阻连接到电路。在图 6-20 中的 C_2 处加入一个音频信号源，仔细调节 RP_1，使扬声器的输出越来越小，直到无声（经实验得知，该点确实存在），同样调节各用户端的消侧音电路。将图 6-20 中按键 SB_1～SB_n 依次按下，调节其对应用户电路中的 RP_3，使发光二极管点亮或频闪（如果设定的频率低时），扬声器发出声音即可。只是注意在每一次通话完毕后一定要将开关 S 断开。

第七章 振荡电路

第一节 振荡电路的制作步骤

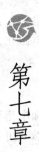

振荡电路的制作步骤与其他电子电路原则上是一样的。可用“制作流水线”示意，如图7-1所示。

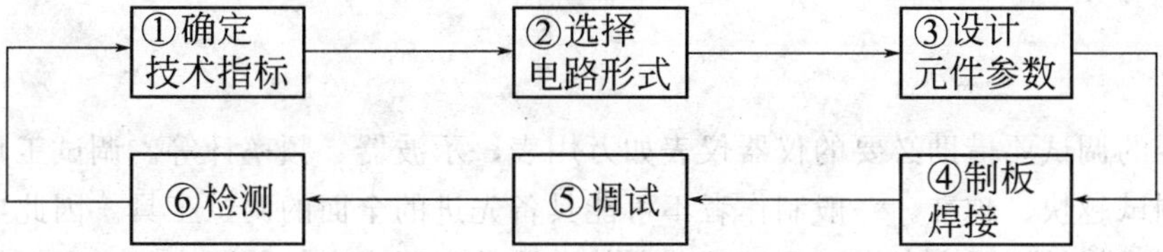

图 7-1 振荡电路的制作步骤

一、确定技术指标

根据振荡电路的使用场合确定要制作的振荡电路的技术指标。如要求振荡电路输出何种波形、对波形质量有何要求、要求振荡电路输出频率高低、频率调节范围是多大、频率稳定度的指标、振荡电路的振幅是多大、是否要求可调、振幅稳定度、功率大小、以及有无其他特殊要求等。振荡电路技术指标的确定要结合实际情况，盲目追求高技术指标势必带来电路的复杂以及成本的提高。但振荡电路输出信号的技术指标必须明确下来，这是制作的最初目的，也是制作的最终目的。

二、选择和设计电路

重要提示

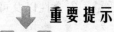

根据技术指标选择电路形式是一个理论性很强的步骤。首先应满足技术指标中的主要指标，确定是正弦波振荡器还是非正弦波振荡器；然后对于正弦波振荡器要根据频率的大小确定是用LC正弦波振荡器还是用RC正弦波振荡器；第三，再根据频率稳定度要求确定是否要用石英晶体振荡器。接下来的考虑就应通盘考虑，如是否采用集成电路，是否要求频率可调、幅度可调以及具体的稳频细节。对于不同用途的弛张振荡器要求可能相差很大，如有的要求频率十分精确，有的要求大功率输出，有的要求线性良好。

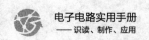

总之，电路形式的选择先根据主要技术指标，总体上确定哪一大类的电路，其次再根据其余技术指标的主次逐一确定电路的方框图，然后完善方框图，将方框图电路化。遇到指标相互有矛盾时应折衷选取，最后将正确的电路确定下来。

三、确定元件参数

电路原理图设计出来之后，根据各元件在电路中的工作情况（如电压和电流等）确定各元件的参数，具体的确定方法可分为计算和调试两步，先进行必要的计算然后可在制作中调试确定。具体的计算公式可参考相应各章的部分内容。

四、制板和焊接

根据电路原理图及元件的尺寸确定元件的摆放位置。具体说来，元件的摆放要考虑元件的大小，电路板是用单面板，还是双面板（一般不会用多层板），对于手工制作，一般只能制作单面板。有多级放大器的振荡器，一般各级放大器要按直线排列，使第一级远离末级甚至于分级屏蔽。电路板上的电源线、信号的输出线、各元件之间的连线应尽量短，要减少跳线、绕线以及确定电路板的尺寸，还要根据电路板的安装要求设计电路板的形状，然后画出元件的安装图，根据安装图制作出印刷电路板。电路板制作完成后，可将元件逐一安装并焊接。

五、调试

振荡器的调试要借助必要的仪器仪表如万用表、示波器、频率计等。调试工具越全、越先进，则调试越快、越准。一般制作者不可能具备先进的全面的调试工具。因此更需要多次反复并在理论指导下通盘考虑。调试振荡器的电路的主要内容是波形、频率和振幅。当振荡幅度大时，往往波形失真也大，当这两个指标的要求有矛盾时，只能对反馈系数折衷取值。对于工作于高频端的振荡器，在调试中，应注意测试仪器对电路工作情况的影响，测试仪器的输入电容将改变振荡频率，并影响反馈系数的大小。在必要时，可在测试仪器的输入端串入一个比回路电容容量小的电容。

当调试困难时，应认真检查步骤二、步骤三、步骤四以及元器件本身的质量。对于步骤三重点检查元件参数是否适当，在理论指导下结合自己的经验可适当改变某些元件的参数。对于步骤四应重点检查焊接有无错误等。

六、检测

对制作的产品进行全面检测，对有关工作参数做好记录。对振荡电路的原理图、安装图、元件参数以及技术指标作好记录形成资料以备后用。对产品的焊接质量、安全性以及可靠性也应引起注意。

以上概述了振荡电路的制作过程。制作既能全面检验实践者各方面的能力，也能让制作者在实践中不断提高各方面的能力。从图 7-1 所示可以看出，这是一个反复的过程，是一个闭环，甚至也是一个正反馈，犹如本书的振荡电路。我们并不希望读者一定要把理论学得很透、很深后再动手。事实上，精确的分析需要用到较深的数学分析，有些还得借助于计算机的帮助。我们建议在具备了一定的理论知识的基础上可动手实践，在实践中碰到问题再用理论来解决。出现问题后，加强一下理论学习，再实践，再发现问题，再解决。先制作简单电路，再由浅入深，举一反三，使各方面技能达到全面提高。

第二节 三点式LC正弦波振荡器

制作一个振荡器，要求输出波形质量较高的正弦波，振荡频率为2MHz，频率稳定，波形如图7-2所示。

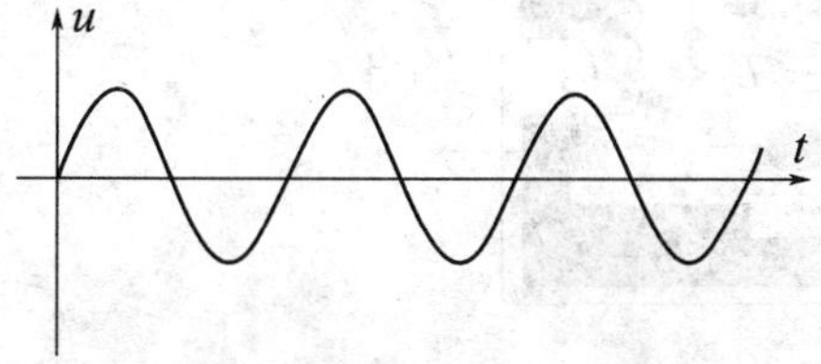

图7-2 LC正弦波振荡器输出波形

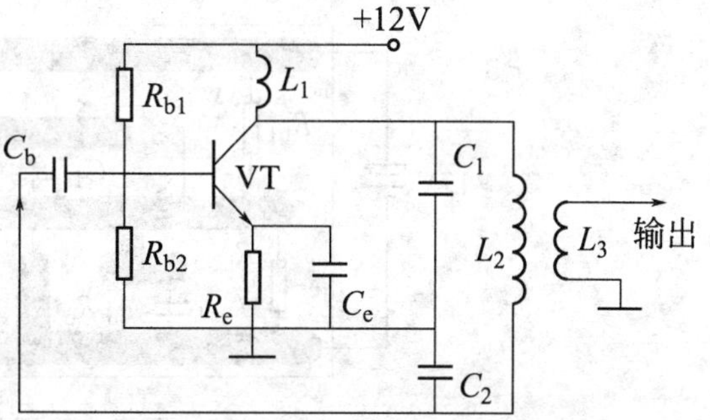

图7-3 三点式LC正弦波振荡器电原理图

一、电路原理

考虑到要求波形良好，频率稳定，故采用图7-3所示电容三点式振荡器。

三极管VT选用小功率高频管3DG4C，其 $f_T=200\text{MHz}$，选其放大倍数 $h_{fe}=50\sim100$ 左右的管子。

$R_e=1.5\text{k}\Omega$、$C_e\approx0.026\mu\text{F}$，这样就能保证旁路电容 C_e 上的交流电压很小，而不产生明显的负反馈。

上、下偏置电阻可按下面下式选取 $R_{b2}>(2\sim6)R_e=4R_e$。

$R_{b2}=4\times1500\Omega=6\text{k}\Omega$，$R_{b1}=17$（kΩ）。

耦合电容 C_b 的容抗应远小于 R_{b1}、R_{b2} 及 r_{be} 的并联总阻值，可选 $C_b=0.0015\mu\text{F}$。

根据振荡频率的一般表达式

$$f_o\approx\frac{1}{2\pi\sqrt{LC}}$$

因此当 f_o 为已知时，可选定 C 的数值，然后再算出 L 的数值。电容 C 包括两部分，即LC回路电容 C_p（为可变电容、固定电容、补偿电容之总和）和折算到回路电感两端的其他电容 C_d（包括晶体管的输入电容、输出电容以及线路分布电容）。即 $C=C_p+C_d$，显然 C 不能小于 C_d。从提高振荡频率稳定度来说，希望比值 C_p/C_d 越大越好。也就是说当 C_d 一定时，尽可能加大回路电容 C_p。但是当振荡频率确定后，LC 的乘积为一定值，加大 C 的数值，就必须减小电感 L，而 L 过小是不利的。因为一方面电感太小，Q 值不高，另一方面 L/C 比值减小，谐振阻抗 Z_o 也就随着降低（$Z_o=Q\sqrt{L/C}$），这会导致放大器增益减小，以致起振困难和工作不稳定。因此 C 值只能折衷选定。当工作频率在数十兆赫兹以上时，则最好采用克拉泼电路或西勒电路。这里选 $C=300\text{pF}$，$L_2=21\text{mH}$。

集电极电路中扼流圈的电感值应远大于电感 L_2 之值。

取反馈系数 $F=1/4$，则

$$C_1=(1+F)C=\left(1+\frac{1}{4}\right)\times300=375\text{pF}$$

$$C_2=\left(1+\frac{1}{F}\right)C=(1+4)\times300=1500\text{pF}$$

二、制作方法

为了便于制作者完成从电路原理图到产品的过程，有时给出实物安装图，实物图能帮助我们直观地理解电路的结构以及各元件所处的位置，对于元器件较少而元器件本身体积较大的电路还是较实用可行的。一般情况下，由于电子电路的元器件体积都较小，故元器件一般安装在印制板上。图 7-4 所示为制作的印制板图。

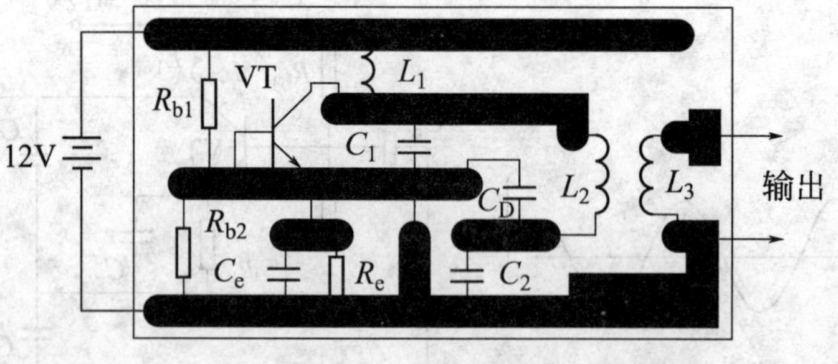

图 7-4 印制板图

按图 7-4 所示焊接各元件，正确焊接完成后，接上 12V 电源，为了准确地测量输出波形和频率，条件许可的话，可使用示波器。由于该电路结构简单，一般通电即能起振。若频率不符合要求，可适当调整电容 C_1 或 C_2。

第三节 晶体稳频振荡器

设计一个发射机的主振级，振荡频率为 27MHz，输出功率为 20mW 左右。该振荡器输出波形如图 7-5 所示。

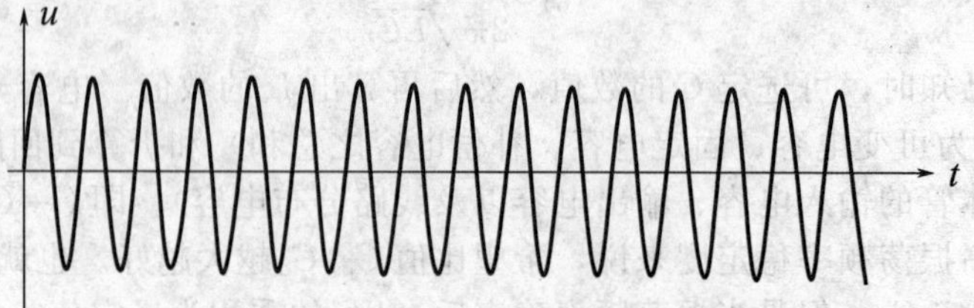

图 7-5 晶体稳频振荡器输出波形

一、电路工作原理

因该振荡器是用在发射机里的，故频率稳定度要求较高，选用图 7-6 所示的晶体稳频振荡器。

电路中 R_1、R_2、R_3 为偏置电阻。C_3、C_4 是旁路电容。晶体在电路中呈并联谐振，相当于电感。集电极的 L_1C_1 回路调到略低于晶体频率，回路则呈容性。C_2 及晶体的结电容、电路的分布电容组成 C_2'。因此这个电路其实质是电容反馈三点式振荡器。因为晶体只有在 $f_{串}$

与 $f_{并}$ 之间才是感性，所以振荡频率主要决定于晶体，晶体尖锐的谐振特性使振荡器具有稳定的工作频率。

振荡器的振荡强度取决于 L_1C_1 回路。当 L_1 的电感量较小时，L_1C_1 回路的频率高于晶体频率回路呈感性，不满足振荡条件。当逐渐增大 L_1 的电感量，回路的谐振频率下降到略低于晶体频率时，成为容性电路，满足振荡条件，电路起振，继续增大 L_1 电感量，振荡很快达到最强，输出功率最大。再继续增大 L_1 的电感量，回路频率与晶体频率失谐逐渐严重，回路阻抗降低，振荡强度逐渐减弱，直至停振。

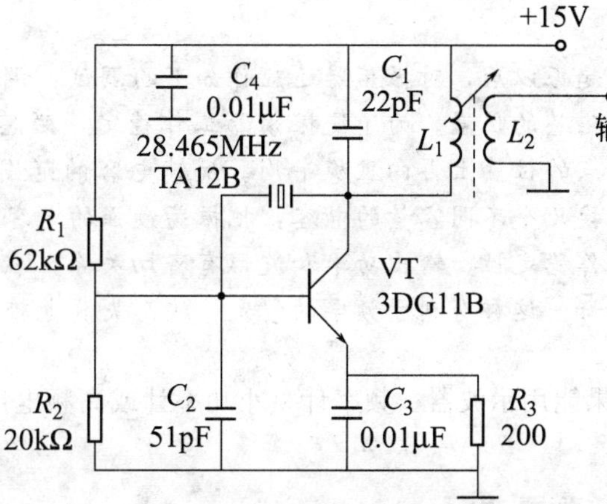

图 7-6　晶体稳频振荡器

电路中的各元件参数参见图 7-6 所示的参数。振荡晶体管 VT 选择 β 值 60～80 为宜，其特征频率 f_T 应大于或等于 3～10 倍的工作频率。电感 L_1 和 L_2 一般需自制，L_1 最好用镀银线或多股漆包线绕制，以使回路有较高的 Q 值。谐振回路的电容容量都比较小，要用容量稳定、损耗小的电容，如云母电容（CY 型）、高频瓷介电容（CCX 型）等。对旁路电容的稳定性和损耗要求不高，可用低频瓷介电容（CT1 型）、独石电容（CCSD 型）。

二、制作方法

图 7-7 所示为晶体稳频器的印制板电路图。在制作印制板时要正确处理元器件的排列、接地。高频电路的走线尽量短，以振荡三极管为中心布置，元器件接地点应尽量集中于一个公共点，或尽量将接地点靠近，印制板的地线不要留得太窄。

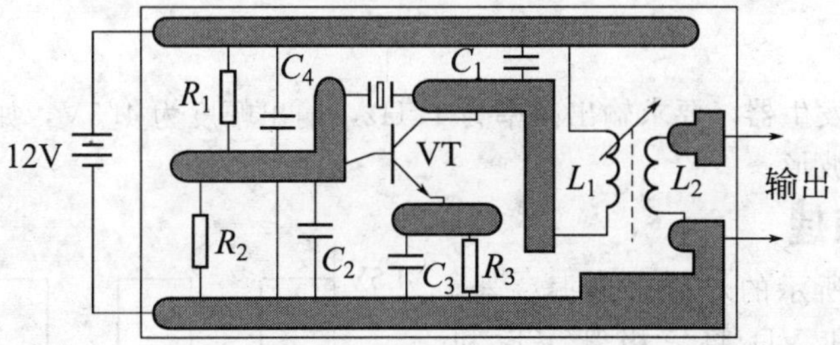

图 7-7　印制板电路图

调试晶体稳频振荡器，要以较大的功率输出为主要目的。此外，要使波形尽量接近正弦波，振荡器的工作频率要稳定。调试时要用到无感螺丝刀、万用表、场强计，有条件的还可使用示波器。

通电前，先用 100kΩ 左右的电位器代替 R_1、并把电位器调到最大值，把万用表放在 2.5V 直流电压挡，接于 R_3 两端；把 75Ω 左右的电阻接于 L_2 两端；场强计放置靠近 L_2 位置，靠近的程度由观察效果而定（如表针偏转很小，可把场强计的天线直接靠在 L_2 上）。作好以上工作即可通电调试。

通电后，首先判断电路是否起振。如场强计表针无偏转，或者短路 L_1 两端，万用表电压值也无变化（无场强计时可用此方法判断）则说明电路没有振荡。不起振的原因除了焊接错误或元器件有问题外，还可能是工作点过低，或不满足振荡的相位条件。在排除了错焊及元器件等方面问题后，调 R_1 及电感的磁芯，电路即能起振。

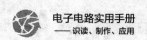

重要提示

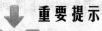

起振以后，对振荡器还应作如下的调试：调 L_1 的磁芯，用场强计观察找到振荡最强时磁芯的位置。为了使振荡器工作稳定，磁芯不能调在振荡最强的位置，应在振荡最强点的位置上再向里旋半周。反馈电容的范围一般是几皮法至十几皮法，可在这个范围换几个不同容量的电容，把振荡最强的电容留在印制板上。电阻 R_1 的大小与振荡器工作稳定性、输出功率和波形有密切关系，在满足输出功率的情况下，R_1 的阻值偏大些好，这样有利于频率的稳定，波形失真也较小。

如果能用示波器、频率计、小功率计或高频电压表等仪器调试，就会比较快而且准确地调试好。

重要提示

调试好后，应关断几次电源，看电路性能有无变化，如有变化，说明电路工作还不稳定，还要继续调试。如无变化，可把电位器换为固定电阻，把 L_1 的磁芯用蜡封固，调试工作即告结束。

第四节 方波信号发生器

设计一个方波发生器，要求输出频率为 1kHz，输出幅度为 4.5V，如图 7-8 所示为该方波发生器要输出的波形。

一、电路工作原理

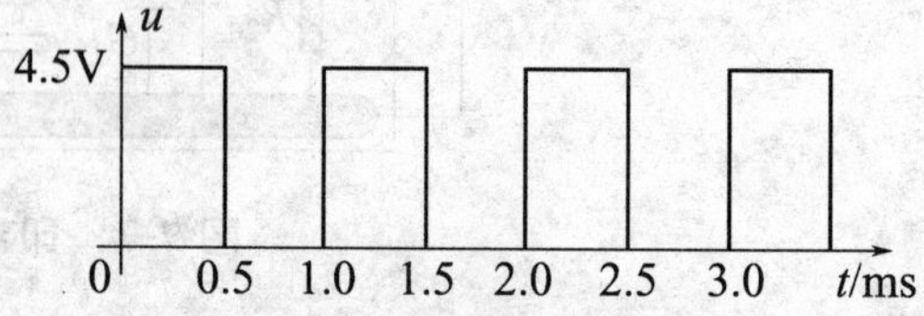

图 7-8 方波波形图

采用如图 7-9 所示的对称多谐振荡器，隔离二极管 VD_1 和 VD_2 将三极管 VT_1 和 VT_2 的充电电路与集电极电路隔开，使三极管集电极输出电压 u 与电容 C 的充电过程无关，输出波形的上升沿只决定于电阻 R_c（或 R_{c1}、R_{c2}）与三极管集电极对地的分布电容的大小。为了使方波发生器具有一定的带载能力，加了一级由三极管 VT_3 构成的射极跟随器。

从波形上升沿的质量考虑 R_c（或 R_{c1}、R_{c2}）的取值要尽量小些，但集电极电阻的数值不能太小，过小会导致三极管工作电流过大，因此折衷取值 $R=2k\Omega$，$R_c=2k\Omega$，$R_{c1}=1.2k\Omega$，$R_{c2}=1k\Omega$。偏流电阻 R_b 的取值可由式 $R_b=1.5h_{fe}\dfrac{R_cR}{R_c+R}$ 估算，这里 h_{fe} 为三极管的放大倍数，可得 $R_b=47k\Omega$。电容 C 的取值由式 $C=0.7/(fR_b)$ 求出，$C=0.01\mu F$。其余的

元件参数见图中所标。

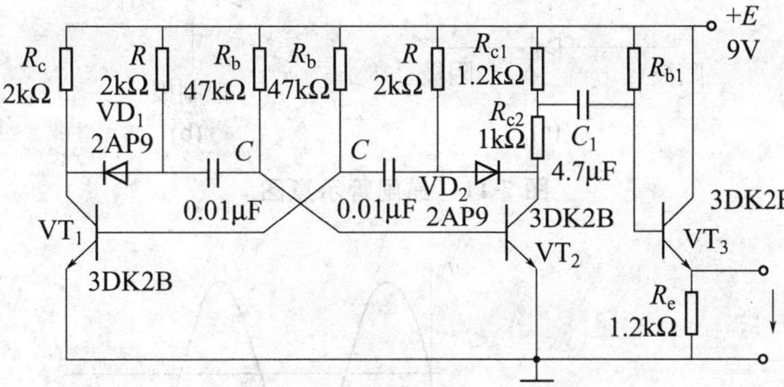

图 7-9　方波发生器电路原理图

二、制作方法

图 7-10 为方波发生器的印制板图，将元件正确的焊接后，可以将印制板固定在肥皂盒里，一端作为电源的输入，另一端作为方波信号的输出。

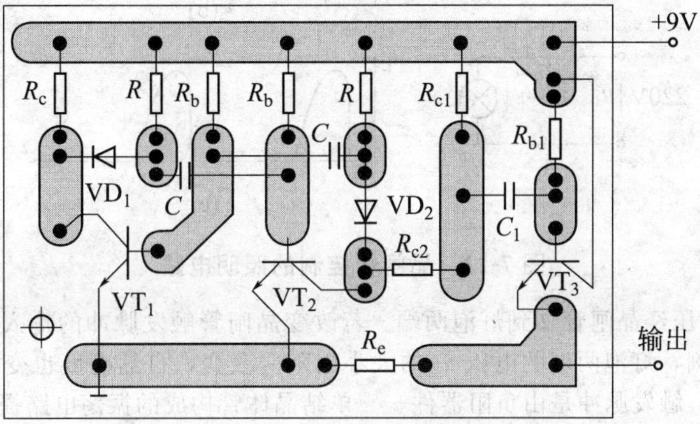

图 7-10　方波发生器的印制板图

第五节　单结晶体管振荡电路

一、电路工作原理

晶闸管的符号如图 7-11 所示，其中（a）为国家新标准符号，（b）为原符号。

晶闸管的导通条件比二极管的导通条件要复杂些。一是要在晶闸管阳极与阴极间加正向电压，二是要在控制极与阴极间加一适当的正向电压。晶闸管导通后，控制极就失去控制作用。当降低阳极电压使得通过晶闸管的电流小到一定值时（如几毫安）或者断开阳极电路或者在晶闸管的阳极与阴极间加反向电压，晶闸管就会关断。因此，根据晶闸管的这一特性，可接成如图 7-12 所示的照明控制电路。

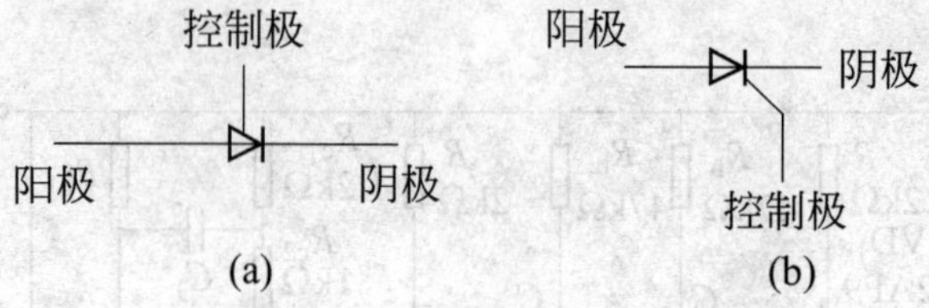

图 7-11　晶闸管示意图

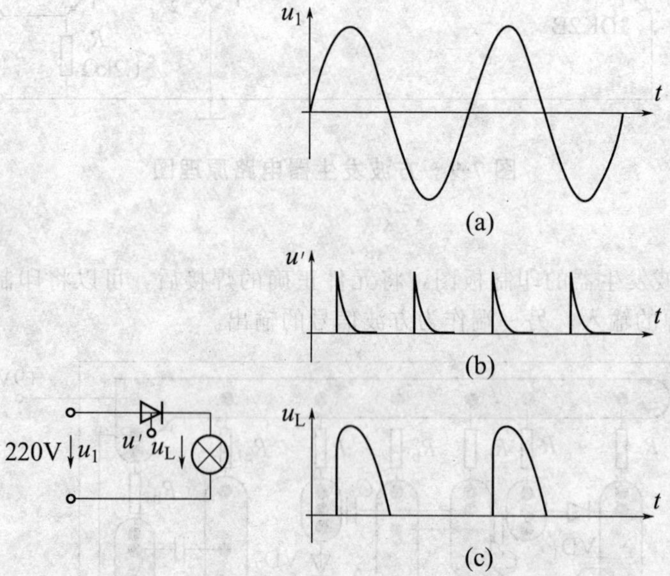

图 7-12　晶闸管控制的照明电路

220V 交流电压经晶闸管加到灯泡两端。若改变晶闸管触发脉冲的输入时刻。即改变了晶闸管的导通时刻，灯泡两端的电压 u_L 的大小也随之改变，自然亮度也变化。u_L 的波形如图 7-12(c) 所示。触发脉冲是由负阻器件——单结晶体管构成的振荡电路提供。电路如图 7-13 所示。可产生 50Hz 的触发脉冲。

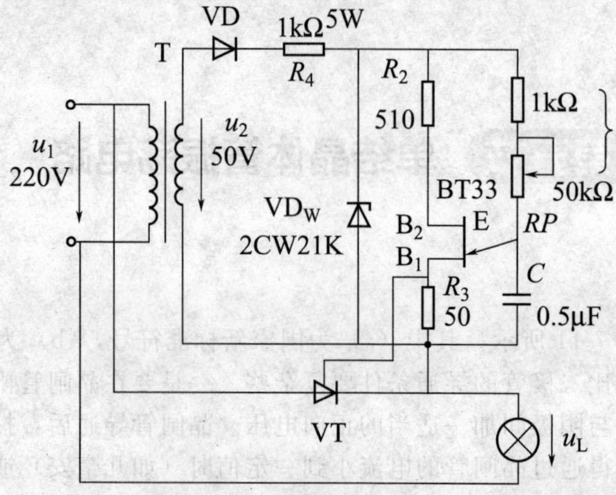

图 7-13　单结晶体管振荡电路

重要提示

电路中各元器件参数见图中所标。降压变压器 T_r 可以用成品或自己用漆包线绕制，功率在 12W 左右。晶闸管可选用电流为 1A 耐压为 400V 以上的单向晶闸管。灯泡选 40W 的白炽灯。

二、制作方法

图 7-14 所示为除变压器和灯泡之外的安装元器件的印制板。各元件焊接完成后，可通电调试，调节电阻 R_1 可改变灯泡的发光强度，若灯泡不亮，可将变压器次级对调一下。

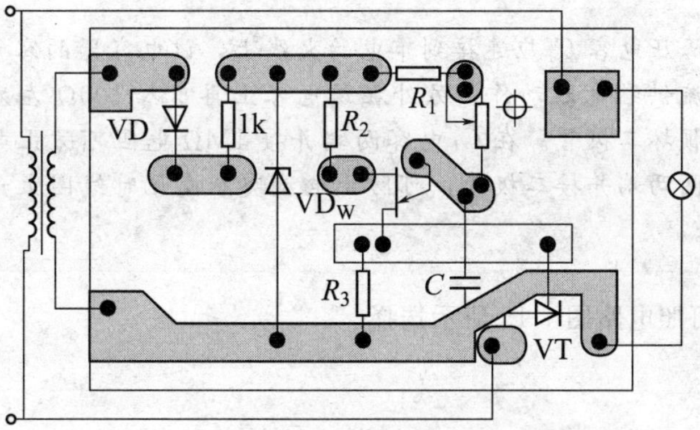

图 7-14　印制电路板图

第六节　超低频振荡器

日常生活中，有很多场合灯并不用来照明，如汽车的转向指示灯，高楼大厦顶部的指示灯，一些广告灯以及舞厅、酒吧中闪烁的灯。这些灯用闪烁来发光比静静地连续发光效果要好，本制作应用物美价廉的 555 定时器构成超低频振荡器，控制灯光的显示。

555 构成超低频振荡器，振荡频率根据显示效果在 1Hz 左右，对振荡器的波形质量及其它技术指标无特殊严格要求。

一、电路工作原理

由 555 构成超低频振荡器，振荡器的电源定为 12V 左右，为了简化电路，不采用变压器降压整流，而采用由 220V 市电经电容降压后整流取得。指示灯用 220V、25W 的白炽灯，为了控制白炽灯，必须选择一个 12V 继电器，555 构成的超低频振荡器控制 12V 继电器的工作，再由继电器控制白炽灯的亮灭。电路如图 7-15 所示。

白炽灯可用彩色指示灯代替，其颜色、形状等可根据要求而定。本制作仅示意了两只灯。当然可根据需要选择灯的数目。

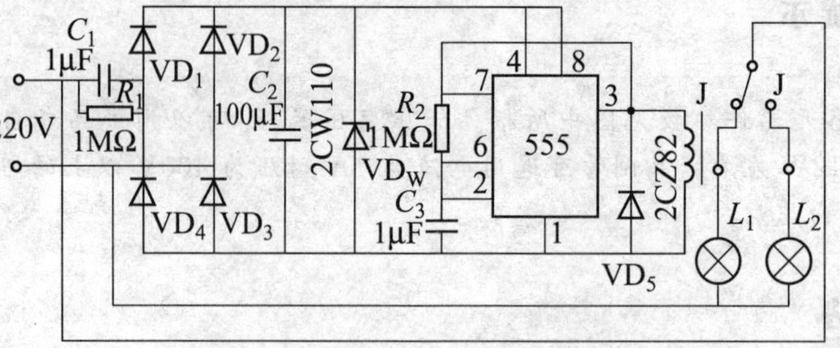

图 7-15　超低频振荡器电路图

重要提示

为了安全，降压电容 C_1 应连接到市电的火线上，该电容器的容量不能太小，以使电源有足够的电流供继电器动作。另外在该电容上再串入 100Ω 左右电阻，防止开机瞬间冲击大电流损坏二极管。在 C_1 电容两端并接 1MΩ 电阻可防止电容上形成电荷积累。在继电器线圈两端并接二极管，可防止电流突然变化时线圈上产生自感电动势损坏 555 集成电路。

其余元件参数可照电路图 7-15 所示选择。

二、制作方法

该电路上直接接入了 220V 市电，在制作过程中一定要注意安全。印制板图如图 7-16 所示。

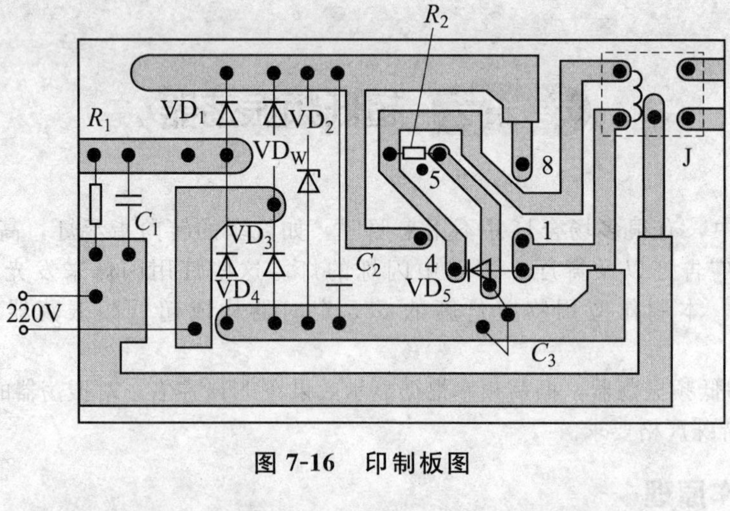

图 7-16　印制板图

第七节　无线卡拉OK话筒

无线电波是一种电磁波，在科学技术高度发展的今天，无线电波在各行各业获得了极为广泛的应用，在通信方面如移动电话；在信号传递方面如收音机、电视机；在遥控方面如遥控开关、无人驾驶飞机、导弹；在安全报警方面如无线电防盗报警器等。电磁波的产生离不开振荡电路，通过本制作，可帮助读者掌握振荡电路在这方面的应用和地位。

一、基本工作原理

调频收音机的调频接收范围是88～108MHz。因此，无线话筒应将声音调制在这个范围。人的声音又称音频信号，其频率在20～20000Hz范围内。当用无线电发射出去时，必须将音频信号放在所谓的无线电运输工具即载波上。这一过程称为无线电调制，相对于载波而言，音频信号称调制信号。调制有两种方式，即调幅和调频，所谓调幅即用调制信号去影响（或改变）载波的幅度，从而完成调制信号与载波的叠加形成无线电波。所谓调频，是用调制信号去影响（或改变）载波的频率，从而完成调制信号与载波的叠加，形成无线电波，调频过程如图7-17所示。

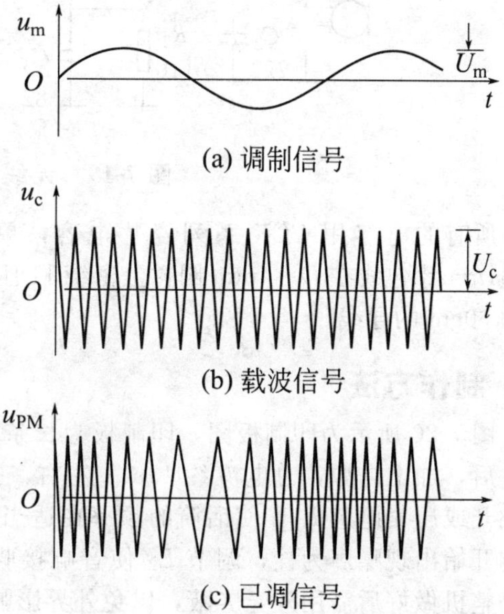

图7-17 无线电的调制过程示意图

因此，本制作是将人的声音经过话筒的调制发射电路发射出去，而利用调频收音机接收下来，如图7-18所示。

无线话筒的发射频率范围要避开当地电台的使用范围。

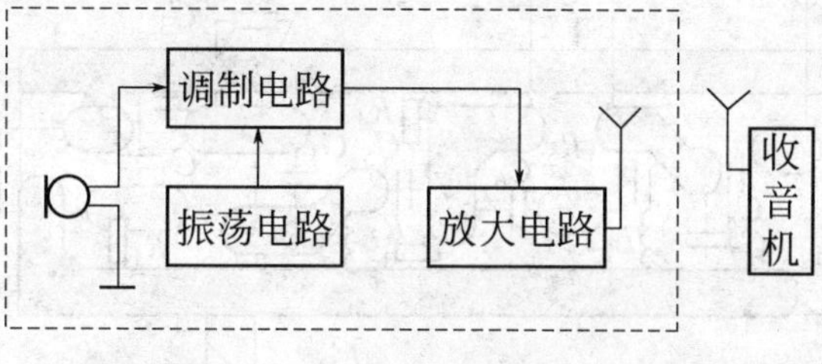

图7-18 无线话筒电路方框图

二、技术参数

该无线话筒的发射频率在88～108MHz，发射距离不小于80m。采用调频方式发射。

三、电路选择及元器件参数的确定

重要提示

电路如图7-19所示。由VT_1及其外围元件构成调频振荡器，调节L_1线圈的匝数，可使振荡器的振荡频率在88～108MHz的范围内，由VT_2及其外围元件组成放大电路，它对前级调频信号放大使发射距离更远且发射状态对振荡器频率的影响得以减少。声音经拾音器进来，由天线发射出去。

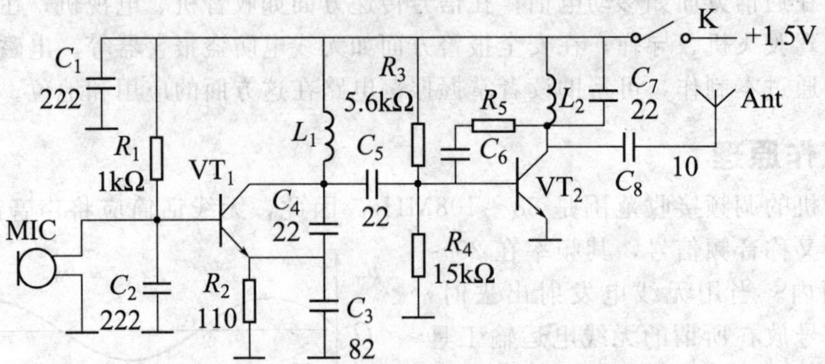

图 7-19　无线话筒电路原理图

所有的电容用 CCX 系列瓷片电容，单位为 pF，电阻用 1/8W 碳膜电阻，电感用 ϕ0.51mm漆包线在 $D=4$mm 圆衬上密绕 11 匝脱胎而成，晶体管用普通的 9018，天线用一根长约 60cm 的导线。

四、制作方法

图 7-20 所示为印制板图，印制板为长条形，目的是便于放入话筒壳内。准确地焊上各元件后，加上电源，总电流约 13mA 左右，打开调频音响，调谐搜索到该话筒的频率，然后拉开或压紧电感 L_1，使话筒的频率在适当的频率上，将话筒与音响拉开适当的距离，使音响开始出现噪声为佳，调节 L_2 使音响接收清晰，再拉开距离，重复以上步骤直至最佳。另外整机做好后需用外壳屏蔽，以免外界影响引起话筒跑频。

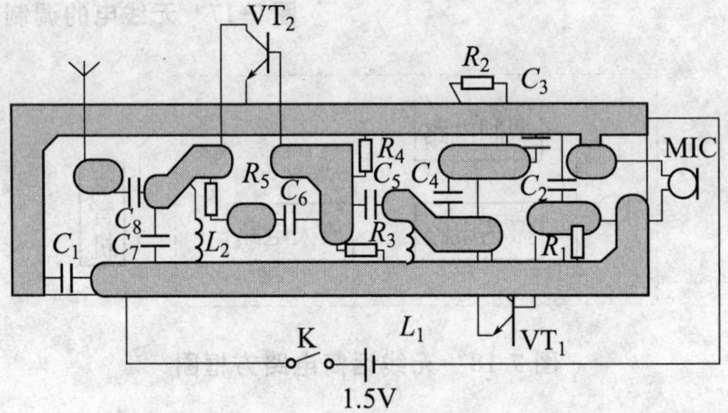

图 7-20　印制电路板

第八节　冰箱除臭器

目前冰箱普遍采用的“除臭剂”实质上是应用活性炭的多孔吸附作用而吸附异味气体，但不能杀菌。新一代冰箱除臭器是应用现代电子技术产生臭氧（O_3），臭氧是一种很强的氧化剂，具有极强的除臭、灭菌、防霉、消毒功能。顺便指出，臭氧并不“臭”。

一、基本工作原理

冰箱除臭器的基本工作原理是要产生臭氧，臭氧的产生不是依靠化学反应产生的，而是在空气中的两个电极加上一定的高压如 3kV，则两个极在空气中放电，在放电过程中，就会产生臭氧。因此高压的产生是电路要解决的主要问题，产生高压的基本思路与电视机的行扫描电路是相似的，如图 7-21 所示。

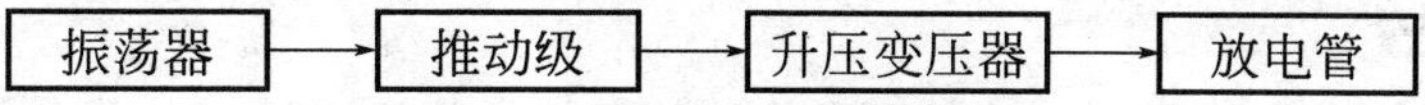

图 7-21　冰箱除臭器电路方框图

但由于冰箱除臭器的耗电量很小，一般在 1W 左右，它也不必达到电视机里所需的高压，所以电路的设计和元件的选择还是与行扫描电路不一样的。

二、电路选择及元件参数的确定

图 7-22 为冰箱除臭器电路原理图。

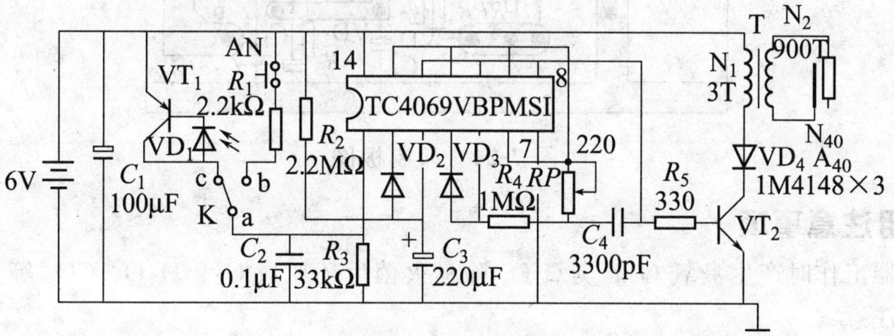

图 7-22　冰箱除臭器电路原理图

该冰箱除臭器具有光控和手控功能。启动后，延时约 6～12min 自动关机，电源用 4 节 2 号电池供电，功耗约 0.7W，平时控制开关置“光控”位置放在冰箱内，当冰箱开门时，除臭器启动，产生臭氧（O_3），关门后自动延时停止工作。

图中 IC 是 CMOS 六反相器（其内部逻辑和引脚功能见图 7-23）。F_3、F_4、F_5、F_6以及电阻 R_4、电位器 W、电容 C_4组成振荡器，用 W 调节振荡频率。F_4、F_5、F_6并联使用，以增大驱动功率。脉冲信号由 VT_2放大，变压器 B 升压后产生高压，高压通过放电管 N_{40}产生臭氧。

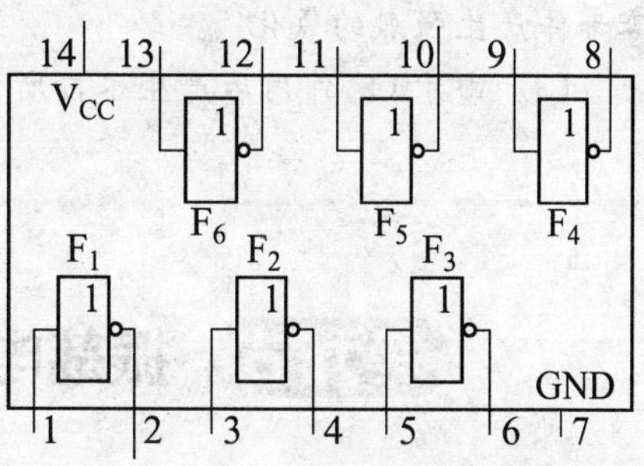

图 7-23　TC4069 引脚功能图

上述振荡器的工作状态由控制电路控制。控制电路由两部分组成。转换开关 K、VT_1、光敏二极管 VD_1以及 AN、R_1分别产生光控和手控开启信号（高电平）；F_1、F_2及其外围元件组成延时电路。如 K 置“光控”位置（c 位），当有光照时，VD_1 导通，VT_1 导通，＋6V 电源电压通过 VT_1 的 e-c 极加于 F_1 的输入端 IC 第 1 脚，因此 IC 第 2 脚为低电平、第 3 脚为低电平，第 4、第 5 脚为高电平，启动振荡器工作。无光照时，VD_1 截止，VT_1 截止，IC 第 1 脚在下控电阻 R_3 作用下变为低电平，于是其第 2 脚变为高电平，C_3 通过 R_2 充电，经过 6～12min，C_3 电平充到逻辑高电平时，F_2 输出低电平（第 4 脚为低），VD_3 导通，第 5 脚变为低电平，振荡器停止工作。如“K”置于“手控”位置（b位）；当按下“AN”时，+6V 电压经 R_1 加于 IC 第 1 脚，启动振荡器工作；当 AN 释放后，在下控电阻 R_3 作用下 IC 第 1 脚变为低电平，振荡器延时后自动停止工作。

该冰箱除臭器振荡频率约为 30kHz，放电管的工作电压约为 3kV 左右。各元件参数见图 7-22 中所标示。

三、制作方法

电路印制板如图 7-24 所示。光控开关由冰箱开门与关门控制。

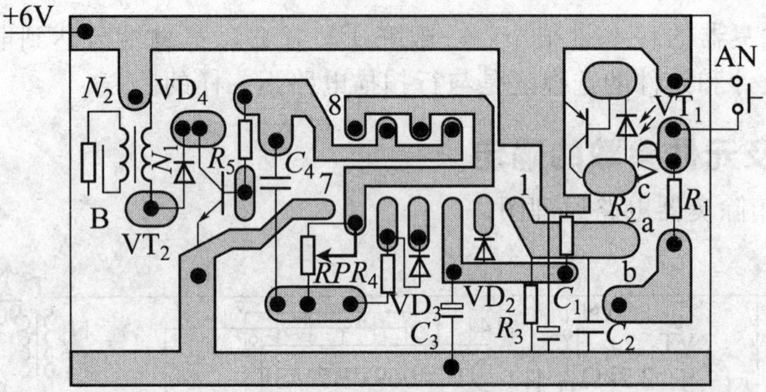

图 7-24　印制板图

四、使用注意事项

除臭器工作时产生臭氧 O_3，臭氧 O_3 除臭灭菌后还原成 O_2、H_2O、CO_2 等无毒物质，使用时要注意：

重要提示

（1）由于 O_3 是一种强氧化物质，过量的 O_3 对人体有害无益。因此不能把除臭器放在室内或床头旁当作灭菌器使用。

（2）电冰箱中无物品时，最好将除臭器关闭，否则，过量的 O_3 将对电冰箱内金属零部件产生强烈的氧化。

（3）由于 O_3 作用后产生水，所以使用一段时间后应对除臭器进行防潮干燥处理。

第九节　振荡电路制作中的问题及对策

振荡电路的实践过程中会遇到很多的实际问题，我们必须想方设法予以排除。本节从三个方面讲述在实践中要面临的问题，并给出了处理方法。

一、制作印制电路板的一般考虑

所谓印制板，也称印刷线路板或印制电路板，是指以绝缘板为基础材料加工成能安装元器件并实现元器件之间的连接的一定尺寸的板。因此印制板上有设计好的布线（一般为敷铜）以及设计好的孔（如元件孔、机械安装孔及金属化孔等）。

印制板通常习惯按下述方式分类，见表7-1。

表7-1 印制板的分类方式

分类方式	说明
单面板	仅一面有布线的印制板
双面板	两面都有布线的印制板
多层板	两面及中间都有布线的印制板

如图7-25所示是一块未经加工的敷铜箔板的剖面图。它只有一面有敷铜箔故只能加工成单面板，图7-26所示为一块简单单面板，其上有布线和元件安装孔。

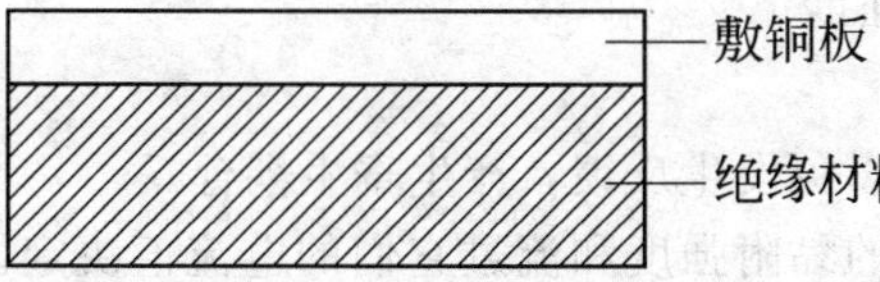

图7-25 敷铜箔的剖面图

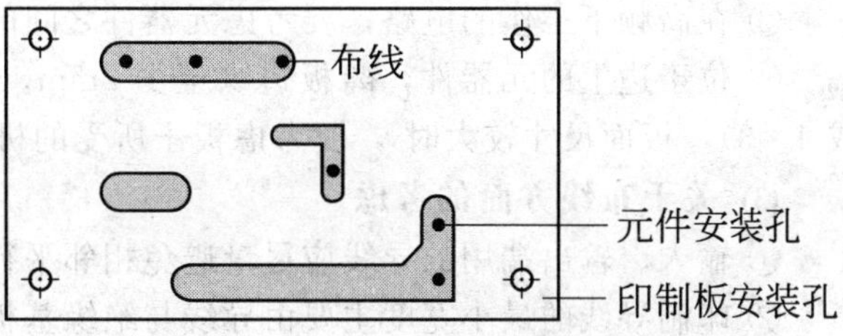

图7-26 手工制作的单面板示意图

重要提示

印制板在电子设备中，通常有两种作用：第一，作为电路中元件和器件的支撑件；第二，提供电路元件和器件之间的电气连接。

正确地设计印制电路板，要求设计者不仅要懂得有关电路的一般原理，还必须了解印制电路板的基材，技术和生产方面的基本知识。印制电路板的制作通常分单件手工制作和批量工厂制作。手工制作一般只适合于数量极少、电路简单的单面板。本书介绍的振荡电路实际制作都是手工制成的。手工制作的步骤或者称之为工艺流程如图7-27所示。

手工业余制作时，敷铜箔板一般可找那些边角料，就地取材，也可利用一些废旧印制板改制，以减少成本。

(1) 装配图的布局和布线

装配图的主要任务是布线和元件的布局。具体如下。

① 尽可能缩短高频元器件之间的连线，设法减小它们的分布参数和相互间的电磁干扰。易受干扰的元器件不能离得太近，输入和输出元件应尽量远离。

② 某些元器件或导线之间可能有较高的电位差，应该加大它们的距离，以免放电、击穿引出意外短路。带高压的元器件应尽量布置在调试时手不易触及的地方。

③ 重15g以上的元器件，不能只靠导线焊盘来固定，应当使用支架或卡子加以固定。对于那些大而重、发热量多的元器件，不宜将它们装在印制板上，而应装在整机的机箱底板上，且应考

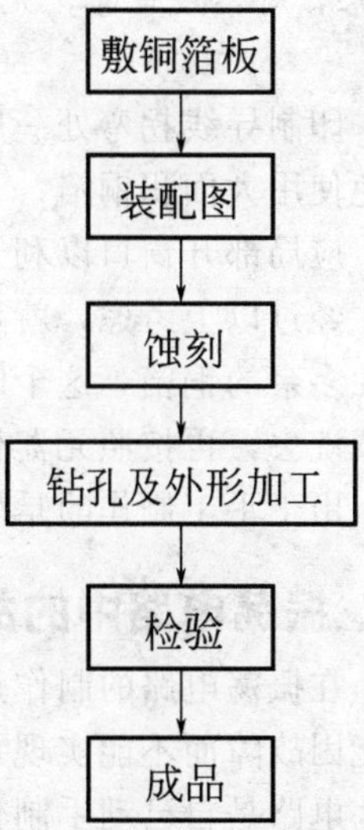

图7-27 手工制作印制板工艺流程图

虑散热问题。热敏元件应远离发热元件。

④ 对于电位器、可变电容器、可调电感线圈或微动开关等可调元件的布局应考虑整机的结构要求。若是机外调节，其位置要与调节旋钮在机箱面板上的位置相适应；若是机内调节，则应放在印制板上能够方便调节的地方。

⑤ 留出印制板固定支架，定位螺孔和连接插座所用的位置。然后，根据电路的功能单元，对电路的全部元器件进行布局。

(2) 元器件布局

① 通常按照信号的流程逐个安排各个功能电路单元的位置。使布局便于信号流通，并使信号尽可能保持一致的方向。

② 以每个功能电路的核心元件为中心，围绕它来进行布局。元器件应均匀、整齐、紧凑地排列在印制板上，尽量减少和缩短各单元之间的引线和连接。

③ 在高频下工作的电路，要考虑元器件之间的分布参数。

④ 位于边上的元器件，离板边缘至少 2mm。电路板最佳形状是矩形（长宽比为 3∶2 或 4∶3），板面尺寸较大时，要考虑板子所受的机械强度。

(3) 关于布线方面的考虑

① 输入、输出端用的导线应尽量避免相邻平行，以免发生反馈，产生寄生耦合。

② 印制导线的最小宽度主要由导线与绝缘基板间的黏附强度和流过它们的电流值决定。当铜箔厚度为 0.05mm，宽度为 1～1.5mm 时，通过 2A 的电流，温升不会高于 3℃，因此一般选导线宽度在 1.5mm 左右完全可以满足要求，对于集成电路，尤其是数字电路通常选 0.2～0.3mm 宽足够。当然只要密度允许，还是尽可能用宽线，尤其是电源和地线。

重要提示

导线的最小间距主要由最坏情况下的线间绝缘电阻和击穿电压决定。导线越短，间距越大，绝缘电阻就越大。当导线间距 1.5mm 时，其绝缘电阻超过 20MΩ，允许电压为 300V；间距为 1mm 时，允许电压 200V，一般选间距 1～1.5mm 完全可以满足要求，对集成电路，尤其是数字电路，只要工艺允许可使间距很小。

印制导线拐弯处一般取圆弧形。直角或尖角在高频电路中会影响电气性能。此外，还应避免使用大面积铜箔，否则长时间受热时，易发生铜箔膨胀和脱落现象，必须用大面积铜箔时，应局部开窗口以利于铜箔与基板间黏合剂受热产生的挥发性气体排除。

经过以上考虑，就可以在敷铜箔板上用白色油漆画出装配图，然后放入 $FeCl_3$ 溶剂中，腐蚀多余的铜箔，这个时间一般较长，需几个小时，被油漆保留的部分是装配图。用汽油将油漆洗去，再按照元器件摆放位置钻孔。

由于手工制作的是较为简单的印制板，仔细检查一遍即可逐个安装焊接元件。

二、振荡电路中的故障排除

在振荡电路的制作过程中，由于元器件选择及元器件本身的质量等多种原因，振荡电路可能因故障而不能实现预计的功能，振荡电路的故障排除又是一项技术性较强的工作。由于振荡电路是自己动手制作的，因此排除故障可能要快些，但不管怎样，排除故障也必须在理论指导下按照故障具有的特点用一定的方法予以排除。

下面简要讲述振荡电路的故障排除方法，读者在实践中应不断地加以总结。

在业余条件下检测工具一般就是万用表，因此判断振荡电路故障的基本方法见表7-2。

表7-2 判断振荡电路故障的基本方法

判断方法	说明
观察法	用观察法重点观察工作在高压、大电流的条件下的元器件。印刷电路板有无击穿，烧焦变色；大功率电阻、二极管、晶体管有无烧焦变色等 观察法直观、简便可行，因而应首先采用。一旦发现明显故障点应予以确定，并分析原因，作进一步检测，这是观察法要注意的问题，而不能发现烧坏的元器件换后就试电，否则会再次损坏新换的元器件
触摸法	触摸法主要是检查元器件的工作温度，一般情况下非功率元器件不应感觉热；功率元器件不应感觉放不住手。如果元器件有异常温升，一般是由元器件本身性能不良造成，另一个原因是由负载过重造成，应加以分析后排除 触摸法也是简便易行，注意高压元器件不能带电路触摸，以防触电、打手而发生意外
测量法	用万用表作为测量工具主要是测量电路中的关键点电压、电流以及元件的阻值，与正常值比较进行判断，测量法是判断故障的主要手段。测量法判断故障时要注意两个问题：一是要知道电路或元器件正常工作时的有关参数。二是通过测量关键点的参数进行迅速有效的判断。测量法测量的是关键点的电压、电流或电阻，抓住关键点依赖于检修人员对电路的理解和实际经验
代换法	对一些不易测量和发现的软故障，如器件内部接触不良、饱和压降过大、输出变压器内部打火等，一般通过代换方法，即可判断故障之所在

三、寄生振荡产生的原因及消除方法

寄生振荡是指由于振荡电路中的某些无法克服的寄生参数（如电源内阻、电路和元件的分布参数等）也形成了正反馈产生了不希望产生的电振荡。寄生振荡可以在放大器中产生，也可以在振荡器中产生，还可以在一个包括不同种类电路的系统中产生。例如一个开关稳压电源电路，它包括整流、滤波、振荡、比较、调整等多种电路，这些电路构成一个反馈环，在这样的电路中就容易产生寄生振荡，总之，寄生振荡可能在任何有源电路中产生。

寄生振荡混杂在正常信号中，会对正常信号产生干扰，严重时，会使正常信号面目全非，完全破坏电路的正常工作，甚至在功率振荡器中损坏功率管。

由于寄生参数的复杂性，寄生振荡的表现也是复杂的，其振荡频率可能低于或高于振荡电路所设计的频率，分别可称为低频和高频寄生振荡。寄生振荡频率也可能在振荡电路设计的频带内，可称为同频寄生振荡。

重要提示

在振荡电路的调试工作中，处理寄生振荡占有十分重要的地位，寄生振荡是由电路中无法克服的寄生参数满足自激条件（相位平衡条件、振幅平衡条件）而产生的，在电路的设计中，或是用计算机模拟设计时，不能充分估计到，只是在电路安装好以后，在进行调试时，才暴露出来，因此难以定量分析各种各样的寄生参数，消除寄生振荡应该在测量、分析的基础上综合处理。

(1) 寄生振荡的检查方法

放大器产生寄生振荡的原因是比较复杂的。寄生振荡的现象也各有差别。因此要根据具体情况采用合适的检查方法。

① 用测量工作点的方法检查寄生振荡。这个方法只适用于寄生振荡很强并且频率较低

的情况。当放大器自激振荡时，各级会产生额外的自给偏压，因而工作点改变，集电极电流、电压都要偏离正常值。检查时应除去外加信号，用电压表测量晶体管各电极电压。如果发现情况异常，可断开这级输入端的耦合电路，或者用容量为几十微法的电容器临时并联在基极和地之间，把寄生振荡信号短路，如果此时工作点恢复正常，就可肯定放大器已发生自激了。

以上方法一般不适用于检查高频寄生振荡，因为电压表本身的分布电容较大，当把测量棒接到电路时，由于分布电容改变有可能导致寄生振荡停振。

② 用交流毫伏表和调谐式的高频微伏表来检查寄生振荡。在断开输入信号后，把视频毫伏表接在放大器的输出端，可以测量低频和高频寄生振荡的幅度。如果估计振荡频率是超高频，则要用超高频毫伏表来测量。作这种测量时要注意，不要把电源电压的纹波错认为是寄生振荡，这种方法不能得知振荡频率。

重要提示

用调谐式的高频微伏表，不仅能较准确地测出寄生振荡频率，从电表的读数还可估计振荡的强弱。

③ 用示波器检查寄生振荡。用示波器检查时，示波器的频率响应要足够高，否则会漏掉高频寄生振荡。超高频寄生振荡的频率往往在数十兆赫以上，使用一般通用示波器是无法观察的。

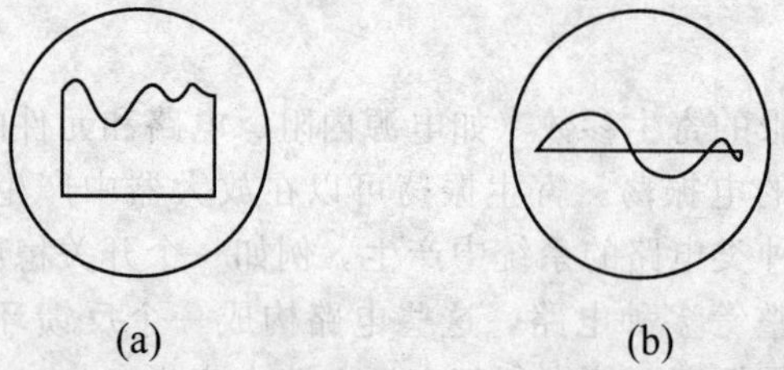

图 7-28　用扫频仪检查寄生振荡时的图形

④ 用扫频仪检查寄生振荡。

扫频仪的测量频率范围很宽，用来检查高频和超高频寄生振荡是很合适的。

利用扫频仪还可测定寄生振荡的频率。当寄生振荡较强时，可把放大器的输出联接到扫频仪的外频标输入端，调节扫描中心频率来进行搜索，在屏幕上可看到寄生振荡的基波和谐波形成的频标，然后再与内频标的位置相比较，就可确定寄生振荡的频率。

图 7-28 所示为用扫频仪检查寄生振荡时的图形，其中图 7-28(a) 所示图形的特点是曲线上出现起伏不定的峰和谷，说明放大器已产生轻度的寄生振荡。图 7-28(b) 为寄生振荡强烈时，看到的幅频特性严重失真。

(2) 产生寄生振荡的各种原因和消除寄生振荡的方法

放大器中产生寄生振荡的原因很多，总的说来，不外乎三种情况，一是元器件方面的原因，如电源内阻、三极管结电容、电感的匝间分布参数、大容量的电解电容的寄生电感。二是电路设计方面的原因，如负反馈放大器反馈系数过大、谐振放大器增益过高等。三是印刷电路板的元件安装结构设计不合理或安装调整不良造成的，如走线，放大器前后级的相互影响。

① 电源内阻形成的寄生反馈。电源内阻上产生的电压会在电路的各级耦合中产生附加相移形成寄生反馈，有可能满足自激振荡条件而产生振荡。这种振荡的频率通常很低，可以低到几赫兹甚至 1Hz 以下。防止和消除这种寄生振荡的方法是增大电源去耦滤波器的 R、L 和 C 的值，或是改变去耦滤波器的节数，以期破坏产生自激振荡的振幅条件和相位条件。

通过公共电源还可能有另一种高频寄生耦合，产生这种寄生耦合的原因是：稳压器的滤波部分对高频信号呈现的阻抗不再是很低，稳压电路的增益随频率的升高而急剧下降。电源供电电路的引线电感，大容量电容，在频率升高时，寄生电感的感抗增大。

重要提示

由供电电源高频寄生耦合而引起的寄生振荡，其频率可高达兆赫量级。为了减小公共电源的高频寄生反馈，用于电源的去耦滤波电容通常是一个容量大的电解电容和一个容量小的非电解电容并联在一起。小容量的电容器应该选用寄生电感尽可能小的，容量一般在 0.01μF 的数量级即可。安装时应将元件的引线剪得尽可能短，位置应靠近有源器件。

在绘制印制电路板时，应注意避免电流大的后级和电流小的前级公用电源走线。

② 元器件之间的寄生耦合。元器件之间的寄生耦合有静电耦合和互感磁耦合。两个邻近的元器件既有静态耦合，也有互感耦合。含有磁性材料的元器件，寄生磁耦合易成为严重的问题。当它们的距离不能拉得很远时，改变元件的位置安装，使其磁场互相垂直，可以减小互感。缩短引线可以减小这类寄生耦合。电路的输入级和输出级应远离。当受到体积的限制而不能远离时，应该在其间加屏蔽，静电屏蔽应选用导电率高的材料，如铝或铜箔，静电屏蔽应该接地。磁屏蔽则应选用磁导率高的材料。磁屏蔽的效果不但与材料的磁导率高低有关，还与屏蔽层的厚度有关。当引线穿过屏蔽时，开口务求尽可能地小，否则，磁场会通过引线口穿透到屏蔽以外。

③ 引线电感、引线电容、电路分布电容以及器件极间电容形成的寄生振荡。这种寄生振荡的频率一般在高频（百兆赫以上）范围内，当使用带宽为 100MHz 以下的示波器观测时，无法在荧光屏上观察到，只能通过间接的方法判知其存在。例如，测得器件的工作状态异常，出现与原理图严重不符的测试结果，反复检查电路，焊接和元件值正常，甚至测得器件的偏压为反向偏压，器件产生异乎寻常的温升。有时在荧光屏上观察不到寄生振荡，而是观察到失真的信号。

防止和消除这一类寄生振荡的最有效的方法是缩短接线。接线缩短后，接线的寄生电感、寄生电容都将减小。寄生振荡回路的谐振频率提高，也就是满足自激所需相位条件的频率提高，当频率高到器件的放大能力下降至不能满足自激所需振幅条件时，寄生振荡便消失了。当布线困难，难以缩短到足以防止和消除寄生振荡时，可以在器件的输入电极加防振电阻，防振电阻串入输入引线中，防振电阻的引脚要剪短，其一端应尽可能靠近器件输入电极引脚焊接。接入防振电阻后，其效果是降低寄生振荡反馈环路的环路增益。从消除寄生振荡的观点出发，防振电阻的阻值大一些好，但防振电阻会对有效信号的高频分量造成衰减。故防振电阻之值应兼顾两个方面，取一折衷值。作为估算，防振电阻和器件输入电容乘积的时间常数值，应比有用信号周期小得多。

重要提示

在设计印制板时，应尽量减少地线和电源引线的电阻和电感，地线和电源引线要粗而短，如有可能，最好采用大面积接地方式。此外，可把印制板上的连接线镀银或镀金以显著地减小电阻；输入和输出采用屏蔽线或同轴电缆；电感线圈加屏蔽罩。

④ 正常反馈环的负反馈变为正反馈。正常反馈环的负反馈是指人们为了实现某种功能

而有意设计的。但是当反馈环包含的级数较多时，由于相移的积累，就有可能在某些频率变成正反馈，如果在某个频率满足全部起振条件，便会在电路中激起振荡。在这种情况下，可以在反馈环内的某一级加频率补偿元件，破坏自激振荡的起振条件。

重要提示

最后，需要指出的是电路工作时各种干扰也会严重影响电路的正常工作，如市电50Hz及其整数倍干扰，电位器接触不良的干扰，以及周围强磁场的电磁干扰，这些干扰具有随机性和不规律性，注意区别。

第八章 电源电路

第一节 电冰箱保护插座

电冰箱保护插座与通称的电冰箱保护器作用是一样的，都是在突然停电后的5min内防止再次接通电源。若停电后又来电，冰箱压缩机立即启动，其电枢绕组电流将剧增，轻则影响电冰箱使用寿命，重则会发生“闷车”现象，造成压缩机烧毁。

电冰箱保护插座特点是电路简单、体积小、性能可靠，使用方便及耗电极微，成本很低。现将电路原理与制作方法介绍如下。

一、电路工作原理

电冰箱保护插座的电路，如图8-1所示。

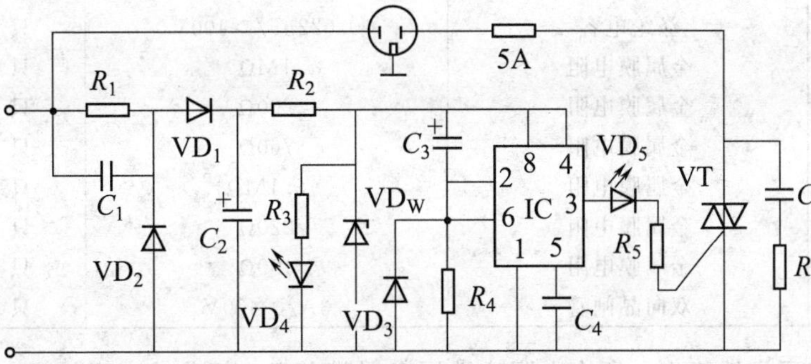

图8-1 电冰箱保护插座电路

图中，电阻 R_1、电容 C_1 组成电容降压电路，省去了体积较大的变压器。市电经此降压后，由二极管 VD_1 整流、C_2 滤波，变为13V左右的直流电。再经电阻 R_2 降压、稳压管 VD_W 稳压即得到8V左右的稳定直流电压，供给时基电路IC工作。

限流电阻 R_3 与 VD_4 发光二极管组成电源指示电路。若8V输出电路工作正常，电源接通时，红色发光二极管 VD_4 即点亮，否则电路有故障。电阻 R_4 与电容 C_3 组成延时电路；以控制电源接通的5min内，冰箱压缩机不能启动而保护压缩机。其延时时间取决于 R_4、C_3 的时间常数。在电源刚接通时，由于 C_3 两端的电压不能突变，IC的⑥脚为高电平，IC处于复位状态，③脚输出低电平，双向晶闸管VT因无触发电压而关断，冰箱压缩机电源不通。当8V电源经 R_4 向 C_3 充电，逐渐使IC的⑥脚电位下降至电源电压的1/3时，IC翻转，③脚输出高电平，触发双向晶闸管VT导通，压缩机获得交流220V电压，即启动工作。由于延时电路的存在，这样就保证了冰箱停电又来电的 5min 内压缩机不能启动，避免压缩机损坏之可能。

重要提示

串联在双向晶闸管 VT 控制极的绿色发光二极管 VD_5，用来指示电冰箱已正常工作。二极管 VD_3 的作用是冰箱断电后，C_3 能迅速放电，以防立即又来电时导致双向晶闸管 VT 导通，促成压缩机马上启动。R_6、C_5 组成吸收回路，用来保护双向晶闸管 VT 因过压而被击穿。

二、元件选择

电冰箱保护插座电路所需元器件见表 8-1。

表 8-1　电冰箱保护插座电路元器件

代号	名称	型号规格	单位	数量
IC	555 时基集成电路	可选任意型	只	1
VD_1～VD_3	二极管	1N4007	只	3
VD_4、VD_5	发光二极管	红色、绿色	只	2
VD_W	稳压二极管	选 2CW56 或 2CW57	只	1
C_1	电解电容	1μF/> 400V	只	1
C_2	电解电容	220μF/25V	只	1
C_3	电解电容	47μF/16V	只	1
C_4	涤纶电容	0.01μF	只	1
C_5	涤纶电容	0.022μF/>400V	只	1
R_1	金属膜电阻	1MΩ	只	1
R_2	金属膜电阻	200Ω	只	1
R_3	金属膜电阻	760Ω	只	1
R_4	金属膜电阻	5.1MΩ	只	1
R_5	金属膜电阻	220Ω	只	1
R_6	金属膜电阻	100Ω	只	1
VT	双向晶闸管	3A/>400V	只	1

为保证电路可靠地工作，所有电阻应选用金属膜电阻，标称功率不低于 1/4W。

三、安装调试

冰箱保护器的印制电路，如图 8-2 所示。

所有元件经检查质量良好，除 VD_4 与 VD_5 外，均正确地安装焊接在印制电路板上。外壳可采用有机玻璃或硬质塑料粘制。

通电调试时，先测量 C_2 两端电压；应在 13V 左右，过高过低可调整 C_1 容量。VD_W 两端电压应在 8V 左右，过高或过低应调整 R_2 的阻值。之后在 R_4 的两端并联一只 20kΩ 左右的电阻，用一只 40W 的白炽灯泡代替压缩机，通电后几秒钟，白炽灯应点亮。然后去掉 20kΩ 的并联电阻，再次通电，约 5min 后，白炽灯泡点亮。如果延时时间过长或过短，调整 R_4 的阻值即可。使用时，冰箱保护插座直接插入市电电源的三芯插座上，再将冰箱电源插头插入冰箱保护插座上。

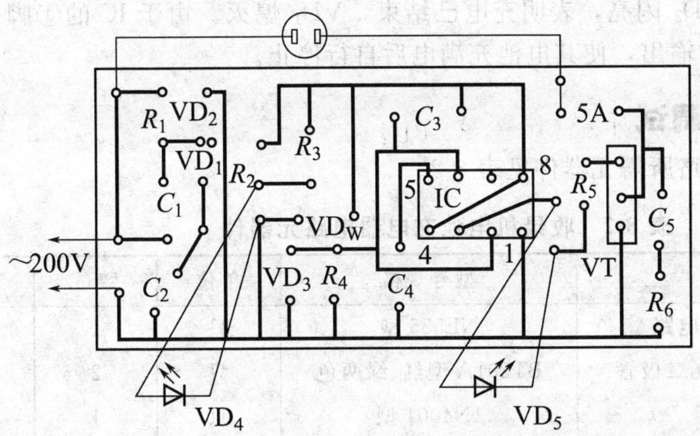

图 8-2　冰箱保护器印制电路

第二节　收录机电池充电器

普及型收录机多数为交直流两用，在交流供电地区又习惯使用交流电源，而机内的电池盒则空闲不用。当交流电源因故停电，由于事前盒内无电池准备，一些较好的广播节目未能及时收听或录制下来，造成时过境迁而留下遗憾。现介绍的收录机的电池充电器，是在有市电时，由市电对整机供电，并对机内电池充电；当停电时，整机则由电池供电。

一、电路工作原理

收录机电池充电器电路，如图 8-3 所示。

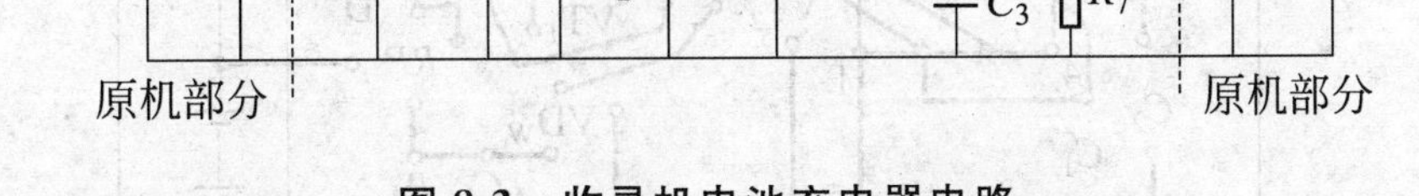

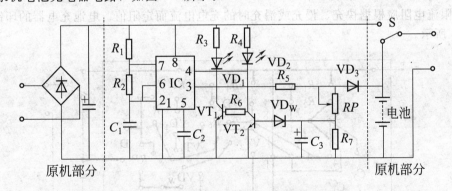

图 8-3　收录机电池充电器电路

图中，IC 及周围元件组成无稳态多谐振荡器，占空比接近于 50%，振荡频率约 100Hz 左右。电源接通后，IC 即振荡，从③脚输出的振荡脉冲，经限流电阻 R_5、二极管 VD_3 对电池充电。VD_1 作用是用来防止电池放电。RP、R_7 与 VD_W、VT_2 等组成电压检测电路。当接入待充电池时，电池电压较低，稳压管 VD_W 与三极管 VT_2 均截止，IC 的复位端④脚是高电平，IC 起振，其③脚有充电脉冲输出。此时三极管 VT_1 导通，红色发光二极管 VD_1 闪亮，指示电池正进行充电。当电池充满电时，VD_W 击穿导通，三极管 VT_2 随之导通，VT_1

截止，绿色发光二极管 VD_2 闪亮，表明充电已结束，VD_1 熄灭。由于 IC 的④脚是低电平，IC 停振，③脚无充电脉冲输出，使其电池充满电后自行停止。

二、元件选择及安装调试

收录机电池充电器电路所需元器件见表 8-2。

表 8-2　收录机电池充电器电路元器件

代号	名称	型号规格	单位	数量	备注
IC	时基集成电路	NE555 型	只	1	
VD_1、VD_2	磷砷化镓发光二极管	BT201A 型红、绿两色	只	2	
VD_3	二极管	1N4001 型	只	1	
VD_W	稳压二极管	耐压视被充电池数而定	只	1	
C_1	涤纶电容	0.1μF	只	1	
C_2	涤纶电容	0.01μF	只	1	
C_3	电解电容	47μF/16V	只	1	
R_1	金属膜电阻	8.2kΩ	只	1	每增一节电池应增加 1.5V
R_2	金属膜电阻	68kΩ	只	1	
R_3	金属膜电阻	760Ω	只	1	
R_4	金属膜电阻	680Ω	只	1	
R_5	金属膜电阻	限流电阻，应不小于 1W	只	1	
R_6	金属膜电阻	10kΩ	只	1	
R_7	金属膜电阻	100kΩ	只	1	
RP	电位器	27kΩ	只	1	
VT_1、VT_2	NPN 型硅三极管	3DG6 或 9013 等，$\beta>60$	只	2	

R_5 限流电阻应根据快充、慢充或涓充时的充电电流而定阻值。电池充电器的印制电路，如图 8-4 所示。

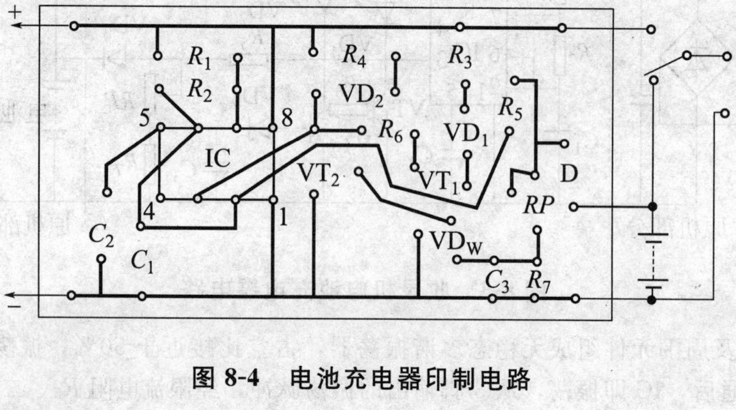

图 8-4　电池充电器印制电路

所有元件在印制电路板上组装正确后，打开收录机壳后盖，将其固装在机内相应位置，之后分别将充电器上的正、负极与原机整流、滤波输出的正、负极，用导线相连并焊牢固。

在收录机电池盒内装入已使用过、每节电压不低于 1V 的电池，用 1 只 1～2W、300Ω 的电位器代替电阻 R_5，调节其充电电流。调节时将 1 块 250mA 电流表，也可用万用表直流电流挡串入电路。考虑是慢充电，打开电源后，调节 300Ω 电位器，1、2 号电池使输出电流为 100mA，5 号电池为 50mA 即可。若是涓流充电，其输出电流最低减半。调好后，关闭电源，拆去电流表并将该线路接通。再用阻值与电位器所调阻值相等的固定电阻代换。

然后是调整停充电压，此时应换上标准的新电池，等于充满电时的电压。再打开电源，调节 RP，使 VD_2 刚好闪亮，VD_1 熄灭即可。关闭电源，调试即告完毕。VD_1、VD_2 应在面板的适宜位置开有窗孔，并从其内固定于窗孔处，供显示察看。

重要提示

本电池充电器用于碱性电池充电，其效果最佳，对其电池的还原、复活均有利，可延长电池的使用寿命。不宜对镍镉电池或镍氢电池充电，因易造成过充而使其损坏。

使用过的电池电压不低于 1V 时即应对其充电，若电池电压低于 1V 很难充电，或者根本不能充电。当充足电的电池长时间不用时，应从电池盒中取出，放在干燥的地方保存，以防电池漏液，腐蚀机内零部件。

第三节 简易快速充电器

对于 1～4 节镍镉电池，普通充电器慢充时长达 10h 以上，而快充尚需 4～5h。下面介绍的简易快速充电器，只需 2h 左右即可将电充满。

一、电路工作原理

简易快速充电器的电路，如图 8-5 所示。

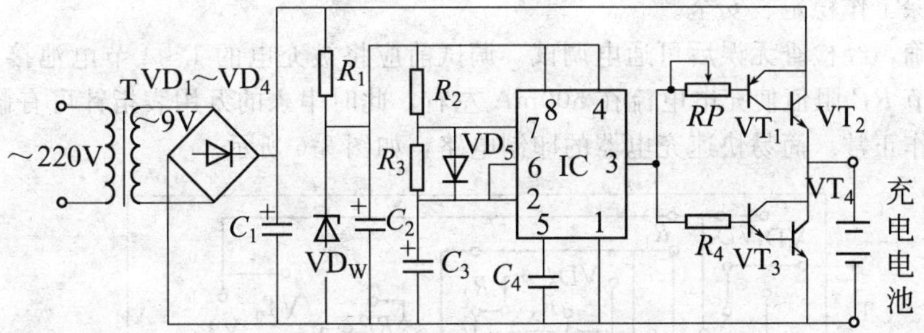

图 8-5 简易快速充电器

为了实现快速充电，可以采用脉动大电流对电池进行充电与放电，图示电路正是基于此原理而组成。

电源变压器 T、二极管 VD_1～VD_4、电容 C_1 及稳压二极管 VD_W 组成降压、全桥整流、滤波与稳压电路，向快速充电器电路提供稳定的工作电源。时基电路 IC 及外围元件组成脉冲发生器，使其在 IC 的③脚输出占空比很小的窄脉冲，用于触发充放电电路的充电与放电。

三极管 VT_1、VT_2 与 VT_3、VT_4 组成充放电电路，对电池进行充电与放电。当 IC 的

③脚输出低电平时，三极管 VT_1、VT_2 导通，VT_3、VT_4 截止，对串接的电池进行充电；当 IC 的③脚输出高电平时，三极管 VT_1、VT_2 截止，而 VT_3、VT_4 导通，对电池进行放电。电阻 R_4 起限流作用。

二、元件选择及调试

简易快速充电器电路所需元器件见表 8-3。

表 8-3 简易快速充电器电路元器件

代号	名称	型号规格	单位	数量
IC	时基集成电路	NE555 型	只	1
VD_1～VD_5	二极管	1N4004 型	只	5
VD_W	稳压二极管	9V 稳压二极管	只	1
C_1	电解电容	470μF/16V	只	1
C_2	电解电容	220μF/16V	只	1
C_3	电解电容	1μF/16V	只	1
C_4	涤纶电容	0.1μF	只	1
R_1	金属膜电阻	200Ω	只	1
R_2	金属膜电阻	2kΩ	只	1
R_3	金属膜电阻	1MΩ	只	1
R_4	金属膜电阻	3.3kΩ	只	1
RP	半可调电阻	100kΩ	只	1
VT_1	PNP 型三极管	9012，$\beta>60$	只	1
VT_2、VT_4	NPN 型大功率三极管	3DD15	只	2
VT_3	NPN 型三极管	9013	只	1
T	电源降压变压器	220V/9V、5W	只	1

电路中各元件应组装在一块电路板上，大功率三极管 VT_2、VT_4 应加装面积适当的散热片，以确保工作稳定、安全。

组装正确，经检查无误后可通电调试。调试前应将被充电的 1～4 节电池接入充放电电路，之后调节 RP 阻值使充电电流在 500mA 左右，此时串入的万用表指针可有微小的振动，表示电路工作正常。简易快速充电器的印制电路，如图 8-6 所示。

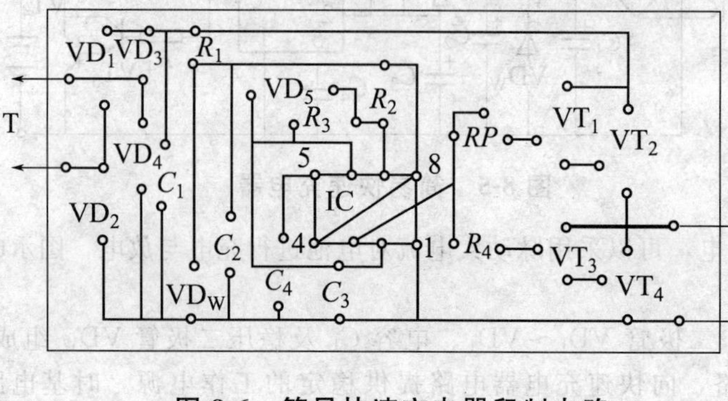

图 8-6 简易快速充电器印制电路

调试好的充电器，应固装在一塑料盒内。充电电池盒可与充电器安装在一起，亦可单独制作。充电电池盒最好制成电池节数可调的，可通过转换开关调整电池节数的接线。

第四节 电池充电器

这里介绍的充电器能够对镍镉电池或普通锰锌干电池进行恒流恒压充电，每次充电电池节数可以在1～4节间任选。

一、电路工作原理

充电器电路见图8-7所示。

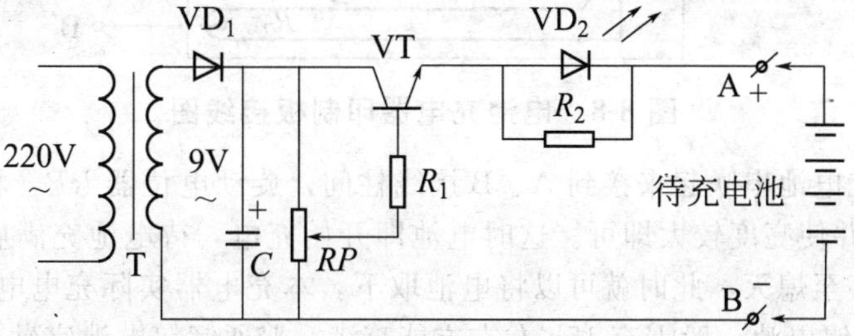

图 8-7 电池充电器电路

T为降压变压器，将220V交流电降低为9V交流电。VD_1、C组成半波整流和电容滤波电路。三极管VT接成发射极输出放大电路，待充电池接在它的发射极回路里。*RP*组成分压器，旋动电位器*RP*即可改变三极管VT基极电位的高低，当VT基极电位一定时，它的发射极电流也就被固定，从而实现对电池恒流充电。发光二极管VD_2在这里有两个作用：①起充电指示作用；②起过充电保护作用。设VD_2的起辉电压为U，当VT的发射极电位U_e大于待充电池电压E，且$U_e-E\geqslant U$时，VD_2导通发光，电池被充电。随着充电不断地进行，电池电压E不断上升，当$U_e-E<U$时，VD_2截止，不发光，充电自动中止，这样能防止电池过充电损坏，从而实现恒压充电。R_2是VD_2的分流电阻，使VD_2不致被较大的充电电流损坏。

二、元器件选择

简易快速充电器电路所需元器件见表8-4。

表 8-4 简易快速充电器电路元器件

代号	名称	型号规格	单位	数量
VD_1	硅整流二极管	1N4004型	只	1
VD_2	红色发光二极管	ϕ5mm圆形管	只	1
C	电解电容	47μF/16V，CD11型	只	1
R_1	碳膜电阻	1kΩ，RTX-1/8W型	只	1
R_2	碳膜电阻	100Ω，RTX-1/8W型	只	1
RP	线性(X型)电位器	10kΩ	只	1
VT	NPN型三极管	9013，$\beta\geqslant$50，$BV_{ceo}\geqslant$25V	只	1
T	电源降压变压器	220V/9V、8VA	只	1
A、B	小型接线柱		只	1

三、制作与使用

图 8-8 是充电器的印制板接线图，印制板尺寸为 50mm×40mm。此充电器电路较简单，装配好不用调试就能正常工作。

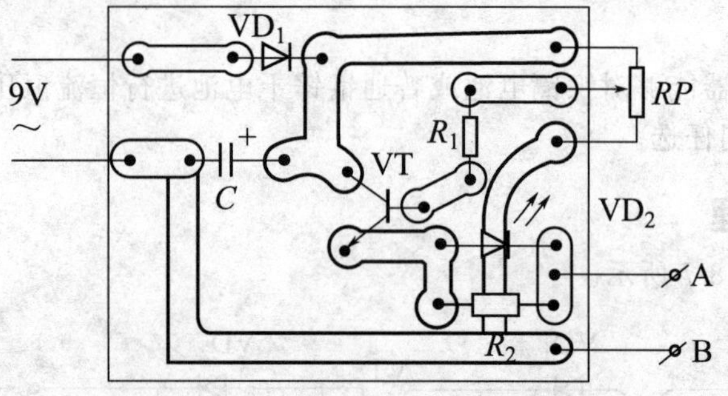

图 8-8　电池充电器印制板接线图

使用：将待充电池串联起来接到 A、B 接线柱间，旋动电位器 *RP*，将滑动臂由下向上移，使 VD_2 发光并使亮度较大即可。这时电池即开始充电，待电池充满后，VD_2 光亮度就会明显变得很暗甚至熄灭，此时就可以将电池取下。本充电器实际充电电流约 50mA 左右，5 号锰锌电池和镍镉电池一般需充 15h 左右方能充满。普通锰锌电池宜勤充勤用，这样有利于延长电池使用寿命。不要把电池用尽后才去充电，如果电池锌皮有破损或渗水，只能报废，不能再充电。镍镉电池使用正好相反，要待电池放电完毕再去充电为好。

第五节　蓄电池充电提醒器

当蓄电池输出电压低于充电提醒器的监视电压时，它就会发出“嘟—嘟—”的报警声，要求及时为蓄电池充电，避免蓄电池在过放电状态下继续工作。

一、电路工作原理

蓄电池充电提醒器电路见图 8-9。

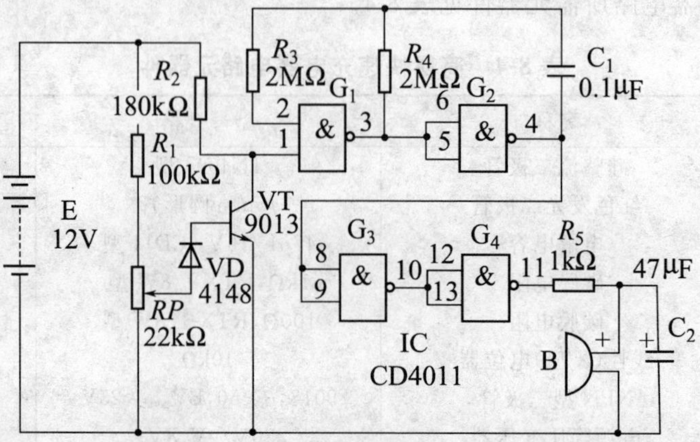

图 8-9　蓄电池充电提醒器电路

重要提示

由集成电路CD4011的与非门G_1、G_2及电阻R_3、R_4和电容C_1构成超低频振荡器，从G_2输出（4脚）的超低频矩形波信号经与非门（接成反相器使用）G_3、G_4隔离后推动蜂鸣器B发出急促断续的“嘟—嘟—”声响。为避免过载，在B和G_4输出（11脚）之间串联电阻R_5。

与蓄电池两极并联的R_1和RP构成取样分压器，由于阻值足够高（$R_1+RP\geqslant 120k\Omega$），流过分压器的电流仅约0.1mA，功耗仅为1.2mW。因此虽然长时间并联在蓄电池两端，但其耗电极小可忽略不计。二极管VD（正向接法）和三极管VT（电压放大共射接法）组成电子开关，用来检出蓄电池的分压信号并控制振荡器工作与否。

当蓄电池电压较高时，从电位器RP中心抽头输出取样电压较高，二极管VD、三极管VT都导通，VT输出为低电平，与非门G_1的输入端1脚也为低电平，振荡器不工作。此时G_2的输出端（4脚）为低电平，G_3的输入端（8脚、9脚）也是低电平，则G_3输出端（10脚）为高电平，G_4输入端（12脚、13脚）也是高电平，G_4输出端（11脚）为低电平，所以蜂鸣器B不发声。

当蓄电池电压下降到允许最低电压11.5V时，RP中心抽头输出取样电压较低，二极管VD与三极管VT均处于截止状态，于是VT输出为高电平，G_1、G_2组成的超低频振荡器起振，蜂鸣器B就发出“嘟—嘟—”声。如果要改变报警声的断续频率，可以调整R_4或C_1的数值。

二、元器件选择

四-二输入与非门集成电路采用CD4011，也可用CC4011、CH4011、F4011、TC4011或MC14011。VT采用9013或9011、9014、3DG6等NPN硅三极管，$h_{FE}\geqslant 100$。二极管VD的作用是抬高三极管VT的基极电位，便于电位器RP的调节，可采用1N4148等硅开关二极管。

R_1～R_5用1/8W碳膜或金属膜电阻器。RP采用有机实芯型微调可变电阻器。C_1用CT_1型瓷介电容器或玻璃釉电容器，C_2用耐压25V的普通电解电容器。B用ϕ12mm小型蜂鸣器，这种蜂鸣器的典型工作电压为5V（直流），有2个引脚，较长的引脚为正极，其振荡电路和蜂鸣片都安装在兼作共振腔的塑料圆柱形外壳中。

三、制作与调试

蓄电池充电提醒器印刷电路板如图8-10所示。电路板尺寸为60mm×35mm。包括蜂鸣器在内，元器件均可直接焊装在印刷电路板上。焊接好的印刷电路板检查无误后需要进行调试，先将RP的中心抽头调到最靠近与R_1相接端的位置（输出取样电压最大位置），然后暂用12V直流稳压电源代替12V蓄电池与印刷电路板相接，并将稳压电源的输出电压调到11.5V，此时蜂鸣器B应不发声。然后用小起子将RP的中心抽头逐渐地往相反的方向调，即逐渐地减小输出取样电压，当调到某一位置时，B就发声报警（注意不要调得太快而调过头了），此时应立即停止调节。接着进行试验，看调节是否恰当，如果当稳压器输出电压调到大于11.5V接近12V时B不发声，当调到11.5V时B就发声，说明RP调节正确，否则重新调节直至调正确为止。然后用火漆将RP封固使其阻值不变。

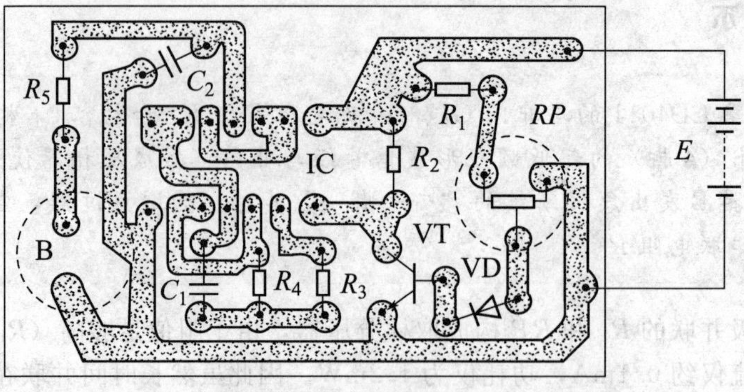

图 8-10　蓄电池充电提醒器印刷电路板图

重要提示

将调试好的电路板装入适当尺寸的有放音孔的塑料小盒内，并分别用红、黑塑包导线作为正、负端引出线，与蓄电池正、负极长时间并联在一起，就能起到对蓄电池充电报警提醒作用，可以避免蓄电池在过放电状态下工作。实验表明，本电路报警误差约为 0.1V。

第六节　多用恒流自动充电器

多用恒流自动充电器，可对 12V/6.5A·h 以下的各种充电电池进行恒流充电，充满电时自动停止，并有发光管指示充电及停充状态。电路安装简单，效果较好。

一、电路工作原理

多用恒流自动充电器的电路，如图 8-11 所示。

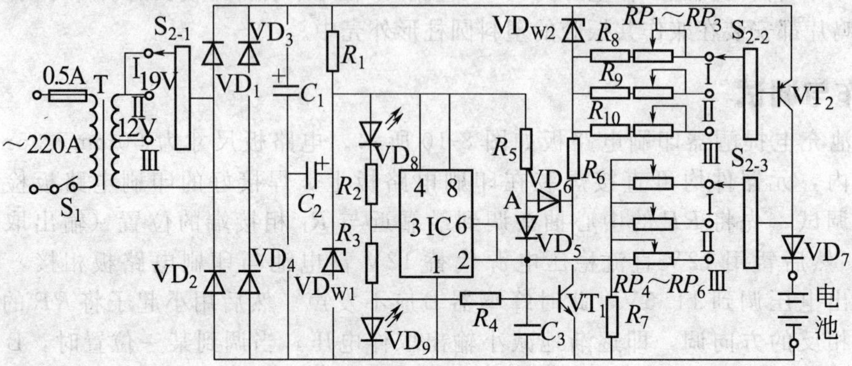

图 8-11　多用恒流自动充电器电路

多用恒流自动充电器由电源部分、恒流充电部分与自动控制三部分组成。

电源变压器 T、全桥整流器 $VD_1 \sim VD_4$、滤波电容 C_1 及稳压管 VD_{W1} 等，组成电源电路，并用三刀三掷开关S_{2-1}选择不同电源电压，以适应不同的充电电池电压和容量。

三极管VT_2、稳压管VD_{W2}及有关元件组成恒流充电电路。VD_{W2}两端稳定的3.6V电压，经相应电阻加给VT_2恒定的偏流，VT_2即有恒定的电流输出，对电池进行恒流充电。恒流值为：

$$I_{恒}=\beta(3.6V-0.7V)/R^*$$

式中 0.7V——PNP型三极管VT_2的b-e结正向压降；

3.6V——VD_{W2}稳压管稳压值；

R^*——VT_2管的偏流电阻，即图中$R_8\sim R_{10}$；$RP_1\sim RP_3$。

当三极管选定后β值不变，则恒流由偏流电阻决定。经选择开关S_{2-2}阻值，即输出不同的恒流。在一定范围内，恒流值与所接入的电池电压无关。

时基集成电路IC及相关元件，组成自动控制部分。IC接成施密特发生器，与适当元件配合，即对充电过程进行检测与控制。当IC的②、⑥脚电压低于$2/3V_{DD}$时，③脚输出高电平，三极管VT_1导通，电阻R_6有电流流过，VD_{W2}两端有3.6V电压，使三极管VT_2导通，经二极管VD_7对电池充电，与此同时绿色发光二极管VD_9点亮，指示充电状态。由于三极管VT_1导通，二极管VD_6亦导通，电阻R_5有电流流过，A点电压被钳位在1V左右，二极管VD_5反偏，对IC的②、⑥脚无作用。当电池充满（即充至终止电压）时，②、⑥脚电压升至$2/3V_{DD}$，IC置位，③脚输出低电平，三极管VT_1截止，VD_9熄灭，VT_2也随之截止，充电停止。电路中加入R_5、VD_5、VD_6的作用，是在充电停止VT_1截止时，R_5及VD_6无电流流过，A点电压升至近于V_{DD}值，VD_5导通，使②、⑥脚电压维持高于$2/3V_{DD}$，电路保持稳定的充电停止状态。VD_7的作用，是防止充电停止后，电池对电路放电造成无谓的消耗。

$RP_4\sim RP_6$、R_7与C_3等元件，决定IC振荡频率。将$RP_4\sim RP_6$分别设定到充电电压达到终止电压时，②、⑥脚电压恰好是$2/3V_{DD}$，使电路IC置位，即可对不同的充电电池进行控制。

二、元件选择及调试

多用恒流自动充电器电路所需元器件见表8-5。

表8-5 多用恒流自动充电器电路元器件

代号	名称	型号规格	单位	数量
IC	时基集成电路	NE555型	只	1
$VD_1\sim VD_4$、VD_7	二极管	1N4004型	只	5
VD_5、VD_6	二极管	1N4148型	只	2
VD_8	发光二极管	红色，指示充电停止	只	1
VD_9	发光二极管	绿色，指示充电状态	只	1
VD_{W1}	稳压二极管	5.1V稳压二极管	只	1
VD_{W2}	稳压二极管	3.6V稳压二极管	只	1
C_1	电解电容	2200μF/50V	只	1
C_2	电解电容	47μF/10V	只	1
C_3	涤纶电容	0.1μF	只	1
R_1	金属膜电阻	390Ω	只	1
R_2、R_3	金属膜电阻	330Ω	只	1
R_4	金属膜电阻	2.2kΩ	只	1

续表

代号	名称	型号规格	单位	数量
R_5、R_{10}	金属膜电阻	2.7kΩ	只	1
R_6	金属膜电阻	1kΩ	只	1
R_7	金属膜电阻	12kΩ	只	1
R_8	金属膜电阻	300Ω	只	1
R_9	金属膜电阻	9.1kΩ	只	1
RP_1	电位器	560Ω	只	1
RP_2	电位器	3.3kΩ	只	1
RP_3	电位器	8.2kΩ	只	1
RP_4、RP_5	电位器	56kΩ	只	1
RP_6	电位器	22kΩ	只	1
S_2	开关	三刀三掷	只	1

多用恒流自动充电器的印制电路，如图 8-12 所示。

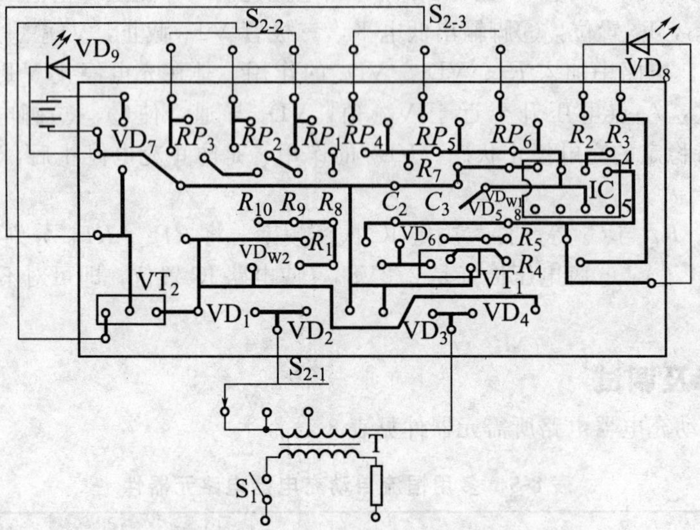

图 8-12　多用恒流自动充电器印制电路

三、安装调试

当经检查元件质量良好，又组装正确无误时，即可开始调试。调试前，应先作一假负载代替电池接入电路，并接入相应的电流表 A 与电压表 V，供调试时监测用。

调试时，每一挡应分别进行。先将 RP_1～RP_6 调至最大值，将转换开关 S_2 置于 I 挡（12V、6.5A·h），接通电源、调节 RP_1 使电压在 12V 左右，电流表 A 指示 650mA，再调 RP_1 使电压在 8～15V 之间变化，电流应保持在 650mA，说明恒流输出正常，再调 RP_1 使电压固定在 14.5V（12V、6.5A·h 电流充电终止电压）。调 RP_4 使 IC 置位。发光二极管 VD_8 亮，VD_9 灭，表示停止充电。为确保 RP_4 调节的准确性，再将 RP_1 往回调稍许使电压降一点，把 IC 的②、⑥脚对地短接一下使电路回到充电状态，慢慢调节 RP_1 使电压升至 14.5V 时，电路应动作，若有出入可微调 RP_4，直至刚好 14.5V 时电路 IC 置位为止。

重要提示

其他挡位与此调试方法相同。S_2：Ⅰ挡为 12V/6.5Ah；Ⅱ挡为 12V/2.5Ah；Ⅲ挡为 6V/4A·h。假设负载可用 6～8V 灯泡，电流值应大于该挡输出电流，否则被烧毁。

使用时，应先接入欲充电的电池，之后再接电源。各挡位应依据被充电池电压与容量来选择。

第七节 蓄电池恒流充电器

对蓄电池进行充电普遍采用的是电压调节式的恒压充电方式，应用起来有诸多不便。该制作是给小型蓄电池充电的恒流充电器，经济实用。

电路原理图如图 8-13 所示。该电路充电电压范围宽，可被用来给 15V 以内任一型号的小型蓄电池充电；电流在几十毫安至 2A 连续可调；电流稳定，不受电网电压波动影响；由于采用脉动、恒流充电，输出不怕短路，充电效果优于平直充电。

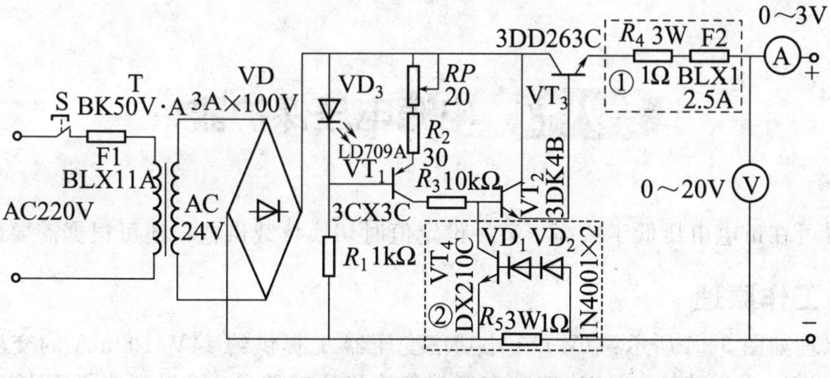

图 8-13 蓄电池恒流充电器原理图

一、电路工作原理

① 电源电路 220V 交流电压经变压器 T 降为 24V，再经全波桥式整流器 VD 整流为 21V 直流电。为达到脉动充电的效果，此处没有采用电容滤波。

② 电流调节与稳流电路 电路由 VT_1、VD_3、R_1、R_2、BP 组成。R_1 是发光二极管 VD_3 的限流电阻，VD_3 的管压降 U_F 将三极管 VT_1 的射极正向偏置电压钳位在一固定值。根据三极管内部电流分配原理，在电路正常工作时，三极管的集电极电流 $I_{C1}=I_{E1}=(U_F-U_{EB1})/(R_2+RP)$。由公式可知，$U_F$、$U_{EB1}$ 一定，在 R_2、RP 不变时，I_{C1} 将为一恒定值，其值的大小可通过改变 RP 进行调节。

③ 电流放大及输出电路 由 VT_2、VT_3 复合成的三极管与 R_3、R_4 接成共射极放大电路，作为整个电路的电流放大与输出级，其电流放大倍数 $\beta_{23}=(1+\beta_2)\cdot(1+\beta_3)$。电流调节与稳流电路提供的电流 I_{C1} 经本级放大后作为充电电流，其值 $I_O=I_{E3}=\beta_{23}\cdot I_{C1}$。

④ 过流保护与限流电路 ①过流保护采用过流熔断的方式，使电路在超过额定电流输

出时得到保护，见图中虚框 1。②限流电路由 VT_4、VD_1、VD_2、R_5 组成，从图中可知：VT_4 管的基-射极电压 U_{BE4}，VD_1、VD_2 的正向直流电压 U_{D1}、U_{D2} 与 R_5 的电压 U_{R5} 有如下关系：$U_{R5}=U_{D2}+U_{D1}+U_{BE4}$。当充电电流在额定的输出电流以内时，$U_{R5}$ 不足以使 VT_4、VD_1、VD_2 导通，充电电路正常工作。当充电电流超过额定电流时，U_{R5} 上升，使 VT_4、VD_1、VD_2 导通，I_{C1} 通过 VT_4 得到了分流，从而限制了电流的进一步增加。

重要提示

注意：(1) 虚框内的①、②两种保护电路须任选其一。(2) 依图中框②的现有参数，充电器的最大输出电流为 2. 2A。实际应用中此参数可根据要求的最大允许充电电流进行调整。

二、元器件选择

VD_3 可选 LD708 系列磷化镓发光二极管，其正常工作电流为 20mA、电压 U_F 为 2.5V；VT_1、VT_2、VT_3、VT_4 均选用热稳定性好、漏电流小的硅材料三极管，型号见图 8-13。VD_1、VD_2 选用硅材料二极管，正向导通电压为 0. 7V；为保证充电电流调节的平滑，RP 选用多圈线绕电位器；电流表、电压表选用 91C9 系列小型直流电表。由于电路的输出电压最大可达 20V，电压表的量程应选 0～20V。

第八节 电源电压保护器

本装置可在市电电压低于或高于某一设定值时切换负载供电，还可根据需要延时供电。

一、电路工作原理

工作原理如图 8-14 所示：1V·A 小功率变压器 T 提供约 14V/100mA 的交流电源，由 VD_1～VD_4 进行桥式整流，C_1 滤波，在三端集成稳压电路 A_1 输出端获得 12V 直流稳定电压 U_0。时基电路 A_2 是该电路的核心器件，由它担任电压比较延时及驱动任务，由执行继电器 KM 切换负载供电。VD_5、R_1、C_2 组成的半波整流电路担任输入电压检测。电位器 RP_1、RP_2 分别用来设定高、低压保护值。发光二极管 VD_8、VD_9 分别用绿、红色光显示供电正常或超限保护。

当 C、D 两端输入的市电电压正常时，直流稳压电源 U_0 经电阻 R_4 使 A_2 的②脚电位立即升高到大于 $1/3U_0$。而⑥脚电位随 R_5、C_5 组成的充电时间常数上升。当 C_5 充电至大于 $2/3U_0$ 时，A_2 的工作状态立即翻转，③脚电平由高变低，使继电器 KM 吸合，市电从 B、D 两端输出，VD_8、VD_9 分别亮灭表示供电正常。C_5 通过⑦脚立即放电到零，为下次从零开始延时做好准备。改变 R_5、C_5 数值可得到几微秒到 15min 的最大延时范围，本电路所选参数可延时约 6min。

当市电电压低于设定值时，A_2 的②脚电位经 VD_6、RP_2 被钳制小于 $1/3U_0$，A_2 立即翻转，③脚电平由低变高，KM 释放，切断 B、D 两端电压，同时 VD_8、VD_9 分别灭亮表示供电异常，电路开始重新延时。延时时间结束后若输入市电仍低于设定值，电路继续维持此状态；一旦输入电压恢复正常，电路便再次翻转恢复供电。调整 RP_2 可得到所需低压设定值。

当输入电压大于高压设定值时，VT 导通，②脚被拉到低于 $1/3U_0$，此刻 VD_6 被反向偏置不起作用，A_2 立刻翻转最终切断 B、D 两端电压。其他过程和低压超限相同。调整 RP_1 可得到所需高压设定值。VT 发射极电位通过 R_2、R_3 分压后被抬高到约等于 $1/3U_0$ 减 1V，这样可提高高压检测时的精度。

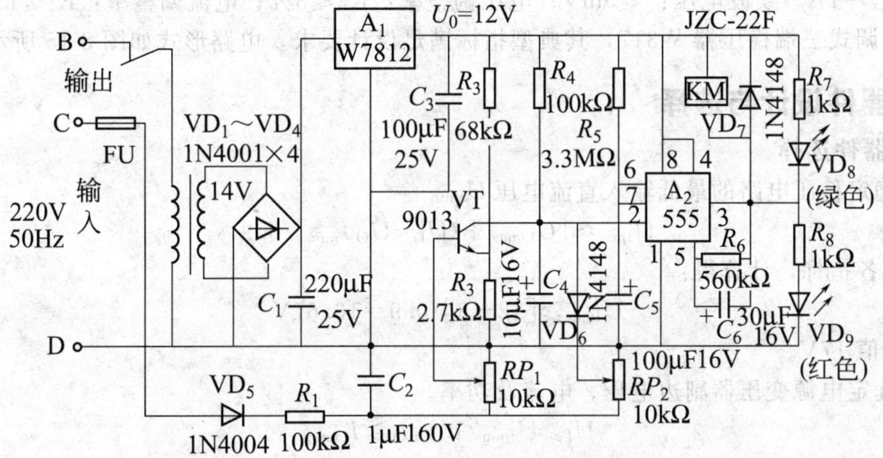

图 8-14　电源电压保护器

本电路对于输入电压检测及延时都有较高的精度，时基电路 A_2 对直流稳压电源 U_0 的稳定性反应灵敏。A_2 在翻转瞬间有很大的尖峰电流，特别是③脚接有感性大电流负载时，电路翻转可能出现继电器抖动甚至翻转失败。若在③脚与⑤脚间加一个 30μF 左右的电容 C_6，便可有效消除这种情况。电阻 R_6 为 560kΩ，用以改变高低压超限后，再恢复到回差电压值。其阻值减小，回差增大；反之则减小。R_1、C_2 数值大对回路响应时间有影响，R_1、C_2 的乘积越大则响应时间越长。

重要提示

由于该电路的输入检测电压未经任何隔离直接取自市电，所以在调试时要特别注意防止触电，也可采用隔离电源调试。即将检测电路参数作适当改动并改接到电容 C_1 两端，再将与电源连线切断，使电路和电源隔离，此时精度不及前者。

二、安装与调试

电路中使用的元器件如图 8-14 所示，电路调试步骤如下。

① 首先要仔细检查线路是否符合电路图所给的元器件参数的要求，连接是否正确，有无错焊、漏焊及虚焊。

② 将可调变压器接入 C、D 两端，当可调变压器调到 245V 时，改变电位器 RP_1，继电器 KM 释放时，RP_1 调节停止，此时的 RP_1 为过电压保护值。

③ 将可调变压器向相反的方向调节，调到 180V 左右时，改变电位器 RP_2，使继电器 KM 由动作变为释放，此时的 RP_2 为低压保护值。

④ 调好后，退出可调变压器，电位器 RP_1、RP_2 不可再调动，以免影响电器的保护。

第九节 集成直流稳压电源

现设计安装一台集成直流稳压电源，性能指标要求：$U_O=+5\sim+12V$ 连续可调，输出电流 $I_{Omax}=1A$。纹波电压：≤5mV；电压调整率：$K_u\leqslant3\%$；电流调整率：$K_i\leqslant1\%$。

选可调式三端稳压器 W317，其典型指标满足设计要求。电路形式如图 8-15 所示。

一、元器件设计与选择

(1) 器件选择

① 确定稳压电路的最低输入直流电压 U_{Imin}

$$U_{Imin}\approx[U_{Omax}+(U_I-U_O)_{min}]/0.9$$

代入各指标，计算得：

$$U_{Imin}\geqslant[12+3]/0.9=16.67V$$

可取值 17V。

② 确定电源变压器副边电压、电流及功率。

$$U_I\geqslant U_{Imin}/1.1, I_1\geqslant I_{Omax}$$

所以可取 I_1 为 1.1A。

$U_I\geqslant17/1.1=15.5V$ 变压器副边功率 $P_2\geqslant17W$

变压器的效率 $\eta=0.7$，则原边功率 $P_1\geqslant24.3W$。由上分析，可选购副边电压为 16V，输出 1.1A，功率 30W 的变压器。

③ 选整流二极管及滤波电容。因电路形式为桥式整流电容滤波，通过每个整流二极管的反峰电压和工作电流求出滤波电容值。已知整流二极管 1N5401，其极限参数为 $U_{RM}=50V$，$I_D=5A$。

滤波电容 $C_1\approx(3\sim5)T\times I_{Imax}/2U_{Imin}=(1941\sim3235)\mu F$

故取 2 只 2200μF/25V 的电解电容作滤波电容。

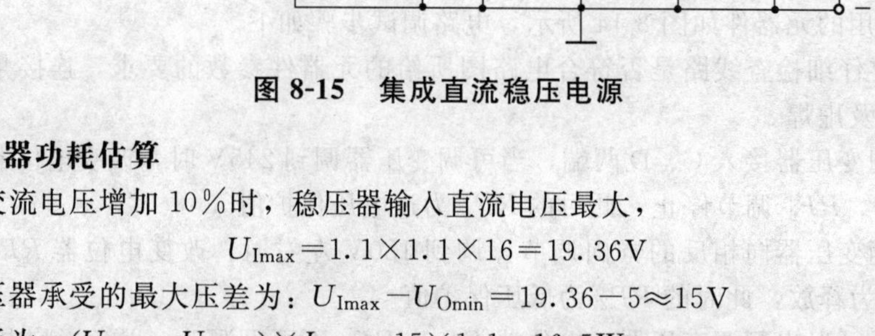

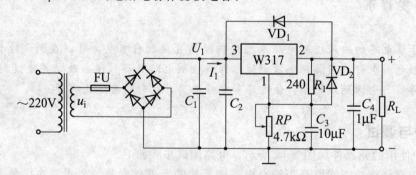

图 8-15 集成直流稳压电源

(2) 稳压器功耗估算

当输入交流电压增加 10%时，稳压器输入直流电压最大，

$$U_{Imax}=1.1\times1.1\times16=19.36V$$

所以稳压器承受的最大压差为：$U_{Imax}-U_{Omin}=19.36-5\approx15V$

最大功耗为：$(U_{Imax}-U_{Omin})\times I_{Imax}=15\times1.1=16.5W$

故应选用散热功率≥16.5W的散热器。

(3) 其他措施

如果集成稳压器离滤波电容 C_1 较远时，应在 W317 靠近输入端处接上一只 0.33μF 的旁路电容 C_2。接在调整端和地之间的电容 C_3，是用来旁路电位器 RP 两端的纹波电压。当 C_3 的容量为 10μF 时，纹波抑制比可提高 20dB，减到原来的 1/10。另一方面，由于在电路中接了电容 C_3，此时一旦输入端或输出端发生短路，C_3 中储存的电荷会通过稳压器内部的调整管和基准放大管而损坏稳压器。为了防止在这种情况下 C_3 的放电电流通过稳压器，在 R_1 两端并接一只二极管 VD_2。

重要提示

W317 集成稳压器在没有容性负载的情况下可以稳定的工作。但当输出端有 500～5000pF 的容性负载时，就容易发生自激。为了抑制自激，在输出端接一只 1μF 的钽电容或 25μF 的铝电解电容 C_4。该电容还可以改善电源的瞬态响应。但是接上该电容以后，集成稳压器的输入端一旦发生短路，C_4 将对稳压器的输出端放电，其放电电流可能损坏稳压器，故在稳压器的输入与输出端之间，接一只保护二极管 VD_1。

二、电路安装与调测

(1) 安装整流滤波电路

首先应在变压器的副边接入保险丝 FU，以防电源输出端短路损坏变压器或其他器件，整流滤波电路主要检查整流二极管是否接反，否则会损坏变压器。检查无误后，通电测试（可用调压器逐渐将输入交流电压升到 220V），用滑线变阻器做等效负载，用示波器观察输出是否正常。

(2) 安装稳压电路部分

集成稳压器要安装适当散热器，根据散热器安装的位置决定是否需要集成稳压器与散热器之间绝缘，输入端加直流电压 U_I（可用直流电源作输入，也可用调试好的整流滤波电路作输入），滑线变阻器作等效负载，调节电位器 RP，输出电压应随之变化，说明稳压电路正常工作。注意检查在额定负载电流下稳压器的发热情况。

(3) 组装及指标测试

将整流滤波电路与稳压电路相连接并接上等效负载，测量下列各值是否满足设计要求：

① U_I 为最高值 242V，U_O 为最小值＋5V，测稳压器输入、输出端压差是否小于额定值，并检查散热器的温升是否满足要求（此时应使输出电流为最大负载电流）。

② U_I 为最低值 198V，U_O 为最大值＋12V，测稳压器输入、输出端压差是否大于 3V，并检查输出稳压情况。

如果上述结果符合设计要求，便可按照前面介绍的调试方法，进行质量指标测试。

第十节 可调式集成稳压电源

集成可调式稳压电源不但比分立电路稳压电源简单，而且性能优越。配上合适的电源变压器，输出电压调节范围很宽，可从 1.25～30V 范围连续可调；输出电流可达 1.5A。本电路采用 LM（CW）317 三端集成稳压器，其内部已具备过载和过热保护。外加少量元件组成的可调稳压电路如图 8-16 所示，该电源使用方便、工作安全可靠，可作为各种电子小制作的直流电源。

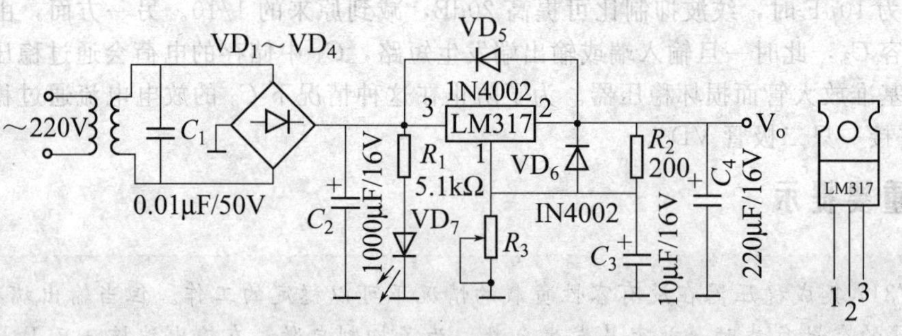

图 8-16　LM317 可调集成稳压器电路

一、电路工作原理

LM317 三端集成稳压器的工作原理在电子技术中已介绍。本制作采用类似的电路，如图 8-16 所示，输出电压取决于外接电阻 R_2 和 R_3 的分压比。LM317 输出端与调整端之间的电位差恒等于 1.25V，调整端 1 的电流极小，所以流过 R_2 和 R_3 的电流几乎相等（约几毫安电流），通过改变电位器的阻值 R_3 就能改变输出电压 U_0。

重要提示

LM317 为保持输出电压的稳定，流经 R_2 的电流要小于 5mA，这就限制了电阻 R_2 的取值。此外，还应注意：LM317 在不加散热片时的最大允许功耗为 2W，在加 200mm×200mm×4mm 散热板后，其最大允许功耗可达 15W。图 8-16 中，VD_5 为保护二极管，防止输入短路而损坏 IC；VD_6 用于防止输出短路而损坏 IC；C_4 有消振和改善负载的瞬态响应作用。

二、元器件选择和安装调试

电路的元器件在电路板正面布置见图 8-17；印制敷铜板面的电路走线见图 8-18。其中可变电阻 R_3 用 6 只固定电阻代替，当 R_2＝200Ω 时按下式计算输出电压：

$$U_0 = 1.25\text{V} \times \left(1 + \frac{R_3}{R_2}\right)$$

R_3 所选电阻值列于表 8-6 中。具体输出电压值由另加的电压选择开关位置决定。

表 8-6　输出电压 U_0 与 R_3 值对应关系

U_0/V	3	4.5	6	7.5	9	12
R_3/Ω	280	520	760	1000	1240	1720

VD_7 为发光二极管，其发亮表示电源已接通。图 8-18 的印制板尺寸为 35mm×45mm。图 8-17 输出端的电源极性开关，如不需要可以不装，电压选择开关也可不装，R_3 用一只 2.2kΩ 电位器取代，整流二极管 VD_1～VD_4 可用 3A，50V 的全桥堆取代。

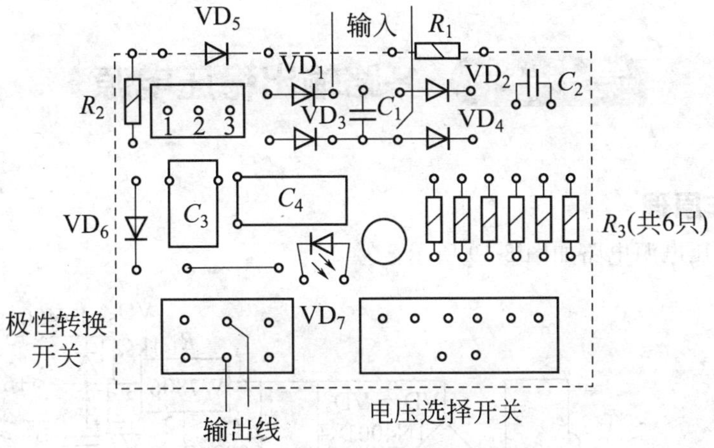

图 8-17　电路板正面元件布置图

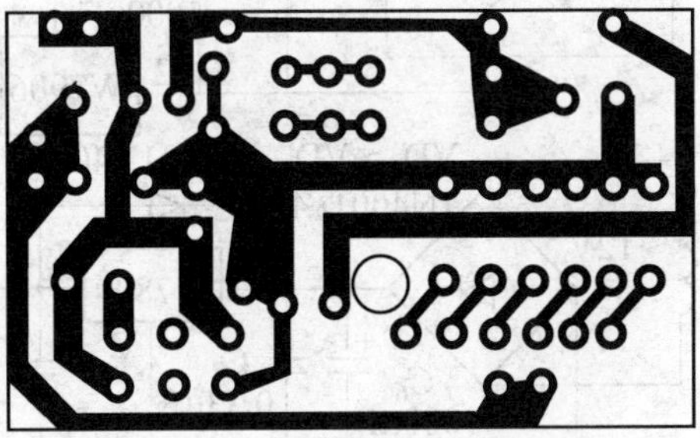

图 8-18　印制板电路走线图

一般按图所示安装，检查无误即可使用。电路所需元器件见表 8-7。

表 8-7　LM317 集成稳压器元件

代号	名称	型号规格	单位	数量	备注
IC	三端可调集成稳压器	LM317、CW317 等	只	1	加散热片
VD_1～VD_4	整流二极管	2CZ33B，1.5A 50V	只	4	可选桥堆
VD_5、VD_6	硅二极管	1N4002，1A100V	只	2	
VD_7	发光二极管	BT-202，红色	只	1	
C_1	涤纶电容	CL，0.01μF/63V	只	1	
C_2	电解电容	CD11，1000μF/16V	只	1	
C_3	电解电容	CD11，10μF/16V	只	1	
C_4	电解电容	CD11，220μF/16V	只	1	
R_3	碳膜电位器	WTH-2W-2.2kΩ	只	1	可用 6 只固定电阻代
R_1	金属膜电阻	RJX-0.125W-5.1kΩ	只	1	
R_2	金属膜电阻	RJX-0.125W-200Ω	只	1	
Tr	电源变压器	220V/15V，20V·A	只	1	

注：电源变压器可选收录机电源变压器代替。

第十一节 多路输出稳压电源

一、电路工作原理

多路输出稳压电源电路如图 8-19 所示。

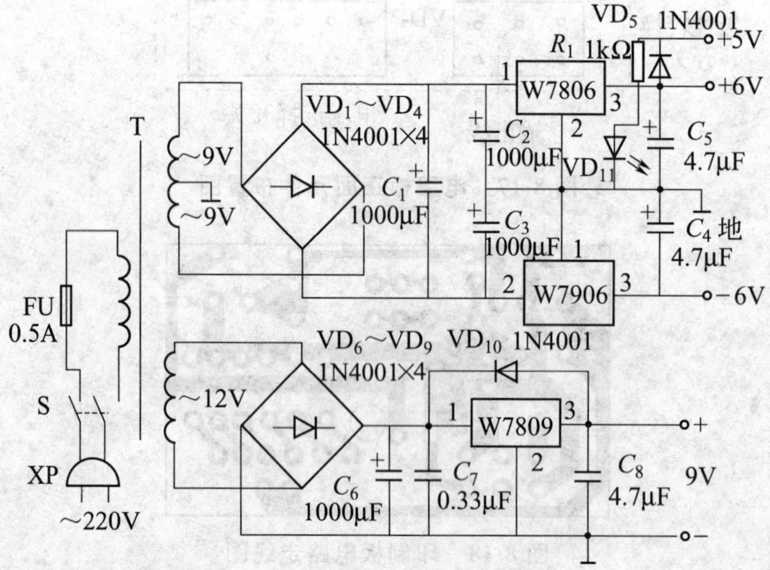

图 8-19 多路输出稳压电源电路

电路采用三端固定输出集成稳压器 W7806、W7906、W7809 构成具有 3 路稳压输出，并利用硅二极管正向压降（≈1.1V）特性，在＋6V 稳压基础上构成＋5V 输出，因此一共有＋9V、＋6V、－6V 以及＋5V4 路稳压输出。各路最大输出电流为 120mA。本装置适宜电子电路爱好者作为 CMOS 或 TTL 类数字电路小制作实验电源及其他各种小功率电路制作的实验电源（如果给集成稳压器加装足够大的散热器，并相应加大电源变压器的功率，则稳压电源的最大输出电流可达 1.5A）。

三端集成稳压器是将功率调整管、误差放大器、取样电路等元器件做在一块硅片内，构成一个由不稳定输入端、稳定输出端和公共端组成的集成芯片。其稳压性能优越而售价不贵，使用安装十分方便。它还设有过流和短路保护、调整管安全工作区保护以及过热保护多种保护电路，以确保稳压器可靠工作。

从图 8-19 可见，＋6V、－6V、＋5V 稳压电源的构成是：从插头 XP 输入交流 220V，经双刀开关 S、保险丝 FU，与变压器 T 的初级绕组接通。通过变压器降压，在变压器次级输出具有中心抽头（地端）的交流 18V 电压。经二极管 VD_1～VD_4、电容 C_1 组成的桥式整流（压降约 2.2V）滤波电路，输出 23V 左右的直流电压。此直流电压由电容 C_2、C_3 串联电路对半分压后，分别为三端集成稳压器 W7806、W7906 输入不稳定电压，即 W7806 的①脚输入＋11.5V 左右直流电压，W7906 的②脚输入－11.5V 左右直流电压，于是 W7806 输出端（③脚）稳压为＋6V，W7906 输出端（③脚）稳压为－6V。电容 C_4、C_5 分别作为上述 2 路稳压输出的滤波元件。另外，在＋6V 稳压的基础上，经过二极管 VD_5（正向电压降约 1.1V）后输出+5V 稳定电压。

+5V 输出端接电阻 R_1、发光二极管 VD_{11} 串联至地端的电路，一方面为 VD_5 提供必要的正向偏置电流，另一方面采用 VD_{11} 作为稳压电源工作指示灯。R_1 起限流作用，延长 VD_{11} 的工作寿命。

变压器 T 的另一个次级绕组输出交流电压 12V，经 VD_6～VD_9 桥式整流（电压降约 2.2V）、C_6、C_7 滤波之后输出直流电压约 15V 左右。此直流电压接至 W7809 的输入端（①脚）与公共端（②脚），于是 W7809 的输出端（③脚）为+9V 稳定电压。为了防止 W7809 输入端短路时或电路起动（C_6 充电电流很大）时内部电路损坏，在输出端和输入端之间连接一只二极管 VD_{10}。与 C_6 并联的 C_7 是为了滤去输入端的高次谐波或杂波干扰电压，电容 C_8 则在输出端作进一步滤波，使直流稳压输出的纹波电压尽可能地小。

二、元器件选择

变压器 T 的功率为 6～8W，初级 220V，次级第一绕组 18V 具有中心抽头，次级第二绕组 12V，输出电流均大于 0.2A。

三端固定输出集成稳压器用塑封型 W7806、W7906 和 W7809。VD_1～VD_{10} 均用硅整流二极管 1N4001（1A，50V）。VD_{11} 用 ϕ5mm 或 ϕ3mm 红色圆顶塑封发光二极管。

C_1 用耐压 50V 普通电解电容器，C_2～C_6、C_8 用耐压为 25V 的普通电解电容器。R_1 用 1/8W 碳膜或金属膜电阻器。FU 用 0.5A 保险丝。S 用 2×1 小型拨动式电源开关。XP 用一般交流电源插头（3A/250V）。

三、制作和调试

多路稳压电源印刷电路板如图 8-20 所示。印刷电路板尺寸为 75mm×75mm。电源变压器 T 的次级输出端以及指示灯 LED，通过软导线与印刷电路板相接，其余元器件均可直接插焊在印刷电路板上。只要元器件性能良好，焊接正确无误，不必作任何调整就能正常工作。

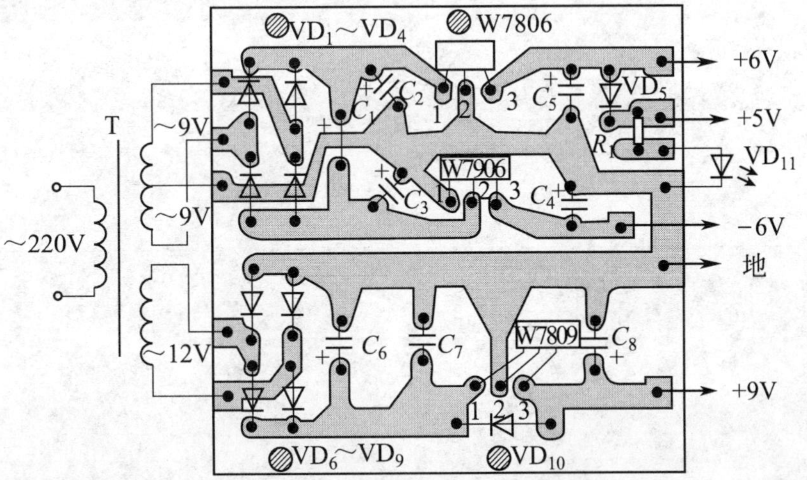

图 8-20　多路稳压电源印刷电路板

为免焊接错误，除焊接前必须对元器件好坏作检测外，最好是每焊接完一部分就检查一部分。如焊好桥式整流电路后即用万用表检查二极管连接是否正确。接上滤波电容、分压电容后，再连接上变压器通电试验，检测各个电容器两端电压极性和数值是否与电路图相符合。要确认集成稳压块的引脚排列，如果误把输出端当作输入端连接，则将导致元器件损坏。

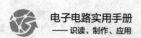

重要提示

如果要把稳压电源的各路输出电流加大至1～1.2A，则3个集成稳压块不许直接插焊在印刷电路板上，必须加装足够大的散热器，并保证散热器自然通风良好。电源变压器的功率要≥45V·A，并根据实际情况重新设计机箱结构。

第九章 晶闸管应用电路

第一节 晶闸管充电电源

可控整流是将交流电变成输出电压可调的直流电的过程。它被广泛用于充电、直流电源及调速装置中。

晶闸管充电电源电原理图如图 9-1 所示。

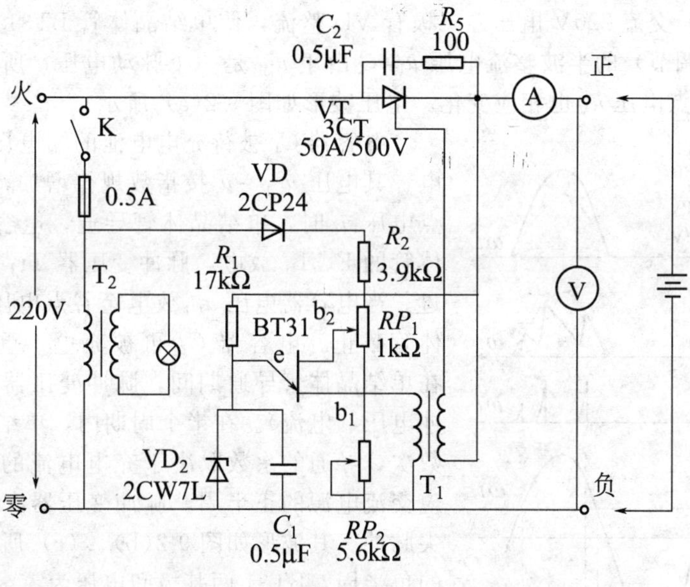

图 9-1 晶闸管充电电源原理图

重要提示

该电路的最大特点是：在输出端偶然发生短路或电池正负极性接反时，充电电源能自动停止工作，待故障排除后，又可恢复正常工作。这既保证了电路的安全，又保证了蓄电池的安全。

电路的工作原理分析如下。

一、主电路

主电路是用一个 50A/500V 的晶闸管组成的单相半波可控整流电路，它由 220V 交流电压供电，经整流后的电压不经滤波，直接给蓄电池充电。输出电压（电流）是脉动的，可以提高充电效率。与晶闸管并联的 C_2、R_5 组成阻容吸收过电压保护电路。

二、触发电路

触发电路由单结晶体管组成。单结晶体管的两个基极 B_1、B_2 之间的电压 u_{BB} 取自 220V 交流电压经二极管整流、电阻降压后所得到的单相脉动电压。这个电压除了对单结晶体管提供工作电压外，还起着与主电路电源同步的作用。发射极电压 u_e 取自被充电电池的端电压。因此，触发电路能够正常工作的前提条件，便是输出端的负载电池要连接正确。如果输出端发生短路，则单结晶体管的发射极无工作电压，也就不会有触发脉冲产生；如果将蓄电池的正、负极接反了，则触发电路也不能工作。因此，这个电路的优点：一是保证不会对蓄电池进行反向充电；二是在输出端发生短路的时候，保护了晶闸管不会被烧坏。

由于触发电路正常工作时耗电极少，故一般待充电池的剩余电压便足以维持触发电路正常工作。只要电池电压在 6V 以上，即可满足触发电路工作的要求。

三、触发电路的工作过程

电路接通后，交流 220V 电压经二极管 VD 整流，使单结晶体管 BT31 两基极间得到一个大小适当（可调节）的半波整流电压 u_{BB}，由于 u_{BB} 是一个脉动电压，所以单结晶体管的峰点电压 u_P 和谷点电压 u_V 也相应变化。电压波形如图 9-2(a) 所示。

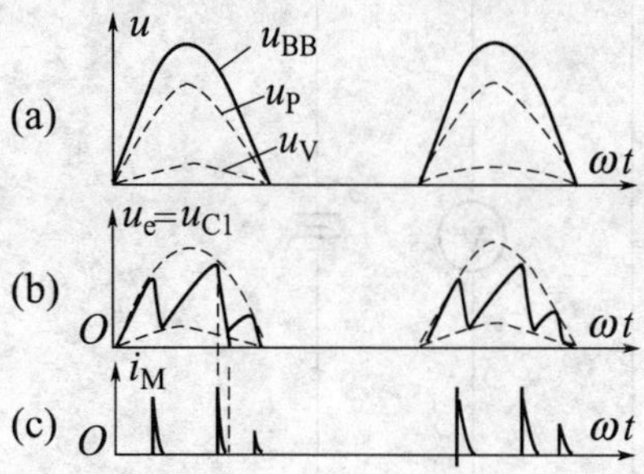

图 9-2 触发电路工作波形

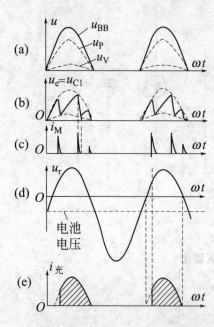

电容器 C_1 被待充电电池的端电压通过电阻 R_1 充电，其电压 $u_{C1}=u_e$ 按指数规律增加，直至 u_{C1} 达到峰点电压 u_P 时，单结晶体管导通，电容器 C_1 经单结晶体管的 E、B_1 放电，脉冲变压器 Tr_1 的初级有电流流过。当电容器电压 u_{C1} 放电至谷点电压 u_V 时，单结晶体管截止。电容器 C_1 再被充电，重复上面的过程。在单结晶体管导通期间，脉冲变压器次级绕组形成脉冲电压（电流）。在半个周期内，单结晶体管可能导通数次，导通的次数取决于充电电流的大小。因此，对应交流电源的正半周，脉冲变压器次级便形成一系列尖脉冲。其波形如图 9-2(b)、(c) 所示。在交流电压的负半周，BT31 两基极间电压为零，故 $u_P=0$，电容器上无法积累电荷，从而保证了电容器 C_1 在每个半周内均从零开始充电，因此，也就保证了在脉冲变压器次级绕组形成第一个尖脉冲的时刻相同，该脉冲触发晶闸管导通时，也就保证了控制角 α 相等，实现了触发脉冲与电源电压的同步。

晶闸管不导通时，阳极和阴极间的电压等于 220V 交流电压与充电电池电压之差，其波形如图 9-2(d) 所示。晶闸管导通后所承受的正、反向电压，读者可自行分析。

在对应交流电压正半周的半个周期内，脉冲变压次级绕组产生的第一个尖脉冲触发晶闸管使其导通，输出充电电流 $I_{充}$，其波形如图 9-2(e) 所示。

充电电流的大小，由电位器 RP_1、RP_2 来调节。RP_2 阻值大，可实现粗调的作用，只有 RP_2 调节到一个适当位置时，RP_1 才能起到调节充电电流的作用。另外，当待充电池数目发生变化而引起端电压变化时，调节 RP_2 使 u_{BB} 有较大范围的变化，以适应端电压的升高或降低，保证触发电路正常工作。当 RP_2 固定后，调节 RP_1 可细调 BT31 管两基极间电压 u_{BB} 的变化，使峰点电压 u_P 随之变化，影响电容 C_1 充电至 u_P 的时间，控制第一个触发脉冲形成的时刻，达到细致调节输出电流的目的。实验证明，充电电流可在 0～20A 范围内实现连续可调。

电路中稳压二极管 VD_Z，对单结晶体管 BT31 起过压保护作用。

四、几点说明

重要说明

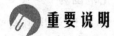

（1）由于该电路不会产生短路电流，故省去了价格较贵且易损坏的快速熔断器。

（2）此电路虽简单易行，但因电网和电池之间没有电隔离，操作时必须注意安全，火线与零线不可接错，有条件可加入一个 1∶1 的隔离变压器。

（3）当待充电池剩余电压过低时，触发电路不能工作，因此待充电池电压不能过低。

第二节 自动终止电池充电器

本电路的特点是当被充电池电压升高到规定值时，电路自行终止充电。

自动终止电池充电器的电原理图如图 9-3 所示，电路使用了两只晶闸管 VT_1 和 VT_2，VT_1 作为整流元件控制输出电压，VT_2 起开关作用。工作原理如下。

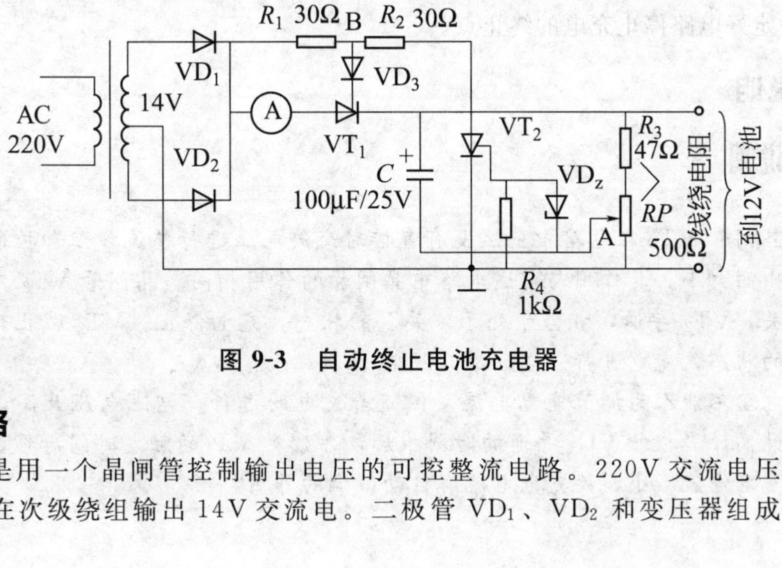

图 9-3　自动终止电池充电器

一、主电路

主电路是用一个晶闸管控制输出电压的可控整流电路。220V 交流电压经过电源变压器降压，在次级绕组输出 14V 交流电。二极管 VD_1、VD_2 和变压器组成全波整流电路，把交流电变换为脉动的直流电加在晶闸管VT_1的阳极。在每个半周内，VT_1的阳极均处于高电位。因此，只要控制晶闸管的导通时刻，就可改变输出电压的大小。输出电压经电容C滤波，把脉动较大的直流电变为脉动较小的直流电，对被充电池进行充电。由于变压器次级电压为14V，所以该电路只对12V电池充电，不能串联多节电池。

二、触发电路及同步原理

触发电路由二极管VD_3、电阻R_1组成。全波整流电路输出的脉动直流电压除加到了晶闸管VT_1的阳极外，还通过电阻R_1加到二极管VD_3的阳极。在正常充电的情况下，VT_1的阴极电压小于12V（电池未被充满），而B点电压是脉动的直流，其波形与变压器次级交流电压正半周的波形相同，其最大值是有效值的$\sqrt{2}$倍，所以B点电压的变化范围为0～19V（因为$14\times\sqrt{2}\approx19.6V$）。当B点电压高于$VT_1$的阴极电压时，$VD_3$导通，向$VT_1$送出触发电流。因此时$VT_1$阳极电压与B点属于同一电压，所以$VT_1$的阳极电位高于阴极，在$VD_3$的触发下$VT_1$导通，向电池充电。

重要提示

很显然，B点电压与VT_1阳极电压属于同步电压，使晶闸管在每个半周内的同一时刻被触发，实现了触发电路与主电路的同步。

三、自动停充电路

随着电池充电的进行，电池电压逐渐上升。当电池端电压升至12V时，电位器RP的活动端A点电压达到稳压二极管VD_Z的击穿电压，VD_Z被反向击穿，晶闸管VT_2受触发而导通。若忽略晶闸管1V左右的正向压降，电阻R_2可近似看作接“地”。此时B点的电压为脉动直流电压在R_2上的分压，其值降至原来的一半。因此B点电压低于晶闸管VT_1阴极电压12V，所以VD_3截止，VT_1因无触发电压而阻断，充电终止。

A点电压是由R_3与电位器RP分压所得，为了保证对电池不发生过充或欠充，要求R_3和RP精度要高，所以采用线绕电阻，同时事先在输出端接一个已充足12V的电池，调节电位器RP，定好电路停止充电的终止点。

四、几点说明

重要说明

（1）晶闸管VT_1在电路中虽然没有直接对交流电压进行整流，但却控制整流后脉动电压输出的大小，其作用与前述电路中晶闸管的作用相同。晶闸管VT_2对电路相当于一个开关，VT_2导通，相当于处于“关”的状态，充电停止；VT_2截止，相当于处于“开”的状态，充电进行。

（2）电路不能人为调节充电电流。但随着充电的进行，电池电压升高，即晶闸管阴极电位升高，二极管VD_3导通的时刻推后，导致对VT_1的触发时间后移，使其导通角变小，充电电流减小，故充电电流有自动微调的作用。

第三节 晶闸管直流调速电路

在晶闸管调速系统中，电动机是控制对象，转速是被调量。在调速系统中一般采用反馈控制。这里简要介绍一下有关反馈的几个概念：凡是将放大电路（或某个系统）输出端的信号（电压或电流）的一部分或全部，通过某种电路（反馈网络）引回到输入端的过程，就称为反馈。从输入端看，若引回的反馈信号削弱了原输入信号而使放大电路（或系统）的净输入信号比原输入信号减小，则称这种反馈为负反馈。若反馈信号使输入信号增强。即比原输入信号增大，则为正反馈。从输出端看，若反馈信号取自输出电压，则称为电压反馈；若反馈信号取自输出电流，则称为电流反馈。

图 9-4 是小功率晶闸管直流调速系统的原理电路。虚线以上是主电路，虚线以下是触发电路。

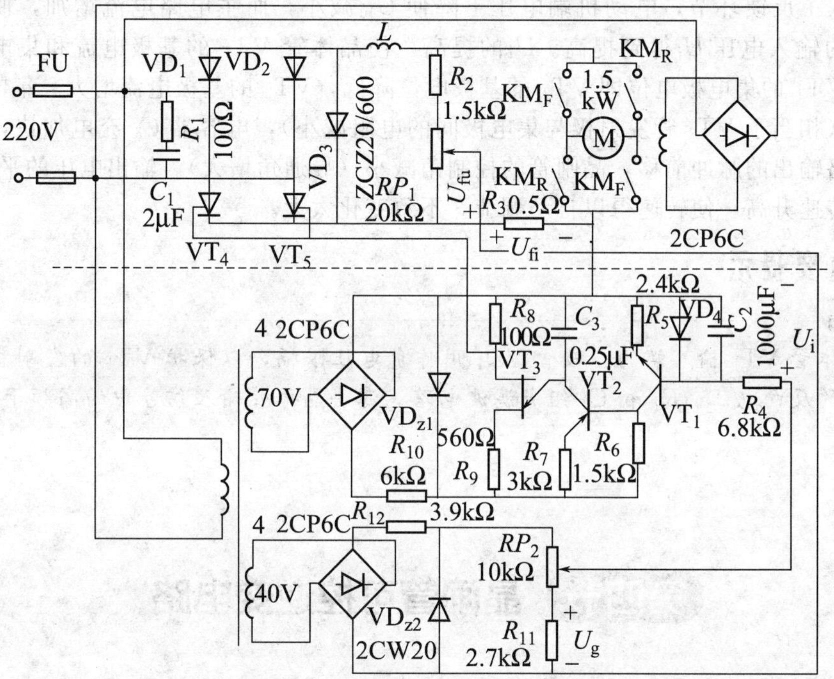

图 9-4 小功率晶闸管直流调速系统的原理电路

一、主电路

主电路采用的是单相半控桥式整流电路。交流电压直接由 220V 供电，整流后的输出电压由电抗器 L 滤波后，经正、反转交流接触器的触点 KM_F，或 KM_R 加到直流电动机的电枢绕组。交流接触器实质上就是一个交流继电器，当其铁芯线圈有电流流过时，常开触点闭合。KM_F 闭合，电动机正转；KM_R 闭合，电动机反转。交流接触器的线圈串接在单独的继电接触控制电路中（图中未画出）。电动机的励磁绕组另有整流器供电。由于电路的负载是电感性质，所以接入续流二极管 VD_3。R_1、C_1 是阻容吸收电路，FU 是快速熔断器，分别作晶闸管的过电压和过电流保护。

二、放大电路和触发电路

触发电路是带有放大电路的单结晶体管触发电路。放大电路输入端的信号电压由三部分组成，即给定电压U_g，电压负反馈电压U_{fu}和电流正反馈电压U_{fi}。

U_g是给定电压，由单独整流器整流、稳压后供给，其值根据生产机械所要求的转速确定，可调节电位器RP_2改变它的大小。

U_{fu}取自电位器RP_1，因为R_2与RP_1串联后接在主电路的输出端，所以U_{fu}是输出电压的一部分；又因为在放大电路的输入端，U_{fu}与给定电压极性相反，起削弱输入信号的作用，所以U_{fu}是一个电压负反馈电压。

电压U_{fu}实际上是输出电流在电阻R_3上形成的电压，在放大电路的输入端，它与给定电压U_g极性相同，所以是电流正反馈电压。

因此，放大器输入端的信号电压U_i为

$$U_i=U_g-U_{fu}+U_{fi}$$

采用电压负反馈和电流正反馈的目的，在于提高电动机的机械性能。当电动机的负载增大时，主电路电流增加，因而使电动机的端电压降低（因电源内阻上压降增大），转速下降。但由于加入了反馈环节，电动机端电压下降使U_{fu}减小，而主电路电流增加，使U_{fi}增大，故放大器的输入电压U_i得到提高。U_i的提高，使晶体管VT_1的基极电流和集电极电流增大，因此VT_1的集电极电位即VT_2的基极电位降低，VT_2的基极电流增大。集电极电流亦随之增大（相当于VT_2管发射极与集电极间的电阻减小），电容器C_3充电加快，单结晶体管触发电路输出的脉冲前移，晶闸管的控制角减小（导通角增大），输出电压的平均值增大，电动机的转速升高，使转速得以自动调节，不致变化太大。

重要提示

晶体管VT_1输入端的二极管VD_4用作负电压限幅，以保护VT_1的发射极不致承受过高的反向电压。R_4和C_2组成滤波电路，滤去晶体管输入信号中的高频干扰分量。

第四节 晶闸管可控逆变电路

可控整流电路是把交流电变换成可以控制的直流电供给负载，而将直流电转变成交流电的过程称为逆变过程。利用晶闸管把直流电逆变成交流电的电路，称为晶闸管逆变电路。

由单相并联晶闸管逆变电路构成的可控逆变器如图9-5所示。该电路将蓄电池24V直流电逆变为50Hz、220V的交流电，最大输出300W，可作为家庭照明、电视机及音响设备的交流电源。

电路分为两个部分，右边为逆变电路，左边为触发电路。

一、逆变电路

逆变电路是改进型的并联逆变器，与前述电路相比较，增加了二极管VD_1～VD_4及电感L。这种改进型的电路，可以减小换向电容的数值，从而减少电路损耗，并且当负载为电

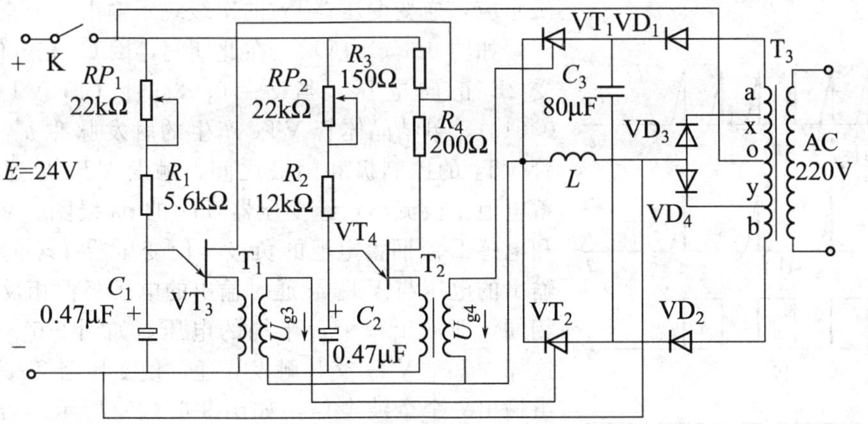

图 9-5　可控逆变电路

感性或电容性时也能正常工作。电路工作过程如下：

当 VT_1 导通，VT_2 截止时，电池供电电流由电池正极→oa 线圈→VD_1→VT_1→L→电池负极。同时，蓄电池通过 ob 线圈向电容 C_3 充电，充电电流路径为电池正极→ob 线圈→VD_2→C_3→T_1→L→电池负极，在 VT_1 导通，oa 线圈流过供电电流的同时，由于自耦作用，在 ob 中也产生一个感应电压，其大小为 E，极性为 o 端负、b 端正。此电压与电池电压相串联给电容 C_3 充电，因此 C_3 将被充到接近 2E 的数值，极性为下正上负。届时，VT_2 承受 $2E$ 的正向电压。当 VT_2 的触发脉冲到来时，VT_2 则立即导通，C_3 上的电压使 VT_1 因承受 $2E$ 的反向电压而关断。VT_2 导通后，电池供电电流由电池正极→ob 线圈→VD_2→VT_2→L→电池负极。同时电池通过 oa 线圈对 C_3 进行反充电，充电电流的路径为电池正极→oa 线圈→VD_1→C_3→VT_2→L→电池负极。同样，C_3 将被充到接近 $2E$ 的数值，极性为上正下负。为关断 VT_2 做好准备。当 VT_1 再次被触发导通时，C_3 上的电压经 VT_1 给 VT_2 施加一个 $2E$ 的反向电压，迫使 VT_2 关断。以后的工作情况将重复上述过程。

重要提示

由上述可以看出，电容 C_3 的充电、放电（反充电）电流均流过电感 L。由于电感对电流的变化有阻碍作用，因此，电路中增加电感 L 后，有效地限制电容的充放电速度，在保证晶闸管可靠关断的情况下，电容值可选择得较小。

电路中 VD_3、VD_4 为反馈二极管，当负载为电感性质时尤为重要。它的存在，使晶闸管不会承受过高的反向电压（反向电压来自感应电压）而损坏。二极管 VD_1、VD_2 起阻止换向电容向变压器 Tr_3 初级放电的作用，使换流时换向电容放电减慢，保证晶闸管可靠关断。

二、触发电路

左边部分是由单结晶体管构成的触发电路。VT_3 组成的振荡电路，其振荡周期为 0.01s，而 VT_4 组成的振荡电路，振荡周期为 0.02s，输出电压如图 9-6（a）、（b）所示。开关 K 闭合后，晶闸管 VT_1、VT_2 均承受正向电压而处于待触发状态。当 t=0.01s 时，VT_3 产生的触发脉冲 u_{g3} 加在晶闸管 VT_2 的控制极和阴极之间，触发 VT_2 导通。电流从蓄电池正极流出，经逆变变压器 Tr_3 的 ob 线圈，VD_2、VT_2、电感 L 流回蓄电池的负极。通过电

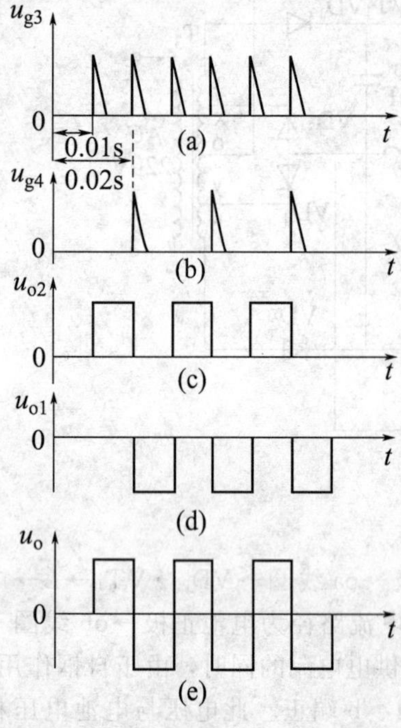

图 9-6 可控逆变器工作波形图

磁感应，逆变变压器Tr_3的次级绕组输出一个正半周的电压，如图 9-6(c) 所示。在此期间，因 C_3 充电使 VT_1 承受 2E 正向电压。当 $t=0.02s$ 时（即 VT_2 导通后 0.01s），单结晶体管 VT_4 产生的触发脉冲 u_{g4} 加到晶闸管 VT_1 的控制极和阴极之间，触发 VT_1 导通，电流由蓄电池正极流出，经变压器 Tr_3 的 oa 线圈、VD_1、VT_1 和电感 L 流回蓄电池的负极，使变压器 Tr_3 的次级绕组输出的电压与 VT_2 导通时输出的电压极性相反，但幅值相同，即输出一个负半周的电压，如图 9-6（d）所示。这样 VT_1、VT_2 交替触发导通，使变压器 Tr_3 的次级绕组输出一个全波电压，如图 9-6（e）所示。若 u_{g3}、u_{g4} 的周期分别为 0.01s 和 0.02s 时，输出电压的频率为 50Hz，调整 RP_1、RP_2的大小，可改变 u_{g3}、u_{g4}的周期，从而可调整输出电压的频率。

电路中 u_{g4}的周期是 u_{g3}的两倍，一方面可保证输出电压的正负半周对称；另一方面也可保证在 K 闭合后，不会出现同时触发 VT_1、VT_2 的现象，因为 u_{g3} 比 u_{g4} 早 0.01s 出现，首先触发 VT_2 导通。

由波形图还可以看出，在 u_{g4} 出现的同时，u_{g3} 亦出现，但此时刻的 u_{g3} 对 VT_2 无触发作用，可分两种情况讨论：若 u_{g3} 先于 u_{g4} 出现，此时 VT_2 仍处于导通状态，所以 u_{g3}对 VT_2 无触发作用；若 u_{g3} 略滞后于 u_{g4}，由于 u_{g4}触发 VT_1 导通后，使 VT_2 承受 $2E$ 的负电压，所以 u_{g3} 对 VT_1 也无触发作用。因此，u_{g3} 只有一半的脉冲起触发作用。

该逆变器输出的电压为方波，如果需要输出正弦波电压，则要在输出端接一个低通滤波器。

第五节 晶闸管直流开关电路

晶闸管用作无触点开关来接通或断开大功率的电路，具有动作迅速、寿命长、无噪声等优点，可以克服有触点开关（如闸刀、继电器、接触器等）工作频率低，触头易磨损、烧坏等缺点，因此得到广泛的应用。晶闸管开关电路按控制的负载电流可分为直流开关电路和交流开关电路两种。

一、具有晶闸管的晶体管时间继电器

图 9-7 是具有晶闸管的 JJSB1 型晶体管时间继电器，晶闸管在电路中作直流开关使用，其工作原理如下：

交流电源电压经变压、二极管 VD 半波整流、电容器 C_1 滤波及 VD_Z 稳压后，形成直流电压作为单结晶体管触发电路的电源。同时，整流、滤波后的直流电压也加到了晶闸管的阳极与阴极之间。电源接通后，直流电压经电位器 RP、电阻 R_1 对电容器 C_2 充电。经过一定

的延时后，C_2 上的电压达到单结晶体管的峰点电压并使其导通，在电阻 R_3 上形成触发脉冲电压，触发晶闸管 VT_2 导通，继电器 K 的吸引线圈通电，铁芯吸合，其常闭触头断开，常开触头闭合。常开触头 K_{1-1} 闭合后，可将电气设备的电路接通。从电源开关闭合到继电器触头动作这一段时间，即为时间继电器的延时时间。延时的长短可通过调整 RP 来调节。在 K_{1-1} 闭合的同时，K_{1-2} 也闭合，将电容器 C_2 短路，使 C_2 迅速放电，为下次充电做好准备。

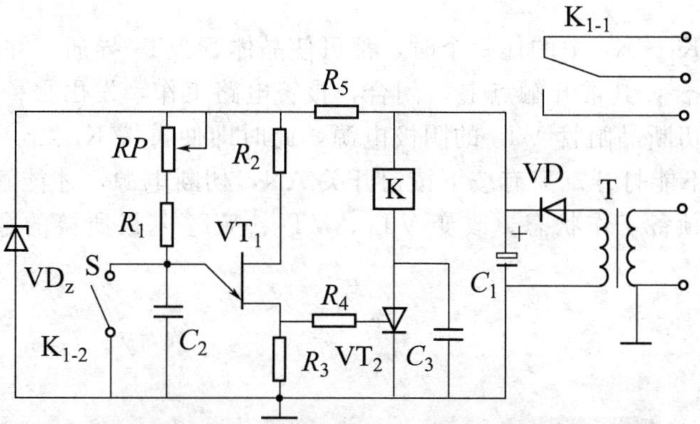

图 9-7　晶体管时间继电器

重要提示

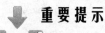

因晶闸管两端为一直流电压，触发后一直处于导通状态。只有电源切断后才恢复关断，所以起直流开关作用。

二、触摸式电子密码锁

触摸式电子密码锁如图 9-8 所示。交流 15V 电源经桥式整流、电容滤波后加到各晶闸管的阳、阴极之间，K_1～K_{10} 为感应片（金属片），K_1～K_3 分别与晶体管 VT_1～VT_3 的基极相连，而 K_4～K_{10} 均接于晶体管 VT_4 的基极。在无人触摸金属片时，各晶体管截止，各晶闸管关断，密码锁处于闭合状态。

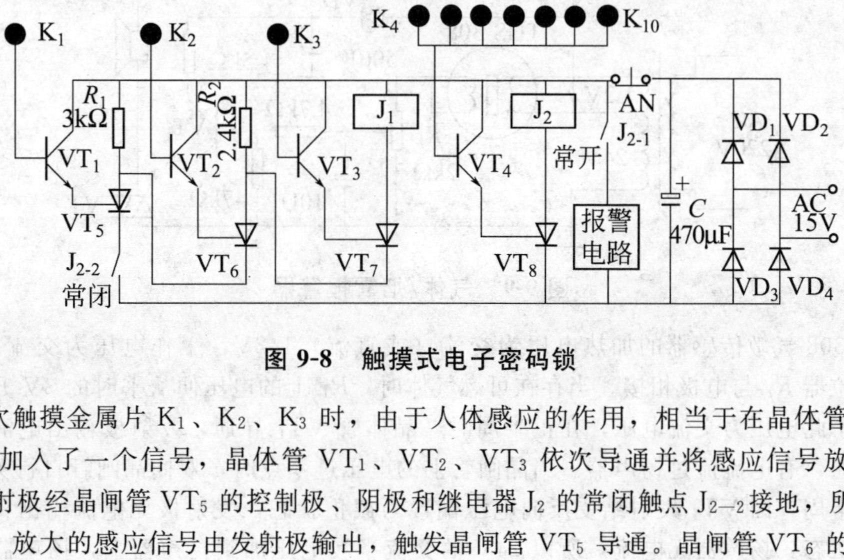

图 9-8　触摸式电子密码锁

当依次触摸金属片 K_1、K_2、K_3 时，由于人体感应的作用，相当于在晶体管的基极与"地"之间加入了一个信号，晶体管 VT_1、VT_2、VT_3 依次导通并将感应信号放大。因为 VT_1 的发射极经晶闸管 VT_5 的控制极、阴极和继电器 J_2 的常闭触点 J_{2-2} 接地，所以，VT_1 首先导通。放大的感应信号由发射极输出，触发晶闸管 VT_5 导通。晶闸管 VT_6 的阴极连在

VT_5 的阳极，VT_5 导通后，晶体管 VT_2 的发射极才能经 VT_6 的控制极、阴极，VT_5 的阳极、阴极接地，K_2 受触摸时使 VT_2 导通，并触发晶闸管 VT_6 导通。同理，只有 VT_6 导通后。VT_3 才能导通触发晶闸管 VT_7 导通。VT_7 导通后，继电器 J_1 吸合，其常开触点闭合将密码锁电磁铁的电源接通，锁自动打开。由上分析不难看出，如果不按 K_1、K_2、K_3 的顺序触摸金属片时，晶体管 VT_1～VT_3、晶闸管 VT_5～VT_7 均不会导通，继电器不吸合，锁也就不能打开。

当触摸金属片 K_4～K_{10} 中的任一个时，都可使晶体管 VT_4 导通，并触发晶闸管 VT_8 导通，使继电器 J_2 吸合，其常开触点 J_{2-1} 闭合，报警电路工作，发出报警信号。同时 J_2 的常闭触点 J_{2-2} 断开，切断晶闸管 VT_5 的阴极电源，此时即使再按 K_1、K_2、K_3 的顺序去触摸金属片，密码锁也不能打开。只有按下按钮开关 AN，切断电源，才能解除警报，使继电器 J_2 释放，电路处于预备工作状态。改变 VT_1、VT_2、VT_3 基极所接的金属片，即可改变开锁的密码。

第六节 晶闸管交流开关电路

一、气体/烟雾报警器

图 9-9 是一个简单的气体/烟雾报警器电路。TGS-308 是一个气敏传感器。气敏传感器是一种把气体中的特定成分检测出来，并将它转换成电信号的器件。气敏器件工作时必须加热，其目的在于加速被测气体的吸附、脱出过程，烧去气敏器件的油垢或污物，起到清洗作用。控制不同的加热温度，能对不同的被测气体有不同选择性。加热温度一般为 200～400℃。TGS-308 气敏传感器是利用氧化锡半导体表面的吸气和去气性质制成的，半导体装在贵金属加热器里面，加热器也作为电极使用。当存在可燃性气体时，传感器的电导率增高，内阻下降。

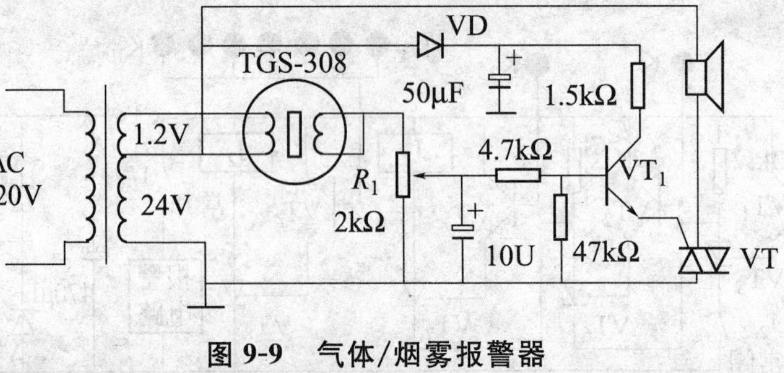

图 9-9　气体/烟雾报警器

TGS-308 气敏传感器的加热电压为交流（或直流）1.2V，工作电压为交流（或直流）24V 经电位器 R_1 与电极相接。当存在可燃气体时，R_1 上的电压便从平时的 3V 升高到 20V 左右。由于此电压为交流电压，在正半周时，晶体管 VT_1 导通，发射极输出电流触发双向晶闸管导通，有电流流过扬声器。当晶闸管上的电压过零点时，双向晶闸管自行关断。在交流电的负半周，因 VT_1 发射结受反向电压偏置为截止状态，发射极无电流输出，晶闸管也处于阻断状态，扬声器无电流，所以 24V 的交流半波电压加到扬声器上，扬声器发出报警声音。

重要提示

当可燃气体消失后，电位器 R_1 两端的电压只有 3V，不足以使晶体管导通，晶闸管也在电压过零点时自行关断，报警器恢复初始状态。调节电位器 R_1 的滑动端，可改变报警的阈值。

二、延时照明开关

图 9-10 是延时照明开关的电原理图。它能在电源被接通、电灯点亮之后，延时一段时间，自动切断电源，熄灭电灯。它非常适用于楼道夜间照明，避免电能的浪费。

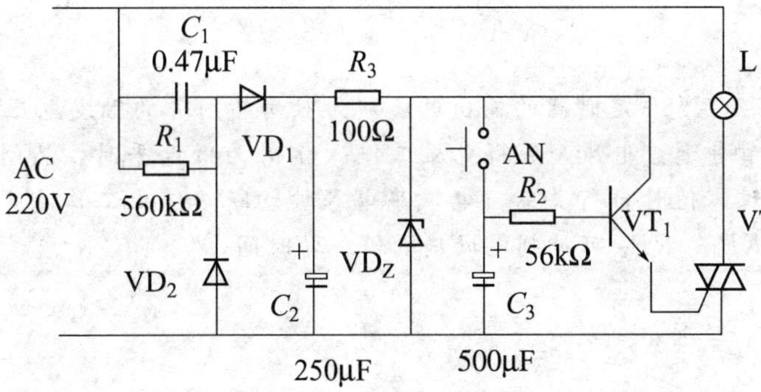

图 9-10 延时照明开关

在市电电网正常供电时，交流 220V 电压经电容 C_1 降压，二极管 VD_1 整流，电容 C_2 滤波，VD_Z 稳压，为三极管提供 7V 的直流电源电压。

当按下按钮开关 AN 时，电容器 C_3 被充电，终值电压可达 7V。在充电过程中，当电容上电压达到三极管基-射极间电压 $U_{BE}=0.7V$ 时，三极管导通，由发射极输出电流触发双向晶闸管导通，灯泡被点亮。松开 AN 以后，电容器 C_3 经 R_2 放电，继续维持三极管导通，晶闸管亦导通，灯泡继续发光。当 C_3 上的电压降到 0.7V 以下时，三极管发射极输出的电流不足以触发晶闸管导通，则交流电压过零点时，晶闸管自行关断，灯泡熄灭。晶闸管起交流开关的作用。延时时间由 C_3 和 R_2 的数值决定，只要改变 C_3 或 R_2 的数值，就可改变延时时间。按图中给出的元件值，大约延时 30s。

电路中各元件的选择：C_1 应选耐压 400V 的交流电容。VD_1、VD_2 选耐压 400V 的整流管，VD_Z 选稳定电压值为 6～15V 的稳压管，2CW105 的稳压值为 7V 左右。晶闸管为反向电压大于 400V 的双向晶闸管，其电流按灯泡的电流来确定。晶体三极管选用 3DG6 等小功率硅管。

三、电风扇阵风装置

在炎热的夏季，使电风扇时转时停，送出阵阵凉风，人们一定感到凉爽舒适。图 9-11 是一个简单实用的电风扇阵风装置的电原理图。

电路中，交流 220V 的电源电压经双向晶闸管连接到电风扇电源插座，晶闸管导通时，插座有电压，电风扇转动，晶闸管关断时，电源插座无电压，电风扇停转，从而产生阵风的效果。晶闸管的导通和关断是由 555 定时器组成的多谐振荡器控制的。

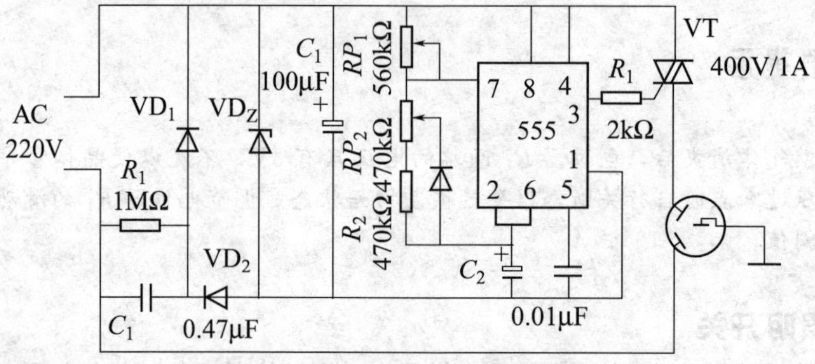

图 9-11　电风扇阵风装置

重要提示

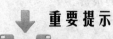

由图 9-11 可知，555 定时器的输出电压即为双向晶闸管的触发电压，当 u_o 为高电平时，触发晶闸管导通，电风扇获得电压工作；当 u_o 为低电平时，晶闸管因失去触发电压在交流电压过零值时自行关断，电风扇电源被切断而停止工作，从而形成阵风的效果。通过调整 RP_1、RP_2 可控制电风扇的停、转时间。

第七节 晶闸管交流调压电路

图 9-12 是一个灯光自动调节器电路，该调节器能随自然光线的强弱，自动调节灯光的强弱。

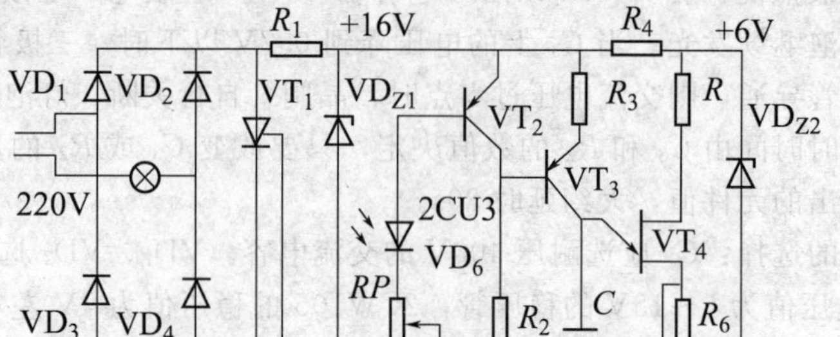

图 9-12　灯光自动调节器

灯光自动调节器电路实际上是一个由一个晶闸管完成交流调压的电路。VD_1～VD_4、VT_1 组成主电路。交流 220V 电压经 VD_1～VD_4 整流后，在 VT_1 两端形成正向脉动电压。只有 VT_1 控制极有触发电压时，VT_1 才能导通，灯泡有电流流过而点亮。改变触发脉冲加入的时刻，也就改变了灯泡两端交流电压的大小，从而调节了灯光的强弱。

重要提示

触发电路是带有放大环节的单结晶体管触发电路，工作原理前面已作分析，所不同的是在 VT_2 的基极接入了一只光敏二极管 2CU3。光敏二极管的特点是，光照越强，2CU3 的电阻越小。把 2CU3 放在能受到自然光照射的地方，自然光变化时，2CU3 的电阻变化，即改变了 VT_2 的基极偏置电阻，使 VT_2、VT_3 的集电极电流发生变化，电容的充电时间常数改变，从而改变了触发脉冲的相移。例如，自然光变强，2CU3 电阻减小，VT_2 的集电极电流增大，使 VT_3 的基极电位升高，集电极电流减小，即电容充电电流减小，充电时间延长，触发脉冲后移，晶闸管导通角度变小，灯泡两端电压降低，发光减弱。反之，则灯泡发光增强。从而起到自动调节的作用。

第八节 晶闸管电子启辉器

电子启辉器和普通启辉器相比，具有启动速度快、启动时无闪烁、延长日光灯寿命等优点。

一、电路工作原理

日光灯电子启辉器电路原理图如图 9-13 虚线框中所示。

晶闸管 VT 的阳极和阴极分别接在日光灯管灯丝 1 和灯丝 2 上。合上开关 K，220V 交流电压加在了晶闸管 VT 的阳极与阴极间，当交流电为正半周时，晶闸管 VT 承受正向电压，同时通过电阻 *R* 和电位器 *RP* 分压，给 VT 的控制极加上一个触发电压，VT 导通。这时交流电经开关 K、灯丝 1、晶闸管 VT、灯丝 2 和镇流器 *L* 构成回路，灯丝预热。当交流电进入负半周时，VT 承受反向电压而突然关断，镇流器 *L* 上产生瞬间自感高压。上述过程在很短时间内将反复多次，直至灯管点亮为止。灯管点亮后，灯管两端的电压下降到正常工作电压（此电压比 220V 低许多，因为大部分电压降在镇流器 *L* 上），这时晶闸管 VT 的控制极与阳极之间的电压也随之下降，其值不足以触发 VT 导通，从而晶闸管 VT 处于阻断状态，不再参与工作。

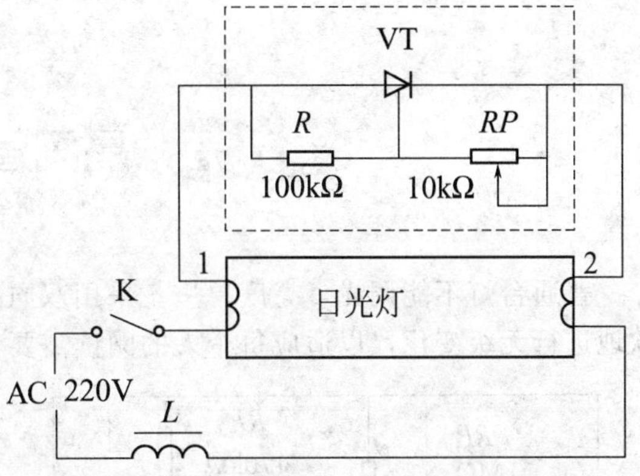

图 9-13 日光灯电子启辉器电路

二、元器件选择

VT：1A、400V 小型普通塑封晶闸管，如 TAGP0102 等，只要满足 1A、400V 的条件即可。*RP*：10kΩ 的小型微调电位器。*R*：100kΩ、1/2W。

三、制作与调试

电子启辉器的电路比较简单，仅有 3 个电子元件，可按照原理图进行实物连接，连接时注意各引脚之间不能碰极，绝缘要可靠，否则易造成短路。连接引线要短，焊接要牢固。由于元件较少，可以将它们直接安装在普通日光灯启辉器的铝壳里，两根引出线直接拧在原启辉器的接线柱上即可，使用时和普通启辉器一样将它旋入启辉器座里。

另外，可将三个元件焊接在印制电路板上，印制板做得小一些，也可直接装在普通启辉器的铝壳里，但要注意引线或焊接点不能碰触铝壳而造成短路。图 9-14 给出的是印制板电路图。把元件插接在印制板上焊牢。插接时注意有方向性的元器件，如晶闸管，不能插错方向。

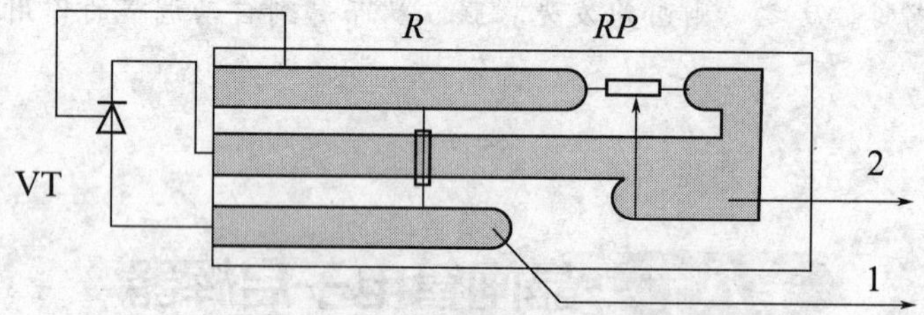

图 9-14　电子启辉器印制板电路图

该电子启辉器适用于 15～30W 日光灯，使用前先进行调试，调试方法为：将电子启辉器装入已经点亮的 30W 日光灯的启辉器座里，调节微调电位器 *RP*，调到日光灯恰好不闪烁为止，调试即告完成。

该电子启辉器可使日光灯迅速点亮，而且不像普通启辉器闪烁时会产生干扰（无线杂波干扰）。刚刚使用时如果发现不易启辉，可把启辉器两脚对调一下即可解决。

第九节　晶闸管控制台灯调光

普通台灯不能调光，亮度单一。采用双向晶闸管组成控制电路的台灯能使光照度随心所欲地进行无级变化，以适应每个人的阅读需要和环境的变化，有利于视力保健。

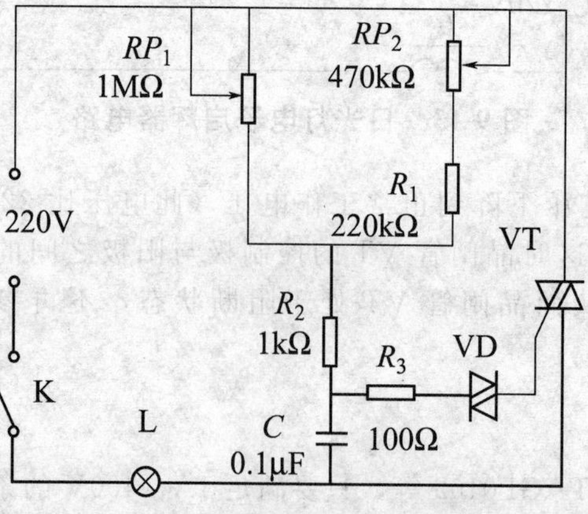

图 9-15　家用调光台灯电路

一、电路工作原理

调光台灯电路如图 9-15 所示。

由电路可知，灯泡和双向晶闸管串联后，直接接在 220V 的交流电源上，双向晶闸管 VT 可以看作是一个可控开关。当晶闸管 VT 导通角变化时，灯泡上的电压发生变化，灯泡的亮暗程度得到调整。

触发电路由 RC 电路和双向二极管 VD 组成。RP_1、RP_2、R_1、R_2 和 C 组成阻容移相电路。当 K 接通时，交流电通过电阻向 C 充电。充电的快慢取决于电路的时间常数 RC 的值，所以 C 上电压的变化要落后于交流输入电压的变化，即相位滞后。当 C 两端电压大于双向二极管 VD 的导通电压时，VD 导通，C 通过 R_3、VD 向晶闸管控制极放电，提供触发电压，使 VT 导通，灯泡获得电流。当交流电压过零时，双向晶闸管 VT 截止，交流电压对 C 反向充电，达到 VD 的导通电压时，VD 导通，C 再次放电，VT 再次导通。

调节电位器 RP_1 可改变 C 的充电速率，从而改变晶闸管的导通角，达到调节灯泡发光亮度的目的。RP_2 是一个微调电位器，调整 RP_2 的目的是使调节 RP_1 时有一个合适的亮度变化范围。

二、元器件选择

家用调光台灯电路所需元器件见表 9-1。

表 9-1 家用调光台灯电路元器件

代号	名称	型号规格	单位	数量
VT	双向晶闸管	可选 3A、400V 型	只	1
VD	双向二极管	可选 2CTS2、NT413 型	只	1
C	电解电容	0.1μF/160V	只	1
R_1	金属膜电阻	220kΩ,1/4 或 1/8W	只	1
R_2	金属膜电阻	1kΩ,1/4 或 1/8W	只	1
R_3	金属膜电阻	100Ω,1/4 或 1/8W	只	1
RP_1	长轴电位器	1MΩ	只	1
RP_2	普通微型电位器	470kΩ	只	1

三、制作与调试

印制板接线图如图 9-16 所示，印制板大小可用图示大小，或稍小一些都可以。

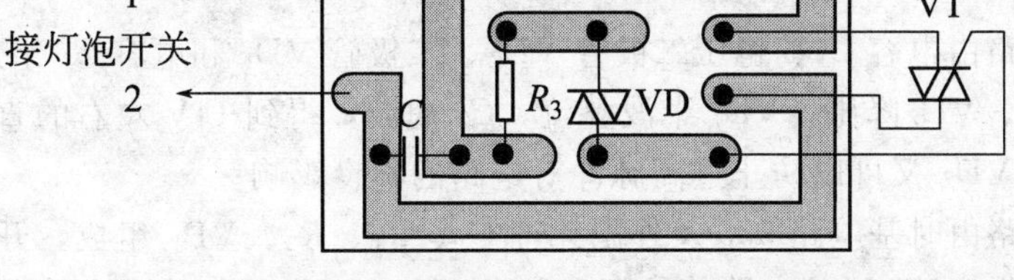

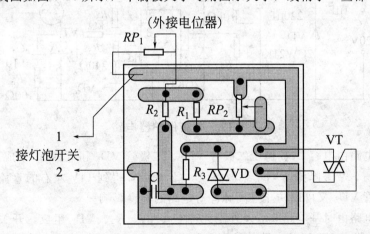

图 9-16 调光台灯印制板电路

按照图上元件的位置焊接元件。焊接要仔细，不能焊连或虚焊。箭头线实际用导线连接。

电路装好后，接上灯泡，可以通电试机，调节电位器 RP_1，灯泡亮度应随之变化。然后用小螺丝刀微调电位器 RP_2，使调节 RP_1 时亮度最暗的程度合适。之后，RP_2 不需再调整。

重要提示

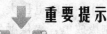

调试完毕，可以将电路板安装在一个普通台灯的底座里，将它改装成一个可调光的台灯。安装方法：将原台灯底座表面打一个小圆孔，把电位器 RP_1 的轴穿过这个孔，拧紧电位器的紧固螺母，固定好 RP_1。电路板可用胶粘于底座底板上。改接线：从电源开关断开一根电源线，接于电路板 1 端上，将 2 端接在开关上。最后再给电位器 RP_1 轴上装上一个旋钮，一个调光台灯就改制好了。看书写字只要将台灯调到一个合适的亮度即可。

第十节 无触点冰箱保护器

本冰箱保护器属于简易型，它对冰箱有延时保护功能。当电冰箱在使用过程中电源中断又立即恢复供电时，它能自动延时一段时间再接通冰箱电源，从而保护冰箱压缩机。无触点是指用双向晶闸管替代了继电器，将晶闸管作为无触点开关使用。

一、电路工作原理

冰箱保护器电路见图 9-17。它由降压整流、记忆延迟和开关控制三个部分组成。

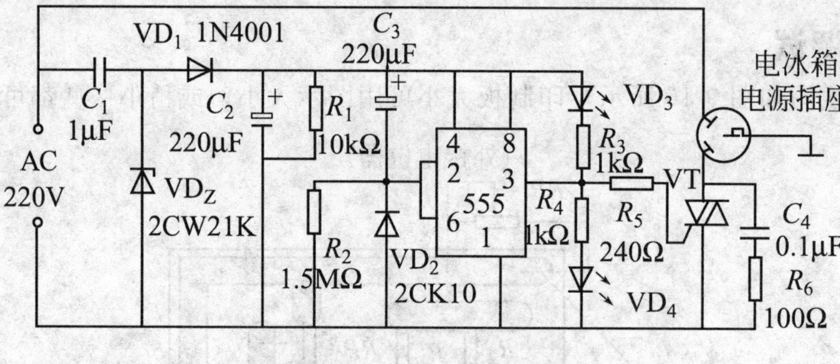

图 9-17 冰箱保护器电路

降压整流电路由电容 C_1、稳压二极管 VD_Z、二极管 VD_1 和电容 C_2 组成。接通电源后，交流 220V 经 C_1、VD_Z 降压，VD_1 半波整流，C_2 滤波，得到 14V 左右的直流电压，供给电路用电。稳压管 VD_Z 又可以防止过高脉冲对电路的不良影响。

记忆延迟电路由时基电路 555 及外围元件 C_3、R_1、R_2、VD_2 组成，开关控制由晶闸管 VT 来完成。电路中 555 时基电路的②脚、⑥脚连在一起，③脚输出去控制晶闸管。当⑥脚电压大于 $2/3E_C$ 时（E_C 为 555 电路提供的直流工作电压），③脚输出低电平；当②脚电压小于 $1/3E_C$ 时，③脚输出高电平。

220V 交流电源接通后，产生 14V 的直流电压，此电压除了作为 555 电路的供电电源 E_C 外，同时还流经 R_2 向 C_3 充电。由于 R_2 较大（1.5MΩ），所以充电需要一定的时间，在这段时间内，集成电路的②脚、⑥脚处于高电位，则输出端③脚为低电位，因此双向晶闸管的控制极因没有触发电压而截止，电冰箱电源插座无交流电压，冰箱不工作。由于③脚输出低电位，有电流流过等待指示灯 VD_3，VD_3 导通发光。随着充电时间的延长，大约 5min 左右，C_3 两端电压被充到直流电源电压 E_C 的 2/3，即②脚、⑥脚电压下降至 E_C 的 1/3，集成电路翻转，③脚输出一个高电位，经 R_5 加到双向晶闸管 VT 的控制极，VT 导通，开始给电冰箱供电。同时③脚的高电压使工作指示灯 VD_4 导通发光，等待指示灯 VD_3 熄灭。当电网突然断电时，C_3 上的电荷通过 R_1、VD_2 迅速泄放掉，R_1 较小，放电很快，为电网恢复供电时的延时做好准备。

重要提示

电路的特点是 C_3 的充电时间长，放电时间短。对 C_3 充电的时间主要取决于 R_2 和 C_3 的值，延迟时间可由 $t \approx 1.1R_2C_3$ 来估算，按图中给出的参数计算大约 5min 左右。放电时间取决于 R_1 和 C_3 的值，大约 1s。也就是说电网电压在中断 1s 后恢复，该保护器就可起到保护作用。

二、元器件选择

电冰箱保护器电路所需元器件见表 9-2。

表 9-2　电冰箱保护器电路元器件

代号	名称	型号规格	单位	数量
VT	双向晶闸管	可选 3A、600V 型	只	1
555	集成电路定时器	可选 NE555、μA555 型	只	1
VD_1	普通硅整流二极管	可选 1A、400V	只	1
VD_2	开关二极管	可选 2CK10、1N4148	只	1
VD_3、VD_4	普通发光二极管	VD_3 为绿色，VD_4 为红色	只	2
VD_Z	稳压二极管	2CW19，12～15V，1/2W	只	1
C_1	电解电容器	0.47～1μF/400V	只	1
C_2、C_3	电解电容器	220μF，50V	只	2
R_1～R_6	金属膜电阻	1/4W，阻值如图 9-17 中所示	只	5

三、制作与调试

图 9-18 为该冰箱保护器的印制板电路。

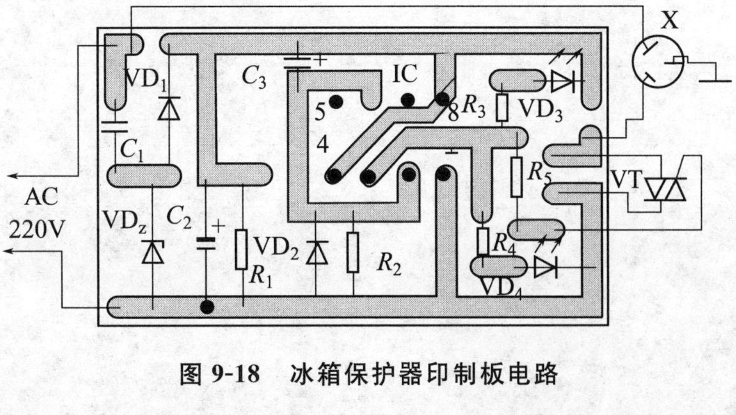

图 9-18　冰箱保护器印制板电路

按图焊接好所有的元器件，仔细检查，保证没有错误，通电调试。接通电源，首先用万用表测量电容 C_2 两端的电压，要求在 14V 左右，而且比较稳定。如果相差过大，应检查线路是否焊接有误，VD_1、VD_2 是否良好，C_2 是否严重漏电等。然后在插座里接一个 220V、40W 的灯泡，再接通电源，看灯泡是否延迟 5min 左右点亮。如果延迟时间远远小于 $t=1.1R_2C_3$ 的计算值，可能是并联在 R_2 两端的二极管 VD_2 性能不好或接反，一般更正一下 VD_2，问题就能解决。调整 R_2 可以改变延迟时间，增大 R_2，延迟时间会增加，减小 R_2，延迟时间将缩短。最后还要检查瞬间断电情况，去掉电源再快速接通，灯泡也应延迟点亮，如果灯泡立即就亮，应检查放电回路 R_1、VD_2。

经调试好的冰箱保护器就可以投入使用。只要将电冰箱的电源插头在本保护器所连接的电源插座中就可以了。当电网电压中断或线路出现故障，比如闸刀内保险丝接触不良等，而造成冰箱停机，之后又恢复供电时，本保护器能自动延迟 5min 左右再向冰箱供电，从而保证了冰箱压缩机的正常运行。

第十章 照明与彩灯控制电路

第一节 亮度自动稳定的调光台灯

在调整调光台灯的发光亮度时，如果电网电压不稳定，台灯的亮度将随电压的波动而变化。图 10-1 所示的调光台灯电路增加了光敏电阻 R_4 自动稳定台灯的亮度，此电路比较适用于电网电压不稳定的区域。

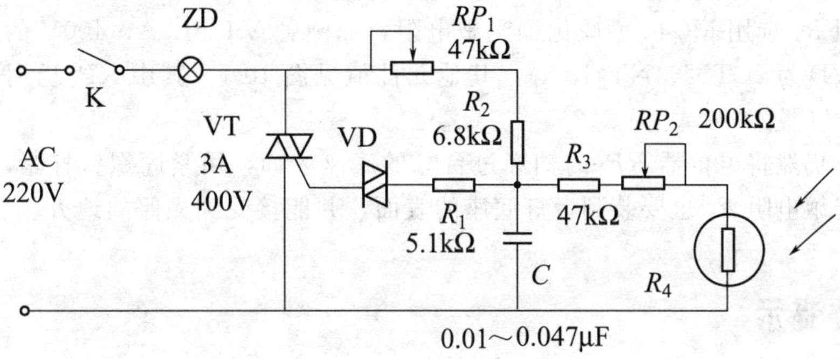

图 10-1　亮度自动稳定的调光台灯

该电路还可以通过调节电位器 RP_1，改变 C 的充电时间，从而使晶闸管的导通角改变，使台灯的亮度发生变化。

一、电路工作原理

该电路自动稳定亮度的工作原理：电路采用了光敏电阻负反馈电路。光敏电阻 R_4 是根据光导效应制成的光电转换器件。有些半导体（如硫化镉等）在黑暗的环境下，电阻值很高，但受光照时，半导体内部的原子可释放出电子，激发出电子——空穴对，从而使半导体的导电性能增强，阻值降低。并且照射的光线愈强，阻值变得愈低。这种由于光线照射强弱而导致半导体电阻变化的现象称为光导效应。具有光导效应的材料称作光敏电阻，用光敏电阻制成的器件称为光导管，但通常也简称为光敏电阻。

重要提示

假如电网电压升高，灯光亮度就会加强，光敏电阻 R_4 受到的照度增大，阻值减小，R_4 所在的支路分流加大，使电容 C 两端电压上升变慢，导致晶闸管 VT 的导通角变小，灯光变暗。相反，在电网电压下降时，灯光减弱，R_4 变大，C 充电加快，VT 的导通角变大，灯光又加强。这样灯光会在一个很小的范围（人眼几乎感觉不到）内自动调节，相对稳定。

二、安装与制作

图 10-2 为该电路的印制板图，可以参照制作。

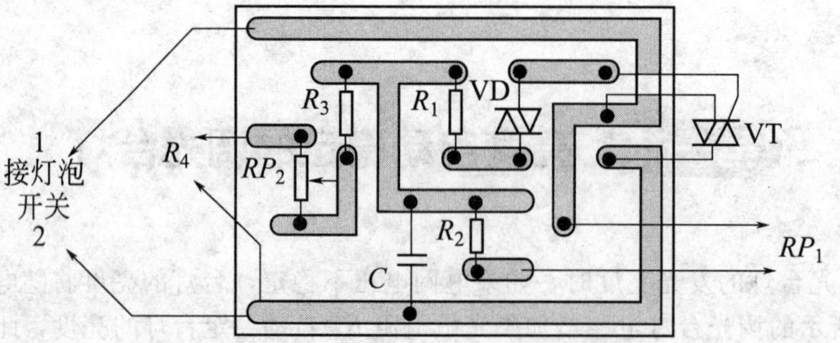

图 10-2　亮度自动稳定的调光台灯印制板图

光敏电阻 R_4 选用 MG45 型硫化镉光敏电阻，晶闸管 VT 为 3A、400V 的双向晶闸管；双向二极管 VD 为 2CTS2、NT413 等，其他元件值见图 10-1，其中 RP_1 仍用长轴电位器，RP_2 用微调电位器。

组装时，仍然将电位器 RP_1 的轴穿过台灯的底座表面，用紧固螺钉拧紧，用导线连至印制板上。光敏电阻 R_4 也要装到台灯底座的表面，并能接受到光照的地方，引脚用导线连至印制板上。

重要提示

调试时，首先挡住光线，使 R_4 不受照射，调 RP_1，使灯最亮，然后撤掉挡板，让 R_4 受到光照，灯光应稍有变暗。调整 RP_2，使这个变化量不能太大，又不能没有。RP_2 经一次调整后不需再调整。

第二节　触摸式步进调光台灯

用光控集成电路 BA2101 安装的触摸式步进调光台灯，其特点是灵敏度高，外围元件少，工作可靠。控制方式为三段式步进亮度和开/关控制，即每触摸一次台灯上的金属感应面板，台灯亮度便按着“弱光→中等光→强光→关→弱光……”步进顺序，进行循环选择。

一、电路工作原理

用 BA2101 调光台灯专用集成电路 BA2101，组成的典型触摸式步进调光台灯电路，如

图 10-3 所示。

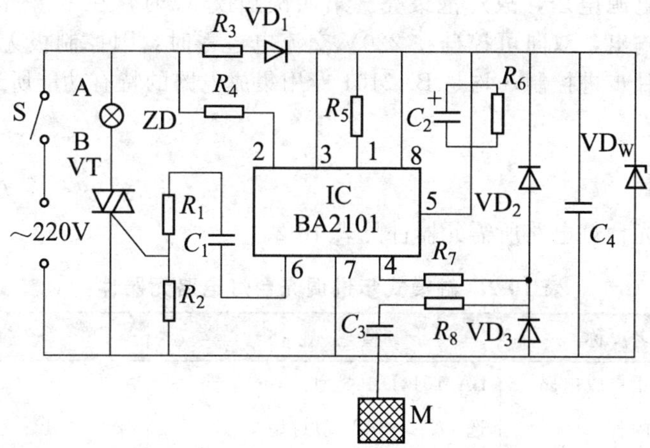

图 10-3　触摸式步进调光台灯电路

电路图中，BA2101 调光台灯专用集成电路，是 BEC 公司生产的产品，电路采用 CMOS 工艺制造，为 8 脚双列直插式塑封包装，其引脚排列如下所列。

① 脚（OSC）：为内部时钟输入，外接振荡电阻器。

② 脚（SYN）：为交流同步信号输入端。

③ 脚（V_{DD}）：为电源正极。

④ 脚（SP）：为触摸信号输入端。

⑤ 脚（CI）：是控制电容的放电量，外接放电电阻与电容。

⑥ 脚（TGO）：为控制信号输出端，输出的触发信号至可控硅的控制极（门极）。

⑦ 脚（Vss）：为电源负端。

⑧ 脚（50/60）：为交流电频率选择端，50Hz 接 V_{DD}；60Hz 悬空。

BA2101 的主要特性与极限参数，见表 10-1。

表 10-1　BA2101 的主要特性及极限参数

项目	符号	条件	最小值	标准值	最大值	单位
工作电压	V_{DD}		6	9.1	12	V
输出高电平	V_{OH}	无负载	$V_{DD}-0.2$	V_{DD}		V
输出低电平	V_{OL}	无负载		V_{SS}		V
输出高电流	I_{OH}	$V_O=4.5V$	150			μA
输出低电流	I_{OL}		25			mA

在图 10-3 中，220V 交流电经电阻 R_3 降压、二极管 VD_1 整流、电容 C_4 滤波及 VD_W 稳压，向调光台灯专用集成电路 IC 提供直流工作电源，此时台灯处于关的熄灭状态。当主人用手触摸台灯上的金属感应面板时，其感应信号在二极管 VD_3 的反向截止，经电容 C_3、电阻 R_8、R_7 加至 IC 的触摸信号输入端④脚，在 IC 内部步进控制电路的作用下，由 IC 的控制信号输出端⑥脚输出弱的控制信号，送至双向可控硅 VT 控制极，使 VT 导通，台灯点亮。因为弱的触发电压，使可控硅导通角开得小，流经灯泡的电压低，电流小，故台灯发出弱光。第二次触摸 M 时，IC 的⑥脚输出电压为中等，VT 导通角增大，流经灯泡电压增高，

则亮度变大。第三次触摸M时，IC 的⑥脚输出信号最强，VT 导通角最大，因此加至灯泡的电压几乎接近交流电源电压，故灯泡最亮。第四次触摸 M 时，在 IC 内部电路作用下，IC 的⑥脚无控制信号输出，双向可控硅在 220V 交流电过零时，因控制极无触发电压而关断，灯泡随之熄灭。这种步进控制，均是 BA2101 专用集成电路的特有功能所致，无须另设外围电路来完成。

二、元器件选择

触摸式步进调光台灯电路所需元器件见表 10-2。

表 10-2　触摸式步进调光台灯电路元器件

代　号	名　称	型号规格	单　位	数　量
IC	台灯专用集成电路	BA2101，DIP-8 型	只	1
VT	双向晶闸管	选 1A、>400V 塑封型	只	1
VD_W	稳压二极管	选 9.1V	只	1
VD_1～VD_3	硅整流二极管	可选 1N4004 型	只	3
R_1	金属膜电阻	150Ω	只	1
R_2	金属膜电阻	10kΩ	只	1
R_3	金属膜电阻	39kΩ	只	1
R_4、R_6	金属膜电阻	2MΩ	只	2
R_5	金属膜电阻	820kΩ	只	1
R_7、R_8	金属膜电阻	470Ω	只	2
C_1	涤纶电容器	0.033μF	只	1
C_2	电解电容器	10μF	只	1
C_3	云母电容器	560pF	只	1
C_4	电解电容器	100μF	只	1

金属感应面板，可用一薄金属窄条粘固在台灯罩或台灯座上。

除金属感应面板，其余元件均安装在一块印制电路板上，之后固定在台灯底座内，亦可单独装在一塑料盒体中，放在台灯旁。其电源单独引出，将原台灯电源接入图中 A、B 位置，应设有电源开关 S，以防白天儿童触摸白白消耗电能。

触摸式步进调光台灯的印制电路，如图 10-4 所示。

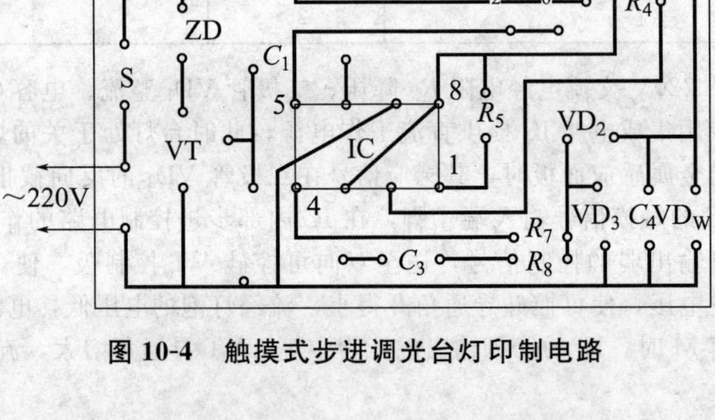

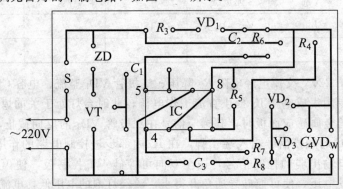

图 10-4　触摸式步进调光台灯印制电路

第三节 感应式自动照明灯

感应式自动照明灯置于报亭供阅读用，在白天，报亭的照明灯自动熄灭，到了夜晚，只要有人接近报亭橱窗前欲阅读时，照明灯自动点亮，无人阅读时照明灯又自动熄灭，既增加了报亭的趣味性，又做到了节约用电。

一、电路工作原理

感应式自动照明灯的电路，如图 10-5 所示。

电路中，由电容 C_1、二极管 VD_1、VD_2 组成降压整流电路，经电容 C_2 滤波与稳压管 VD_W 稳压后，输出 12V 直流电，供报亭感应式自动照明电路使用。

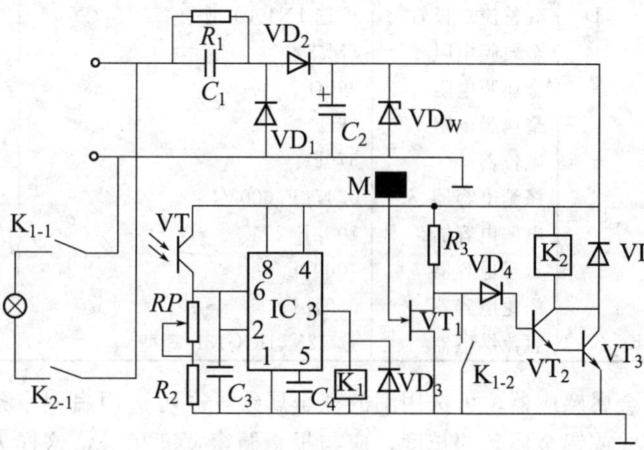

图 10-5 感应式自动照明灯电路

光敏三极管 VT、时基电路 IC 与继电器 K_1 等，组成光控电路。在白天，光敏三极管 VT 因接受光照，内阻很小，使 IC 的②、⑥脚呈高电平，则 IC 的③脚输出低电平，继电器 K_1 无电，常开触点 $K_{1\text{-}1}$ 断开照明灯电源，则照明灯不被点亮。当进入夜晚，光敏三极管 VT 因失去光照内阻变得很大，IC 的②、⑥脚呈低电平，则 IC 的③脚输出高电平，继电器 K_1 线圈加上电，其常开触点 $K_{1\text{-}1}$ 闭合，为夜间报亭的照明灯点亮提供必要条件，但照明灯因继电器 K_2 处于释放状态，其常开触点 $K_{2\text{-}1}$ 又与 $K_{1\text{-}1}$ 串联，故照明电路的电源仍处于断开状态，照明灯不亮。也就是说，报亭前若无人，由感应器 M、场效应管 VT_1、三极管 VT_2、VT_3 及继电器 K_2 组成的临近感应电路未工作的缘故。

当有人走到报亭前靠近感应器 M 时，场效应管 VT_1 因人体感应电压而瞬间夹断，VT_1 的漏源极间电阻变得很大，与电阻 R_3 分压结果使三极管 VT_2、VT_3 导通，继电器 K_2 线圈加上电，常开触点 $K_{2\text{-}1}$ 闭合，接通照明灯的电源，照明灯点亮，供读报人阅读。当读报人离开报亭（即感应器 M）时，VT_1 的漏源极间电阻又变得很小，使 VT_2、VT_3 截止，继电器 K_2 失电释放，其常开触点 $K_{2\text{-}1}$ 断开，照明灯自动熄灭。

重要提示

到白天，自然光照在光敏三极管 VT 上时，继电器 K_1 因 IC 的③脚变为低电平而释放，切断了照明灯的电源，而 $K_{1\text{-}2}$ 的常闭触点又将 VT_1 的漏源极短接，使 VT_2、VT_3 可靠地截止。这样，即使白天有人到报亭橱窗前读报，感应电路也不起作用，而进入夜晚，随着继电器 K_1 的吸合，$K_{1\text{-}2}$ 的断开，感应电路又处于待工作状态。

由电路可知，白天电路耗电极微。报亭的照明灯，可以是白炽灯泡，亦可以是节能灯。

二、元件选择及安装

感应式自动照明灯电路所需元器件见表 10-3。

表 10-3　感应式自动照明灯电路元器件

代　号	名　称	型号规格	单　位	数　量
IC	时基集成电路	555 任意型	只	1
VT	光敏三极管	可选 3DU5 型或光敏电阻	只	1
VT_1	场效应管	选用 3DJ6 等 N 沟道型	只	1
VT_2、VT_3	晶体三极管	3DG12 或 9013	只	2
VD_W	稳压二极管	2CW13	只	1
$VD_1 \sim VD_5$	硅整流二极管	可选 1N4004 型	只	5
R_1	金属膜电阻	1MΩ	只	1
R_2	金属膜电阻	390Ω	只	1
R_3	金属膜电阻	1kΩ	只	1
RP	电位器	570kΩ	只	1
C_1	涤纶电容器	0.47μF/600V	只	1
C_2	电解电容器	100μF/25V	只	1
C_3	云母电容器	1000pF	只	1
C_4	涤纶电容器	0.01μF	只	1
K_1、K_2	直流继电器	选 12V、JRX-13F 等型	只	2

金属感应器，可选用细的裸金属线，亦可选用扁铝窄条，固定在报亭前的下方横梁上。感应线或铝金属条的长度，应与报亭橱窗宽度相等，这样无论读者在报亭的什么位置阅读，均能保证照明灯可靠地点亮。

本感应器的感应距离，当装置本身设有良好地线时，可达 1m 左右。为此，感应灵敏度应视其报亭距人行道距离而定，一般控制在 0.5～0.8m，即能满足读报自动照明的需求。

本自动照明灯无延时作用，人来灯亮，人走灯熄。报亭感应式自动照明灯的印制电路，如图 10-6 所示。

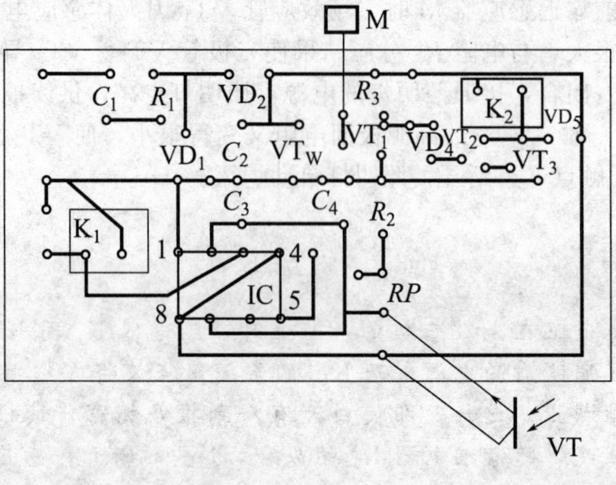

图 10-6　报亭感应式自动照明灯的印制电路

第四节 简易应急照明灯

简易应急照明灯电路如图 10-7 所示，当交流电网断电时，应急灯照明电路启动，立即自动照明；当电网供电正常时，照明电路不工作，电路给蓄电池充电。

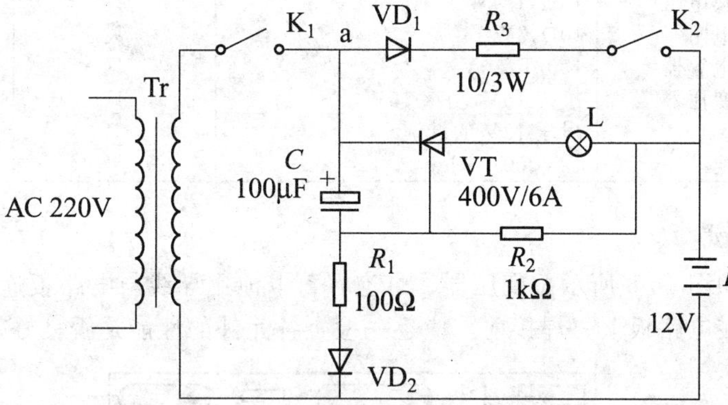

图 10-7 简易应急照明灯电路

一、电路工作原理

闭合开关 K_1、K_2，当交流电网电压正常时，变压器次级有 15V 的交流电压，次级电压通过 R_1、VD_2 向电容 C 充电，由于 VD_2 的单向导电性，所以充电仅限于电源的正半周，C 上的电压方向为上正下负。此时，晶闸管 VT 的控制极相对于阴极没有触发电压，VT 不导通，灯泡不亮。同时，变压器次级的交流电压经 VD_1 整流，通过限流电阻 R_3 向蓄电池充电，改变 R_3 的阻值可以调整充电电流。

重要提示

当电网停电时，蓄电池的 12V 电压通过 R_2 和变压器次级线圈向 C 反向充电。R_1、VD_2 分流充电电流，使 C 的充电电压不至于太高。很快 C 两端电压变为上负下正，晶闸管控制极加上了正电压。当 C 上的电压达到晶闸管所要求的触发电压时，VT 便导通，电流从蓄电池正极流出，经灯泡、晶闸管 VT、变压器次级线圈，流回负极，灯泡被点亮。

当交流供电恢复正常时，电源正半周使 a 点电压瞬间升高，使晶闸管承受反向电压而自行关断。照明电路终止工作，蓄电池又恢复充电。同时，整流电压又对 C 充电，保证晶闸管不会被触发。

重要提示

K_1 为应急灯照明时的使用开关，K_2 为对蓄电池充电时间控制开关。供电正常时，K_1 与 K_2 都闭合，对蓄电池充电。当充满电后，断开 K_2，停止充电，此时 K_1 仍要闭合，以保证断电时应急灯会马上自动照明。

二、元器件选择

简易应急照明灯电路所需元器件见表10-4。

表10-4 简易应急照明灯电路元器件

代号	名称	型号规格	单位	数量
VT	单向塑封晶闸管	6A、400V	只	1
VD_1、VD_2	硅整流二极管	可选1A、100V型	只	2
R_1	金属膜电阻	100Ω	只	1
R_2	金属膜电阻	1kΩ,1/4W	只	1
R_3	水泥电阻	10Ω,3W	只	1
C	电解电容器	100μF/50V	只	1
Tr	电源变压器	次级15V,功率15W	只	1
L	灯泡	耐压12V的灯泡	只	1
E	蓄电池	12V、60A·h	组	1

三、制作与调试

电路印制板如图10-8所示。变压器、灯泡、蓄电池用导线与电路板连接，位置要接对。其他元件直接焊在电路板上。焊接前，应逐一检查各元件的性能是否良好。

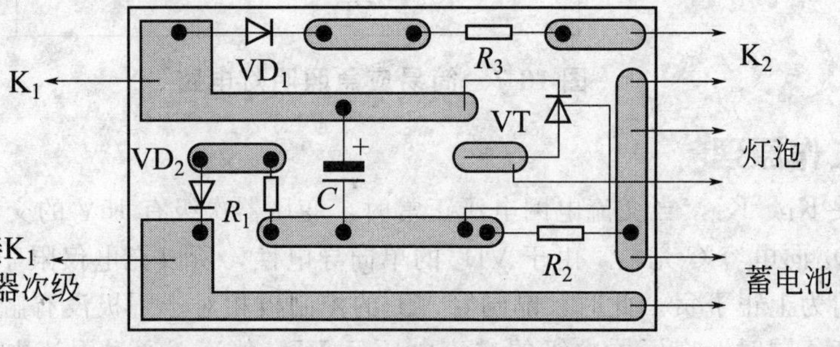

图10-8 简易应急照明灯印制板电路

重要提示

电路各元件安装完毕，检查确认无误后，通电调试；接通220V交流电源，闭合开关K_1、K_2，此时为充电状态，根据蓄电池的要求，调换电阻R_3的值，将充电电流调整到所需要的数值（实际应用中，待蓄电池充满电后应断开K_2，以防过充）。然后去掉220V交流电源，灯泡应立即点亮。如果灯泡不亮，则应检查是否有虚焊或焊接错误，或者蓄电池没电等。如果经检查都是好的，可调换电阻R_1、其值略增大些，直至灯泡点亮。

调试完毕，将电路板、蓄电池、变压器、灯泡装入外壳，应急照明灯便制作完成。

第五节 渐亮延寿灯

这里介绍的渐亮延寿灯，仅在普通白炽灯的基础上加装了2只元件。电路见图10-9。

一、电路工作原理

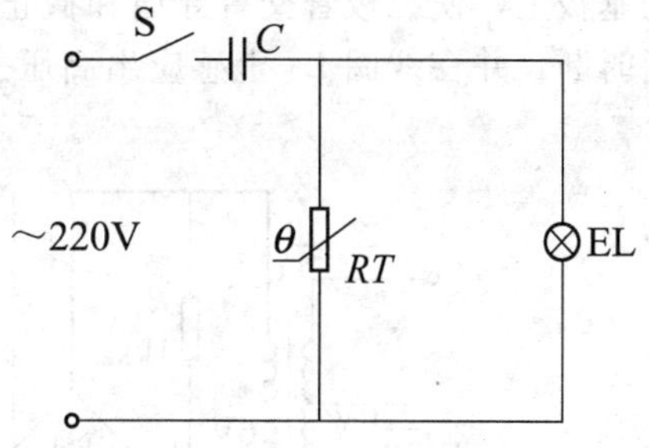

图 10-9　渐亮延寿灯

在开关 S 刚接通时，因热敏电阻 RT 的冷阻远小于灯泡的电阻，所以通过电容器 C 的电流主要是通过 RT。随着 RT 温度的不断升高，其阻值不断增大，流过 RT 的电流不断减小，流过灯泡 EL 的电流则不断增大，灯泡的亮度由弱到强不断增长。当 RT 的温度升高到某一数值时，电路达到稳定状态，此时 RT 近似于开路，通过电容 C 的电流近似等于通过 EL 的电流。

二、元器件选择

制作时，主要应考虑如何确定电容器的电容值。根据这个电路特点，设定电路稳定时，灯泡两端电压 U_H 为电源电压 U 的 0.9 倍，则可推导出计算电容器 C 的容量公式：

$$C=10^6 P/(0.97\pi f U^2)$$

式中，C 为电容，μF；P 为功率，W；f 为频率，Hz；U 为电压，V。

例：25W220V 灯泡所用电容器应配多大电容量？

$$C=10^6\times 25/(0.97\times 3.14\times 50\times 220^2)=3.3\mu F$$

C 应选用 3.3μF/500V 电容器。实际上，若市电电压太低，C 值还可取大些；若市电电压偏高，则电容值可取小一些。

RT 原则上可用任一型号的彩电消磁电阻器（PTC）。如果需要长一些的渐亮启动时间，或者灯泡功率较大，可取电阻值小些的消磁电阻，反之可取电阻值大些的消磁电阻。

重要提示

使用时，如果两次启动时间间隔太短，则第二次启动时的渐亮效果不明显。但实际使用时需要连续启动的机会也是不多的。由于本电路避免了开灯时大电流对灯泡的冲击，所以也可以大大延长灯泡的使用寿命。

第六节　6V应急节能灯

该应急灯采用 6V 蓄电池作电源，点亮双 U 节能灯管，功率只有 5W，制作简单、耗电少。可作为停电时家庭应急使用。

一、电路工作原理

图 10-10 是应急节能灯电路原理图。220V 市电经变压器 T_1 降压后，次级输出 6V 的交流电。经过二极管 VD_2～VD_5 桥式整流后，向蓄电池充电，充电电流约 200mA。随着充电的进行，蓄电池的电压不断上升，充电电流将随之减小，直到充满为止，当打开开关 S 之后，蓄电池的电压加到集成电路 IC 等元件上，IC 是时基电路，它和外围元件构成矩形波振荡电路，产生约 25kHz 的矩形波信号，由 IC 的③脚输出。经电阻 R_4 限流后加到三极管 VT

的基极上，使三极管交替导通和截止。这样，通过升压变压器 T_2 上的线圈 L_1 中的电流时通时断，并在线圈 L_2 上感应出高压去点燃节能灯管。

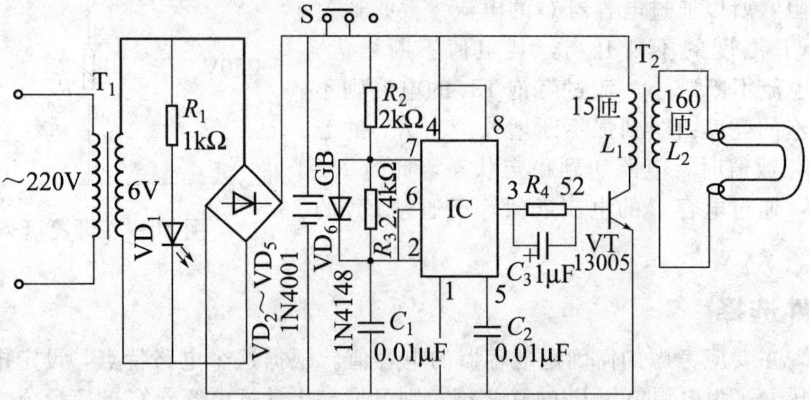

图 10-10　应急节能灯电路原理图

电容 C_3 用于加快灯管的点燃。

二、元器件选择

变压器 T_1 选用 3W、6V 的小型变压器。集成电路 IC 用 NE555。三极管 VT 用 MJE13005、$\beta=30$。升压变压器 T_2 用 EE25 的铁氧化磁芯，初级用 0.64mm 的漆包线在骨架上绕 15 匝，次级用 0.21mm 漆包线绕 160 匝制成。灯管 L 用 5W 双 U 节能灯管。开关 S 用 2×2 的小型拨动开关。蓄电池 GB 用 6V4AH 的。VD_1 用 $\phi3$ 的红色发光管。

三、制作和调试

按图 10-11 制成线路板，并为三极管制作一个铝散热片。检查焊接元件无误后将变压器 T_1、线路板和灯管用导线连接起来。先关闭开关 S，接上 220V 的电源，发光管 VD_1 应能发光，用万用表测充电电流应在 200mA 左右。打开开关 S，灯管应能正常发光。如不发光，应检查振荡电路工作是否正常，变压器 T_2 上的线圈接头是否焊接良好。如能发光，但光线暗，应测 T_2 中线圈 L_1 的电流是否在 700mA 左右，如出入太大，可调整电阻 R_3。同时，还可以检查灯管是否良好，三极管 β 值选择是否正确，直到正常发光，并且三极管散热片不烫手。

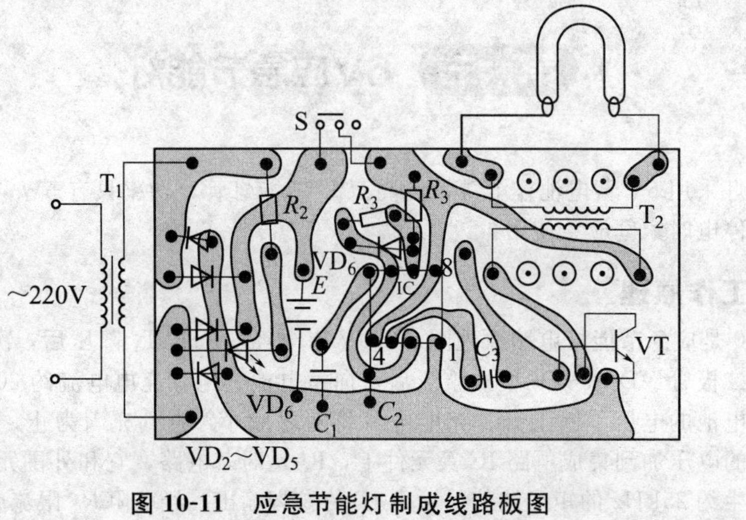

图 10-11　应急节能灯制成线路板图

最后，将变压器、线路板和蓄电池装入塑料外壳中，把灯管装在塑料壳的上方。

该应急节能灯能在 5.2～6.3V 内正常工作。

第七节 电灯遥控器

电灯遥控器可控制 10 盏灯的开与关，且互不干扰。当电灯数量不多时，亦可同时控制吊扇、壁扇乃至空调器的开与关，不需另外布线，只需将每盏灯（或电扇、空调器）的接收控制部分安装在原有的开关盒中即可。由于采用集成电路组装，体积小，外围元件少，安装简便。

一、电路工作原理

电灯遥控器是由发射器与接收控制器两部分组成。

1. 发射器

发射器电路，如图 10-12 所示。图中，时基集成电路 IC_1 与电阻 R_1～R_{11}、电容 C_1 等，组成可控变频振荡器，IC_2 为无线电遥控专用模块，是一种不用外接天线的微型发射头，工作频率是 250MHz，典型工作电压为 9V、工作电流 10mA，发射距离≥10m。其特点是传输距离远、不受墙壁阻挡、无方向性及抗干扰能力强等，可在室内或院内任意位置控制每一个房间电灯的开与关。

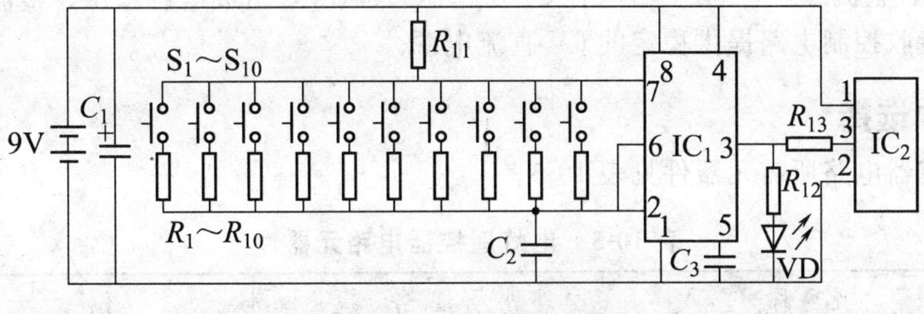

图 10-12 发射器电路

重要提示

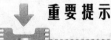

当分别按一下按键开关 S_1～S_{10} 时，IC_1 振荡器便输出 10 种不同频率的方波脉冲电压信号，经限流电阻 R_{13} 送至 IC_2 的③脚，经内部调制放大后，由内置的天线把 250MHz 的高频电磁波辐射至空中，由相应的接收控制器接收。

发光二极管 VD：按键按下时，VD 点亮，表示发射器工作正常。

2. 接收控制器

接收控制器的电路，如图 10-13 所示。图中为一个接收控制器的电路图，其余九个与此相同，只是各路的 RP 阻值不同而已。

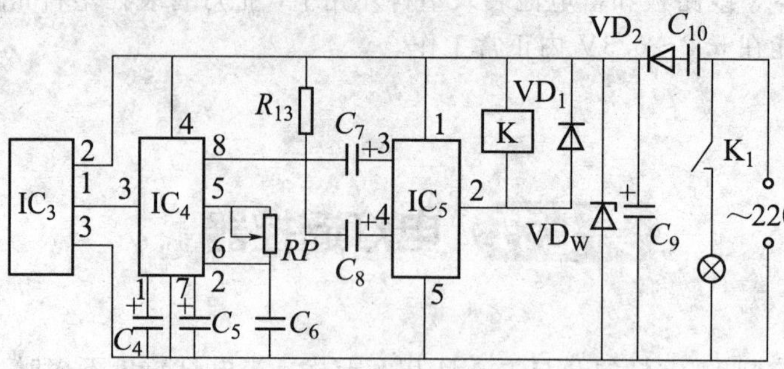

图 10-13 接收控制器的电路

电路图中，IC_3 是与发射器中 IC_2 相配对的不用外接天线的接收专用模块，工作频率亦是 250MHz，典型工作电压为 6V，工作电流≥3mA，接收灵敏度优于 10μV，能将接收到的高频信号解调出调制信号。IC_4 为高频译码集成电路。IC_5 为标准型驱动式双稳态集成电路模块。

当 IC_3 接收到发射器发送来的高频信号时，经其内部高频放大、检波处理后，由 IC_3 的①脚输出已解调的方波脉冲，送至具有锁相环路的 IC_4 ③脚由 IC_4 进行频率译码。IC_4 的⑤、⑥脚间外接的 RP、C_6 时间常数即是 IC_4 的压控振荡频率，应与发射器送来的方波信号频率一致，则译码成功，使 IC_4 输出端⑧脚出现低跳变电平信号，送至 IC_5 的③或④脚。每当 IC_4 的⑧脚输出一个负脉冲信号时，IC_5 内部的双稳态电路即转换一次工作状态，由内部驱动电路转换成高、低电平，经 IC_5 的②脚输出，带动继电器吸合或释放，控制相应电灯的开与关。

电容 C_{10}、整流二极管 VD_2 与电容 C_9 及稳压管 VD_W，组成电容降压、整流、滤波与稳压电路，为接收控制电路提供稳定的 6V 直流电源。

二、元器件选择

电灯遥控器电路所需元器件见表 10-5。

表 10-5 电灯遥控器电路元器件

代 号	名 称	型号规格	单 位	数 量
IC_1	时基集成电路	选 555 任意型	只	1
IC_2	遥控发射专用模块	TDC1808	只	1
IC_3	遥控接收专用模块	TDC1809	只	1
IC_4	音频译码集成电路	LM567	只	1
IC_5	双稳态电子集成模块	DM-21	只	1
K	6V 直流继电器	电流依功率定,4088 型	只	1
VD_1、VD_2	硅整流二极管	可选 1N4007 型	只	2
VD_W	稳压二极管	可选 6V 型	只	1
C_1	电解电容器	10μF	只	1
C_2、C_3、C_6	涤纶电容器	0.01μF	只	3
C_4	电解电容器	2.2μF	只	1
C_5、C_7、C_8	电解电容器	1μF	只	3
C_9	电解电容器	200μF/16V	只	1
C_{10}	电解电容器	1μF/630V	只	1
R_{11}	金属膜电阻	3kΩ	只	1
R_{12}	金属膜电阻	860Ω	只	1

续表

代号	名称	型号规格	单位	数量
R_{13}	金属膜电阻	43kΩ	只	1
R_{14}	金属膜电阻	100kΩ	只	1

发射器中 $R_1 \sim R_{10}$ 的阻值是与接收控制电路中的 RP 相对应的，即每一接收控制电路中的 RP，对应 $R_1 \sim R_{10}$ 中的一个阻值，可参见表 10-6。

表 10-6 发射电路与接收电路的电阻

发射电路 $R_1 \sim R_{10}$/kΩ	R_1	R_2	R_3	R_4	R_5	R_6	R_7	R_8	R_9	R_{10}
	1	2	3	4.3	5.1	6.2	6.8	8.2	10	12
接收电路 RP/kΩ	3.3	4.4	5.7	7.3	8.3	9.7	10.5	12.3	14.5	17

发射电路电源，选用 9V 叠层电池，保存好可使用一年以上时间。

发射器的印制电路，如图 10-14 所示。

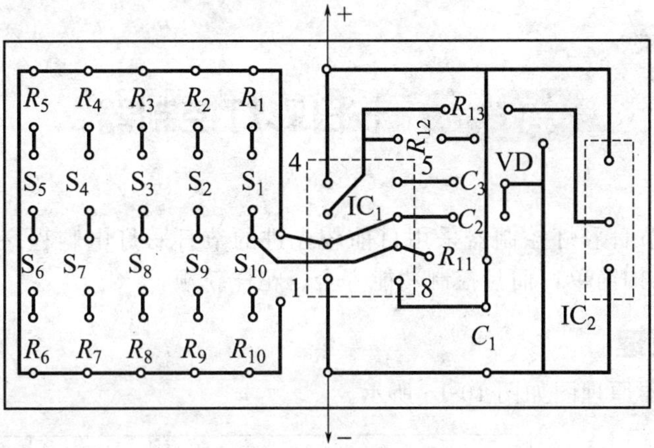

图 10-14 发射器印制电路

接收控制器的印制电路，如图 10-15 所示。

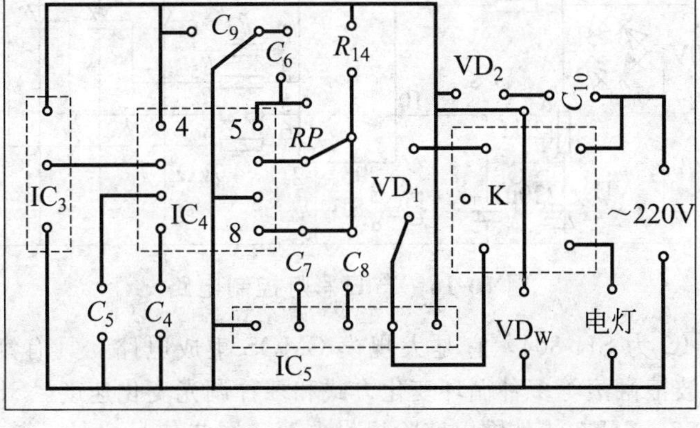

图 10-15 接收控制器印制电路

三、安装与调试

由于外围元件很少，一般安装正确无误即可正常工作。

重要提示

发射器不必调试，主要是调节电路中的可调电阻 RP 的阻值，与其发射器中 R_1～R_{10} 控制频率相对应。调试时，从第一路开始，先按下发射器中的按键 S_1，调节第一路接收控制电路中的 RP，使第一盏电灯刚好点亮或熄灭即可，之后再按下按键 S_2，调节第二路接收控制电路中的 RP，刚好使第二盏灯点亮或熄灭，依此类推。各路中的可调电阻阻值，在选择时应略比表中阻值大些，使其调节准确，因元器件的参数不可能完全一致，是存有差异的。

电灯遥控器调试完毕，将发射器固装在一大小相应的塑料盒内，S_1～S_{10} 按键安装在盒面上，并标明每一按键所控制的电灯编号，以利操作方便。

各接收控制电路在印制电路板上组装好，可直接安装在相应电灯开关盒中，接好线即可，不必另做小盒。

第八节 节日彩灯控制器

这里所介绍的节日彩灯控制器采用目前较先进的节日彩灯电脑程序专用集成电路 SH-804。它不但电路结构简单，而且控制功能齐全、花样新颖。

一、电路工作原理

节日彩灯控制器原理图如图 10-16 所示。

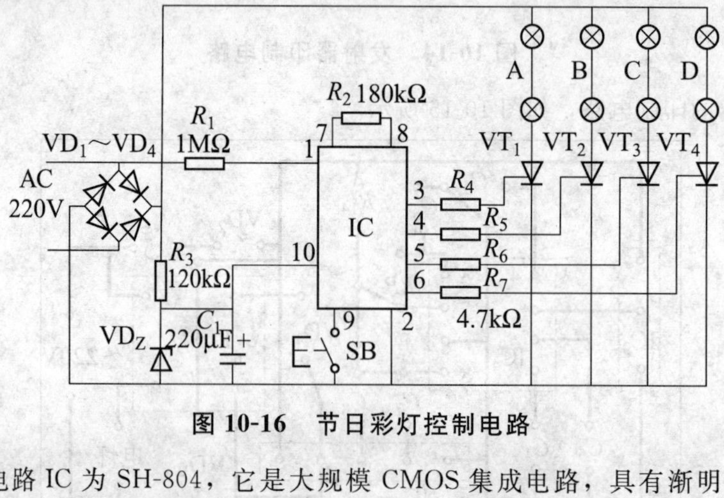

图 10-16　节日彩灯控制电路

图中集成电路 IC 为 SH-804，它是大规模 CMOS 集成电路，具有渐明、渐暗、跑马、顺流水、倒流水、波浪翻滚等多种循环变化方式和多种调光变化速度。SH-804 共有 10 个引脚，其功能见表 10-7。SH-804 外围电路除提供电源、同步信号之外，其他各种控制电路均集成在 IC 内部，使电路大大简化。

220V 交流电经 VD_1～VD_4 桥式整流，R_3 限流，VD_Z 稳压、C_1 滤波，形成 5V 左右的直流电压，加到集成电路第⑩脚，作为供电电源。同步信号直接取自交流电源端，220V 交

表 10-7　SH-804 各引脚功能

引脚	符号	功　能	引脚	符号	功　能
①	ZC	电源同步信号输入	⑥	L_4	输出端 4，触发 VT_4
②	V_{SS}	电源负端	⑦	OSC_1	振荡输入
③	L_1	输出端 1，触发 VT_1	⑧	OSC_2	振荡输出
④	L_2	输出端 2，触发 VT_2	⑨	KEY	触发控制
⑤	L_3	输出端 3，触发 VT_3	⑩	V_{DD}	电源正端 $V_{DD}=2\sim5V$

流电压经限流电阻 R_1 加到 IC 的第①脚作同步用。R_2 是 IC 的外接振荡电阻，改变 R_2 的值可以改变循环变化速率。第③、④、⑤、⑥脚输出的 4 路控制信号经电阻 R_4、R_5、R_6、R_7 分别加到晶闸管 VT_1、VT_2、VT_3、VT_4 的控制极，改变其导通角，以控制 A、B、C、D 四路彩灯的点亮、熄灭或调光。第⑨脚接一按钮开关 SB，SB 是顺序控制选择开关，按一下 SB 即可改变一种程序控制方式。具体程式有：全亮，自动变速跳跃，自动变速倒顺调光跳跃，自动变光波浪翻滚等，共有 10 多种。

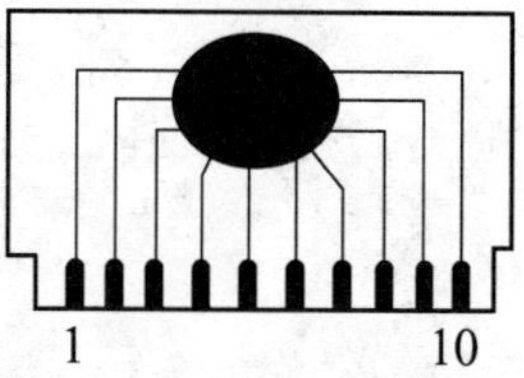

图 10-17　SH-804 外形图

二、元器件选择

集成电路 IC：SH-804，SH-804 采用软包封装，其外形图如图 10-17 所示。

节日彩灯控制电路所需元器件见表 10-8。

表 10-8　节日彩灯控制电路元器件

代　号	名　称	型号规格	单　位	数　量
$VD_1\sim VD_4$	硅整流二极管	2A、400V	只	1
VD_Z	稳压二极管	5V、1/2W	只	1
$VT_1\sim VT_4$	塑封单向晶闸管	1A、400V	只	1
C	电解电容器	220μF、16V	只	1
SB	导电橡胶按钮	小型轻触按键	只	1
R_1	金属膜电阻	1MΩ，1/4W	只	1
R_2	金属膜电阻	180kΩ，1/4W	只	1
R_3	金属膜电阻	120kΩ，1/4W	只	1
$R_4\sim R_7$	金属膜电阻	4.7kΩ，1/4W	只	1

彩灯串：外购四组不同颜色的彩灯串。

三、试制与使用

元件焊于如图 10-18 所示的印制板上，印制板的大小可与图示差不多。印制电路板上开一个 21.5mm×1.5mm 的窄槽，将 SH-804 有引脚的一边插入槽内，用焊锡将集成块的 10 个引脚与电路板上的铜箔焊牢，使集成块固定。其他元件插焊于电路板上。焊接前，应首先检查各元件性能好坏，保证所用器件良好，如果焊接无误，则不需要再做调试，接通电源即能正常工作。

将四组彩灯串一端连在一起，接于 COM 处，作为公共端，另一端四根接线分别接于 A、B、C、D 处。根据需要摆放彩灯串的位置，并根据需要改变彩灯的变换式样。

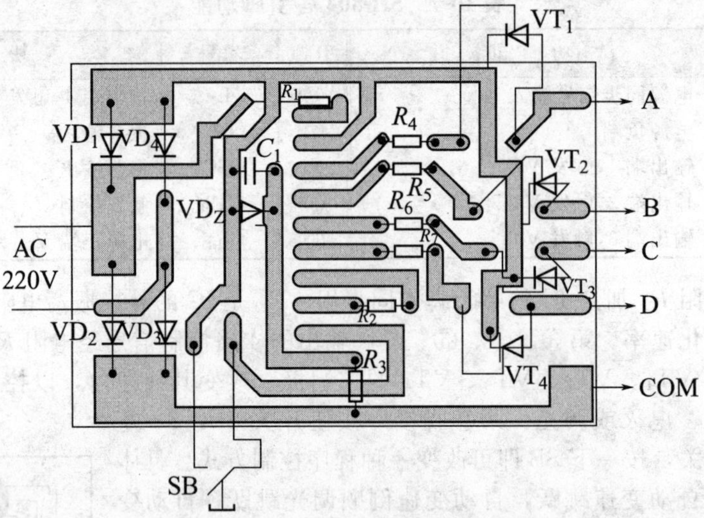

图 10-18　节日彩灯印制电路

第九节　音乐彩灯控制器

音乐彩灯控制电路很多，而图 10-19 所示电路有其独到之处：其一，选用了廉价的压电陶瓷片作音频接收器；其二，使用三极管 VT_3 的 be 结和二极管 VD_1 共同完成了倍压整流，同时 VT_3 又相当于射极跟随器，有电流放大作用和较强的带负载能力，因而能直接控制双向晶闸管的导通角。

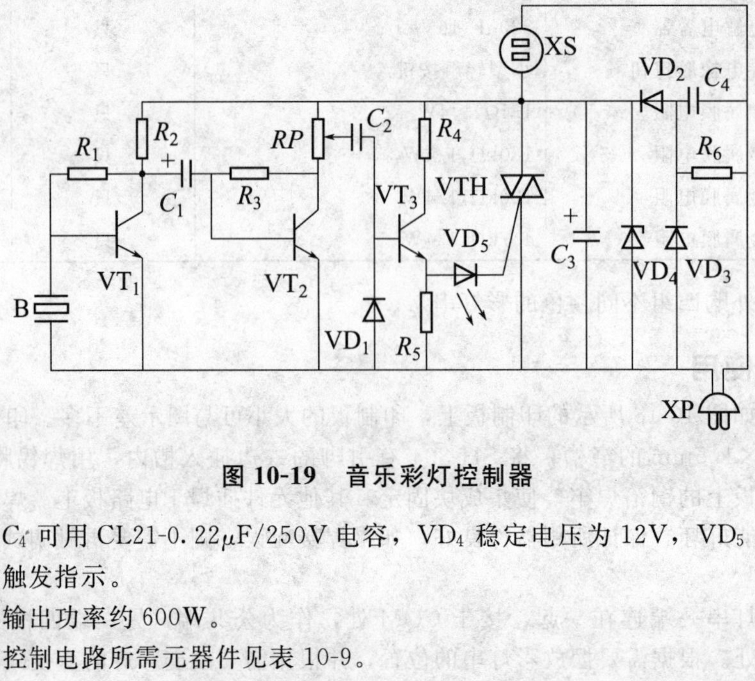

图 10-19　音乐彩灯控制器

制作时，C_4 可用 CL21-0.22μF/250V 电容，VD_4 稳定电压为 12V，VD_5 用高亮度红色发光二极管作触发指示。

本控制器输出功率约 600W。

音乐彩灯控制电路所需元器件见表 10-9。

表 10-9 音乐彩灯控制电路元器件

代 号	名 称	型号规格	单 位	数 量
VD_1	整流二极管	2CP10	只	1
VD_2、VD_3	整流二极管	2CP18	只	2
VD_4	稳压二极管	2CW58	只	1
VTH	双向晶闸管	3A,400V	只	1
B	压电陶瓷片	ϕ27mm	只	1
R_1	金属膜电阻	1MΩ,1/4W	只	1
R_2	金属膜电阻	20kΩ,1/4W	只	1
R_3	金属膜电阻	240kΩ,1/4W	只	1
R_4	金属膜电阻	1kΩ,1/4W	只	1
R_5	金属膜电阻	2kΩ,1/4W	只	1
R_6	金属膜电阻	470kΩ,1/4W	只	1
C_1	电解电容器	1μF、16V	只	1
C_2	电解电容器	10μF、16V	只	1
C_3	电解电容器	220μF、25V	只	1
C_4	涤纶电容器	0.22μF、400V	只	1

第十节 声控、调光两用彩灯控制器

声控、调光两用彩灯控制器常用于舞厅、会场、展览会及家庭装饰。还可用于电风扇调速和电熨斗等调温。

一、电路工作原理

声控、调光两用彩灯控制器电路如图 10-20 所示。

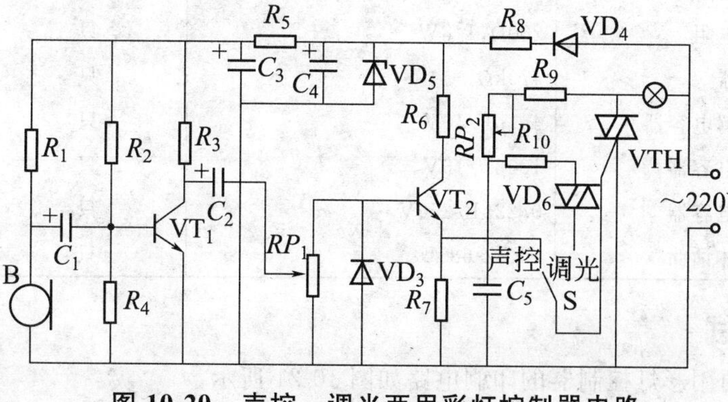

图 10-20 声控、调光两用彩灯控制器电路

三极管 VT_1、VT_2 组成两级音频电压放大电路。音响装置播放出来的优美动听的音乐，经驻极体话筒 B 变换为音频电信号经 C_1、C_2 耦合，由 VT_1、VT_2 进行两级放大。VT_2 因未设偏压，平时处于截止状态，可控硅无触发信号处于阻断，彩灯不亮。当 VT_1 放大后的音频信号经 C_2 耦合输出时，VT_2 基极得到偏压而导通，它的发射极电流在电阻 R_7 上产生

脉冲电压，经开关S（声控位置）去触发双向可控硅VTH，彩灯是串联在可控硅的主电极电路中的，所以一有触发脉冲，可控硅就导通，彩灯就被点亮。当开关S被打在调光位置时，由R_9、R_{10}、RP_2、C_5、VD_6组成的调压电路，可使电压在0～220V之间调节，以实现调光、调速、调温之用。由VD_4、R_8、VD_5、R_5、C_3及C_4组成整流、稳压、滤波电路。VD_3是保护VT_2而设置的限幅电路。

二、元器件选择

声控、调光两用彩灯控制器电路所需元器件见表10-10。

表10-10　声控、调光两用彩灯控制器电路元器件

代　号	名　称	型号规格	单　位	数　量
VT_1	NPN型晶体三极管	3DG型，$\beta \geqslant 80$	只	1
VT_2	NPN型晶体三极管	3DG型，$\beta \geqslant 20$	只	1
VD_3	普通二极管	2AP型	只	1
VD_4	整流二极管	2CZ52F或1N4004	只	1
VD_5	稳压二极管	2CW61或2CW77	只	1
VD_6	双向触发二极管	2CTS	只	1
VTH	双向可控硅	1A400V	只	1
R_1	碳膜电阻	约9.1kΩ可调，1/8W	只	1
R_2	碳膜电阻	约300kΩ可调，1/8W	只	1
R_3	碳膜电阻	3kΩ，1/8W	只	1
R_4	碳膜电阻	470kΩ，1/8W	只	1
R_5	碳膜电阻	1kΩ，1/8W	只	1
R_6	碳膜电阻	约510Ω可调，1/8W	只	1
R_7	碳膜电阻	150Ω，1/8W	只	1
R_8	碳膜电阻	12kΩ，2W	只	1
R_9	碳膜电阻	15kΩ，1/8W	只	1
R_{10}	碳膜电阻	200Ω，1/8W	只	1
RP_1、RP_2	电位器	470kΩ	只	2
C_1、C_2	钽电解电容器	4.7μF/10V	只	2
C_3、C_4	电解电容器	100μF/16V	只	2
C_5	涤纶电容器	0.22μF/250V	只	1
B	驻极体话筒	CRZZ-68型	只	1

三、安装与调试

声控、调光两用彩灯控制器的印刷电路如图10-21所示。

全部元件按图10-21焊装在电路板上，然后将电路板装入塑料做的盒子中，所有接线不应外露以免触电。

安装好后即可进行调试，将万用表置于直流电压10V挡，接在驻极体话筒B的两端，调节R_1，使表的电压读数为3～5V。再将万用表置于2.5mA或10mA挡（直流电流），接在电路板VT_1集电极印刷电路线条缺口处测量它的集电极电流，调节R_2使电流读数为2mA。

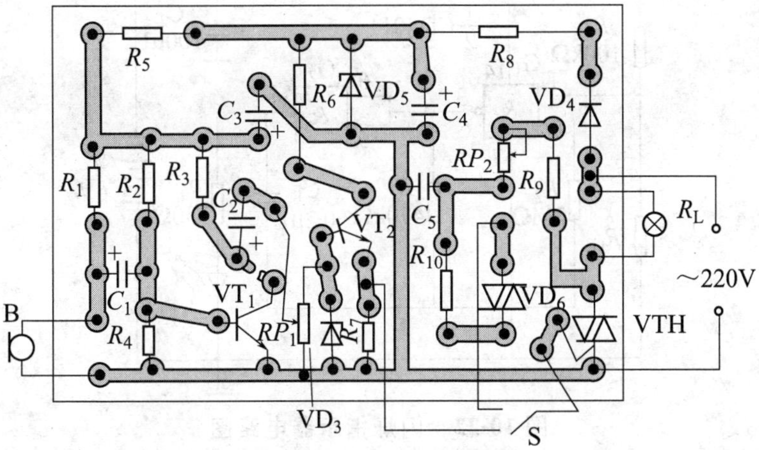

图 10-21　彩灯控制器印刷电路

重要提示

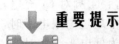

在有声控信号时，如果可控硅 VTH 不导通，应减小 R_6 的阻值，以增大触发电压。调光电路一般不需调整。使用时负载 R_L 功率的大小，如双向可控硅为 1A 额定电流时，最大负载功率为 200W，并且要给可控硅装上散热片。如果负载功率大于 200W，则应根据负载功率的大小来确定可控硅的额定电流。

当使用声控彩灯时，只要将转换开关 S 置于声控位置，调光使用时（调光、调速、调温之用），S 置于调光位置即可。

第十一节　闪烁指示器

闪烁指示器在白天自动熄，天黑以后则自动闪烁，可作为楼梯或走廊内电灯开关位置指示器，也可作为灯塔模型中的自动闪烁导航灯。

一、电路工作原理

闪烁指示器电路如图 10-22 所示。

电路采用四与非门集成电路 CD4011 的其中 2 个与非门，组成可控多谐振荡器，用一只发光二极管（VD）作为闪烁指示灯，以光敏电阻 R_G 为光控器件，整个电路结构比较简单。

在白天时，光敏电阻 R_G 受到自然光线的照射（不必阳光直照），其阻值接近亮阻（≤2kΩ），要比与其串联的电阻 R_3 的阻值（100kΩ）小很多，因此与非门 G_1 的①脚输入电压≤0.1V 为低电平，与非门 G_1 关闭，即 G_1 输出③脚始终为高电平。G_2 的⑥、⑤脚也是高电平，于是 G_2 的输出（④脚）始终为低电平，振荡器停振，VD 不发光。

天黑时，光敏电阻 R_G 只受到极其微弱光线照射，此时它的阻值接近暗阻（≥600kΩ～2MΩ），要比与其串联的电阻 R_3 的阻值（100kΩ）大很多，所以与非门 G_1 的①脚输入电压

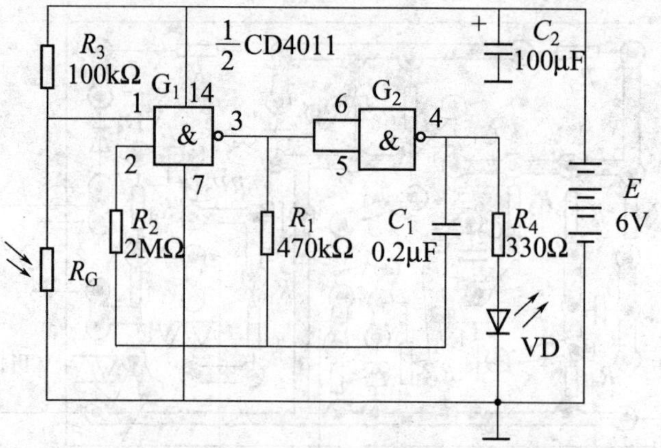

图 10-22　闪烁指示器电路图

≥5V，为高电平，这时 G_1 的输出状态就取决于②脚的状态了。设刚开始时④脚为低电平，则这时③、⑥、⑤脚均为高电平，②脚为低电平。③脚高电平经 R_1、C_1、④脚对 C_1 充电，使 C_1 两端电压升高，同时通过 R_2 使②脚电压也升高。当 G_1 的②脚电平超过门限电平时，②脚变为高电平，于是①、②脚均为高电平，则经过 G_1 门输出端③脚为低电平。此时⑥、⑤脚也为低电平，于是经 G_2 门输出端④脚为高电平。④脚高电平通过 R_1 和 G_1 的输出端③脚使 C_1 放电，从而 C_1 两端电压下降，即②脚电压也下降。当②脚电压下降至门限电平以下时，②脚重新恢复成低电平，于是②脚为低电平，③脚为高电平，⑥脚和⑤脚也为高电平，④脚为低电平，从而又开始了往复循环的过程，形成振荡。如果振荡频率足够低（如1～4Hz），则发光二极管 VD 将闪闪发光。电阻 R_4 对通过 VD 的电流起限制作用，可以针对不同的 VD 发光亮度作适当调整。

重要提示

振荡周期主要取决于 R_1C_1，当 R_1 为 2MΩ、C_1 为 0.2μF 时，振荡周期约为 1.1s。如果将 R_1 或 C_1 减小一半，如将 C_1 取为 0.1μF，则振荡周期随之缩短一半，约为 0.45s。当然，发光二极管（VD）的闪烁周期与多谐振荡器的振荡周期相同。

电路振荡时（VD 闪烁），工作电流约 5～7mA；停振时（VD 熄灭），静态电流≤0.1mA。因此，可以省去电源开关。

试验表明，该电路的电源电压改用 4.5V 时也能正常工作。

二、元器件选择

G_1、G_2 用 CMOS 类通用数字集成电路四与非门 CD4011 中的 2 个与非门，也可用 CC4011 或 CH4011、ZC4011、MC4011、TC4011 等。

R_G 选用暗阻≥1MΩ、亮阻≤2kΩ 的光敏电阻，如 MG41-22。VD 用塑封 ϕ5mm 的红色发光二极管，作为闪烁指示灯，采用红色将更为醒目。

R_1～R_3 用 1/8W 碳膜电阻器。C_1 用耐压≥12V 瓷介电容器，C_2 用耐压≥16V 普通电解电容器。E 用 4 节或 3 节 5 号干电池。

三、制作和调试

闪烁指示器印刷电路板如图 10-23 所示。

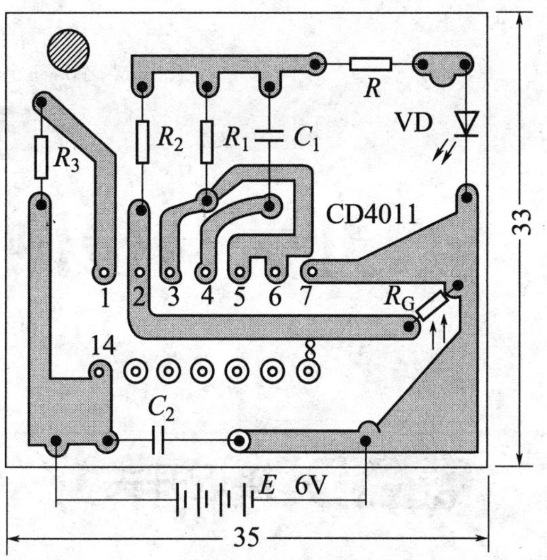

图 10-23 闪烁指示器印刷电路板图

除电池以外，全部元器件都可焊装在印刷电路板上。包括电池在内，将焊好的印刷电路板一起装入适当大小的透明塑料匣内，或者装入至少有一个面是透明的塑料匣内。

重要提示

只要元器件质量可靠、焊装正确，电路在黑暗处肯定振荡，VD 闪烁发光，而一旦处在室内白天正常明亮光线下则立即停止振荡，VD 熄灭。如果室内光线不那么明亮，即使用手去挡住入射至 R_G 受光面的光线，也会马上使电路起振、VD 发光。

适当增加 R_3 的阻值，可以提高光控灵敏度。但并非灵敏度越高越好，这要视实际所需而定。

第十一章 开关与检测电路

第一节 接近开关

LC 振荡电路的应用非常普遍，由 LC 振荡电路构成的接近开关是一种无触点行程开关，只要移动的金属片接近到某一位置时，接近开关就动作，从而达到自动控制的目的，它具有开关速度快、动作灵敏、无火花、寿命长等优点，在安全保护设备中，在易爆易燃及多尘的场合，更是一种理想的开关。

一、电路工作原理

接近开关的基本原理如图 11-1 所示。它由感应头、振荡电路、开关电路及输出级（继电器）等部分构成。当金属工件移近开关的感应头时，通过感应头控制振荡电路的工作状态，是振荡还是停振，从而控制开关电路的工作，再由开关电路控制继电器的线圈有无电流通过，当线圈中有电流时，继电器的触点闭合，当线圈中无电流时，继电器的触点断开，输出控制信号，如灯的亮灭或电机的工作状态。

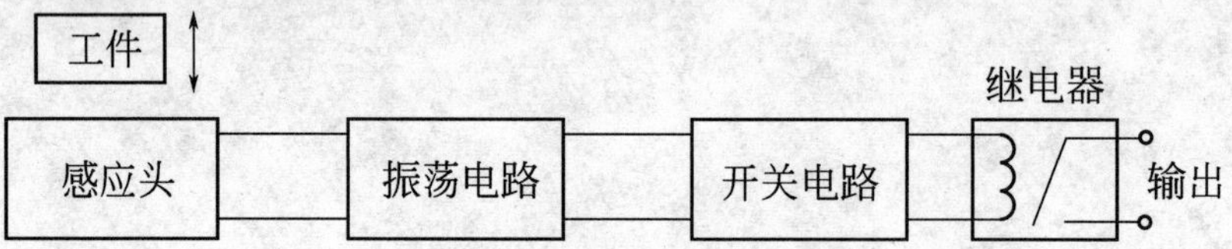

图 11-1 接近开关方框图

电路原理图如图 11-2 所示。LC 振荡电路是接近开关的主要部分。其中 L_2 与 C 组

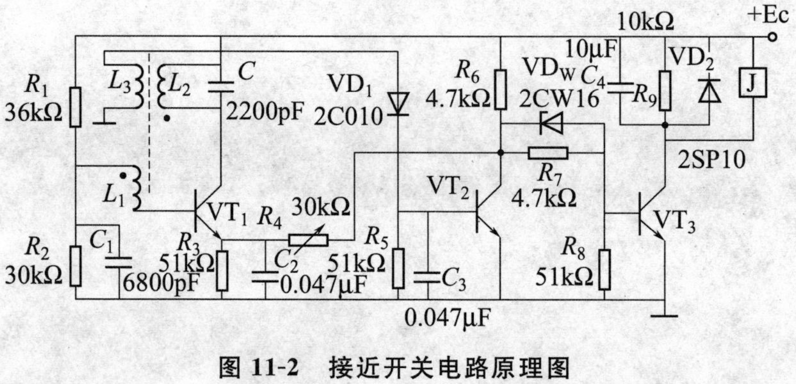

图 11-2 接近开关电路原理图

成选频振荡电路，L_1 为反馈线圈，L_3 为负载线圈。L_1、L_2 和 L_3 绕在同一磁芯上构成感应头。

二、元器件选择

制作时取一小型磁芯（或小型变压器铁芯），根据磁芯窗口的大小用薄塑料片或硬纸片做一个线圈支架，见图 11-3(a)、(b)。反馈线圈 L_1 绕在支架上层，2～3 匝；振荡线圈 L_2 绕在支架下层，100 匝，电感量为 0.5mH；负载线圈 L_3 绕在 L_2 的外层，约 20 匝，如图 11-3(c) 所示。

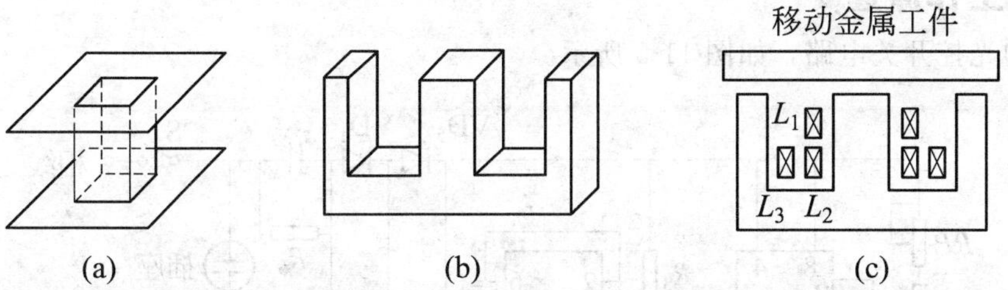

图 11-3　感应头结构示意图

当金属片移近开关的感应头时，金属片内感应产生涡流，削弱了线圈间的磁耦合，L_1 上的反馈电压不能维持振荡，振荡电路被迫停止振荡，L_3 上无感应电压输出，使 VT_2 无偏流而截止。此时，VT_2 的集电极电位接近 24V，电源通过 R_7、R_8 向 VT_3 提供足够的基极电流，使 VT_3 导通，继电器 JK 因有电而使触点闭合。

当金属片离开感应头时，反馈信号增强，振荡恢复。L_3 上的感应电压经 VD_1 整流后，使 VT_2 获得足够大的基极电流而饱和，其集电极电位约为零伏，迫使 VT_3 截止，继电器 J 断电，触点分开。

接近开关中，振荡器的振荡频率可由下式求得

$$f=f_o=\frac{1}{2\pi\sqrt{L_2C}}=\frac{1}{2\times3.14\times\sqrt{0.5\times10^{-3}\times2200\times10^{-12}}}\approx153\text{kHz}$$

电路中，元件参数见图 11-2 中所标示。

三、制作与安装

接近开关电路的印制板图见图 11-4 所示。感应头要首先制作好，印制板上根据感应头的实际尺寸留出位置，并将其固定好。感应头的固定还要考虑移动金属工件接近位置。

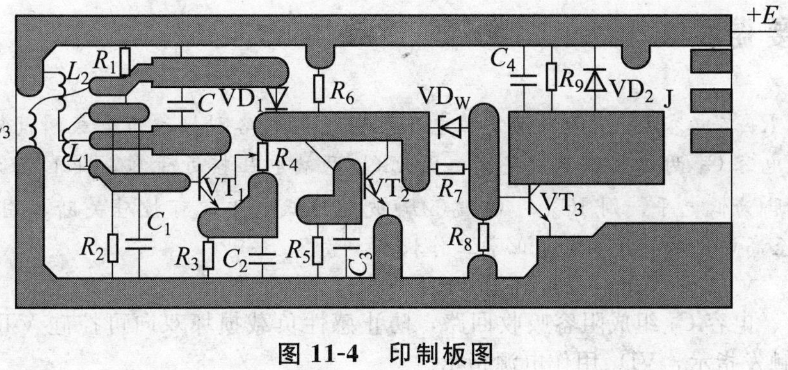

图 11-4　印制板图

第二节 实用的光控开关

实用的光控开关由两只集成电路构成，外围元件少，电路简单，不用调试，用手电筒即可控制各种家用电器或电气设备电源的开与关，制作极为容易。

一、电路工作原理

实用的光控开关电路，如图 11-5 所示。

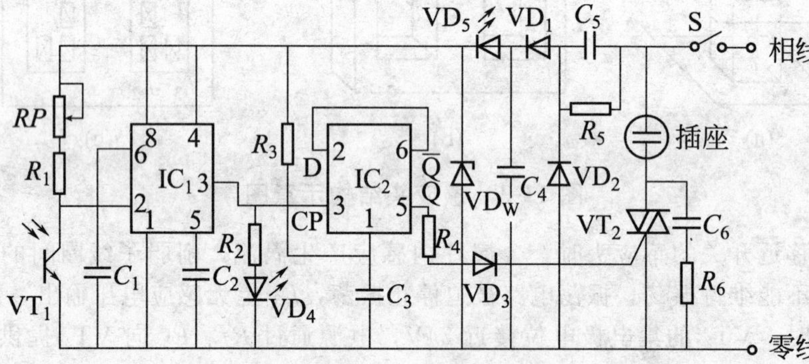

图 11-5 实用光控开关电路

图中，IC_1 定时器为施密特触发器应用形式，IC_1 的②、⑥脚电位是由 RP、R_1 与光敏三极管 VT_1 的分压来决定。平时，RP、R_1 与 VT_1 分压，使 IC_1 的②、⑥脚电位高于 2/3Vcc，IC_1 的③脚输出低电平。当光敏三极管 VT_1 受到强光照射时，内阻变小，则 IC_1 的②、⑥脚电位降低，当电位降至低于 1/3Vcc 时，其③脚输出高电平。下一级 IC_2 是 D 触发器组成的二进制计数电路，由时钟脉冲上升沿触发。当 IC_1 的③脚由低电平向高电平跳变时，触发器 IC_2 的状态发生改变，即触发前 Q 端（IC_2 的⑤脚）为低电平，触发后则变为高电平，其状态一直保持到下一个触发脉冲到来，方能返回原低电平状态。

双向可控硅 VT_2，当 IC_2 的⑤脚输出高电平时，被触发导通，接通负载电源，用电器工作。当再次光照光敏三极管 VT_1 时，D 触发器 IC_2 翻转，其⑤脚输出低电平，可控硅 VT_2 关断，用电器电源不通。这样，光敏三极管 VT_1 每受一次照射，可控硅的开关状态即转换一次，实现了对用电器进行供电与断电的控制。

重要提示

电阻 R_3 与电容 C_3 组成自动复位电路。在光控电路刚接入市电或瞬间断电又恢复时，由于电容 C_3 两端电压不能突变，因此 C_3 两端电压接近于零，即 D 触发器 IC_2 的 $\overline{CLR}$端①脚为低电平，则 IC_2 的 Q 端⑤脚被置为低电平，可控硅关断，用电器断电。当 C_3 充至高电平时，IC_2 恢复正常工作状态。

电阻 R_6、电容 C_6 组成阻容吸收回路，防止感性负载损坏双向可控硅 VT_2。VD_4 发光二极管用作触发指示，VD_5 用作电源指示。

二、元件选择与调整

实用光控开关电路所需元器件见表 11-1。

表 11-1　实用光控开关电路元器件

代号	名称	型号规格	单位	数量
IC_1	时基集成电路	选 555 任意型	只	1
IC_2	D 触发器	型号为 74LS74	只	1
VT_1	光敏三极管	选 3DU4 或 3DU5 等	只	1
VT_2	双向可控硅	>500V,电流据功率定	只	3
VD_W	稳压二极管	选 5V	只	1
VD_1～VD_5	硅整流二极管	可选 1N4004 型	只	3
RP	电位器	570kΩ	只	1
R_1	金属膜电阻	390Ω	只	1
R_2	金属膜电阻	620Ω	只	1
R_3	金属膜电阻	1kΩ	只	1
R_4	金属膜电阻	100Ω	只	1
R_5	金属膜电阻	500kΩ	只	1
R_6	金属膜电阻	200Ω	只	1
C_1	云母电容器	1000pF	只	1
C_2、C_6	涤纶电容器	0.01μF	只	2
C_3	涤纶电容器	0.1μF	只	1
C_4	电解电容器	220μF	只	1
C_5	电解电容器	1μF/400V	只	1

实用的光控开关印制电路，如图 11-6 所示。

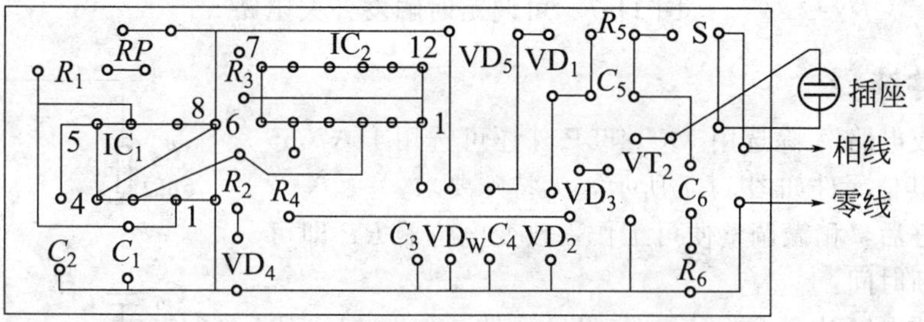

图 11-6　实用光控开关印制电路

调整时应在室内光线较强时进行，调 RP 使 VD_4 为熄灭状态。安装在盒体中摆放时，光敏三极管不应正对强光源。

第三节　可调定时触发开关

该装置适用于变换的彩灯、触发音乐集成电路及其他的触发电路。

一、电路工作原理

如图 11-7 所示，交流电源经电容 C_1 降压，二极管 VD_1～VD_4 桥式整流，电容 C_2 滤波，在稳压二极管 VD_5 两端获取 12V 直流电压。通过二极管 VD_6、电阻 R_2 整流与限流后，电源电压由电位器 RP、电阻 R_3、R_4 给电容 C_4 充电。当 C_4 两端电压充到时基集成电路使 A 的②、⑥脚大于 2/3 电源电压时，A 处于复位状态，其③脚呈低电位，继电器 KM 吸合，使其活动触点启动，去控制被触发电路或彩灯。与此同时，C_4 开始经 R_4 通过 A 的⑦脚对①脚放电，当放电到使 A 的②、⑥脚小于 1/3 电源电压时，A 处于触发位置，其③脚由低电位转变为高电位，KM 释放，此刻电源电压又开始对 C_4 充电。其中，R_1 为 C_1 提供泄放回路。电容 C_3 为滤波元件，VD_8 为保护二极管。VD_7 为隔离二极管，用来稳定定时电容 C_4。

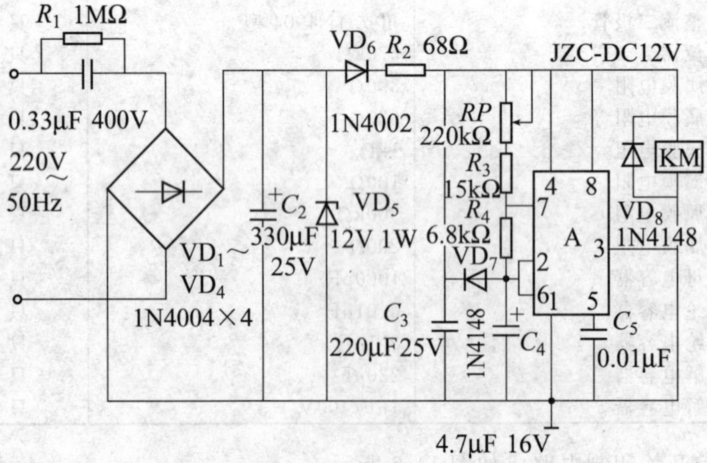

图 11-7　可调定时触发开关电路

二、元器件选择

时基集成电路 A 除选用 MC1455P 外还可选用 HA7555 或 RC555。其他元件如图 11-7 所示，无特殊要求。

全机装好后，稍微调整便可工作，改变电位器 RP 即可控制定时通断时间。

在继电器 KM 内动合触点加上两只元件，如图 11-8 所示，这种电路为消火花电路。

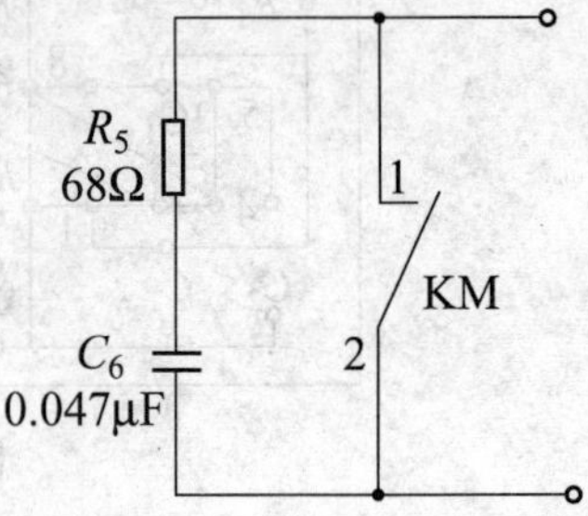

图 11-8　消火花电路

注意：由于本电路与交流电源公共端相连，在调试时要注意安全，不要随意触碰。最好采用塑料外壳。

第四节　集成电路触摸开关

此开关采用 555 时基集成电路组装而成，电路简单，但工作稳定可靠。

一、电路工作原理

集成电路触摸开关电路见图 11-9。

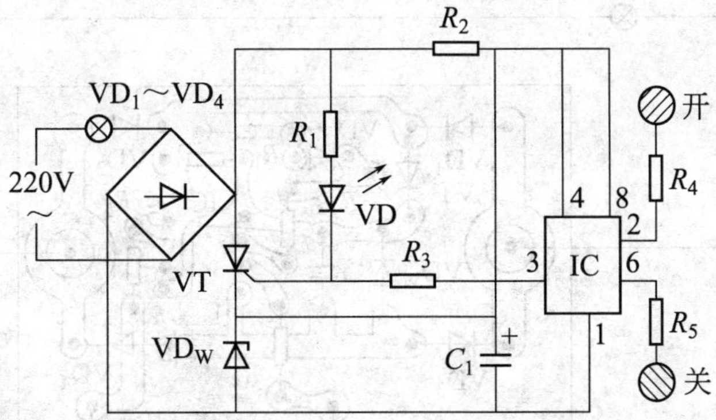

图 11-9 集成电路触摸开关电路

R_1—330kΩ；R_2—100kΩ；R_3—1kΩ；R_4，R_5—4.7kΩ；C_1—220μF

当时基集成块 IC③脚输出低电平时，晶闸管 VT 的门极电位被 IC 钳位在低电平，VT 阻断，电灯不亮。此时 220V 交流电经 $VD_1 \sim VD_4$ 整流，R_2 限流，VD_W 稳压，C_1 两端输出约 6V 直流电压供 IC 用电，同时发光二极管 VD 发微光，用来指示开关位置。

时基电路 IC 构成 R-S 双稳态触发器，需要点灯时，只要用手触摸一下“开”电极片。人体感应的杂波信号经 R_4 送至 IC 的低电平触发端②脚，杂波信号的负半周使 R-S 触发器翻转，输出端③脚输出高电平，使 VT 导通，电灯被点亮。此时 $VD_1 \sim VD_4$ 输出的脉动电流经 VT、VD_W 构成回路，VD_W 两端的压降经 C_1 滤波后仍供给 IC 用电。需要灭灯时，摸一下“关”电极片即可，人体感应的杂波信号经 R_5 送至 IC 的阈值控制端⑥脚，使 R-S 触发器翻转复位，③脚输出低电平，VT 阻断，电灯熄灭，电路恢复到原先状态。

二、元器件选择

集成电路触摸开关电路所需元器件见表 11-2。

表 11-2 集成电路触摸开关电路元器件

代号	名称	型号规格	单位	数量
IC	时基集成电路	选 555 任意型	只	1
VT	小型塑封单向晶闸管	选 2N6565、MCR100－8 型	只	1
VD_W	稳压二极管	6V、1W 型，如 2CW21B	只	1
$VD_1 \sim VD_4$	硅整流二极管	可选 1N4004 型	只	4
R_1	碳膜电阻	330kΩ，RTX-1/8W 型	只	3
R_2	碳膜电阻	100kΩ，RTX-1/8W 型	只	1
R_3	碳膜电阻	1kΩ，RTX-1/8W 型	只	1
R_4、R_5	碳膜电阻	4.7kΩ，RTX-1/8W 型	只	2
C_1	电解电容器	220μF，CD11-16V 型	只	1
VD	发光二极管	可选用红色圆形或方形	只	1

三、制作

集成电路触摸开关的印制板接线图见图 11-10，印制板尺寸为 55mm×35mm，印制板应采用玻璃纤维环氧敷铜板制作。

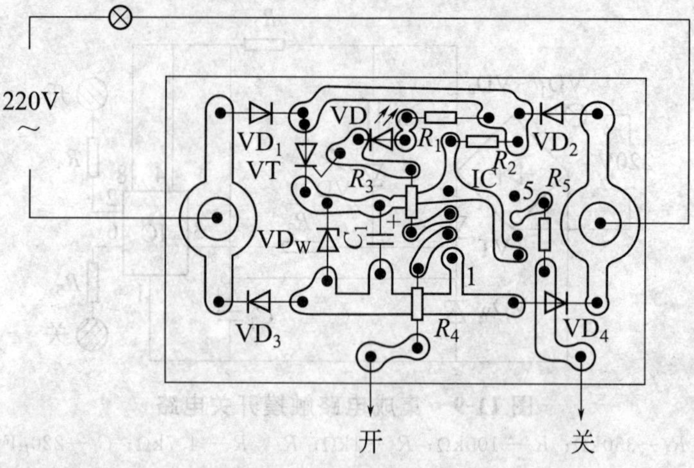

图 11-10　集成电路触摸开关的印制板接线图

重要提示

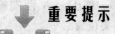

印制板可安装在开关面板背后，用两块马口铁片制作触摸电极片，背后用软导线与 R_4 或 R_5 相连接。在面板适当部位开一小孔，以便让发光二极管 VD 伸出。如不需要发光指示，可将电路板上 VD 两焊点用导线短接即可。

此开关接入市电网络中，可以不考虑相线、零线位置，开关均能正常工作。开关负载功率为 40W，如需增大负载能力，应增大稳压二极管 VD_W 的耗散功率。如选用 6V、2W 或 3W 的稳压二极管即可。

第五节　光电接近开关

该光电接近开关价格低廉、经济实用，它只需 5V 电压供电，输出为 TTL 电平，最大探测距离为 20cm 以上，此距离与红外管的发射功率和被探测材料的表面性质有关，探测距离还可以调节，而一般光电接近开关供电电压要求 12～24V，探测距离且不可调节。

一、电路工作原理

光电接近开关电路原理如图 11-11 所示，图 11-11 中的元件参数见表 11-3。

电路中由 555 构成多谐振荡器，从③脚输出 38kHz 的方波信号。经 VT_1 驱动红外发射管 VD_2 向外发射频率为 38kHz 红外调制信号。之所以选用 38kHz 的红外调制信号，是由于选用的红外接收头 U_1 的频率响应为 38kHz（U_1 型号 AT138B 的“38”表示响应频率大小，其外观和引脚如图 11-11 右方所示）。当有障碍物靠近时，红外线反射回来被 U_1 所接收，当接收到的红外信号足够强时输出（OUT）为低电平，否则为高电平。如果用 5V 供电，输出（OUT）为 TTL 电平可直接与微处理器相接。多谐振荡器的振荡频率计算公式为：

$$T_1 \approx 0.7(R_1 + R_2) \times C_1$$

$$T_2 \approx 0.7(R_3+R_4)\times C_1$$
$$f=1/(T_1+T_2)$$

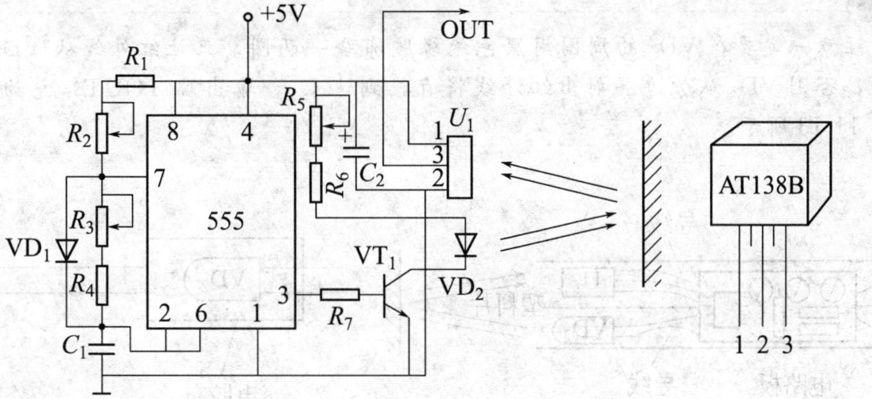

图 11-11　光电接近开关电路原理图

二、元器件选择

光电接近开关电路元器件选择如表 11-3 所示。

表 11-3　光电接近开关电路元器件

代号	名称	型号规格	单位	数量
IC	时基集成电路	选 555 任意型	只	1
VT_1	晶体三极管	选 9014 型	只	1
VD_1	普通二极管	可选 1N4004 型	只	1
VD_2	普通红外发射管		只	1
R_1、R_4	碳膜电阻	1kΩ	只	2
R_2、R_3、R_5	微调电阻	1kΩ	只	3
R_6	碳膜电阻	100Ω	只	1
R_7	微调电阻	2.2kΩ	只	1
C_1	涤纶电容器	0.01μF	只	1
C_2	电解电容器	100μF / 16V	只	1
U_1	红外接收头	AT138B(或同类产品)	只	1

三、制作和调试

调试时使输出波形的占空比尽量为 1∶1，经试验发现只要占空比偏离 1∶1 不太多即可，但频率不要偏离 38kHz 太多，否则探测精度会下降，频率偏离太大时则 U_1 根本没有响应。经过计算在 R_1、R_3 为 1kΩ 时，R_2、R_4 应调到 880Ω 左右（实际有所偏差）。

红外发射管的发射功率可通过改变 R_5 的阻值进行调节，发射管的发射电流大小决定了探测距离的大小。如果不需调节探测距离的大小，R_5、R_6 可用一固定阻值的电阻代替。

红外接近开关制作的关键并不在于电路，而是在结构上，特别是 U_1 和 VD_2 的位置不能随便放置。要把该红外接近开关做成探头状，把整个电路板安装在一根塑料管内，并引出三根导线：电源、地、输出（OUT）。U_1、VD_2 放置在塑料管的前端，并用不透光的塑料片把 U_1、VD_2 隔开，为了防止 VD_2 向旁边漏射出红外线可用黑色绝缘胶布在 VD_2 的周围绕一两圈，只让红外线从 VD_2 的前方发出（电路板、隔光塑料片、U_1、VD_2 可用硅胶进行固定），其结构如图 11-12 所示。

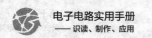

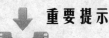

重要提示

注意一定要在 VD_2 的周围用黑色绝缘胶布绕一两圈，只让红外线从 VD_2 的前方射出，否则 VD_2 从旁边漏射出红外线将直接到达 U_1，输出端（OUT）总为低电平，如图 11-13 所示。

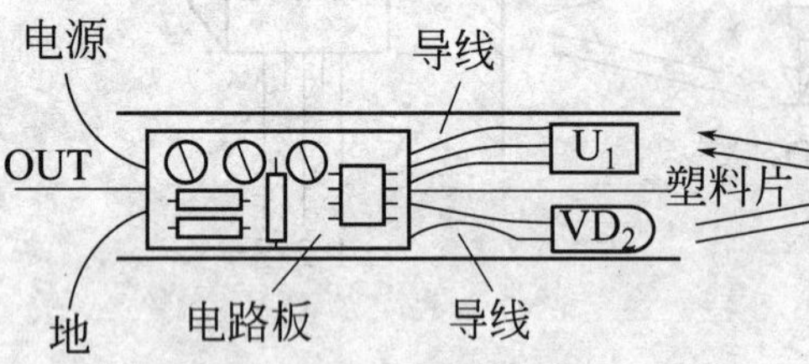

图 11-12 红外接近开关结构图

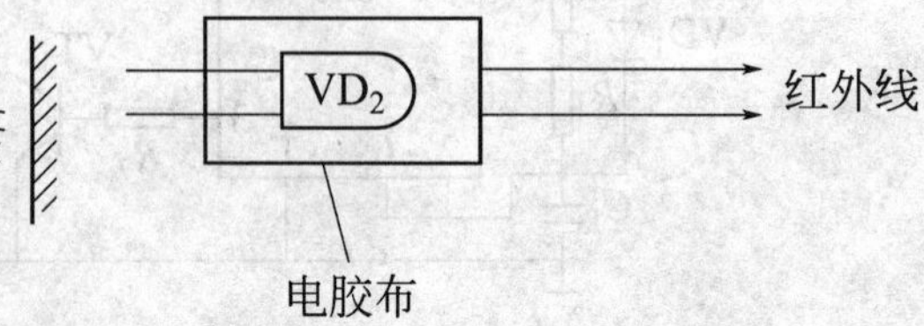

图 11-13 VD_2 的蔽光示意图

该电路只要焊接无误，结构安排得当，不需要太多的调试（只要把多谐振荡器的振荡频率调到 38kHz 即可），通过实验就能成功。制作结果表明：该红外接近开关不仅能探测到接近探头一定距离的物体，还能识别出颜色的深浅（浅颜色的物体由于反光性较强其触发距离较远），而且所使用的元件都是市面上极易买到的，AT138B 是红外接收头，如买不到可用同类产品（如 HM383）代替。

第六节 声光控制延时开关

一、电路工作原理

该电路如图 11-14 所示，它由电源电路、声控电路、光控电路和延时电路四部分组成。

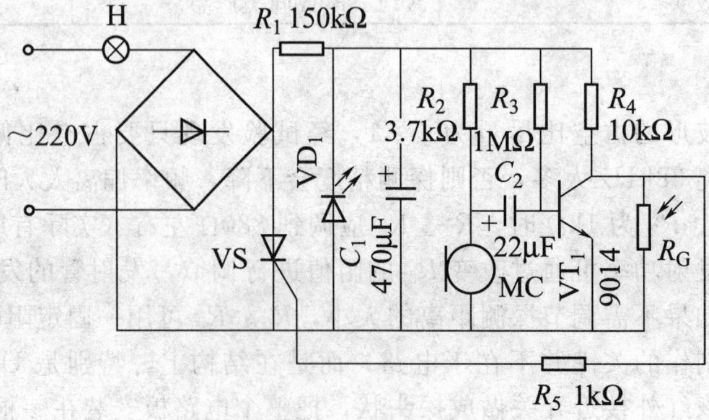

图 11-14 声光控制延时开关电路图

220V 交流电通过灯泡流向全桥，经全桥整流。经 R_1 限流降压，VD_1 稳压，C_1 滤波后输出 1.5V 左右的直流电电压供给控制电路。由于 VD_1 采用发光二极管，一方面利用其正向压降稳压，同时又利用其发光特性兼作电源指示。

控制电路由 R_2、驻极体拾音器 MC、C_2、R_3、R_4、VT_1 组成。在周围有其他光线的时候光敏电阻的阻值为 1kΩ 左右，VT_1 的集电极电压始终处于低电位，就算此时拍手，电路也无反应。而到夜晚时，光敏电阻的阻值上升到 1MΩ 左右，对 VT_1 解除了钳位作用，此时 VT_1 处于放大状态，如果无声响，那么 VT_1 的集电极仍为低电位，晶闸管因无触发电压而关断。当拍手时声音信号被 MC 接收转换成电信号，通过 C_2 耦合到 VT_1 的基极，音频信号的正半周加到 VT_1 基极时 VT_1 由放大状态进入饱和状态，相当于将晶闸管的控制极接地，电路无反应，而音频信号的负半周加到 VT_1 基极时，迫使其由放大状态变为截止状态，集电极上升为高电位，输出电压触发晶闸管导通，使主电路有电流流过，等效于一个开关闭合，而串联在其回路的灯泡得电工作。此时 C_2 的正极为高电位，负极为低电位，电流通过 R_3 缓慢地给 C_2 充电，当 C_2 两端电压达到平衡时，VT_1 重新处于放大状态，晶闸管关断，电灯熄灭。此开关至少可带 100W 的负载，一般适用于家庭照明和楼梯走廊等要求不太严格的场所。

二、元器件选择

整流桥采用 1A/600V 的，亦可用四只 1N4007 代替：VS 选用 1A/600V 小型塑封单向晶闸管，VT_1 可以用任何型号的 NPN 型三极管，如 9013、9014，VD_1 选用任何型号发光二极管均可，发光颜色视个人喜好。R_G 为光敏电阻，亮阻为 1kΩ 左右，暗阻约 1MΩ 左右。

本电路最关键的元件是 R_4，其阻值越小，灵敏度越高，一般取 10kΩ 就可以满足日常生活要求。C_2、R_3 决定开关电路的延时时间，电阻越大，延时时间越长。R_1 的阻值不可小于 150kΩ，否则会导致发光二极管很快烧坏。此外，其他元件无特殊要求。

三、安装与调试

如果灯泡无法延时熄灭，一般是 R_4 阻值选取过小，此时可先把 C_2 两端短路，再把 R_4 的阻值调大，使 VT_1 集电极处于低电位，此时灯泡应熄灭，否则就是晶闸管或全桥内部短路所致。有些晶闸管用万用表测量时是正常的，而安装在电路时则失控，这是因为万用表内部的电池电压为 1.5V，而应用在电路上的电压是 220V，不合格的晶闸管马上就会击穿导通。判断晶闸管或全桥内部是否短路的方法是先将晶闸管的控制极开路，再将阳极或阴极开路，如果此时灯泡还亮，那么可以判断是全桥内部短路，如果不亮则问题出在晶闸管身上。所有元件在焊接之前必须检测合格才可使用。

重要提示

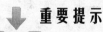

该电路第一次接通电源时，会自动点亮，这属于正常现象，这是因为电路稳压在 1.5V，在电源接通后马上会升到稳压值，滤波电容很快被充满电，过渡时间太短，产生脉冲电压造成电路误触发。

光敏电阻安装在其他光线照射得到而被控制电路的灯光照射不到的地方，否则灯泡会闪烁不停。例如，可将光敏电阻伸出在电源插座下方，这样在有其他光线时灯泡不受控制，只有在夜晚无光线的环境下才受控制。如果无法达到要求时可以考虑制作一个遮光筒，把光敏电阻套住，避开灯光的直射。

第七节 音频切换开关电路

该电路是简单易制的三选一音频切换开关电路，它能从三路信号源中任选一路作为输出电路如附图所示。

一、电路工作原理

220V 交流电经变压器 T 降压，$VD_1 \sim VD_4$ 整流、C_1 滤波，获得＋9V 直流电压。按下开关 SB，切换开关电路开始工作。图 11-15 中 $IC_{1\text{-}A}$、$IC_{1\text{-}B}$、$IC_{1\text{-}C}$为四二输入与非门电路 CD4011 中的三个门，S_1、S_2、S_3 为三个选通开关，按下 S_1，则 $IC_{1\text{-}B}$和 $IC_{1\text{-}C}$各有一个输入端被置低电平，按与非门电路的逻辑：只要有一个输入端被置低电平，则与非门输出为高电平。所以此时 $IC_{1\text{-}B}$和 $IC_{1\text{-}C}$输出高电平，此高电平又经 R_3 和 R_5 送到 $IC_{1\text{-}A}$的两个输入端上，按与非门电路的逻辑：只有当输入端全为高电平时，输出才为低电平。所以 $IC_{1\text{-}A}$输出低电平。此低电平一方面在 S_1 跳开后经 R_1 送到 $IC_{1\text{-}B}$和 $IC_{1\text{-}C}$的输入端，使电路的输出状态得以锁定；另一方面使三极管 VT_1 导通，第一路音频信号源得以经 VT_1 的 E、C 两极输出，从而实现了三选一的功能。当要选通第二路音频信号源时，只须按一下 S_2，于是 $IC_{1\text{-}A}$和 $IC_{1\text{-}C}$的一个输入端被置低电平，则 $IC_{1\text{-}A}$和 $IC_{1\text{-}C}$输出高电平，VT_1 和 VT_3 截止。同时，$IC_{1\text{-}A}$和 $IC_{1\text{-}C}$输出的高电平经 R_1 和 R_5 送到 $IC_{1\text{-}B}$的两个输入端，使 $IC_{1\text{-}B}$输出低电平。此低电平一方面经 R_3 送到 $IC_{1\text{-}A}$和 $IC_{1\text{-}C}$的输入端，使电路的输出状态得以锁定；另一方面又使三极管 VT_2 正偏导通，使第二路音频信号源得以经 VT_2 的 E、C 两极输出。同理，按下 S_3，则电路将选通第三路音频信号源输出。

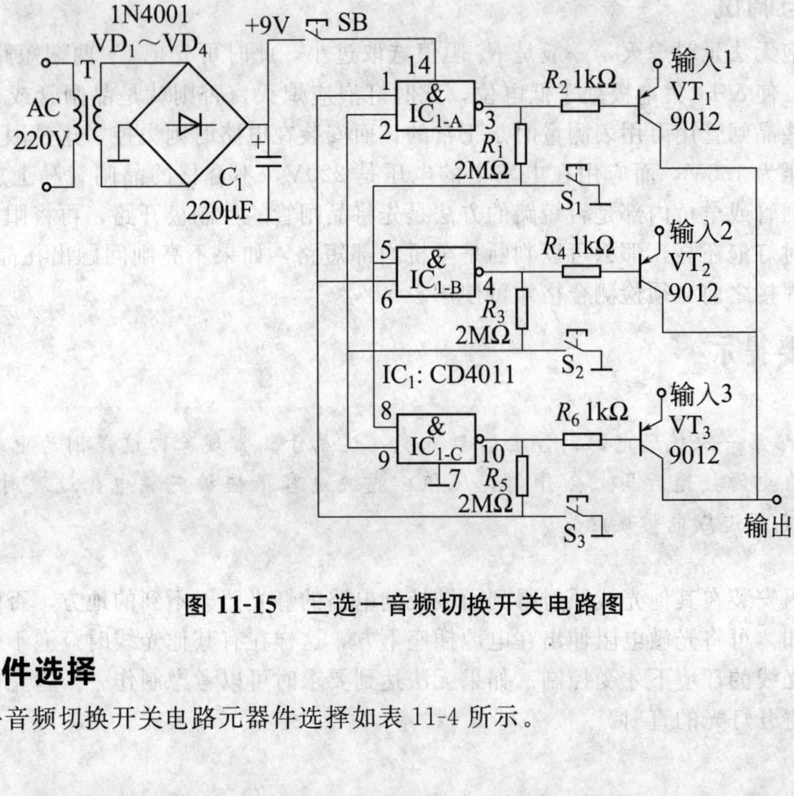

图 11-15　三选一音频切换开关电路图

二、元器件选择

三选一音频切换开关电路元器件选择如表 11-4 所示。

表 11-4　三选一音频切换开关电路元器件

代号	名称	型号规格	单位	数量
IC_1	集成电路	为 CD4011	只	1
$VT_1 \sim VT_3$	晶体三极管	选 9012 型	只	3
$VD_1 \sim VD_4$	普通二极管	可选 1N4001 型	只	4
R_1、R_3、R_5	碳膜电阻	2MΩ	只	3
R_2、R_4、R_6	碳膜电阻	1kΩ	只	3
C_1	电解电容器	220μF/25V	只	1
SB	按键开关		只	1
$S_1 \sim S_3$	轻触开关		只	3

第八节　电子电路在线测试器

在检查电子电路是否有故障时，往往需要断开电源或怀疑部位的连线及相关元器件，既费时费事，又容易损坏电路板或元器件。现介绍一种电子电路在线测试器。

一、电路工作原理

电子电路在线测试器的电路，如图 11-16 所示。

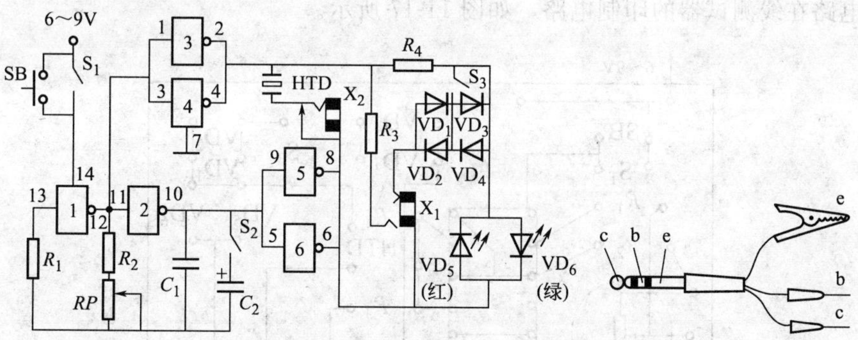

图 11-16　电子电路在线测试器电路

电路图中，是以一块六非门为核心的在线测试器。非门 1 与 2 组成振荡频率为几千赫兹的振荡器，可用作信号发生器、通断检测、莫尔斯电码练习。此时闭合开关 S_2，则振荡频率在 0.5Hz 到几十赫兹，调节 RP 即可改变频率，可作为在线测试、信号脉冲、节拍发生器及催眠等使用。非门 3 与 4 和 5 与 6，分别并联作输出，以增大负载能力。开关 S_3 用来测试三极管及二极管，在线测试时由插座 X_1 输出。HTD 为蜂鸣器，亦可从插座 X_2 处输出音频信号。发光二极管 VD_5 与 VD_6，用作相关功能显示。

二、元器件选择

电子电路在线测试器电路元器件选择如表 11-5 所示。

表 11-5 电子电路在线测试器电路元器件

代号	名称	型号规格	单位	数量
IC	集成电路六非门	为 CD4069	只	1
$VD_1 \sim VD_4$	普通二极管	可选 1N4001 型	只	4
VD_5、VD_6	发光二极管	应选择红、绿两种颜色	只	2
RP	电位器	100kΩ	只	1
R_1	碳膜电阻	1MΩ	只	1
R_2	碳膜电阻	10kΩ	只	1
R_3、R_4	碳膜电阻	300Ω	只	2
C_1	云母电容器	3300pF	只	1
C_2	电解电容器	10μF/ 25V	只	1
SB	小型轻触按钮		只	1
$S_1 \sim S_3$	小型拨动开关	选用 2×2	只	3
X_1	插座	配置 0.5mm 三芯插头	只	1
X_2	插座	配置 3.5mm 二芯插头	只	1
HTD	蜂鸣器	选用 HTD27A-1 型	只	1
层叠电池	宜采用 6V 或 9V	如 6F22 型	块	1

重要提示

注意：选用 HTD27A-1 时，需配有共鸣腔方能声音响亮。电路中 SB、$S_1 \sim S_3$ 与插座 X_1、X_2 及发光二极管 VD_5、VD_5 以及 HTD，应安装在盒体面板的相应位置，其余元器件则组装在一块电路板上。

电子电路在线测试器的印制电路，如图 11-17 所示。

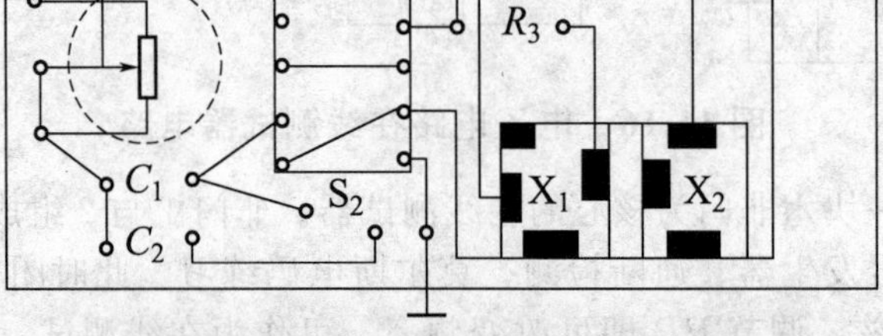

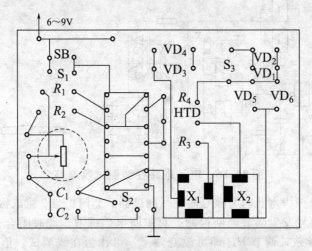

图 11-17 电子电路在线测试器印制电路

三、使用方法

(1) 在线测试三极管及二极管

闭合开关 S_1 与 S_2，将三芯插头插入 X_1，调节 RP 使 VD_5 与 VD_6 点亮，三芯插头的三根输出线 e、b、c；对应于三极管的 e、b、c 三个引脚。当被测三极管为 NPN 型时，A 点为高电平，B点为低电平，由于电阻 R_3 阻值较小，能克服被测管各脚之间在线电阻之影响，使三极管饱和导通。这时二极管 VD_2、VD_4 的正向压降，加上被测三极管的饱和压降共约1.6V，低于发光二极管的点亮电压 1.8V，故 VD_6 发光二极管熄灭。当 A 点为低电平，B 点为高电平时，被测三极管、VD_2、VD_4 及 VD_6 均反向截止，此时 VD_5 正向导通点亮，其结果是红灯亮、绿灯灭。这表示被测三极管完好无损。若 VD_5、VD_6 均亮，则表明被测三极管内部 e、c 脚间开路；如果 VD_5 与 VD_6 均熄灭，则表明被测三极管的 e、c 脚之间击穿短路。

测量 PNP 型三极管时，方法与测 NPN 型相同，只是发光二极管 VD_6 点亮、VD_5 熄灭时，表示被测三极管完好。

测量二极管时应将开关 S_3 接通，用插头上的 e、c 端测其二极管的二脚。若测量结果是 VD_5 与 VD_6 一亮一灭，则表示被测二极管完好；如果 VD_5、VD_6 全亮或全灭，则表明被测二极管已损坏。

(2) 音频、高频信号发生器

当将开关 S_1 接通时，由于多谐振荡器的谐波成分丰富，把二芯插头插入 X_1 后，既能输出音频信号又可输出高频信号，可用来检修收音机的音频和调幅高频部分。调节 RP，可改变振荡频率，使音调发生高低之变化。

(3) 通断检测

检测时，将开关 S_1 接通后，蜂鸣器 HTD 即可发出蜂鸣声。此时，把二芯插头插入 X_2，用其上的两只表笔检测相关线路通断情况，被检测部分通，则 HTD 鸣叫；若被检查部分断路，则 HTD 无声。

(4) 脉冲、节拍发生器

将开关 S_1、S_2 接通，把二芯插头插入 X_2 处，则输出 0.5Hz 到几十赫兹的脉冲信号。亦可用作音乐练习节拍发生器。调节 RP 可改变节拍的速度。如果在 RP 旋钮对应的测试器面板上标有刻度，则能直接知道每分钟的脉冲、节拍数。

(5) 莫尔斯电码练习器

按下 SB，HTD 发声，发光二极管均发光，可作为莫尔斯电码练习器。

(6) 催眠

接通开关 S_1、S_2，将二芯插头插入 X_2 中，调节 RP，使 HTD 发出 1Hz 左右的“嘀、嘀”声，发光二极管随之交替闪烁。可用作催眠器。

第九节 线路检测器

用线路检测器检测电路通断可避免拆接电路和大电流冲击情况出现，且安装简易，使用方便。

一、电路工作原理

线路检测器的电路，如图 11-18 所示。

图中运放集成电路 IC 为比较器。当 IC 的反相输入端②脚电位高于同相输入端③脚电位时，则 IC 的输出端⑥脚输出低电平（零伏）；反之③脚电位高于②脚电位时，则 IC 的⑥脚输出高电平。鉴于运放开环增益很大，只要输入一个很小的电位差，便会输出足够的正负值。IC②、③脚的输入，分别由 RP_1、R_1、R_2 组成的反相输入分压电路，探头、R_3、R_4 组成的同相输入分压电路获得。其中 RP_1 预设的参考电压给 IC 的②脚，参考电压值略低于电源电压的一半；在测试探头短接情况下，R_3、R_4 分压脚③上调到电源电压的一半。当测试探头开路时，IC③脚电压为零，则②脚为高电位，IC 的⑥脚输出低电平，三极管 VT 截止，蜂鸣器不发声；当测试探头间有一小电阻时，IC③脚电位即高于②脚电位，IC⑥脚输出高电平，三极管 VT 导通，蜂鸣器得电发声。这样，被检测线路断路时，蜂鸣器不发声，而线路正常时，则蜂鸣器发声。

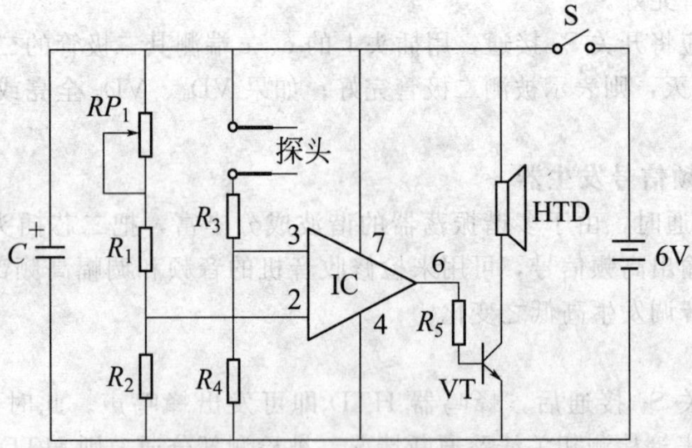

图 11-18　线路检测器电路

重要提示

在调试时，遇有测试探头间电阻很小蜂鸣器不发声，表明③脚电位仍低于②脚电位，此时应重新仔细调节 RP_1 的阻值，使探头短接时蜂鸣器亦不发声，可检查电路存在短路故障。适当减小 R_3 与 R_4 的阻值，可提高检测器的灵敏度。

二、元器件选择

线路检测器电路元器件选择如表 11-6 所示。

表 11-6　线路检测器电路元器件

代号	名称	型号规格	单位	数量
IC	运放集成电路	型号 2CA3130E	只	1
VT	NPN 型三极管	选 BC549	只	1
RP_1	半可调电阻	4.7kΩ	只	1
R_1	碳膜电阻	8.2kΩ	只	1
R_2、R_3、R_4	碳膜电阻	10kΩ	只	3
R_5	碳膜电阻	3.3kΩ	只	1
HTD	蜂鸣器	为 6V，以便发声洪亮	只	1
层叠电池	宜采用 6V	如 6F22 型	块	1

检测探头选用一只鳄鱼夹与一只表笔，或选用两只黑、红表笔。

所有元器件组装在印制电路板上，然后固装在一盒体中。电源开关置于盒面上，探头用塑皮软导线引出。

线路检测器的印制电路，如图 11-19 所示。

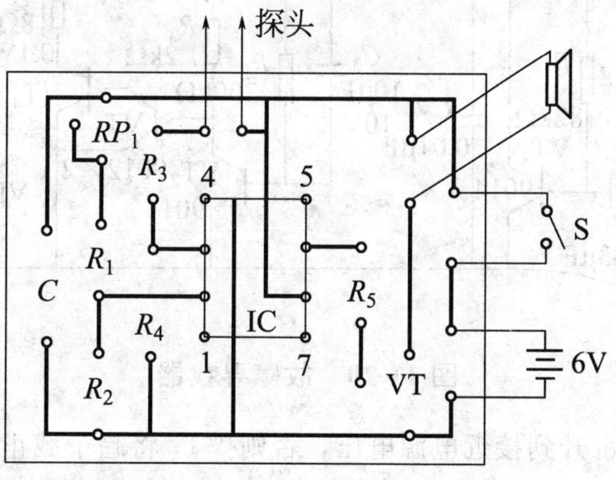

图 11-19　线路检测器印制电路

第十节　故障寻找器

该装置专用于修理各种收音机、录音机、音响等放大器，能快速、准确判断故障所在。它具有小巧轻便、便于携带，是无线电爱好者的必备工具。

一、电路工作原理

故障寻找器工作原理如图 11-20 所示。探针接触到被测点时，收到的电信号经耦合电容 C_1 输送到三极管 VT_1 的基极，由 VT_1 进行前置放大，放大后的信号经高频扼流线圈 L 传给三极管 VT_2、复合三极管 VT_3、VT_4 接成的直接耦合式两级放大，此时，喇叭 BL 通过复合放大管 VT_3、VT_4 的射极输出，发出声响。如被测点无声时，则该级有故障。

其中，电感 L、电容 C_2 为高频滤波电路。电位器 RP 是用来调节信号的大小。

二、元器件选择

VT_1、VT_2 为高增益三极管，穿透电流要小，$\beta>80$，VT_3、VT_4 的 β 值可在 $50\leqslant\beta\leqslant 100$ 间选用。电感 L 选用 10mH 的色码电感，型号为 LH2A，其他型号色码电感亦可。发光二极管 VD 型号可任意选择。探针可用大号兽用注射针改制，或用小型万用表表笔代替。其他元件如图 11-20 所示，无特殊要求。

三、安装与调试

① 只要元件无误，接线正确，焊接良好便可调试。首先将电位器 RP 旋在适中的位置。选用一台信号发生器，频率可在 800Hz～1kHz，电平在 −14～0dB 范围内，阻抗为高阻的信号源作标准信号。探针接触到信号发生器的输出端。将本装置鳄鱼夹和信号发生器地线相连。

② 当听到有微弱的信号时，VT_1 处于饱和状态，调节电阻 R_1，信号渐渐增大，则 VT_1 集电极电位 U_{C1} 逐渐升高，到声音较为清晰时，VT_1 处于放大状态，即可停止，此时 I_{C1} 为

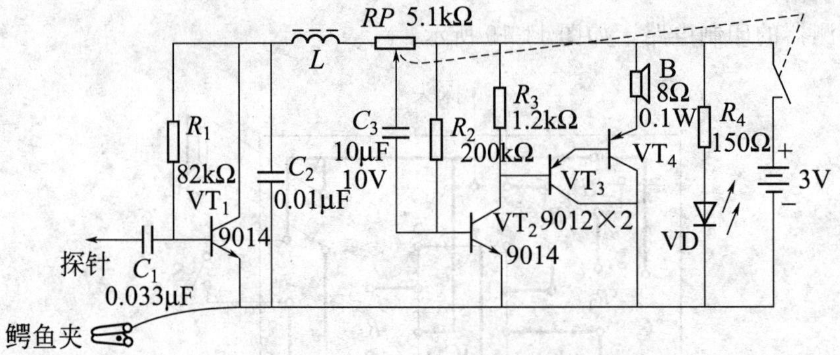

图 11-20 故障寻找器

0.6mA 左右。不要让 U_{C1} 升到接近电源电压，否则 VT_1 将趋于截止状态。

③ 如听不到信号时，VT_1 处于截止状态，调节 R_1，U_{C1} 由高电位逐渐减低，使 VT_1 处于放大状态。听到信号为最佳效果即可。

④ 调节电阻 R_2，信号将由清晰增大，切忌不可将信号调至刺耳。

⑤ 调节电位器 RP，则明显会感觉到信号可大可小。此时测得 VT_2 集电极电流 I_{C2} 为 5～10mA。

⑥ 在调整 R_1、R_2 时，最好先分别串入 1kΩ、10kΩ 的电阻，以免不慎将电阻调至 0Ω 时，电源电压将全部加到基极与发射极两端使三极管击穿烧坏。调完后，用万用表测出实际值，再将 R_1、R_2 电阻固定下来。

⑦ 如无信号发生器，可将探针触碰收音机前级三极管的集电极，其调整按上述方法进行，调谐收音机时，喇叭 BL 应能听到广播声。

四、使用方法

① 开启电源（该开关带音量控制调节），此时，指示灯发光二极管 VD 发光，即可使用。

② 将该装置鳄鱼夹和待查机器地线相连，并开启待查机电源，将两者音量开关开至最大位置。

③ 将探针分别触及各输出端，当触及到某一级时，喇叭 BL 有信号即该级以及该级以上为正常（喇叭中信号指电台播音、磁带声源，或信号发生器送入的信号等）。

④ 检查方法一般从末级开始，逐级向前，由于末级信号较强，为防止过荷失真，可适当减少信号音量。

⑤ 当被测部位大于 160V 时，应串入相应耐压的电容器。

第十一节 音频信号发生器

音频信号发生器是电子制作中常用到的小型仪器。这里介绍的正弦波音频信号发生器制作简单，成本低，输出频率有 400Hz 与 1000Hz 两挡。

一、电路工作原理

如果一个放大器的输入端没有外加的任何信号，而在它的输出端却有一个稳定的高频或低频正弦振荡波形，这就是自激振荡现象。这里介绍的音频信号发生器就是一个正弦波自激振荡器。一个反馈放大器要能产生一个稳定的正弦振荡波必须具备一定的相位条件和幅值条件。

图 11-21 是音频信号发生器的电原理图。电路中由三极管 VT_1 组成一个反相放大器，它的输出电压与输入电压相位差为 180°，要满足振荡电路的相位平衡条件，反馈电路必须使一特定频率的正弦电压通过它时再移相 180°，这样就使电路成为一个正反馈电路。简单的 RC 电路就有移相作用，但是一节 RC 电路最大的相移只能接近 90°，而且此时信号的输出幅值已接近为零。所以需要三节 RC 移相电路来完成再移相 180°这个任务。音频信号发生器就是根据这个原理做成的。

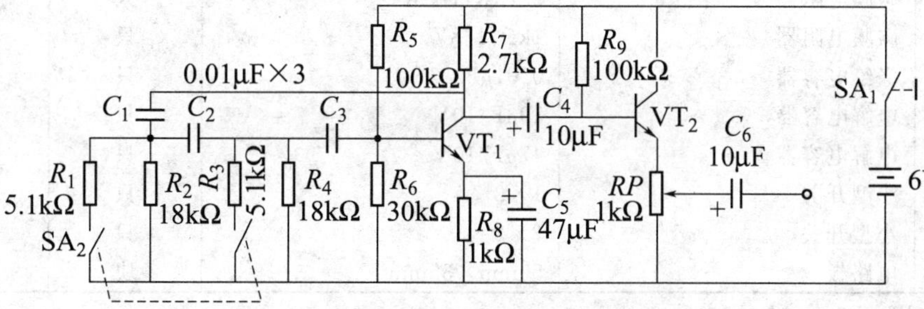

图 11-21　音频信号发生器电原理图

为了满足振荡器的幅值条件，放大器的电流放大倍数 β 值不能低于 29。但是实际上放大器的放大倍数很难做到一点不差，为了保证振荡器的工作，总是把放大器的放大倍数选得比临界值大一些。这样振荡器的输出信号幅度会不会越来越大呢？由于三极管的工作点进入饱和区与截止区时，电流放大倍数明显减小，最终会使振荡器输出信号的幅度受到限制。不过如果选用的三极管的放大倍数太大，会使振荡器输出的正弦波波形失真过于严重，这一点在实际制作中是要注意的。

在图 11-21 电路中的放大器是由三极管 VT_1 等构成的共发射极单管放大电路。电阻器 R_5 和 R_6 是 VT_1 的直流偏置电阻器，R_7 是放大器的负载电阻器，R_8 是发射极反馈电阻，使电路工作得更稳定。电容器 C_5 是发射极旁路电容。振荡器的反馈电路由三节相位领先的 RC 电阻组成，它们包括电阻器 R_2、R_4、R_6 和电容器 C_1、C_2、C_3。我们这个音频信号发生器的频率设置了两挡。电阻器 R_1 和 R_3 是为改变振荡器的振荡频率而设置的。当开关 SA_2 断开时，音频信号发生器的输出频率为 400Hz，当开关 SA_2 闭合时，电阻器 R_1 和 R_3 分别并联在电阻器 R_2 和 R_4 上，使 RC 电路的时间常数减小，音频信号发生器的输出频率为 1000Hz。为了减小振荡器输出端的负载对振荡器频率特性的影响，在电路中加了一级射极输出器，由三极管 VT_2、电阻器 R_9 和电位器 RP 等组成。电容器 C_4、C_6 是耦合电容器。输出信号的大小由电位器来调节。

这台音频信号发生器的最大输出幅度将近 3V（峰-峰值），信号的失真度为 5%。如果能用双连电位器代替电阻器 R_1 和 R_3（去掉开关 SA_2），就可以实现输出频率的连续调节。

二、元器件选择

由于这是一个简易的音频信号发生器，所以全部使用了碳膜电阻器，如果有条件可以使用金属膜电阻器，这样电路工作的更稳定些。电路中三极管VT_1的放大倍数应在50倍左右，三极管VT_2的放大倍数应大于100倍。三个涤纶电容器的容量应尽量一致。音频信号发生器电路元器件选择如表11-7所示。

表11-7　音频信号发生器电路元器件

代号	名称	型号规格	单位	数量
VT_1、VT_2	NPN型三极管	选9014等型号	只	2
RP	微调电位器	1kΩ	只	1
R_1、R_3	碳膜电阻器	5.1kΩ,1/8W	只	2
R_2、R_4	碳膜电阻器	18kΩ,1/8W	只	2
R_5、R_9	碳膜电阻器	100kΩ,1/8W	只	2
R_6	碳膜电阻器	30kΩ,1/8W	只	1
R_7	碳膜电阻器	2.7kΩ,1/8W	只	1
R_8	碳膜电阻器	1kΩ,1/8W	只	1
C_1、C_2、C_3	涤纶电容器	0.01μF	只	3
C_4、C_6	电解电容器	10μF/10V	只	2
C_5	电解电容器	47μF/10V	只	1
SA_1	小型开关	1×2	只	1
SA_2	小型开关	2×2	只	1
	电路板	50mm×35mm	块	1

三、电路的制作与调试

首先对所用元器件进行检查，对元器件的引线进行处理。按照图11-22的电路板安装图和图11-23的电路板元件图进行组装和焊接。先装电路板上的元器件，后连接开关与电源连线。SA_2是2×2小型开关，它有6个接点，其中一边的两接点不用，中间的两点连接在一起，另外两接点与电路板进行连接。

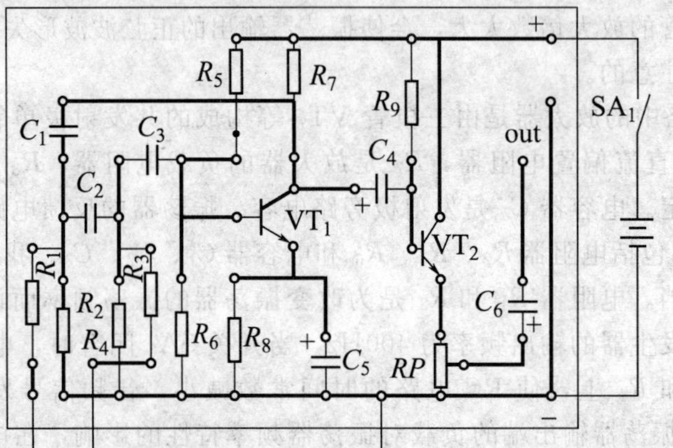

图11-22　电路板安装图

电路装好后需要进行调试，用万用电表的直流电压挡测量一下三极管VT_1的集电极电压，最好在3V左右。否则要改变电阻器R_5的阻值。需要注意VT_1基极电压的变化对振荡器频率的影响较大，基极电压升高，振荡器的频率也升高。三极管VT_2的发射极电压，也

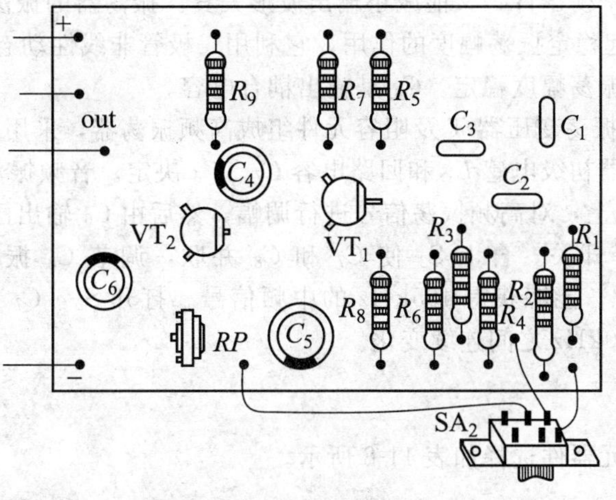

图 11-23　电路板元件图

要在 3V 左右，如果不合适，应调整电阻器 R_9 的阻值。

为了保证音频信号发生器的输出幅度和工作频率能够更稳定，一定要使用带稳压的电源进行供电。如果要得到精确的输出频率，需要利用频率计进行仔细的调整。一般只调整电阻器 R_1～R_4。通常不必进行精确的频率调整，此台仪器可以满足我们的一般要求。

第十二节　简易高低频信号发生器

本信号发生器能够输出 1kHz 的音频信号，465kHz 的中频信号和 525kHz～1650kHz 的高频信号。可用于调试和修理收音机。

一、电路工作原理

简易高低频信号发生器电路如图 11-24 所示。它由音频振荡器和高频振荡器组成。音频振荡器由集成运算放大器、二极管 VD_2、VD_3、电阻 R_1～R_5 及电容 C_1、C_2 等元件组成。这是一种典型的文氏电桥式振荡电路。R_1、C_1 和 R_2、C_2 为正反馈桥路，为使振荡器提高相位平衡条件，R_3～R_5 组成负反馈电路，控制放大器的闭环放大倍数略大于 3，这样既能

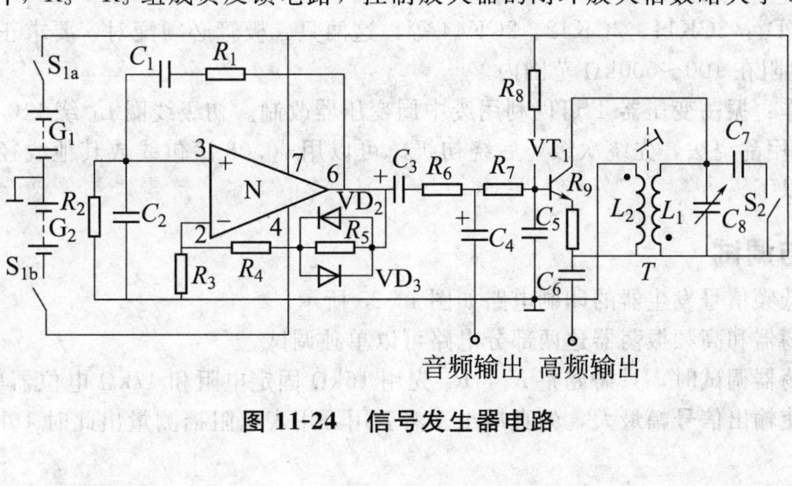

图 11-24　信号发生器电路

满足振荡电路的幅度平衡条件，又能减小输出波形失真。振荡器的振荡频率约1kHz。VD_2、VD_3并联在R_5两端起稳定振荡幅度的作用，它利用二极管非线性动态电阻的变化来改变负反馈的强弱，从而使振荡幅度稳定。C_3是输出耦合电容。

由三极管VT_1，振荡变压器T及阻容元件组成高频振荡器，采用变压器耦合振荡电路，振荡频率由振荡变压器初级电感L_1和回路电容C_7、C_8决定。音频振荡器输出1kHz的音频信号加在VT_1的基极上，对高频振荡信号进行调幅，然后由C_6输出已调幅的高频信号。S_2是中频和高频的选择开关。合上S_2使C_7和C_8并联，调节C_8振荡频率可以在450～550kHz之间连续变化，能够获得465kHz的中频信号。打开S_2，C_7断开，调节C_8，振荡频率可以在525～1650kHz之间连续变化。

二、元器件选择

信号发生器电路元器件选择如表11-8所示。

表11-8　信号发生器电路元器件

代号	名称	型号规格	单位	数量
N	集成运算放大器	μA741	只	2
VT_1	NPN型三极管	选3DG6或9011等型号	只	1
VD_2、VD_3	二极管	选2CK11、2CK42等	只	2
R_1、R_2	碳膜电阻器	16kΩ	只	2
R_3	碳膜电阻器	10kΩ,1/8W	只	1
R_4	碳膜电阻器	约24kΩ,由调试确定	只	1
R_5	碳膜电阻器	2kΩ,1/8W	只	1
R_6	碳膜电阻器	2.7kΩ,1/8W	只	1
R_7	碳膜电阻器	5.1kΩ,1/8W	只	1
R_8	碳膜电阻器	约12kΩ,由调试确定	只	1
R_9	碳膜电阻器	2.4kΩ	只	1
C_1、C_2、C_5、C_6	涤纶电容器	0.01μF	只	4
C_3、C_4	电解电容器	100μF/10V	只	2
C_7	云母电容器	240pF	只	1
C_8	密封单联可变	270pF(或双联中的一联)	只	1
S_1	小型钮子开关	2×2	只	1
S_2	小型钮子开关	1×1	只	1
G_1、G_2	6V叠层电池	6V	块	2

VD_2、VD_3：2CK11、2CK42、2CK44等，这两只二极管必须配对，要求正向电阻小于50Ω，反向电阻在100～500kΩ范围内。

元件制作：振荡变压器T可以利用废中周变压器改制。初级线圈L_1绕110匝，次级L_2绕33匝，采用乱绕法，先绕次级，后绕初级。可以用ϕ0.08漆包线或其他线径绕制，只要绕得下就可以了。

三、安装与调试

简易高低频信号发生器的印刷电路如图11-25所示。

音频振荡器和高频振荡器这两部分电路可以单独调试。

音频振荡器调试时，只需调整R_4，R_4先用16kΩ固定电阻和47kΩ电位器串联后代替，调节电位器使输出信号幅最大，失真最小。然后用万用表电阻挡测量出此时16kΩ固定电阻

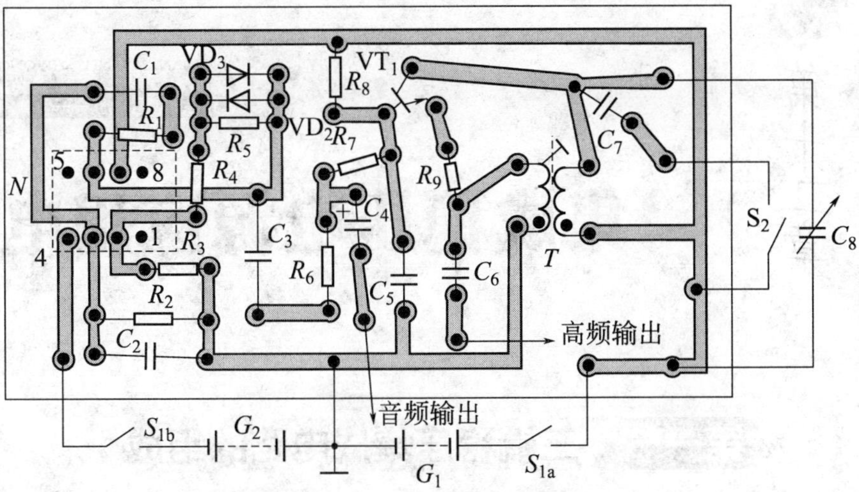

图 11-25 信号发生器印刷电路

和电位器串联后的总阻值，再找一只阻值相当的电阻焊在 R_4 的位置上。

高频振荡器调试，通过 R_8 调整 VT_1 的集电极电流，测量 VT_1 的集电极电流可将万用表置于直流电流挡串联在 VT_1 集电极回路中直接测量，或者可以将万用表置于直流电压挡测 R_9 两端电压，间接测出集电极电流。通过调整 R_8（方法同上）使 VT_1 的集电极电流为 1～1.5mA。只要焊接无误，一般都能起振，如果不能起振，只要将振荡变压器次级的两头颠倒一下就可以了。判定信号发生器是否已经有调幅的高频信号输出，可以找一台收音机，使它调谐在没有电台的位置上，信号发生器的高频输出端接一根约半米长的天线，天线离收音机 0.5m 左右。C_8 调到某一位置时，收音机若能发出叫声，说明信号发生器有调幅的高频信号输出。

重要提示

频率校准，可用一台工厂出产的高低频信号发生器（作为标准信号源）和一台收音机配合调试。标准信号调到某一个频率上，让收音机接收到。然后关掉标准信号源，收音机的调谐位置不变，调节本机的 C_8，使收音机同样收到信号，并且记下这个位置。以此方法可以绘制出频率刻度。

校准中频频率要合上 S_2，校准的方法与上面所述的一致。

第十二章 集成稳压电源应用电路

第一节 三端稳压集成电路的组成

所谓集成稳压电路，其实就是将串联型稳压电路中的调整管、稳压管和取样放大管等主要部分制作在一块芯片上。它具有线路连接简单、使用方便、体积小、可靠性高及价格低廉等特点。

目前市场上使用较多的是三端式的集成稳压器。所谓三端式集成稳压器，就是有三个端口，例如国产的 W7800 系列及 W7900 系列的输入端、输出端及公共（地）端。本节主要讨论的是 W78××（输出正电压）和 W79××（输出负电压）系列稳压器的组成。

一、三端集成稳压器

自制各种电子装置都离不开直流稳压电源。用分立元件组装的稳压电源，调试、维修比较麻烦，且体积较大。随着电子电路集成化的发展，出现了集成稳压器。目前常见的三端集成稳压器有三端固定输出正稳压器 78××系列和三端固定输出负稳压器 W79××系列。图 12-1 为三端集成稳压器的外形图。

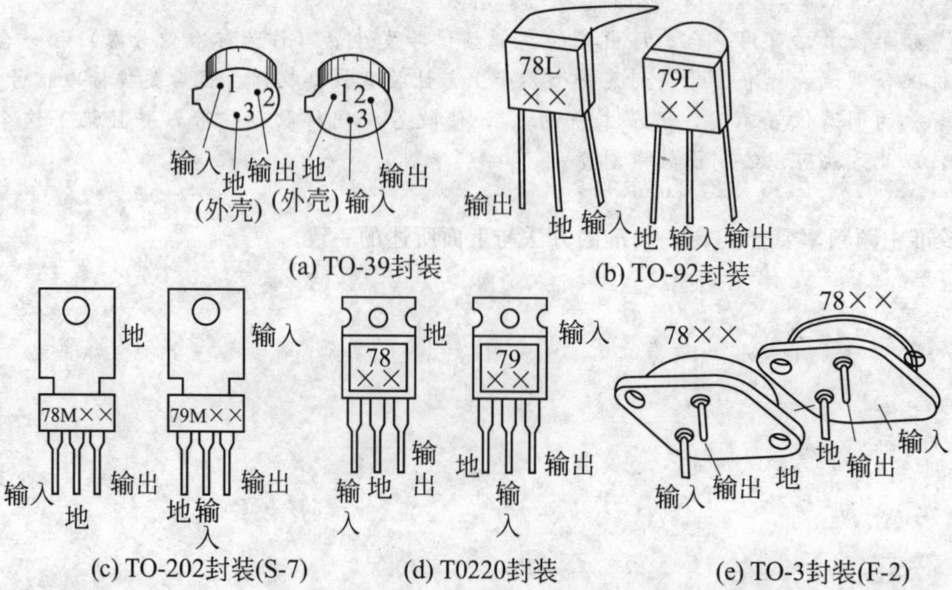

图 12-1 三端集成稳压器的外形图

1. 78××系列三端集成稳压器

78××系列三端集成稳压器是用途甚广的一种稳压器。所谓“三端”是指电压输入端、电压输出端和公共接地端。“输出正”是指输出正电压。国内各生产厂家均将此系列稳压器命名为“78××系列”，如 7805、7812 等，其中 78 后面的数字即为该稳压器输出的正电压数值，以伏为单位。例如 7805、7812 即表示分别输出＋5V、＋12V 的稳压器。有时发现 78××之前还有 CW 等字母，这代表着某生产厂的产品代号。厂家不同，字母各异，这与输出正电压数值无关。

重要提示

78××系列稳压器按输出电压分，共有八种，即 7805、7806、7809、7810、7812、7815、7818、7824。按其最大输出电流又可分为 78L××、78M××和 78××三个系列。其中 78L××系列最大输出电流为 100mA；78M××系列最大输出电流为 50mA；78××系列最大输出电流为 1.5A。

图 12-1 中 78L××系列有两种封装形式：一种是金属壳的 TO-39 封装，一种是塑料 TO-92 封装。前者温度特性比后者好。最大功耗为 700mW，加散热片时最大功耗可达 1.4W；后者最大功耗为 700mW，使用时无需加散热片。78L××系列中，一般以塑封的使用较多。78M××系列有两种封装形式：一种是 TO-202 塑封，另一种是 TO-220 塑封。不加散热片时最大功耗为 1W，加散热片时，最大功耗可达 7.5W。78××系列也有两种封装形式：一种是金属壳的 TO-3 封装，一种是塑料壳 TO-220 封装。不加散热片时，前者最大功耗可达 2.5W，后者可达 2W：加装散热片后，最大功耗可达 15W。塑料封装以其安装固定容易、价格便宜等优点，得到广泛应用。

几种 78××系列集成稳压器的实物图如图 12-2 所示。

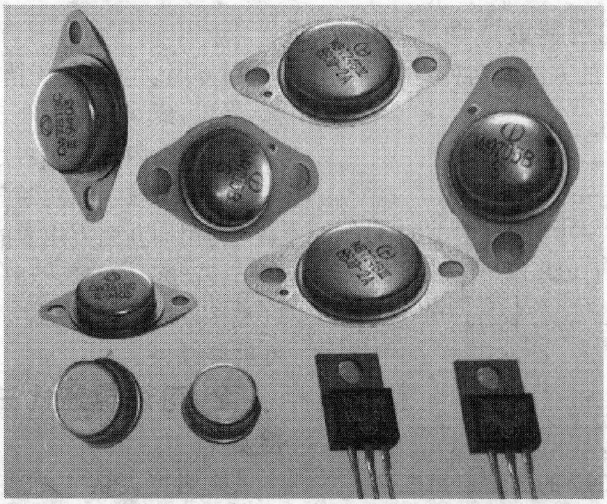

图 12-2　几种 78××系列集成稳压器的实物图

如图 12-3 为 78××系列集成稳压器的框图。

2. 79××系列三端集成稳压器

三端固定输出负稳压器 79××系列除输出电压为负电压、引脚排列不同外，其命名方

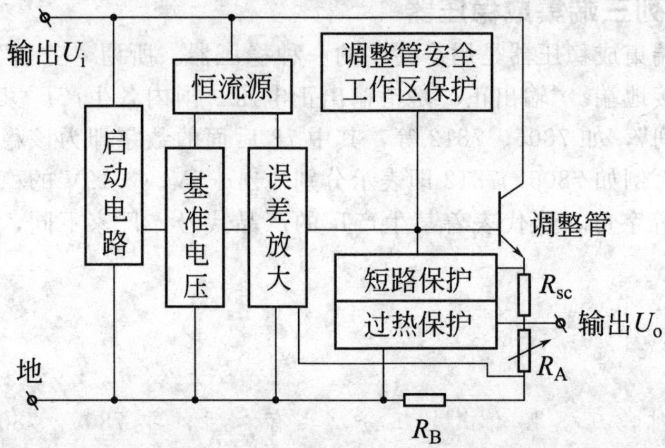

图 12-3　78××系列集成稳压器框图

法、外型均与 78××系列相同。

重要提示

三端式集成稳压器主要分为固定电压式和可调电压式两种。W7800 系列及 W7900 系列的集成稳压器属于固定电压式，LM317 系列、LM337 系列的集成稳压器属于可调电压式，其中 LM317 的输出电流为 1A，最大为 1.5A，输出电压在 1.25～37V 间连续可调。LM337 的输出电流与 LM317 的输出电流相同，电压在－1.25～－37V 间连续可调。

二、三端式集成稳压器的检测

1. 固定电压式三端集成稳压器的检测

检测三端稳压器的方法有两种：①测电压法，用万用表直流电压挡测量输出电压是否与标称值一致（允许有±5%的偏差）；②测电阻法，用电阻挡测量各引脚间的电阻值并与正常值作比较，以判断其好坏。

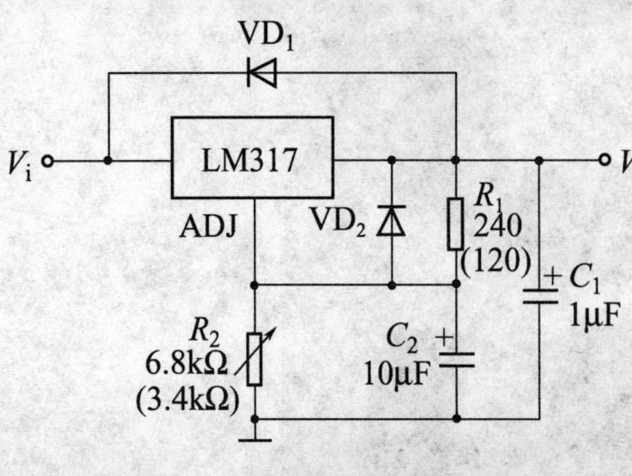

图 12-4　LM317 的典型应用电路

利用 500 型万用表的 R×1k 挡分别测量 7805、7806、7812、7815、7824 正压稳压器以及 7905 负压稳压器的电阻值见表 12-1，可供参考。

2. 可调电压式三端集成稳压器的检测

检测可调式三端集成稳压器的方法也有两种。一种方法是参照图 12-4 进行通电试验，用万用表测量输出直流电压的调节范围。

另一种方法是测量各管脚的电阻值，判断其好坏。用 500 型万用表 R×1k 挡分别测量 LM317（1.5A）、LM350（3A）、LM338（5A）各引脚间的电阻值见表 12-2，可供参考。

表 12-1　测量三端稳压器的电阻值

三端稳压器	黑表笔位置	红表笔位置	正常电阻值/kΩ	不正常电阻值
7800 系列（7805、7806、7812、7815、7824）	U_i	GND	15～45	0 或∞
	U_o	GND	4～12	
	GND	U_i	4～6	
	GND	U_o	4～7	
	U_i	U_o	30～50	
	U_o	U_i	4.5～5.0	
7905	$-U_i$	GND	4.5	0 或∞
	$-U_o$	GND	3	
	GND	$-U_i$	15.5	
	GND	$-U_o$	3	
	$-U_i$	$-U_o$	4.5	
	$-U_o$	$-U_i$	20	

表 12-2　LM317、350、338 各引脚的电阻值

表笔位置		正常电阻值/kΩ			不正常电阻值
黑表笔	红表笔	LM317	LM350	LM338	
U_i	ADJ	150	75～100	140	0 或∞
U_o	ADJ	28	26～28	29～30	
ADJ	U_i	24	7～30	28	
ADJ	U_o	500	几十至几百①	约 1MΩ	
U_i	U_o	7	7.5	7.2	
U_o	U_i	4	3.5～4.5	4	

① 个别管子可接近于无穷大。

第二节　三端稳压集成电路典型电路

一、固定电压输出集成稳压电路

固定电压输出集成稳压电路如图 12-5 及图 12-6 所示，其中图 12-5 为正电压输出电路，图 12-6 为负电压输出电路。

重要提示

图中，C_i 为输入滤波电容，主要用来滤除纹波；C_o 为输出滤波电容，主要用来改善负载的瞬态响应，使电路稳定工作。C_i 与 C_o 最好采用漏电流小的钽电容，如果采用电解电容，则电容量要比图中的数量大十倍。

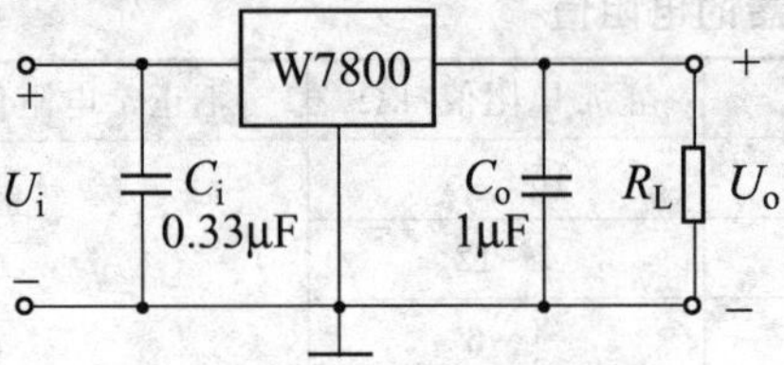

图 12-5　固定正电压输出集成稳压电路

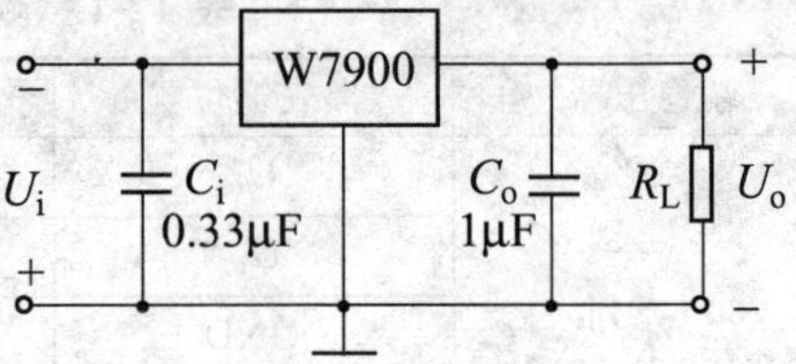

图 12-6　固定负电压输出集成稳压电路

二、对称电压输出集成稳压电路

对称电压输出集成稳压电路如图 12-7 所示，主要用于需要正、负电源的设备。

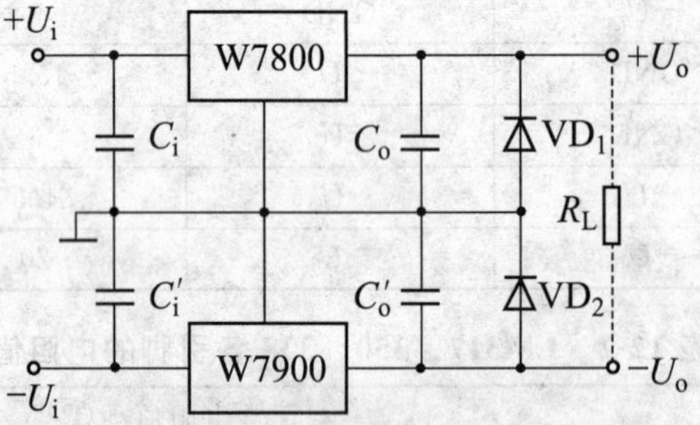

图 12-7　对称电压输出集成稳压电路图

三、提高输出电压集成稳压电路

提高输出电压集成稳压电路如图 12-8 所示，主要用于固定输出电压不能满足要求时。

四、扩流集成稳压电路

扩流集成稳压电路如图 12-9 所示，主要用于需要扩大输出电流的情况下。

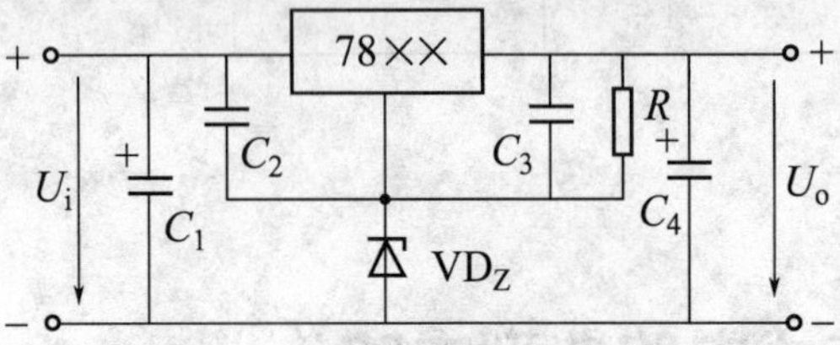

图 12-8　提高输出电压集成稳压电路

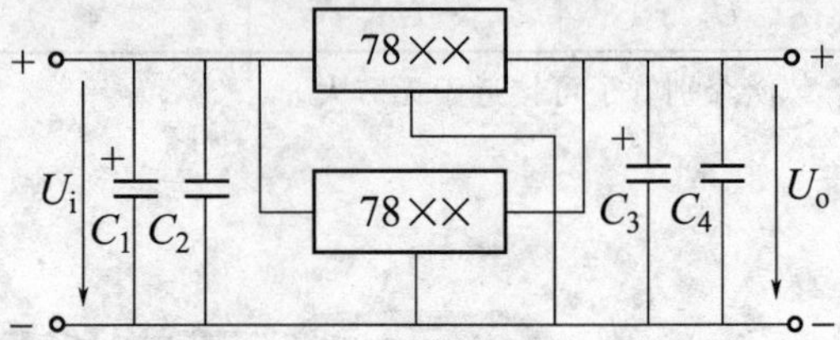

图 12-9　扩流集成稳压电路

图 12-10 所示为固定式三端稳压器的输出电流用晶体管扩展 CW78××系列与 CW79××系列集成稳压器的输出电流 I_O 的电路。

重要提示

图中，T_1 称为扩流功率管，应选用大功率管；T_2 与 R_2 组成限流保护电路，当输出电流过大时 T_2 导通，扩展电流 I_1 减小以保护 T_2。T_2 的导通电压由 R_2I_1 决定，应特别注意其额定功率是否满足要求，扩展后的输出电流 $I_L=I_O+I_1$。若按图中所示参数设置，则可使输出电流 I_O 达到 1.5A。

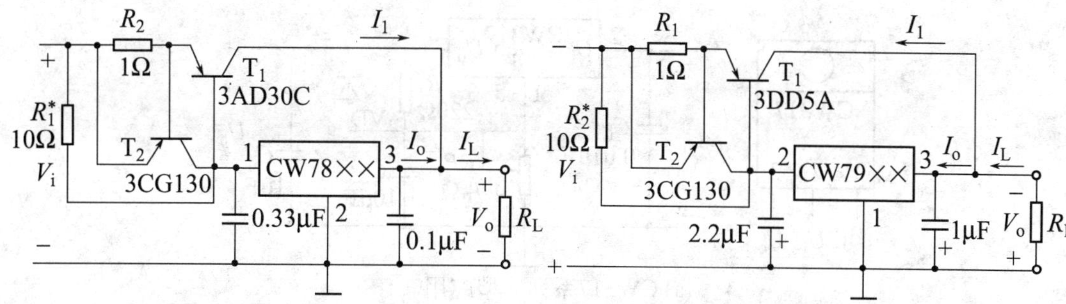

(a) CW78××系列电流扩展电路　　(b) CW79××系列电流扩展电路

图 12-10　固定式三端稳压器输出电流扩展电路

五、恒定电流输出集成稳压电路

恒定电流输出集成稳压电路如图 12-11 所示，主要用于输出电流恒定的情况下。

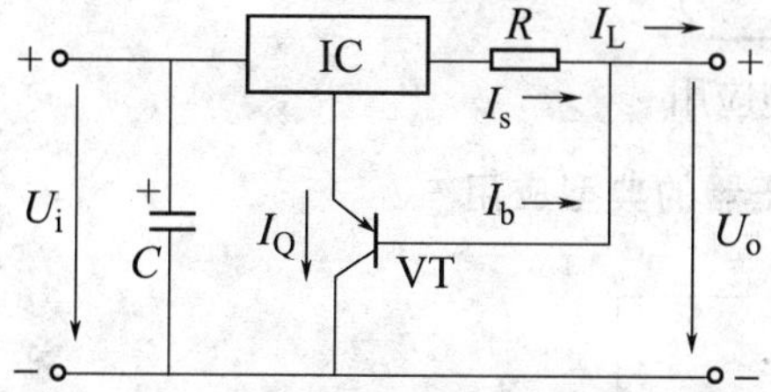

图 12-11　恒定电流输出集成稳压电路

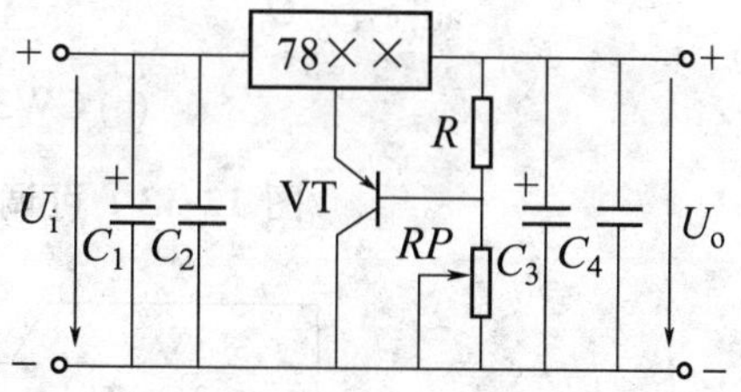

图 12-12　输出电压可调集成稳压电路

六、输出电压可调集成稳压电路

输出电压可调集成稳压电路如图 12-12 所示，主要用于输出电流恒定的情况。

七、可调式三端稳压器

1. 可调式三端稳压器的典型应用

可调式三端稳压器能输出连续可调的直流电压。常见产品如图 12-13 所示。其中，CW317 系列稳压器输出连续可调的正电压，CW337 系列稳压器输出连续可调的负电压。稳压器内部含有过流、过热保护电路。R_1 与 RP_1 组成电压输出调节电路，输出电压

$$U_O \approx 1.25(1+RP_1/R_1)$$

R_1 的值为 120～240Ω，流经 R_1 的泄放电流为 5～10mA。RP_1 为精密可调电位器。电容 C_2 与 RP_1 并联组成滤波电路，以减小输出的纹波电压。二极管 VD 的作用是防止输出端与地短路时，损坏稳压器。

集成稳压器的输出电压 U_o 与稳压电源的输出电压相同。稳压器的最大允许电流 $I_{CM} < I_{omax}$，输入电压 U_i 的范围为

$$U_{omax} + (U_i - U_o)_{min} \leqslant U_i \leqslant U_{omin} + (U_i - U_o)_{max}$$

式中，U_{omax} 为最大输出电压；U_{omin} 为最小输出电压；$(U_i - U_o)_{min}$ 为稳压器的最小输入、输出压差；$(U_i - U_o)_{max}$ 为稳压器的最大输入、输出压差。

2. 扩展可调式三端稳压器的输出电流

图 12-14 所示为扩展可调式三端稳压器的输出电流的电路。T_1 与 T_2 组成互补复合管，I_1 为输出扩展电流，R_1、R_2、R_3 是偏置电阻，图中所示参数，可使输出电流 I_o 达到 2A。

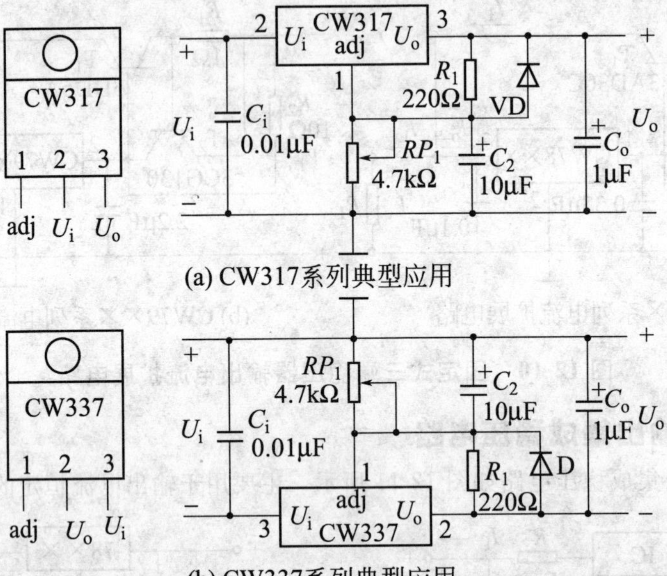

(a) CW317系列典型应用

(b) CW337系列典型应用

图 12-13 可调式三端稳压器的典型应用

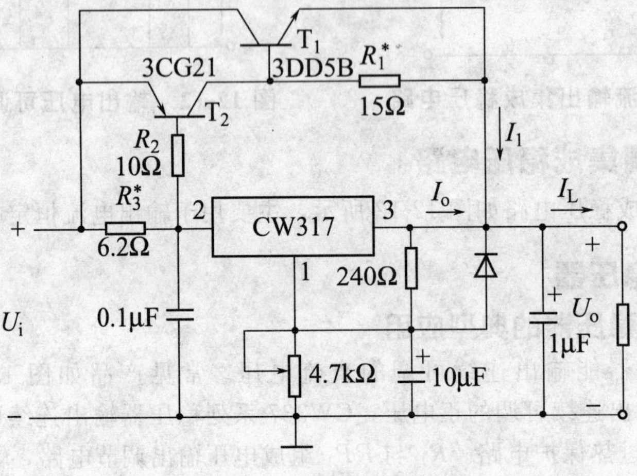

图 12-14 可调式三端稳压器输出电流扩展电路

第三节 三端稳压集成电路的应用

一、蓄电池充电器

该电路采用三端集成稳压器和晶闸管制作的多功能蓄电池充电器，其充电输出电压分为6V、12V、18V和24V四挡，对不同规格的蓄电池可选择不同的挡位。充电输出电流连续可调，可满足容量为4～120A·h的蓄电池充电。

该充电器电路由主充电电路和控制电路组成，如图12-15所示。

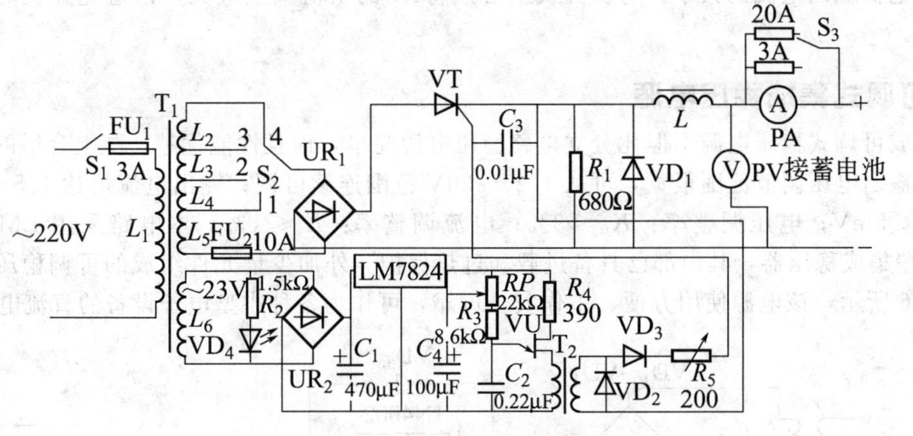

图 12-15　蓄电池充电器电路

主充电电路由电源变压器 T_1、整流桥堆 UR_1、晶闸管 VT、滤波电感器 L、续流二极管 VD_1、电流表 PA、开关 S_1～S_3、电压表 PV、电阻器 R_1、电容器 C_3、3A 分流器、20A 分流器和熔断器 FU_1、FU_2 组成。

控制电路由电源稳压电路（由电源变压器 T_1、整流桥堆 UR_2、滤波电容器 C_1、C_4 和三端集成稳压器 LM7824 组成）和弛张振荡器（由单结晶体管 VU、脉冲变压器 T_2 和有关外围元器件组成）组成。

接通电源开关 S_1 后，交流 220V 电压经 T_1 降压后，在其二侧的 4 个绕组（L_2～L_5）上分别产生三路交流 12V 电压和一路交流 15V 电压。S_2 为充电输出电压转换开关，其 $S_{2\text{-}1}$ 挡为 6V 蓄电池充电用；$S_{2\text{-}2}$ 挡为 12V 蓄电池充电用或 6V 蓄电池大电流充电用；$S_{2\text{-}3}$ 挡为 18V 蓄电池充电用或 12V 蓄电池大电流充电用；$S_{2\text{-}4}$ 挡为 24V 蓄电池充电用。

T_1 二次侧 L_2～L_5 绕组产生的交流电压，经 S_2 选择及 UR_1 桥式整流后，得到 100Hz 的脉动直流电压。该电压经晶闸管 VT 控制、L 滤波变成稳定的直流电压后，加在待充电的蓄电池两端。

电阻器 R_1 是 VT 的输出负载。VD_1 是续流二极管，其作用是在 VT 截止期间为输出负载及电感器 L 产生的反向感应电动势提供直流通路，避免 VT 失控。

重要提示

充电器输出端电流表 PA 的量程有两个，一个量程为 0～3A，可为小容量蓄电池充电时显示电流数值；另一个量程为 0～20A，用作大容量蓄电池充电时显示电流数值。在电流表 PA 两端并接有两只分流器（3A 分流器和 20A 分流器各一只），由开关 S_3 选择转换电流表的量程。

控制电路用来产生晶闸管的触发脉冲，控制充电器的充电电流。电源变压器 T_1 二次侧 L_6 绕组上感应的 23V 交流电压，经整流桥堆 UR_2 整流、电容器 C_1 滤波及 LM7824 稳压后，产生＋24V 电压，使弛张振荡器（脉冲形成电路）振荡工作，在脉冲变压器 T_2 的二次绕组上产生触发脉冲信号，此脉冲经二极管 VD_2、VD_3 整流及可变电阻器 R_5 限流调节后，加至晶闸管 VT 的门极上。

调节电位器 RP 的阻值，可改变弛张振荡器的工作频率和晶闸管触发脉冲的相位，从而改变充电器输出电流的大小。每次开机前必须将RP的阻值调至最大，以避免开机时输出电流太大。

二、可调式集成稳压电源

集成可调式稳压电源不但比分立电路稳压电源简单，而且性能优越。配上合适的电源变压器，输出电压调节范围很宽，可从1.25～30V范围连续可调；输出电流可达1.5A，纹波电压：≤5mV；电压调整率：$K_u \leq 3\%$；电流调整率：$K_i \leq 1\%$。本电路采用LM（CW）317三端集成稳压器，其内部已具备过载和过热保护。外加少量元件组成的可调稳压电路如图12-16所示，该电源使用方便、工作安全可靠，可作为各种小型电子设备的直流电源。

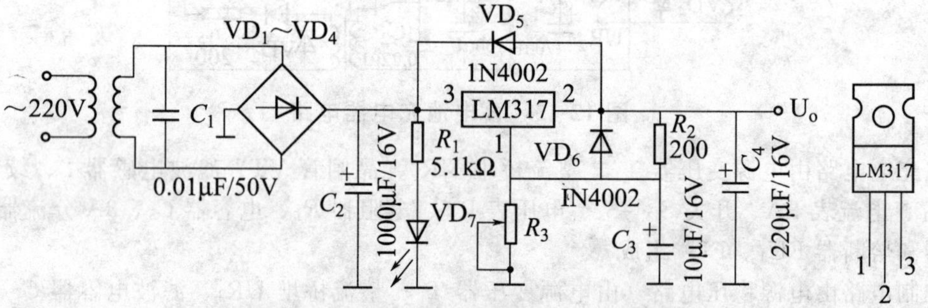

图12-16 LM317可调集成稳压器电路

如果集成稳压器离滤波电容C_2较远时，应在W317靠近输入端处接上一只0.33μF的旁路电容C_5。接在调整端和地之间的电容C_3，是用来旁路电位器RP两端的纹波电压。当C_3的容量为10μF时，纹波抑制比可提高20dB，减到原来的1/10。另一方面，由于在电路中接了电容C_3，此时一旦输入端或输出端发生短路，C_3中储存的电荷会通过稳压器内部的调整管和基准放大管而损坏稳压器。为了防止在这种情况下C_3的放电电流通过稳压器，在R_2两端并接一只二极管VD_6。

该集成稳压器的输出电压取决于外接电阻R_2和R_3的分压比。LM317输出端与调整端之间的电位差恒等于1.25V，调整端1的电流极小，所以流过R_2和R_3的电流几乎相等（约几毫安电流），通过改变电位器的阻值R_3就能改变输出电压U_o。

LM317为了保持输出电压的稳定性，要求流经R_2的电流要小于5mA，这就限制了电阻R_2的取值。此外，还应注意：LM317在不加散热片时的最大允许功耗为2W，在加200mm×200mm×4mm散热板后，其最大允许功耗可达15W。

重要提示

LM317集成稳压器在没有容性负载的情况下可以稳定地工作。但当输出端有500～5000pF的容性负载时，就容易发生自激。为了抑制自激，在输出端接一只220μF的铝电解电容C_4。该电容还可以改善电源的瞬态响应。但是接上该电容以后，集成稳压器的输入端一旦发生短路，C_4将对稳压器的输出端放电，其放电电流可能损坏稳压器，故在稳压器的输入与输出端之间，接一只保护二极管VD_5，用来防止输入短路而损坏IC；C_4有消振和改善负载的瞬态响应作用。

三、多路输出稳压电源

多路输出稳压电源电路如图12-17所示。

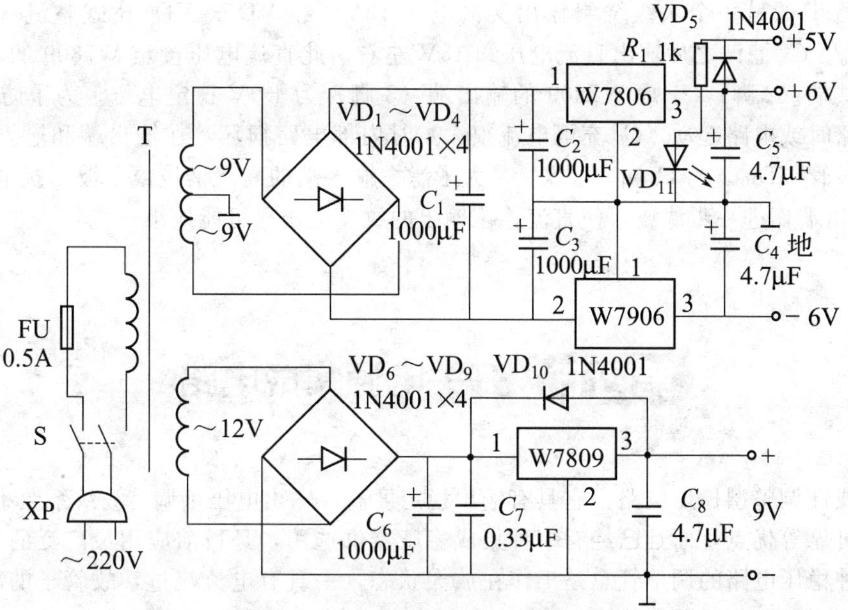

图 12-17　多路输出稳压电源电路

电路采用三端固定输出集成稳压器 W7806、W7906、W7809 构成具有 3 路稳压输出，并利用硅二极管正向压降（≈1.1V）特性，在＋6V 稳压基础上构成＋5V 输出，因此一共有＋9V、＋6V、－6V 以及＋5V4 路稳压输出。各路最大输出电流为 120mA。本装置适宜电子电路爱好者作为 CMOS 或 TTL 类数字电路小制作电源及其他各种小功率电路的电源（如果给集成稳压器加装足够大的散热器，并相应加大电源变压器的功率，则稳压电源的最大输出电流可达 1.5A）。

三端集成稳压器是将功率调整管、误差放大器、取样电路等元器件做在一块硅片内，构成一个由不稳定输入端、稳定输出端和公共端组成的集成芯片。其稳压性能优越而售价不贵，使用安装十分方便。它还设有过流和短路保护、调整管安全工作区保护以及过热保护多种保护电路，以确保稳压器可靠工作。

从图 12-17 可见，＋6V、－6V、＋5V 稳压电源的构成是：从插头 XP 输入交流 220V，经双刀开关 S、保险丝 FU，与变压器 T 的初级绕组接通。通过变压器降压，在变压器次级输出具有中心抽头（地端）的交流 18V 电压。经二极管 VD_1～VD_4、电容 C_1 组成的桥式整流（压降约 2.2V）滤波电路，输出 23V 左右的直流电压。此直流电压由电容 C_2、C_3 串联电路对半分压后，分别为三端集成稳压器 W7806、W7906 输入不稳定电压，即 W7806 的 1 脚输入＋11.5V 左右直流电压，W7906 的 2 脚输入－11.5V 左右直流电压，于是 W7806 输出端（3 脚）稳压为＋6V，W7906 输出端（3 脚）稳压为－6V。电容 C_4、C_5 分别作为上述 2 路稳压输出的滤波元件。另外，在＋6V 稳压的基础上，经过二极管 VD_5（正向电压降约 1.1V）后输出＋5V 稳定电压。

重要提示

＋5V 输出端接电阻 R_1、发光二极管 VD_{11} 串联至地端的电路，一方面为 VD_5 提供必要的正向偏置电流，另一方面采用 VD_{11} 作为稳压电源工作指示灯。R_1 起限流作用，延长 VD_{11} 的工作寿命。

变压器 T 的另一个次级绕组输出交流电压 12V，经 VD_6～VD_9 桥式整流（电压降约 2.2V）、C_6、C_7 滤波之后输出直流电压约 15V 左右。此直流电压接至 W7809 的输入端（1 脚）与公共端（2 脚），于是 W7809 的输出端（3 脚）为＋9V 稳定电压。为了防止 W7809 输入端短路时或电路起动（C_6 充电电流很大）时内部电路损坏，在输出端和输入端之间连接一只二极管 VD_{10}。与 C_6 并联的 C_7 是为了滤去输入端的高次谐波或杂波干扰电压，电容 C_8 则在输出端作进一步滤波，使直流稳压输出的纹波电压尽可能地小。

第四节 开关电源集成电路

串联线性调整型稳压电路，它具有输出稳定度高、输出电压可调、波纹系数小、线路简单、工作可靠等优点，而且已经有多种集成稳压器供选用，是目前应用最广泛的稳压电路。但是，这种稳压电路的调整管总是工作在放大状态，一直有电流流过，故管子的功耗较大，电路的效率不高，一般只能达到 30%～50%。

开关型稳压电路则能克服上述缺点。在开关型稳压电路中，调整管工作在开关状态，管子交替工作在饱和与截止两种状态中。当管子饱和导通时，流过管子电流虽然大，可是管压降很小；当管子截止时，管压降大，可是流过的电流接近于零。所以调整管在开关工作状态下，本身的功耗很小。在输出功率相同条件下，开关型稳压电源比串联型稳压电源的效率高，一般可达 80%～90%。由于电路自身消耗的功率小，有时连散热片都不用，故体积小、重量轻。

重要提示

开关型稳压电源也有不足之处，主要表现在输出波纹系数大，调整管不断在导通与截止之间转换，而对电路产生射频干扰，电路比较复杂且成本较高。随着微电子技术的迅猛发展，大规模集成技术日臻完善。近年来已陆续生产出开关电源专用的集成控制器及单片集成开关稳压电源，这对提高开关电源的性能，降低成本，使用维护等方面起到了明显效果。目前开关稳压电源已在计算机、电视机、通信和航天设备中，得到了广泛的应用。

开关型稳压电源种类繁多，按开关信号产生的方式可分为自激式、它激式和同步式三种；按所用器件可分为双极型晶体管、功率 MOS、场效应管、晶闸管等开关电源；按控制方式可分为脉宽调制（PWM）、脉频调制（PFM）和混合调制三种方式；按开关电路的结构形式可分为降压型、反相型、升压型和变压器型等；从开关调整管与负载 R_L 的连接方式可分为串联型和并联型。

一、串联型开关稳压电源

串联型开关稳压电源是最常用的开关稳压电源。图 12-18 为串联它激式单端降压型开关稳压电源的方框图和电路原理图。

从方框图可看出，它同前述的线性调整型串联稳压电路相比，其中采样电路、比较放大

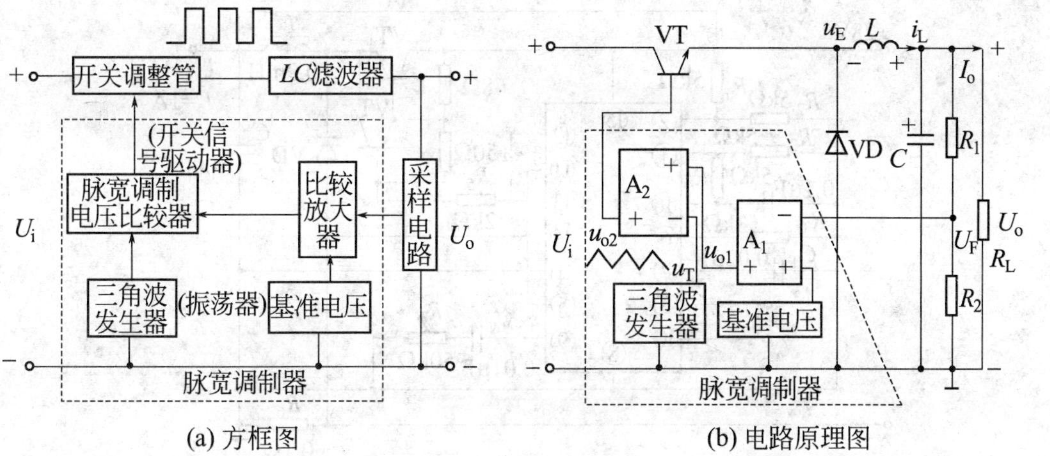

(a) 方框图　　(b) 电路原理图

图 12-18　串联型开关稳压电源的方框图及电路原理图

器和基准电压与前述串联型稳压电路相同。不同的是开关脉冲发生器（由振荡器和脉宽调制电压比较器组成）、开关调整管和储能滤波电路三部分。这三部分的功能为：

电路功能提示

开关脉冲发生器：它一般由振荡器和脉宽调制电压比较器组成，产生开关脉冲。脉冲的宽度受比较放大器输出电压的控制。由于采样电路、基准电压和比较放大器构成的是负反馈系统，故输出电压 U_o 升高时，比较放大器输出的控制电压降低，使开关脉冲变窄。反之，U_o 下降时，控制电压升高，开关脉冲增宽。

开关调整管：它一般由功率管组成，在开关脉冲的作用下，使其导通或截止，工作在开关状态。开关脉冲的宽窄控制调整管导通与截止的时间比例，从而输出与之成正比的断续脉冲电压。

储能滤波电路：它一般由电感 L、电容 C 和二极管 VD 组成。它能把调整管输出的断续脉冲电压变成连续的平滑直流电压。当调整管导通时间长、截止时间短时，输出直流电压就高，反之则低。

二、采用集成控制器的开关直流稳压电源

采用集成控制器是开关稳压电源发展趋势的一个重要方面。它使电路简化、使用方便、工作可靠、性能稳定。我国已经系列生产开关电源的集成控制器，它将基准电压源、三角波电压发生器、比较放大器和脉宽调制式电压比较器等电路集成在一块芯片上，称为集成脉宽调制器。型号有 SW3520、SW3420、CW1524、CW2524、CW3524、W2018、W2019 等，现以采用 CW3524 集成控制器的开关稳压电源为例介绍其工作原理及使用方法。

图 12-19 即为采用 CW3524 集成控制器的单端输出降压型开关稳压电源实用电路。该稳压电源 $U_o=+5V$，$I_o=1A$。

CW3524 集成电路共有 16 个引脚。其内部电路包含基准电压、三角波振荡器、比较放大器、脉宽调制电压比较器、限流保护等主要部分。振荡器的振荡频率由外接元件的参数来确定。

⑮、⑧脚接输入电压 U_i 的正、负端；⑫、⑪脚和⑭、⑬脚为驱动调整管基极的开关信号的两个输出端（即脉宽调制式电压比较器输出信号 u_{o2}），两个输出端可单独使用，亦可并

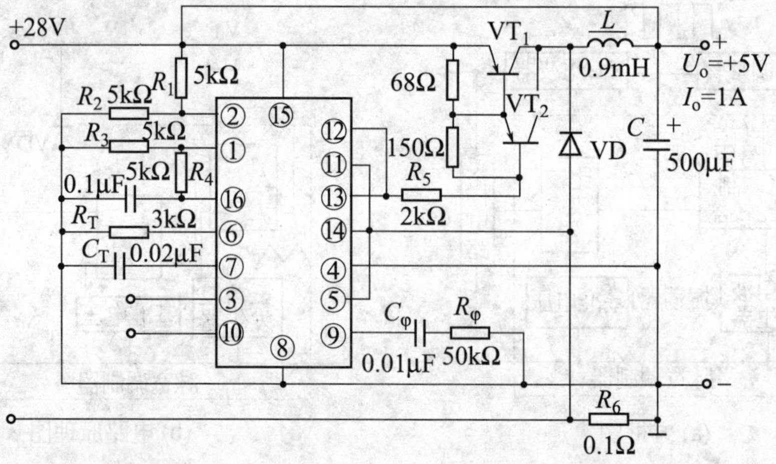

图 12-19 用 CW3524 的开关稳压电源

联使用，连接时一端接开关调整管的基极，另一端接⑧脚（即地端）；①、②脚分别为比较放大器的反相和同相输入端；⑯脚为基准电压源输出端；⑥、⑦脚分别为三角波振荡器外接振荡元件 R_T 和 C_T 的联接端；⑨脚为防止自激的相位校正元件 $R_φ$ 和 $C_φ$ 的连接端。

元件选择

调整管 VT_1、VT_2 均为 PNP 硅功率管，VT_1 为 3CD15，VT_2 选用 3CG14。VD 为续流二极管。L 和 C 组成 LC 储能滤波器，选 L=0.9mH，C=500μF。R_1 和 R_2 组成取样分压器电路，R_3 和 R_4 是基准电压源的分压电路。R_5 为限流电阻，R_6 为过载保护取样电阻。

R_T 一般在 1.8～100kΩ 之间选取，C_T 一般在 0.001～0.1μF 之间选取。控制器最高频率为 300kHz，工作时一般取在 100kHz 以下。

CW3524 内部的基准电压源 $U_R=+5V$，由⑯脚引出，通过 R_3 和 R_4 分压，以 $\frac{1}{2}U_R=2.5V$ 加在比较放大器的反相输入端①脚；输出电压 U_o 通过 R_1 和 R_2 的分压后以 $\frac{1}{2}U_o=2.5V$ 加至比较放大器的同相输入端②脚，此时，比较放大器因 $U_+=U_-$，其输出 $u_{o1}=0$。调整管在脉宽调制器作用下，开关电源输入 $U_i=28V$ 时，输出电压为标称值+5V。

三、开关稳压电源应用电路

1. 简单开关电源

图 12-20 所示为一个简单开关电源的具体电路。电路的工作过程如下。

(1) 变压与整流滤波

由变压器 T 将市电～220V 变换为～18V 和～10V 两组交流电压，其中交流 18V 电压经过整流桥 VDZ_1 和电容 C_2 的整流滤波，在 A 点形成较为平滑的直流电压 U_i，以供下一级变换。而交流 10V 电压经过整流桥 VDZ_2 和电容 C_4 的整流滤波，再经三端稳压器 7806 的稳压，在 B 点形成稳定的 6V 直流电压，为脉冲发生器（A_3 等元件构成的锯齿波发生器和由 A_2 构成的脉宽调制器）提供工作电压，并且通过 R_7 和 R_8 的分压在 C 点形成基准电压 U_5。

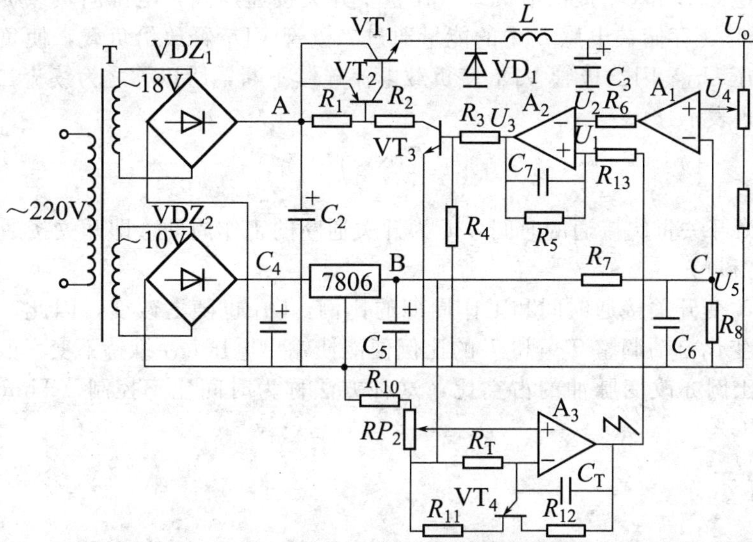

图 12-20　开关稳压电路的原理图

(2) 锯齿波的产生与脉宽调制

锯齿波发生器由 A_3、VT_4、C_T、R_T、R_{10}、R_{11}、R_{12}、RP_2 组成。C_T 和 R_T 决定锯齿波的频率，调整 RP_2 可改变锯齿波的幅度和斜率。锯齿波发生器输出的锯齿波形 U_1 如图 12-21 所示。脉宽调制器由 A_2、R_5、R_6、R_3、R_{13} 和 C_7 组成，锯齿波经 R_{13} 接 A_2 的同相输入端，调制电压经 R_6 接 A_2 的反相输入端。此脉宽调制器实际上是一个窗口比较器，由图 12-21 可见，改变调制电压 U_2 的幅度即可改变调制器输出矩形波的占空比。

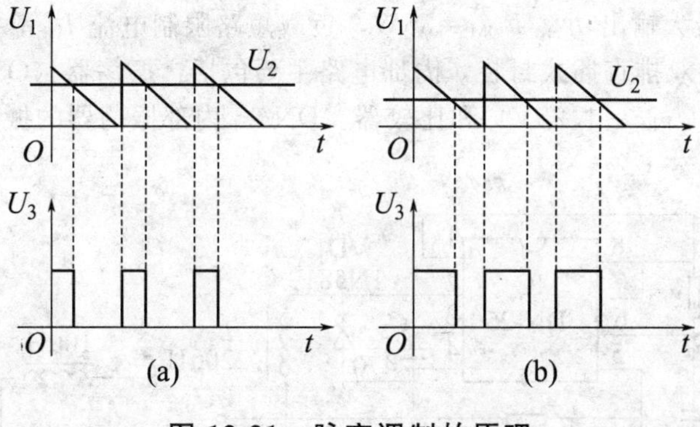

图 12-21　脉宽调制的原理

(3) 取样与调制电压的产生

取样电路由 RP_1 和 R_9 构成的分压器组成。取样电压 U_4 正比于输出电压 U_O。A_3 构成误差比较器，其作用是用输出电压 U_O 与基准电压 U_5 进行比较，产生误差电压，此电压就是前面所说的调制电压。

(4) 电子开关与逆变

电子开关由 VT_1、VT_2、VT_3 等元件组成。它在脉宽调制器的控制下将直流变为高频脉冲。这个高频脉冲的频率与锯齿波的频率相同，而其占空比受脉宽调制器的控制。

(5) 输出电压的产生

电子开关以一定的时间间隔重复地接通和断开，在电子开关接通时，输入电源 U_i 通过电子开关和滤波电路 L 和 C_3 提供给负载。在整个开关接通期间，电源向负载提供能量。当电子开关 K 断开时，存储在电感 L 中的能量通过二极管 VD_1 释放给负载，使负载得到连续而稳定的输出电压 U_O，因二极管 VD_1 使负载电流连续不断，所以称之为续流二极管。输出电压 U_O 可用下式表示：

$$U_O=\frac{T_{ON}}{T}\cdot U_1$$

式中，T_{ON}为开关每次接通的时间，T 为开关通断的工作周期（即开关接通时间 T_{ON}和关断时间 T_{OFF}之和）。

由式可知，改变开关接通时间和工作周期的比例，U_O 也随之改变，因此，随着负载及输入电源电压的变化自动调整 T_{ON}和 T 的比例便能使输出电压 U_O 维持不变。改变接通时间 T_{ON}和工作周期比例亦改变脉冲的占空比，这种方法称为时间比率控制（Time Ratio Control，缩写为 TRC）。

重要提示

按控制原理，开关电源的调制方式有三种方式：一是脉冲宽度调制（PWM），开关周期恒定，通过改变脉冲宽度来改变占空比的方式；二是脉冲频率调制（PFM），导通脉冲宽度恒定，通过改变开关工作频率来改变占空比的方式；三是混合调制，导通脉冲宽度和开关工作频率均不固定，彼此都能改变的方式，它是以上两种方式的混合。

2. 由 DN-25 构成的开关稳压电源

DN-25 是单片开关型稳压电源器件，适合制作中等输出电流、宽调压范围的稳压电源。它的主要性能指标输入电压 $U_{IN}=3\sim40V$，输出电压 $U_O=1.25\sim24V$（连续可调），最大输出电流 $I_{OM}=1A$，最大输出功率 $P_{OM}=36W$，负载短路限制电流 $I_{OSH}\leqslant1.1A$。

DN-25 采用 8 脚双排直插式封装，内部电路主要包括：振荡器（OSC）；RS 触发器；输出开关；电压基准（$U_{REF}=1.25V$）和比较器。DN-25 内部振荡器的振荡频率 f 由③脚所接入的定时电容决定。

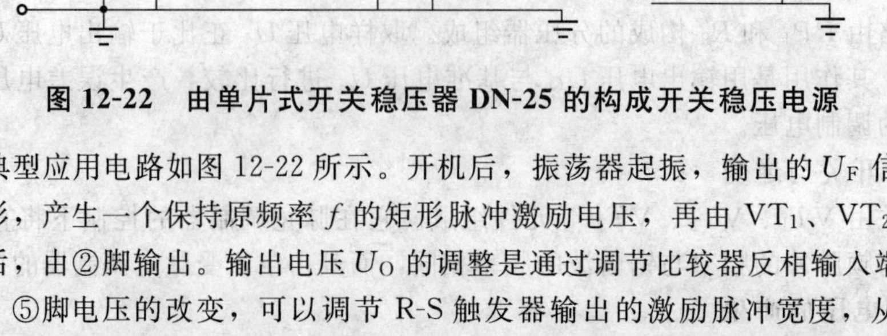

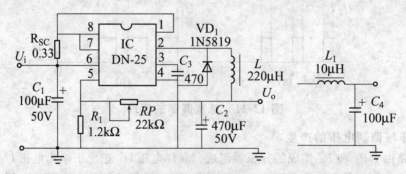

图 12-22　由单片式开关稳压器 DN-25 的构成开关稳压电源

DN-25 典型应用电路如图 12-22 所示。开机后，振荡器起振，输出的 U_F 信号经 R-S 触发器变换整形，产生一个保持原频率 f 的矩形脉冲激励电压，再由 VT_1、VT_2 组成的达林顿电路放大后，由②脚输出。输出电压 U_O 的调整是通过调节比较器反相输入端⑤脚的电压得以实现的。⑤脚电压的改变，可以调节 R-S 触发器输出的激励脉冲宽度，从而引起输出电压 U_O 的变化。该稳压电源 $U_{IN}=25V$，$U_O=(1+RP/R)\times U_{REF}$，稳定度为 0.12%；负载调整率为 0.03%；短路限制电流 I_{OSH}=1.1A；效率 η=82.5%；纹波小于 $120mV_{P-P}$。如需进一步降低纹波，可在其输出端加一节 LC 滤波器。

3. 由 SI81206Z 模块构成的开关稳压电源

SI81206Z 是日本三康电气公司出品的斩波型大功率混合集成电路开关稳压器，输出电压为 12V，输出电流可达 6A，并且有过流保护功能。表 12-3 是它的基本特性，图 12-23 是它的引脚排列。

表 12-3 SI81206Z 基本特性

极限指标（T=25℃）		电气特性（T=25℃）	
输入电压/V	45	输入电压/V	19～45
输出电流/A	6	输出电压/V	12±0.2
允许功耗/W	40	温度系数/(mV/℃)	±1.0
工作温度/℃	−29～90	电源变化率/mV	150
		负载变化率/mV	15
		纹波抑制比/dB	45

采用 SI81206Z 模块的 13.8V 开关稳压电源电路如图 12-24 所示。SI81206Z 的输出电压是 12V，为得到 13.8V 的输出电压，在其电压检测端（③脚）与输出端（⑧脚）之间串接一个正向压降为 1.8V 左右的发光二极管。只要保证 SI81206Z 的（⑦脚）输入电压在 19～45V 之间，就可输出稳定的 13.8V 电压。图中 C_1 用于抑制开关稳压器自激，它对来自电源线的高频或脉冲扰动也有一定的抑制作用；C_2 用于防止噪声引起过流保护误动作；R_1、C_4 用于抑制开关稳压器内部产生的噪声；C_3、C_5 用于防止异常振荡；线圈 L_1 用于减少输出电流的脉动系数。本电源可提供 5A 的负载电流，效率>86%。

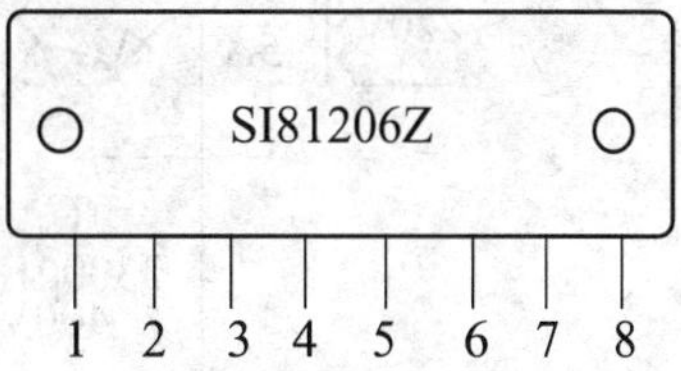

图 12-23 引脚排列

1—地；2—过流保护；3—输出电压检测；4—输出电压控制；5—输出地；6—输入地；7—输入；8—输出

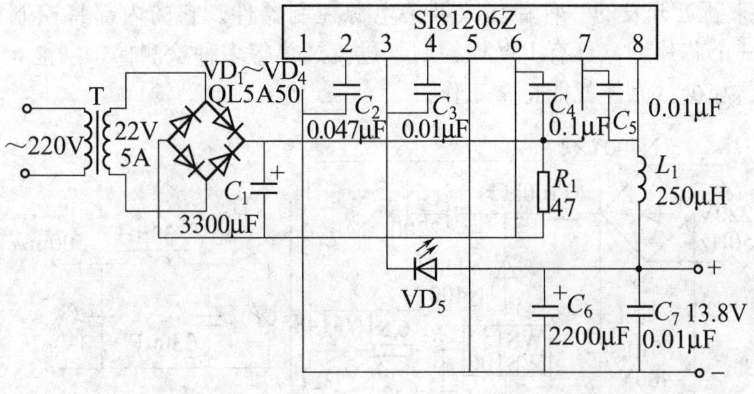

图 12-24 由 SI81206Z 模块组成的 13.8V 开关稳压电源

4. 由 L4960 构成的单片式开关电源

L4960 是一种被誉为高效节能稳压电源的单片式开关集成稳压器，电源效率可达 90%

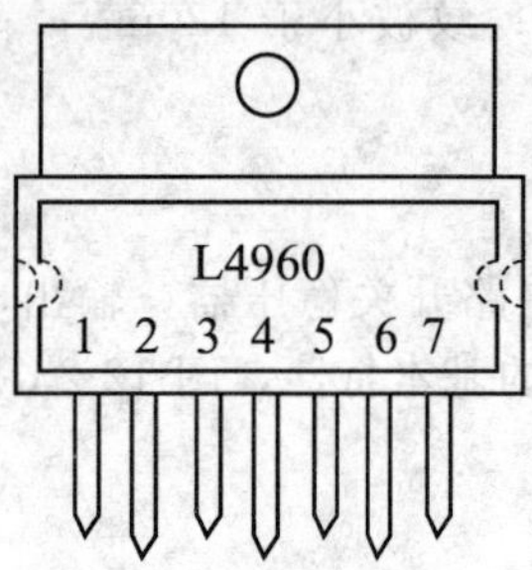

图 12-25　引脚排列

以上。其引脚排列如图 12-25 所示。

图 12-26 是由 L4960 构成的＋5～＋40V 开关电源电路原理图。

交流 220V 电压经过变压器降压、桥式整流和滤波得到直流电压 U_i，输入 L4960①脚，在 L4960 内部软启动电路的作用下，输出电压逐步上升。当整个内部电路工作正常后，输出电压在 R_3、R_4 取样后，送到②脚，在内部误差放大器中与 5.1V 基准电压进行比较，得到误差电压，再用误差电压的幅度去控制 PWM 比较器输出的脉冲宽度，经过功率输出级放大和降压式输出电路（由 L、VD、C_6 和 C_7 构成）使输出电压 U_O 保持不变。在 L4960⑦脚得到是功率脉冲调制信号。该信号为高电平（L4960 内部开关功率管导通）时，除了向负载供电之外，还有一部分电能存储在 L 和 C_6、C_7 中，此时续流管 VD 截止。当功率脉冲信号为低电平（开关功率管截止）时，VD 导通，存储在 L 中的电能就经过由 VD 构成的回路向负载放电，从而维持输出电压 U_O 不变。

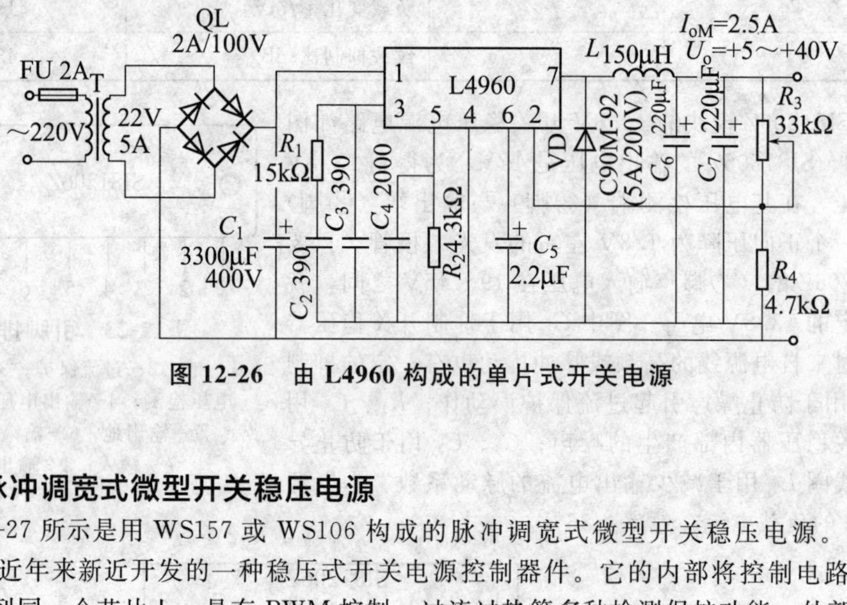

图 12-26　由 L4960 构成的单片式开关电源

5. 脉冲调宽式微型开关稳压电源

图 12-27 所示是用 WS157 或 WS106 构成的脉冲调宽式微型开关稳压电源。WS157 或 WS106 是近年来新近开发的一种稳压式开关电源控制器件。它的内部将控制电路和功率开关管集成到同一个芯片上，具有 PWM 控制、过流过热等多种检测保护功能，外部仅需接合适的开关变压器和少量元件就能正常工作。

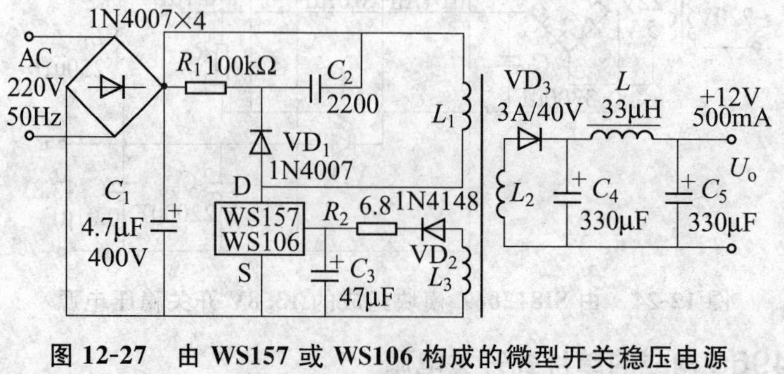

图 12-27　由 WS157 或 WS106 构成的微型开关稳压电源

220V 交流市电经整流滤波后，在 C_1 两端得到的 300V 直流电压，经开关变压的初级绕

组 L_1 加在 IC（WS157 或 WS106）的 D 端，使内部电路得电启动工作。次级绕组 L_2 输出方波电压，经 VD_3、C_4、C_5 等整流滤波后变为直流电压。反馈绕组 L_3 电压经 VD_2、R_2 和 C_3 整流滤波后加在 IC 的控制端作为采样电压。当输入电压下降或负载变化引起的输出电压下降时，反馈电压也下降，通过 IC 内部 PWM 比较处理和控制使功率开关管的占空比线性增大，从而保持输出电压不变。R_1、C_2、VD_1 组成反馈钳位电路，可提高变换效率和降低 D 端反向峰值电压。R_2、C_3 和 L_3 反馈采样电压共同决定控制回路的起控状态。由于电路振荡频率很高，开关变压器可以做得很小。此电源的稳压精度为 95%，输入电压在 110～260V 之间仍能正常工作。整个电源可以装在火柴盒大小的盒子中。

第十三章 传感器应用电路

第一节 RLC传感器应用电路

一、由电阻应变式压力传感器构成的电子秤电路

图 13-1 是由电阻应变式压力传感器构成的电子秤电路，适用于电子汽车秤、电子天平秤、电子体重秤和商业计价秤等领域。

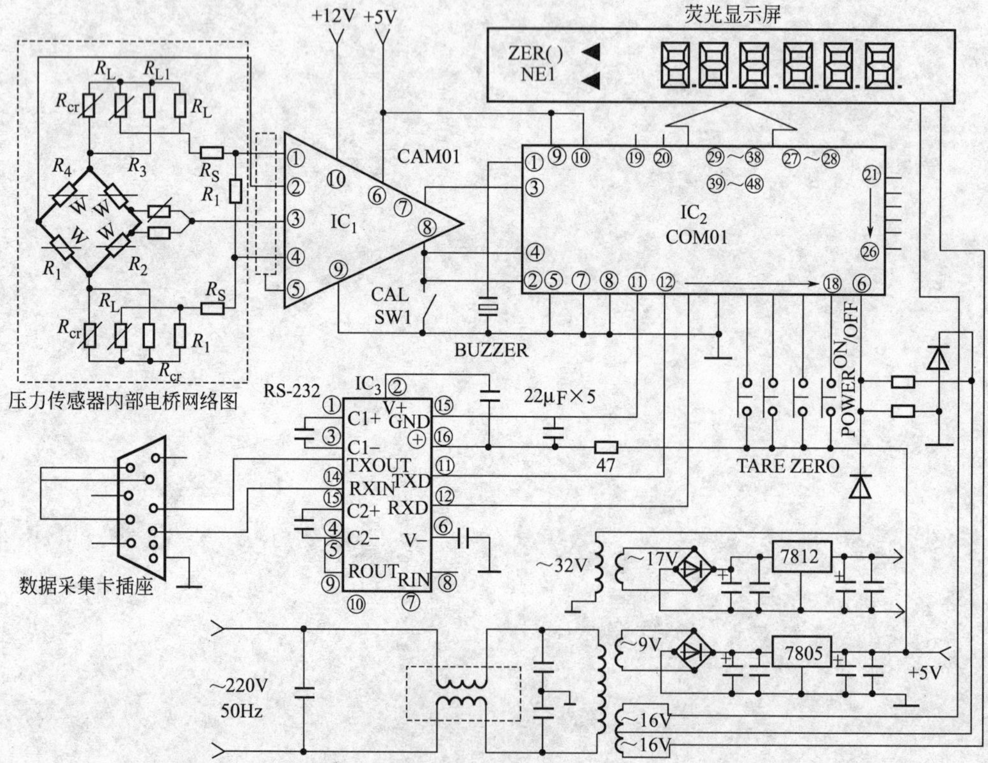

图 13-1 电阻应变式压力传感器构成的电子秤电路

图 13-1 中虚线框内为电阻应变式压力传感器内部电桥网络图，R_{cr} 为弹性膜量补偿电阻，R_S 为线性补偿电阻，同时在其内部还设置了输入阻抗调整电阻。其电缆为四芯屏蔽线，

网线由仪表端单点接地。IC_1 为一块厚膜模拟放大集成电路，它把电桥输出的电信号以一定方式放大后送入 IC_2；IC_2 也是一种大规模厚膜集成电路，内部包含 A/D 转换器、微处理器和数据卡接口电路。IC_3 为通用串行通信接口电路，可通过微电脑的串行口对采集的数据进行加工、处理、记录或显示。操作键仅 4 个，采用荧光显示方式。

二、差动变压器的实用电路

差动变压器根据其测量位移大小的不同，它的行程、一次绕组的激励功率、二次绕组产生的电压都不同。差动变压器一般测量的位移为几微米到几十厘米，市场销售的差动变压器测量的位移大都为几厘米。一般来说，差动变压器的一次侧阻抗为几十欧姆到几百欧姆，二次侧阻抗为几千欧姆，激励频率为 10kHz 左右。

如图 13-2 所示是差动变压器的实用电路。它由振荡电路、相敏检波电路及放大电路等基本电路组成。

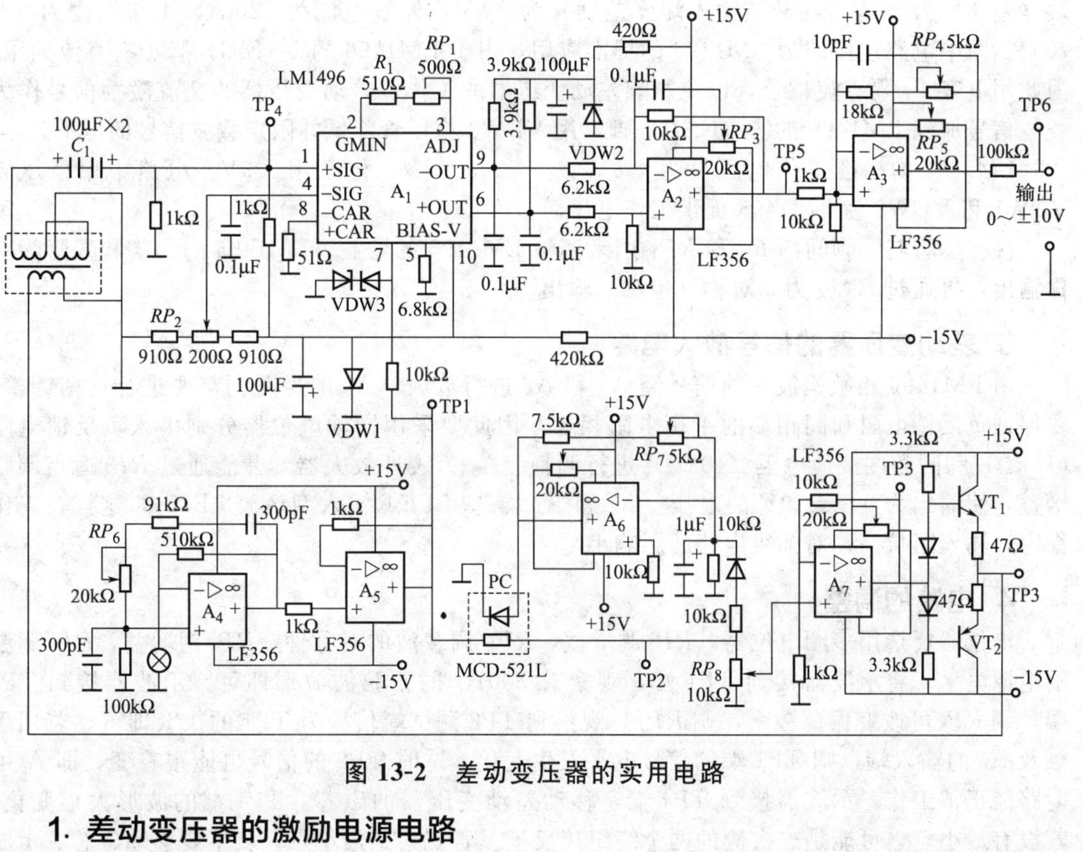

图 13-2　差动变压器的实用电路

1. 差动变压器的激励电源电路

差动变压器的激励电源由 A_4 组成文氏桥（RC 串并联）正弦波振荡电路产生。其振荡频率为 $f=1/2\pi RC$，本电路设计为 500Hz；稳幅的负反馈回路中用灯泡代替正温度系数的热电阻或热敏电阻。A_5 为电压放大级；A_6 与光电耦合器 PC 构成负反馈，即自动增益控制电路，进一步稳幅。当 A_5 输出信号增强，经整流、滤波、A6 反相放大输出电平降低，光电耦合器 PC 的发光二极管亮度变低，光敏电阻阻值变大，使输出信号变弱；反之，使输出信号变强，从而达到增益自动控制的目的，稳定输出电压的幅度。光电耦合器 PC 采用 MCD-521L 光敏电阻式，是因为光敏电阻具有纯电阻性质，线性好，不会使波形发生变化。由于差动变压器的激励电源又是相敏检波器的参考电压，因此其电压必须保持恒定，但振荡频率的微小波动是允许的。

重要提示

差动变压器的一次绕组的阻抗为几十欧姆到几百欧姆，激励电路的输出阻抗必须要低于此阻抗，否则输出电平就会降低。为此电路中增设了升压电路，由 A_7 与 VT_1、VT_2 组成。为了保证波形对称，VT_1 和 VT_2 要采用对管。VT_1 和 VT_2 的基极偏置采用小信号硅二极管，以免信号失真。47Ω 的发射极电阻为晶体管过流保护电阻。

2. 差动变压器的相敏检波电路

差动变压器的相敏检波电路通常为二极管环形电路，也可用运放构成，这里采用 LM1496 集成电路，使电路更加简单。LM1496 是一个双差分模拟乘法器，可广泛用于信号的混频和检波等。LM1496 的工作电压为 30V，功耗为 500mW，最大输入电压在信号输入端（差动）为±5V，在载波输入端（差动）为＋5V，偏置电流为 12mA，工作温度为 0～70℃。图中电路连接即为 LM1496 的标准应用。由于 LM1496 的 1（SIG）脚加有直流偏压，因此用电容 C_1 隔直流耦合，以免影响差动变压器的工作。差动变压器的交流激励信号作为载波信号加到 LM1496 的⑦（CAR）脚，用 VDW3 稳压管降低并限定载波信号的电平。

LM1496 的标准工作电压可为±8V 或＋12、－8V，但常用±9V。电路中用稳压管 VDW1 和 VDW2 为 LM1496 提供工作电压。

接在②脚与③脚间的 R_1 和 RP_1 用来调整 LM1496 的增益。LM1496 的⑨脚和⑥脚为对称输出，再通过 A_2 变为非对称（单端）输出。

3. 差动变压器的信号放大电路

由 LM1496 相敏检波后的信号经 A_2 和 A_3 进行放大。A_2 的增益调整要进行均衡调整，要保证负反馈电阻和同相端的平衡电阻相等，因此要采用同轴电位器分别串入负反馈电阻（10kΩ）和同相端接地电阻（10kΩ）进行调整。A_3 为缓冲放大器，并能通过 RP_4 适当调整增益，使输出为 0～±10V 的电压。A_2 和 A_3 均选用 FET 输入型运放 LF356，这样，工作稳定，输入阻抗高，对前级电路的影响小。

4. 电路的调整

电位器要选用多圈电位器，RP_1 调增益，RP_2 调载波的对称性，RP_4 调增益，RP_7 调激励电源电平。将示波器接到 TP1 端，观察有 500Hz 的正弦波波形即可。示波器接到 TP2 端，调 RP_6 可改变振荡频率，调 RP_7，观察到 TP2 测试端信号为 TP1 的 1/3 即可。若用手触及 A_4 的输入端，则 TP1 端的信号电平发生变化，这时 TP2 的信号也能跟着变，即 AGC 电路能正常工作。示波器接到 TP4 端，移动差动变压器的磁芯，TP4 端的波形大小变化，若没有最小点，可能是二次侧的两个绕组接反了。若观察到最小点，就不要移动磁芯。示波器和数字万用表接到 TP5 端，调 RP_2，使观察到的与振荡频率相同的交流分量最小，这时万用表上应显示为 0V 电压。不为 0V，可减小 LM14967 脚的载波输入，输入必须为正负对称的交流波形。这时若稍移动磁芯，万用表显示正负直流电压信号，则电路工作正常。若用示波器观察的波形最小，稍有些直流信号，不能完全为 0 时，调 RP_3 使其为 0 即可。调 RP_4，在 A_3 的输出可获得与差动变压器位移相应的电压。

三、交流水位检测器

一般的水位检测电路，作为传感器的电极流过的都是直流电流，使电极处于电镀状态，在电极表面形成一层氧化膜。由于氧化膜的非导电性，传感器会失去作用，导致整个检测电路不能正常工作。

为了克服上述缺点，本电路使传感器中流过交流电流，从而不会形成氧化膜，保证检测器长期正常工作。

电路如图 13-3 所示。两个晶体管 VT_1、VT_2 组成振荡电路，它的输出流经传感器。若传感器被水浸湿，电阻减小，连接成达林顿管的 VT_3、VT_4 放大电路导通，振荡电路的音频信号经晶体管 VT_5 放大并推动扬声器，发出响亮的声音。

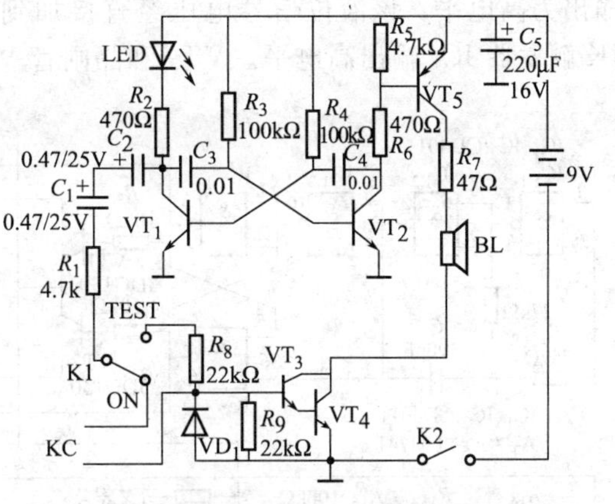

图 13-3　交流水位检测器

本电路对各元件无特殊要求，具体参数如图所示。传感器 KC 需自制：可用 ϕ10～16mm 的不锈钢制作，亦可使用其他金属材料。两极间距 5～10mm，视控制状态决定传感器的安装高度。晶体管 VT_1、VT_2 选用 2SC2001 型。VT_3、VT_4 选用 2SC2235 型。VT_5 选用 9015 型。发光二极管 LED 选用 BT301A 型。二极管 VD_1 选用 1N60 型。扬声器 BL 选用 8Ω、0.5W 的。

重要提示

电路装好后，K2 闭合接通电源，在振荡电路的集电极回路中所接的发光二极管 LED 应发光。若将试验开关 K1 接 TEST 时，检测电路应连续发声，表明电路工作是正常的。

四、电容式液位传感器制作的自动抽水系统电路

在保持储水池水位的自动抽水系统中，通常采用浮标或电极式传感器。浮标传感器的缺点是有活动部件，在冬季易冻结；电极式传感器虽然没有活动部件，但在冬季也被冰块覆盖。利用电容式液位传感器，可克服以上缺点，且运行、保养简单。电容式液位传感器利用储水池的金属壁和垂直放入储水池的金属探杆作为电极，传感器的总电容与水池储水的液位有关。

1. 工作原理

自动抽水站系统的原理电路如图 13-4 所示。电容传感器 C_X 与 R_7、R_8 和 RP_1 组成交流测量电桥。$IC_{1.1}$ 和 $IC_{1.2}$ 构成振荡器，经 $IC_{1.3}$ 放大、$IC_{2.1}$ 和 $IC_{2.2}$ 组成的 RS 触发器整形，再经晶体管 VT_1 和 VT_2 电流放大，为电桥提供交流电源。测量桥输出的信号加在由比较器 $IC_{3.1}$、$IC_{3.2}$ 和运算放大器 A_1 构成的同步检波器上，检波器将交流信号的幅度变化转换成正比于传感器电容 C_X 的直流电平。调节 RP_2 可调整同相信号部分的衰减系数。直流放大器 A_2、A_3 将信号电压放大到所需要的电平。RC 滤波器（R_{18}、C_5）抑制已放大直流信号中的交流分量。电位器 RP_3 为直流放大器调平衡。已放大的信号加在水位上限比较器 A_4 的同相输入端和水位下限比较器 A_5 的反相输入端。A_4 的阈值电位高于 A_5 的阈值电位，它们分别由 RP_4、RP_5 调整。由于二极管 VD_1、VD_2 的限幅作用，A_4 和 A_5 输出的低电位不低于 −0.7V。

当储水池中无水或水位很低时，信号电压低于 A_5 的阈值电位，A_4 输出为低电平，A_5

输出为高电平。该液位信号电压经直接加到触发器 IC_4 的 K、J 输入端，即 K＝0、J＝1，JK 触发器 IC_4 输出高电平。VT_3 和晶闸管 VS 导通，水泵电动机开始工作，向水池注水。

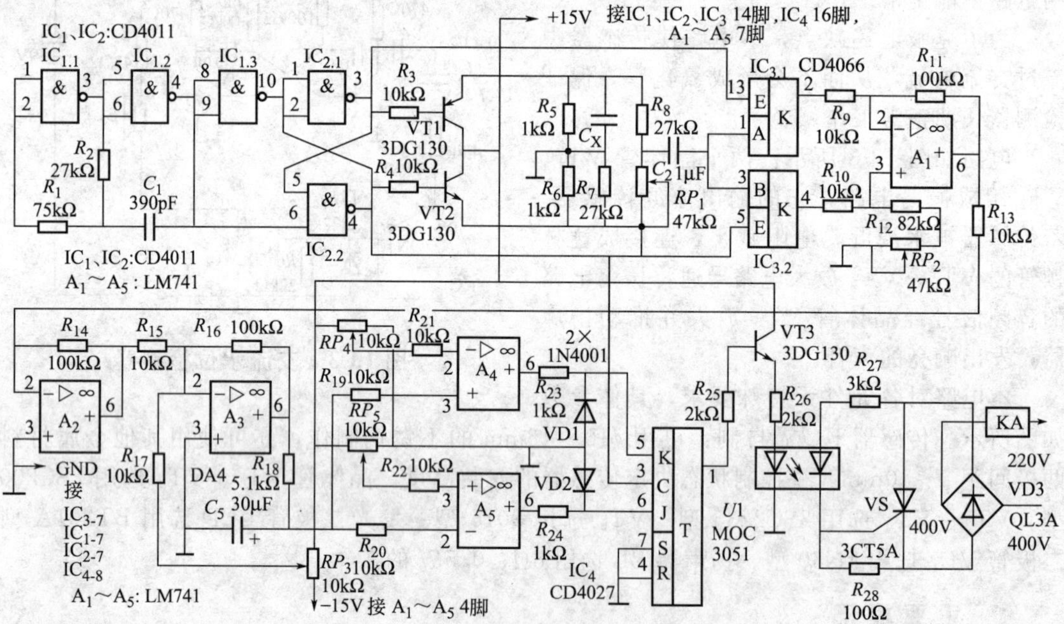

图 13-4　电容式液位传感器制作的自动抽水系统电路

随着水位上升、传感器电容增大，水位检测电路输出电压升高，当达到低液位标志时，A_5 输出低电平，A_4 仍输出低电平，即 K＝0、J＝0，JK 触发器 IC_4 输出状态不变，水泵继续工作。

当水位达到上限标志时，A_4 输出高电平，A_5 仍输出低电平，即 K＝1、J＝0，JK 触发器 IC_4 输出转换到低电平，VT_3 截止，VS 关断，水泵断电停止工作。

在水消耗过程中，水位变低，A_4 输出为低电平，触发器 IC_4 的 K＝0、J＝0，IC_4 的输出状态不变。直至水位下降到低位标志时，触发器 IC_4 的 K＝0、J＝1，IC_4 输出高电平，重新接通水泵电源。

重要提示

电容传感器是垂直放入水池中而与水绝缘的导体（如带外皮的导线），传感器的长度与储水池的深度有关，其位置相对于水池中各点无严格要求。但是传感器的位置必须固定，以保证在运行过程中电容不发生改变。如果储水池由混凝土制成，必须在水池中垂直放入两个导体，彼此间隔一定的距离。自动抽水控制系统由±15V 双极性稳压电源供电，消耗的电流不大于 2×100mA。

2. 调试

调整时，首先将比较器 $IC_{3.1}$、$IC_{3.2}$ 输出之间短路，调节 RP_2 使 C_5 上电压最小，然后调 RP_3 使直流放大器平衡，电容器 C_5 上的电压等于零。此后断开比较器输出端。在空的储水池里安装传感器并将其接至电路 C_x 处。调 RP_1 平衡测量电桥，使 C_5 上的电压最小。此时液位比较器 A_5 输出高电平，而上限液位比较器 A_4 输出低电平。然后向水池注水，当水位达到低位标志时，调 RP_5 使比较器 A_5 输出为低电平。当储水液位达到上限标志时，调 RP_4 使比较器 A_4 输出为高电平。最后，在储水池水位变化的情况下，检查接通继电器和水泵的控制部件的工作是否正常。

第二节 热电式传感器应用电路

一、模拟输出集成温度传感器

模拟输出集成温度传感器输出与温度成正比的电压或电流。常用的模拟输出集成温度传感器有 LM35、LM335、AD590 等型号。其主要参数见表 13-1。

表 13-1 常用的模拟输出集成温度传感器的主要参数

型号	测量范围	输出信号类型	温度系数
XC616A	＋40～＋125	电压型	10mV/℃
XC616C	－25～＋85	电压型	10mV/℃
LX6500	－55～＋85	电压型	10mV/℃
LM3911	－25～＋85	电压型	10mV/℃
AD590	－55～＋150	电流型	1μA/℃
LM35	－35～＋150	电压型	10mV/℃
LM134	－55～＋125	电流型	1μA/℃

下面以常用的模拟输出集成温度传感器 LM35 为例介绍模拟输出集成温度传感器的相关知识。

LM35 是 NS 公司生产的集成电路温度传感器系列产品之一，具有很高的工作精度和较宽的线性工作范围。该器件的输出电压与摄氏温度线性成比例。因而，从使用角度来说，LM35 与其他用热力学温度开尔文表示的温度传感器相比，具有一个最大的优点：不要求在输出电压中减去一个很大的恒定电压就可得到华氏/摄氏温度标尺，无需外部校准或微调，可以提供±1/4℃的精度。

LM35 的工作电压为直流 4～30V，灵敏度为 10mV/℃，即温度为 0℃时，输出电压为 0mV；温度为 10℃时，输出电压为 100mV；常温下测温精度为±0.5℃（在＋25℃时），消耗电流最大也只有 70μA，采用＋4V 以上单电源供电时，测量温度范围为＋2～＋150℃；而采用±4V 以上的双电源供电时，测量温度范围为 55～150℃（金属壳封装）和－40～110℃（T092 封装），无需进行调整。LM35 输出的电压线性与摄氏温度成正比。LM35 有 TO-46、TO-92、TO-220 三种封装形式，各种封装形式的引脚排列如图 13-5 所示。

LM35 已广泛用于一些工程系统上，如汽车自动检测线上的温度测量及一些具有温度检测功能的数字万用表，温度探头也采用了 LM35。图 13-6 所示电路为一款采用 LM35 的散热风扇自动控制电路。

在图 13-6 所示电路中，LM35 的③脚输出与温度成正比的电压控制信号。该信号通过

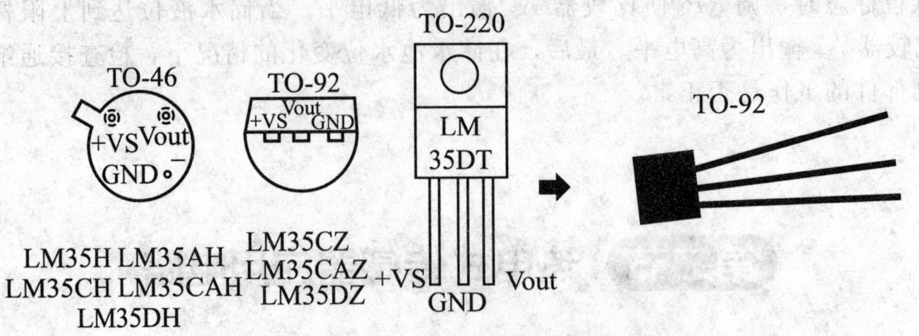

图 13-5　LM35 各种封装形式的引脚排列

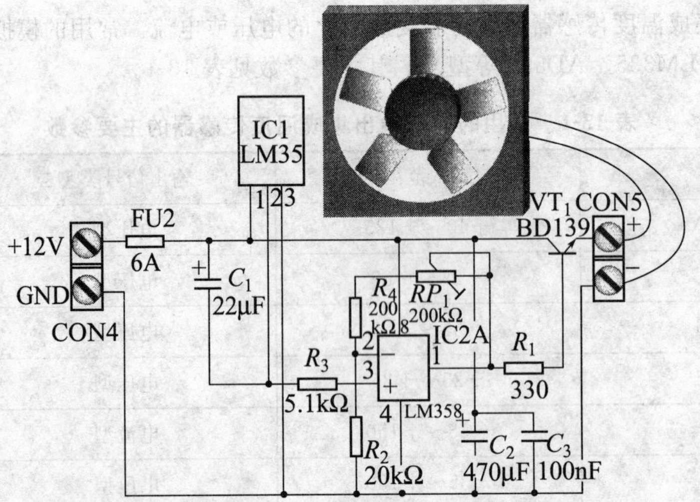

图 13-6　采用 LM35 的散热风扇自动控制电路

R_3 输入到 LM358 的③脚内部进行放大，放大后的信号从 LM358 的①脚输出，驱动开关管 VT_1 的导通程度。当温度越高时，VT_1 基极的控制电压就越高，导通程度就越深，散热风扇两端的电压就越高，风扇转速就越快，加快散热的速度；反之，当温度越低时，风扇的转速越低，降低噪声。

二、使用 AD693 的铂电阻温度变送器

在被测现场与测量仪表距离较远的情况下，最好采用电流输出的测量电路。电流输出，即使传输线很长而有较大的电阻，也不会因压降而影响信号。采用集成电路的变送器，电流输出标准为 4～20mA，其中 4mA 是电路的静态电流，16mA 是信号成分。这里介绍使用 AD693 构成的铂电阻温度变送器。

AD693AD 是传感器输出信号处理专用 IC，如图 13-7 所示，AD693AD 内部包含有放大器、基准电源、U/I 转换器等，它可构成 4～20mA 的电流输出电路。AD693AD 中放大器的偏移电压典型值为 40μV，最大值为 200μV；温度漂移典型值为 1μV/℃，最大值为 2.5μV/℃。

如图 13-8 所示是 AD693AD 和铂电阻温度传感器构成的基本电路。AD693AD 的内部有一个 100Ω 的基准电阻，在此例中把辅助放大器作为恒流电路使用，恒流值为 $I_{in}=75mV/100\Omega=0.75mA$。因此，传感器的输出电压为 $U_5=I_{in}R_T=0.75Ma\times R_T$。0℃时传感器的电

阻值为 100Ω，其压降以 150mV 为台阶，对放大器的输入端 −SIG（IN）输入 150mV 的电压。放大器的输入范围是 30mV，传感器的输出电压 U_s 为 30mV 时是 104℃。若连接 P1 和 P2，输入范围可变为 60mV，从而扩大测量范围。

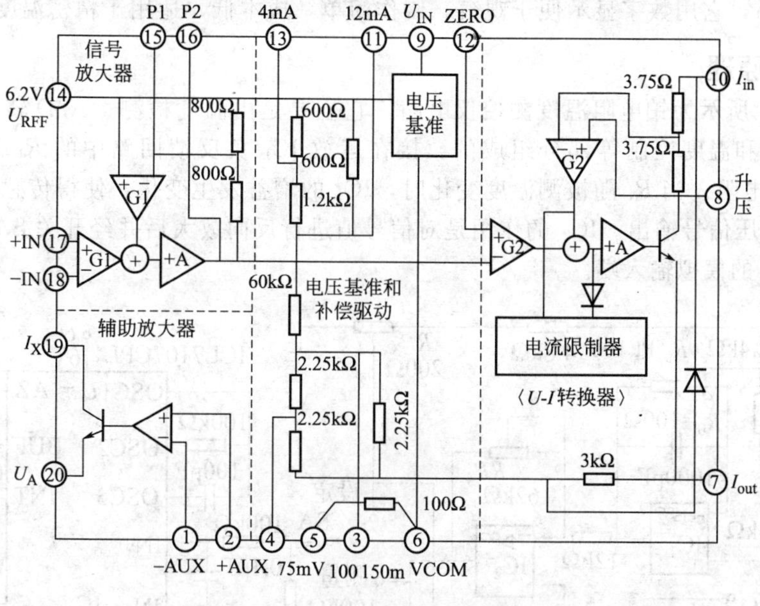

图 13-7　AD693 内部电路框图

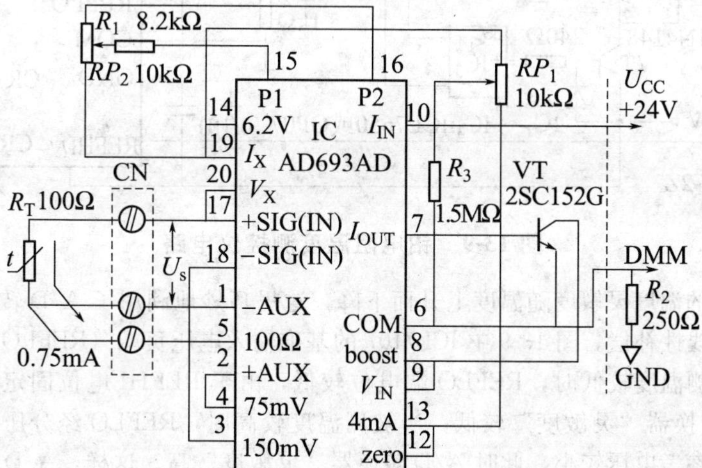

图 13-8　铂电阻用 4～20mA 电流电路

重要提示

电路可通过 RP_1 和 RP_2 进行零点调整和范围调整，RP_1 是零点调整电位器，RP_2 是范围（增益）调整电位器。输入范围在 30mV 以下时，RP_2 不接 16 脚；输入范围在 30～60mV 内时，RP_2 不接 14 脚。通过调整，零点和范围的误差可以为零，但传感器的非线性误差依然存在，为 0.4℃左右。

使用三线式铂电阻温度传感器，电路可不受连接线电阻的影响。

三、铂电阻温度测控仪电路

标准铂电阻传感器具有很宽的测量范围和极好的稳定性，但它的电阻变化与温度变化不是严格的线性关系，在全量程范围内，非线性误差约为2.7%。铂电阻温度测控仪的测量误差小于0.15%，它用数字显示便于观察，制作简单，成本低，适用于精密温度测控。

1. 工作原理

如图13-9所示为铂电阻温度测控仪电路。它主要是由温度检测、A/D转换、非线性校正、温度设定和温度控制等部分组成的。接在运放IC_1负反馈回路中的R_t采用分度号为Pt100的铂热电阻。当R_t随被测温度变化时，IC_1的增益发生变化，使得传感器感受的温度信号转换成电压信号输出。IC_2的作用是对信号值进行反向放大后并经开关SA送至A/D转换器ICL7107的模拟输入端。

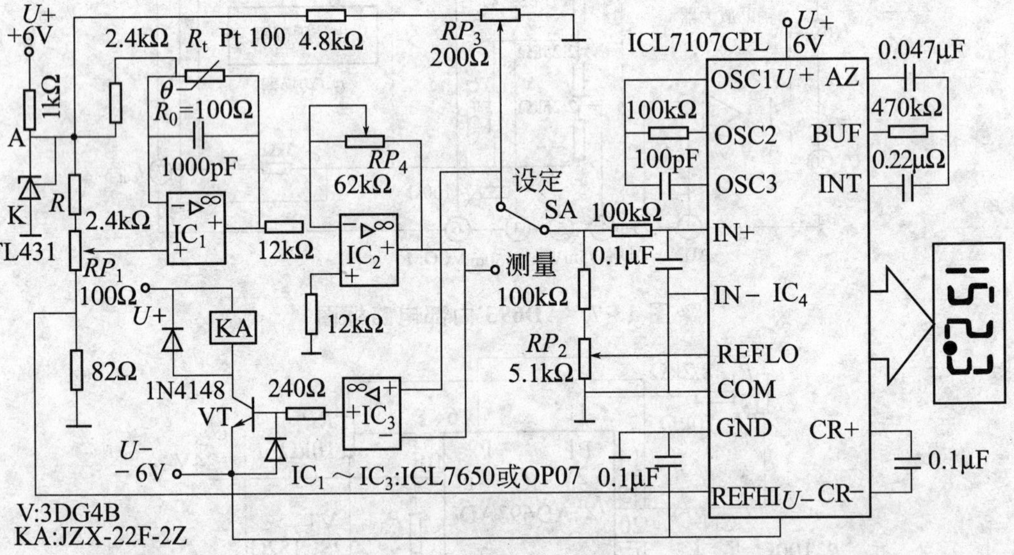

图13-9　铂电阻温度测控仪电路

由于铂电阻的温度灵敏度随温度上升而下降，这里巧妙地利用了A/D转换器的转换特性进行了高精度的线性补偿。图13-9中ICL7107的基准输入电压负端（REFLO端）电位随输入信号变化，当被测温度较低时，REFLO端电位较低，由于REFHI电位固定，故参考电压较大，此时A/D转换器“灵敏度”较低；当被测温度较高时，REFLO经分压后获得的电位较高，使ICL7107参考电压较小，此时A/D转换器“灵敏度”高。这样，A/D转换器的转换特性刚好与铂电阻温度灵敏度关系相反，合理调整RP_2值，可以较好地补偿非线性。理论与实验证明，这种非线性校正方式可以使温度测控仪的测温非线性误差小于0.1%。

R_t采用三线制接法，以减小传感器引线电阻随温度变化产生的附加误差，从而提高测量准确度。当开关置“设定”位置，这时仪表显示值即为设定温度。“设定”完成后，应将SA扳回“测量”位置。

温度控制部分是将检测电路输出电压与设定部分输出电压进行比较，比较结果决定了执行机构（继电器）的状态，实现将温度值控制在设定值上。

2. 电路调试

这里着重说明量程为−200～200℃时（这时仪表分辨率为0.1℃）仪表的调试步骤：

(1) 将开关置于“测量”位置，将 R_t 换成精密电阻箱（如 ZX25-1）或高准确度电阻器连同配用引线接好，将电阻箱电阻值调为 100.00Ω，再调整电位器 RP_1 使显示数字准确显示 00.0。

(2) 将电阻箱调至 175.8Ω 处，调整 RP_4，使仪表显示 200.0。

(3) 将电阻箱调至 138.50Ω 处，调整 RP_2，使仪表显示 100.0。

调试过程应反复进行，直至各点误差满足精度要求为止。上述两点调好后，参照铂热电阻分度表检查仪表各主要点误差，一般各点误差应小于 0.5℃。调试后，换上铂热电阻即可正常测温。

四、电热饮水器温度控制电路

电热饮水器温度控制电路如图 13-10 所示，它属于定点温度控制。电路有煮水和保温两个工作过程。

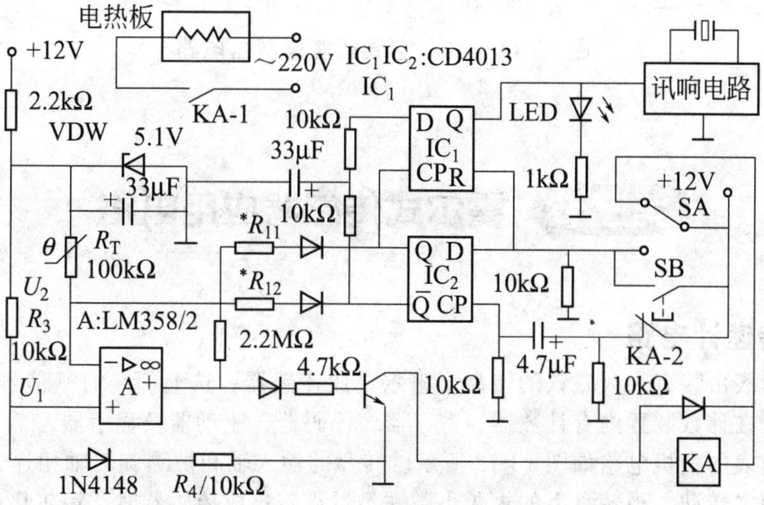

图 13-10　电热饮水器温度控制电路

图中，CD4013 是双上升沿 D 触发器；A 为 LM358 运算放大器，接成比较器电路。在装有一定容量的水的情况下，合上电源开关后，当开关 SA 接向 12V 电源，按一下加水盖或按煮水盖按钮 SB，此时 IC_2 的 Q 端输出高电平，由于水温较低，R_T 阻值较大，$U_2<U_1$，A 输出高电平，三极管导通，KA 得电，动合触点接通，进入煮水工作状态。IC_1 的 Q 端输出低电平，LED 不亮，蜂鸣器不响。当水煮开后，R_T 阻值变小，$U_2 \geqslant U_1$，A 输出低电平，三极管截止，KA 失电，动合触点断开，进入保温工作状态。同时，IC_1 的 Q 端输出高电平，LED 亮和蜂鸣器响，指示水开。煮水温控点为 100℃，保温温控点为 80℃。当水温低于 80℃时，$U_2 \leqslant U_1$，将再次启动加热。另外电路设有过热、欠水保护，确保产品安全可靠。

五、汽车空调温度控制器电路

如图 13-11 所示是汽车空调温度控制器电路。电路中 R_1、R_t、R_2、R_3 及温度设定电位器 RP 构成温度检测电桥。当被控温度高于 RP 设定的温度时，R_t 阻值较小，A 点电位低于 B 点电位，A_2 输出为高电平到 A_1 的同相输入端，致使 A_1 的反相输入端电位低于同相输入端电位，也输出高电平，晶体管 VT 饱和导通，继电器 KA 吸合，动合触点 KA_1 闭合，汽车离合器得电工作，带动压缩机运转制冷。随着被控温度逐渐降低，R_t 阻值增大，A 点电位逐渐升高，当被控温度达到或低于 RP 设定温度时，A 点电位高于 B 点电位，A_2 输出低电平，A_1 也输出低电平，VT 截止，继电器 KA 释放，KA_1 断开，离合器失电，压缩机停止工作。循环以上过程，可保汽车内温度控制在由 RP 设定的温度附近。

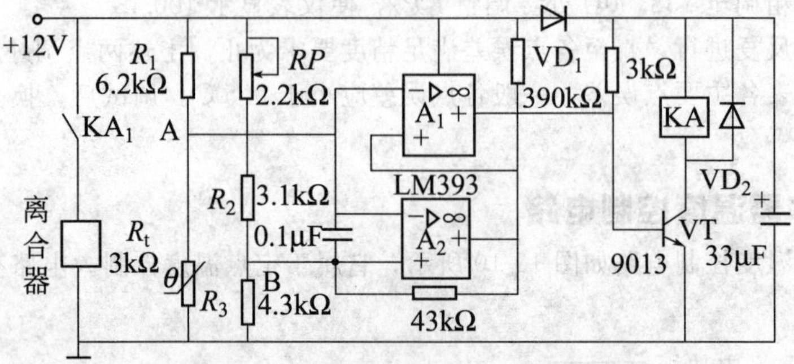

图 13-11　汽车空调温度控制器电路

第三节　霍尔式传感器应用电路

一、霍尔转速计电路

霍尔转速表由装有永久磁铁的转盘、霍尔集成传感器、选通门、时基信号、计数装置、电源等组成，在计数装置内有计数器、寄存器、译码器、驱动器及显示器。

霍尔转速表的整机电路如图 13-12 所示。转盘的输入轴和被测旋转轴相连，被测物体旋转时，转盘随之转动。当转盘上的永久小磁铁经过霍尔集成传感器时，霍尔集成传感器就输出一个脉冲号。转盘不停地转动，霍尔集成传感器便输出表示转速的连续脉冲信号。该信号

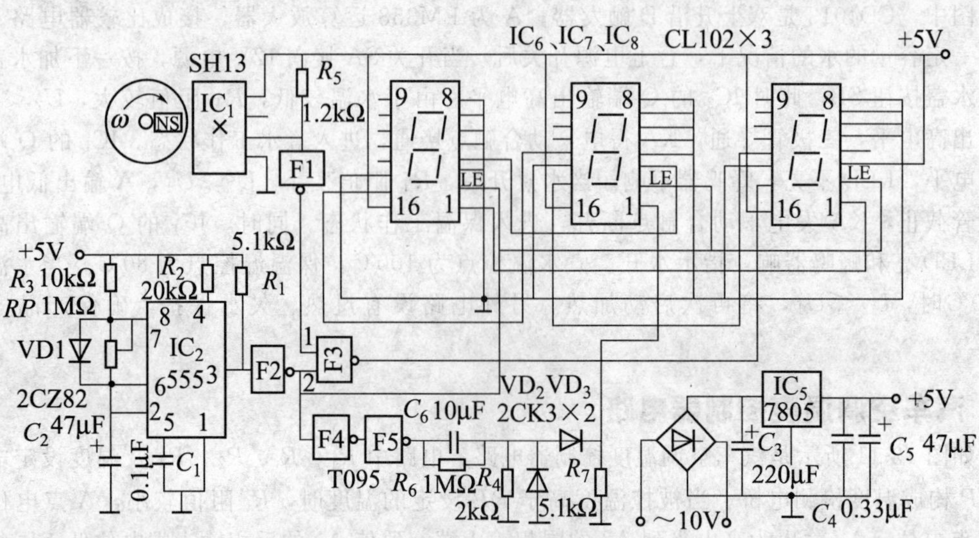

图 13-12　霍尔转速表的整机电路

经非门 F1 倒相，输入至与非门 F3 的输入端 1。F3 的 2 输出端接来自时基电路 555 送来的方波脉冲信号，这个时基信号用来控制选通门 F3 的开与闭，以此来控制转速信号能否通过 F3。

开机后，转速信号立即被加在 F3 的 1 输入端，如果此时时基信号为低电平，则选通门呈关闭状态，转速信号无法通过选通门。当第一个时基信号到来时，选通门才开启，并同时使计数装置中的 LE 端呈寄存状态。时基信号的前沿也同时触发反相器 F4 和 F5 及由 R_4、R_6、R_7、C_6、VD_2、VD_3 组成的微分复位电路，复位脉冲由 VD_3 输出，使计数装置内的计数器清零。时基信号在完成上述功能后，时基信号在一个单位时间内（例如 1min）保持高电平，在这个时间内选通门 F3 一直开启，转速信号则通过选通门送至计数装置计数，实现了在单位时间内的计数。当单位时间结束时，时基信号呈低电平，使选通门 F3 关闭并自动置计数装置的 LE 端为送数状态。此时计数器的计数内容送至寄存器并同时显示寄存器的内容。当第二个时基信号到来时，又把计数器的内容清零，并重复上述过程。但此时的寄存器及显示器的内容不变，只有当第二次采样结束后才会更新而显示新的测试结果。

整机电源由 7805 三端稳压器供给。时基信号由 555 集成电路及外围元件组成一个多谐振荡器，由 3 脚输出一系列方波脉冲信号。

计数装置采用三个 LED 数码管与 CMOS 电路为一体的功能模块组成，模块由计数器、寄存器、译码器、驱动器、显示器 5 部分组成。

二、霍耳式汽车点火电路

桑塔纳、奥迪 100、红旗 CA7220 型轿车用霍尔式电子点火系统的组成如图 13-13 所示。

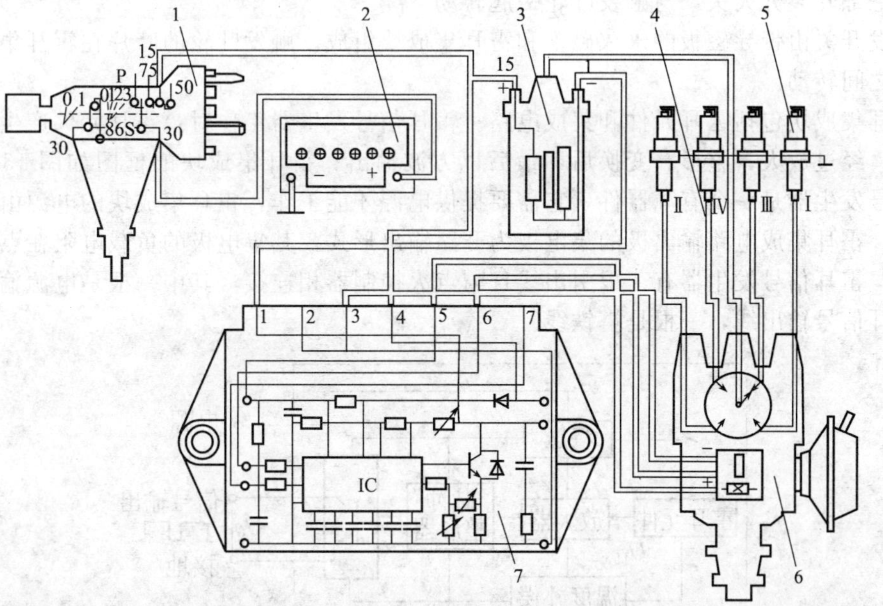

图 13-13 霍尔式电子点火系统的组成

1—点火开关；2—蓄电池；3—点火线圈；4—高压线；5—火花塞；
6—霍尔式分电器；7—点火控制器

1. 霍耳式信号发生器的结构和工作原理

霍耳信号发生器是根据霍耳效应原理制成的，它装在分电器内。其基本结构如图 13-14 所示。它由触发叶轮和信号触发开关等组成。

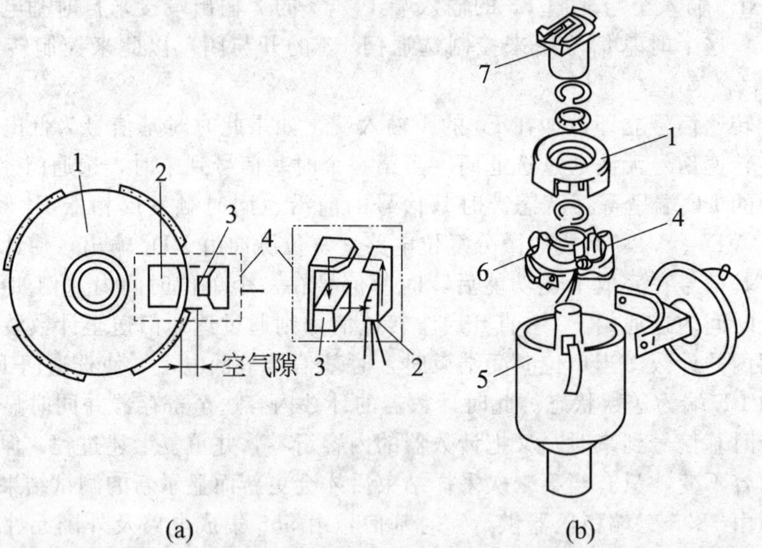

图 13-14　霍耳信号发生器

1—触发叶轮；2—带导磁板的永久磁铁；3—霍耳集成块；4—触发开关；
5—分电器壳体；6—触发开关托盘；7—分火头

触发叶轮像传统分电器凸轮一样，套在分电器轴上部。它可以随分电器轴一起转动，又能相对分电器轴作少量转动，以保证离心调节装置正常工作，触发叶轮的叶片数与气缸数相等，其上部套装分火头，与触发叶轮一起转动。

触发开关由带导磁板的永久磁铁和霍耳集成块组成。触发叶轮的叶片在霍耳集成块和永久磁铁之间转动。

霍耳集成块包括霍耳元件和集成电路。霍耳信号发生器工作时，霍耳元件产生的霍耳电压信号，经过放大、整形、变换后，最后以方波输出。霍耳集成块的框图如图 13-15 所示。霍耳信号发生器是一个有源器件，它需要提供电源才能工作，霍耳集成块的电源由点火控制器提供。霍耳集成电路输出极的集电极为开路输出形式，其集电极的负载电阻在点火控制器内设置。霍耳信号发生器有三根引出线且与点火控制器相连接，其中一根是电源输入线，一根是霍耳信号输出线，一根是搭铁线。

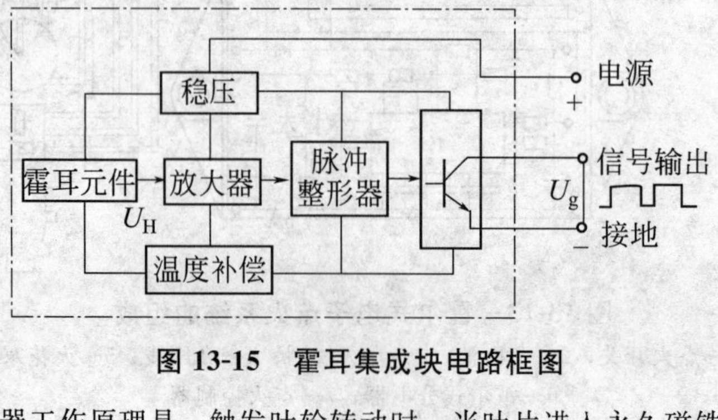

图 13-15　霍耳集成块电路框图

霍耳信号发生器工作原理是：触发叶轮转动时，当叶片进入永久磁铁与霍耳集成块之间的空气隙时，霍耳集成块中的磁场即被触发叶轮的叶片所旁路（或隔磁），见图 13-16（a）。这时霍耳元件不产生霍耳电压，集成电路输出级的三极管处于截止状态，信号发生器输出高电位。

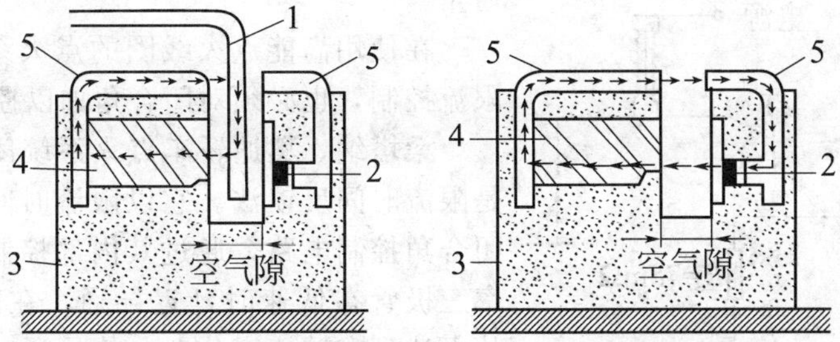

(a) 触发叶轮的叶片进入空气系　　(b) 触发叶轮的叶片离开空气系

图 13-16　霍耳信号发生器工作原理

1—触发叶轮的叶片；2—霍耳集成块；3—霍耳传感器；4—永久磁铁；5—导磁板

当触发叶轮的叶片离开空气隙时，永久磁铁的磁通便通过霍耳集成块经导磁板构成回路，如图 13-16(b)，这时霍耳元件产生霍耳电压，集成电路输出极的三极管处于导通状态，信号发生器输出低电位。

2. 点火控制器

(1) 点火控制器的基本功能

桑塔纳、奥迪轿车上使用点火控制器除具有一般点火控制器的开关作用（相当于传统点火系统中的触点，用来接通和切断点火线圈初级电路）外，还具有许多附加功能，如：闭合角控制、限流控制、停车断电保护和过压保护等功能。

重要提示

点火功能：点火控制器的点火功能是根据霍耳信号发生器的方波信号，接通或切断点火线圈的初级电路，实现点火。

点火线圈的限流控制（恒流控制）：为了使发动机在任何工况下都能实现稳定的高能点火，桑塔纳、奥迪轿车点火系统采用了专用高能点火线圈，其初级电路的电阻值 R_1 只有 0.65mΩ 左右。如电源电压 U_B 为 14V，点火控制器末级大功率三极管的压降 U_{CE} 为 1.5V（忽略采样电阻的压降），则其初级电路的稳定电流为 19.23A 左右。

初级绕组通过这样大的稳定电流，如不加以适当的控制，特别是在低转速时长时间通过大电流，不但浪费电能，更重要的是可能使点火线圈以及点火控制器因为过热而烧坏，为此在点火控制器内设置有点火线圈限流控制保护电路，其目的是将初级电流限制在某一数值并保持不变。

当信号发生器触发叶轮的叶片离开气隙时，信号发生器输出的信号电压由高电平转变为低电平，点火控制器接收到低电平信号后，立即输出低电平使大功率三极管 VT 截止，切断点火线圈初级电流，次级绕组中便感应产生高压电，供各缸火花塞跳火点燃可燃混合气。

点火线圈限流控制的电路原理如图 13-17 所示。图中 R_s 为采样电阻，接在大功率三极管的发射极，与点火线圈的初级绕组串联。控制初级电流稳定在 7.5A 左右。

闭合角控制（导通角控制）：闭合角的概念来源于传统点火系统，是指断电器触点闭合期间分电器凸轮转过的角度，即初级电流接通期间分电器轴转过的角度。在电子点火系统中，闭合角是指点火控制器末级大功率三极管导通期间分电器轴转过的角度，所以也称导

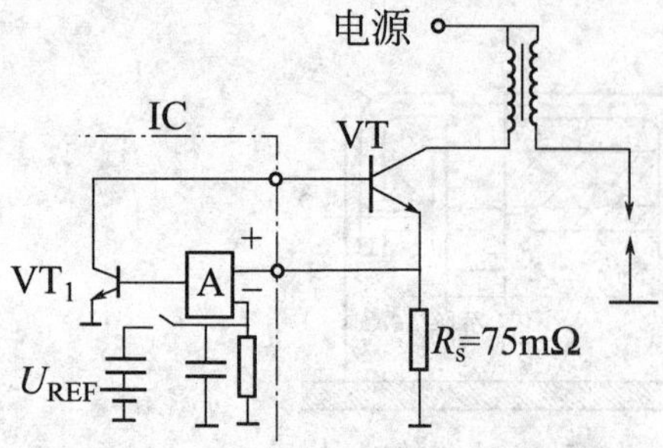

图 13-17 点火线圈限流控制电路原理图

通角。

在使用高能点火线圈的点火系统中，尽管有了限流控制，也必须对闭合角加以控制。

桑塔纳、奥迪轿车点火系统闭合角控制的方法是限流时间反馈法。它以限流时间为基准，反馈到闭合角控制电路，通过其内部控制电路，驱动大功率三极管在低速时延迟导通，在高速时提前导通，从而达到在转速变化时，使导通时间基本上不随发动机转速变化而变化。

利用限流时间反馈法控制闭合角，在电源电压变化时，还有较好的适应性。如果电源电压升高时，闭合角会自动减小；反之，闭合角会自动增大。当电源电压升高到一定程度，点火控制器会自动切断初级电路，起到保护点火线圈和点火控制器的作用。

重要提示

停车断电保护：汽车停驶时，如果点火开关未关断，霍耳信号发生器可能（随机地）输出高电平且保持不变，其结果将使点火线圈初级电路长期处于接通状态，使点火线圈及点火控制器等加速损坏。为此，点火控制器内设置了停车断电保护电路，它能在汽车停驶时，自动的缓慢地切断点火线圈初级电路。

桑塔纳与奥迪轿车点火控制器的控制参数如表 13-2 所示。

表 13-2 点火控制器的控制参数

检测条件	电源电压 U=14V；一次绕组电阻值 R=0.65Ω				
分电器转速/(r/min)	300	750	1000	1200	1600
峰值电流/A	7.56	7.56	7.56	7.56	7.56
平均电流/A	1.4	1.9	2.45	2.65	3.4
导通角/(°)	20	32	43	49	63
限流时间/ms	4.5	0.95	0.66	0.68	0.2
相对导通率/%	22	36	48	54	70

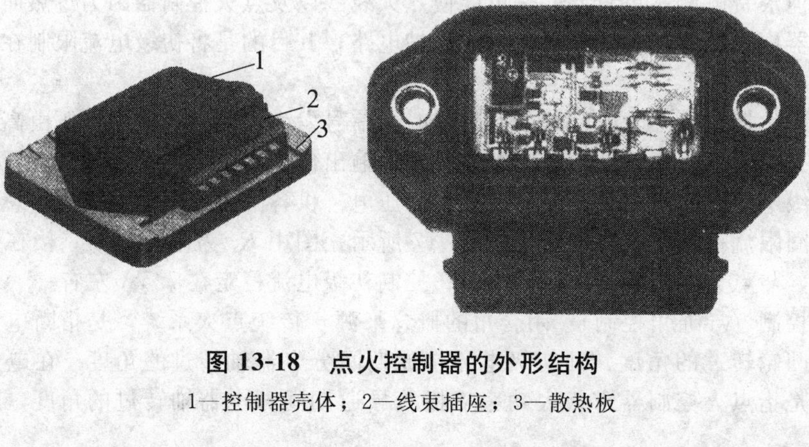

图 13-18 点火控制器的外形结构

1—控制器壳体；2—线束插座；3—散热板

(2) 点火控制器的结构组成

目前，点火控制器普遍采用混合集成电路制成，并用导热树脂封装在铸铝散热板上以利散热。不同公司的设计思路不同，所设计的控制器电路也不相同，桑塔纳与奥迪轿车点火控制器的外形结构如图 13-18 所示，点火控制器与点火系统的电路连接关系如图 13-19 所示。

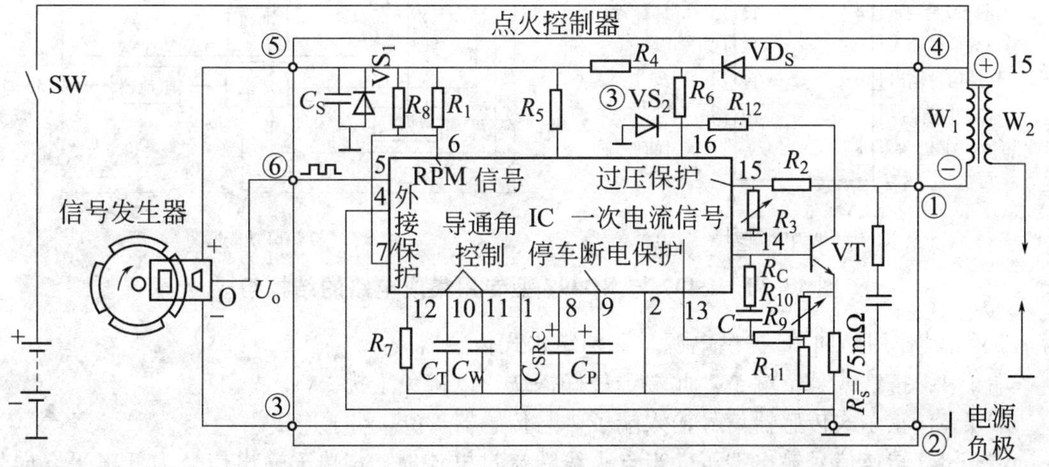

图 13-19　桑塔纳、奥迪轿车霍尔式点火系统控制线路

重要提示

点火控制器内部电路为混合集成电路，由专用点火集成电路（IC）和辅助电路组成。常用专用集成电路有 L482、BD497、L497、89S01 型等 16 引脚（端子）准双列直插式和 L497D 型平板式集成电路，控制参数如表 13-3 所示。

表 13-3　霍尔式点火系统专用 IC 技术参数

序号	项目	参数		
		L482	BD497	L497
1	工作电压/V	3.5～28	3.5～28	3.5～20
2	最高反向电压/V	－14	－16	－16
3	达林顿管保护电压/V	25	26	24
4	90℃时的耗散功率/W	0.75	—	0.6～1.2
5	工作温度/℃	－40～150	－55～150	－55～150
6	存储温度/℃	－65～150	－55～150	－55～150

虽然各种专用集成电路与辅助电子电路的结构组成各有不同，但其功能基本相同。桑塔纳与奥迪轿车霍尔式点火系统用 L497、BD497 型专用集成电路的引脚排列与功能组成框图如图 13-20 所示，各引脚（端子）的功能如下所述。

端子 1：搭铁端子。与电源负极连接。

端子 2：信号搭铁端子。与霍尔式点火信号发生器“－”端子连接。

端子 3：专用 IC 的电源端子。因为 IC 芯片内部接有 7.5V 稳压管，所以 3 端子的电压

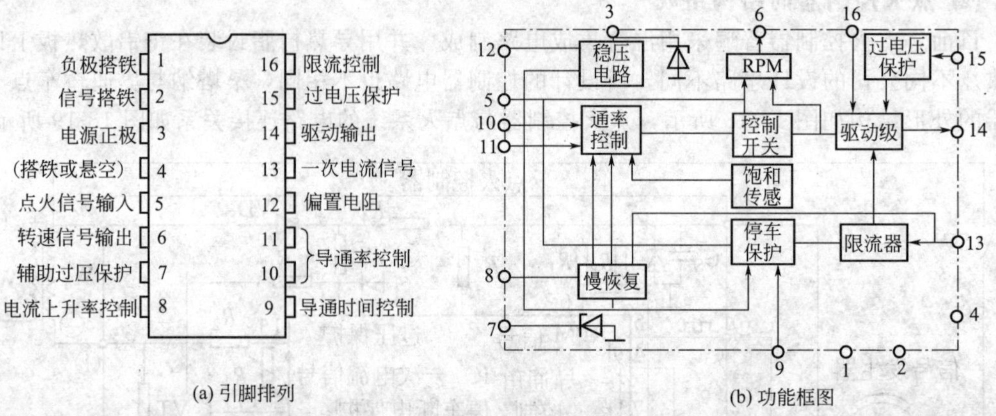

图 13-20 L497 与 BD497 型专用集成电路的结构组成

为 7.5V。其作用是向 IC 提供电源并保护霍尔式传感器。

端子 4：搭铁或悬空端子。此端子最好搭铁，以避免干扰。

端子 5：霍尔式传感器信号输入端子。与传感器“O”端子连接。

端子 6：转速信号输出端子。当点火线圈流过电流时，6 端子输出信号为低电平，向发动机转速表输入转速信号。

端子 7：辅助过压保护端子。在 7 端子内部接有一个 21V 稳压管，当 7 端子上的电压达到 21V 时便可起到过压保护作用。7 端子外接电阻 R_8（820Ω）为稳压管的限流电阻。

端子 8：电流上升率控制端子。控制点火线圈电流由零上升到额定值的上升斜率，8 端子外接电容器 C_{SRC}的电容为 1μF。在输入的霍尔信号电压由高电平向低电平转换之前，如线圈电流小于额定值的 94%，便增大电流的上升斜率。

端子 9：导通时间控制端子。当输入的霍尔信号电压致使达林顿三极管导通时间超过设定值时，控制点火线圈一次电流逐渐减小至零，9 端子外接电容器 C_P 的电容为 1μF。

端子 10：导通角控制定时端子。导通角是指控制点火线圈一次电流的大功率三极管或达林顿三极管导通期间发动机曲轴转过的角度。由电容器 C_T 充电和放电进行控制，该电容器相当于一个定时器，10 端子外接电容器 C_T 的电容为 0.1μF。

端子 11：导通角控制信号端子。11 端子外接电容器 C_W（0.1μF），该电容器上的电压 U_W 与定时电容 C_T 上的电压 U_T 比较后决定导通时间长短。

端子 12：偏置电阻端子。12 端子外接电阻 R_7（62kΩ），该电阻电阻值的大小直接影响导通角控制电容器的充电电流值、点火线圈电流上升率和停车断电保护控制电流值的大小。

端子 13：一次电流传感信号端子。检测点火线圈一次电流的大小。

端子 14：专用 IC 驱动输出端子。外接达林顿三极管基极，为达林顿三极管驱动输入控制端子。

端子 15：过压保护控制端子。该端子向 IC 输入达林顿三极管过压保护采样信号，端子外接电阻 R_2（5kΩ）、R_3（350Ω），调节 R_2 或 R_3 的电阻值即可调节达林顿三极管的保护电压。

端子 16：限流控制端子。该端子为专用 IC 内部驱动级的限流控制端子。外接 24V 稳压管，为限流电路提供稳定的工作电压，外接电阻 R_6（56Ω）起限流作用。

三、位置检测

传统的直流电机为了保持气隙磁链与转子磁链的位置相对不变（相互成 90°电角度），

就采用电刷来改变转子绕组的电流。无刷直流电机为了保持这种相对位置的不变，就必须根据转子的位置来改变绕组中的电流，故需要在定子的适当位置加装位置传感器。这种位置传感器通常为开关型霍尔传感器，如图 13-21(a) 所示。

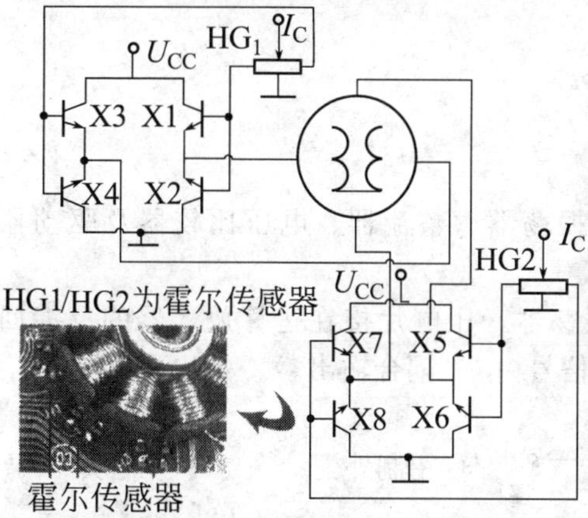

(a) 直流无刷电机中的霍尔位置传感器

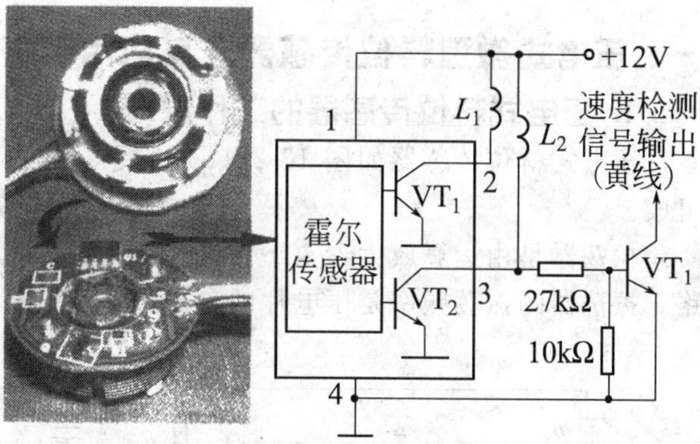

(b) 风扇中的霍尔传感器

图 13-21　霍尔传感器的应用

直流无刷电机使用永磁转子，在定子的适当位置放置所需数量的霍尔传感器，它们的输出和相应的定子绕组的供电电路相连。当转子经过霍尔传感器附近时，永磁转子的磁场令已通电的霍尔传感器输出一个电压信号使定子绕组供电控制三极管导通，给相应的定子绕组供电，产生和转子磁场极性相同的磁场，推斥转子继续转动。到下一个位置，前一个位置的霍尔传感器停止工作，下一个位置的霍尔传感器输出一个控制信号，使下一个绕组通电，产生推斥力使转子继续转动。如此循环，维持电机的工作。

重要提示

此处霍尔传感器起位置传感器的作用，检测转子磁极的位置，它的输出使定子绕组供电电路通、断，又起开关作用，当转子磁极离去时，令上一个霍尔传感器停止工作，下一个器件开始工作，使转子磁极总是面对推斥磁场。

计算机中的 CPU 散热风扇采用的也是无刷直流电机，在这种电机中，霍尔传感器不但起着位置传感器的作用，还起到速度检测传感器的作用。霍尔传感器在计算机 CPU 风扇中的应用电路如图 13-21(b) 所示。

重要提示

计算机中的 CPU 散热风扇采用两相绕组线圈首尾相接缠绕在四个定子铁芯上，两组线圈相差 90°，霍尔传感器（S76A16460、APX9140 等开关型霍尔传感器）固定在定子铁芯附近，用于探测转子磁环磁场的变化。当永磁转子旋转时，加到霍尔传感器的磁感应强度发生变化，霍尔传感器便控制输出信号驱动 VT_1、VT_2 按一定的规则导通或截止，使定子线圈产生的磁场与转子磁环的磁场相互作用，对转子产生同一个方向的推或拉的力矩，让其转动起来。

第四节 压电式传感器应用电路

一、压电式微型料位传感器及其应用电路

1. 压电式料位传感器的工作原理

压电式料位传感器如图 13-22(a) 所示。它由振荡器、整流器、电压比较器及驱动器组成。

振荡器是由运算放大器 IC_1 组成的一种自激振荡器，压电片接在运算放大器的反馈回路。振荡器的振荡频率是压电片的自振频率，振荡信号由 C_2 耦合输出。

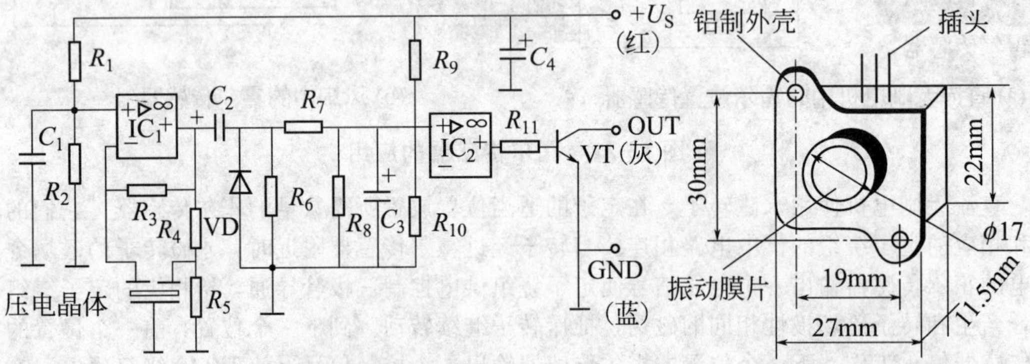

(a) 压电式微型料位传感器电路原理图

(b) 压电式微型料位传感器的外形尺寸

图 13-22 压电式料位传感器

振荡信号经整流器整流，再经 R_7、R_8 分压滤波后，获得一个固定的直流电压加在电压比较器的同相端。加在电压比较器的反相端的参考电压由 R_9、R_{10} 分压器分压获得。由于压电片作为物料的敏感元件，它被粘贴在外壳上。当没有物料接触到压电片时，振荡器正常振荡，电压比较器同相输入端的电压大于参考电压，使电压比较器输出高电平，从而使 VT 导通，若在输出端与电源间接入负载，负载中将有电流流过。当物料升高接触到压电片时，则振荡器停振，电压比较器同相输入端为低电平，电压比较器输出低电平，VT 截止，负载中无电流流过。因此，可从传感器输出端输出的电压或负载的动作上辨别料位的情况。从传感器的工作状态看，它是一种开关型传感器，又称为物料开关。

重要提示

压电式微型料位传感器的外形及尺寸如图 13-22（b）所示。它有三个接线针式插头和其他电路进行连接，它上面的两个孔可以用两个螺钉将其固定在储料仓上。压电晶体片贴在铝制外壳上，它的振动面应和物料接触。

这种传感器有常闭型和常开型两种，常闭型在振荡器起振时，驱动器导通，常开型在振荡器起振时，驱动器截止。

2. 压电式微型物料传感器的应用电路

应用电路分高料位电路和低料位电路两种。高料位测量要求料位在达到设定的位置时，电路能发出声光报警，并同时切断送料设备的电源，使送料停止。如图 13-23(a) 所示是压电式微型物料传感器的应用电路，在料位未达到设定高度时，继电器 KA 处于吸合状态，其动合触点 KA_1 闭合，从而使接触器 KM 得电，其三相触头 KM_1～KM_3 闭合，三相电动机运行向储料罐内送料。与此同时，绿色发光二极管 VD_2 点亮，指示料位未超过设定的高度。这时由于继电器 KA 的动断触点 KA_2 处于断开状态，红色发光二极管 VD_3 不发光，蜂鸣器也不发声。

当输送的物料达到设定的位置时，料位传感器中的振荡器停振，传感器中的驱动器处于截止状态，继电器 KA 失电，绿色发光二极管灭，由于 KA_1 释放，接触器 KM 断电，电动机停止运行，送料停止。由于 KA_2 闭合使红色发光二极管 VD_3 点亮，同时蜂鸣器开始进行报警。

如图 13-23(b) 所示是低料位应用电路。在料位高于设定的低料位时，由于物料和压电片接触，传感器停振，继电器 KA 不工作，此时绿色发光二极管 VD_3 点亮；当料位低于设定的低位置时，传感器中的振荡器起振，继电器 KA 工作，红色发光二极管 VD_2 点亮，蜂鸣器发出报警声，与此同时绿色发光二极管熄灭。

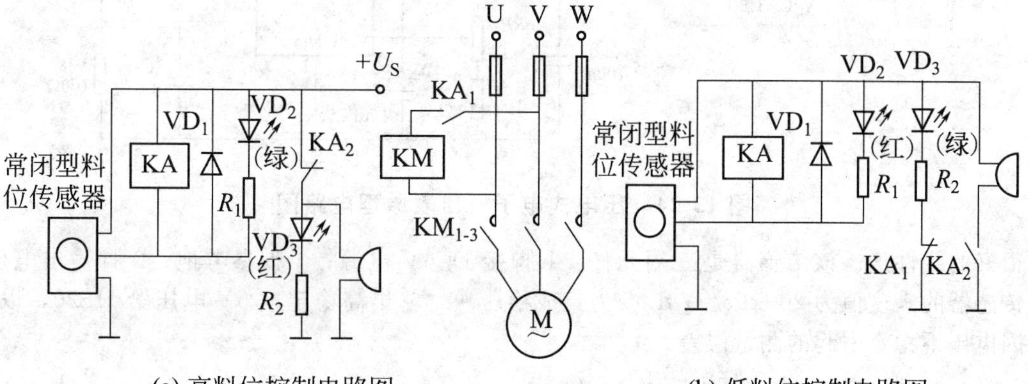

(a) 高料位控制电路图　　(b) 低料位控制电路图

图 13-23　压电式微型物料传感器的应用电路

由于传感器的振动膜片是铜质的，所以它只适用于固体小颗粒物料或粉状物料，且要求物料无黏滞性，以免影响传感器的正常工作。

二、压电式力传感器在电子气压表中的应用

压电式力传感器具有频带宽、灵敏度高、线性度好、动态误差小等特点，特别适用测量动态力。它可以用来测量发动机内部燃烧压力、真空度等动态和均布压力，缺点是不适于测量长时间作用的静态力。

图 13-24 为电子气压表原理电路图。天气变化与气压的变化密切相关，气压升高预示天气变晴；气压下降预示天气变阴或下雨。该电子气压表用 10 只 LED 指示气压值从 96～105kPa，另用三只 LED 指示气压变化的趋势。克服了传统玻璃管式指针气压表的许多缺点。

该电子气压表选用 Bosch 公司生产的 HS20 型压电式压力传感器。该传感器内含高阻抗前置放大器。当气压从 96kPa 变化到 105kPa 时，传感器输出电压从 2.125～2.400V，且具

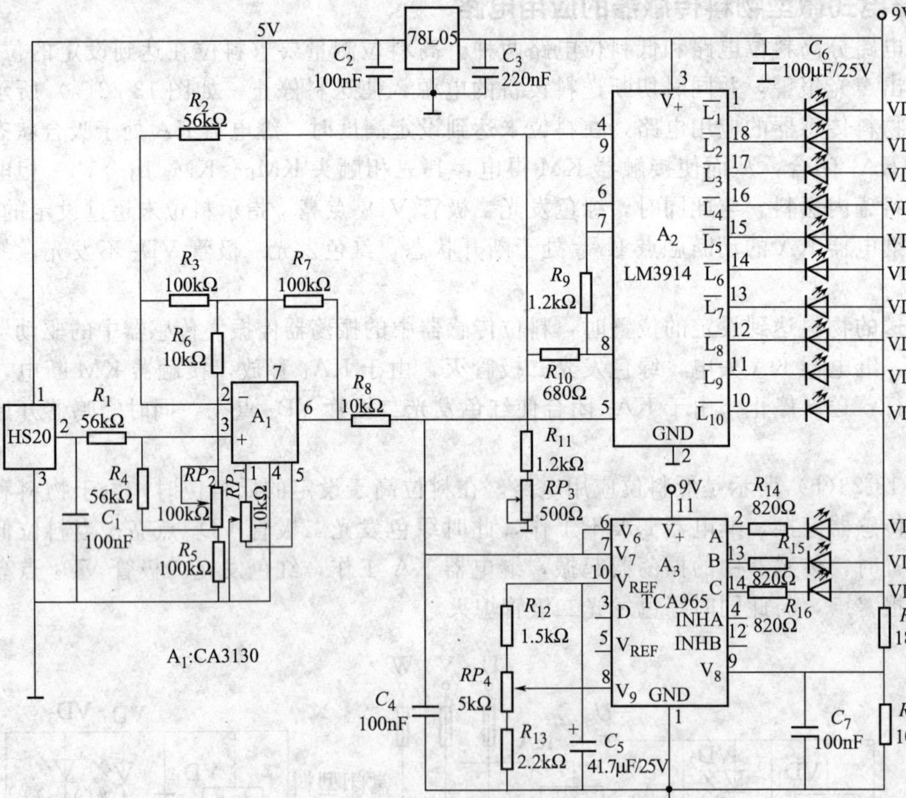

图 13-24 压电式电子气压表原理电路图

有很好的线性度。该传感器是三端元件：1 脚接 DC5V 电源；3 脚参考地；2 脚输出电压。该传感器的满度值为 200kPa。78L05 为集成稳压块，输出高稳定度 5V 电压给 HS20，以克服因电压不稳定引起的测量误差。

重要说明

A_1 为高输入阻抗放大器，RP_1 为调零，RP_2 为调整放大倍数。A_1 输出一路送给 A_2 显示气压值；另一路送给 A_3 显示气压变化趋势。

A_2 是 LED 闪烁驱动器 LM3914，其输出端 L_1～L_{10}。分别接发光二极管 VD_1～VD_{10}，以指示气压值。VD_1～VD_{10} 旁边分别刻度 96～105kPa（标准气压为 101.3kPa）。A_2 根据输入电平的高低仅驱动一只发光二极管发光，便可读出气压值。LM3914 内部有精密基准电压，并通过 R_2 输出以稳定 A_1 反相输入端的基准电压。L_1～L_{10} 是恒流源驱动 LED，故不需限流电阻。调节 RP_4 可校准气压刻度盘的读数。

A_3 是窗口鉴别器。RP_4 用来调节窗口的中心电平，即气压稳定时（101.3kPa），调节 RP_4 使发光二极管 VD_{12} 刚好点亮。当气压升高时，VD_{11} 点亮；当气压下降时，VD_{13} 点亮。

三、大气压力测量仪电路

大气变化与大气压力有密切的关系。一般来讲，气压升高预示着天气要变晴了，气压下降则天气要转阴或有雨；所以用大气压力测量仪监测大气压力，对预报天气变化具有十分重要的意义。

用 HS20 压电式压力传感器构成的大气压力测量仪电路如图 13-25 所示。它由压力传感器、放大器、LED 闪光电路和气压变化趋向指示电路等部分组成。

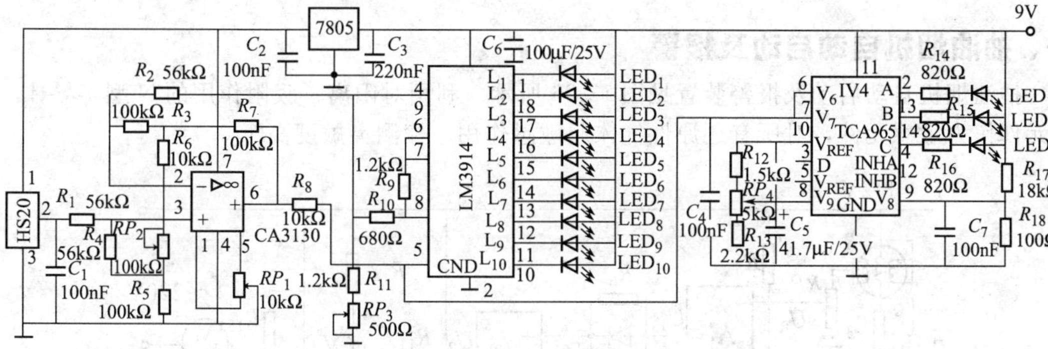

图 13-25　大气压力测量仪电路

图中，压力传感器 HS20 的 2 脚输出与大气压力成正比的信号电压，送入放大器 A 进行放大。HS20 由 7805 集成稳压器提供稳定的 5V 电源电压供电，以减少其测量误差。

重要提示

放大器 A 采用高输入阻抗的运放 CA3130，它接成同相放大器形式。失调电压由电位器 RP_1 调节，因此调整 RP_1 可使 A 的输出为零（在 A 输入端 2、3 脚间输入信号为零情况下）。放大倍数由电位器 RP_2 调整，故 RP_2 可作校准调节用。A 的 6 脚输出信号，送入 LM3914 的 5 脚。

LM3914 为 LED 驱动电路，其输出端 L_1～L_{10} 分别接有指示气压值大小的 10 只发光二极管 VD_1～VD_{10}，按照 5 脚输入信号电平的高低，驱动其中的一只 LED，使其发光，从而可读得其相应的大气压力值。该仪器测压范围为 96.0～105.0kPa，所以当气压从最低 96.0kPa 连续升高到最高值 105.0kPa 时，VD_1～VD_{10} 按序依次点亮，从而测得相应气压值。调节电位器 RP_3 可以校准其读数。

LM3914 的内部具有稳定的电压基准，可用来与 5 脚的输入信号直流电平进行比较。同时，还通过 R_2 在 A 的反相输入端建立电压基准。

重要提示

气压变化趋向指示电路由窗口鉴别器 TCA965 和 LED_{11}～LED_{13} 组成。电位器 RP_4 用来调定窗口的中心电平。如果在气压不变情况下，调节 RP_4 阻值使指示气压稳定的发光二极管 LED_{12} 刚好点亮。这样，当气压变高时，指示气压上升的 LED_{11} 会点亮；而当气压变低时，指示气压下降的 LED_{13} 就会点亮。由此可显示出气压的变化趋向。

第五节 半导体传感器应用电路

一、抽油烟机自动启动及报警

抽油烟机自动启动及报警装置见图 13-26 所示。利用对阳离子吸附作用的 N 型半导体气敏元件作为敏感元件，对所有还原性气体起敏感作用。检测灵敏度高于 0.1%。

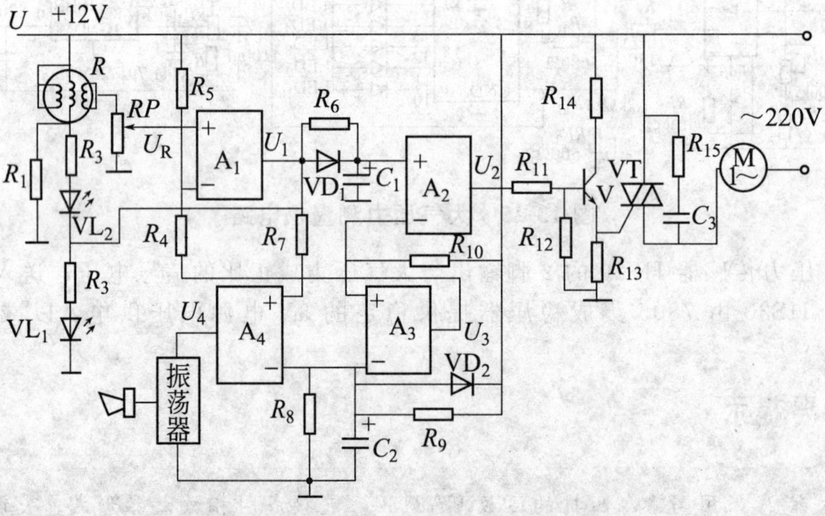

图 13-26　抽油烟机自动启动及报警器

利用双向晶体闸流管 VT 作为控制元件。本装置除用于厨房抽油烟机外，还可用于公用场合（如舞厅、卡拉 OK 厅）、非易爆易燃场合的自动抽风、报警以及消防等。

合上电源，气敏元件预热。若被检测的气体浓度低于由电位器 *RP* 的设定值，U_R 电位较低，因此，$U_1 \sim U_4$ 均为低电平，VL_2 导通，V 截止，VT 关断。

若被检测气体浓度高于设定值，则气敏元件及的阻值迅速减小，U_R 为高电平，U_1、U_2 为高电平，V 导通，因此 VT 导通，电动机启动。与此同时，U_4 也为高电平，接通振荡器电源，蜂鸣器发出声音报警。A_1 输出的高电平，使发光二极管 VL_1（红色）导通，实现灯光报警。

本装置利用四运放 LM324（含 $A_1 \sim A_4$），元件数量少、功耗低、工作可靠。

二、防止司机酗酒开车控制器

酒后开车易出事故，为防止酒后开车，保障人民生命及财产安全，需设置防止酒后开车控制器，其原理见图 13-27。

本装置用 QM-J_1 酒敏元件作为敏感元件。在驾驶室内合上开关 S，若司机没喝酒，气敏元件 *R* 的阻值很高，U_a 为高电平，U_1 为低电平，U_2 为高电平，继电器 K_2 失电，K_{2-2} 常闭触点闭合，VL_2 发绿光，K_{2-1} 闭合，能点火启动发动机。

若司机酗酒，气敏元件 *R* 的阻值急剧下降，U_a 为低电平，U_1 为高电平，U_2 低电平，继电器 K_2 带电，K_{2-2} 常开触点闭合，VL_1 发红光，给司机警告信号，此外，K_{2-1} 断开，无法启动发动机。

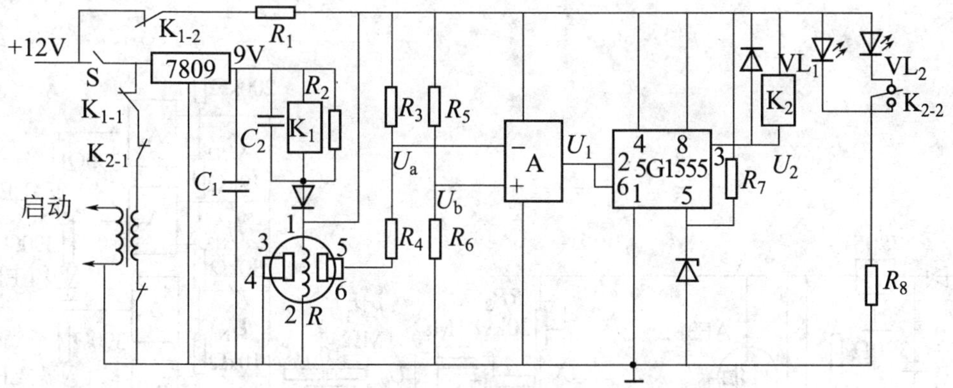

图 13-27　防止酒后开车控制器

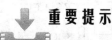

重要提示

若司机拔出气敏元件 R，继电器 K_1 失电，$K_{1\text{-}1}$ 断开，仍不能启动发动机。$K_{1\text{-}2}$ 触点的作用是长期加热气敏元件，保证装置处于预备工作状态。

三、便携矿井瓦斯超限报警器

本装置体积小，重量轻，电路简单，工作可靠。其电子线路见图 13-28。气敏传感器 QM-N5 为对瓦斯敏感元件。合上开关 S 后，4V 电源通过 R_1 对气敏元件 QM-N5 预热。当矿井无瓦斯或瓦斯浓度很低时，气敏元件 A 与 B 间的等效电阻很大，经与电位器 RP 分压，其动触点电压 $U_g<0.7V$，不能触发晶闸管 VT。因此由 LC179 和 R_2 组成的警笛振荡器无电源，扬电器无声。若瓦斯浓度超过安全标准，气敏元件的 A 与 B 间的等效电阻迅速减小，至使 $U_g>0.7V$ 而触发 VT 导通，接通警笛电路的电源，警笛电路产生振荡，扬声器发出警笛声。由电位器 RP 设定报警浓度。

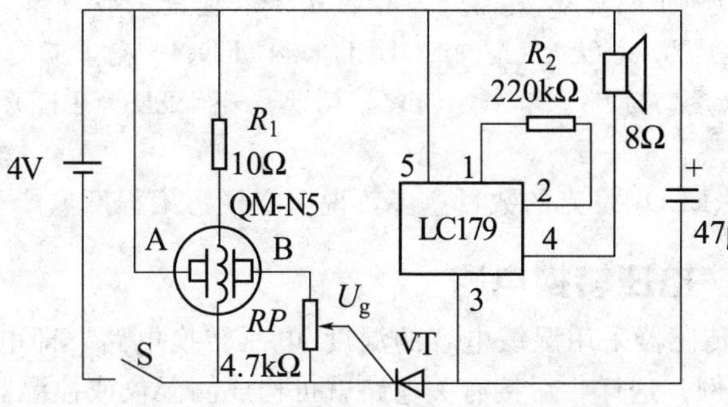

图 13-28　矿井瓦斯超限报警器

四、空气污染程度监测仪

电路原理见图 13-29。图中，仪器由 7805 提供高稳定度的 5V 电源。选择对有害气体（如烟雾）敏感的气敏电阻 AF38L 作为检测元件。A_1 为电压跟随器；A_2 为差动放大器；A_3 为同相放大器；A_4～A_8 为电压比较器；其相应基准电压分别为 U_{N2}～U_{N6}，且 $U_{N2}>U_{N3}>\cdots>U_{N6}$；发光二极管 LED_1 为电源指示灯；LED_2～LED_6 用于空气污染程度指示。

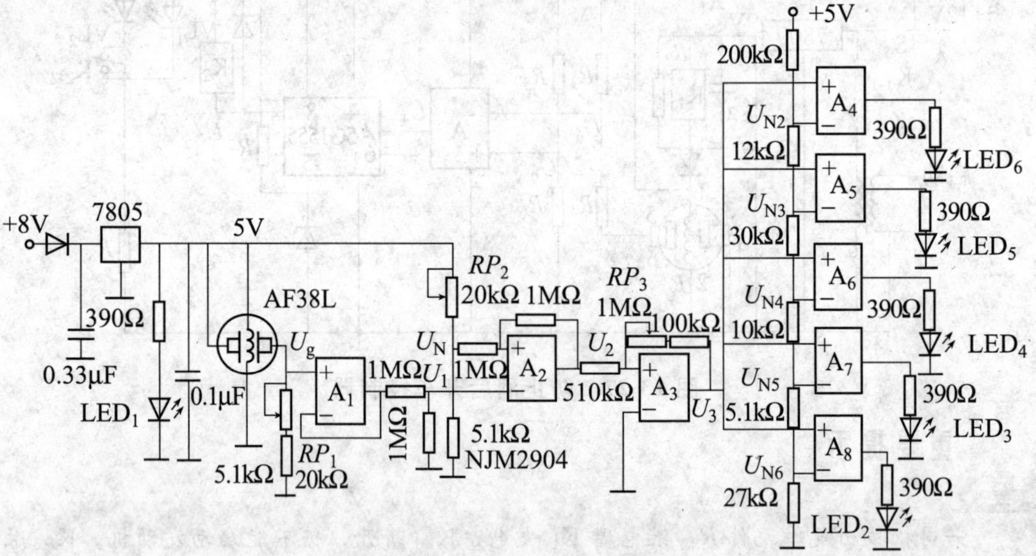

图 13-29　监测仪电路原理

其工作原理简述如下：当无有害气体或有害气体浓度很低时，由于气敏电阻的阻值很大，U_g 很小；经 A_1 跟随，U_1 很小，此时 $U_N > U_1$，故 A_2 的输出 $U_2 = 0$，经 A_3 同相放大，$U_3 = 0$，经比较后，A_4～A_8 的输出全为 0V，LED_2～LED_8 全不发光。

重要提示

随着有害气体浓度的增加，气敏电阻的阻值减小，U_g 增加。当 $U_1 > U_N$ 时，A_2 输出为正电压，经 A_3 同相放大，U_3 为正电压。当 $U_{N6} < U_3 < U_{N5}$ 时，A_8 输出 5V，点亮 LED_2，而 LED_3～LED_6 不发光。若有害气体浓度进一步增加，U_g、U_1、U_2 和 U_3 均进一步增加。当 $U_{N5} < U_3 < U_{N4}$ 时，LED_2 和 LED_3 点亮，而 LED_4～LED_6 不发光。随着有害气体浓度的进一步增加，同理，依次点亮 LED_4～LED_6。

由此可见，LED_2～LED_6 发光的数目愈多，说明空气污染程度愈严重。

五、湿敏电容湿度/电压转换电路

如图 13-30 所示是传感器采用湿敏电容的湿度/电压转换电路，即电路的输出电压与湿敏电容检测的湿度成比例，这样，后接有关电路就可构成测湿仪或控湿器。本电路的关键是采用开关电容网络，因此电路简单。这里采用的湿敏电容相对湿度为 76%RH 时，电容量为 500pF，而斜率为 1.7pF/%RH。因此，相对湿度为 0%RH 时，电容量应为 371pF，湿度为 100%RH 时，电容量应为 541pF。

如图 13-31 所示为湿度/电压转换原理图，A 实际上为一反相器，电路中的电阻 R_1、R_2、R_3 若用开关电容替代，则等效电阻与时钟频率 f 和电容 C 乘积的倒数成比例，即为 $1/fC$。如果 $f_1 = f_2 = f$，$C_1 = C_3$，输出电压 U_O 为

$$U_O = -\frac{R_3}{R_1}U_1 + \frac{R_3}{R_2}U_2 = -U_1 + \frac{C_2}{C_3}U_2$$

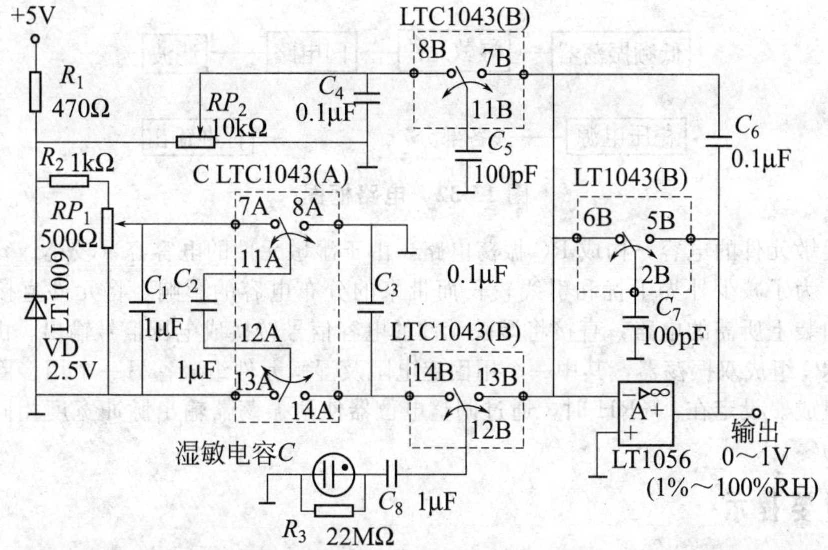

图 13-30　湿度/电压转换电路

若用湿敏电容替代 C_2，则 U_O 为 C_2 的单值增加函数。适当设定 U_1 值，当湿度为 0%RH 时，可使 $U_O=0$。

在图 13-30 所示的实用电路中，用 VD 获得 2.5V 的基准电压，用电阻分压获得相当于图 13-31 中的电压 U_1，用 LTC1043（A）获得相当于图 13-31 中的负电压 $-U_2$。当 LTC1043（A）的 7A 与 11A、12A 和 13A 脚短接时，电容 C_2 进行充电，而 8A 与 11A、12A 与 14A 脚短接时，C_2 中充电电荷转移到 C_3 中，可获得相当于 $-U_2$ 的电压。

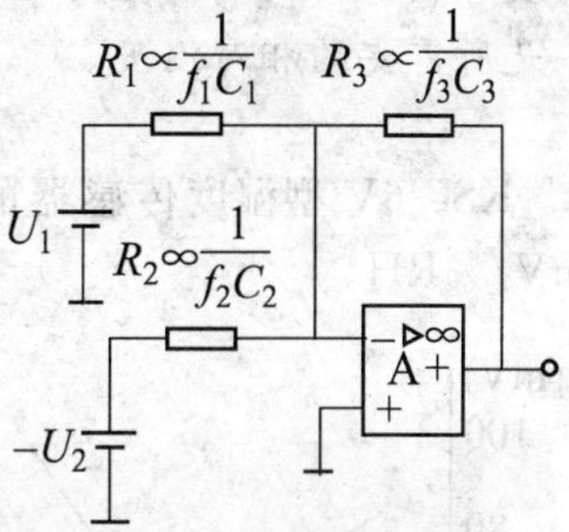

图 13-31　湿度/电压转换原理图

图 13-31 的 $R_1\sim R_3$ 为 LTC1043（B）的 7B、8B、11B 脚与 12B、13B、14B 脚以及 2B、5B、6B 脚的各部分。图 13-31 中的 C_1 等于图 13-30 中 C_5＝100pF，C_3 等于图 13-30 中 C_7＝100pF，C_2 是图 13-30 中湿敏电容 C，因为采用同一组件，$f_1\sim f_3$ 都为 150kHz。

C_8 为隔直电容，R_3 为放电电阻，C_6 为积分电容。输出端可获得与相对湿度一一对应的直流电压。

重要提示

调整方法如下：反复调整 RP_2，使湿度为 5%RH 时，输出电压为 0.05V，调整 RP_1，使湿度为 90%RH 时，输出电压为 0.9V。这样，湿度/电压转换电路对于湿度为 0～100%RH 时，输出电压为 0～1V，而精度为 2%以上。

六、房间湿度控制电路

1. 湿敏传感器结构和工作原理

KSC-6V 型湿度传感器基于湿敏电容与环境相对湿度的关系，采用 CMOS 集成电路作振荡器，具有线路简单、工作可靠、制作成本低，抗干扰能力强、静态功耗低、振荡电路转换特性好、双振荡器在同一芯片上特性相同等优点。电路框图如图 13-32 所示。

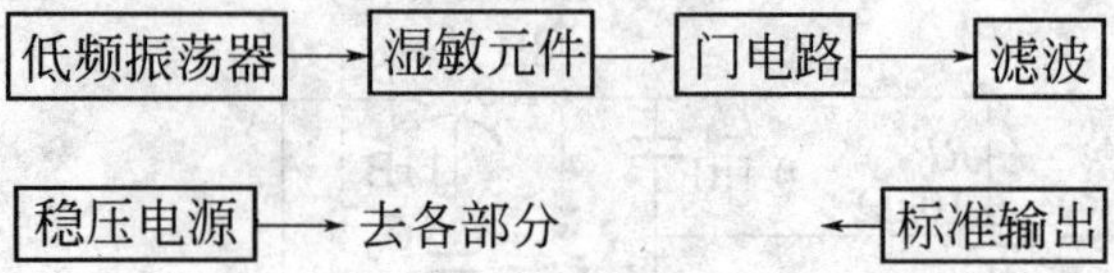

图 13-32 电路框图

利用湿敏元件的电容，构成 RC 振荡电路。由于湿敏元件的电容容量较小，容量变化范围也较小，为了减少外界干扰和引线较长而带来的分布电容的影响，将元件直接装在探头上，探头内装上所需的电路，直接将湿敏元件的电容信号转换成电压信号输出。由双单稳态触发器及 RC 组成双振荡器，其中一个用固定电阻及湿敏元件组成；另一个用多圈电位器及固定电容组成。设定在 0%RH 时，通过调整电位器使两振荡器输出脉冲宽度相同，从而使两信号差为零。

重要提示

当相对湿度发生变化时，湿敏元件的容量也随之而变化，从而引起方波的脉冲宽度作相应的变化。这两个信号差通过 RC 滤波，再经标准化处理，得到电压输出，就是所需要的相对湿度。

KSC-6V 型湿度传感器的湿度/电压特性测试曲线如图 13-33 所示。其输出灵敏度为 1mV/%RH。

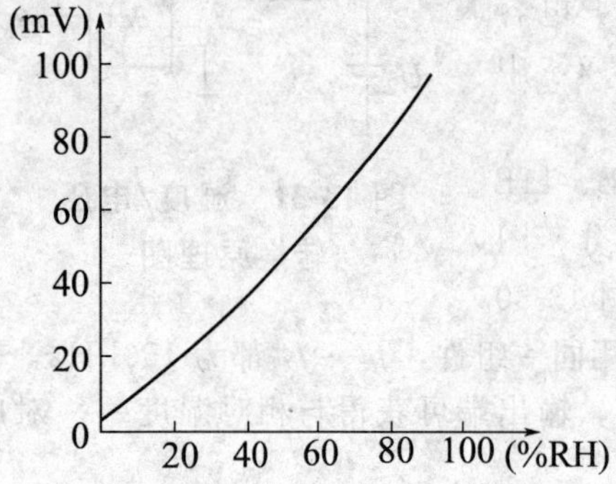

图 13-33 KSC-6V 湿度/电压特性

该传感器主要用于测湿，特别是高湿。所以采用了通用优质“O”形胶圈，在传感器两端进行密封。前头采用透气性较好的粉末冶金作护罩，外壳、前后接头采用铝材料，进行阳极氧化处理，从而使传感器电路隔离高湿环境，也对减少电磁屏蔽，减轻重量，控制成本起了很大的作用。

2. 房间湿度控制器

湿度传感器应用的电路原理图如图 13-34 所示。传感器的相对湿度值为 0～100%所对应的输出信号为 0～100mV。将传感器输出信号分成三路分别接在 A_1 的反相输入端、A_2 的同相输入端和显示器的正输入端。A_1 和 A_2 为开环应用，作为电压比较器，只需将 RP_1 和 RP_2 调整到适当的位置，便构成上、下限控制电路。当相对湿度下降时，传感器输出电压值也随着下降；当降到设定数值时，A_1 的 1 脚电位将突然升高，使 VT_1 导通，同时，LED_1 发绿光，表示空气太干燥，KA_1 吸合，接通超声波加湿机。当相对湿度上升时，传感器输出电压值也随着上升，升到一定数值时，KA_1 释放。

相对湿度值继续上升，如超过设定数值时，A_2 的 7 脚将突然升高，使 VT_2 导通，同时 LED_2 发红光，表示空气太潮湿，KA_2 吸合，接通排气扇，排除空气中的潮气。相对湿度降到一定数值时，KA_2 释放，排气扇停止工作。这样，室内的相对湿度就可以控制在一定范围之内。

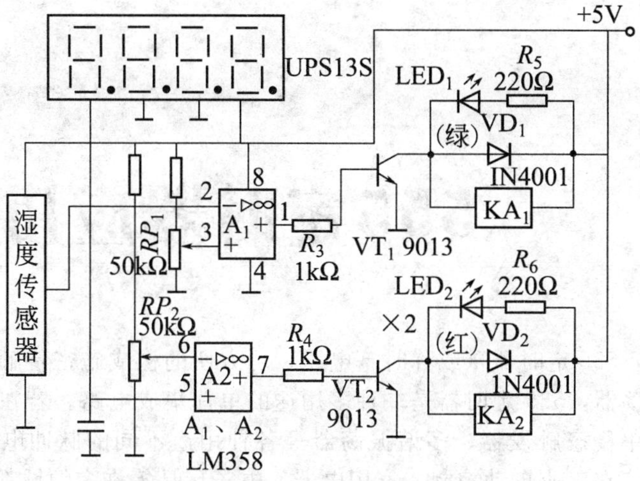

图 13-34　房间湿度控制器电路

七、汽车后玻璃自动去湿电路

汽车后玻璃自动去湿电路如图 13-35 所示。图中 R_L 为嵌入玻璃的加热电阻，RH 为设置在后窗玻璃上的湿度传感器。由 VT_1 和 VT_2 半导体管接成施密特触发电路，在 VT_1 的基极接有由 R_1、R_2 和湿度传感器电阻 R_H 组成的偏置电路。在常温常湿条件下，由于 R_H 的阻值较大，VT_1 处于导通状态，VT_2 处于截止状态，继电器 KA 不工作，加热电阻无电流流过。当室内外温差较大，且湿度过大时，湿度传感器 R_H 的阻值减小，使 VT_1 处于截止状态，VT_2 翻转为导通状态，继电器 KA 吸合，其常开触点 KA_1 闭合，加热电阻开始加热，后窗玻璃上的潮气被驱散。

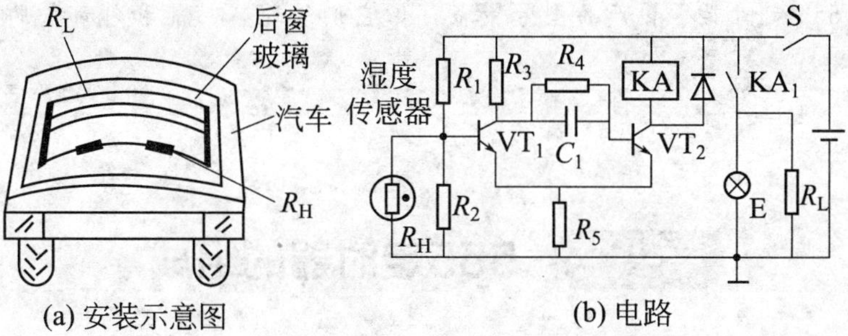

图 13-35　汽车后玻璃自动去湿电路

第十四章 555定时器应用电路

在数字系统中，555定时器（或称时基电路）可方便的构成施密特触发器、单稳态触发器以及自激多谐振荡器。555定时器是一种多用途的单片集成电路。若在其外部配上少许阻容元件，便能构成单稳态触发器、多谐振荡器等各种用途不同的脉冲电路。由于它性能优良，使用灵活方便，在工业自动控制、家用电器、电子玩具等许多领域都得到广泛地应用。

重要提示

555定时器按内部元件分为双极型（TTL型）和单极性（CMOS型）两种。几乎所有双极型产品的型号最后三位数码为555，如NE555；所有单极型产品的型号最后四位数码都是7555，如CC7555。在同一基片上集成两个555单元，其型号的最后三位数码为556，如NE556或CC7556等；在同一基片上集成4个555单元，其型号的最后三位数码为558。双极型555定时器的电源电压在4.5～16V之间，输出电流大，能直接驱动继电器等负载，并能提供与TTL、CMOS电路相容的逻辑电平；CMOS型定时器输出电流较小，功耗低，适用电源电压范围宽（通常为3～18V），定时元件的选择范围大。555定时器尽管产品型号繁多，但它们的逻辑功能和外部管脚排列却完全相同。

第一节 555定时器的组成

一、555定时器电路的组成

555定时器是一种模拟电路和数字电路相结合的中规模集成电路，其内部结构及引脚排列如图14-1所示。它由分压器、比较器、基本RS触发器和放电三极管等部分组成。

单极型定时器一般接有输出缓冲级，以提高驱动负载的能力。分压器由三个5kΩ的等值电阻串联而成，“555”由此而得名。分压器为比较器A_1、A_2提供参考电压，比较器A_1的参考电压为$2/3U_{CC}$，加在同相输入端，比较器A_2的参考电压为$1/3U_{CC}$，加在反相输入端。比较器由两个结构相同的集成运放A_1、A_2组成。高电平触发信号加在A_1的反相输入端，与同相输入端的参考电压比较后，其结果作为基本RS触发器$\overline{R_D}$端的输入信号；低电平触发信号加在A_2的同相输入端，与反相输入端的参考电压比较后，其结果作为基本R-S触发器$\overline{R_D}$端的输入信号。基本R-S触发器的输出状态受比较器A_1、A_2的输出端控制。

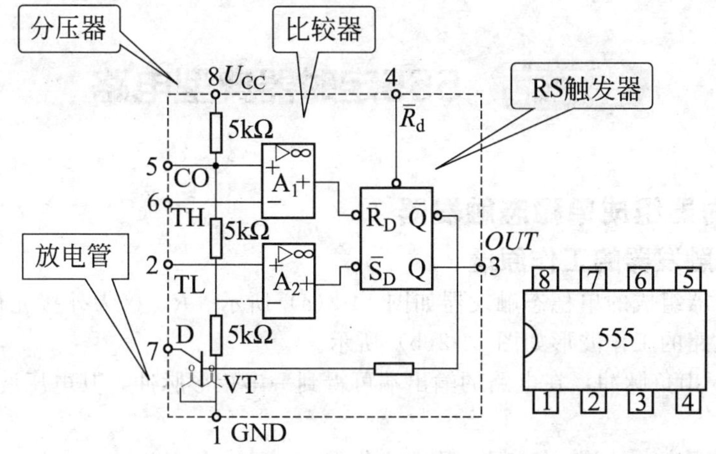

(a) 电路图　　(b) 端子排列

图 14-1　集成 555 定时器

二、555 定时器各引脚的功能

555 定时器各引脚的功能说明如下：

8 脚为电源电压 U_{CC}，当外接电源在允许范围内变化时，电路均能正常工作。

6 脚为高触发端 TH，当输入的触发电压低于 $2/3U_{CC}$时，A_1 的输出为高电平 1；当输入电压高于 $2/3U_{CC}$时，A_1 输出低电平 0，使 R-S 触发器复 0。

2 脚为低触发端 TL，当输入的触发电压高于号 $1/3U_{CC}$时，A_2输出高电平 1；当输入电压低于 $1/3U_{CC}$时，A_2输出低电平 0，使 RS 触发器置 1。

3 脚为输出端 OUT，输出电流达 200mA，可直接驱动继电器、发光二极管、扬声器、指示灯等。

4 脚为复位端 $\overline{R}_d$，低电子有效，输入负脉冲时，触发器直接复 0。平时 $\overline{R}_d$ 保持高电平。

5 脚为电压控制端 CO，若在该端外加一电压，就可改变比较器的参考电压值。此端不用时，一般用 0.01μF 电容接地，以防止干扰电压的影响。

7 脚为放电端 D，当 RS 触发器的 $\overline{Q}$ 端为高电平 1 时，放电三极管 VT 导通，外接电容器通过 VT 放电。三极管起放电开关的作用。

1 脚为接地端 GND。

由上述可得 555 定时器的功能表如表 14-1 所示。

表 14-1　555 定时器功能表

$\overline{R}_d$	TH	TL	$\overline{R}_D$	$\overline{S}_D$	Q	$\overline{Q}$	OUT
0	×	×	×	×	0	1	0
1	$>\frac{2}{3}U_{CC}$	$>\frac{1}{3}U_{CC}$	0	1	0	1	0
1	$<\frac{2}{3}U_{CC}$	$<\frac{1}{3}U_{CC}$	1	0	1	0	1
1	$<\frac{2}{3}U_{CC}$	$>\frac{1}{3}U_{CC}$	1	1	保持原状态		

第二节 555定时器典型电路

一、555 定时器组成单稳态触发器

1. 单稳态触发器的工作原理

用 555 定时器组成的单稳态触发器如图 14-2(a) 所示。R、C 为外接元件，触发信号 u_i 由 2 端输入。电路的工作波形如图 14-2(b) 所示。

如果 u_i 是一串负脉冲，在电路的输出端可得到一串矩形脉冲，其电压波形如图 14-2(b) 所示。

输出脉冲的宽度 t_W 与充电时间常数 RC 有关，

$$t_W = RC\ \ln 3 = 1.1RC$$

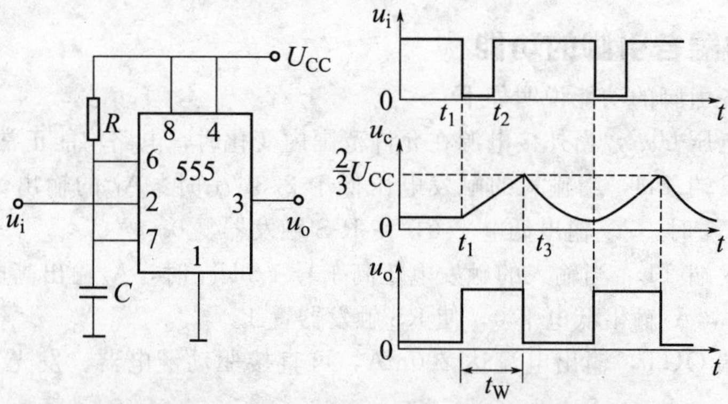

(a) 电路图　　(b) 工作波形图

图 14-2　555 定时器组成的单稳态电路

当一个触发脉冲使单稳态触发器进入暂稳状态后，在 t_W 时间内的其他触发脉冲对电路不起作用，因此，触发脉冲 u_i 的周期必须大于 t_W，才能保证 u_i 的每一个负脉冲都能有效地触发。

2. 单稳态触发器的应用

555 组成的单稳态触发器的应用十分广泛，单稳态触发器可以构成定时电路，与继电器、晶闸管或驱动放大电路配合，可实现自动控制、定时开关的功能。以下为几种典型应用实例。

(1) 触摸开关电路

555 组成的单稳态触发器可以用作触摸开关，电路如图 14-3 所示。

其中 M 为触摸金属片（或导线）。无触发脉冲输入时，555 的输出 u_o 为“0”，发光二极管 VD 不亮。当用手触摸金属片 M 时，相当于②端输入一负脉冲，555 的内部比较器 A_2 翻转，使输出 u_o 变为高电平“1”，发光二极管亮，直至电容 C 上的电压充到 $u_c = 2/3U_{cc}$ 为止。由图可得发光二极管亮的时间

$$t_W = RC\ \ln 3 = 1.1RC = 1.1\text{s}$$

图 14-3 所示的触摸开关电路可以用于触摸报警、触摸报时、触摸控制等。电路输出信

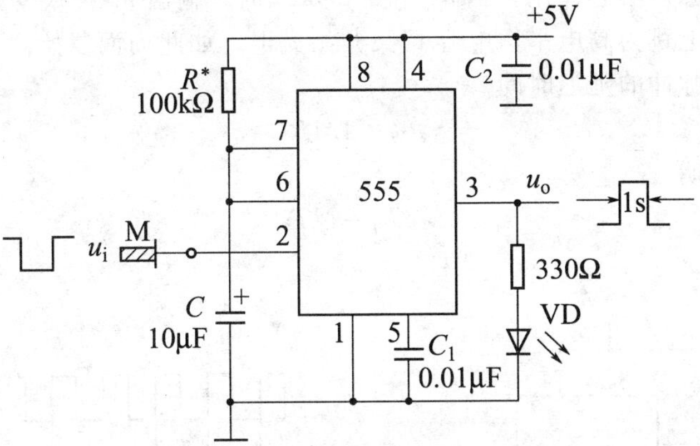

图 14-3　触摸开关电路

号的高低电平与数字逻辑电平兼容。图中，C_1 为高频滤波电容，以保持 $2/3U_{cc}$ 的基准电压稳定，一般取 0.01μF。C_2 用来滤除电源电流跳变引入的高频干扰，一般取 0.01～0.1μF。

(2) 楼梯照明灯的控制电路

图 14-4 是一个常用的楼梯照明灯的控制电路。平时照明灯不亮，按下开关 SB，灯被点亮，经一定时间后灯泡自动熄灭。其工作原理如下。

由 555 定时器构成的单稳态触发器接通＋6V 电源后，由于开关 SB 处于常开位置，2 端为高电平。电路进入稳态后，触发器输出端 OUT（3 脚）为低电平，继电器 KA 无电流通过，串接在照明电路的常开触点不能闭合，灯不亮。

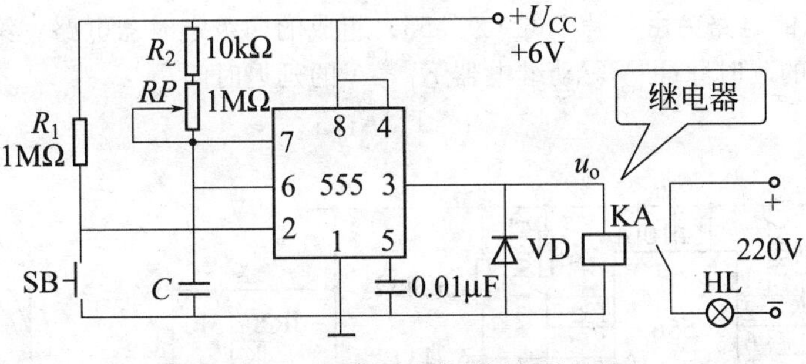

图 14-4　楼梯照明灯的控制电路

重要提示

按下开关 SB 时，2 端被接地，相当于在低触发端输入了一个负脉冲，使电路由稳态转入暂稳状态，输出端 OUT 为高电平，继电器 KA 有电流流过，其常开触点闭合，照明电路被接通，灯泡被点亮；经过时间 t_W 后，电路自行恢复到稳态，输出端 OUT 为低电平，灯泡熄灭。暂稳态的持续时间 t_W，即灯亮的时间，改变电路中电阻 RP 或电容 C，均可改变 t_W。

(3) 分频电路

由 555 组成的单稳态触发器可以构成分频系数很大的分频电路，如图 14-5 所示。设输入信号 u_i 为一系列脉冲串，第一个负脉冲触发 2 端后，输出 u_o 变为高电平，电容 C 开始充电，如果 $RC \gg T_i$，由于 u_c 未达到 $2/3U_{cc}$，u_o 将一直保持为高电平，放电管 VT 截止。这段时间内，输入负脉冲不起作用。当 u_c 达到 $2/3U_{cc}$时，输出 u_o 很快变为低电平，下一个负脉冲来到，输出又上跳为高电平，电容 C 又开始充电，如此周而复始。

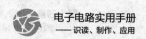

由图可得输出脉冲的延迟时间

$$t_W=1.1RC$$

输出脉冲的周期

$$T_o=NT_i$$

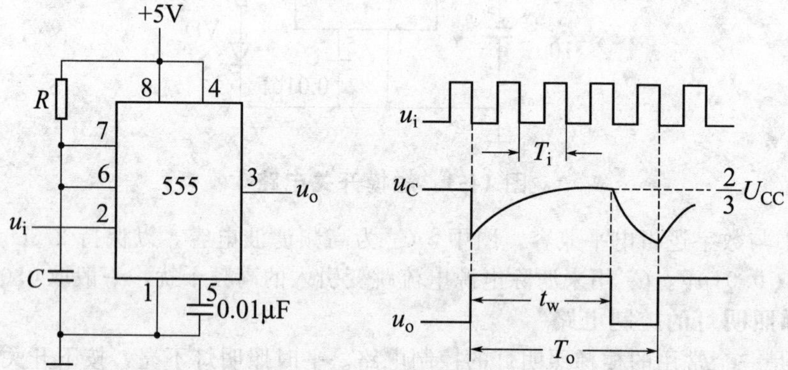

图 14-5　分频电路

分频系数 N 主要由延迟时间 t_W 决定，由于 RC 时间常数可以取得很大，故可获得很大的分频系数。

(4) 两级定时器

图 14-6 所示的电路为由一片 556（双 555）组成的两级定时器电路。第一级定时器被开关 S 触发时产生的延时脉冲 A 驱动继电器 K_1，A 的延迟时间

$$t_1\approx1.1R_1C_1$$

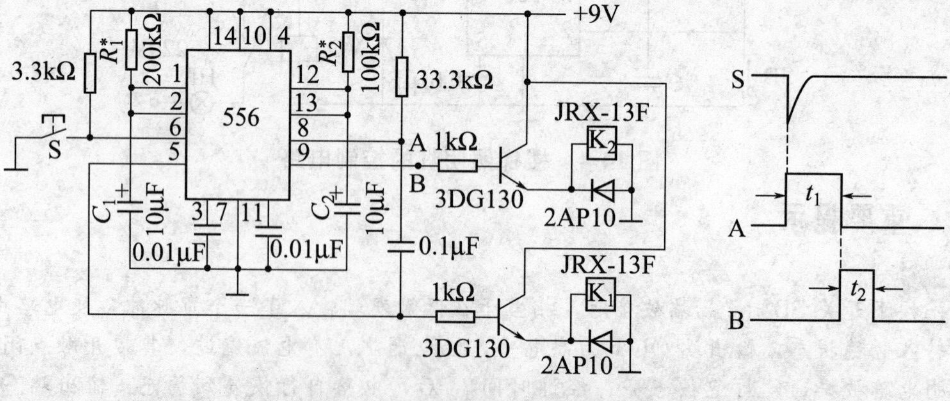

图 14-6　556 组成的两级定时器电路

A 脉冲结束时产生的负跳变又触发第二级定时器，产生延时脉冲 B，驱动继电器 K_2，B 的延迟时间

$$t_2\approx1.1R_2C_2$$

这样，每触发一次开关 S，可自动完成继电器 K_1 和 K_2 的启动与复位，因此该电路可以实现时序操作及控制。

二、555 定时器组成多谐振荡器

由 555 定时器组成的多谐振荡器（无稳态电路）如图 14-7(a) 所示，其中 R_1、R_2 和电容 C 为外接元件。其工作波形如图 14-7(b) 所示。

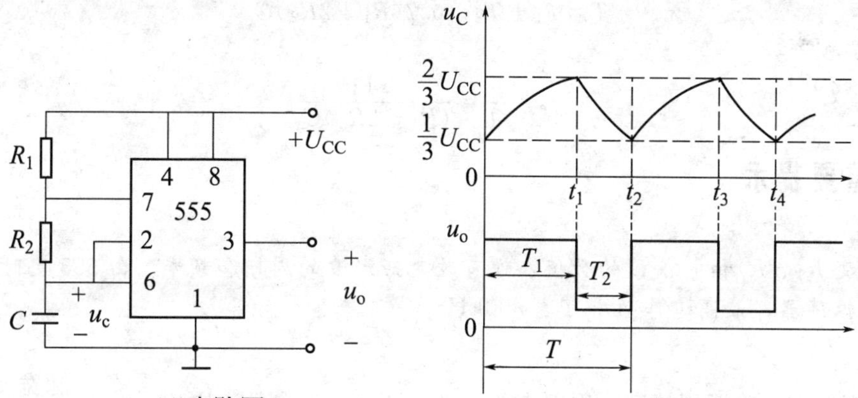

(a) 电路图　　(b) 工作波形图

图 14-7　555 定时器组成的多谐振荡器

1. 工作原理

设电容的初始电压 $u_C=0$。$t=0$ 时接通电源，由于电容电压不能突变，所以高、低触发端 $TH=TL=0<1/3U_{cc}$，比较器 A_1 输出为高电平，A_2 输出为低电平，即 $\overline{R}_D=1$，$\overline{S}_D=0$，R-S 触发器置 1，定时器输出 $u_o=1$。此时 $\overline{Q}=0$，定时器内部放电三极管截止，电源 U_{cc} 经 R_1，R_2 向电容 C 充电，u_C 逐渐升高。当 u_C 上升到 $1/3U_{cc}$ 时，A_2 输出由 0 翻转为 1，这时 $\overline{R}_D=\overline{S}_D=1$，R-S 触发器保持状态不变。所以 $0<t<t_1$ 期间，定时器输出 u_o 为高电平 1。

$t=t_1$ 时刻，u_C 上升到 $\frac{2}{3}U_{cc}$，比较器 A_1 的输出由 1 变为 0，这时 $\overline{R}_D=0$，$\overline{S}_D=1$，RS 触发器复 0，定时器输出 $u_o=0$。

$t_1<t<t_2$ 期间，$\overline{Q}=1$，放电三极管 VT 导通，电容 C 通过 R_2 放电。u_C 按指数规律下降，当 $u_C<\frac{2}{3}U_{cc}$ 时比较器 A_1 输出由 0 变 1，RS 触发器的 $\overline{R}_D=\overline{S}_D=1$，Q 的状态不变，$u_o$ 的状态仍为低电平。

$t=t_2$ 时刻，u_C 下降到 $\frac{1}{3}U_{cc}$，比较器 A_2 输出由 1 变为 0，RS 触发器的 $\overline{R}_D=1$，$\overline{S}_D=0$，触发器置 1，定时器输出 $u_o=1$。此时电源再次向电容 C 充电，重复上述过程。

重要提示

通过上述分析可知，电容充电时，定时器输出 $u_o=1$，电容放电时，$u_o=0$，电容不断地进行充、放电，输出端便获得矩形波。多谐振荡器无外部信号输入，却能输出矩形波，其实质是将直流形式的电能变为矩形波形式的电能。

2. 振荡周期

由图 14-7(b) 可知，振荡周期 $T=T_1+T_2$。T_1 为电容充电时间，T_2 为电容放电时间。

充电时间

$$T_1=(R_1+R_2)C\ln2=0.7(R_1+R_2)C$$

放电时间

$$T_2=R_2C\ln2=0.7R_2C$$

矩形波的振荡周期

$$T=T_1+T_2=0.7(R_1+2R_2)C$$

则振荡频率

$$f_0=\frac{1}{T}=\frac{1.43}{(R_1+2R_2)C}$$

重要提示

改变 R_1、R_2 和电容 C 的数值，便可改变矩形波的周期和频率。由 555 定时器组成的多谐振荡器，最高工作频率可达 500kHz。

对于矩形波，除了用幅度，周期来衡量外，还有一个参数占空比 q，$q=\frac{\text{脉宽}\ t_W}{\text{周期}\ T}$，$t_W$ 指输出一个周期内高电平所占的时间。图 14-7(a) 所示电路输出矩形波的占空比 $q=\frac{T_1}{T}=\frac{T_1}{T_1+T_2}=\frac{R_1+R_2}{R_1+2R_2}$。所以图 14-7(a) 所示电路只能产生占空比大于 0.5 的矩形脉冲。

图 14-8 所示电路产生矩形波的占空比，根据需要可以调整。这是因为它的充、放电的路径不同。当输出 u_o 为高电平时，电源经 R_A、VD_2 对电容 C_1 充电；当 u_o 为低电平时，电容 C_1 经 VD_1、R_B 放电。

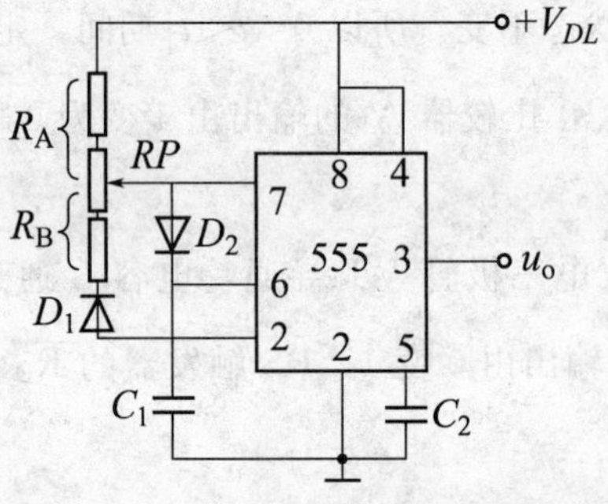

图 14-8　可调占空比的多谐振荡器

调节电阻 RP 即可改变充、放电时间，也就改变了矩形脉冲的占空比。

$$q=\frac{R_A}{R_A+R_B}$$

3. 555 组成的多谐振荡器的应用

555 组成的多谐振荡器的应用十分广泛，以下为几种典型应用实例。

(1) 时钟脉冲发生器

555 组成的多谐振荡器可以用作各种时钟脉冲发生器，如图 14-9 所示。其中，图 (a) 所示为脉冲频率可调的矩形脉冲发生器，改变电容 C 可获得超长时间的低频脉冲，调节电位器 RP 可得到任意频率的脉冲如秒脉冲，1kHz、10kHz 等标准脉冲。由于电容 C 的充放电回路时间常数不相等，所以图 (a) 所示电路的输出波形为矩形脉冲，矩形脉冲的占空比随频率的变化而变化。

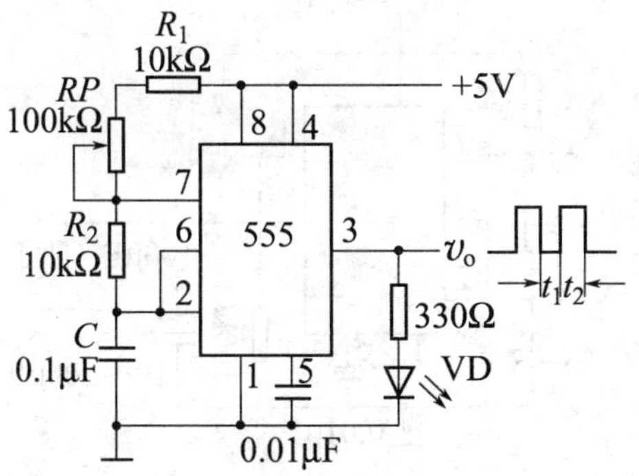

(a) 矩形脉冲发生器

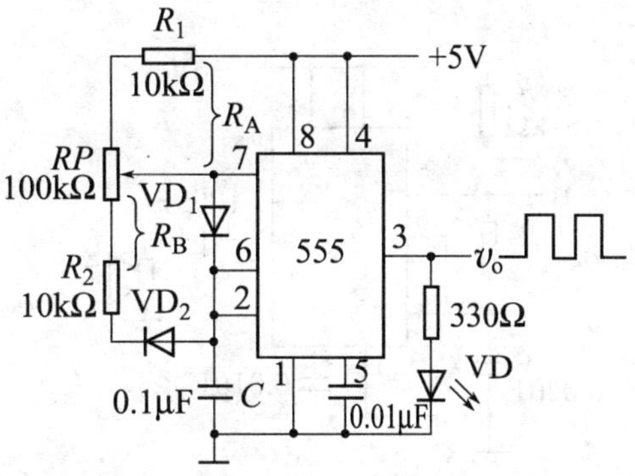

(b) 占空比可调的脉冲发生器

图 14-9　时钟脉冲发生器

图 14-9(b) 所示电路为占空比可调的时钟脉冲发生器，接入两只二极管 VD_1、VD_2 后，电容 C 的充放电回路分开，放电回路为 VD_2、R_B、内部三极管 VT 及电容 C，放电时间

$$t_1 \approx 0.7 R_B C$$

充电回路为 R_A、VD_1、C，充电时间

$$t_2 \approx 0.7 R_A C$$

输出脉冲的频率

$$f_0 = \frac{1.43}{(R_A + R_B)C}$$

重要提示

调节电位器 RP 可改变输出脉冲的占空比，但频率不变。如果使 $R_A = R_B$，则可获得对称方波。

(2) 通断检测器

通断检测器的电路如图 14-10 所示，若探头 A、B 接通，则电路为一多谐振荡器，输出脉冲经扬声器发声。如果 A、B 断开，则电路不产生振荡，扬声器无声。该电路的应用十分广泛，如检测电路的通断、水位报警等。声音的高低由 R_1、R_2、C 决定。由振荡频率公式 $f_0 = \frac{1}{T} = \frac{1.43}{(R_1 + 2R_2)C}$ 可以计算该电路的工作频率。

(3) 手控蜂鸣器

手控蜂鸣器的电路如图 14-11 所示。电路的振荡是通过控制 555 的复位端④实现的。按下 S，④端接高电平，电路产生振荡输出音频信号，扬声器发声。松开 S 后，电容 C_3 通过 R_3 放电，直到复位端④变为低电平时电路停振。称 R_3、C_3 为延时电路，改变它们的值可以改变延迟时间。该电路可以用作电子门铃、医院病床用呼叫等。

三、555 定时器组成双稳态触发器

由 555 定时器组成的双稳态触发器较常见的有两种：一种是 RS 触发器电路，另一种是施密特触发器电路。

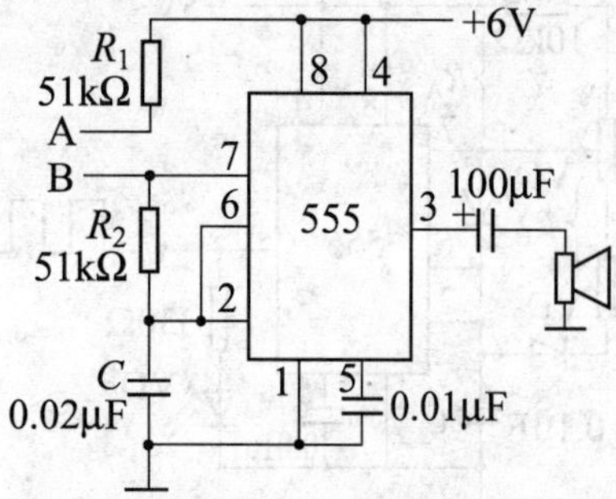

图 14-10 通断检测器

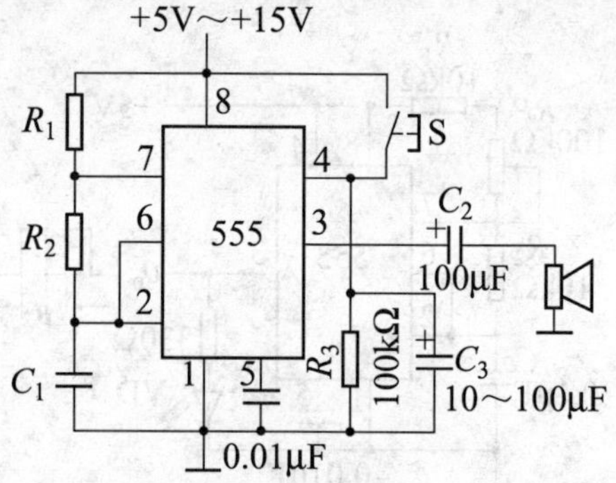

图 14-11 手控蜂鸣器

1. RS 触发器和施密特触发器基本电路

利用 555 组成的基本 RS 触发器和施密特触发器，电路分别如图 14-12(a)、(b) 所示。其中，图 14-12(a) 所示电路具有基本 RS 触发器的功能。当 R 端（⑥脚）为正脉冲触发（S 端的电平高于 $1/3U_{cc}$）时，555 输出为低电平，即 u_o 为“0”，称为复位；当 S 端（②脚）为负脉冲触发（R 端的电平低于 $2/3U_{cc}$）时，输出为高电平，u_o 为“1”，称为置位。若将 R、S 相连接，则可构成施密特触发器，如图 14-12(b) 所示。$2/3U_{cc}$ 称为施密特触发器的正向阈值电压，$1/3U_{cc}$ 称为施密特触发器的负向阈值电压，二者的差值称为滞后电压。正向阈值电压可以通过外加电压进行改变，如果在图 14-12(b) 中⑤脚接一可调节的直流电压 U_{CO}，则可改变滞后电压大小，从而实现对被测信号的电平检测。

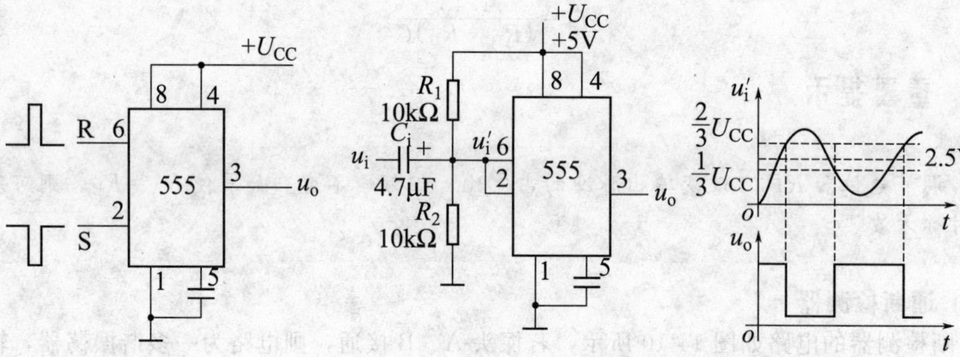

(a) 基本RS触发器　　(b) 旋密特触发器

图 14-12 555 组成的 RS 触发器和施密特触发器

2. RS 触发器和施密特触发器应用电路

由 555 定时器电路构成的双稳态电路应用的广泛程度不如前面介绍的单稳态工作方式和无稳态工作方式。这主要是已有大量的价廉质优的集成 RS 触发器和施密特触发器面世所致，不必用 555 定时器电路构成的电路来代用。

(1) 路灯自动开关控制电路

由 555 双稳态电路构成的路灯自动开关控制电路如图 14-13 所示。该灯早晨自动关闭、晚上自动开启。

图 14-13 中的 555 时基电路连接成施密特触发器方式。R_G 为硫化镉（CdS）光敏电阻，该电路有光照时电阻值变小，只有几十千欧左右；没有光照时电阻值变大，可大于几十兆

欧。利用 R_G 的这种光敏特性，就可自动控制路灯的开启与关闭。

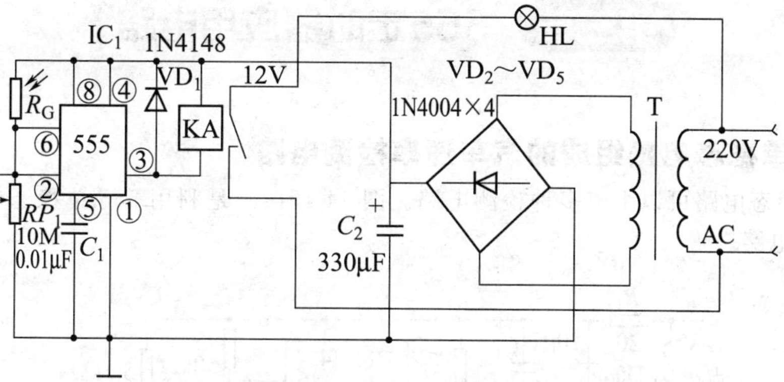

图 14-13　由 555 双稳态电路构成的路灯自动开关控制电路

在白天有光照时，R_G 电阻值变小，输入端 u_i 为高电平加到 $IC_1$②脚、⑥脚上，使输出端 u_o（③脚）为低电平，KA 继电器线圈得电吸合，其常闭触点断开，路灯失电就会熄灭。

当傍晚光线暗到一定程度时，R_G 光敏电阻值逐渐变大，输入端 u_i 的电压也逐渐降低，当 u_i 降低至约 4V 以下时，IC_1 输入端的⑥脚、②脚为低电平，输出为高电平 $u_o=1$。继电器 KA 断开，其常闭触点复位后接通，使路灯 HL 得电点亮。

到了第二天黎明，随着天色逐渐变亮，光敏电阻 R_G 的电阻值随着光照的增强，电阻值逐渐变小，使输入端 u_i 电压也逐渐上升。一旦 u_i 电压上升至 9V 以上时，IC_1 输入端的⑥脚、②脚为高电平，于是其③脚输出电平又翻转为低电平，使 KA 继电器线圈得电吸合，其常闭触点断开，又切断了 HL 的供电，路灯 HL 又熄灭。

重要提示

调整 RP_1 的值，使晚上 R_G 失去光照时，$IC_1$③脚输出为高电平，则早晨 R_G 受到光照时，IC_1 输出 u_o 变为低电平，驱动继电器 KA 的释放与吸合，可形成对路灯的自动控制。如果路灯负载较大时，可先用继电器对接触器线圈进行控制，然后再由交流接触器的触点对路灯 HL 的供电进行控制。

VD1 为续流二极管，用于保护 555 时基电路内部输出三极管不致损坏。

(2) 逻辑电平测试电路

图 14-14 所示的为一逻辑电平测试电路，其工作方式与施密特触发器相同。若调节电位器 RP 使⑤脚电位为逻辑电平的门限电压 2.4V，则⑥脚的触发电平为 2.4V，②脚的触发电平为 1.2V。当 $u_i>2.4V$ 时，555 复位，红色发光二极管亮。当 $u_i<1.2V$ 时，555 置位，绿色发光二极管亮。该测试电路可用于 TTL、CMOS 等逻辑电平的测试，被测信号的频率不得超过 25Hz，否则观察效果不明显。

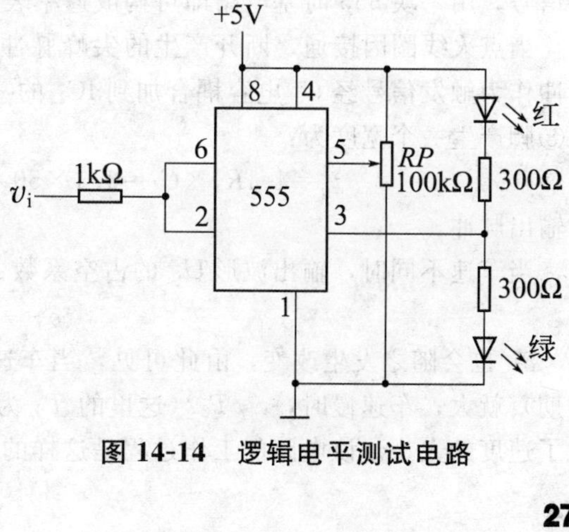

图 14-14　逻辑电平测试电路

第三节 555定时器应用电路

一、555 单稳态电路组成的汽车速率检测电路

555 单稳态电路可以组成多种检测电路。图 14-15(a) 是利用 555 单稳态电路组成的汽车速率检测电路。

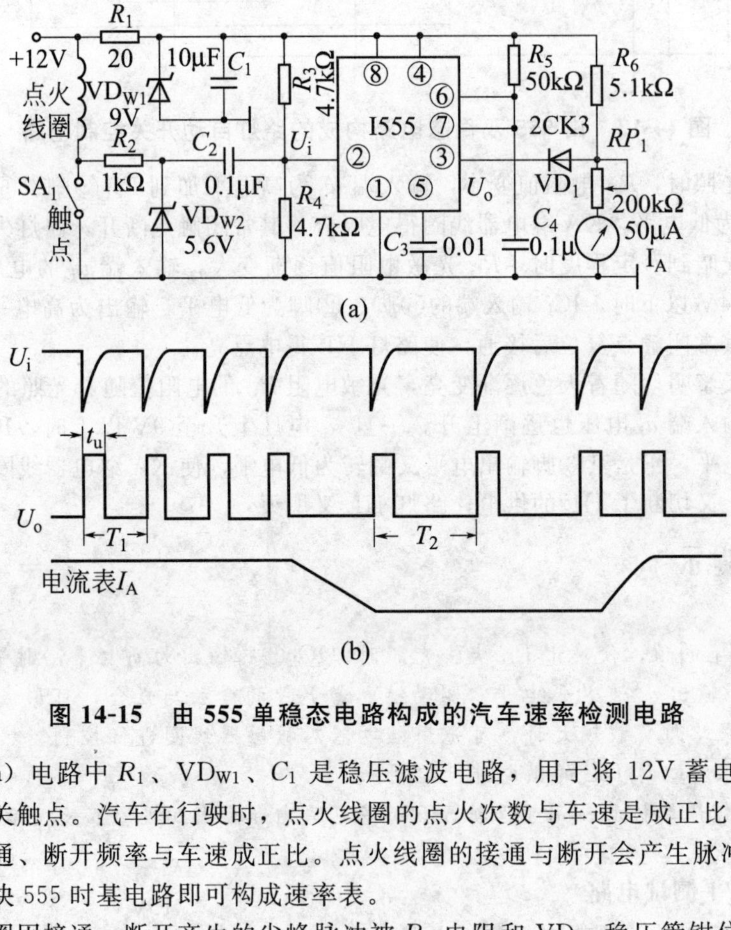

图 14-15 由 555 单稳态电路构成的汽车速率检测电路

图 14-15(a) 电路中 R_1、VD_{W1}、C_1 是稳压滤波电路，用于将 12V 蓄电池稳压为 9V；SA_1 为点火开关触点。汽车在行驶时，点火线圈的点火次数与车速是成正比的，也就是说，点火线圈的接通、断开频率与车速成正比。点火线圈的接通与断开会产生脉冲信号，利用这一信号，用一块 555 时基电路即可构成速率表。

当点火线圈因接通、断开产生的尖峰脉冲被 R_2 电阻和 VD_{W2} 稳压管钳位整形后，负向脉冲作为触发信号经 C_2 电容耦合加到 IC_1 的②脚，每一负向触发脉冲使定时电路翻转一次，在③脚产生一个宽度为：

$$t_u = 1.1R_5 \times C_4 = 1.1 \times 50 \times 10^3 \times 0.1 \times 10^{-6} = 5.5\text{ms}$$

的输出脉冲。

当车速不同时，输出波形 U_0 的占空系数：

$$\delta_Y = t_u / T$$

δ_Y 也会随之发生改变，由此可见，当车速快时，t_u/T_1（这里的 T_1 为车速快时的振荡周期）就大；车速慢时，t_u/T_2（这里的 T_2 为车速慢时的振荡周期）就小，从而使输出反映了速度的大小。该电路的工作过程是这样的：

重要提示

点火脉冲通过 R_2 和 VD_{W2} 的钳位和限幅、经 C_2 后作为 555 单稳态电路②脚的触发脉冲。每输入一个负脉冲，555 单稳态电路翻转一次。当其③脚 U_0 为高电平时，二极管 VD_1 反向阻断，电源提供的电流流入电流表。当③脚输出为低电平时，VD_1 导通，电源提供的电流经 VD_1、③脚入地，电流表中没有电流。因此电流表中的电流是和输出正向脉冲的宽度成正比的。和频率计的工作原理相似，输入脉冲频率越高，输出脉冲占空比就越小，电流表中的电流就越大，所以电流表中指针的偏转就表示汽车的速率。

另外，图 14-15(a) 电路应用范围较广，通过传感器的变换，该电路还可以进行电动机的转速、温度、压力等的测量。

二、由 555 定时器组成的定时插座

这里介绍的是一种延时定时器电路，其定时时间可在 0～150min 内连续调节，即可定时供电，也可定时断电。

电路如图 14-16 所示，由时基集成电路构成的单稳态电路构成。220V 交流电压经变压器 B 降压、全桥整流、电容滤波后得到约 12V 直流电压给定时电路供电。当按一下启动按钮 AN，低电平通过 AN 加至 IC 的②脚使 IC 置位，③脚输出高电平。当闭/断选择开关 S 接“3”位时，继电器 J_1 吸合，其常开触点 J_{1-1}、J_{1-2} 闭合给插座 CZ 送电。同时恒流管 VT 的源极开始对定时电容 C_2 充电。当 C_2 两端电压充到 2/3 电源电压时，IC 状态翻转，③脚变为低电平，J_1 断电释放，J_{1-1}、J_{1-2} 断开，停止对 CZ 的供电，实现定时断电功能。供电时间可由 KP、C_2 的取值近似估算。当 S 置“1”位时，继电器 J_1 的状态恰好相反，即按下启动按钮后 J_1 释放，经延时后吸合，故电路为定时供电功能。调整 KP 能改变延时时间的长短，本电路的定时时间约在 0～150min 可调。

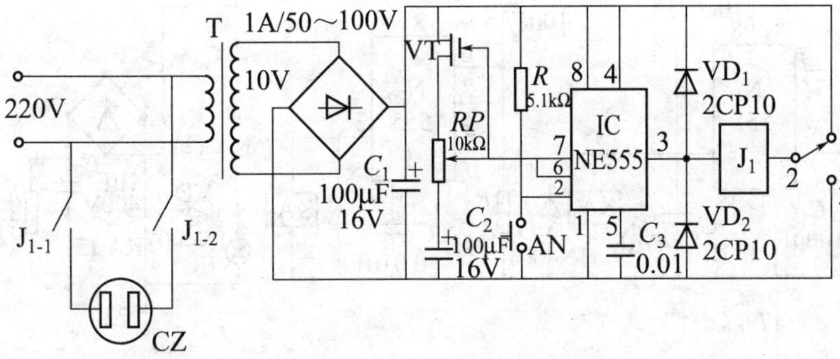

图 14-16　能定时闭断的定时器插座电路

IC 选用 NE555、μA555、LM555 等时基集成电路。VT 选用场效应管 3DJ6F。C_2 选用漏电小的电解电容，若要求定时精度较高时可选 CA 型钽电容。J_1 选用直流电阻 450Ω、工作电压为 12V 的小型继电器，如 JRX-4F，触点容量交流 220V、3A。全桥选用 1A/50～100V 全桥。B 选用信号灯小型变压器，规格 220V/10V 电路安装完毕后，可将 KP 的旋钮对应面板进行刻度，以方便使用时选择定时时间。

三、由 555 定时器组成的电容测试仪

图 14-17 所示为电容测试仪电路。图中的 IC_1 组成多谐振荡器，其振荡频率为 60Hz 左右，输出的脉冲方波信号为 IC_2 提供触发脉冲。IC_3 组成单稳态电路，在 IC_1 输出脉冲的触发下，IC_2 的翻转频率也为 60Hz 左右。当 R_1 阻值确定后，IC_2 输出电压的占空比取决于待测电容 C_x 的容量，C_x 容量越大，则输出电压的占空比越大，即 IC_2 输出的电压脉冲越宽。IC_3 及其外围电路组成滤波和电压跟随电路，其中 C_5 起滤波作用。输出电压 U_O 等于 $IC_3$③脚的电压，它是 IC_2 输出脉冲经阻容滤波后的平均值。这种电路中，待测电容 C_x 与输出电压 U_O 之间有着很好的线性关系。

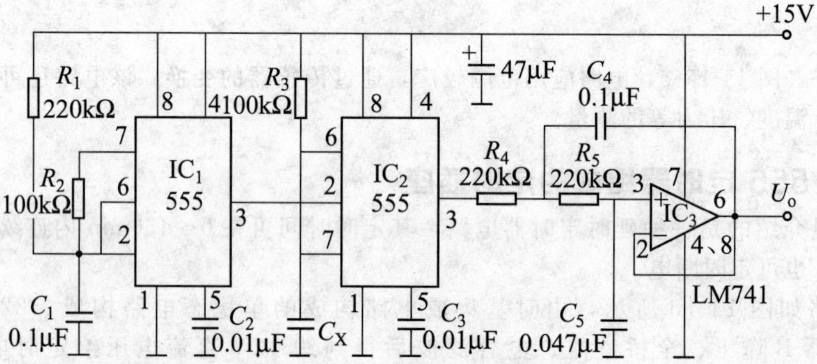

图 14-17 电容测试仪电路

四、渐亮延时灯控制电路

渐亮延时灯可以在夜间需要开灯时，使灯光从暗到亮，而且可以经过一段时间自动关灯，其电路如图 14-18 所示。

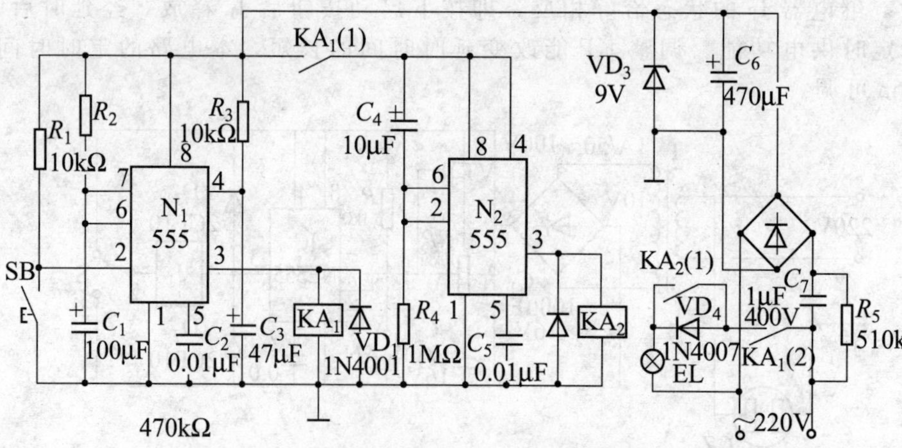

图 14-18 渐亮延时灯控制电路

N_1 组成单稳态电路，由于 2 脚通过 R_1 接电源，平时处于高电平状态，其 3 脚输出低电平，继电器 KA_1 处于释放状态，其触头 KA_1（1）、KA_1（2）为动合触头，因此后续电路不工作，照明灯不亮。

当需要用灯时，只要按动按钮 SB，即可导致 N_1 的 2 脚变为低电平，使电路翻转，其 3 脚输出变为高电平，此时继电器 KA_1 吸合，其动合触头 KA_1（2）闭合，市电经 VD_4 半波整

流供电，点燃照明灯 EL，使灯光较暗。与此同时动合触头 KA_1（1）也闭合，接通了 N_2 电源。由于电源接通瞬间 N_2 的 6 脚电压高于 2/3 电源电压，因此 N_2 仍处于复位状态，N_2 的 3 脚电压为低电平，继电器 KA_2 也处于释放状态。随着电源经 R_4 向 C_4 充电，导致 C_4 两端的电压增大，当 N_2 的 6 脚电压降到 1/3 电源电压时，N_2 被触发翻转，其 3 脚由原来的低电平变为高电平，继电器 KA_2 吸合，其动合触头 KA_2(1) 闭合，二极管 VD_4 被短接，此时照明灯 EL 的供电电压升高，使照明灯由暗转亮。

重要提示

松开按钮 SB 后，电源通过 R_2 向 C_1 充电，使 N_1 的 6 脚电压逐步升高，当电压达 2/3 电源电压时，单稳电路 N_1 复位，此时 N_1 的 3 脚又恢复到低电平状态，继电器 KA_1 释放，导致 N_2 电路及照明灯供电电路中断而停止工作。

五、光控开关电路

图 14-19 所示为由 555 定时器组成的光控开关电路。当无光照时，光敏电阻 R_G 的阻值远大于 R_3、R_4，由于 R_3、R_4 阻值相等，此时 555②、⑥脚的电平为 $1/2U_{cc}$，输出端③脚输出低电平，继电器 K 不工作，其常开触点 $K_{1\text{-}1}$ 将被控电路置于关机状态。当有光照射到光敏电阻 R_G 上时，R_G 的阻值迅速变得小于 R_3、R_4，并通过 C_1 并联到 555②脚与地之间。由于无光照时 $U_O=0$，则 555⑦脚与地导通，C_1 两端的电压为 0，因而在 R_G 阻值变小的瞬间，会使 555②脚电位迅速下降到 $1/3U_{cc}$ 以下，处于低电平，触发电路翻转，输出端 U_O 为高电平，继电器吸合，其触点 $K_{1\text{-}1}$ 闭合，使被控电路置于开机状态。当光照消失后，R_G 的阻值迅速变大，使 555②脚电平为 $1/2U_{cc}$，555 输出仍保持在高电平状态，此时 555⑦脚呈截止状态，C_1 电容经 R_1、R_2 充电到电源电压 U_{cc}。若再有光照射光敏电阻 R_G，则 C_1 上的电压经阻值变小的 R_G 加到 555②脚，使②脚的电位大于 $2/3U_{cc}$，导致电路翻转，输出端 U_O 由高电平变为低电平，继电器 K 被释放，被控电路又回到了关机状态。

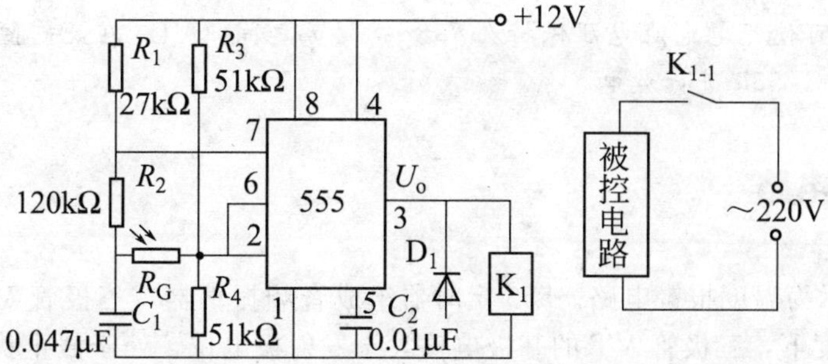

图 14-19　光控开关电路

由此可见，光敏电阻 R_G 每受光照射一次，电路的开关状态就转换一次，起到了光控开关的作用。

六、由 555 定时器构成的全自动充电电路

图 14-20 是由定时器 CB555 构成的全自动充电电路，适用于对 7.8～8.4V 之间的电池进行自动充电控制。在电路中，CB555 定时器的两个输入端是分开使用的，且其⑦脚未画出（悬空未使用）。显然，该电路是一种双稳态触发器，在电路中作为双限比较器使用。电

路中的 R_1 与 VD_W 共同构成了 CB555⑤脚内比较器的基准电压稳压电路。该电压是由 R_1 限流降压、VD_W 稳压为 6V 后加到 CB555⑤脚内的。

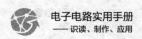

G 为被充电的电源，R_3 与 RP_1，R_4 与 RP_2、R_5 共同构成了两组比较电压设定电路，设定的电压分别加到 CB555 的②脚与⑥脚上。其中：RP_1 与 R_3 设定充电电池的下限电压值，R_4 与 RP_2、R_5 设定充电电池的上限电压值。

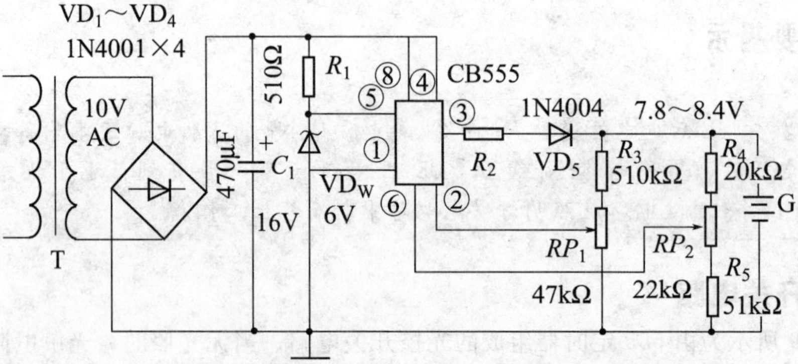

图 14-20　由定时器 CB555 构成的全自动充电电路

全自动充电电路的供电是由电源变压器 T 变压、VD_1～VD_4 整流、C_1 滤波后得到的。

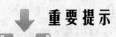

重要提示

充电电池电压低于或高于设定值的情况：

当电池 G 电压低于 CB555 定时器②脚设定下限电压时，③脚输出约 10V 左右的高电平，通过 R_2、VD_5 向电池充电，R_5 限制最大电流小于 200mA（应根据此值选择其电阻值）。

当电池 G 电压充至高于 555 电路⑥脚设定的电压时，其③脚输出变为低电平，充电停止。由此可使充电电池电压保持在 7.8～8.4V 之间。VD_5 在此起隔离作用，防止充电电池通过 CB555 进行放电。

七、温度报警电路

1. 识图指导

图 14-21 所示为温度报警电路。555 定时器组成音频振荡器，三极管 VT 组成温度控制电路。在正常温度下，三极管 VT 的基极电位大于发射极电位，处于截止状态，集电极输出低电平，使 555 定时器的直接置 0 端 $\overline{R}_D$ 为低电平，多谐振荡器停止振荡，扬声器不发出声响。

2. 工作原理

当温度升高时，R_t 增大，基极电压 u_B 下降到某一数值而使基极电压小于发射极电压时，V 饱和导通，集电极输出高电平，使 555 定时器的直接置 0 端 $\overline{R}_D$ 为高电平，多谐振荡器开始振荡，输出端 OUT 输出矩形脉冲，扬声器发出呜呜的报警声。

在图 14-21 温度报警电路中，如 R_2 采用电位器时，则调节电位器可控制音调；如改变 R_3 和 R_4 的比值时，可控制报警温度值。

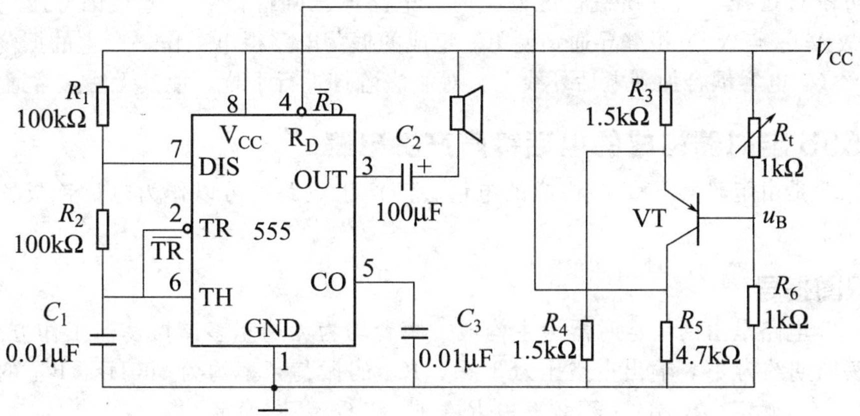

图 14-21　温度报警电路

八、由 555 定时器构成的电话防盗打电路

图 14-22 是由定时器 CH7555 构成的电话防盗打电路。该电路在有人盗打电话时，发出干扰信号，使盗打者不能使用。

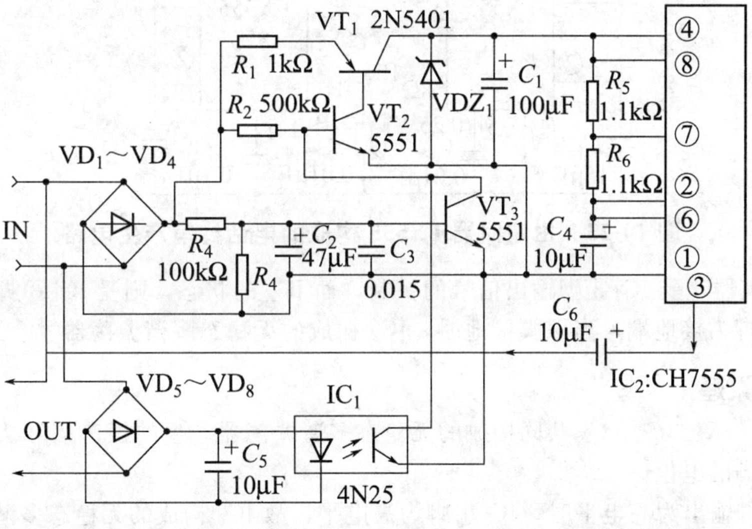

图 14-22　由定时器 CH7555 构成的电话防盗打电路

1. 识图指导

在图 14-22 中，IN 接电话进线，电话机与 OUT 端相连。IC_1 及其外围元器件构成的振荡电路的工作电源受 VT_3～VT_1 组成的电子开关电路的控制，而该电子开关电路除受电路电压的控制外，也受 IC_1 光电耦合器的控制。

2. 工作原理

(1) 未摘机时　当用户未摘机时，电路电压经 VD_1～VD_4 极性校正电路校正后，经 R_3 与 R_4 分压、C_2 滤波后使 VT_3 导通，VT_2、VT_1 截止，IC_2 电路不会工作。

(2) 摘机时　当用户摘机后，VD_5～VD_8 输出的电压虽降为低电压，但由于此时电话机呈低阻状态，IC_1 内发光二极管导通发光，光敏管导通，VT_2 与 VT_1 仍处于截止状态，IC_2 不会工作，对用户使用电话不会产生影响。

(3) 防盗打过程 当有窃机情况发生时，电路电压降低，VT_3 基极因分压电压不能使其导通，故 VT_2 与 VT_1 相继导通，使 IC_2 组成的振荡电路得电工作，产生的振荡信号从③脚输出，经 C_6 电容耦合加到电话外线上，对非法盗打进行干扰，使其无法正常通话。

九、由 555 定时器构成的电话铃声产生电路

图 14-23 是由定时器 FX555 构成的电话铃声产生电路。可以作为电话铃或各种报警电路的发生器。

1. 识图指导

图 14-23 电路是由两块定时器为主构成。两者均为无稳态多谐振荡器工作方式。其中：IC_1 的振荡周期约为 3s，输出占空比为 2∶1。IC_2 的振荡频率约为 500Hz。IC_1 的振荡频率由 R_1、R_2、C_1 确定；IC_2 的振荡频率由 R_3、R_4 和 C_5 共同确定。

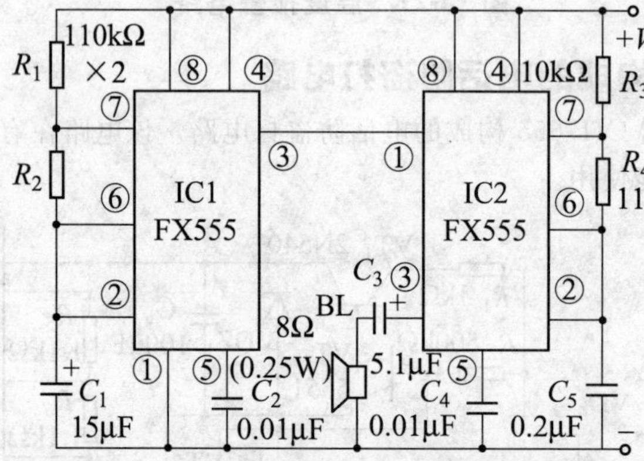

图 14-23 由定时器 FX555 构成的电话铃声产生电路

BL 为扬声器，受 $IC_2$③脚输出信号的控制，而 IC_2 的状态，则受 $IC_1$③脚输出信号的控制。IC_2 的①脚为接地端，当该脚接地时，IC_2 构成的无稳态多谐振荡器才会工作。

2. 工作原理

IC_1 与 R_1、R_2、C_1、C_2 共同构成的无稳态多谐振荡器产生的振荡信号从③脚输出，用于控制 $IC_2$①脚的电位。

当 $IC_1$③脚输出为高电平时，$IC_2$①脚为高电平，故 IC_2 构成的无稳态多谐振荡器无法工作，故其③脚无信号输出。

当 $IC_1$③脚输出为低电平时，$IC_2$①脚等效接地，使 IC_2 起振工作。

重要提示

由于 IC_1 的振荡周期约为 3s，故该信号就会按此周期控制 IC_2 的工作状态，从而产生出断续的约 500Hz 的电话振荡声效果。

十、模拟声响电路

1. 识图指导

图 14-24(a) 所示为由 555 定时器组成的模拟声响电路。定时器 555(1) 为低频多谐振荡器，振荡频率约为 1Hz，555(2) 为振荡频率较高的多谐振荡器，振荡频率约为 1kHz。

555(1) 的输出 u_{O1} 经电位器 RP 接到 555(2) 的直接置 0 端 $\overline{R}_D$ 上，控制 555(2) 多谐振荡器的振荡与停止振荡。

2. 工作原理

当输出 u_{O1} 为高电平时，555(2) 的 $\overline{R}_D$ 为高平，开始振荡，扬声器发出 1kHz 的声响；当输出 u_{O1} 为低电平时，555(2) 的 $\overline{R}_D$ 为低电平，停止振荡，扬声器不发声响。因此，扬声器发出周期性的、频率为 1kHz 的间歇声响。工作波形如图 14-24(b) 所示。

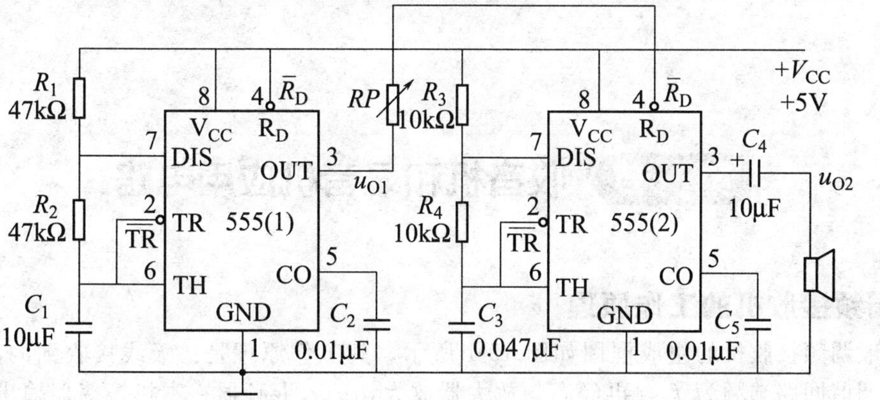

(a) 电路

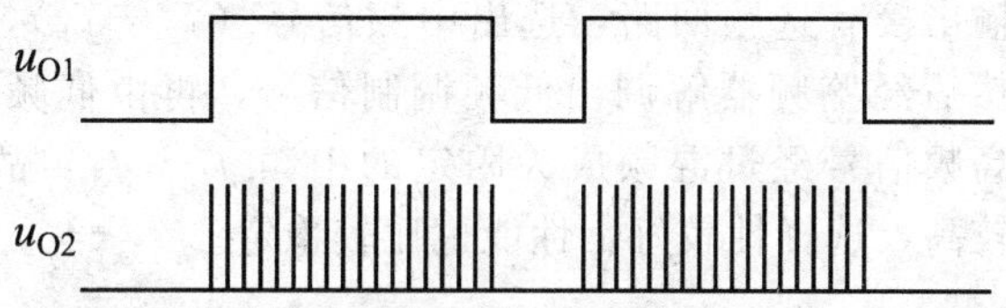

(b) 工作波形

图 14-24　模拟声响电路和工作波形

第十五章 家用电器应用电路

第一节 收音机和录音机应用电路

一、调频接收机的工作原理

一般调频接收机的组成框图如图 15-1 所示。其工作原理是：天线接收到的高频信号，经输入调谐回路选频为 f_1，再经高频放大器放大，进入混频器；本机振荡器输出的另一高频信号 f_2 亦进入混频器，则混频器的输出为含有 f_1、f_2、(f_1+f_2)、(f_2-f_1) 等频率分量的信号。混频器的输出接有选频回路，选出中频信号 (f_2-f_1)，再经中频放大器放大，获得足够高的增益，然后经鉴频器解调出低频调制信号，再由低频功放级放大，驱动扬声器。从天线接收到的高频信号经过混频成为固定的中频 f_2-f_1，故称为超外差式接收机。这种接收机的灵敏度较高，选择性较好，性能也比较稳定。

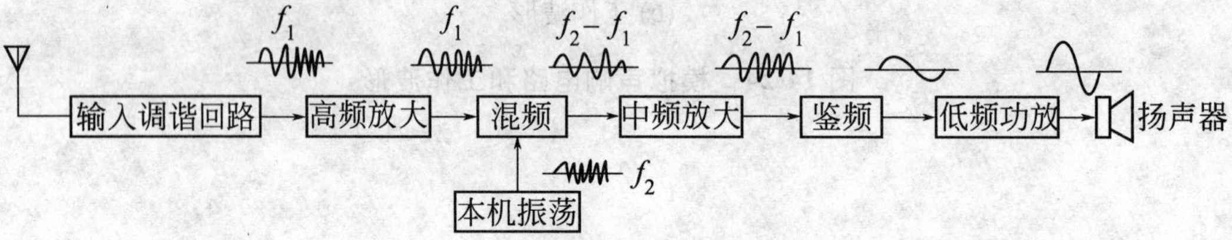

图 15-1 超外差式调频接收机组成框图

二、集成电路调频/调幅收音机设计

由两块集成电路 IC_1 和 IC_2 构成的调频/调幅收音机电路如图 15-2 所示。其中，IC_1 为 TA7335P，具有对调频广播信号进行放大，与本振信号差拍混频的功能；IC_2 为 FS2204（或 ULN-2204），具有对调频中频信号进行放大、鉴频，对调幅信号进行高频放大，与本振信号差拍混频，对调幅中频信号放大、检波、低频放大、功率放大等功能，因此，用 FS2204 芯片还可以构成单片调幅收音机。

重要提示

TA7335P 称为集成电路调频调谐器，内部电路包含高频放大器、混频器、本机振荡器及 AFC 用的变容二极管。其外部连接的元器件主要是 LC 调谐回路。如图 15-2 所示，当开关 S 置于 F 时，调频广播信号经天线 A_F 输入①脚，经内部高频放大器与③脚外接的调谐回路进行谐振放大后，从④脚输入内部的混频器再与⑧脚外接的本振回路注入电压进行混频，由⑥脚外接的 10.7MHz 中周 Tr_{F1} 选频后送至 IC_2 的②脚，在 FS2204 的内部进行中频放大。

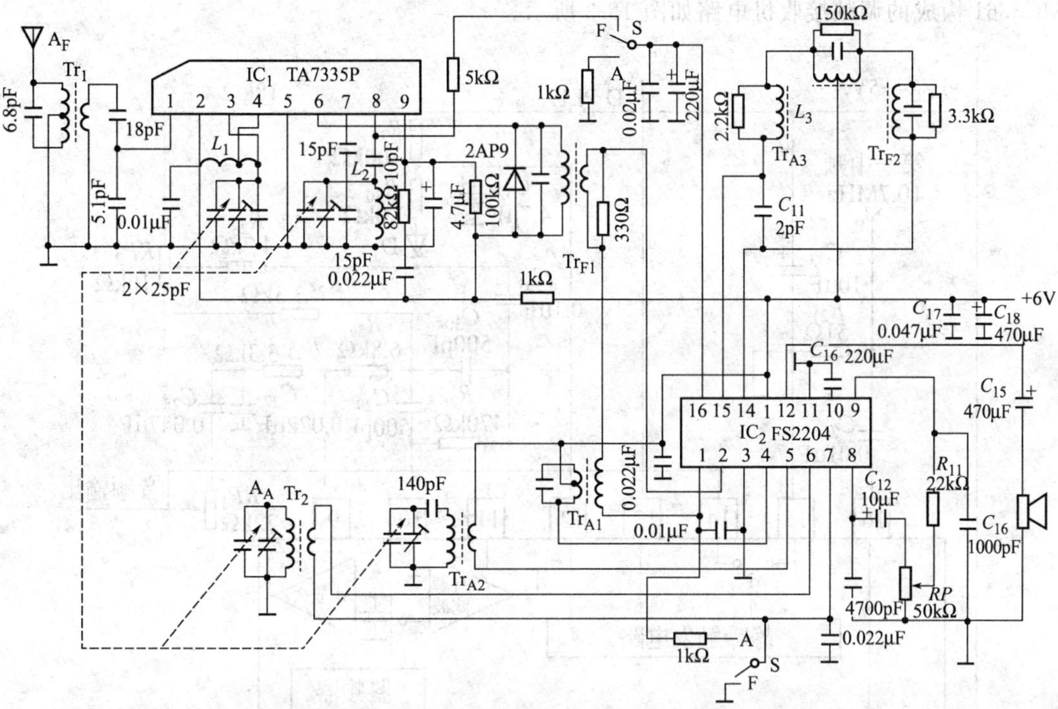

图 15-2　集成电路调频/调幅收音机电路

FS2204 的内部包含中频放大器、调幅检波器、调幅混频器、调频鉴频器，AGC（自动增益控制），AFC（自动频率控制）及音频功放等电路。对于调频信号，电路的工作过程（见图 15-2）是：10.7MHz 的调频中频信号从②脚输入，经内部中频放大器放大由⑮脚输出，⑮脚与⑭脚间外接 10.7MHz 的调频中周变压器 Tr_{F2}，电感 L_3 及电容 C_{11} 组成移相网络，使⑭脚的电压比⑮脚的电压超前 90°，移相后的信号从⑭脚输入，经内部鉴频器解调出音频信号，由⑧脚输出，从而完成调频中频信号的放大与解调。若输入是调幅信号，则电路的工作过程是：开关 S 置于 A，高频调幅信号，从天线 A_A 经耦合回路输入 IC_2 的⑥脚进行高频放大，并与⑤脚外接的本振回路注入信号进行混频，从④脚输出 465kHz 的中频信号，调幅中频信号再从②脚输入，经内部中频放大器放大后由⑮脚输出，通过中放选频回路 Tr_{A3} 输入⑭脚，经内部检波器解调出音频信号，由⑧脚输出。音频信号经 AGC、AFC 电路，控制中放与混频电路的增益，完成自动控制功能。调节⑯脚外接的 R、C，可以微调中放的增益。

FS2204 内部的低频功放电路包含射极输出器、电压放大器、互补推挽功放等电路，其输出可接成 OCL 电路，也可接成 OTL 电路。IC_2 的⑧脚输出的音频信号，经耦合电容 C_{12}、音量电位器 RP 及电阻 R_{11} 后，从⑨脚输入进行低频功率放大，由⑫脚输出至外接扬声器。C_{15} 为 OTL 功放电路的输出端⑫脚的外接电容，理论上讲，其容量越大越好。因 C_{15} 越大，其低频截止频率越低。但扬声器一旦选定，其低频响应便确定了，C_{15}再大，低音也放不出，一般C_{15}取几百微法。C_{16}为音频去耦滤波电容。C_{17}、C_{18}为电源去耦滤波电容，可减小噪声及干扰的影响。

三、MC3361调频接收机电路

MC3361是单片窄带调频接收芯片，主要用于对10.7MHz的中频信号进行第二次混频。MC3361构成的调频接收机电路如图15-3所示。

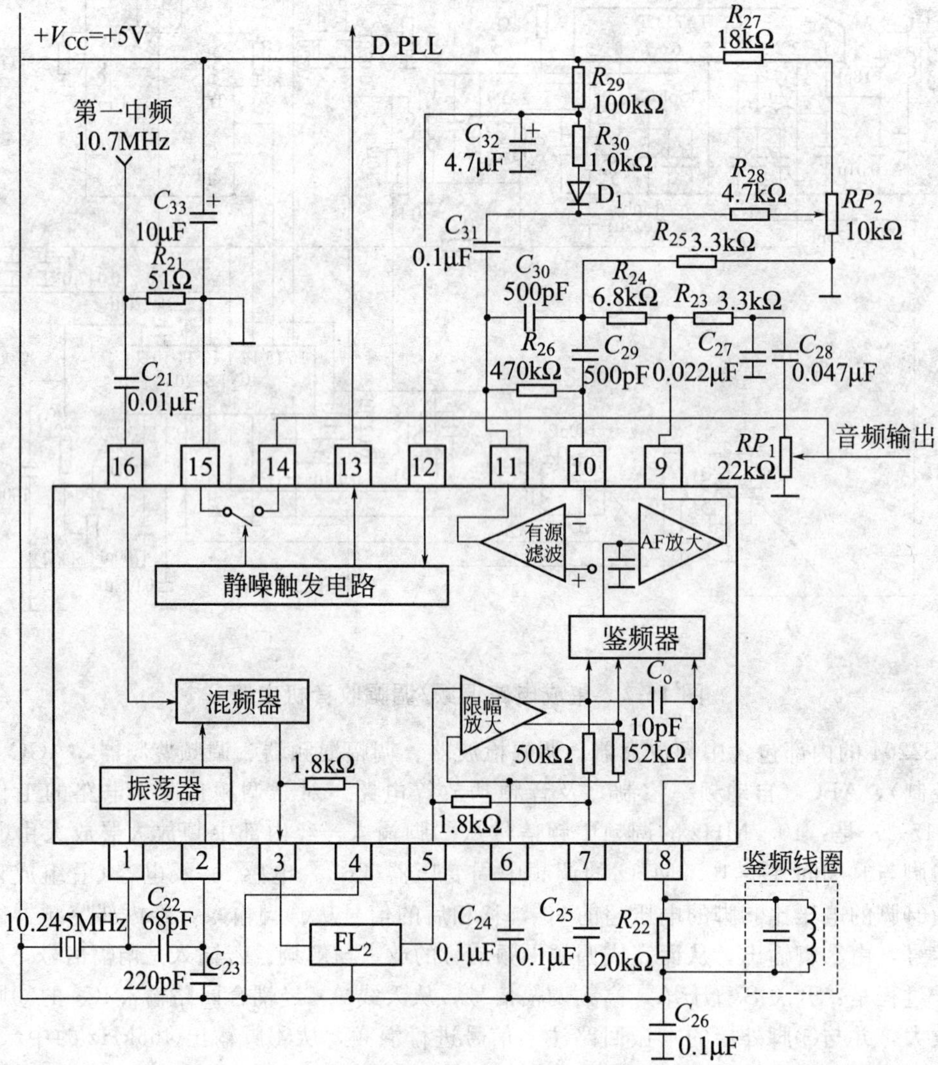

图15-3 MC3361构成的10.7MHz调频接收机电路

重要提示

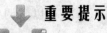

MC3361的内部由振荡器、混频器、限幅放大器、积分鉴频器、滤波器、扫描控制器与静噪开关电路等所组成。

MC3361的引脚功能如表15-1所示。

表 15-1　MC3361 的引脚功能

引脚	名称	功能说明	引脚	名称	功能说明
1	OSC_1	中频振荡器外接元器件端	9	Demod	解调输出
2	OSC_2	中频振荡器外接元器件端	10	Fitter-in	滤波器输入
3	Mix-out	混频输出端	11	Fitter-out	滤波器输出
4	V_{CC}	电源正极，范围 2～8V	12	Sque	静噪输入
5	Lim-in	限幅放大器输入端	13	Scan	扫描控制
6	Decouple	去耦	14	Mute	静音
7	Decouple	去耦	15	GND	电源负极
8	Quad	正交线圈	16	Mix-out	混频输入端

图 15-3 所示的 MC3361 调频接收机的电路工作原理如下。

MC3361 的内部振荡器与①脚和②脚的外接元器件组成第二本振级，振荡频率为 10.245MHz。第一中频 10.7MHz 输入信号从 MC3361 的⑯脚输入，在内部混频器与 10.245MHz 的本振信号进行混频，产生若干混频信号，其中差频信号为 10.700MHz－10.245MHz＝0.455MHz，即第二中频信号由③脚外接的 455kHz 陶瓷滤波器 FL 选频输出，再经⑤脚送入 MC3361 的限幅放大器进行高增益放大，限幅放大级是整个电路的主要增益级。⑧脚的外接元器件组成 455kHz 鉴频谐振回路，经放大后的第二中频信号在鉴频器进行解调，解调输出的音频信号经音频电压放大器 AF 放大后由⑨脚输出。再经电阻 R_{23}、电容 C_{23} 等组成的高频滤波网络滤除高频成分，改善输出信号的波形。⑫脚至⑮脚的外接电路与内部静噪触发电路组成载频检测和电子开关电路，用于调频接收机的静噪控制。

重要提示

MC3361 也可以用来构成任意频率的调频收音机，只要在图 15-3 所示的电路基础上，在第一中频 10.7MHz 输入信号的前端加第一本振与第一混频级，使其输出 10.7MHz 的中频信号，即可接收任意频率的调频信号。

四、CXA1019 芯片构成的收音机电路

目前市场上多为集成电路组成的收音机，收音机集成芯片也较多，例如索尼公司的收音集成芯片 CXA1191 和 CXA1019，国产的 CD2003 等，都被广泛应用，图 15-4 为迪桑、德生等品牌收音机采用的 CXA1019 芯片引脚图及外接电路原理图。当开关闭合，㉖脚输入 3V 直流电，整机工作，⑮脚输入频段选择。当工作在 AM 状态时，由⑩脚通过天线输入回路对信号进行接收和选择，⑤脚接入 AM 本振，⑭脚输出 465KHZ 中频信号，经 R_3、ITF 送 CF2，CF2 为 465kHz 陶瓷滤波器，经滤波后送⑯脚，进行 AM 中放，㉓脚输出音频信号经电容 C_{15}、RP_1 耦合调音量送㉔脚，经功放从㉗脚输出，经 C_{20} 驱动扬声器扬声。当工作在 FM 状态时，天线信号从⑫脚输入，⑨脚接选频网络，FM 本振接⑦脚，⑭脚输出混频信号，经电容 C_9 送 CF3，CF3 为 10.7MHz 的滤波器，滤波后送⑰脚，中放鉴频后（鉴频网络②脚外接 CF1、R2）产生的音频信号从㉓脚输出，送入㉔脚，功放后㉗脚输出，驱动扬声器。

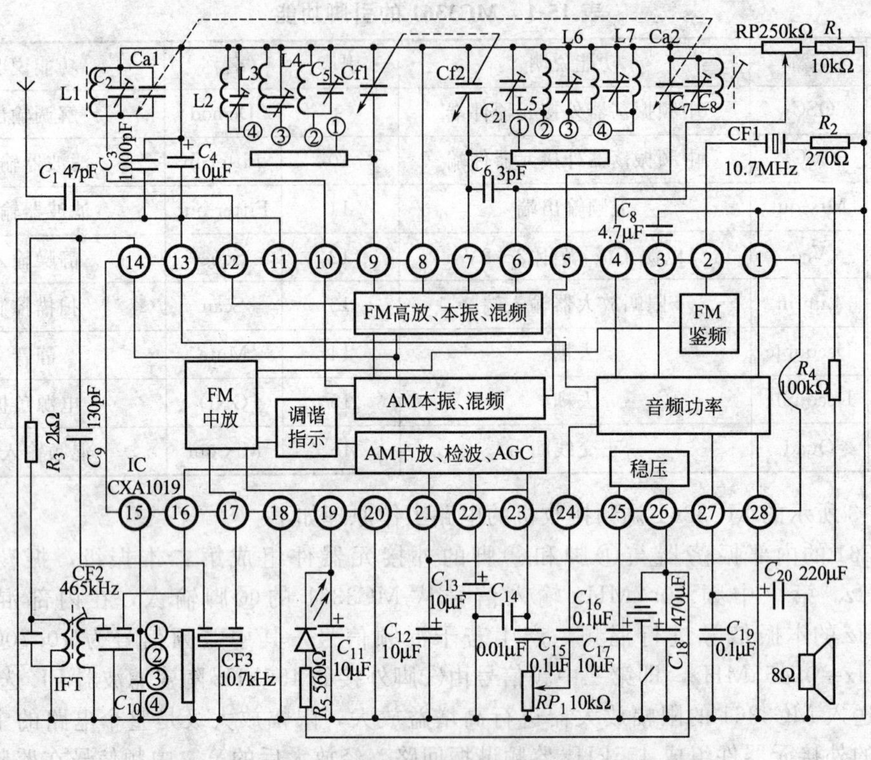

图 15-4　CXA1019 芯片引脚图及外接电路原理图

五、数字调谐收音机

数字调谐收音机电路采用数字调谐系统（Digital Tuning System，DTS）。图 15-5 为调谐收音机原理框图，从图中可看出，采用数字调谐技术时，需要数字调谐处理器，它具有运算、控制、存储等功能，还包含锁相环路及显示译码等功能，是大规模集成电路。当搜台时，处理器会启动搜台程序，并从 VT 端子输出调谐电压，经低通滤波后，转化为直流电压，送至变容二极管的负端，接收本振频率，送回处理器，与基准频率比较，当中频等于 465kHz（调频 10.7MHz）时，表示调谐完成，收听接受的节目。

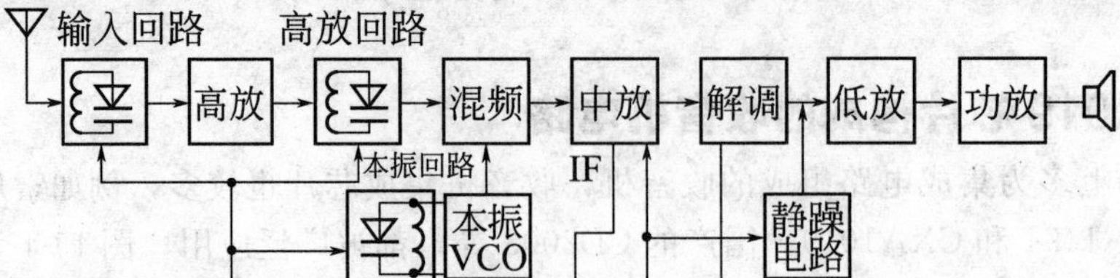

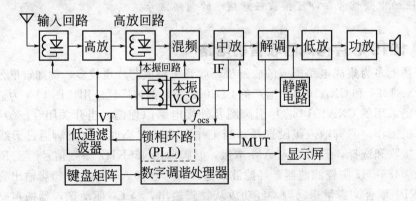

图 15-5　数字调谐收音机整机电路框图

德生 PL-737 数字调谐全波段立体声钟控收音机电路图，其采用的 TC9307AF-010 就是一块 4 位 CMOS 数字调谐专用集成电路，该集成电路内部由锁相环频率合成器（PLL）、微处理器及液晶显示（LCD）驱动器三部分组成。TC9307AF-010 数字调谐集成电路共有 44

只引出脚，锁相环工作电压为4.5～5.5V，微处理器CPU的工作电压为3～5.5V。

德生PL-737中放与立体声鉴频采用的是东芝公司TA8132集成电路，立体声分高度指标较高。音频功放电路PL737选用了SONY公司的CXA1622双声道功放IC，FM高放选择了TA7358，电子波段切换开关用74SL138完成，PL737/757电源采用4.5V直流电源，此外具有DC-DC升压电路，利用简单元件构成哈特雷振荡电路产生3.1MHz左右的高频振荡信号经倍压整流，滤波后输出一稳定的直流电压经LPF向变容二极管供电。

重要提示

PL757功放也同样为SONY公司的CXA1622双声道功放IC。与传统收音机不一样的还有它采用了电子音量调控，即利用直流电压控制两声道电子分流电路的电阻，从而控制两声道音频放大器的增益，达到调整音量的目的。

六、录音机电路分析

目前常见的录音机都带有收音电路。由于收音部分的内容在本章第一节已介绍，所以本节仅对录/放音电路的内容做简单介绍。录音机的电路结构框图如图15-6所示。

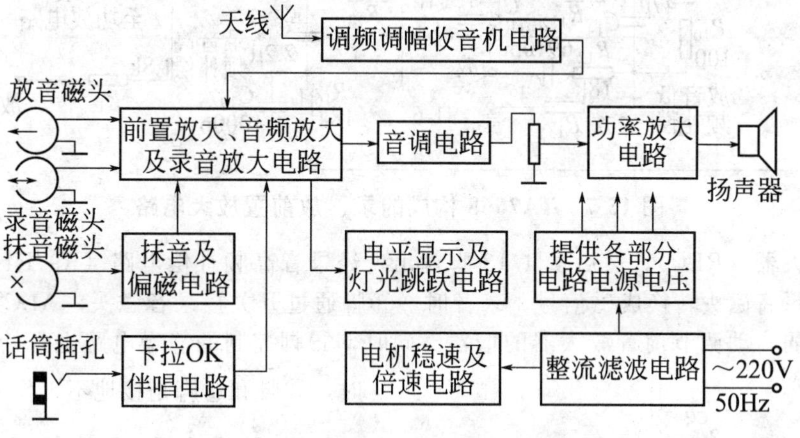

图15-6　录音机的电路结构框图

1. 电源电路

录音机的供电形式有干电池供电、外接直流电源供电和通过机内变压、整流、滤波（有的再经稳压），将220V交流电转换成低压直流电供电等三种供电形式。

2. 录音电路

重要提示

录音信号是从话筒等声源输入音频信号，通过前置录音均衡放大，录音放大后，送入录音磁头，由磁头转换成磁信号记录在磁带上。在录音的过程中，高频信号损失较大，需要进行录音补偿，在转换磁信号前，为减小失真，需要偏磁电路工作。

图15-7为集成前置放大器TA7668构成的录音电路。当录音时，开关置“录”的位置，话筒拾取的音频信号从R_1/R_2，经开关、C_2/C_4送TA7668的⑦/⑩脚，放大后（PRE），再

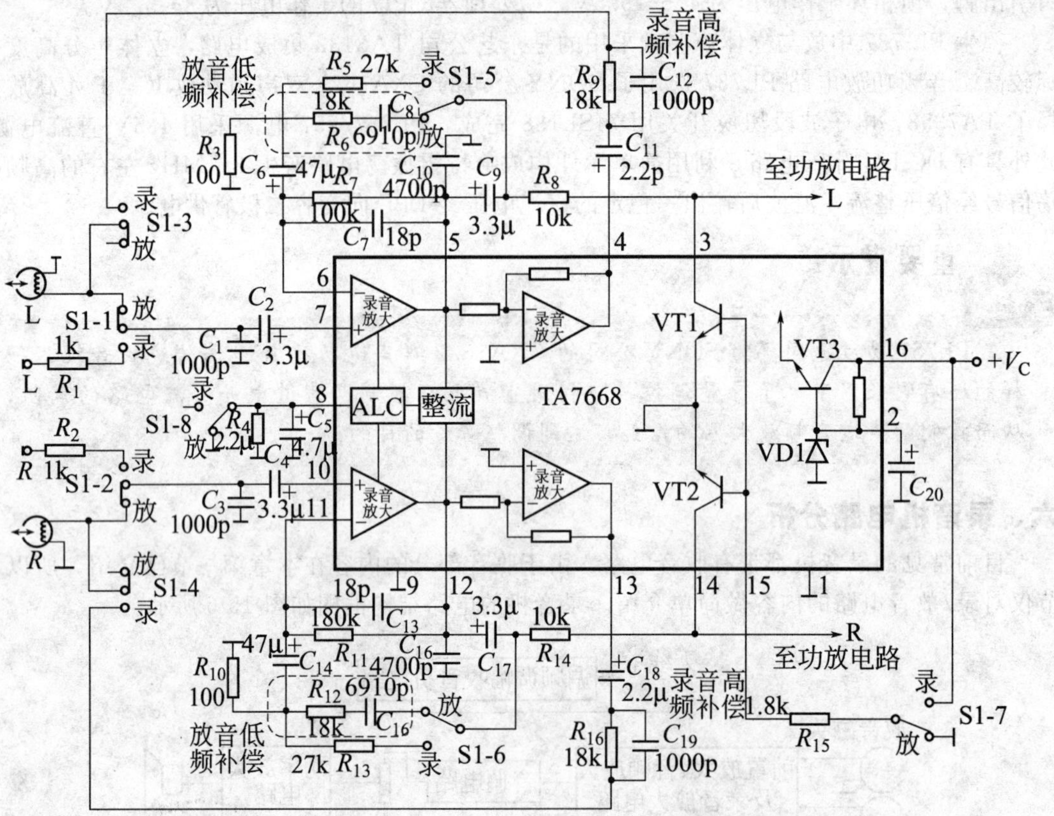

图 15-7　TA7668 构成的录、放前置放大电路

送至录音放大器（REC），然后从 4/13 脚输出，经录音高频补偿电路（R9/R16、C12/C19 构成）送至录音磁头转换成磁信号。录音时，⑧脚通过开关接录音磁头，ALC 电路根据录音信号的强弱自动调节前置放大器的增益。同时，⑮脚控制的静噪电路也开始工作。放音时，⑧脚和⑮脚是接地不工作的。

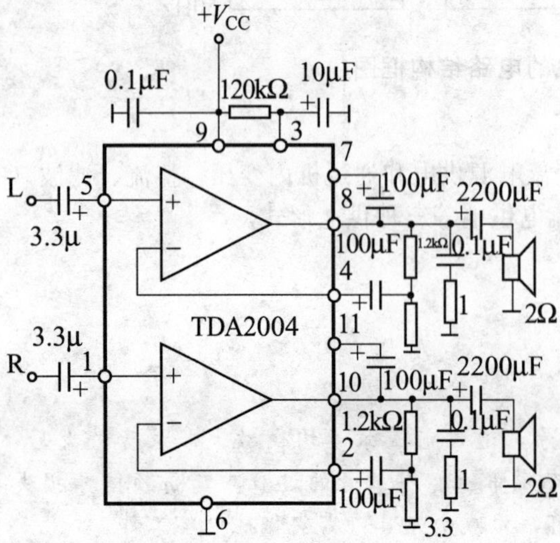

图 15-8　TDA2004 构成的 OTL 功率放大器

3. 放音电路

放音信号是从磁头转换的音频信号，通过具有低音补偿的前置放大器后，信号一路经音调、音量调节送入功率放大器，经扬声器放声；一路送电平指示电路。图 15-7 是 TA7668 构成的放音电路，是由磁头、放音开关、TA7668 的⑦/⑩脚输入，⑤/⑫脚输出，经 C_9/C_{17}、R_8/R_{14} 送入音量调节电路后，送至功率放大器。

4. 功率放大器

目前录音机的功率放大器大部分由集成电路构成，常用的为 OTL、BTL 电路，集成电路有 LA4112、TDA2030、TDA2004、TA7240 等。图 15-8 为 TDA2004 引脚及构成的典型的OTL双声道功率放大器电路图。表 15-2 为 TDA2004 各引脚功能及正常工作时电压，可用万用表测量。

表 15-2　TDA2004 各引脚功能及工作电压

引脚	功能	电压	引脚	功能	电压
①	输入 2	0.79V	⑦	自举 1	14.1V
②	负反馈 2	0.64V	⑧	输出 1	8.0V
③	绞线滤波	8.52V	⑨	电源	15V
④	负反馈 1	0.64V	⑩	输出 2	8.0V
⑤	输入 1	0.79V	⑪	自举 2	14.1V
⑥	地	0V			

5. 音量、 音调及平衡调节电路

一般设在前置放大器与功放之间，通过调节音量改变声音的大小，通过调节音调改变音频信号的频谱结构。通过平衡调解，可以平衡两声道的平衡度。音量及平衡电路一般采用双联可调电阻调解，当然目前高档音响也有用电子音量调节器的。音调调节可采用 RC 电路分解高低频信号，从而控制高低频信号的组成。

6. 电平指示电路

电平指示电路常用的集成电路有 LB1405、TA7666 等，多采用发光二极管 LED 显示。集成电路 LB1403 的 8 脚为信号输入端，随着输入信号由小到大变化在内部电压比较器 1～5 的作用下，相继驱动发光二极管发光，以指示录音电平或功率放大输出电平，如图 15-9 所示。

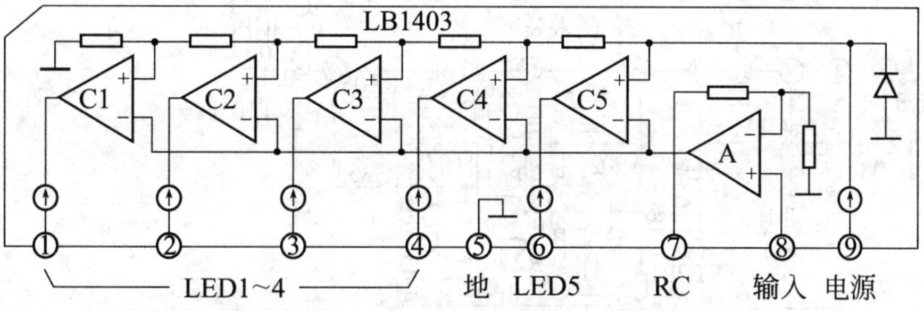

图 15-9　LB1403 电平指示电路

7. 电机及其稳速电路

大多数录音机电机目前都采用微型永磁电动机，而且大多也都设有稳速电路，分为机械式和电子式，图 15-10 为比较常见的集成电子式稳速电路，集成块是 4 脚的 LA5511。

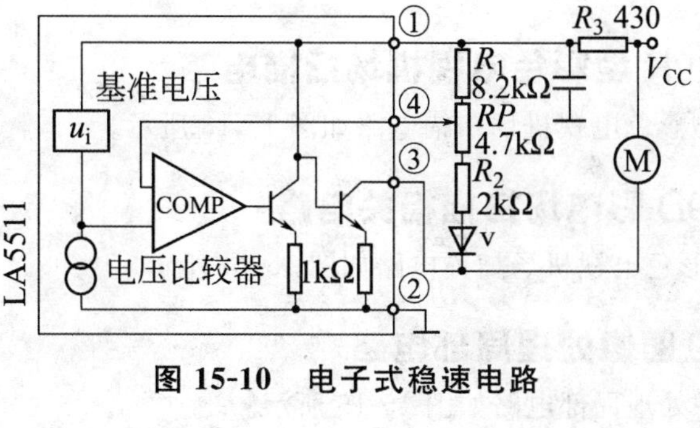

图 15-10　电子式稳速电路

第二节 电视机应用电路

一、TCL-2568 型彩电 PAL/NTSC 制式转换电路

TCL-2568 型彩电 PAL/NTSC 制式转换电路如图 15-11 所示。

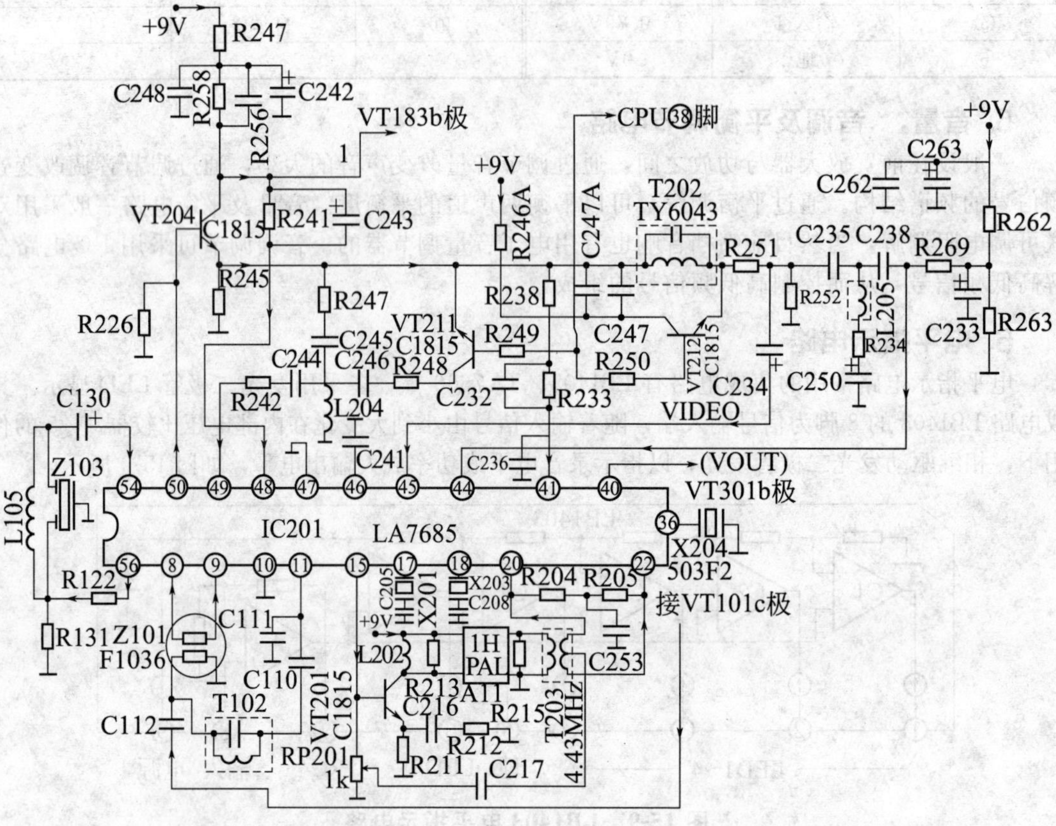

图 15-11 TCL-2568 型彩电 PAL/NTSC 制式转换电路

二、长虹 N2918 彩电开关电源电路

长虹 N2918 彩电开关电源电路如图 15-12 所示。

三、长虹牌 C2939K 型彩色电视机场扫描电路

长虹牌 C2939K 型彩色电视机场扫描电路如图 15-13 所示。

四、海信 TC2199D 彩电场扫描相关电路

TC2199D 海信牌彩色电视机场扫描电路如图 15-14 所示。

五、海信 TC2139 图像处理局部电路

海信 TC2139 图像处理局部电路如图 15-15 所示。

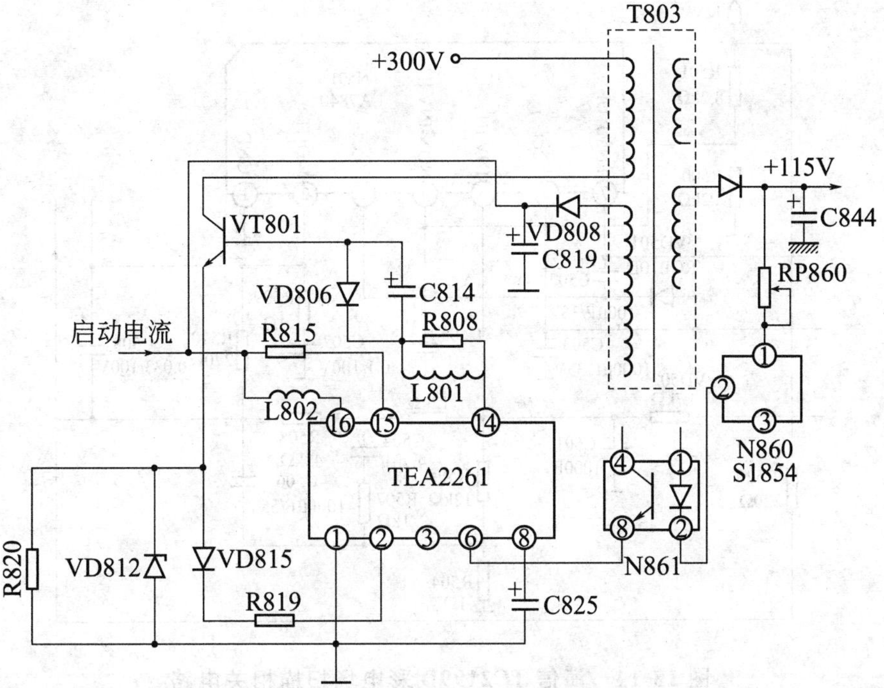

图 15-12 长虹 N2918 彩电开关电源电路

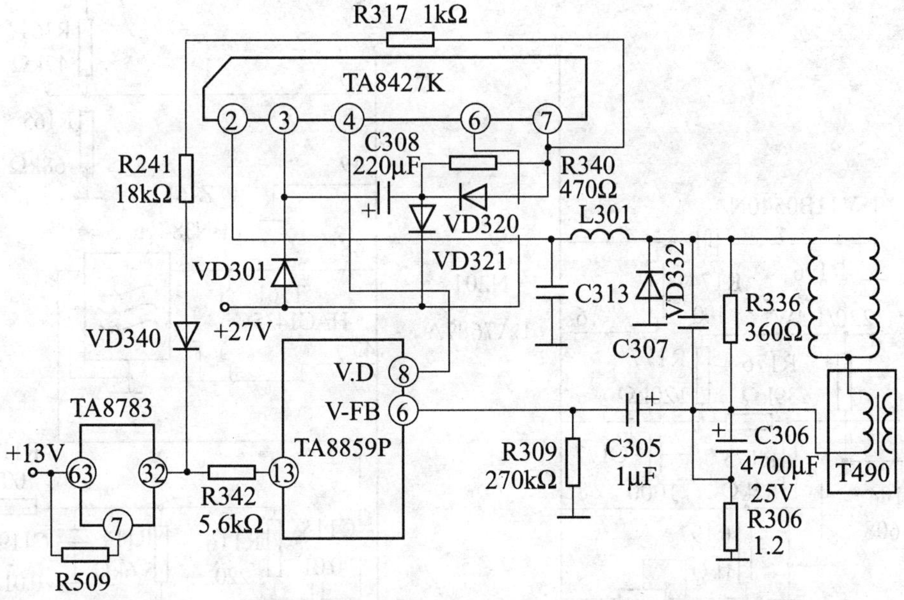

图 15-13 长虹牌 C2939K 型彩色电视机场扫描电路

六、长虹 G2926 彩色电视机伴音放大电路

长虹 G2926 彩色电视机伴音放大电路如图 15-16 所示。

七、创维 25N90/5T25 彩电字符形成电路

创维 25N90/5T25 彩电字符形成电路如图 15-17 所示。

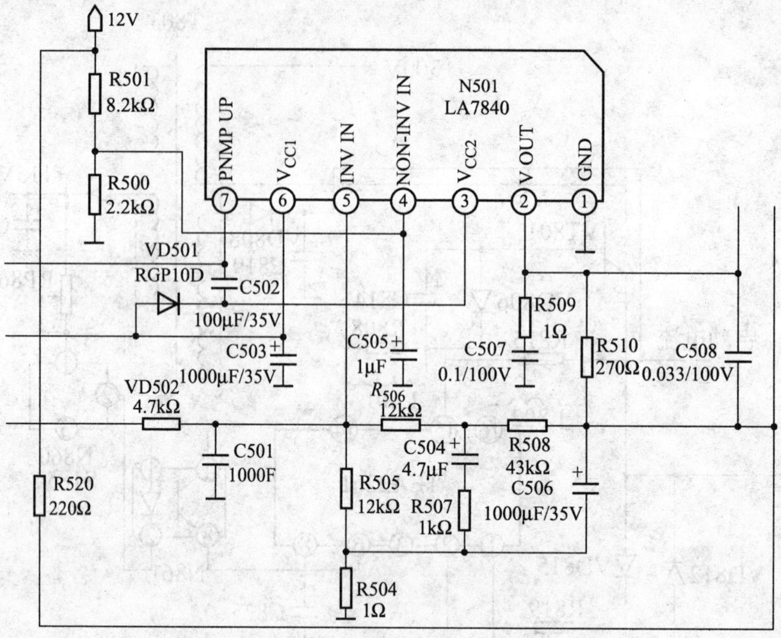

图 15-14　海信 TC2199D 彩电场扫描相关电路

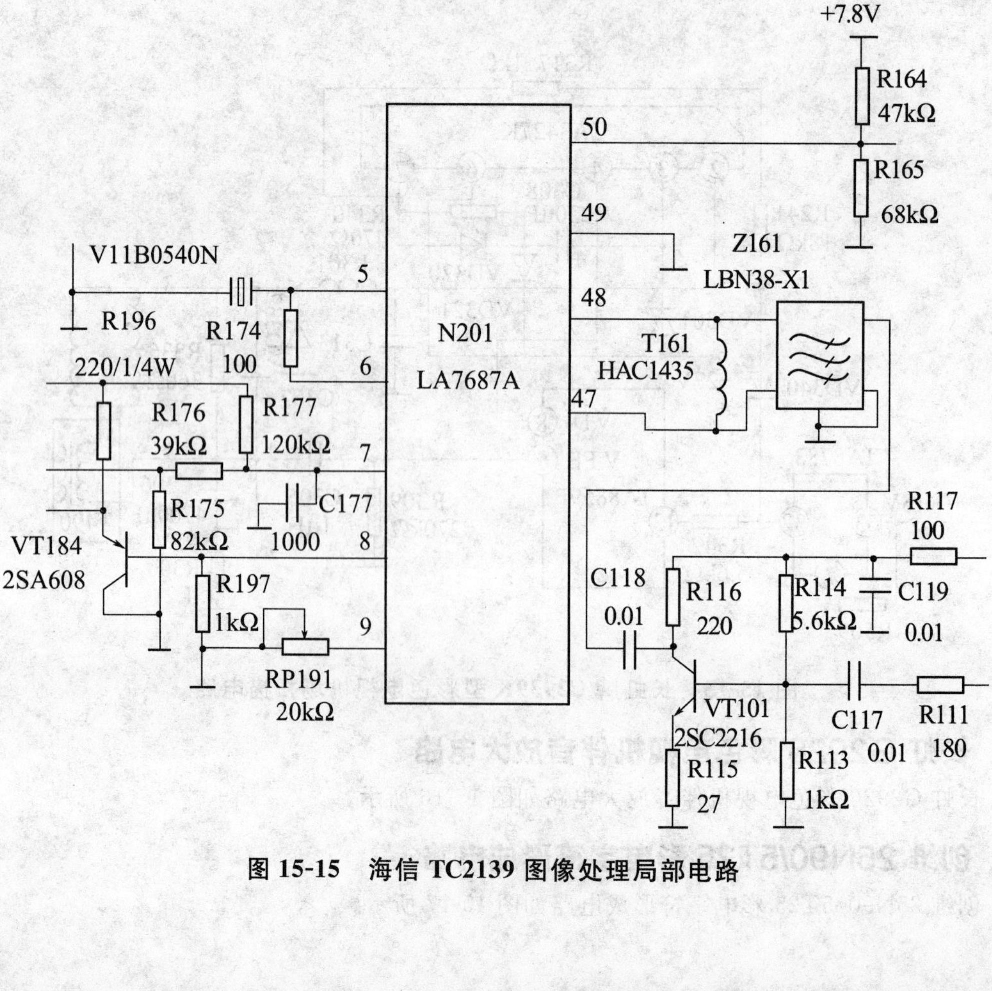

图 15-15　海信 TC2139 图像处理局部电路

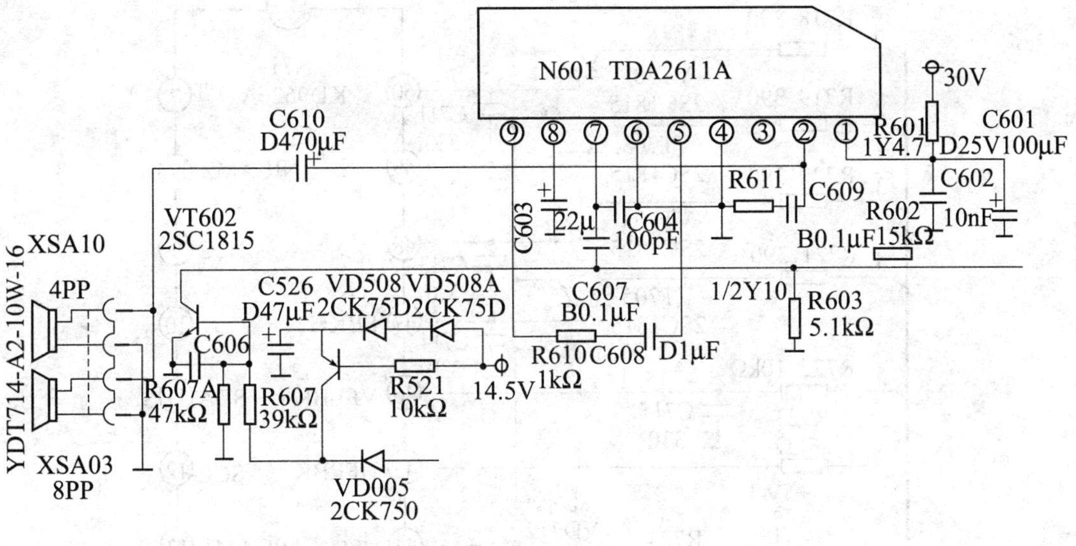

图 15-16　长虹 G2926 彩电伴音放大电路

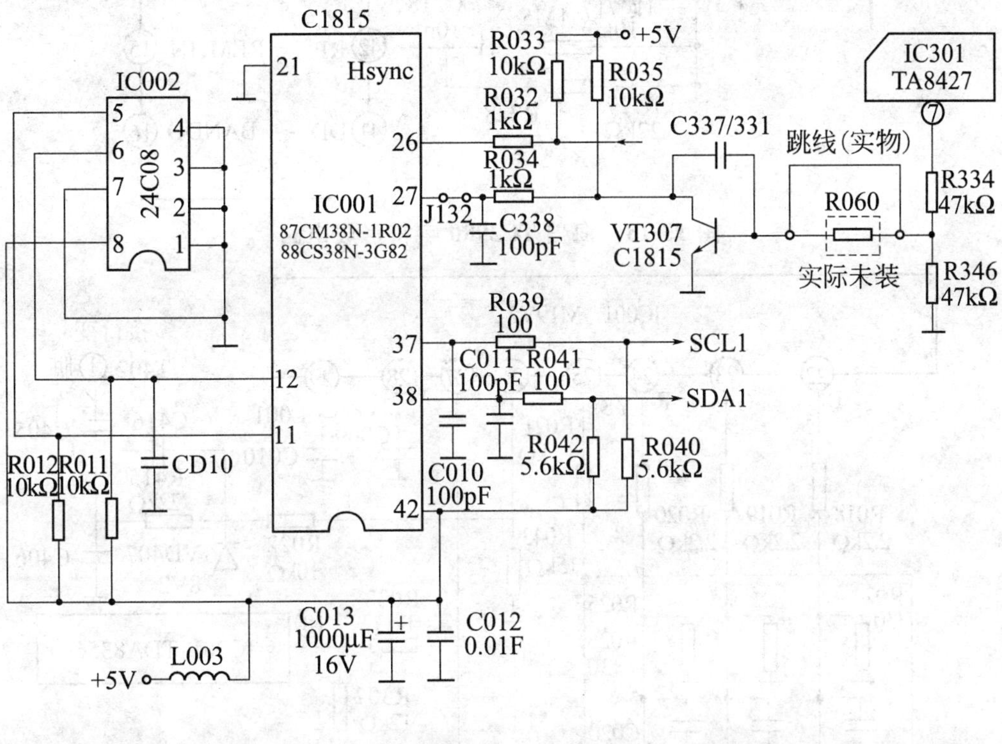

图 15-17　创维 25N90/5T25 彩电字符形成电路

八、海信 TC2980 字符形成电路

海信 TC2980 型彩电字符形成电路如图 15-18 所示。

九、TCL-2580DB 型纯平彩电字符形成电路

TCL-2580DB 型纯平彩电字符形成电路如图 15-19 所示。

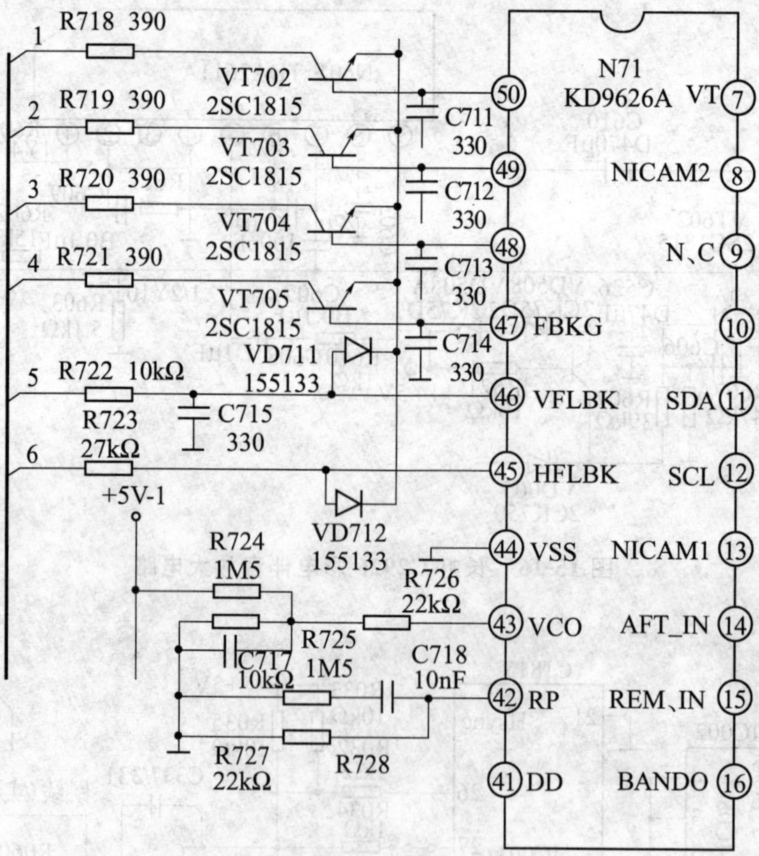

图 15-18 海信 TC2980 字符形成电路

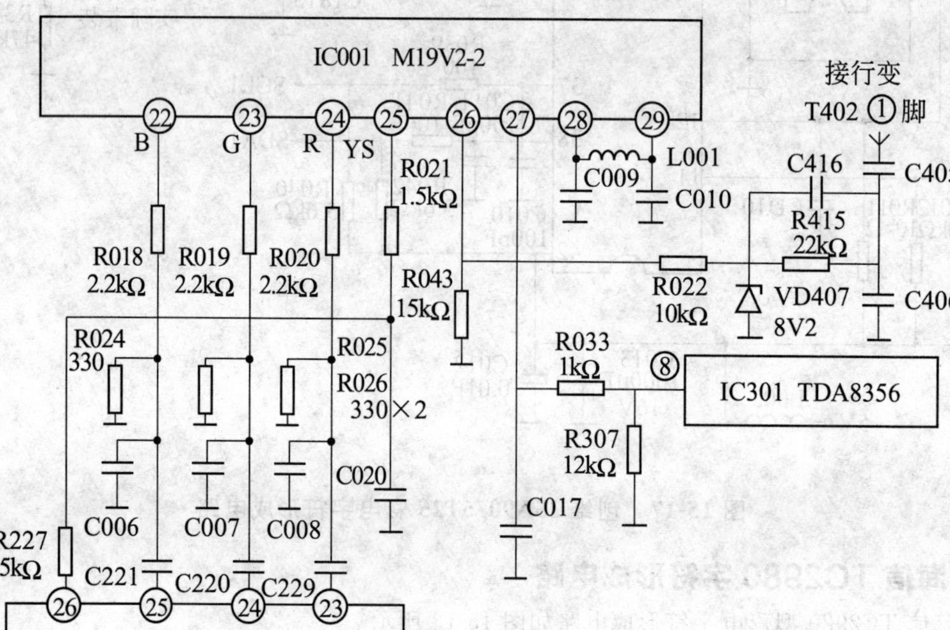

图 15-19 TCL-2580DB 型纯平彩电字符形成电路

第三节 洗衣机和微波炉应用电路

一、洗衣机典型电路

洗衣机的典型电路如图 15-20 所示，以单片机为核心组成智能模糊控制器，再与外接的相关的负载部件、安全开关、水位开关等构成整机电路。

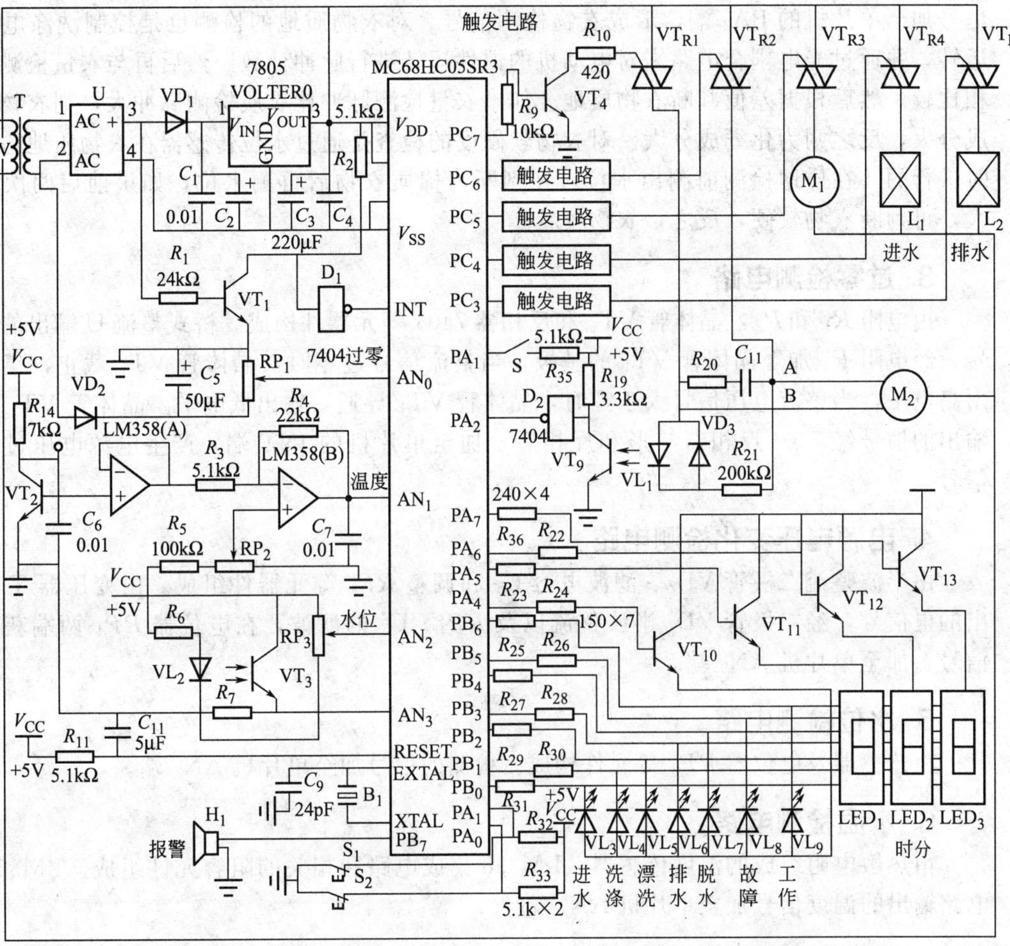

图 15-20 洗衣机电路原理图

(一) 电源电路

220V 的电源电压经变压器 T 变压，桥式整流器全波整流，电容 C_1、C_2 滤波后，加在三端集成稳压器 7805 的输入端，稳压后输出＋5V 的直流电压，再经过电容 C_3、C_4 的滤波，获得稳定的直流电压作为单片机的 V_{DD}。

(二) 状态检测电路

状态检测电路主要包括内桶平衡检测，衣物质量和重量检测，电源电压和过零检测，电源电压变化检测，洗涤温度检测，水位检测，以及洗涤液浑浊度检测等电路。

1. 内桶平衡检测电路

主要有安全开关、盖开关这两个平衡开关 S 和电阻 R_{35} 等元件构成，用于脱水程序检测衣物分布是否均匀。

2. 衣物质量和重量检测电路

主要有电动机 M_2 和二极管 VD_3 和 VL_1，电阻 R_{21}，光敏晶体管 VT_9 和反相器 7404 等元件组成。其中发光二极管 VL_1 和光敏晶体管 VT_9 组成光电耦合器。洗涤物的重量是通过检测洗涤电机 M_2 断电后惯性运转数来判定。二极管 VD_3 和 VL_1 对电动机依靠惯性所产生的电信号进行全波整流检出，再通过光电耦合使光敏晶体管 VT_9 工作，由反相器 7404 输出信号加至单片机的 PA_2 端，形成衣物检测信号。对衣物质地的检测也是控制洗涤电机间歇运转，并通过光电耦合电路来对电动机的惯性运转进行脉冲计数。然后再与衣量检测的脉冲相比较。然后根据差值判断衣物质地。如果衣量检测脉冲比衣质检测脉冲大，则衣物为棉质成分大，反之则为化纤成分大。对衣物软硬度的检查是通过水位传感器在衣物质地检测的同时进行的。在质地检测前测出水位，在判断为棉质衣物后再测水位，如果前后两次差值较大，可判断衣物较硬，反之，衣物较软。

3. 过零检测电路

由电阻 R_1 和 R_2，晶体管 VT_1 和反相器 7404 等元器件构成。桥式整流 U 输出的整流信号，经电阻 R_1 加至晶体管 VT_1 的基极，当整流信号过零时，晶体管 VT_1 截止，集电极输出高电平，当整流电压信号大于零时，晶体管 VT_1 导通，输出低电平。晶体管 VT_1 集电极输出的信号经 7404 反相器整形和反相后，加至单片机的 INT 端，产生电源电压过零中断信号。

4. 电源电压变化检测电路

由半波整流二极管 VD_2、滤波电容 C_5 和调整 RP_1 等元器件组成。由变压器 T 二次输出的电信号，经二极管 VD_2 半波整流以及 RP_1、C_5 的滤波，在电位器 RP_1 两端获得直流信号，加至单片机 AN_0 端。

5. 水位检测电路

由传感器及电位器 RP_3 等元件构成。检测的信号加至单片机 AN_2 端。

6. 水温检测电路

由热敏电阻组成的温度传感器、LM358 集成电路和相关的阻容元件组成。LM358 集成电路输出的温度信号加至单片机 AN_1 端。

7. 衣物脏污度检测电路

由红外发光二极管 VL_2 和红外光敏晶体管 VT_3 组成的光电传感器和相关的元件组成。洗衣机排水时，排出的水从红外发光二极管 VL_2 和红外光敏晶体管 VT_3 之间流过，不同浑浊度的水通过的红外光的强弱也不同，这个反映浑浊度的光信号被红外光敏晶体管 VT_3 转换成电信号加至单片机 AN_3 端。

（三）显示电路

显示电路是由扫描开关管 VT_{10}～VT_{13}，发光二极管 VL_3～VL_9，7 段发光二极管 LED_1～LED_3 以及相关器件组成。发光二极管 VL_3～VL_9 用于显示洗衣机现行工作状态，LED_1～LED_3 用于显示定时时间，VT_{10}～VT_{13}用于选择发光二极管 VL_3～VL_9 和 LED_1～

LED_3 工作。

（四）输出控制电路

由触发电路和双向晶闸管 VT_{R1}～VT_{R5} 等元件组成。单片机的 PC_3 端输出控制信号，使双向晶闸管 VT_{R5} 导通，排水电磁阀开启，洗衣机执行排水程序。单片机的 PC_4 输出控制信号，使双向晶闸管 VT_{R4} 导通，进水电磁阀开启，洗衣机执行进水程序。单片机的 PC_5 输出控制信号，使双向晶闸管 VT_{R3} 导通，洗衣机执行自动投放洗涤剂程序。单片机的 PC_6 和 PC_7 轮流输出控制信号，使双向晶闸管 VT_{R1}、VT_{R2} 导通，洗衣机执行洗涤程序。

二、格兰仕微波炉的电气与控制电路

格兰仕微波炉的接线电路中 220V 交流电经高压变压器变换，在次级获得 3.4V 灯丝电压和 1.8kV 的高压。3.4V 灯丝电压直接加至磁控管的灯丝（阴极），1.8kV 高压经 R、C、VD 等组件作倍压整流过后，升成约 4kV 的直流高压加至磁控管阳极，磁控管向炉内发射 2450MHz 的微波。

图 15-21 是格兰仕微波炉的控制电路原理图。关闭炉门后，S1 闭合，S3 从 AC 点转换到 AB 点，S2 闭合接地，VT3 因基极变为低电位而正偏导通，＋5V 经 VT_3 的 e、c 极，R_7、R_8 分压加至 CPU（TMP47CA00BN-RH31）的 13 脚，CPU 检测到闭门信号后，处于等待工作指令状态。

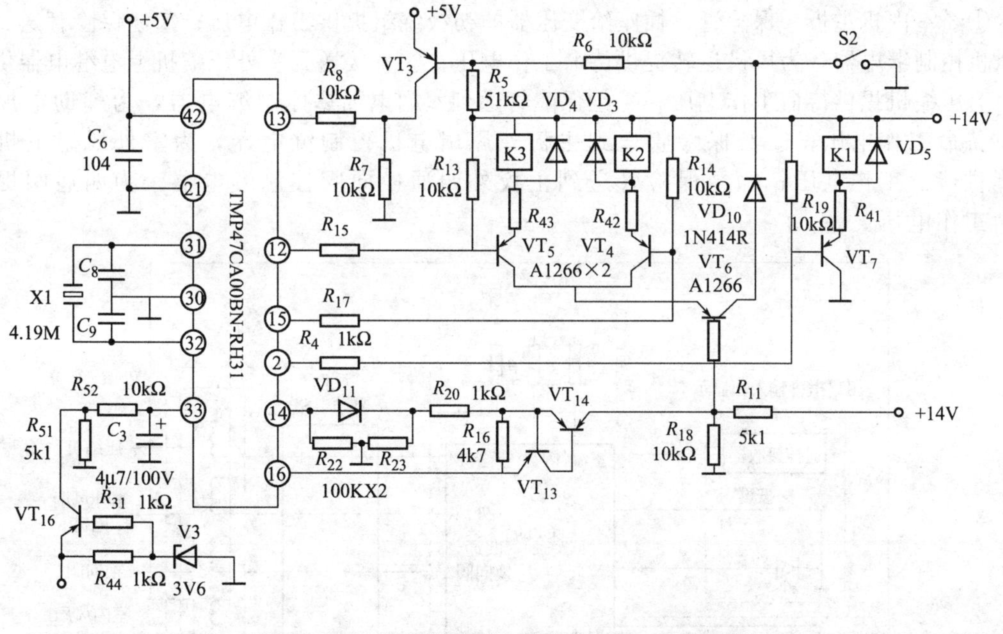

图 15-21 格兰仕微波炉的控制电路原理图

图 15-21 格兰仕电脑微波炉控制电路原理图当需要微波炉工作时，通过键盘控制使 CPU 的 15 脚由高阻状态（高电平）变为低阻状态（低电平），VT_4 的 b 极由高电位变为低电位而正偏导通；与此同时，CPU 的 14 脚也输出一脉冲信号，经 VD_{11} 整流，R23、R20 分压加至 VT_{13} 的 b 极，触发 VT_{13} 导通，VT_{13} 导通又使 VT_{14} 正偏导通，＋14V 电压经 R_{11}、R_{18} 分压后从 VT_{14} 的 e、c 加至 VT_{13} 的 b 极，这一结果又使 VT_{13} 进一步导通，也即 VT_{13}、VT_{14} 与 CPU 的 16 脚共同构成锁定状态。由于 VT_{14} 的导通，也使 VT_6 的 b 极由高电位变为低电位而正偏导通；此时，电流经继电器 K2，R_{42}，VT_4 的 e、c 极，VT_6 的 e、c 极，

VD_{10}、S2 到地，K2 吸合，也即 K2 触点接通，高压变压器 T 通电工作。

当需要烧烤时，CPU 的 15 脚恢复高电平，停止微波工作部分；CPU 的 12 脚输出低电平，控制 VT_5 导通，K3 吸合也即 K3 触点接通，220V 交流电直接加至石英发热管进行加热。同时，在微波炉进入工作状态时，CPU 的 2 脚会自动输出一低电平信号给 VT_7，使 VT_7 导通，继电器 K1 吸合，Kl 接通，使炉灯点亮，转盘、风扇电机同时转动。

第四节 空调器应用电路

家用空调器电气系统有机械控制和微电脑控制两种。机械控制电气系统主要由温控器、主令开关、风扇电机、压缩机及风向电机组成。大多用于窗式空调器，故此不作介绍。

一、微电脑控制式电气系统

电脑控制系统主要由控制板、温度采集系统、压缩机、风扇电机及风向电机等组成，如图 15-22 所示。接通电源，220V 交流电压经电源插座、室内机接线板分成以下几个工作方向：①经室内机主板、保险管、插座给变压器的初级绕组提供工作电压；②经保险管送到室内风机控制继电器，为风机运转提供待命工作电压；③直接送到室外压缩机上电继电器供电端，为压缩机提供待命工作电压；④经保险管送到室内电加热控制继电器，为辅助电加热提供待命工作电压；⑤经保险管送到主板外风扇电机控制继电器，为室外风扇电机工作提供待命工作电压；⑥经保险管送到主板外四通换向阀控制继电器，为四通阀提供待命工作电压。

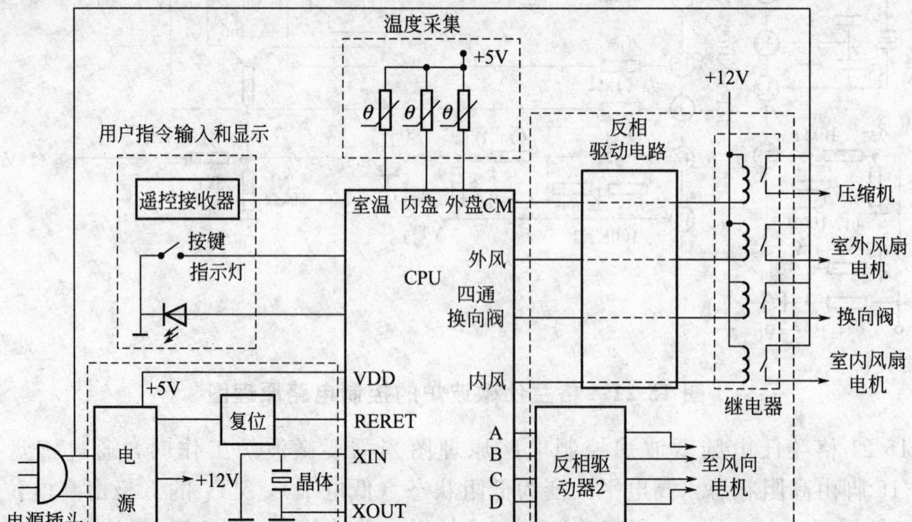

图 15-22 微电脑控制式空调器电气框图

空调器上电后，变压器得电投入工作，次级输出 13V 左右的交流电压，经整流滤波后，送到稳压电路IC7812、IC7805。经稳压处理后送出稳定的直流＋12V电压为继电器和＋5V电压为蜂鸣器、主板芯片提供复位、振荡工作电压。主板芯片复位得电后，蜂鸣器会响一声，表示复位正常。当遥控器调到制冷模式，按下遥控器的开机键，自动编好的开机信号经遥控器红外线发射管转化成红外线信号发射出来。当位于空调器内机右下方的红外线接收器接收到遥控器发出的红外线开机信号后，自动解调出程序信息经信号线传输给主板芯片。经主板芯片内部逻辑识别后发出制冷模式下的开机指令：首先启动相应的继电器，室内风机按设定风速、风向运行（低、中、高）；然后启动外机上电继电器，压缩机投入工作，同时启动外风机、四通阀投入工作，机器开始制冷。

在机器制（热）冷运行的同时，主板芯片不断地检测来自环境温度传感器、室内盘温管温度传感器、室外盘温管传感器的电压数据，来判断其温度，从而控制内风机、外风机、压缩机、四通阀的开停，达到节电、自动化霜、防冷风、防高温保护的目的。

二、电脑板的基本组成

在空调器的电脑板中，微处理器（CPU)、遥控接收器、驱动电路、温度采集和信号检测、显示电路等组成。核心是微处理器，不同的空调器微处理器型号也不同，但基本工作原理是相同的。所以下面介绍微处理器外围电路时，不标出微处理器具体引脚，在检修时，可根据具体处理器芯片具体分析。

三、电源电路

一般情况下，空调器电脑板需要两组电压，一是供CPU使用的＋5V电压，另一个是供继电器线圈使用的＋12V电压。图15-23是典型的空调器电脑板的供电电路。在这两组电源中，对＋5V的要求高，必须采用稳压源供电。而对＋12V电压的要求相对较低，通常在＋9～＋16V之间都能够正常工作，所以有的空调直接整流滤波后输出不稳定的12V电压为继电器供电。而有的空调也经过稳压源得到稳定的12V直流电，如图15-23所示，经过变压器降压后得到交流电压，经过桥式整流和滤波后经7812得到一个稳定的＋12V直流电源；另一路经过7805三端稳压器输出一个稳定的＋5V直流电源，为CPU供电。

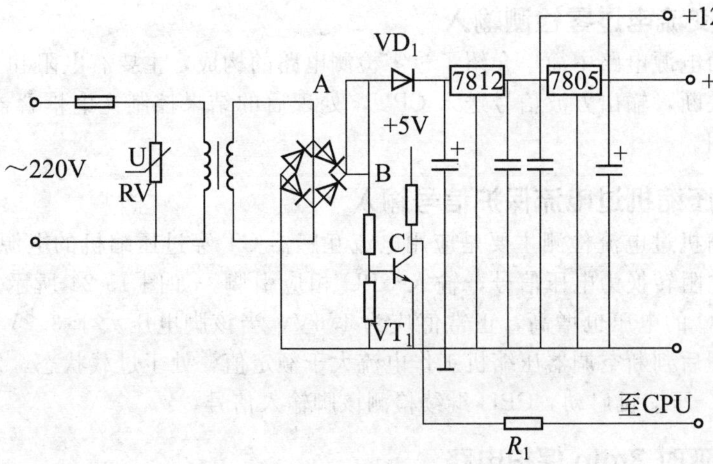

图15-23　空调器电脑板的供电电路

在电源电路中，变压器原边通过串接熔断器，并接压敏电阻RV，组成电源交流保护电路，以避免电网电压波动损坏控制板。

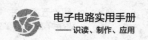

在有晶闸管控制的空调电路中，在电源电路变压器副边，交流电经过整流后，由晶体管 VT_1 和二极管 VD_1、电阻等组成的过零点检测电路，使晶闸管在交流电过零点导通，防止导通瞬间电流过大烧坏晶闸管，故也称过流保护电路。

四、空调器微处理器的基本清零复位及振荡电路

CPU 正常工作除了必需的＋5V 电源外，还必须有清零复位电路和时钟振荡电路。如图 15-22 所示。复位（RESET）端，为低电平时，微处理器发出中断请求，停止工作，所有输出端复位；当复位端为高电平时，CPU 开始从初始状态运行。

时钟振荡电路是由 CPU 的 XIN、XOUT（OSC1、OSC2）脚、晶体振荡器、两个谐振电容组成，为微处理器提供工作的固定的时钟脉冲信号，使其按照节拍正常工作。用数字表测量两晶振脚电压为 2.5V 左右。

五、空调器微处理器输入电路

空调器上电后，通过 CPU 外围器件对各种参数进行检测采集，将模拟信号转变为数字信号，作为 CPU 内部工作的参考值，从而控制输出指令。

1. 遥控信号输入

当操作遥控按键，遥控产生遥控信号，被遥控接收器接收、处理后输出，送到 CPU，经识别，处理后进行相应的操作。随着遥控器的操作，连接 CPU 相应引脚的输入电压会高低跳变，输入时，用万用表测量遥控接收头的输出电压，应为 4V 左右。

2. 温度检测电路

一般情况下，单冷空调有室温传感器、室内盘管温传感器，冷暖空调还有一个室外盘管温度传感器，有的空调还加有室外温度传感器和压缩机温度传感器。传感器是一只负温度系数的热敏电阻，即温度高阻值小，温度低阻值大。传感器都与一只几十千欧的电阻串联，分压后将信号送入 CPU，CPU 根据输入电压的不同，来判断当前的室温和管温，并通过内部程序和设定，来控制空调器的运行状态。

3. 交流电过零检测输入

前面电源电路中简单介绍了过零检测电路的构成，主要有电阻和三极管组成，三极管的导通与关断，输出方波信号送入 CPU，处理后的结果控制光电耦合器件或晶闸管，达到保护的作用。

4. 压缩机过电流保护信号输入

压缩机过电流检测主要是应用电流互感器 CT 穿过压缩机的电源线感应电流，经整流、滤波、电阻转换为电压信号，输入 CPU 相应引脚，如图 15-24 所示。压缩机电流增大时，输入 CPU 的电压也增高，正常值应为 1.6V，当该脚电压大于 3.2V 时，CPU 进行内部识别、处理后判断空调器压缩机工作电流大于额定值，处于过载状态，发出停机指令。当延时 3min 后，压缩机启动，CPU 继续检测该脚输入信号。

5. 延时 3min 保护电路

3min 延时电路是用于控制交流断电后，再启动时，保护压缩机而设置的延时功能，电路如图 15-25 所示，通过电容的充放电，CPU 检测该电路输入脚的电压，只有为零时，才能再开机。

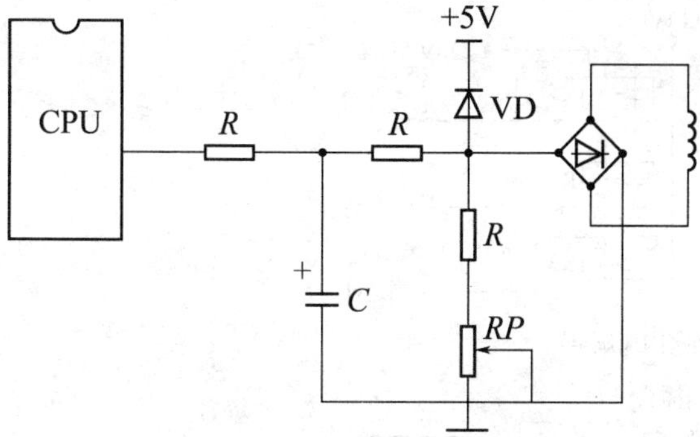

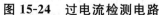

图 15-24　过电流检测电路

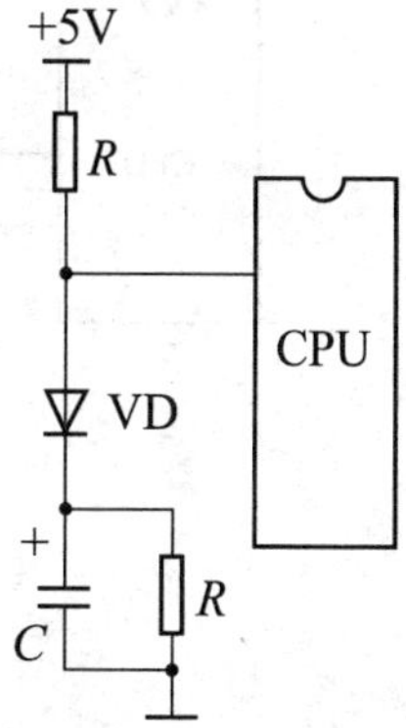

图 15-25　3min 延时电路

六、空调器微处理器输出控制电路

由于空调器的功能越来越多，CPU 的输出控制电路也随之增加，所采用的执行元件有晶体管、集成反向器、晶闸管和继电器等，主要电路类型如下。

1. 蜂鸣器控制电路

蜂鸣器控制端在刚开机或空调器收到有效输入指令时，输出一个持续 0.5s 的高电平，使蜂鸣器发声。

2. 室内风扇电机控制电路

常用的风扇电机控制电路如下，不同的控制电路，在检修时，注意点也不同。室内风扇电机由于高、中、低风对应不同的转速，由于电机调速方式的不同，控制电路也不同，如图 15-26 所示。图(a) 为继电器控制，CPU 检测到风速信号，根据风速，相应引脚高电平，经反相器 2003 转为低电平。对应继电器线圈通电，继电器动作接通电机相应速度的绕组抽头，风扇电机按照指定速度转动。图(b) 为晶闸管控制电路，CPU 发出风扇电机驱动控制信号，经反相器后控制晶闸管导通角，从而改变风扇电机的输入电压，即改变风扇转速。图(c) 为光耦控制 PG 电路。还有一种是 PWM 脉宽调制控制电路，改变 PWM 脉宽，即改变电机的输入电压，从而改变风速。即通过控制 CPU 输出信号的脉宽，控制 PG（PROGREAM GUIDANCE）电机转速，一般情况下，使用 PG 电机电路还设有风速检测电路，在风扇电机内部装有霍尔元件，检测电机转速，再通过三极管开关电路，送回 CPU 形成 PG 反馈信号，检测电机转速。

3. 室内风向电机控制电路

室内风向电机一般为步进电机，当 CPU 接收到风向调节信号后，相应引脚输出变化的电平信号，经反相器，直接控制步进电机转动，从而控制风门上下或左右摆动。

4. 室外风扇电机控制电路

室外风扇电机控制电路为继电器控制，当 CPU 相应引脚发出高电平，经反相器变为低点平，接通室外风扇电机控制继电器线圈，从而继电器触点吸合，电机接通 220V 电压而旋转。

5. 室外压缩机电机控制电路

室外压缩机电机控制电路为继电器控制，原理过程与风扇电机相同。只是对应的 CPU

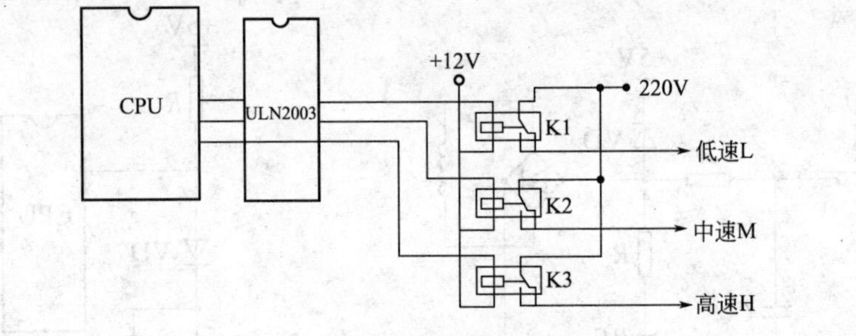

(a) 继电器控制室内风扇电路

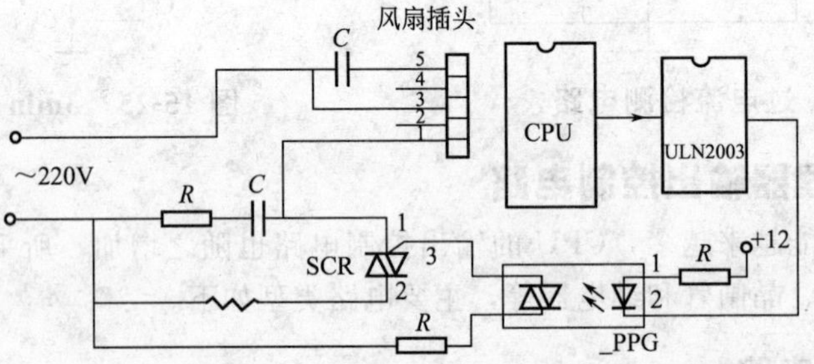

(b) 晶闸管控制室内风扇电路

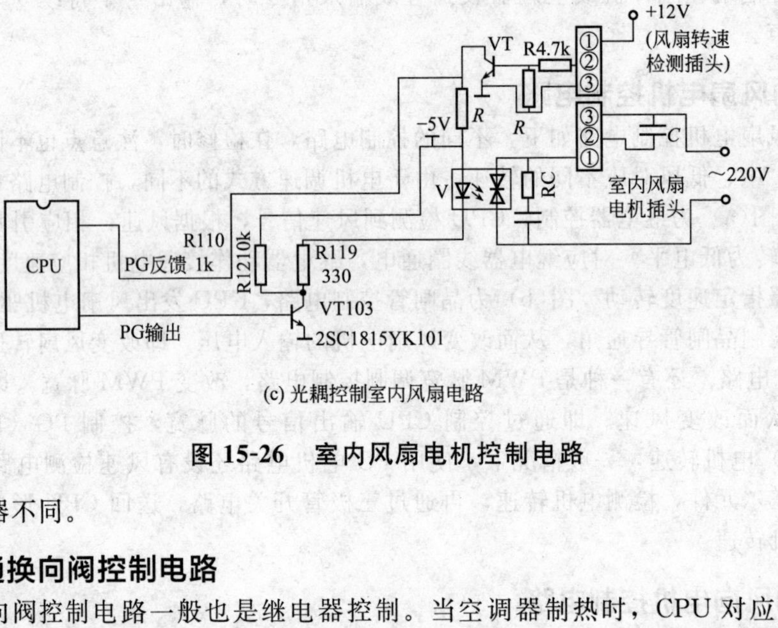

(c) 光耦控制室内风扇电路

图 15-26 室内风扇电机控制电路

引脚及继电器不同。

6. 四通换向阀控制电路

四通换向阀控制电路一般也是继电器控制。当空调器制热时，CPU 对应引脚高电平，经反相器控制其导通，四通阀芯动作，转换四个管口的通断，从而变换制冷剂的走向，实现制热。

7. 面板显示控制电路

面板显示电路有指示灯和数码显示、液晶显示。CPU 有相对应的引脚作为显示驱动控制信号输出端，输出的信号加至液晶显示器，显示出温度等数据信息，或加至发光二极管作其驱动，驱动相应指示灯亮。

第十六章 光电子应用电路

第一节 光敏电阻及其应用电路

一、火灾探测报警器

图 16-1 是采用以硫化铅光敏电阻为探测元件的火灾探测器电路图。硫化铅光敏电阻的暗电阻为 1MΩ，亮电阻为 0.2MΩ（在光强度 0.01W/m² 下测试），峰值响应波长为 2.2μm，硫化铅光敏电阻处于 VT_1 管组成的恒压偏置电路，其偏置电压约为 6V，电流约为 6μA。VT_1 管集电极电阻两端并联 68μF 的电容，可以抑制 100Hz 以上的高频，使其成为只有几十赫兹的窄带放大器。VT_2、VT_3 构成二级负反馈互补放大器（高输入阻抗放大器），火灾的闪动信号经二级放大后送给中心控制站，由其发出火灾报警信号或自动执行喷淋等灭火动作。

重要提示

采用恒压偏置电路是为了在更换光敏电阻或长时间使用后，器件阻值的变化不至于影响输出信号的幅度，保证火灾报警器能长期稳定的工作。

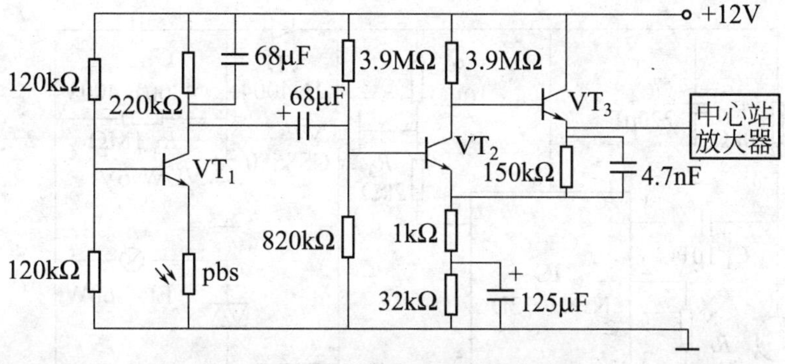

图 16-1 火灾探测报警器电路图

二、声光控照明开关电路

如图 16-2 所示是一种声光控制照明开关电路。电路的工作过程如下：白天因光敏电阻 R_G 和 VT_2 管的控制作用以及 VT_4 管的导通，晶闸管 VS 处于截止状态，灯 EL 不会亮，整个电路都不工作。晚上 R_G 阻值变大，VT_2 截止而失去对 VT_1 的控制，整个电路处于待机

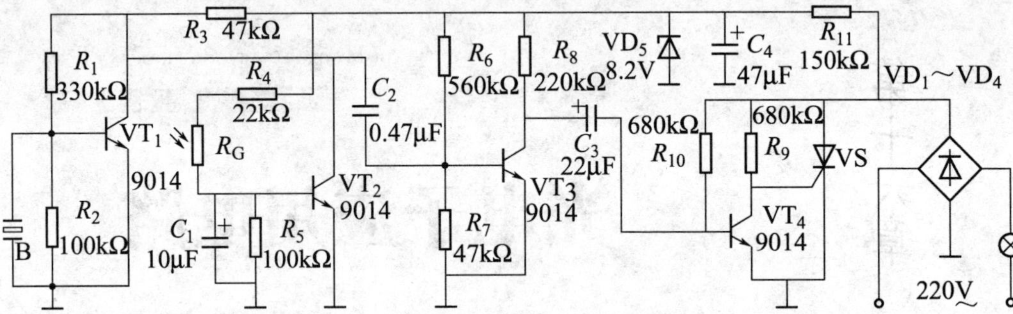

图 16-2　声光控制照明开关电路

状态，一旦压电陶瓷片 B 接收到声音信号就把其转变为电信号经 VT_1 放大，再经 C_2 耦合去触发 VT_3 工作，VT_3 被触发就导通，其集电极变为低电位，C_3 上电压作为 VT_4 基极的负偏压使其截止，则 VS 导通，灯 EL 点亮，同时 VD_1～VD_4 的整流电压也突然下降，此时 VT_3 基极的触发电压消失，VT_3 的集电极保持为低电平而使 VS 一直处于导通状态。

重要提示

在灯 EL 点亮以后，C_3 开始通过 R_8、R_{10} 和 R_9 回路放电，因放电回路阻值较大，所以 C_3 放电很慢。当 C_3 放电到其电压不能维持 VT_4 截止时，VT_4 又导通，VS 又截止，灯 EL 又熄灭，电路处于待机状态，等待下次再触发。调节电容 C_3 的大小可调节灯亮的时间。

三、节能灯控制器电路

如图 16-3 所示是节能灯控制器电路。市电经 C_5、R_5 降压、VDW 稳压、VD 整流、C_4 滤波获得约 6V 的直流电供 NJN2072D 正常工作。驻极体话筒拾取声触发信号，经 C_1 耦合输入 IC。IC 的②、③脚外接 R_G 可改变 IC 内放大器的增益。C_3 决定了声控可重触发单稳延时时间。R_1 为 MIC 的直流偏置电阻。C_2 为放大器高频滤波电容。白天，光敏电阻 R_G 受

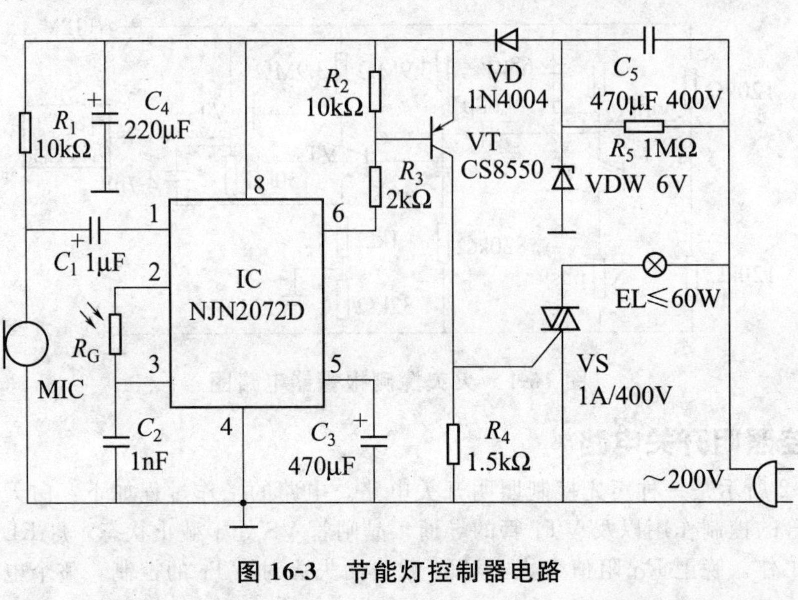

图 16-3　节能灯控制器电路

光，阻值为200～400Ω，所以IC内放大器增益小于1，这时任何声信号不足使IC的⑥脚输出电平改变，VT截止，VS无触发，灯EL不亮；但在夜晚R_G阻值很大，它几乎不影响IC内放大器的增益，若有声信号被MIC拾取，则经IC放大使其⑥脚由高电平转换为低电平，VT导通，R_4上的电压触发VS导通，灯EL点亮。

NJN2072D为8脚双列直插塑封及双列8脚扁平塑封。其内部包括放大器、检波器、模拟开关、施密特触发器、输出缓冲器和恒流源等电路。工作时其①脚输入信号经内部放大器放大和检波器检波，打开模拟电子开关；⑤脚外接电容被放电，内部施密特触发器翻转，输出缓冲器输出电平转换，如果⑥脚电平由高变低，⑦脚电平由低变高，此状态的保持时间由C_3决定，所以调节C_3可以获得不同的声控可重触发单稳延时输出。应用该集成块时须注意：由于⑥、⑦脚内部为开路集电极输出形式，故使用时，⑥、⑦脚应外接上拉电阻。

四、光电式光量传感器电路

这种传感器内装有半导体元件硫化镉（CdS）。当有光照射到传感器上时，半导体元件的阻值发生变化。即这种传感器把周围亮度的变化置换成元件阻值的变化。它可以用于汽车上各种灯具亮灯、熄灯的自动控制。

重要提示

光量传感器的结构如图16-4所示。光电变换元件硫化镉为多晶硅结构，在传感器中把硫化镉做成曲线形状，目的是增大与电极的接触面积，从而提高这种传感器的灵敏度。

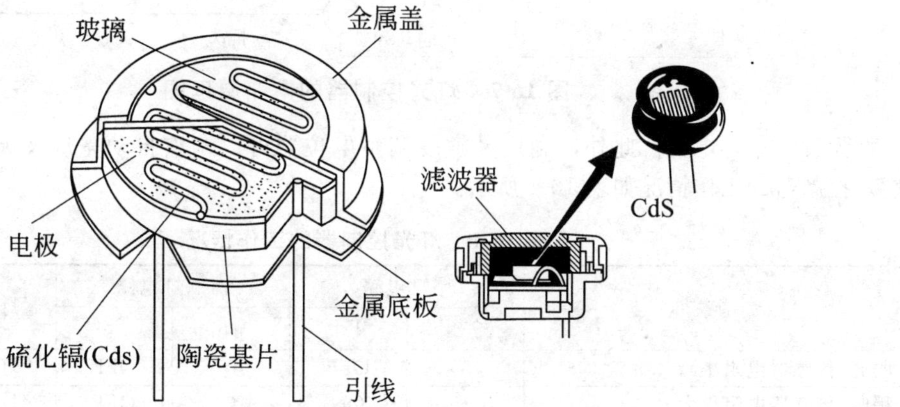

图16-4　光量传感器的结构

光电变换元件硫化镉（CdS）的特性如图16-5所示。当周围较暗时，其阻值较大；而当周围较亮时，其阻值变小。

光电式光量传感器可用于灯光控制器上，如图16-6所示。灯光控制器就装在仪表板的上方，到傍晚时，它使尾灯点亮，当天色更暗时，则点亮前照灯。当对方来车时，还具有变光功能。当然，这都是自动完成的。

图16-7是灯光控制器的系统电路图。下面对其工作过程加以说明。当点火开关闭合时，也就把控制器的转换开关置于AUTO（自动）挡，控制器得到传感器传来的信号后，就能自动控制尾灯及前照灯的亮灭。当点火开关断开时，控制器的电源电路也断开，这时与周围

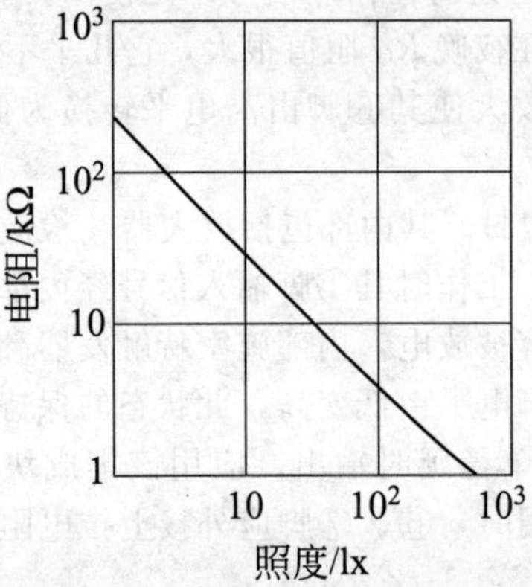

图 16-5 硫化镉（CdS）的特性

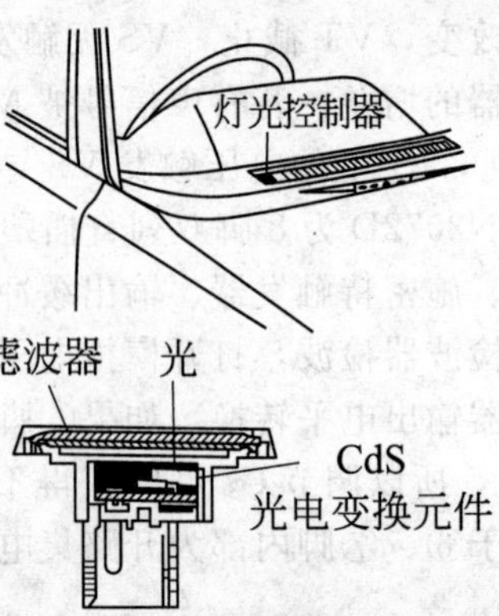

图 16-6 灯光控制器的安装

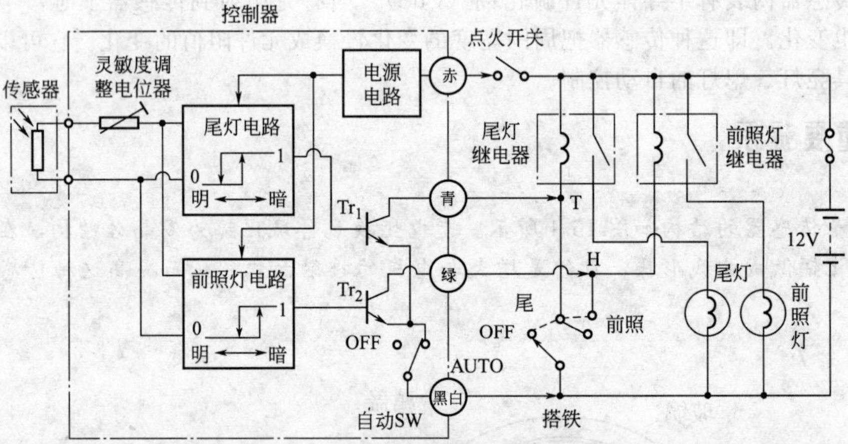

图 16-7 灯光控制器的电路原理图

条件无关，车灯熄灭。此外，利用灵敏度调整电位器可以调整自动亮灯及熄灯时的敏感程度。控制器的工作情况如表 16-1 所示。

表 16-1 灯光控制器的工作情况

周围条件	尾灯电路		前照灯电路		尾灯小灯	前照灯
	输出	Tr_1	输出	Tr_2		
明亮(传感器电阻小)	0	OFF	0	OFF	灯灭	灯灭
稍暗(传感器电阻稍大)	1	ON	0	OFF	灯亮	灯灭
很暗(传感器阻值很大)	1	ON	1	ON	灯亮	灯亮

第二节 光敏二极管及其应用电路

一、室内净化空气装置

将臭氧 O_3（一种强氧化剂）气体扩散至室内大气中，就能起到净化空气的作用，这里介绍的净化空气装置。白天有光照时，无O_3输出，电路不工作，晚上无光照射时产生 O_3 气体，保持室内空气新鲜。

1. 工作原理

电路如图 16-8 所示。VD_1 为光敏二极管，放置在室内有光线照射处。当白天有光照时，光敏二极管内阻下降，VT_1 的偏置电路接通，VT_1 导通工作。由于 VT_1 导通后，VT_2 的偏置电路也接通，VT_2 也导通工作，促使 VT_3 截止。晶体管 VT_4、VT_5 等组成多谐振荡器，当 VT_3 截止时，多谐振荡器也不工作。晶体管 VT_6、VT_7 等组成超音频振荡器。当 VT_5 导通时，VT_6、VT_7 组成的振荡器不工作；当 VT_5 截止时，振荡器工作。当无光照时，VT_1、VT_2 截止，VT_3 导通，多谐振荡器工作，有信号输出，于是超音频振荡器工作，产生约为 30kHz 的高频振荡，该振荡信号电压在 L3 上产生感应的高频电压，经 VD_2 整流后，加在两个金属板上，金属板间电离放电，形成 O_3 气体，这种气体扩散到空间，净化了空气。

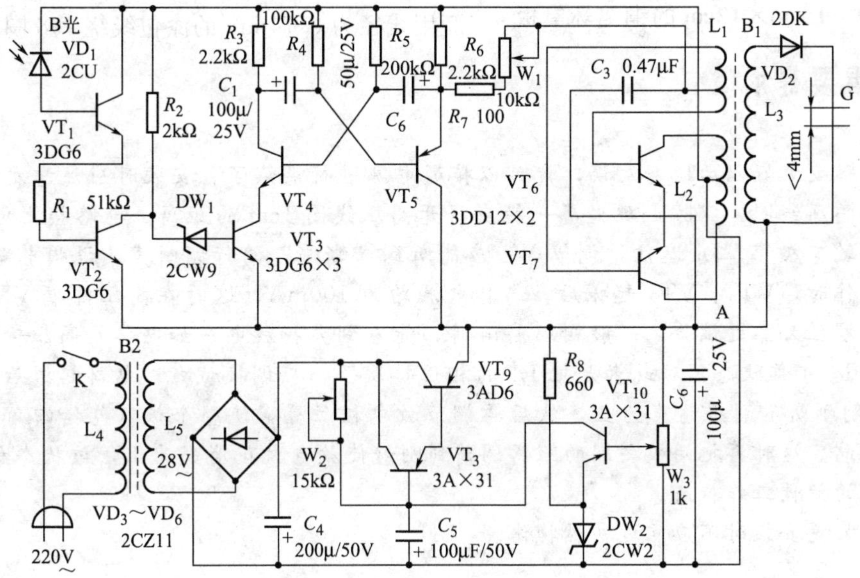

图 16-8　室内净化空气装置电路

电路图中，电源变压器 B2、二极管 VD_3～VD_6 和晶体管 VT_8、VT_9、VT_10 等组成整流稳压电源，调整 W3（1kΩ）使输出电压为 24V 左右，然后再调 W2（15kΩ），使 I_C 为 2mA 左右。

2. 元器件选择

晶体管 VT_1～VT_3 选用 $\beta \geqslant 100$ 的管子，要求 VT_4、VT_5 选用 $\beta \geqslant 200$ 的管子，VT_6、VT_7 选用 $BV_{CEO} \geqslant 200V$，$V_{CES} \leqslant 2V$，$\beta \geqslant 30$。VD_1 选用 2CU 光敏二极管。其他元器件选用如图 16-8 所示。

3. 制作与调试

B1 为高压振荡变压器，用 U12MXD1000 磁芯，即 9in 电视机的行输出磁芯，L1、L2 用线径为 0.35mm 的高强度漆包线绕制，L1 绕 5 圈，双线双绕，头尾接通为中心抽头，L2 绕 15 圈，与 L1 一样也是双线并绕。L3 为最外层，用线径为 0.08mm 的高强度漆包线绕

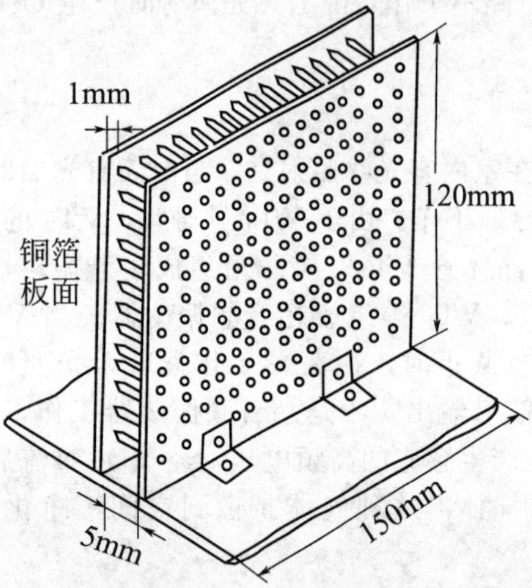

图 16-9　15cm×12cm 的铜箔环氧板

3500 匝，注意与 L2 之间应有良好的绝缘，防止打火放电。

图 16-8 中 G 为尖端放电产生 O_3 处：可以用两块 15cm×12cm 的铜箔环氧板，在其中一块环氧板上，如图 16-9 所示。按照 lcm 的间距打出许多直径为 1mm 的小孔，并穿上小钉，外露 5mm，把小钉焊牢在环氧板上，使小钉的尖端能成为放电点。然后把两块板拉开约 3mm 的距离，分别用绝缘支柱把环氧板固定好。固定时注意两块板之间距离都一样，以免产生不均匀放电。

B2 为电源变压器，用截面为 2mm×28mm 铁芯，L4 用线径为 0.35mm 的漆包线绕 1488 圈，L5 用线径为 0.74mm 的漆包线绕 198 圈。

重要提示

电路安装好以后检查无误，就可以接通电源进行调试了。安装时应注意元器件尽量远离高压线圈，以防止跳火，一般应离开高压线圈 1cm 的距离。电路接上电源后，先将光敏二极管 VD_1 遮住，调节 W1 应能听到“嘶嘶”的行频叫声，说明电路起振。正常工作时，VT_6、VT_7 起振后，工作电流约为 100mA。这时在高压桥堆 VD_2 输出处，用螺丝刀靠近试验，一般相距 1cm 时，能看到火花放电；如电路无高压输出，可能是 VT_5 工作状态不对或者是把 L1 的相位接反了，应调换试之。电路起振后，再调 W1 到刚刚听不到振荡声为止，然后再调节放电板位置，使整个板（包括四角）都能平均放电。这时再把两板之间的距离调整到刚好使放电火花消失为止，该状态称为 O_3 发生器的最佳工作状态。

该装置安装时不应靠近易燃物体。

二、节电的走廊灯

图 16-10 为节电的走廊灯电路，它由整流电路（二极管 VD_4～VD_7）、降压与滤波电路（R_{10} 与 C_4）、受控照明灯 H 的控制开关 VS（VS 导通，H 亮；VS 关断，H 熄灭）、光控电路（由光敏二极管 VD_1、反相器 F3、F4、F5 与 F6 以及三极管 VT 组成）、声控电路部分（由声-电转换压电陶瓷片 BH、反相器 F1、F2、F3、F4、F5 与 F6 以及 VD_3、C_3、R_8 组成）等组成。

白天光线照射 VD_1 时，其阻值很小，F3 的 13 脚呈低电位，12 脚高电位，F4 的 10 脚低电位，VD_3 截止；F5 的 6 脚呈高电位，F6 的 8 脚低电位，VT 也截止，VS 无触发电压呈现关断状态，H 不亮。

晚上无光照射 VD_1 时，其阻值增大，F3 的 13 脚电位虽上升，但未达到开启 F3 的阈值，电路处于等待状态，故 F6 的 8 脚仍呈低电位，H 依然不亮。一旦外界有声响，BH 输出电信号经 F1、F2 变换，F2 的 4 脚输出的信号由 C_1 与 R_3 耦合至 F3 的 13 脚并达到阈值电压，F3 的 12 脚呈低电位，F4 的 10 脚为高电位，VD_3 因有正向偏压而导通，并给 C_3 充电，得到延时，减缓开关时冲击电流，有效延长灯泡 H 的使用寿命。同时，F5 的 5 脚电位

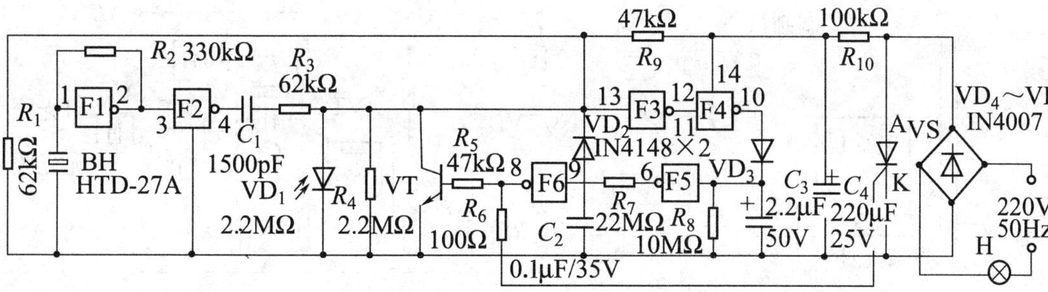

图 16-10 节电的走廊灯电路

上升，6 脚则下降，经 F6 反相的 8 脚呈高电位，VS 获得高电位而导通，H 燃亮，同时 VT 也导通，无声响时，F3 的 13 脚回复到原电位，VD_3 截止，C_3 开始向 R_8 放电，F6 的 8 脚仍维持高电位，H 仍保持亮态；但经过一定时间，C_3 放电至一定低电位，经 F5 反相，其 6 脚变成高电位，使 F6 的 8 脚变低，VS 关断，H 熄灭。三极管是为节能而设置：F6 的 8 脚呈高电位，VT 导通，其集电极电位变低，导致 F3 的 13 脚电位下降，这样无论外界的声音如何连续发出，都不会影响电路的定时正常工作；只有定时完毕，再遇声音，再重复上述过程。

三、路灯自动控制器

图 16-11 为路灯自动控制器电路原理图。VD 为光敏二极管。当夜晚来临时，光线变暗，VD 截止，VT_1 饱和导通，VT_2 截止，继电器 K 线圈失电，其常闭触点 K_1 闭合，路灯 HL 点亮。天亮后，当光线亮度达到预定值时，VD 导通，VT_1 截止，VT_2 饱和导通，继电器 K 线圈带电，其常闭触点 K_1 断开，路灯 HL 熄灭。

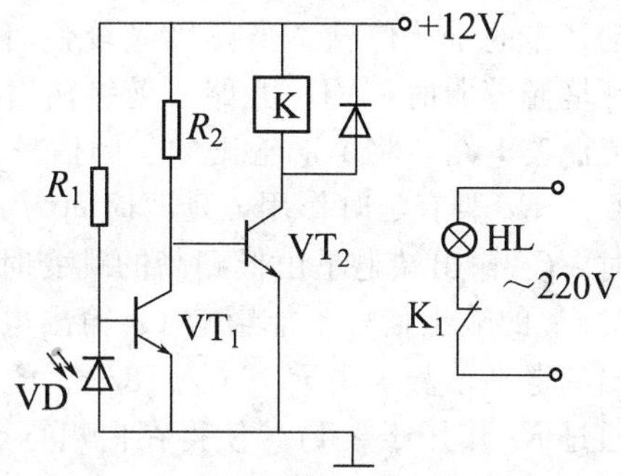

图 16-11 路灯自动控制器原理图

四、光电式数字转速表

图 16-12(a) 是光电式数字转速表的工作原理图。在电动机的转轴上安装一个具有均匀分布齿轮的调制盘，当电动机转轴转动时，将带动调制盘转动，发光二极管发出的恒定光被调制成随时间变化的调制光，透光与不透光交替出现，光敏管将间断地接收到透射光信号，输出电脉冲。图 16-12(b) 为放大整形电路，当有光照时，光敏二极管产生光电流，使 RP_2 上压降增大，直到晶体管 VT_1 导通，作用到由 VT_2 和 VT_3 组成的射极耦合触发器，使其输出 U_o 为高电位；反之，U_o 为低电位。放大整形电路输出整齐的脉冲信号 U_o，转速可由该脉冲信号的频率来确定，该脉冲信号 U_o 可送到频率计进行计数，从而测出电动机的转速。每分钟的转速 n 与脉冲频率 f 之间的关系为

$$n=60f/N$$

式中 N——调制盘的齿数。

五、光控开关

这种制作简单、成本低廉的光控开关使用时串接于白炽灯照明电路内，见图 16-13。常态下，交流电通过白炽灯、VD_4～VD_7 整流桥、电阻 R_9 组成的分压电路及 VD_3、C_4 组成的稳压电路形成回路，回路电流小于 0.9mA，功耗小于 0.2W，照明灯不亮。当声敏元件接

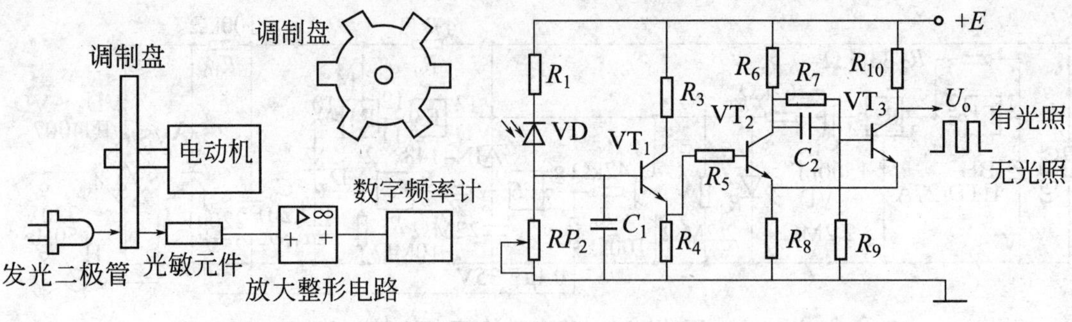

(a) 工作原理图　　　　(b) 放大整形电路

图 16-12　光电式数字转速表原理图

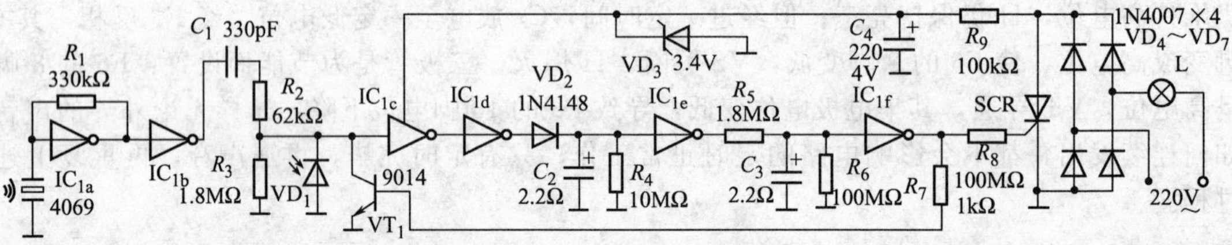

图 16-13　光控开关电路

收到声波后，声波信号转化为电信号，经 IC_{1a}、IC_{1b} 两级放大，再经耦合电容 C_1 去除低频振动产生的干扰信号。当环境光较强时，该信号由光敏二极管 VD_1 旁路，不向后级输出；当环境光较弱时，VD_1 开路，前级输出的声波信号由 IC_{1c} 及 IC_{1d} 放大，VD_2、C_2、R_4 组成整流滤波电路，将 IC_{1d} 输出的音频信号（经 VD_2 单向快速向 C_2 充电）整流成直流信号，同时 C_2、R_4 兼有延时作用，延时时间为 $RC=22s$。当 IC_{1d} 输出的声波信号为较短暂的干扰信号时，C_2 输出端电平由低到高的跳变时间要比 R_5、C_3 组成的延时回路的电平跳变时间短，这时 C_2 的输出信号不能影响 C_3 输出电平变化，干扰信号被屏蔽；当声波信号正常时，C_2 输出的电平信号经由 R_5、C_3、IC_{1f}、R_8，延时接通 SCR，白炽灯点亮，该最终输出信号同时通过 R_7 作用于 VT_1，使得在白炽灯点亮期间声波信号不能向后级输入，保证开关一次触发，点亮时间一定。如果没有 VT_1、R_7，假定白炽灯发出的光不能照到自身声光控开关上，只要声源发出的声波间隔时间小于点亮延迟时间，白炽灯一直点亮，而且在最后一个声波结束后，还要延迟一个点亮时间周期才能熄灭，这样将造成电能的浪费。

第三节　光敏三极管及其应用电路

一、用光敏三极管的声光控节能灯开关电路

如图 16-14 所示，该电路用一块六非门 CD4069、蜂鸣片 HTD、光敏三极管、晶闸管和一些阻容元件组成。其中，非门 a 与 R_9 组成放大器；非门 b 对放大的信号脉冲加以整形；非 c、d 及 R_7、R_8 构成典型的施密特触发器；R_{10} 为降压电阻；VD_1、VD_2、VD_3 均有隔离

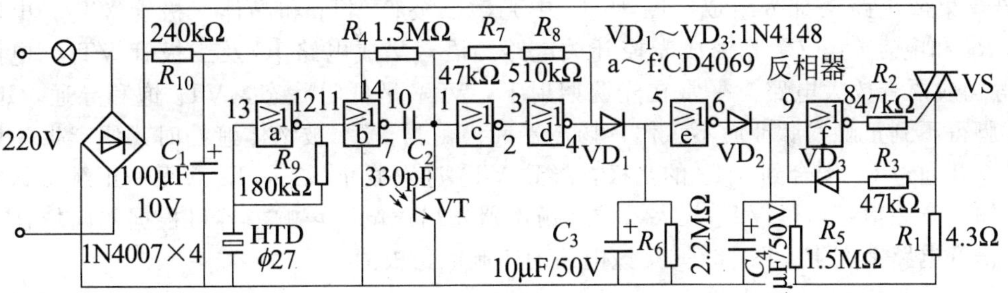

图 16-14 声光控节能灯开关电路

作用；5 脚所接 RC 网络为照明延时电路，以控制电灯发亮时间，本电路设计为延时 25s 左右；6 脚所接 R_5、C_4 以及 R_1、R_3、VD_3 组成过流保护和软启动电路，R_1 有限流及取样作用，以防止负载过大烧坏晶闸管。

重要提示

施密特触发器有两个作用：

（1）对触发信号进行整形及排除干扰脉冲。

（2）连同 R_4 组成电平比较器，使光敏控制点（即 1 脚）在白天光线较强时始终处于强制复位状态，使 1 脚低于其门限电平。

白天光线较强，光敏管 VT 受光导通，此时无论有无声音触发，①脚为低电平，经 c、d、e、f 作用后，⑧脚亦为低电平，晶闸管截止，灯泡不亮；夜晚，光敏管 VT 呈高阻，电平比较器退出强制复位状态。此时，若有声音触发 HTD，则经放大整形后，使①脚电平高于门限电平，电路翻转，对 C_3 充电，使在声音信号消失后，⑤脚能够保持数十秒的高电平，⑧脚处于高电平触发晶闸管导通灯泡发亮。

软启动及过流保护原理如下：灯泡处于熄灭状态，⑥脚为高电平，C_4 已充电，当夜晚有声音时，⑥脚为低电平，C_4 开始对 R_5 放电，时间很短为 1.5s 左右，使⑨脚由高电平变为低电平，使晶闸管导通；如果灯泡功率适中，则取样及限流电阻 R_1 上电压较低，不足以使 VD3 导通，⑨脚始终处于低电平，灯泡始终发亮，其延时时间只由 R_6、C_3 决定。

二、语言电路

该语言电路是用光敏三极管进行光控的，其电路原理如图 16-15 所示。它由光控开关和

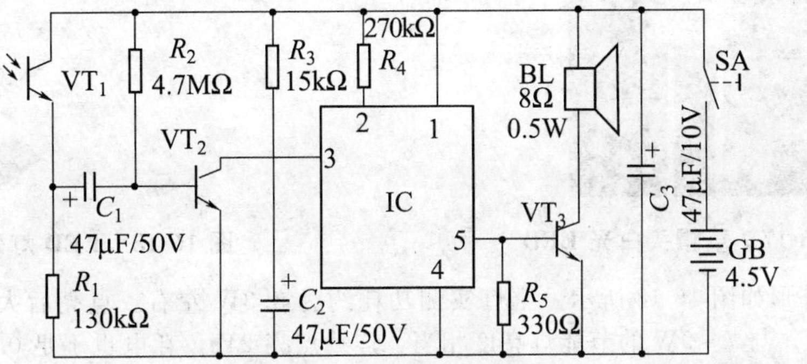

图 16-15 语言电路

35 语音集成电路两部分组成。图 16-15 中光敏三极管 VT_1 和晶体三极管 VT_2，电阻 R_1、R_2、R_3 和电容 C_1、C_2 等构成光控开关电路。语音集成电路 IC 及三极管 VT_3、电阻 R_4、R_5 等构成语音放大电路。平常在光源照射下，VT_1 呈低阻状态，VT_2 饱和导通，IC 触发端③脚得不到正触发脉冲而不工作，扬声器无声。当 VT_1 被物体遮挡时，便产生一负脉冲电压，并通过 C_1 耦合到 VT_2 的基极，导致 VT_2 进入截止状态，IC 获得一正触发脉冲而工作，输出音频信号通过 VT_3 放大，推动扬声器发出声响。声响内容可根据不同场合选择不同的语音电路来产生。图 16-16 是该电路的印制电路板图。

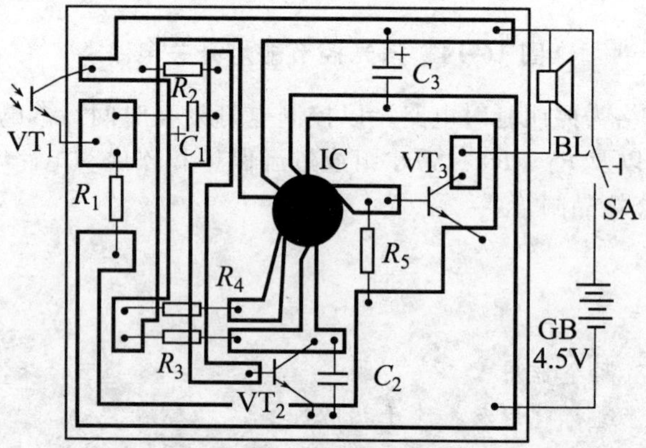

图 16-16　印制电路板图

第四节　发光二极管LED及其应用电路

一、LED 照明灯

LED 照明灯套件采用的是直径 5mm 的白光 LED，外形如图 16-17 所示。每只 LED 额定电压为 3.0～3.2V，亮度为 1400～1600mcd，额定工作电流 20mA。工作电流较小时，发光效率较高，温升也越低，其有效的光源寿命可达 2 万小时以上。而普通的节能灯的使用寿命约 5000h，普通白炽灯泡的寿命约 1000h，因而使用 LED 照明灯是非常经济的。

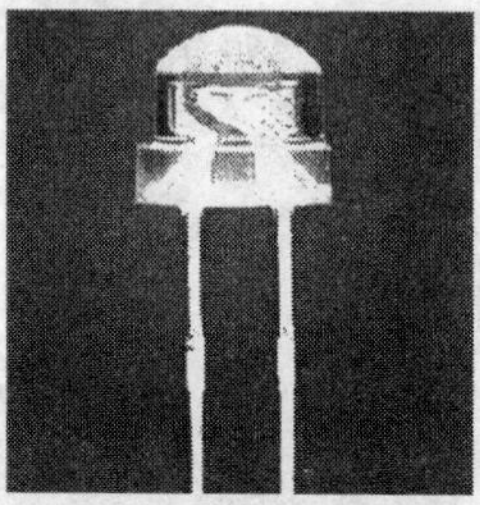

图 16-17　草帽头白光 LED

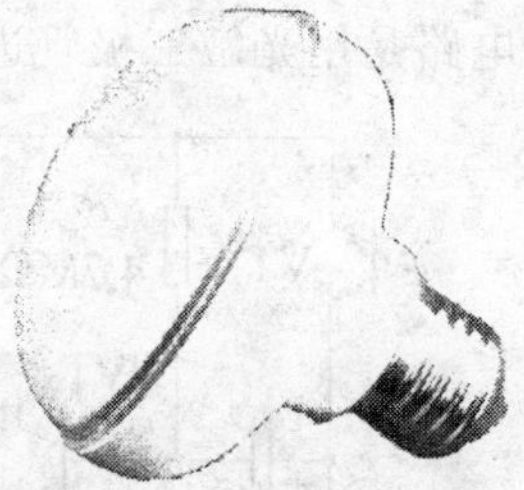

图 16-18　LED 灯外形

LED 灯外形如图 16-18 所示。全灯实测功耗约为 3.3W 左右。点亮后大致相当于 40W 白炽灯的亮度，与 7～9W 的节能灯亮度相当，连续点亮 24h，耗电也不足 0.08 度，具有显著的节能效果。灯底部采用与普通白炽灯一致的 E27 规格螺纹口，便于安装。采用磨砂灯罩，在保证较高透光率的同时，也使得直视LED时不至于刺眼。此款 LED 灯适合在书桌、床头、厨房、卫生间、公共楼道等区域不太大的地方作为照明使用。

电路原理图如图 16-19 所示。220V 市电先经过 C_1、R_2 阻容降压，其中 R_2 为泄放电阻，C_1 为降压电容，其耐压为 400V。之后经 W1 整流桥输出直流电，再经 R_4 限流后，送给 60 只串联在一起的 LED。因为阻容降压接 LED 的负载不是纯电阻，而是近似稳压管特性，按此原理图参数选择元件，流经 LED 的电流大约为 13mA。C_2 是滤波电容，可以防止开灯瞬间时的大电流对 LED 的冲击。R_1 是 NTC 热敏电阻，当电路出现意外状况导致电流增大时，其阻值变大，促使电流降低，从而起保护作用。

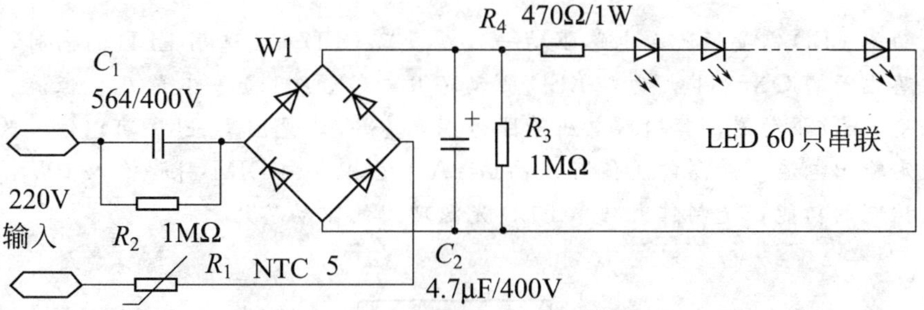

图 16-19 LED 照明灯电路原理图

LED 灯的主要元件清单见表 16-2。

表 16-2 元件清单

元件编号	标称值	器件名称	数量
R_1	NTC5Ω	高亮白光 5mmLED	60＋2 只(含备件 2 只)
R_2	1/4W1MΩ	LED 灯印制板	1
R_3	1/4W1MΩ	驱动印制板	1
R_4	1W470Ω	灯体与螺纹口	1 套(引线已装好)
C_1	564/400V	磨砂灯罩	1
C_2	4.7μ/400V	固定架	1
W1	整流桥	螺钉	1

重要提示

组装时，可先焊装 LED 灯板。LED 的长引脚是正极，短引脚是负极。圆形印制板上 LED 符号带有阴影的一端是负极。因为 LED 是低压低电流的高敏感的电子元件，白光 LED 对静电十分敏感，如被静电损害，会显示一些不良特性，如漏电电流增加，在测试时不亮或发光不正常，因此在焊接时一定要做好防静电保护，安装者应佩带防静电手环，以防止静电对 LED 带来的损害。要选用不漏电的 30W 尖头电烙铁焊接，可以先焊好 LED 的一个引脚观察 LED 的位置，如果不正可以融化焊锡时扶正，确认位置正确后再焊接另一个引脚、焊接要干脆果断，焊接时间不能过长，应控制在 2s 以内，否则 LED 有可能被焊坏。

二、简易大功率LED灯

大功率LED因其色彩多、体积小、寿命长和环保等特性已成为新兴绿色光源的生力军。因其功率比普通的小LED要大得多，电流大，发热量就大。通常1W及以上的大功率LED需要配上不同的散热器才可以工作，不然会很快烧毁。可选配铝基片散热器（用于散热和连接LED）的1W白光LED，工作电压3～4V，电流约在300mA，它是普通LED发光的数十倍。实测时，发光量比想象的大得多，用两只大功率LED可制作露台灯。

重要提示

大功率LED需要恒流源电路驱动一只或多只LED。在选用LED的同时，还需配置由泉芯生产的QX5241大功率LED驱动芯片。QX5241是一款降压、恒流、高效率的高亮度LED驱动器，其输入电压范围为5.5～36V，见图16-20。可以通过改变外接电阻设定输出电流，最高电流值可以高达2A，还具有向DIM引脚输入PWM信号实现辉度控制的功能，是制作大功率LED光源理想的驱动芯片之一。

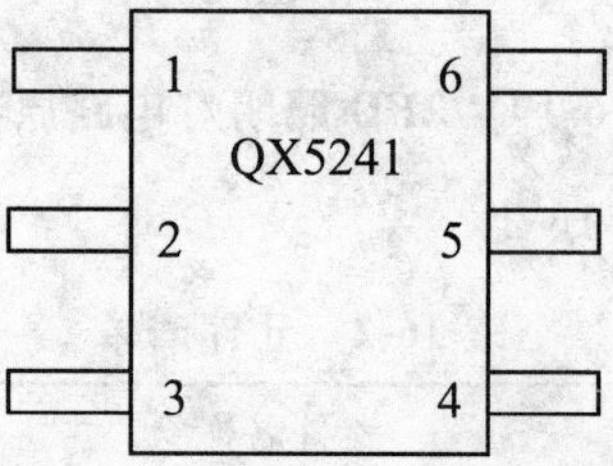

图16-20　QX5241芯片外形图

QX5241芯片只有6个引脚，采用SOT23封装形式，体积十分小巧。简易大功率LED灯原理电路如图16-21所示。制作出来的实际电路如图16-22所示。

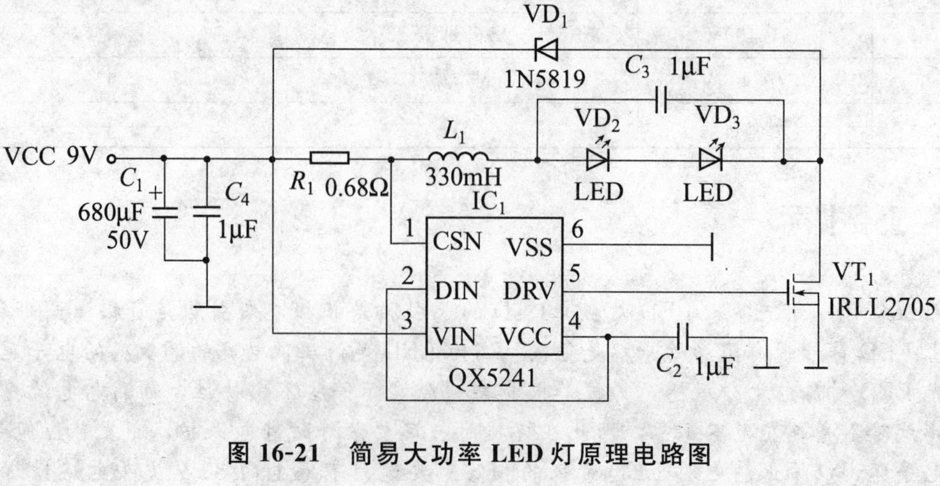

图16-21　简易大功率LED灯原理电路图

QX5241要求输入电压要比LED串联的总压降大2V，要驱动2颗串接的1W白光LED，其压降约为7V，因此要求输入电压为9V。续流二极管使用了1N5819。1W的LED工作电流在300mA之内，根据公式$I_{LED} \times R_1 = 0.2V$，$R_1$选用0.68Ω的高精密电阻，可以设定输出电流恒定为290mA。N沟道场效应管选用IRLL2705，耐压55V，最大电流3.8A。

图 16-22　实际电路

电路焊接完成无需调试即可工作。

重要提示

实际使用中，单靠 LED 上的铝散热基板散热，散热板的温度还是有点高，最好加装更大一些的散热器，另外，加装专用的聚光透镜也可以改善 LED 的照射角度。

三、交通信号灯模拟控制电路

交通信号灯模拟控制电路如图 16-23 所示。

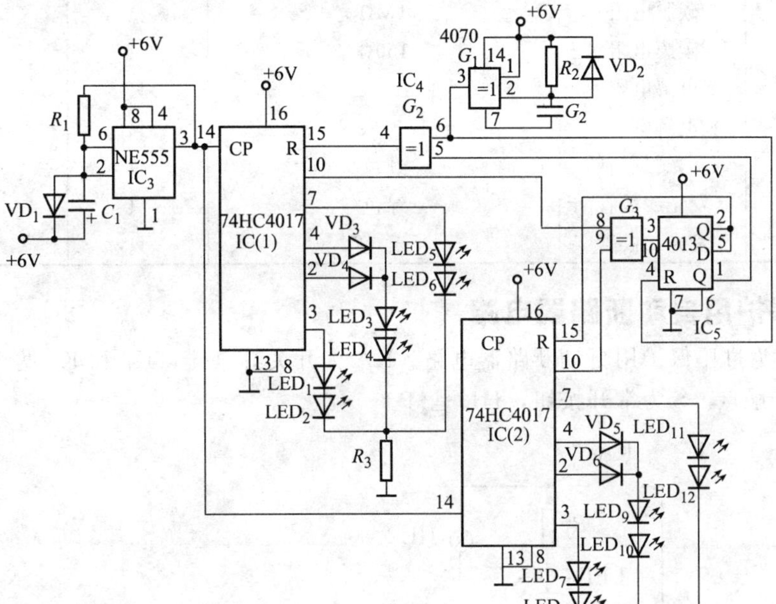

图 16-23　交通信号灯模拟控制电路

1. 工作原理

NE555 构成多谐振荡器。一接通电源，即上电，异或门 4070 中 G_1 的 3 脚立即变为高电平，强制 D 触发器 4013 复位，其 Q（1 脚）输出低电平（$\overline{Q}$输出高电平），它与上电复位信号一起强制 74HC4017（1）复位。4013 的$\overline{Q}$（2 脚）输出高电平也使 74HC4017（2）复位。这样，所有红灯（LED_1～LED_4）都发光显示。超出上电复位时间后，G_2 的 4 脚变为低电平，74HC4017（1）的复位信号消失了，逐步完成由红灯（LED_1～LED_4）变绿灯（LED_5～LED_8）到黄灯（LED_9～LED_{12}）的循环。在黄灯周期结束时，74HC4017（1）的10脚产生脉冲信号，与4013一起反过来使74HC4017（1）和（2）复位，重现红灯周期，3s后，74HC4017（2）完成由红灯变绿灯到黄灯的循环。在黄灯周期结束时，74HC4017（2）的10脚也产生脉冲信号，也与4013一起反过来使74HC4017（1）和（2）复位，重复以上循环。

2. 元器件选择

交通信号灯模拟控制电路元器件参数见表16-3。

表16-3　交通信号灯模拟控制电路元器件参数

代号	名称	型号规格	单位	数量
IC_1、IC_2	集成电路	74HC4017	只	2
IC_3	时基集成电路	任意555型	只	1
IC_4	异或门电路	74HC 4070	只	1
IC_5	D触发器	74HC 4013	只	1
VD_1、VD_2	二极管	1N4001	只	2
R_1	碳膜电阻	220kΩ	只	1
R_2	碳膜电阻	1MΩ	只	1
R_3、R_4	碳膜电阻	150Ω	只	2
C_1	电解电容	10μF/ 25V	只	1
C_2	电解电容	1μF/25V	只	1
$LED_{1\sim4}$	发光二极管	红色	只	4
$LED_{5\sim8}$	发光二极管	绿色	只	4
$LED_{9\sim12}$	发光二极管	黄色	只	4

四、过压保护用自动断路器电路

图16-24为过压保护用自动断路器电路。KA为开关继电器，K_1和K_2两个开关为继电器KA的常开触点。S为常开按钮，HL是灯。

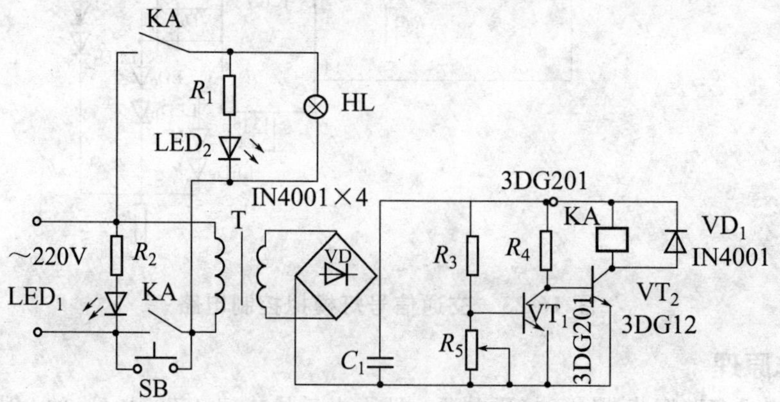

图16-24　过压保护用自动断路器电路

1. 工作原理

在图16-24中，当要使用电器HL工作，必须按下按钮SB。此时继电器KA吸合，触点KA闭合使负载有电，另一触点KA闭合实现按钮松开时的自锁。若供电电压过高（如超过240V），则晶体管VT_1饱和导通，VT_2截止，继电器KA断电，切断负载供电电路。

2. 元器件选择

过压保护用自动断路器电路使用的元器件参数见表16-4。

表16-4 过压保护用自动断路器电路使用的元器件参数

代号	名称	型号规格	单位	数量
VT_1	晶体三极管	3DG201	只	1
VT_2	晶体三极管	3DG12	只	1
VD_1	二极管	1N4001	只	1
VD	整流二极管	1N4001	只	4
R_1、R_2	碳膜电阻	50kΩ	只	2
R_3	碳膜电阻	5kΩ	只	1
R_4	碳膜电阻	15kΩ	只	1
R_5	碳膜电阻	4.7 kΩ	只	1
C_1	电解电容	220μF/ 25V	只	1
$LED_{1\sim2}$	发光二极管	红、黄色	只	2

五、电话测试器电路

图16-25所示是电话测试器电路。可用来判断电话机的好坏，如短路、断线、不能拨号、不能振铃等故障。电源变压器T、电桥VD_1～VD_4和恒流源VT_1提供9V、150mA的电流供“正常”测试用；75V交流及开关SW_1供振铃测试功能用。

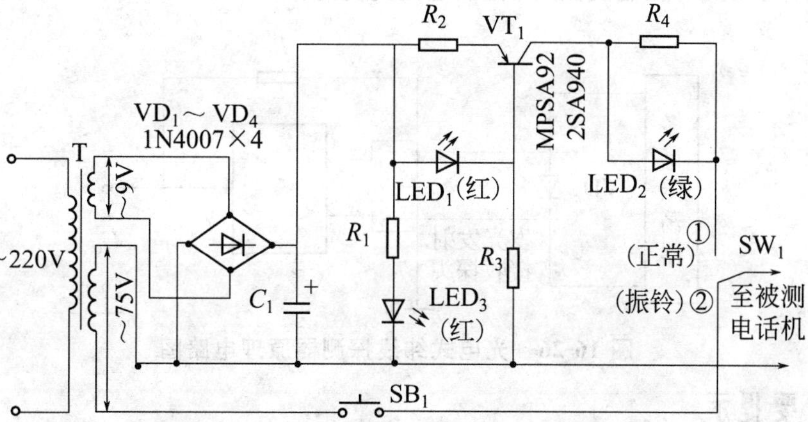

图16-25 由1只晶体管构成的电话测试器电路

1. 工作原理

SW_1置于正常时，将被测电话机接于图中所示位置，若LED_1（红）与LED_2（绿）均发光，表示电话机内部有短路；若LED_1与LED_2均不亮，则摘机再试，若LED_2发光，则电话机正常；按任一数字键，LED_2若随之闪烁，表示拨号功能正常。SW_1置于振铃时，电话机不摘机，按SB_1，若听到连续的振铃声，表示电话振铃部分无故障。

2. 元器件选择

电话测试器电路元器件参数见表16-5。

表 16-5　电话测试器电路使用的元器件参数

代号	名称	型号规格	单位	数量
VT_1	晶体三极管	2SA940	只	1
$VD_1 \sim VD_4$	整流二极管	1N4007	只	4
R_1	碳膜电阻	470Ω	只	1
R_2	碳膜电阻	5.1Ω	只	1
R_3	碳膜电阻	1.8kΩ	只	1
R_4	碳膜电阻	220Ω	只	1
C_1	电解电容	1000μF/ 25V	只	1
$LED_{1\sim2}$	发光二极管	红、绿色	只	2

第五节　光电耦合器及其应用电路

一、光电式纬线探测器

光电式纬线探测器是应用于喷气织机上，判断纬线是否断线的一种探测器。图 16-26 为光电式纬线探测器原理电路图。

当纬线在喷气作用下前进时，红外发光管 VD 发出的红外光，经纬线反射，由光电池接收，如光电池接收不到反射信号，说明纬线已断。因此利用光电池的输出信号，通过后续电路放大、脉冲整形等，控制机器正常运转还是关机报警。

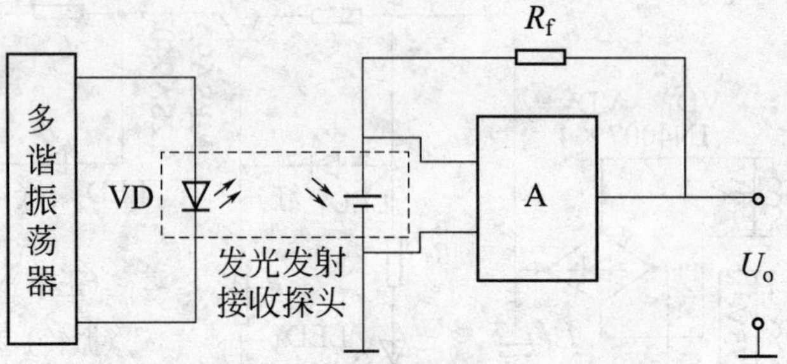

图 16-26　光电式纬线探测器原理电路图

重要提示

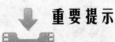

由于纬线线径很细，又是摆动着前进，形成光的漫反射，削弱了反射光的强度，而且还伴有背景杂散光，因此要求探纬器具有高的灵敏度和分辨率。为此，红外发光管 V_D 采用占空比很小的强电流脉冲供电，这样既能保证发光管使用寿命，又能在瞬间有强光射出，以提高检测灵敏度。一般来说，光电池输出信号比较小，需经放大、脉冲整形，以提高分辨率。

二、燃气灶的脉冲点火控制器

燃气是易燃、易爆气体，所以对燃气灶具中的点火控制器的要求是安全、稳定、可靠。

为此电路中有这样一个功能，即打火确认针产生火花，才可以打开燃气阀门；否则燃气阀门关闭，这样就能保证使用燃气灶具的安全性。

图 16-27 为燃气灶具中高压打火确认电路原理图。在高压打火时，火花电压可达 1 万多伏，这个脉冲高电压对电路工作影响极大，为了使电路正常工作，采用光电耦合器 V_B 进行电平隔离，大大增加了电路抗干扰能力。当高压打火针对打火确认针放电时，光电耦合器中的发光二极管发光，耦合器中的光敏三极管导通，经 V_1、V_2、V_3 放大，驱动强吸电磁阀，将气路打开，燃气碰到火花即燃烧。若高压打火针与打火确认针之间不放电，则光电耦合器不工作，V_1 等不导通，燃气阀门关闭。

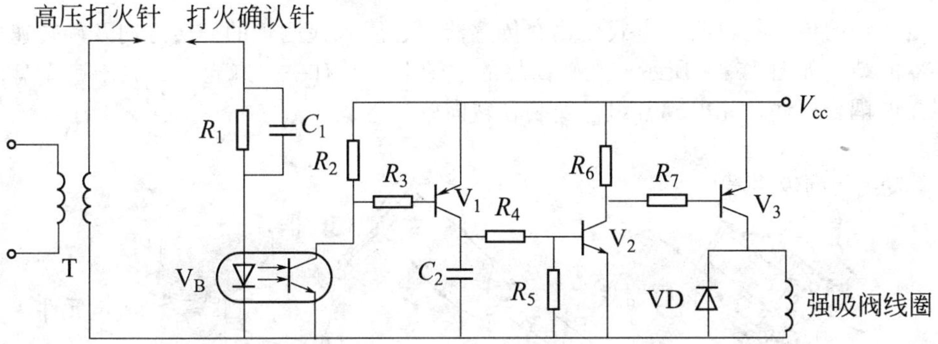

图 16-27　燃气灶的高压打火确认原理图

三、光耦合可逆计数器电路

利用光耦合器件构成的可逆计数器，可对物件的不同运行方向进行自动加减计数。例如在某栋大楼门口，对进入加计数，出入减计数，计数器始终显示大楼内的人数。

如图 16-28 所示是可逆计数器电路图。两个光耦合器件沿着被测物件运动方向并排安装在一起。当被测物件从光耦合器件前经过时，假定先遮挡住光耦合器件 E1，进而将 E1 和 E2 一起遮挡，然后仅遮挡住 E2，最后物件离去，则 A3 点输出一个计数脉冲。反之，若物件反方向经过时，B3 点便输出一个计数脉冲。电路中 A3 和 B3 点分别和计数电路中的时钟脉冲输入端 CU 和 CD 相连。当 CU 端有上跳脉冲输入时，该计数做加法计数；当 CD 端有上跳脉冲输入时，该计数器做减法计数。从而实现了根据物件的不同运动方向可自动进行加减计数的可逆计数功能。

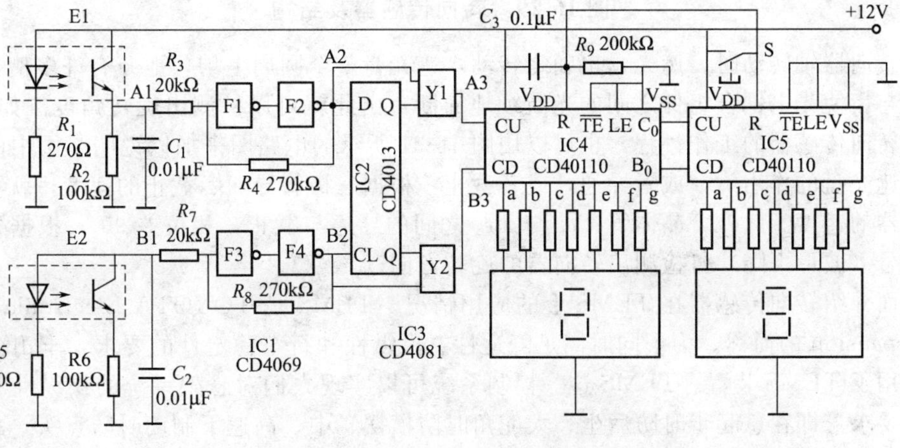

图 16-28　可逆计数器电路图

重要提示

光耦合器件为反射式，由红外发光二极管和光敏三极管成35°夹角封装在一体构成，其交点在距光耦合器5mm处。工作时红外发光二极管发出920μm波长的红外光，当发出的红外光被前方的物件遮挡时，光线被反射回来，反射光线被光敏三极管接收而使其导通；若光耦合器件前方没有物件时，光敏三极管便处于截止状态。

四、光电式转向传感器电路

光电式转向传感器也叫光电式变化率传感器，它用来检测轴的旋转方向及旋转速度。这种传感器的结构如图16-29所示。在转向器的主轴上，设有一个遮光盘，夹于遮光盘两侧的是两组光电耦合组件，光电耦合组件安装在转向管柱上。

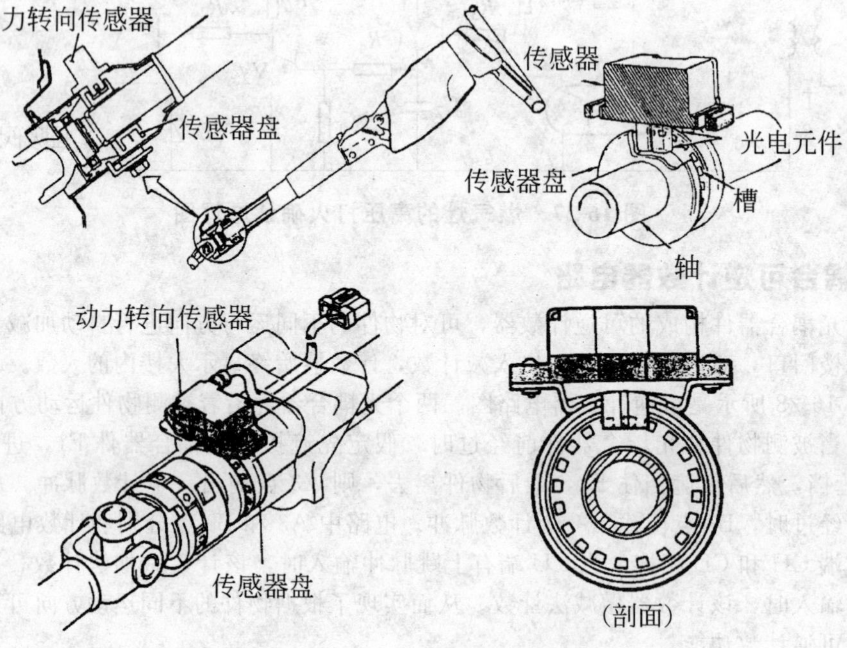

图16-29 转向传感器及结构

当转向器轴转动时，遮光盘也随之转动，遮光盘整个圆周上均匀地开有许多槽，遮光盘上的槽与齿使光电耦合组件之间的光断续地通断，由此就可以检测出旋转角度。如图16-30所示。转向传感器的工作过程，也可以用图16-31所示的电路图来加以说明。图中的光敏三极管在遮光盘的作用下，或者导通，或者截止，根据三极管导通、截止的速度，就可以检测出转向器的速度。此外，晶体管Tr_1与Tr_2之间的导通与截止，相位差90°，根据先导通的脉冲信号（波形下降）可检测出转向器的旋转方向。

下面介绍转向传感器在TEMS上的应用情况。TEMS是TOYOTA Electronic Modulated Suspension的简称。为了同时满足舒适性、操纵性和行车稳定性的要求，丰田公司在汽车上采用了TEMS装置。TEMS这一控制系统可以实现人们对悬架系统的操纵性和行车稳定性的要求，即在急起步时防后坐、大舵角时防横摆、中、高速下制动时防点头，在高速行车时提高衰减力、控制车辆姿势的变化，而在其他场合下则降低衰减力，提高舒适性。

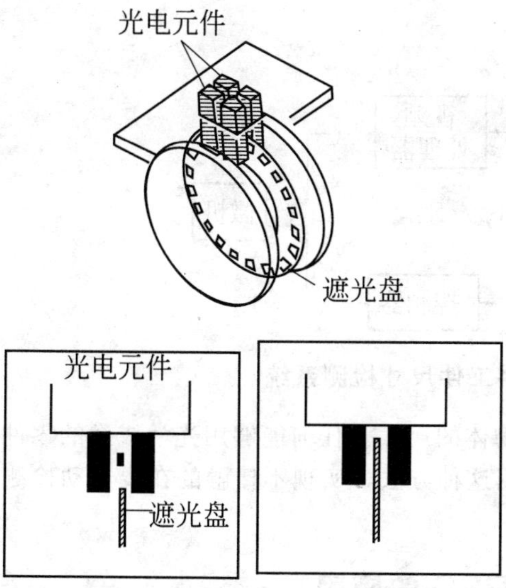

图 16-30 转向传感器的工作原理

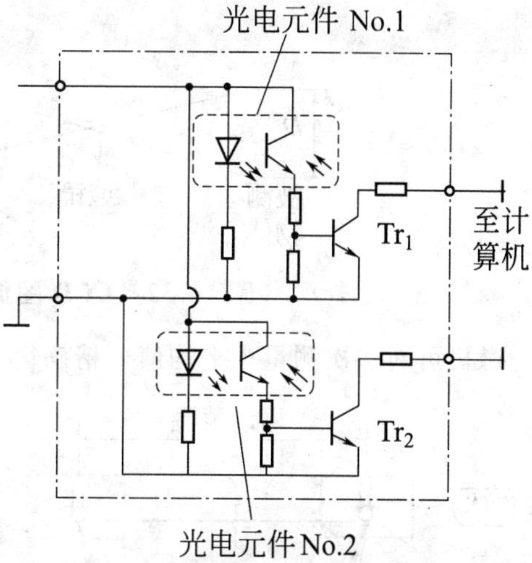

图 16-31 转向传感器的电路

第六节 其他光电子应用电路

一、CCD 图像传感器应用

CCD（电荷耦合器件）图像传感器在许多领域内获得了广泛的应用。CCD 具有将光像转换为电荷分布，以及电荷的存储和转移等功能，所以它是构成 CCD 固态图像传感器的主要光敏器件，取代了摄像装置中的光学扫描系统或电子束扫描系统。

重要提示

CCD 图像传感器具有高分辨率和高灵敏度，具有较宽的动态范围，这些特点决定了它可以广泛应用于自动控制和自动测量，尤其适用于图像识别技术。CCD 图像传感器在检测物体的位置、工作尺寸的精确测量及工件缺陷的检测方面有独到之处。下面是一个利用 CCD 图像传感器进行工件尺寸检测的例子。

图 16-32 为应用线型 CCD 图像传感器测量物体尺寸系统。物体成像聚焦在图像传感器的光敏面上，视频处理器对输出的视频信号进行存储和数据处理，整个过程由微机控制完成。

根据光学几何原理，可以推导被测物体尺寸的计算公式，即

$$D=\frac{np}{M}$$

式中 n——覆盖的光敏像素数；

p——像素间距；

M——倍率。

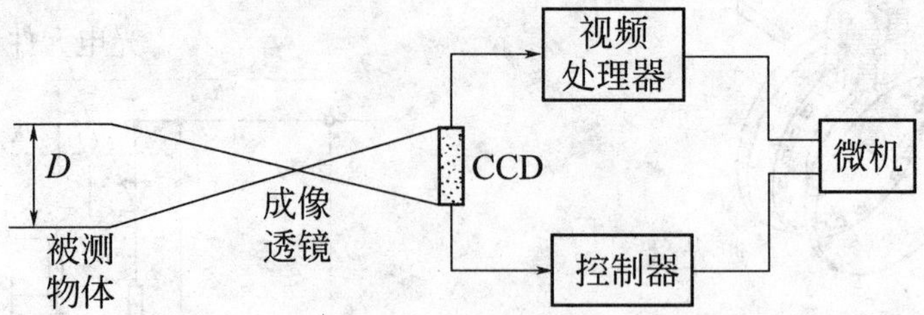

图 16-32　CCD 图像传感器工件尺寸检测系统

微机可对多次测量求平均值，精确得到被测物体的尺寸。任何能够用光学成像的零件都可以用这种方法，实现不接触的在线自动检测的目的。

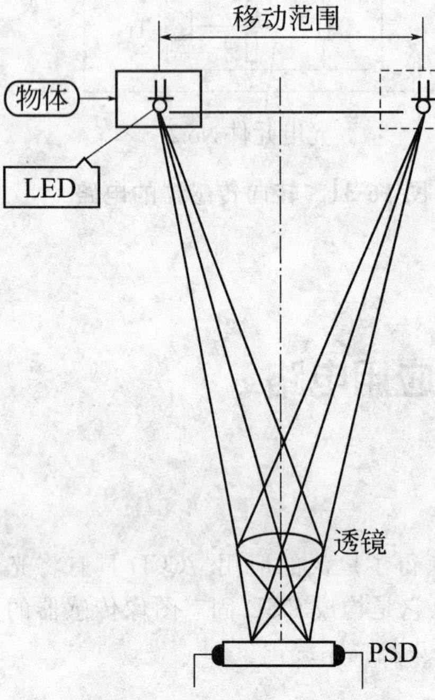

图 16-33　测量在左右方同移动物体的位置

二、PSD 的应用

PSD 是检测受光面上点状光束的重心（强度中心）位置的光敏器件。在应用时，PSD 的前面设置聚光透镜，PSD 应选择最适宜的受光面积，这样可确保光点进入受光面。例如测量在 PSD 前面一定范围内左右方向移动物体的位置，如图 16-33 所示。在移动物体上安装发光二极管（LED），移动物体时 LED 通过聚光透镜在 PSD 上成像，测量该移动点的像即可得到物体移动的距离。

三、光电倍增管路灯控制器电路

采用光电倍增管的路灯控制电路的灵敏度高，能有效地防止电路状态转换时的不稳定过程。在电路中设置有延时电路，可具有对雷电和各种短时强光的抗干扰能力。

路灯光电控制器的电路如图 16-34 所示。电路主要由光电转换级、运放滞后比较级、驱动级等组成。白天，当光电管 VT_1 的光电阴极受到较强的光照时，光电管产生的光电流，使得场效应管 VT_2 栅极上的正电压增高，漏源电流增大，这时在运算放大器 IC 的反相输入端的电压约为+3.1V，所以运算放大器输出为负电压，VD_7 为截止状态，VT_3 也处于截止状态，继电器 KA 不工作，其触点 KA_1 为常开状态，因此路灯不亮。到了傍晚时分，由于环境光线渐弱，光电管 VT_1 的电流也减小，使得场效应管 VT_2 栅极电压和漏源电流随之减小。这时在运算放大器 IC 反相输入端上的电压为负电压，在其输出端输出有+13V 的电压，因此 VD_7 导通，VT_3 随之导通饱和，继电器 KA 工作，其常开触点 KA_1 闭合，路灯被点亮。到第二天清晨，由于光照的加强，电路则自动转换为关闭状态。

为防止雷雨天的闪电或突然短时间的强光照射，使电路造成误动作，在电路中，由 C_1、R_1 及光电管的内阻构成一个延时电路，延时为 3～5s，这样即使有短时的强光作用（例如电闪、手电筒的慢晃），也不会使电路翻转，仍能保持电路的正常工作。

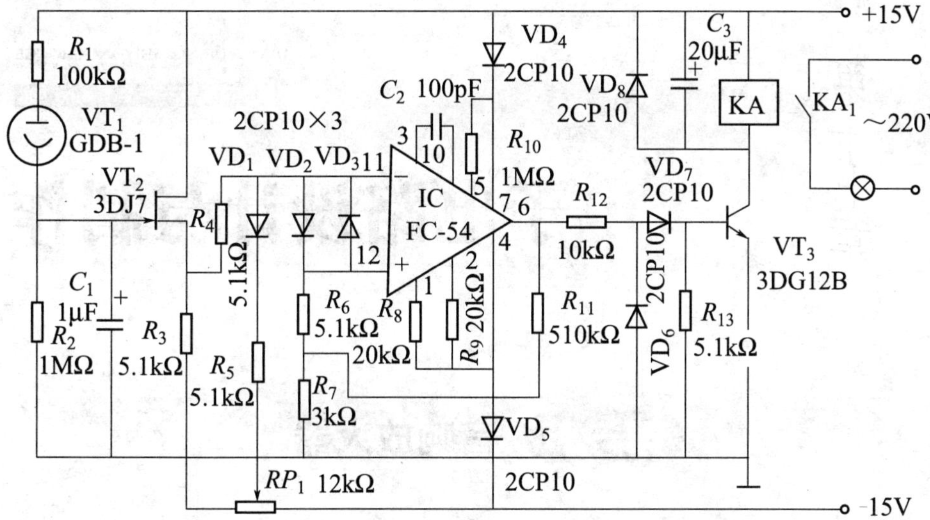

图 16-34　路灯光电控制器的电路

为防止自然光从亮到暗变化时不稳定现象的发生，在电路中还接有正反馈电阻 R_{11}。R_{11}的一端接在运算放大器 IC 的输出端，另一端经 R_6、R_7 分压后接在 IC 的同相输入端。由于有了正反馈，只要电路一转换，就会使电路处于稳定状态。

重要提示

电路中的 VD_1 是温度补偿二极管，用它来补偿场效应管 VT_2 栅源极之间结压降随温度的变化。二极管 VD_2、VD_3 是为保护运算放大器而设置的，VD_4、VD_5 主要用来防止反向电压进入运算放大器，VD_8 为续流二极管。

第十七章 电子电路设计与制作

第一节 音响放大器

音响放大器的制作较为广泛。音响放大器是一种具有电子混响、音调控制，并可实现“卡拉 OK”伴唱的放大器。在设计与制作中应了解集成功率放大器内部电器工作原理，掌握其外围电路的设计制作与主要性能参数的测试方法；掌握音响放大器与小型电子线路系统的装调技术。

一、制作目标

要求具有话筒扩音、放音扩大、音调控制、电子混响、卡拉 OK 伴唱等功能。

备用器材：电子混响延时模块一个，集成功率放大器 LA4100 一只，高阻话筒 20kΩ 一个，输出信号为 5mV；集成运算放大器（μA747）2 块，10Ω/2W 负载电阻一只，8Ω/4W 扬声器一只，磁带录音机一台，直流稳压电源 $+U_{CC}=+6V$。

制作指标：

额定功率　$P_o=0.5W$

负载阻抗　$R_L=10\Omega$

频率响应　$f_L \sim f_H=50Hz \sim 20kHz$

输入阻抗　$R_i \gg 20k\Omega$

音调控制特性　1kHz 处增益为 0dB，125Hz 和 8kHz 处有±12dB 的调节范围，$A_{uL}=A_{uH} \geqslant 20dB$。

二、基本原理

1. 音响放大器的基本组成

音响放大器的基本组成框图如图 17-1 所示。各部分电路的作用如下。

(1) 话筒放大器

由于话筒的输出信号一般只有 5mV 左右，而输出阻抗达到 20kΩ（亦有低输出阻抗的话筒，如 20Ω，200Ω 等），所以话筒放大器的作用是不失真地放大声音信号（最高频率达到 10kHz）。其输入阻抗应远大于话筒的输出阻抗。

(2) 电子混响器

电子混响器的作用是用电路模拟声音的多次反射，产生混响效果，使声音听起来具有一定的深度感和空间立体感。在“卡拉 OK”伴唱机中，都带有电子混响器。电子混响器的组

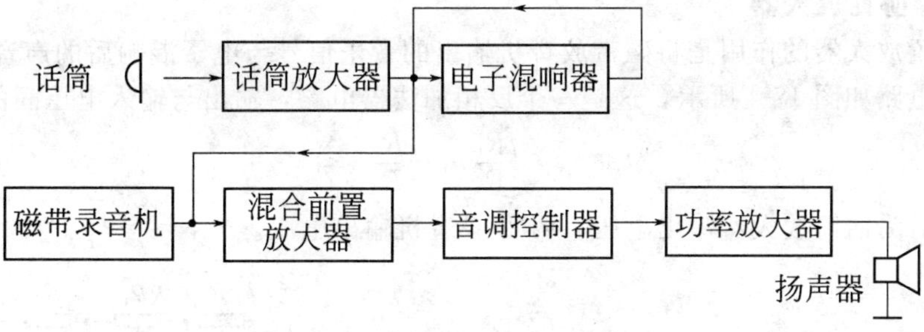

图 17-1 音响放大器组成框图

成框图如图 17-2 所示，其中 BBD 器件称为模拟延时集成电路，内部由场效应管构成多级电子开关和高精度存储器。在外加时钟脉冲作用下，这些电子开关不断地接通和断开，对输入信号进行取样、保持并向后级传递，从而使 BBD 的输出信号相对于输入信号延迟了一段时间。BBD 的级数越多，时钟脉冲的频率越高，延迟的时间就越长。BBD 配有专用时钟电路，如 MN3102 时钟电路与 MN3200 系列的 BBD 器件配套。电子混响器的实验电路如图 17-3 所示，其中两级二阶（MFB）低通滤波器 A_1、A_2 滤去 4kHz（语音）以上的高频成分，反相器 A_3 用于隔离混响器的输出与输入级间的相互影响。RP_1 控制混响器的输入电压，RP_2 控制 MN3207 的输出平衡以减小失真，RP_3 控制延时时间，RP_4 控制混响器的输出电压。

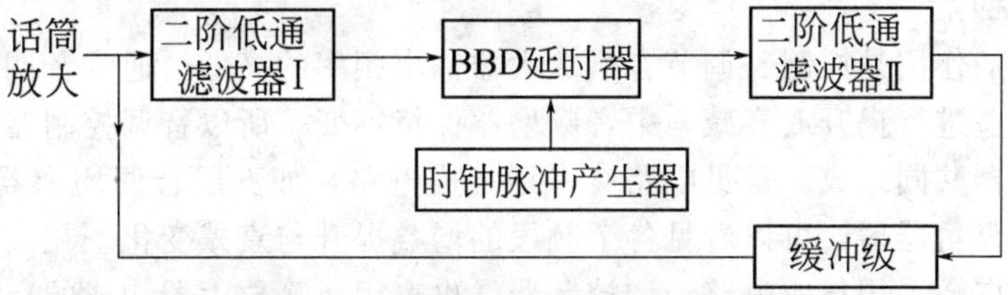

图 17-2 电子混响器组成框图

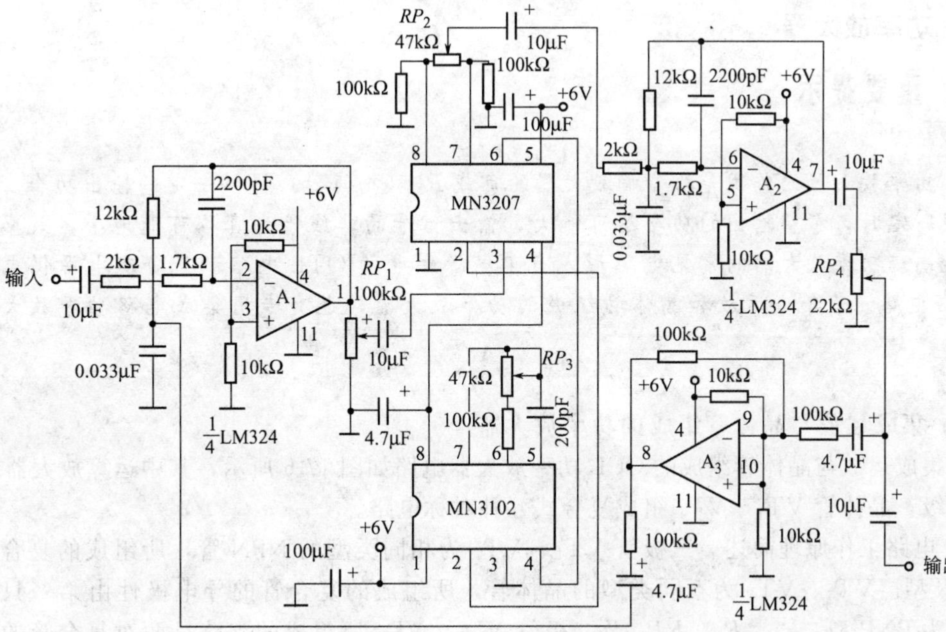

图 17-3 电子混响器制作电路

(3) 混合前置放大器

混合前置放大器的作用是将磁带放音机输出的音乐信号与电子混响后的声音信号进行混合放大。其电路如图 17-4 所示，这是一个反相加法器电路，输出与输入电压间的关系为：

$$u_o = -\left(\frac{R_F}{R_1}u_1 + \frac{R_F}{R_2}u_2\right)$$

式中，u_1 为话筒放大器输出电压；u_2 是录音机输出电压。

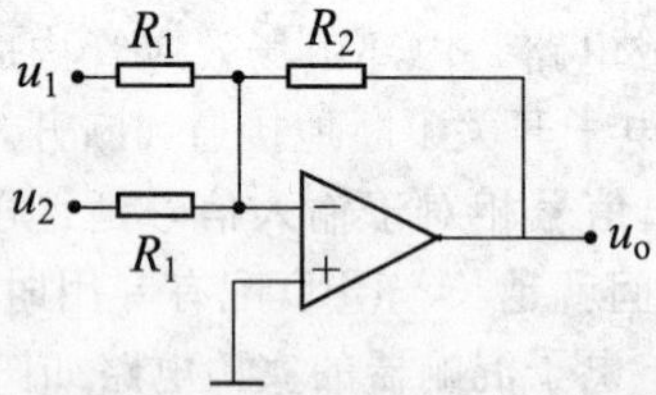

图 17-4　混合前置放大器

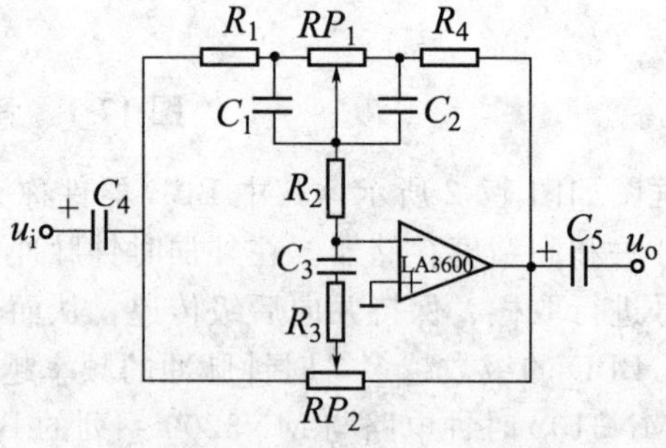

图 17-5　音调控制电路

音响放大器的性能主要由音调控制器与功率放大器决定。

2. 音调控制器

音调控制器的作用是控制、调节音响放大器输出频率的高低。通常音调控制器只对低音频或高音频的增益进行提升或衰减，中音频增益保持不变。所以音调控制器的电路由低通滤波器与高通滤波器共同组成。常见电路有专用集成电路，如五段音调均衡器 LA3600，外接发光二极管频段显示器后，可以看见各个频段的增益提升与衰减变化。在高中档收录机、汽车音响等设备中广泛采用集成电路音调控制器。也有用运算放大器构成的音调控制器，如图 17-5 所示。这种电路调节方便，元器件较少，在一般收录机、音响放大器中应用较多。

3. 功率放大器

重要提示

功率放大器的作用是给音响放大器的负载 R_L（扬声器）提供一定的输出功率。当负载一定时，希望输出的功率尽可能大，输出信号的非线性失真尽可能地小，效率尽可能高。功率放大器的常见电路形式有单电源供电的 OTL 电路和正负双电源供电的 OCL 电路。有集成运放和晶体管组成的功率放大器，也有专用集成电路功率放大器芯片。

(1) 集成运放与晶体管组成的功率放大器

由集成运放与晶体管组成的 OCL 功率放大器电路如图 17-6 所示，其中运算放大器 A 组成驱动级，晶体管 VT_1～VT_4 组成复合式互补对称电路。

① 电路工作原理简述　三极管 VT_1、VT_2 为相同类型的 NPN 管，所组成的复合管仍为 NPN 型。VT_3、VT_4 为不同类型的晶体管，所组成的复合管的导电极性由第一只管决定，即为 PNP 型。R_4、R_5、RP_2 及二极管 VD_1、VD_2 所组成的支路是两对复合管的基极偏置电路。为减小静态功耗和克服交越失真，静态时 VT_1、VT_3 应工作在微导通状态。

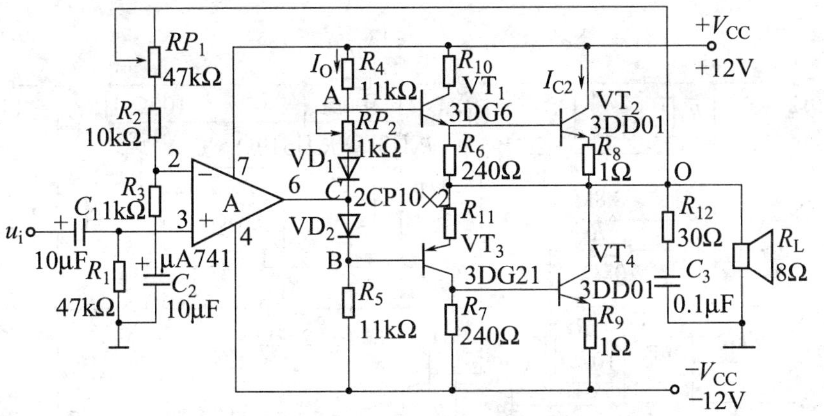

图 17-6 集成运放与晶体管组成的 OCL 功率放大器

二极管 VD_1、VD_2 与三极管 VT_1、VT_3 应为相同类型的半导体材料，如 VD_1、VD_2 为硅二极管 2CPl0，VT_1、VT_3 也应为硅三极管，VT_1 为 3DG6 则 VT_3 可为 3CG21。RP_2 用于调整复合管的微导通状态，其调节范围不能太大，一般采用几百欧姆或 1kΩ 电位器（最好采用精密可调电位器）。安装电路时首先应使 RP_2 的阻值为零，调整输出级静态工作电流或输出波形的交越失真时再逐渐增大阻值。否则静态时因 RP_2 的阻值较大而使复合管的电流过大而损坏。

R_6、R_7 用于减小复合管的穿透电流，提高电路的稳定性，一般为几十欧姆至几百欧姆。R_8、R_9 为直流负反馈电阻，可以改善功率放大器的性能，若阻值与额定功率选取合适，可起过流保护功放管的作用。一般为几欧姆。R_{10}、R_{11} 称为平衡电阻，使 VT_1、VT_3 的输出对称，一般为几十欧姆至几百欧姆。R_{12}、C_3 称为消振网络，可改善负载接扬声器时的高频特性。因扬声器呈感性，易引起高频自激，此容性网络并入可使等效负载呈阻性。此外，感性负载易产生瞬时过压，有可能损坏晶体三极管 VT_2、VT_4。R_{12}、C_3 的取值视扬声器的频率响应而定，以效果最佳为好。一般 R_{12} 为几十欧姆，C_3 为几千皮法至几百微法。

重要提示

功率放大器在交流信号输入时的工作过程如下：当音频信号 u_i 为正半周时，运算放大器 A 的输出端电位 u_C 上升，u_B 亦上升，结果 VT_3、VT_4 截止，VT_1、VT_2 导通，负载 R_L 中只有正向电流 I_L，且随 u_i 增加而增加。反之，当 u_i 为负半周时，负载 R_L 中只有反向电流 I_L 且随 u_i 的负向增加而增加。只有当 u_i 变化一周时负载 R_L 才可获得一个完整的交流信号。

② 静态工作点设置　设电路参数全对称。静态时功率放大器的输出端 O 点对地的电位应为零，即 $U_0=0$，常称 O 点为“交流零点”。电阻 R_1 接地，一方面决定了同相放大器 A 的输入电阻，另一方面保证了静态时同相端电位为零，即 $U_+=0$。由于运放 A 的反相端经 R_3、RP_1 接交流零点，所以 $U_C=0$。故静态时运算放大器的输出 $U_C=0$。R_3、RP_1 构成的负反馈支路能够稳定交流零点的电位为零，对交流信号亦起负反馈作用。调节 RP_1 电位器可改变负反馈深度。电路的静态工作点主要由 I_0 决定，I_0 过小会使晶体管 VT_2、VT_4 工作在乙类状态，输出信号会出现交越失真，I_0 过大会增加静态功耗使功率放大器的效率降低。综合考虑，对于几瓦的功率放大器，一般取 $I_0=1\sim3$mA，以使 VT_2、VT_4 工作在甲乙类状态。

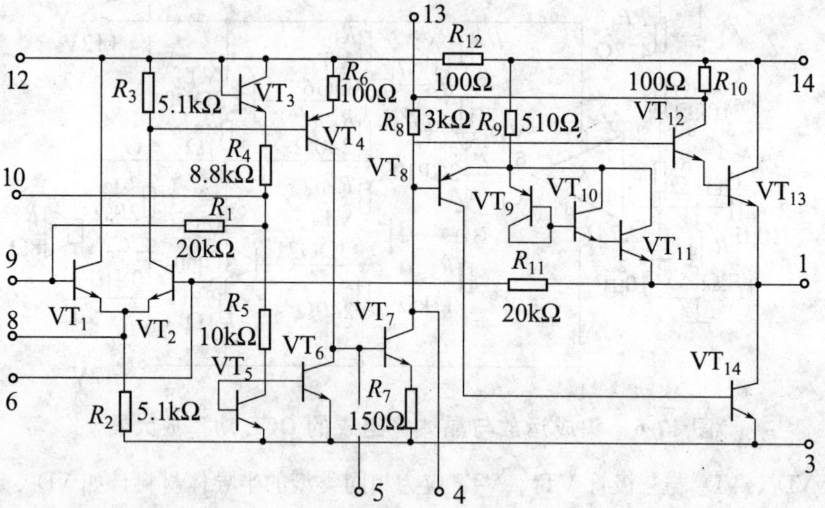

图 17-7　LA4100-LA4102 集成功放的内部电路

③ LA4100-LA4102 集成音频功率放大器　目前在音响设备中广泛采用集成功率放大器，因其具有性能稳定，工作可靠及安装调试简单等优点。下面介绍 LA4100-LA4102 系列内部电路及外围电路。它的内部电路如图 17-7 所示。它由输入级、中间级和输出级三部分所组成。其中 VT_1、VT_2 为差动输入级。VT_3、R_4、R_5 及 VT_5 组成分压网络，一方面为 VT_1 提供静态偏置电压，另一方面为 VT_5、VT_6 组成的镜像恒流源提供参考电流。VT_4、VT_7 组成两级电压放大器，具有较高的电压增益。VT_8、VT_{14} 组成的 PNP 型复合管与 VT_{12}、VT_{13} 组成的 NPN 型复合管共同构成互补对称推挽输出电路。R_9、VT_9～$_{\text{V}}T_{11}$ 为电平移动电路，给末级功放提供合适的静态偏置。R_{11} 接于输出端和 VT_2 的基极之间，构成很深的直流负反馈，可以稳定静态工作点，提高共模抑制比。此集成功放采用单电源供电方式接成 OTL 电路形式，也可以采用正负双电源供电方式（脚接负电源）接成 OCL 电路形式。

(2) 集成功放的典型应用电路

LA4100～LA4102 集成功放接成 OTL 形式的电路如图 17-8 所示，外部元件的作用如下：R_F、C_F 与内部电阻 R_{11} 组成交流负反馈支路，控制电路的闭环电压增益，即

$$A_{uf} \approx R_{11}/R_F$$

C_B 为相位补偿。C_B 减小，频带增加，可消除高频自激。C_B 一般取几十至几百皮法。

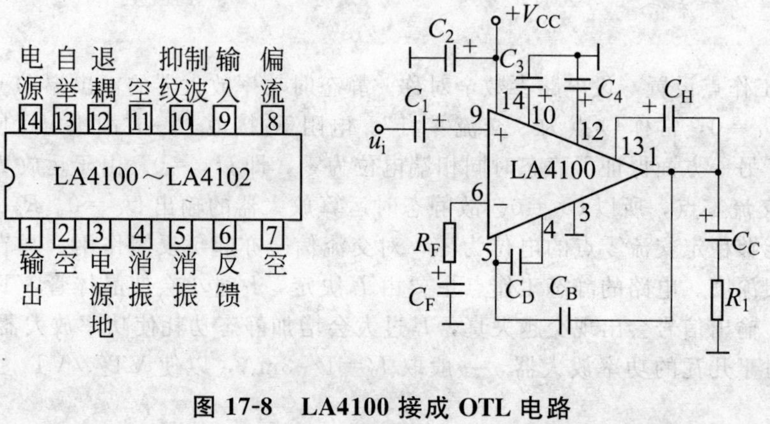

图 17-8　LA4100 接成 OTL 电路

C_C 为 OTL 电路的输出端电容，两端的充电电压等于 $V_{CC}/2$，C_C 一般取耐压大于 $V_{CC}/2$ 的几百微法电容。

C_D 为反馈电容，消除自激振荡，C_D 一般取几百皮法。

C_H 是自举电容，使复合管 VT_{12}、VT_{13}的导通电流不随输出电压的升高而减小。

C_3、C_4 是滤除纹波，一般取几十至几百微法。

C_2 是电源退耦滤波，可消除低频自激。

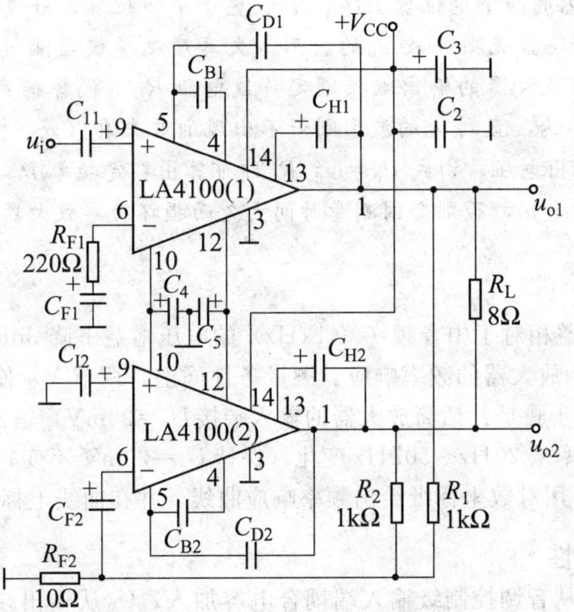

图 17-9　LA4100 接成 BTL 电路

由两片 LA4100 接成的 BTL 功率放大器电路如图 17-9 所示。输入信号 u_i 经 LA4100（1）放大后，获得同相输出电压 u_{o1}，其电压增益 $A_{uf1} \approx R_{11}/R_{F1}$（40dB）经外部电阻 R_1、R_{F2} 组成的衰减网络加到 LA4100（2）的反相输入端，衰减量为－40dB，这样两个功放的输入信号大小相等、方向相同。如果使 LA4100（2）的电压增益 $A_{uf2}=A_{uf1}$，则两个功放的输出电压 u_{o2} 与 u_{o1} 大小相等、方向相反，因而 R_L 两端的电压 $u_L=2u_{o1}$，输出功率由于接成 BTL 电路形式则比 OTL 形式要增加 4 倍，实际上获得的输出功率只有 OTL 形式的 2～3 倍。

重要提示

BTL 电路的优点是在较低的电源电压下，能获得较大的输出功率，通常采用双声道集成功率放大器来实现，如 LA4182，其内部有两个完全相同的集成功放。需要注意的是，对于 BTL 电路，负载的任何一端都不能与公共地线相短接，否则会烧坏功放块。图 17-9 中的其他元件参数与 OTL 电路形式的完全相同。

三、音响放大器主要技术指标及测试方法

1. 额定功率

音响放大器输出失真度小于某一数值（如 5%）时的最大功率称为额定功率。其表达式为

$$P_o = U_o^2 / R_L$$

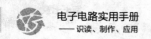

式中，R_L为额定负载阻抗；U_o（有效值）为 R_L两端的最大不失真电压。

重要提示

测量 P_o的条件如下：信号发生器输出频率 $f_1=1\text{kHz}$，输入电压有效值 $U_i=20\text{mV}$，音调控制器的两个电位器 RP_1、RP_2 置于中间位置，音量控制电位器 RP_3 置于最大值，双踪示波器观测 u_i及 u_o的波形，失真度测量仪监测 u_o的波形失真。测量 P_o的步骤是：功率放大器的输出端接额定负载电阻 R_L（代替扬声器），输入端接 u_i，逐渐增大输入电压 U_i，直到 u_o的波形刚好不出现削波失真（或 $\gamma<3\%$），此时对应的输出电压为最大输出电压，由式 $P_o=U_0^2/R_L$即可算出额定功率 P_o，请注意，最大输出电压测量应迅速减小 u_i，否则会因测量时间太久而损坏功率放大器。

2. 频率响应

放大器的电压增益相对于中音频 f_0（1kHz）的电压增益下降 3dB 时所对应的低音频率 f_L和高音频率 f_H称为放大器的频率响应。测量条件同上，调节 W_3 使输出电压约为最大输出电压的 50%。测量步骤是：话筒放大器的输入端接$U_i=20\text{mV}$，输出端接音调控制器，使信号发生器的输出频率从 20Hz～50kHz 变化（保持 $U_i=20\text{mV}$ 不变），测出负载电阻 R_L 上对应的输出电压 U_o，用对数坐标纸绘出频率响应曲线，并在曲线上标注 f_L与 f_H值。

3. 音调控制特性

U_i（=100mV）从音调控制级输入端耦合电容加入，U_o从输出端耦合电容引出。先测 1kHz 处的电压增益 A_{u0}，再分别测低频特性和高频特性。测低频特性：将 W_1 的滑臂分别置于最左端和最右端时，频率从 20Hz～1kHz 变化，记下对应的电压增益。同样，测高频特性是将 W_2 的滑臂分别置于最左端和最右端，频率从 1kHz～50Hz 变化，记下对应的电压增益。

4. 输入阻抗

从音响放大器输入端（如话筒放大器输入端）看进去的阻抗称为输入阻抗 R_i。如果接高阻话筒，R_i 应远大于 20kΩ；接电唱机，R_i 应远大于 500kΩ。R_i 的测量方法与放大器的输入阻抗测量方法相同。

5. 输入灵敏度

使音响放大器输出额定功率时所需的输入电压（有效值）称为输入灵敏度 U_s。测量条件与额定功率的测量相同，测量方法是，使 U_i从零开始逐渐增大，直到 U_i达到额定功率值时对应的电压值，此时对应的 U_i值即为输入灵敏度。

6. 噪声电压

音响放大器的输入为零时，输出负载 R_L 上的电压称为噪声电压 U_N。测量条件同上，测量方法是，使输入端对地短路，音量电位器为最大值，用示波器观测输出负载 R_L的电压波形，用交流电压表测量其有效值。

7. 整机效率

$$\eta = (P_o / P_V) \times 100\%$$

式中　P_o——输出的额定功率；

P_V——输出额定功率时所消耗的电源功率。

四、电路安装与调试技术

1. 合理布局，分级装调

音响放大器是一个小型电路系统，安装前要将各级进行合理布局，一般按照电路的顺序一级一级地布局，功放级应远离输入级，每一级的地线尽量接在一起，连线尽可能短，否则很容易出现自激。

重要提示

安装前应检查元器件的质量，安装时特别要注意功放块，运算放大器，电解电容等主要器件的引脚和极性，不能接错。从输入级开始向后级安装，也可以从功放级开始向前逐级安装。安装一级调试一级，安装两级要进行级联调试，直到整机安装与调试完成。

2. 电路的调试

电路的调试过程一般是先分级调试，再级联调试，最后整机调试与性能指标测试。

分级调试又分为静态调试与动态调试。静态调试时，将输入端对地短路，用万用表测该级输出端对地的直流电压。话放级、混合级、音调级都是由运算放大器组成的，其静态输出直流电压均为$V_{CC}/2$，功放级的输出（OTL 电路）也为$V_{CC}/2$，且输出电容C_C两端充电电压也应为$V_{CC}/2$。动态调试是指输入端接入规定的信号，用示波器观测该级输出波形，并测量各项性能指标是否满足题目要求，如果相差很大，应检查电路是否接错，元器件数值是否合乎要求，否则是不会出现很大偏差的，因为集成运算放大器内部电路已经确定，主要是外部元件参数的影响。

单级电路调试时的技术指标较容易达到，但进行级联时，由于级间相互影响，可能使单级的技术指标发生很大变化，甚至两级不能进行级联。产生的主要原因是布线不太合理，连接线太长，使级间影响较大，阻抗不匹配。如果重新布线还有影响，可在每一级的电源间接入 RC 去耦滤波电路，电阻一般取几十欧，电容一般取几百微法。特别是与功放级进行级联时，由于功放级输出信号较大，对前级容易产生影响，引起自激。常见高频自激现象如图 17-10 所示，产生的主要原因是集成块内部电路引起的正反馈，可以加强外部电路的负反馈予以抵消，如功放级⑤脚与①脚之间接入几百皮法的电容，形成电压并联负反馈，可消除叠加的高频毛刺。常见的低频自激现象是电源电流表有规则地左右摆动，或示波器上的输出波形上下抖动。产生的主要原因是输出信号通过电源及地线产生了正反馈。可以通过接入 RC 去耦滤波电路消除。为满足整机电路指标要求，可以适当修改单元电路的技术指标。

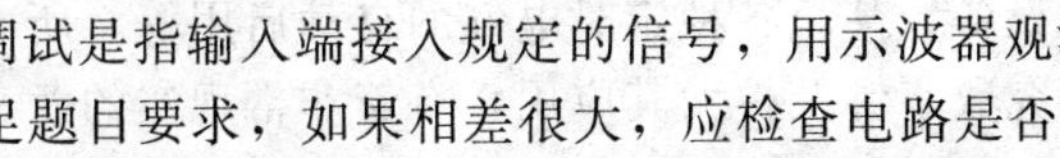

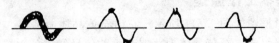

图 17-10　常见高频自激现象

3. 整机功能试听

用 8W/4W 的扬声器代替负载电阻 R_L，进行以下功能试听。

功能试听

话筒扩音：将低阻话筒接话筒放大器的输入端。应注意，扬声器的方向与话筒方向相反，否则扬声器的输出声音经话筒输入后，会产生自激啸叫。讲话时，扬声器传出的声音应清晰，改变音量电位器，可控制声音大小。

电子混响效果：将电子混响器模块接话筒放大器的输出。用手轻拍话筒一次，扬声器发出多次重复的声音，微调时钟频率，可以改变混响延时时间。

音乐欣赏：将录音机输出的音乐信号，接入混合前置放大器，改变音调控制级的高低音调控制电位器，扬声器的输出音调发生明显变化。

卡拉OK伴唱：录音机输出卡拉OK磁带歌曲，手握话筒伴随歌曲歌唱，适当控制话筒放大器与录音机输出的音量电位器，可以控制歌唱声音量与音乐声音量之间的比例，调节混响延时时间可修饰、改善唱歌的声音。

第二节 数字电子钟

钟表的数字化给人们生产生活带来了极大的方便，而且大大地扩展了钟表原先的报时功能。诸如定时自动报警、按时自动打铃、时间程序自动控制、定时广播、定时启闭路灯、定时开关烘箱、通断动力设备，甚至各种定时电气的自动启用等，所有这些，都是以钟表数字化为基础的。因此，研究数字钟及扩大其应用，有着非常现实的意义。

一、制作目的

① 掌握数字钟的设计、组装与调试方法。

② 熟悉集成电路的使用方法。

二、制作内容要求

① 制作一个有“时”、“分”、“秒”（23小时59分59秒）显示且有校时功能的电子钟。

② 用中小规模集成电路组成电子钟，并在实验箱上进行组装、调试。

③ 画出框图和逻辑电路图，写出设计、制作总结报告。

④ 选做：a. 闹钟系统。b. 整点报时。在59分51秒、53秒、55秒、57秒输出750Hz音频信号，在59分59秒时输出1000Hz信号，音响持续1秒，在1000Hz音响结束时刻为整点。c. 日历系统。

三、数字电子钟基本工作原理

数字电子钟的逻辑框图如图17-11所示。它由石英晶体振荡器、分频器、计数器、译码器、显示器和校时电路组成，石英晶体振荡器产生的信号经过分频器作为秒脉冲，秒脉冲送入计数器计数，计数结果通过“时”、“分”、“秒”译码器显示时间。

(1) 石英晶体振荡器

石英晶体振荡器的特点是振荡频率准确、电路结构简单、频率易调整。它还具有压电效应，在晶体某一方向加一电场，则在与此垂直的方向产生机械振动，有了机械振动，就会在相应的垂直面上产生电场，从而使机械振动和电场互为因果，这种循环过程一直持续到晶体的机械强度限制时，才达到最后稳定，这种压电谐振的频率即为晶体振荡器的固有频率。

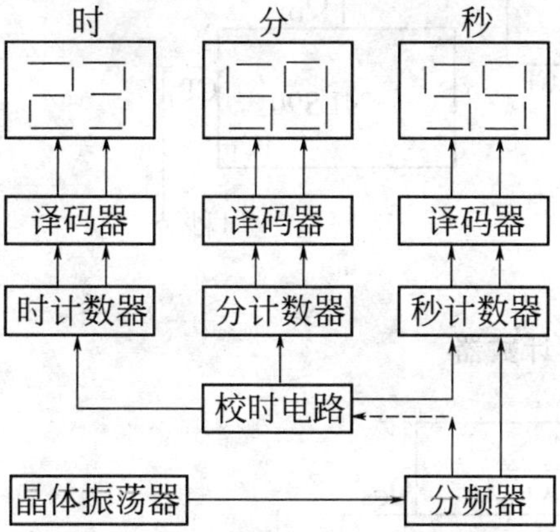

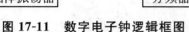

图 17-11　数字电子钟逻辑框图

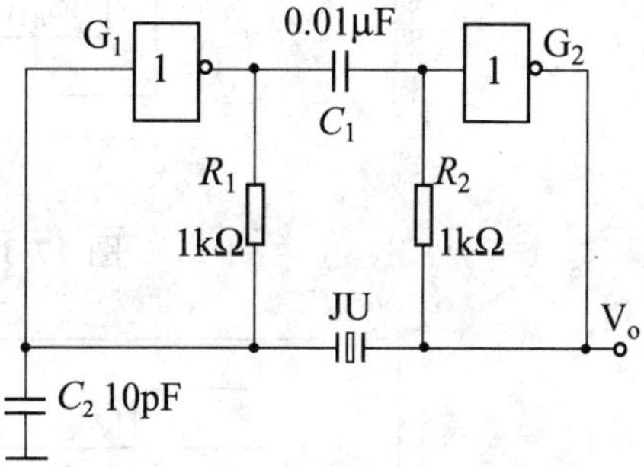

图 17-12　石英晶体振荡器电路

用反相器与石英晶体构成的振荡电路如图 17-12 所示。利用两个非门 G_1 和 G_2 自我反馈，使它们工作在线性状态，然后利用石英晶体 JU 来控制振荡频率，同时用电容 C_1 来作为两个非门之间的耦合，两个非门输入和输出之间并接的电阻 R_1 和 R_2 作为负反馈元件用，由于反馈电阻很小，可以近似认为非门的输出输入压降相等。电容 C_2 是为了防止寄生振荡。例如：电路中的石英晶振频率是 4MHz 时，则电路的输出频率为 4MHz。

(2) 分频器

由于石英晶体振荡器产生的频率很高，要得到秒脉冲，需要用分频电路。例如，振荡器输出 4MHz 信号，通过 D 触发器（74LS74）进行 4 分频变成 1MHz，然后送到 10 分频计数器（74LS90，该计数器可以用 8421 码制，也可以用 5421 码制），经过 6 次 10 分频而获得 1Hz 的方波信号作为秒脉冲信号。

(3) 计数器

秒脉冲信号经过 6 级计数器，分别得到“秒”、“分”、“时”个位、十位的计时。“秒”“分”计数器为 60 进制，小时为 24 进制。

重要提示

60 进制计数：“秒”计数器电路与“分”计数器电路都是 60 进制，它由一级 10 进制计数器和一级 6 进制计数器连接构成，如图 17-13 所示，采用两片中规模集成电路 74LS90 串接起来构成的“秒”、“分”计数器。

IC_1 是十进制计数器，Q_{D1} 作为十进制的进位信号，74LS90 计数器是十进制异步计数器，用反馈归零方法实现十进制计数，IC_2 和与非门组成六进制计数。74LS90 是在 CP 信号的下降沿翻转计数，Q_{A2} 和 Q_{C2} 相与 0101 的下降沿，作为“分”（“时”）计数器的输入信号。Q_{B2} 和 Q_{C2} 0110 高电平 1 分别送到计数器的清零 $R_{0(1)}$、$R_{0(2)}$，74LS90 内部的 $R_{0(1)}$ 和 $R_{0(2)}$ 与非后清零而使计数器归零，完成六进制计数。由此可见 IC_1 和 IC_2 串联实现了六十进制计数。

24 进制计数：小时计数电路是由 IC_5 和 IC_6 组成的 24 进制计数电路，如图 17-14 所示。

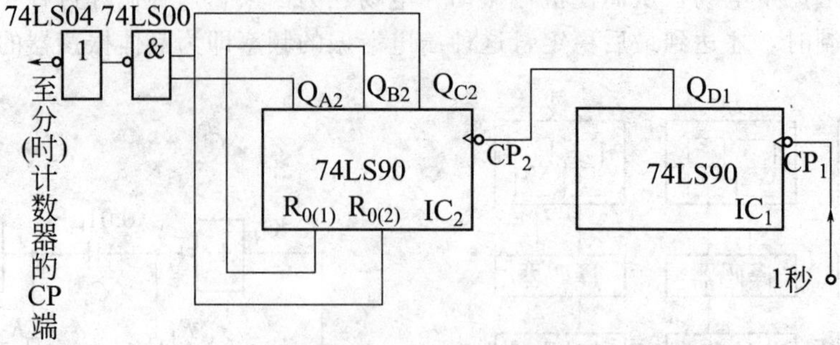

图 17-13　60 进制计数器

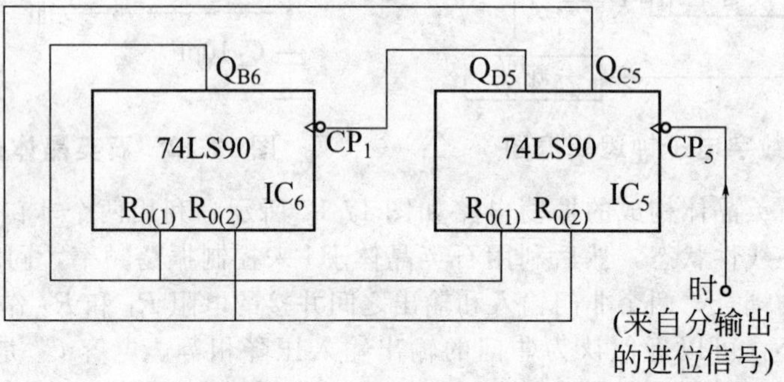

图 17-14　24 进制计数电路

当“时”个位 IC_5 计数输入端 CP_5 来到第 10 个触发信号时，IC_5 计数器复零，进位端 Q_{D5} 向 IC_6 “时”十位计数器输出进位信号，当第 24 个“时”（来自“分”计数器输出的进位信号）脉冲到达时，IC_5 计数器的状态为“0100”，IC_6 计数器的状态为“0010”，此时“时”个位计数器的 Q_{C5} 和“时”十位计数器的 Q_{B6} 输出为“1”。把它们分别送到 IC_5 和 IC_6 计数器的清零端 $R_{0(1)}$ 和 $R_{0(2)}$，通过 74LS90 内部的 $R_{(1)}$ 和 $R_{(2)}$ 与非后清零，计数器复零，完成 24 进制计数。

(4) 译码器

译码是将给定的代码进行翻译。计数器采用的码制不同，译码电路也不同。

74LS48 驱动器是与 8421BCD 编码计数器配合用的七段译码驱动器。74LS48 配有灯测试 LT、动态灭灯输入 RBI、灭灯输入/动态灭灯输出 BI/RBO，当 LT＝“0”时，74LS48 输出全“1”。74LS48 的使用方法参看 TTL 使用手册。

74LS48 的输入端和计数器对应的输出端、74LS48 的输出端和七段显示器的对应段相连。

(5) 显示器

本系统用七段发光二极管来显示译码器输出的数字，显示器有两种：共阳极或共阴极显示器。74LS48 译码器对应的显示器是共阴（接地）显示器。

(6) 校时电路

校时电路实现对“时”、“分”、“秒”的校准。在电路中设有正常计时和校时位置。“秒”、“分”、“时”的校准开关分别通过 RS 触发器控制。

四、制作要点

组装电子钟时应注意器件引脚的连接一定要准确，“悬空端”、“清 0 端”、“置 1 端”要正确处理，调试步骤和方法如下：

重要提示

(1) 用示波器检测石英晶体振荡器的输出信号波形和频率，晶振输出频率应为4MHz。

(2) 将频率为4MHz的信号送入分频器，并用示波器检查各级分频器的输出频率是否符合设计要求。

(3) 将1秒信号分别送入“时”、“分”、“秒”计数器，检查各级计数器的工作情况。

(4) 观察校时电路的功能是否满足校时要求。

(5) 当分频器和计数器调试正常后，观察电子钟是否准确正常地工作。

五、 元器件选择

(1) 七段显示器（共阴极）	6片
(2) 74LS48	6片
(3) 74LS90	12片
(4) 4MHz石英晶体	1片
(5) 74LS10，74LS00	10片
(6) 74LS04	1片
(7) 74LS74	1片
(8) 电阻、电容、导线等	

第三节 调频收音机

该调频收音机利用FM/AM收音机集成芯片CXA1019和锁相频率合成器调谐芯片BU2614制成。

一、电路工作原理

(1) 系统框图

调频收音机系统由单片机、频率合成器、接收机三部分构成，系统框图如图17-15所示。

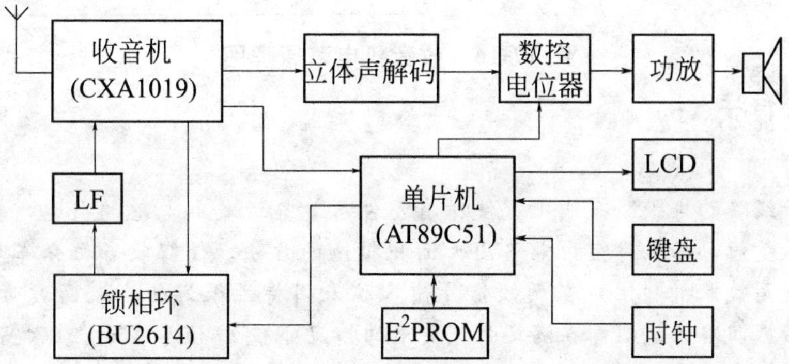

图17-15 调频收音机系统框图

重要提示

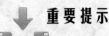

从天线输入的信号经过 88～108MHz 带通滤波器后送入 CXA1019，经过混频、鉴频、立体声解码、音频放大电路，最后还原出音频信号。单片机是整机的控制核心，通过键盘使单片机控制 BU2614 的分频比，从而达到选台的目的。同时通过键盘经单片机调整音量大小、调整时钟和选存电台，各项操作提示和操作结果通过 LCD 显示出来。

(2) 收音机电路原理

收音机采用 CXA1019 的典型电路制作，如图 17-16 所示，因为超外差收音机具有灵敏度高、选择性好、在波段内的灵敏度均匀等优点，所以采用超外差接收方式。其中频频率选符合 FM 频段标准的 10.7MHz，本振频率比接收信号频率要高 10.7MHz。

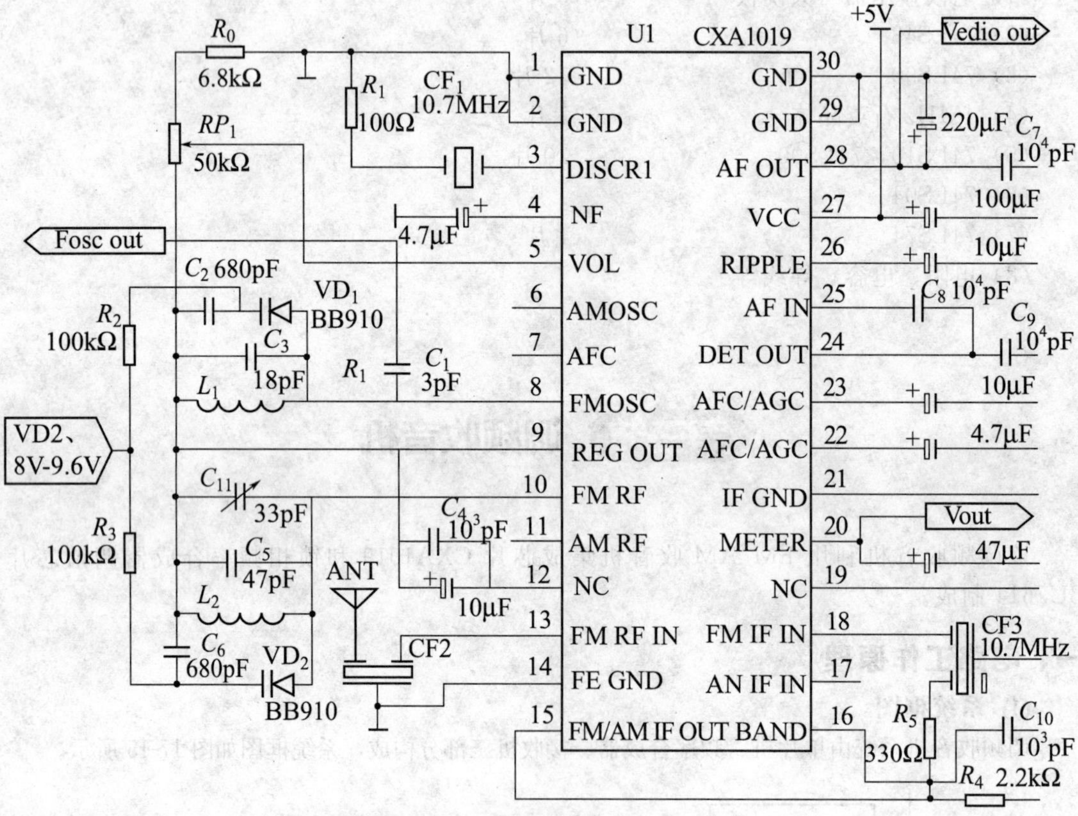

图 17-16　收音机电路原理图

重要提示

在电子线路的排版、布线上，使所有元件尽量靠近集成电路的引脚，特别是谐振回路走线尽量短，并且对空白电路用大面积接地的方法，使得收音机分布参数影响最小。为了提高镜像抑制比，在调频信号输入端采用特性很好的声表面波带通滤波器，仔细调整谐振回路的线圈，在满足带宽要求的情况下使 Q 值尽量大，以提高电路的选择性，达到提高镜像抑制比的目的。

(3) 频率合成器及环路滤波电路

以 BU2614 为核心构成的锁相环频率合成器和环路滤波电路如图 17-17 所示。BU2614 的最高工作频率可达到 130MHz，采用串行数据输入控制方式。

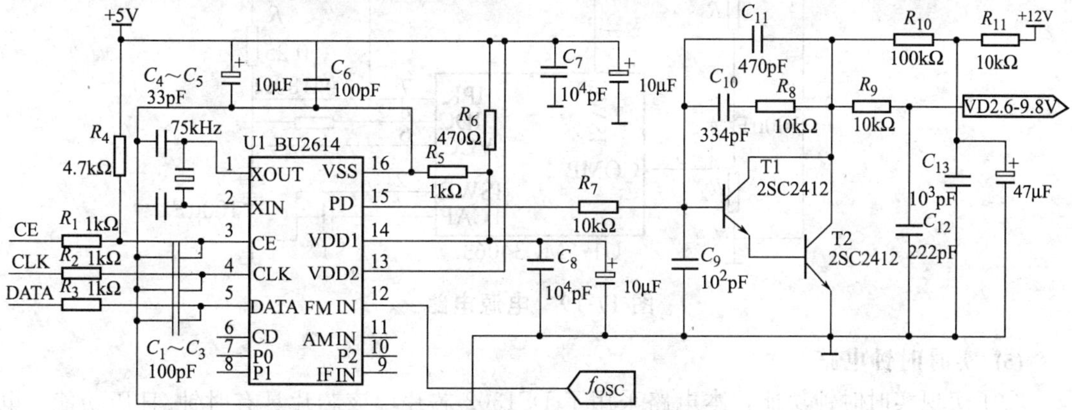

图 17-17　频率合成器和环路滤波电路

图 17-18 是锁相环的原理简图。锁相环的工作原理为：锁相环路锁定时，鉴相器的两个输入频率相同，即：$f_r=f_d$，本电路中参考频率 f_r 取 1kHz，主要是为了提高锁台精度。f_d 是本振频率 f_{OSC} 经 N 分频以后得到的，即：$f_d=f_{OSC}/N$，所以本振频率 $f_{OSC}=f_d\times N$。通过改变分频次数 N，VCO 输出的频率将被控制在不同的频率点上。

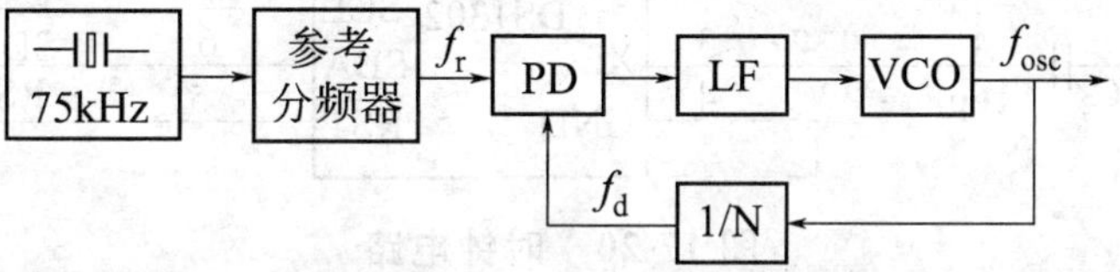

图 17-18　锁相环原理图

重要提示

> 因为基准频率 f_r 是由晶振分频得到的，所以本振频率的稳定度几乎与晶振的稳定度一样高。由于调频信号载波范围为：88MHz＜f_{in}＜108MHz，根据超外差收音机的原理，可知本振频率为 $f_{OSC}=f_{in}+f_m$，分频器的分频次数为 $N=f_{OSC}/f_r$，选取中频频率 f_m 为 10.7MHz，则本振频率范围为：98.7MHz＜f_{OSC}＜118.7MHz，故输入 BU2614 的分频次数 N 的范围为 $f_{OSC(min)}/f_r<N<f_{OSC(max)}/f_r$，即 98700＜$N$＜118700。

通过单片机将相应的 N 值输入 BU2614，即可达到选台的目的。

(4) 电源电路

由于变容二极管需要 2.6～9.8V 的反向偏置调谐电压，单片机工作电压为 5V，为满足整机 3V 供电的要求，可采用 DC-DC 变换器 MC34063。为提高电压转换效率，用两片 MC34063 分别将直流＋3V 电压升压到＋12V 和＋5V。MC34063 升压输出特性如下：

$$U_{out}=1.25(R_1/R_2)$$

一片 MC34063 将 3V 电压升至 5V，此时选 $R_1=2.7\text{k}\Omega$，$R_2=8.2\text{k}\Omega$。另外一片升至 12V，此时 $R_1=4.7\text{k}\Omega$，$R_2=40\text{k}\Omega$。大电流条件下，电源效率有所下降，本机工作电流小，3V 单电源供电时，电流仅为 160mA，效率在 80％以上。具体＋3V 升压为＋5V 和＋12V

电路如图 17-19 所示。

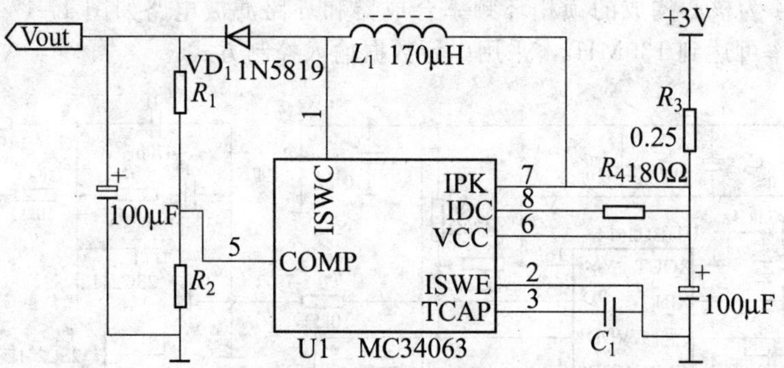

图 17-19 电源电路

(5) 实时时钟电路

为了实现实时时钟功能，本电路采用了 DS1302 芯片，该芯片具有时钟/日历功能，电路中配备了两粒纽扣式后备电池，以保证 DS1302 在外电源中断后正常计时，在收音机开机后，可以通过键盘校准 DS1302 的时间、日历。时钟电路见图 17-20。

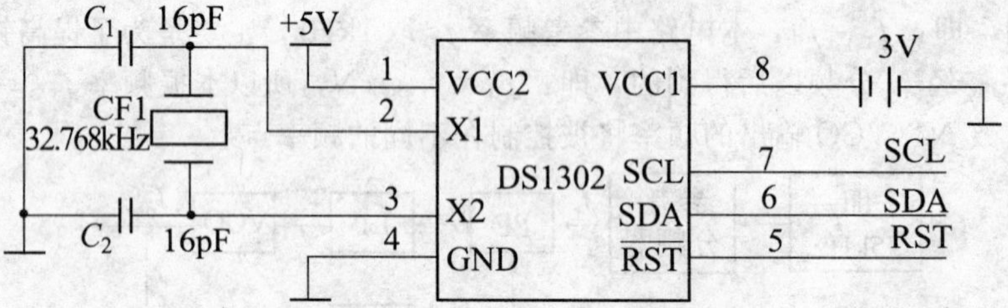

图 17-20 时钟电路

(6) 电台锁存电路

自动搜索并存储电台是本收音机最突出的功能之一，为了准确存台，仅仅靠对 CXA1019 调谐指示（⑳脚）输出作出高低电平识别是不可靠的。在本电路中，通过锁相环 CD4046 将调谐指示端的电压变化变换为频率信号。当接收到强电台信号时，由 CD4046 构成的压控振荡器的振荡频率在电台信号最强处输出频率最低，那么通过单片机跟踪 CD4046 的输出频率，在检测到某调频频率点的 CD4046 输出频率处于最低，那么就可以判断该调频频率点即为信号最强点，单片机即可对该频率点锁存。图 17-21 是用 CD4046 组成的 V/F 变换器示意图。

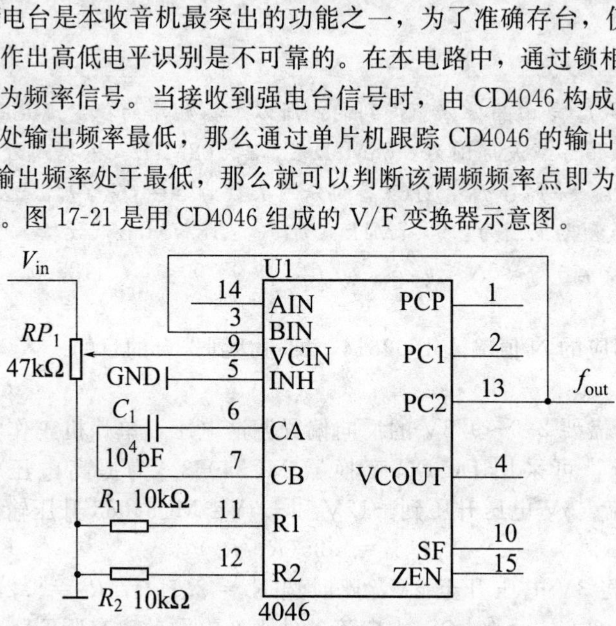

图 17-21 V/F 变换器示意图

二、软件设计

重要提示

软件设计的关键部分是对锁相环 BU2614 的正确控制，其他部分软件这里不再介绍。BU2614 采用了标准的 I^2C 总线控制方式，它与单片机的连接仅需 CK、DA、CE 三条线，如图 17-22 所示。根据数据输入时序图，可方便地将分频次数 N 和控制字节输入 BU2614。例如要接收频率为 100MHz 的电台，则

$$N=f_{OSC}/f_r=(f_{in}+f_m)/f_r=(10^8+1.07\times10^7)/10^3=110700$$

实际输入 BU2614 的数据（分频次数 N 是实际输入数据的两倍）：

$$DA=N/2=110700(D)/2$$
$$=55350(D)=D836(H)$$

相应的命令字节为 8200（H）。

依据先低位后高位的次序将 DA 和命令字节依次输入 BU2614，即可将接收频率稳定在 100MHz。图 17-23 是系统软件流程图。

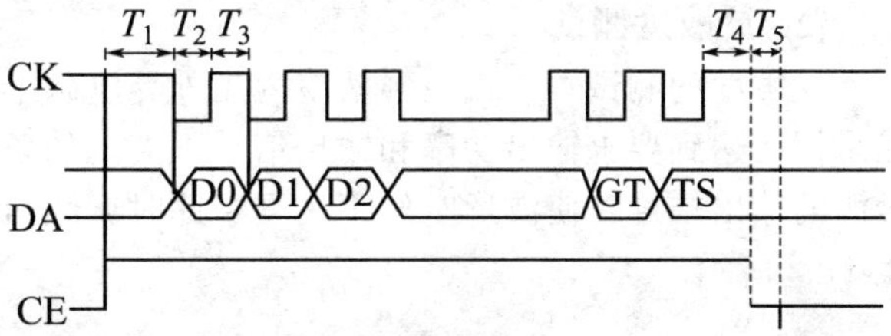

图 17-22

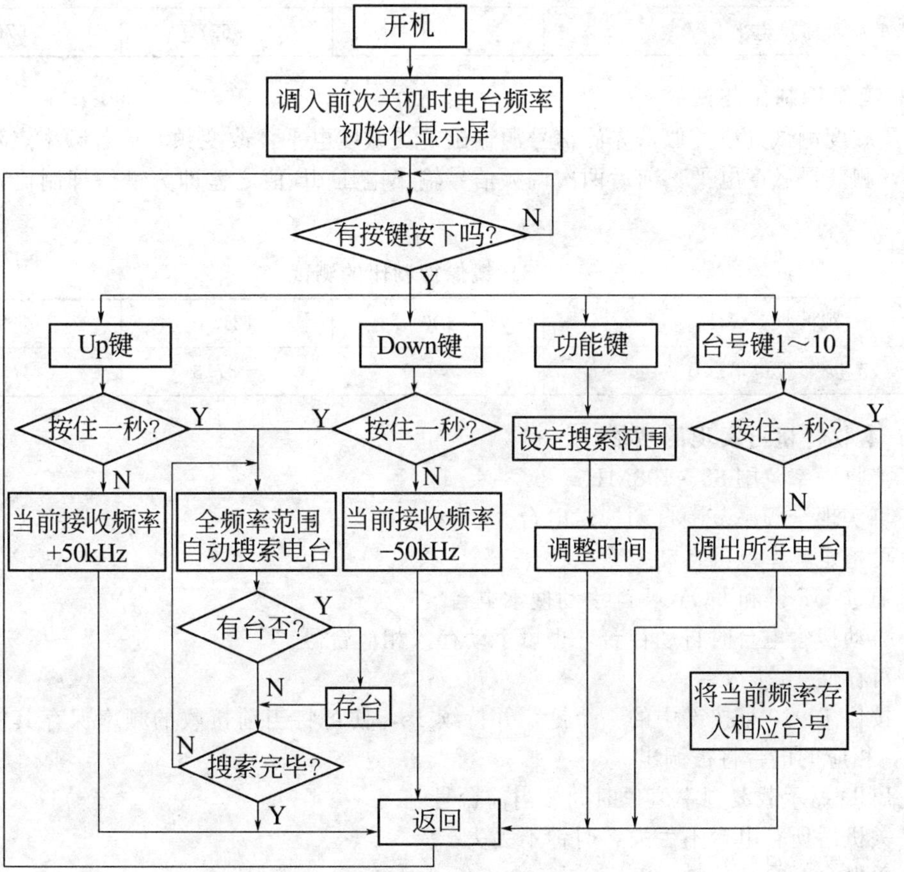

图 17-23　系统软件流程图

三、测试方法与测试数据

(1) 最大不失真功率测试

调频信号源载频分别为88MHz、98MHz、108MHz，调制频率为1kHz，频偏为75kHz时，接收机分别调谐在88MHz、98MHz、108MHz点上，改变电位器使负载（8Ω）两端电压波形失真最小，记下 R_L 两端电压 U_O，按 $P=U_O^2/R_L$，计算最大不失真功率见表17-1。

表17-1　各频率最大不失真功率

频率/MHz	88	98	108
喇叭输出功率/mW	490	490	386

(2) 灵敏度测试

灵敏度的测试本应该在屏蔽室内无外界电磁干扰的条件下测量，但是受条件的限制，只能采用在达到要求输出功率和输出信号不失真的条件下，测试输入信号的最小幅度。减小信号源的输出幅度，使波形刚好不失真，此时调频信号源输出的电平即为灵敏度电平。实测见表17-2所示。

表17-2　灵敏度的测试数据

频率/MHz	88	98	108
喇叭输出功率/mW	423	423	287
灵敏度电平/μV	399	396.7	576

(3) 镜像抑制比测试

与灵敏度测试方法类似，先测信号源输出的灵敏度电平，改变频率为各频率点对应的镜像频率，测其灵敏度电平。前后两次调频信号输出电压dB值之差即为镜像抑制比，数据见表17-3所示。

表17-3　镜像抑制比的测试

载波频率/MHz	100	121.4	差值
灵敏度电平/dB	−74.9	−37.3	37.6

(4) 本收音机可实现的功能

① 接收频率范围88～108MHz。

② 可实现全频率范围自动搜索电台。

③ 可指定频率范围自动搜索电台。

④ 通过UP键和DOWN键手动搜索电台。

⑤ 自动搜索电台时自动存台，也可手动存入相应台号。

⑥ 可存储10个电台。

⑦ 按住1～10号按键中的一个键，并持续1s，便可将当前接收的频率保存其中，每按键一次，相应的电台将被调出。

⑧ LCD显示载波频率值、时间、当前台号。

⑨ 关机后所存电台不丢失，时钟不丢失。

⑩ 无电台时自动静噪。

⑪ 立体声输出。

⑫ 数控音量调节。

四、制作结果及功能分析

最大不失真功率和灵敏度电平在 108MHz 时偏差较大，这是因为带通滤波器在 108MHz 附近衰减较大，这与理论正好相符。为了提高镜像抑制比参数指标，在调频信号输入端采用特性很好的带通滤波器，仔细调整谐振回路的线圈，使其在可能的情况下 Q 值尽量大，以提高电路的选择性，达到提高镜像抑制比的目的。在功能实现方面，由于使用了 V/F 变换器，实现了精确锁存电台，DC-DC 电路和 LCD 实现了低电压、低功耗。可以说系统功能较强，而数控电位器和立体声解码器则使系统功能进一步完善。

参考文献

[1] 杨邦文. 实用电子小制作150例. 北京：人民邮电出版社，1995.

[2] 杨国治. 新颖实用电子器具制作148例. 北京：人民邮电出版社，1999.

[3] 方德寿. 利用万用表装修电子装置. 北京：国防工业出版社，1994.

[4] 杨家德. 光电技术实用电路精选. 成都：成都科技大学出版社，1996.

[5] 张友汉. 电子线路设计应用手册. 福州：福建科学技术出版社，2000.

[6] 门宏. 精选电子制作图解66例. 北京：人民邮电出版社，2001.

[7] 高吉祥. 电子技术基础实验与课程设计. 北京：电子工业出版社，2002.

[8] 张庆双等. 实用电子电路200例. 北京：机械工业出版社，2004.

[9] 张晓东. 新颖实用电子制作. 福州：福建科学技术出版社，2004.

[10] 周海. 初级电子制作精选. 北京：人民邮电出版社，2001.

[11] 门宏. 图解电子技术快速入门. 北京：人民邮电出版社，2002.

[12] 宋家友. 电子技术速学快用. 福州：福建科学技术出版社，2004.

[13] 吴桂秀. 电子小制作入门：杭州：浙江科学技术出版社，2002.

[14] 薛文，华慧明. 新编实用电子技术快速入门. 福州：福建科学技术出版社，2003.

[15] 任致程等. 青少年及业余爱好者电子制作手册. 北京：科技文献出版社，2002.

[16] 王乃成，郭振武. 晶闸管电路实践. 福州：福建科学技术出版社，1998.

[17] 王乃成，何宇斌. 振荡电路实践. 福州：福建科学技术出版社，1998.

[18] [美] RCA公司. 实用电子电路62例. 李良巧，阎力译. 北京：科学普及出版社，1986.

[19] 金国砥. 无线电装调工入门. 杭州：浙江科学技术出版社，2003.

[20] 孙俊人. 新编电子电路大全（合订本）. 北京：中国计量出版社，2001.

[21] 吴云主编. 典型电子电路160例. 北京：化学工业出版社，2010.

[22] 温正伟. 无线电. 北京：人民邮电出版社，2010.

[23] 陈振官等编著. 光电子电路及制作实例. 北京：国防工业出版社，2007.

[24] 陈立周，陈宇编. 单片机原理及其应用. 第2版. 北京：机械工业出版社，2008.

[25] 赵志杰编著. 集成电路应用识图方法. 北京：机械工业出版社，2003.

[26] 高吉祥编著. 电子技术基础实验与课程设计. 北京：电子工业出版社，2002.

[27] 孙余凯、吴鸣山、项绮明等编著. 555时基电路识图. 北京：电子工业出版社，2007.

[28] 孙俊人编著. 新编电子电路大全（合订本）. 北京：中国计量出版社，2001.

[29] 李辉，张国香编著. 电子电路问答. 第2版. 北京：机械工业出版社，2003.

[30] 胡斌编著. 集成电路识图入门突破. 北京：人民邮电出版社，2009.

欢迎订阅电子类科技图书

书号	书 名	定价/元
电子技术基础系列图书		
13256	图解音频功率放大电路(配视频光盘)(胡斌)	48
12761	555时基实用电路解读(门宏)	29
12648	晶体管实用电路解读(门宏)	29
05700	电子技术(路金星)	30
00736	电子技术基础	16
09587	电子技术速学问答	49
04518	电子设计制作完全指导	39
08071	电子元器件选用与检测一本通	29.8
05699	电工电子技术(郭宏彦)(非电类专业适用)	29
03256	电子产品工艺	42
08157	全国大学生电子设计竞赛赛前训练题精选	39
07823	贴片元器件应用及检测技巧	22
10584	贴片元器件应用速查宝典—代码·型号·简明参数	62
03131	电子工艺入门	23
00147	新编通用电子元器件替换手册	95
07050	电力电子技术及应用	36
03984	怎样用万用表检测电子元器件	28
10334	无线电爱好者——制作与维修	58
05437	电子测量仪器使用和维护	36
08974	卫星电视接收实用技术	48
10009	现代蓄电池电动船舶的电力推进技术	59
电路设计		
02713	Altium Designer6电路图设计百例	38
06582	Cadence完全学习手册	56
03962	快速精通Altium Designer6电路图和PCB设计	49
07626	例解Protel DXP电路板设计	42
08572	LED驱动电路设计与工程施工案例精讲	36
10375	LED照明驱动器设计案例精解	29
06079	绿色照明LED实用技术	49
01968	电子电路综合设计实例集萃	30
10507	电子电路识读一本通	39
实用电路		
07718	典型电子电路160例	22
9348	新编实用电子电路500例	40
9076	开关电路手册.	58
9333	化工设备电气控制电路详解	25
02218	实用电器电源电路图册	39
9032	注塑机电路维修(二版)	45
7494	注塑机电子电气电路(附光盘)	45
08048	嵌入式硬件系统接口电路设计	48
02237	传感器应用及电路设计	35
电子图说系列图书		
03734	图说VHDL数字电路设计	22
04662	图说模拟电子技术	20
015556	图说数字电子技术	16
电子工程设计与应用百例系列		
04140	51单片机应用设计百例	36
06201	555时基电路应用280例	32

续表

书号	书　名	定价/元
电子工程设计与应用百例系列		
05405	实用电子制作百例	28
05412	数字集成电路应用 260 例	43
02556	Cadence 电路图设计百例	38
零起点系列图书		
06751	零起点就业直通车——电梯的使用与维护	12
06789	零起点就业直通车——电子元器件的识别及安装调试	15
09426	零起点看图学——电子爱好者入门	26
08243	零起点看图学——万用表检测电子元器件	19
实用电子技术培训读本		
7627	实用电子技术培训读本——电子测量技术问答	24
7613	实用电子技术培训读本——电子技术基础问答	26
7633	实用电子技术培训读本——电子元器件的选用与检测问答	28
集成电路和嵌入式系统		
02230	集成电路设计实例	22
04032	集成电路设计实验和实践.	35
07125	集成电路图识读快速入门	25
04384	CMOS 数字集成电路应用百例.	36
02948	集成电路测试技术基础(附光盘)	26
8131	现代集成电路测试技术	95
8987	现代数字集成电路设计	35
05781	现代集成电路版图设计	36
8440	运算放大器集成电路手册	98
08959	谐振式高频电源转换器设计	98
7793	DSP 处理器和微控制器硬件电路	58
07486	TMS320F2812-DSP 应用实例精讲	48
03621	数字信号处理器 DSP 应用 100 例	39
11583	可编程片上系统 PSoC 设计指南(附光盘)	48
微电子技术		
09629	硅基纳米电子学	45
9258	硅微机械加工技术	58
8236	低成本倒装芯片技术——DCA,WLCSP 和 PBGA 芯片的贴装技术	68
8158	微电子机械系统	28
电动自行车		
08680	电动自行车维修自学速成——电动自行车/三轮车图表速查速修	30
09469	电动自行车维修自学速成——电动自行车充电器/控制器图表速查速修	26
11030	电动自行车/三轮车维修实例精选(附光盘)	58